▲ 昆明滇池旁的百年蓝桉

▲ 浙江温州早期引种的巨桉

▲ 浙江温州早期引种的细叶桉

▲ 福建漳州尾巨桉林相

↑ 四川乐山尾巨桉

↑ 云南蓝桉林相

↖ 湖南'常寒1号桉'

↑ 广西高峰林场 4 年生桉树林

↑ 广西鹿寨 7 年生桉树林

↑ 广东广宁北市林场 6 年生桉树林

▲ 广东清远 4 年生尾巨桉林

▲ 广东桉树木材无卡旋切

▲ 广东家庭式旋切板厂

▲ 广东桉树旋切板剪切

▲ 广西桉树旋切板干燥

彩 插 | 5

广东桉树制作建筑模板

广西桉树制作复合木地板

广西柳州尾叶桉锯解

广西柳州桉树木材干燥

广西大花序桉木地板

广西柳州柠檬桉木地板

▲ 福建托里桉椅子

▲ 福建大花序桉椅子

▲ 福建巨尾桉木材家具

▲ 广东柠檬桉楼梯

▲ 广东粗皮桉制作的精致礼品

▲ 广东粗皮桉制作的衣柜

彩 插 | 7

◥ 澳大利亚维多利亚州桉树天然林

◥ 澳大利亚维多利亚州桉树水源涵养林

◤ 澳大利亚维多利亚州桉树修枝

◤ 澳大利亚维多利亚州王桉大径材

▲ 澳大利亚桉树人工林大径材树种，由上至下分别为弹丸桉、蓝桉和大花序桉

↑ 澳大利亚塔斯马尼亚州蓝桉间伐试验林

↑ 澳大利亚塔斯马尼亚州桉树大树

↑ 澳大利亚桉树大径材

↑ 澳大利亚亮果桉锯材

↑ 澳大利亚桉木家具

↑ 澳大利亚桉木地板

葡萄牙蓝桉人工林

参加在法国召开的 IUFRO 桉树会议留念

越南尾粗桉杂种

↑ 印度尼西亚粗皮桉成林

↖ 南非桉树间伐与修枝

↗ 南非桉树大径材

▰ 美国加利福尼亚州巨桉

▰ 美国加利福尼亚州巨桉大径材

▰ 巴西尾叶桉优良种源

▲ 巴西桉树人工林

▲ 巴西巨桉大径材采伐

▲ 巴西圣保罗桉树大径材

▲ 巴西桉木板材

▲ 巴西桉木室外装饰

▲ 乌拉圭巨桉大径材之一

▲ 乌拉圭巨桉大径材之二

↑ 广西东门林场大花序桉

↑ 广西东门林场巨桉

↑ 广西东门林场粗皮桉

越南尾叶桉种子园

广西东门林场细叶桉

↑ 广西东门林场赤桉

↑ 广东湛江柠檬桉

↑ 广东湛江托里桉

在广西东门林场的桉树间伐试验示范林

在广东清远禾云镇的桉树间伐试验林

在广东清远高田镇的桉树间伐试验林

广西黄冕林场的桉树间伐试验林

西东门林场华侨和雷卡分场的桉树间伐试验林

福建九龙岭林场的桉树间伐试验林

▲ 广西东门林场华侨分场土壤剖面

▲ 广西东门林场雷卡分场土壤剖面

▲ 广西黄冕林场土壤剖面

↑ 广东清远高田土壤剖面

↑ 福建九龙岭林场土壤剖面

▲ 卡亚的种植

▲ 桉树林下的卡亚成林

▲ 桉树林下的小粒咖啡

▲ 硕果累累的小粒咖啡

 迷迭香林下试验

 桉树林下的迷迭香

 草珊瑚的林下种植

 林下种植的草珊瑚

 香兰叶的种植

桉树林下香兰叶

桉树林下的竹荪

成熟的竹荪

大花序桉

巨桉

粗皮桉

尾叶桉

细叶桉

赤桉

6 种桉树圆盘样品

火柴杆小试样

纤维分离

载玻片装样

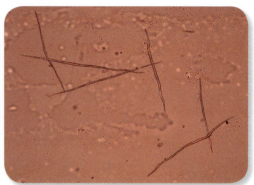

纤维观察

▲ 桉木纤维形态测试过程

▲ 桉树木材顺纹抗压强度测试

▲ 桉树木材抗弯强度测试

↑ 桉树木材冲击韧性测试

↑ 桉树木材硬度测试

↑ 尾巨桉 4 种初植密度 3m×2m、4m×2m、4m×3m 和 5m×3m 野外取样

↑ 尾巨桉初植密度材的锯解过程

↑ 尾巨桉初植密度材锯解后的板材

细叶桉

赤桉

巨桉

尾叶桉

粗皮桉

大花序桉

🌿 6 种桉树木材刨削效果

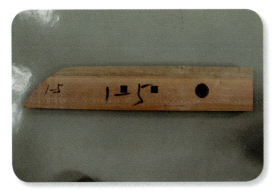
细叶桉

赤桉

巨桉

尾叶桉

粗皮桉

大花序桉

↑ 6 种桉树木材钻削效果

细叶桉

赤桉

巨桉

尾叶桉

粗皮桉

大花序桉

▲ 6种桉树木材铣削效果

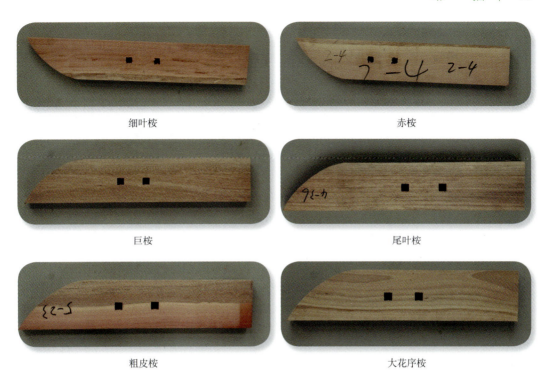

细叶桉　　　　　　　　　　　赤桉

巨桉　　　　　　　　　　　尾叶桉

粗皮桉　　　　　　　　　　　大花序桉

▲ 6种桉树木材开榫效果

细叶桉　　　　　　　　　　　赤桉

巨桉　　　　　　　　　　　尾叶桉

粗皮桉　　　　　　　　　　　大花序桉

▲ 6种桉树木材车削效果

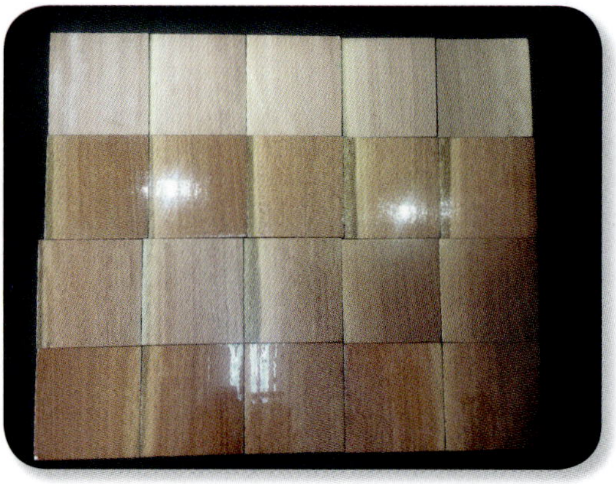
细叶桉

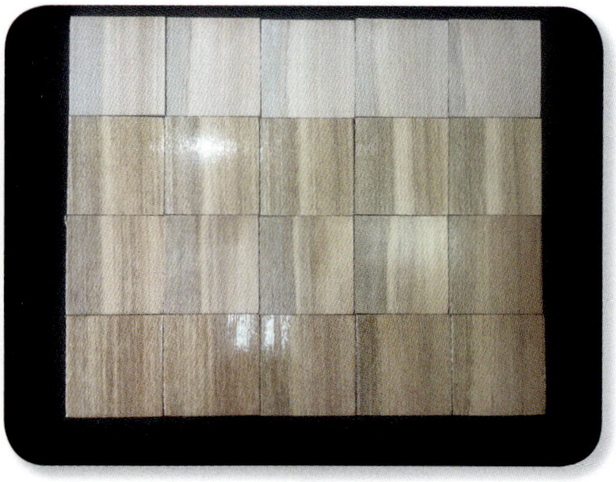
赤桉

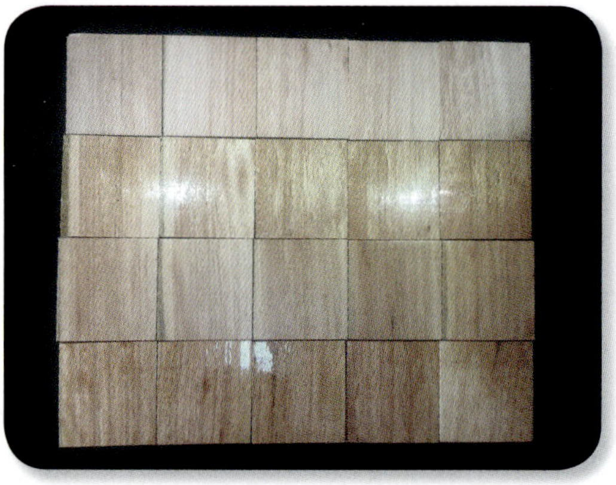
巨桉

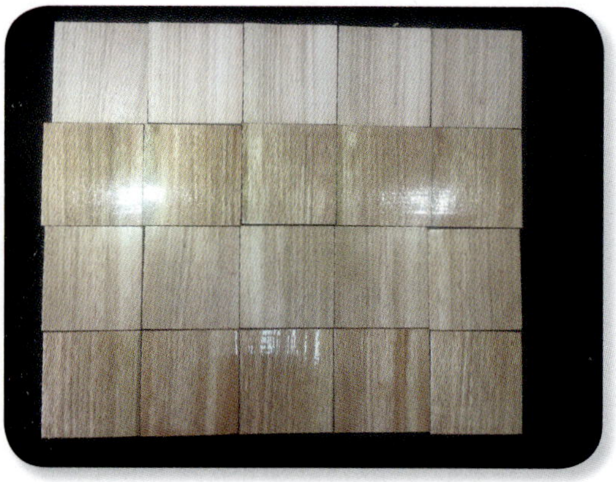
尾叶桉

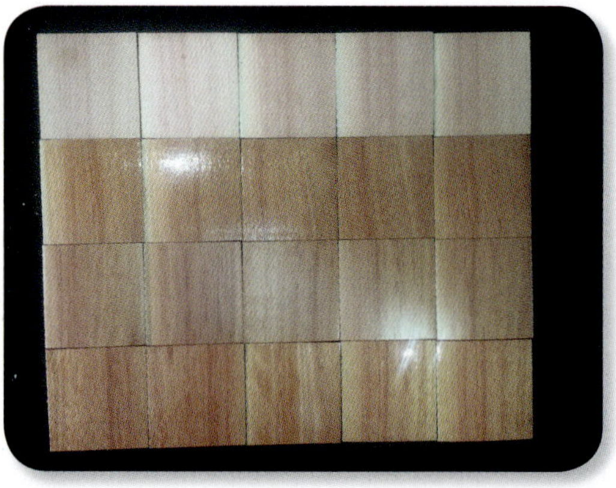
粗皮桉

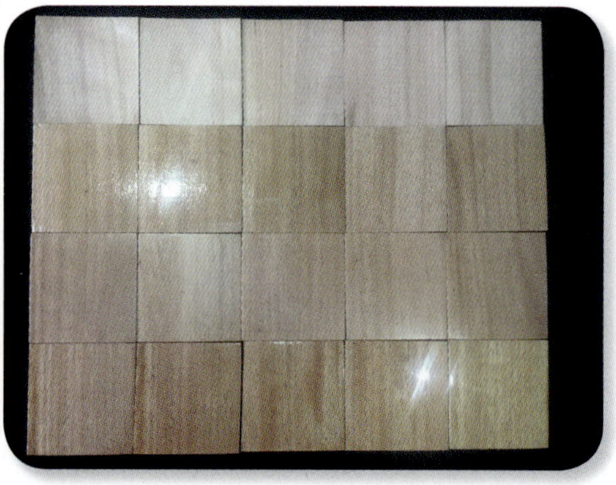
大花序桉

6 种桉树木材涂饰前后木材表面效果

中国桉树大径材培育与利用

陈少雄 欧阳林男 王军锋 李天会 兰 俊 等 著

中国林业出版社
China Forestry Publishing House

内容简介

本书是"十三五"国家重点研发计划"桉树高效培育技术研究（2016YFD0600500）"项目的最新研究成果，同时综合广东省林业科技创新项目"桉树大径材与林下经济培育技术研究与示范（2016KJCX005）"的研究内容而成。在广东的粤西、粤西北、粤中，广西的桂中北和桂南，福建的闽南地区，以及云南、四川、湖南、江西等地大量科学试验的基础上，首次系统地揭示我国桉树大径材立地评价和施肥效应、大径材培育理论与技术，详细分析初植密度和间伐强度对于桉树大径材培育的效应，大径材主要桉树的适生区分布，大径材林下经济培育模式等，系统分析桉树大径材木材的基本特性（解剖、物理力学和化学性质）和木材加工特性（刨削、砂光、钻削、铣削、开榫、车削、干燥），并对表面涂饰性能进行评估，分析桉树木材的加工、利用和市场潜力。本书对从事桉树培育、加工和利用、木材贸易等领域的科研工作者、高等院校相关专业师生及政府管理、市场营销等相关人员具有重要的参考价值。

图书在版编目（CIP）数据

中国桉树大径材培育与利用／陈少雄等著.—北京：中国林业出版社，2020.7
ISBN 978-7-5219-0721-6

Ⅰ.①中… Ⅱ.①陈… Ⅲ.①桉树属-栽培技术 Ⅳ.①S792.39

中国版本图书馆 CIP 数据核字（2020）第 137559 号

出版发行	中国林业出版社（100009　北京市西城区德内大街刘海胡同7号）
	http://www.forestry.gov.cn/lycb.html　　电话：（010）83143575
发　行	中国林业出版社
印　刷	北京中科印刷有限公司
版　次	2020年10月第1版
印　次	2020年10月第1次印刷
开　本	787mm×1092mm　1/16
彩　插	32面
印　张	30.5
字　数	722千字
定　价	398.00元

《中国桉树大径材培育与利用》

著 者 名 单

主要著者： 陈少雄　　欧阳林男　　王军锋
　　　　　 李天会　　兰　俊

合 作 者： 刘学锋　　何沙娥　　陈松武　　黄腾华
　　　　　 周群英　　郑嘉琪　　王建忠　　张　磊
　　　　　 雷福娟　　栾　洁　　陈桂丹　　熊　涛
　　　　　 张　程　　张　婧　　张维耀　　刘晓玲
　　　　　 陈　沫

根据《第九次全国森林资源清查报告(2014—2018)》，我国桉树人工林面积为546.74万hm^2，占全国森林资源面积的2.51%，占人工林面积的6.87%，年生产木材3000万m^3以上。桉树产业已形成包括种苗、肥料、木材、制浆造纸、人造板、生物质能源和林副产品等在内的完整产业链，年产值超过3000亿元，桉树已经成为我国南方重要的战略树种之一。

我国森林资源总量不足，木材供需矛盾突出，是全球第一大木材进口国，第二大木材消费国，木材特别是锯材进口逐年增加，木材进口依存度从2006年的36%飙升到2016年的50.9%，首次超过50%；其中大径材原木和锯材进口量从2008的3675万m^3增加到2016年的8025万m^3，增长1倍多，矛盾突出、缺口巨大。在天然林全面禁止采伐和木材需求持续增加的形势下，发展桉树人工林，特别是发展中长轮伐期的桉树人工林，是增加木材供给、保障木材安全的最有效途径。

目前，我国桉树商品林基本都是短轮伐期的中小径材，且桉树林以幼、中龄林为主，两种龄级的森林面积占总面积的75.35%，蓄积量占总蓄积量的60.29%；轮伐期最长8年，一般5~7年，采伐时的平均胸径12~16cm。这些桉树原木的生长应力高，导致采伐时原木端裂严重，锯切时会发生明显变形，从而大大降低了锯材、旋切板材的出材率和质量。这是桉树木材加工企业常常遇到的难题。因此，必须从品种选择到培育、加工技术，全过程寻找最佳解决方案，从而提高桉树木材的品质和使用价值。澳大利亚、巴西、乌拉圭、南非等国家，已针对桉树人工林培育大径材开展了品种选择、培育技术、木材的制材和加工利用等大量研究与技术开发并且取得了一系列适用技术，从而提高了他们培育桉树大径材的信心。澳大利亚塔斯马尼亚州桉树人工林大径材的比例已提高到18%以上，巴西和乌拉圭也有5%以上。我国尚未系统开展过此方面的研究与开发，造成对桉树人工林培育、木材加工利用技术落后于其他国家，并且与我国桉树人工林面积在世界的地位很不相称。在国家"八五"至"十二五"桉树项目以及中澳国际合作项目的持续支持下，我国引种栽培了一系列适合实木加工利用的桉树树种，如粗皮桉、大花序桉、赤桉、托里桉、巨桉等，这些桉树品种生长快、木材密度高、木质细腻、纹理美观、色泽鲜艳，是家具和装饰的理想原材料。可是，由于缺乏对这些有发展前途的树种木材性质和应用于高价值实体木材产品适应性评价的研究，缺乏对于桉树大径材培育技术的系统研究，社会还不了解桉树大径材产品潜力。

本书是"十三五"国家重点研发计划"桉树高效培育技术研究（2016YFD0600500）"项目的最新研究成果，综合广东省林业科技创新项目"桉树大径材与林下经济培育技术研究与示范（2016KJCX005）"的部分研究内容而成。在广东的粤西、粤西北、粤中，广西的桂中北和桂南，福建的闽南地区，以及云南、四川、湖南、江西等地大量科学试验的基础上，通过对桉树大径材培育理论的系统研究和对现有桉树人工林立地条件及生长量进行系统采样分析，开展立地评价，划分立地指数，为我国桉树大径材培育奠定了基础；通过对主要桉树树种开展适生区分析，为桉树大径材的宏观区划奠定了物质基础；通过开展初植密度、修枝、间伐、施肥等大径材培育技术措施的多点试验和总结，探索了不同初植密度、修枝和间伐强度及间伐开始年龄下桉树生长和变化规律，形成了桉树大径材培育技术体系，优化了培育技术模式，为桉树大径材的培育奠定了丰富的技术基础；为了提高经济效益，还探索了"长短结合、以短养长"的林下经济作物种植模式，详细介绍了6种经济作物在桉树大径材林下的生长状况和利用方向。同时，还对大花序桉、粗皮桉、赤桉、尾叶桉、巨桉、细叶桉、尾巨桉7种桉树大径材的木材基本特性如解剖、物理力学和化学性质，以及木材加工特性如刨削、砂光、钻削、铣削、开榫、车削、干燥等，并对表面涂饰性能进行评估，分析了桉树木材的加工、利用和市场潜力。

全书共分九章：第一章由周群英、郑嘉琪和陈少雄编写；第二章由陈少雄、兰俊、欧阳林男和张程撰写；第三章由欧阳林男撰写；第四章由陈少雄、何沙娥、王建忠、刘学锋、张磊和陈沫撰写；第五章由欧阳林男、刘学锋和熊涛撰写；第六章由陈少雄和张程撰写；第七章由李天会、张婧和张维耀编写；第八章由王军锋、雷福娟、刘学锋、何沙娥、栾洁和陈桂丹撰写；第九章由陈松武、黄腾华、兰俊、何沙娥、刘学锋和刘晓玲撰写。本书由陈少雄研究员统稿，郑嘉琪和刘学锋负责编排和校稿。参与撰写此书的3个单位分别为国家林业和草原局桉树研究开发中心、广西壮族自治区林业科学研究院和广西壮族自治区国有东门林场。在外业调查和分析测试的过程中还得到广州市丰绿林业科技有限公司、华南农业大学、广东华扬环保科技股份有限公司、广西壮族自治区黄冕林场、福建漳州市林业科学研究所、福建九龙岭林场等单位和相关人员的大力支持,在此一并表示衷心的感谢!

  本书的出版,旨在向读者展示我国桉树人工林大径材培育和利用研究的最新进展和成果,为提高我国桉树人工林培育和利用的科技水平提供理论基础。全书以科学试验数据为载体,语言朴实,结构严谨,对于从事桉树培育、加工和利用、木材贸易等领域的科研工作者、高等院校相关专业师生及政府管理、市场营销等相关人员具有重要的参考价值。

  由于时间和水平的限制,不当之处在所难免,敬请读者批评指正。

著者

2020 年 4 月

目 录
Content

前 言

第一章 中国及世界主要国家桉树资源与利用 ························ 1
    第一节 中国桉树资源发展概述 ·································· 1
    第二节 世界桉树资源与利用 ···································· 11

第二章 桉树大径材培育理论与方法 ································ 26
    第一节 桉树大径材的概念 ······································ 26
    第二节 桉树大径材培育体系模型研究 ···························· 27
    第三节 桉树大径材培育体系模型评价 ···························· 33
    第四节 立地质量评价的理论与方法 ······························ 37
    第五节 立地指数的编制 ·· 39
    第六节 立地指数与施肥 ·· 43
    第七节 立地指数与土壤元素含量 ································ 45

第三章 主要树种及适生区分布 ···································· 48
    第一节 大花序桉 ·· 48
    第二节 巨桉 ·· 58
    第三节 粗皮桉 ·· 70
    第四节 尾叶桉 ·· 78
    第五节 细叶桉 ·· 86
    第六节 赤桉 ·· 97
    第七节 柠檬桉 ·· 106
    第八节 托里桉 ·· 116

第四章 初植密度与修枝技术 ······································ 128
    第一节 幼林初植密度对光合特性的影响 ·························· 128

第二节　初植密度生长规律 ………………………………………… 135
　　第三节　修枝效应 …………………………………………………… 162

第五章　间伐效应 ……………………………………………………………… 170
　　第一节　试验设计与调查 …………………………………………… 170
　　第二节　间伐对冠层光环境的影响 ………………………………… 172
　　第三节　间伐对生长的影响 ………………………………………… 191
　　第四节　间伐效应的综合分析 ……………………………………… 286
　　第五节　间伐强度综合分析 ………………………………………… 303

第六章　施肥效应 ……………………………………………………………… 309
　　第一节　中国桉树中大径材主栽区的土壤营养状况 ……………… 310
　　第二节　施肥处理对桉树中大径材培育效应 ……………………… 324
　　第三节　单株施肥总量不同对桉树中大径材培育效应 …………… 328
　　第四节　土壤养分含量与施肥处理及林分生长之间关系 ………… 332
　　第五节　施肥对木材材性指标的影响 ……………………………… 336

第七章　桉树大径材与林下经济 ……………………………………………… 340
　　第一节　卡亚 ………………………………………………………… 340
　　第二节　小粒咖啡 …………………………………………………… 355
　　第三节　迷迭香 ……………………………………………………… 362
　　第四节　草珊瑚 ……………………………………………………… 374
　　第五节　香兰叶 ……………………………………………………… 376
　　第六节　食用菌 ……………………………………………………… 378
　　第七节　林下经济植物对桉树大径材生长的影响 ………………… 382

第八章　主要桉树大径级材性质 ……………………………………………… 390
　　第一节　取材及主要测试方法 ……………………………………… 390
　　第二节　解剖特性 …………………………………………………… 391
　　第三节　木材密度和干缩性 ………………………………………… 397
　　第四节　木材力学 …………………………………………………… 407
　　第五节　物理力学性质综合分析 …………………………………… 414
　　第六节　桉树木材物理性质随年龄的变化 ………………………… 415
　　第七节　尾巨桉不同初植密度木材的物理与化学性质分析 ……… 418

第九章　主要桉树大径级材机械加工与涂饰性能 …………………………… 428
　　第一节　取材及主要测试方法 ……………………………………… 428

第二节	刨削性能	430
第三节	砂光性能	432
第四节	钻削性能	433
第五节	铣削性能	434
第六节	开榫性能	435
第七节	车削性能	435
第八节	涂饰性能	436
第九节	干燥特性	444
第十节	加工及涂饰性能综合分析	451

参考文献 …… 457

第一章
中国及世界主要国家桉树资源与利用

第一节 中国桉树资源发展概述

桉树是桃金娘科(Myrtaceae)杯果木属(*Angophora*)、伞房属(*Corymbia*)和桉属(*Eucalyptus*)树种的统称。桉树遗传资源非常丰富,现有900多种,天然分布于澳大利亚、巴布亚新几内亚、印度尼西亚;至2006年11月,已有1039个分类群被描述和发表(王豁然,2010)。因其适应性强,速生高产,被联合国粮食和农业组织推荐为世界三大速生造林树种之一。

一、桉树在中国的发展历程

1. 桉树的引种及发展

世界最早的桉树引种始于1774年,至2019年,全世界已有100多个国家引种桉树,总计桉树人工林面积约为2500万hm^2。我国从1890年开始引种桉树,先后引种300多个种,是大面积引种栽培桉树的国家之一,全国20多个省、自治区(含台湾)600多个县分布有桉树,纬度范围18°~32°N,经度范围100°~122°E,海拔范围0~2000m,但桉树主要分布在南方10个省(区、市),以广西和广东最多,约占总面积的3/4。广泛种植的品种主要是尾巨桉无性系,其他少量种植的树种包括赤桉(*Eucalyptus camaldulensis*)、邓恩桉(*E. dunnii*)、大花序桉(*E. cloeziana*)、粗皮桉(*E. pellita*)、柳桉(*E. saligna*)、史密斯桉(*E. smithii*)和细叶桉(*E. tereticornis*)以及它们的杂交种(谢耀坚等,2019)。根据第九次全国森林资源清查报告(国家林业和草原局,2019),我国现有桉树人工林面积达546万hm^2,位居世界第三,仅次于印度和巴西。

百余年来,我国桉树从无到有,从零星引种到大面积推广,从功能单一的四旁绿化树种到形成年产值超4000亿元的产业,经历了曲折向上的不断发展过程。特别是中华人民共和国成立以后,林场和研究单位的设立以及国家级重大关键性项目(如中澳国际技术合作东门桉树示范林项目、世行贷款NAP项目和FRDPP国家造林项目)的实施,给了桉树前所未有的发展机遇和广阔的发展空间。桉树自从"六五"首次被列入科技攻关计划后,陆续获得了国家攻关项目、国家引进项目、国家创新项目、国家推广项目等,为我国桉树研究打开了新局面。以这些为基础,有关省、地(市)、县(场)也分别立项进行桉树研究,随着栽培和造林抚育体系的逐渐形成和完善,桉树的速生丰产性为人们所熟知和重视,桉树人工林资源和相关技术得到迅猛发展。自2014年起,国家逐步禁止东北国有林区的商业化采伐,要求全面保护天然林,南方地区的桉树承担起更多木材供应的责任,成为我国木材生产的先锋性树种(表1-1)。

表1-1 我国桉树引种及发展过程(陈少雄等,2018)

时间	引种阶段	种植地点	主要树种	技术水平	重大项目/标志事件
1890—1949年	零星引种,四旁绿化阶段	广州、香港、澳门、福州、昆明、厦门等地	细叶桉、野桉、蓝桉、赤桉等	—	中国驻意大利大使吴宗濂编译了我国第一部有关桉树引种的著作《桉谱》(图1-1)
1950—1970年	早期推广,粗放经营阶段	主要为广东、广西	柠檬桉、隆缘桉	开发了"营养砖"技术,总结了6种桉树基本造林技术	成立了"粤西林场",负责桉树在雷州半岛的引种;出版我国第一部关于桉树栽培技术的专著《桉树栽培》
1971—1990年	系统引种、栽培试验阶段	广东、广西、福建、海南、云南、浙江、湖南、四川等地	尾叶桉、细叶桉、赤桉、巨桉等	开始建立种子园和采穗圃;形成了造林和抚育技术体系的雏形;提出萌芽更新技术;培育目的及轮伐期多元化	实施中澳国际技术合作东门桉树示范林项目,建立了亚洲最大的桉树种质资源基因库;建立"中国桉树研究中心",专门从事桉树科学研究和技术推广工作
1990年至今	良种推广、快速发展阶段	广东、广西、福建、海南、云南、重庆、湖南、四川、江西、贵州	尾巨桉、大花序桉、粗皮桉、巨桉、尾叶桉、柳桉等	培育模式不断创新,如出现实木大径材、纸浆材、混交林培育模式;加工和综合利用技术不断创新,如干燥技术、次生代谢物质利用	从"八五"至"十三五"期间桉树连续重大研究项目的开展实施,促进了桉树培育技术的快速发展

图1-1 清朝时期的桉树读物

据不完全统计,近30年来我国取得的桉树科技成果近100项,出版的相关专著近40部,发表的科技论文近5000篇,培养了一批优秀的桉树研究人才队伍(谢耀坚,2015)。目前,桉树产业已形成包括种苗、肥料、木材、制浆造纸、人造板、生物质能源和林副产品等在内的完整产业链,年产值超过3000亿元,桉树已经成为我国南方重要的战略树种之一。

2. 我国桉树种植面积变化趋势

我国桉树人工林年种植面积从19世纪60年代的20万hm^2发展至今达到546万hm^2,一直处于稳步上升的状态(图1-2),这与桉树生长快、轮伐期短、经济效益好、用途广泛等优点密切相关。

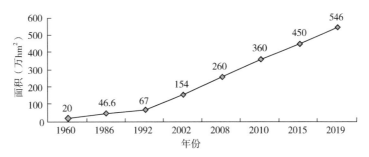

图1-2 我国桉树人工林种植面积变化趋势

我国工业化地发展桉树20多年来，至少已经历了3~4个轮伐期，预计共生产了约2亿m^3的木材。近年来每年生产桉树原木约4000万m^3，支撑起了一个木材工业群，对我国制浆造纸产业和人造板产业的发展贡献巨大。华南地区较大的以桉木为原料的纸浆和造纸基地主要有湛江晨鸣浆纸有限公司、广西斯道拉恩索林业有限公司和金光集团APP旗下的海南金海浆纸业有限公司，三个公司合计年产木浆超300万t，年造纸超310万t。广西以桉树木材为主要原料的木材加工企业超过1.6万家，其中人造板企业1200多家，至2013年人造板总量达2860多万m^3，木材加工总产值达956亿元。除此以外，桉树人工林产业从种苗、造林、营林到木材采伐、加工利用全过程，均可产生就业机会和经济效益，全产业链可提供近1000万个就业岗位，为解决就业问题和林农增收开辟了途径，是一项重要的民生林业。

相较于桉树作为纸浆材和人造板材的短轮伐期和矮林作业，桉树大径材常被用于制作枕木、锯材、矿柱材和家具制造等，如桉树家乡——澳大利亚的知名建筑物悉尼歌剧院和国会大厦，内部用的木材都是桉树加工而成。我国的建筑、工矿、交通、电信等多个行业，也不同程度地对桉树大径材有所利用（祁述雄，1989）。

近年来，随着加工和提取技术的不断进步，桉树的副产品如桉叶油、多酚等次生代谢物质的研究和应用也不断发展，如广西桉叶油的年产值超4000万元，云南等地每年也出口数千吨桉叶油到欧洲；还有桉树中所含的鞣质可以用于制作栲胶、锅炉除垢剂，以及每年大量生产的桉树蜜等，这些是推广桉树次生代谢物质的主要方向，也是桉树未来综合利用创新发展的一个重要方面。

二、桉树在中国发展的主要区域

1. 桉树人工林资源

根据第九次全国森林资源清查数据（以下简称"清查数据"）（国家林业和草原局，2019），我国桉树人工林面积为546.74万hm^2，占全国森林资源面积的2.51%，在全国人工乔木林主要优势树种中排名第7。在全国乔木林林种排名中，桉树每公顷年均生长量为7.93m^3，排名第3；每公顷蓄积量为39.44m^3，排名第10；每公顷生物量为46.49t、排名第10。

清查数据按树种的数量、面积、胸径等指标对位居前100位的乔木树种按重要值排名，该100种树种占全国乔木林株数的77.60%，占全国乔木林蓄积量的80.05%。数据显示，尾叶桉以28.06亿株的株数、12601.25万m^3的蓄积量排在第20位，重要值为 2.71,主要分布在广西和广东;巨尾桉排在第 42 位,重要值为 1.34。

从表 1-2 可知,桉树林以幼、中龄林为主,两种龄级的森林面积占总面积的 75.35%,蓄积量占总蓄积量的 60.29%,轮伐期短,这与桉树目前的主要用途(作为纸浆材与胶合板材)相关,该轮作模式对环境和养分的需求较大,且木材质量不高。未来桉树人工林的种植应依据桉树短周期人工林培育技术规程和桉树中大径材培育技术规程,将短周期的树种与长周期的树种相结合,实现"长短结合、以短养长",既保证短期的经济效益,也保护了生态环境,还可将中大径材的桉木往家具材、锯材等方向培育,提高木材质量和单位蓄积内的经济价值。

表 1-2 桉树各龄级面积、蓄积量统计

项目	幼龄林	中龄林	近熟林	成熟林	过熟林	合计
面积($10^2 hm^2$)	26324	17134	5152	3436	2628	57674
蓄积量($10^2 m^3$)	370638	929493	323810	262915	269434	2156290

2. 各省(区、市)桉树种植情况

桉树喜热畏寒,其水平分布范围南至海南岛(18°20′N),北至陕西汉中、阳平关(32°N),西至四川西昌(102°E,28°N),东至浙江苍南、普陀(122°19′E)一带及台湾省(120°~122°E)等地;其垂直高度分布区可从东、南沿海沙滩台地直到海拔 2000m 的云贵高原。总的来说,我国桉树资源 99%以上集中在南方 10 省(区、市)。

由表 1-3 和表 1-4 可知,桉树主要集中在广西、广东两省(区)种植,合计占全国桉树林面积/蓄积量的 3/4 左右,其余省区种植面积较少,分布零散,这与各省区的温度和地热条件相关,符合桉树的生长适应性规律。越往北方,温度越低,温差越大,桉树的生长量越少。

广东、广西的树龄与面积和蓄积量成反比,因为这两地主要种有大片的桉树无性系纯林,轮伐期较短,主要是小径材和中径材。而其余省份的桉树林相对来说更多的是作为四旁栽植、观赏树种或项目研究造林,轮伐期相对长,因此近熟林和成熟林之和的比例与幼龄林和中龄林之和所占比例相差不大。

表 1-3 我国南方 10 省(区、市)桉树面积统计　　　　　　　　　　$10^2 hm^2$

省(区、市)	幼龄林	中龄林	近熟林	成熟林	过熟林	总计	占全国总面积比例(%)
广西	11580	9412	1875	1442	1296	25605	46.83
广东	11326	4798	1822	432	287	18665	34.14
云南	1584	1008	624	384	624	4224	7.73
福建	792	432	216	456	192	2088	3.82
四川	244	677	291	534	97	1843	3.37
海南	420	407	179	156	96	1294	2.37
重庆	161	144	17	32	—	354	0.65
贵州	129	128	—	—	—	257	0.47
湖南	—	128	64	—	—	192	0.35
江西	64	—	64	—	—	128	0.23

表 1-4 我国南方 10 省(区、市)桉树蓄积量统计　　　　$10^2 m^3$

省(区、市)	幼龄林	中龄林	近熟林	成熟林	过熟林	总计	占全国桉树总蓄积量比例(%)
广西	151875	554713	167325	115925	109109	1098947	50.96
广东	155275	224339	71665	29398	13950	494627	22.94
云南	20267	56786	41998	23745	98393	241189	11.19
福建	26861	23207	13125	47361	24240	134794	6.25
四川	9671	39994	13241	34276	10404	107586	4.99
海南	2896	17659	13117	25244	11138	55560	2.58
重庆	2593	5932	812	3660	—	12997	0.60
贵州	1104	4867	—	—	—	5971	0.28
湖南	—	1996	1396	—	—	3392	0.16
江西	36	—	1131	—	—	1167	0.05

广西是我国桉树种植的第一大区,地处北亚热带至中亚热带地区。桉树乔木人工林面积占全区乔木林面积的 24.38%,蓄积量占全区乔木林蓄积量的 16.22%。从 2000 至 2016 年,广西桉木产量由 9 万 m^3 增加到 2200 万 m^3,人造板产量由 69.03 万 m^3 增加到 3668 万 m^3,林业总产值由 175 亿元增加到 4777 亿元(中国林学会,2016),极大地推动了广西林业产业的发展,快速提高了广西的森林覆盖率,解决了众多林农的生计问题,真正实现了祖国的绿水青山,获得了良好的社会、生态和经济效益。

广东地处我国南部亚热带地区,气候潮湿,高温多雨,十分适合桉树生长,是最早引进桉树的省份之一,主要在粤西地区种植桉树。全国首个专门引种种植桉树的国有林场"粤西林场"以及全国首个专门从事桉树科学研究和技术推广工作的研究单位"中国桉树研究中心"均落户于雷州半岛的湛江地区,可以说我国桉树研究起源于广东省,曾培育出雷林 1 号桉、刚果 12 号桉、广林 9 号桉、新桉 1-6 号等无性系品种,但目前主要种植树种与广西相似,主要为尾叶桉及其杂交品种。

三、我国桉树木材利用的发展历程

我国的桉树木材可作为纸浆材、三板(中密度纤维板、刨花板和胶合板)、矿柱、枕木、桩木、桥梁、家具、农具、电杆、薪炭材等利用。20 世纪 60 年代开始,广东省雷州林业局(现为:中林集团雷州林业局有限公司)用桉木大量生产了矿柱材、农用材和建筑材,80 年代逐渐转为生产工业原料材(祁述雄,2002),至今在木片生产、制浆造纸、人造板制造、实木利用等方面的技术日趋成熟并形成一定的产业化生产,壮大了林业经济。

1. 木片生产

木片生产是我国 20 世纪 80 年代中期到 90 年代桉树加工利用的主要方式,主要出口日本、韩国等国家和我国台湾。在此期间,我国木片生产发展十分迅速,如广东省以雷州半岛为中心建成 20 多家木片厂,形成了桉树木片生产基地和加工出口业;广西的桉树木片加工厂约有60家,生产的木片主要出口到日本(祁述雄,2002)。由于桉树木材生产木片经济效益较低,随着木材加工利用产业的发展,桉树木片出口逐渐转为国内人造板和制浆造纸加工利用。

2. 制浆造纸

桉树木材的纤维平均长0.75～1.3mm,其色泽、密度和抽提物的比率均适于制浆(陈勇平等,2019)。与针叶材相比,桉树作为纸浆材利用的历史较短。我国利用桉树开展制浆造纸的相关研究始于20世纪70年代末,经过40余年的积累,现已取得了较系统性的资料与成果。广东造纸研究所和广西造纸研究所曾对柠檬桉(*Corymbia citriodora*)、窿缘桉(*E. exserta*)、柳桉(*E. saligna*)、蓝桉(*E. globulus*)、直干蓝桉(*E. maideni*)、赤桉(*E. camaldulensis*)、尾叶桉(*E. urophylla*)、巨桉(*E. grandis*)及葡萄桉(*E. botryoides*)等树种做过多种方法的制浆和造纸试验。国家"八五"攻关项目中,中国林业科学研究院林产化学工业研究所也对柠檬桉、尾叶桉等树种作过制浆造纸试验。一般认为,除柳桉外,柠檬桉、窿缘桉、巨桉和雷林一号桉(*E. Leizhou No. 1*)都能生产合适的浆和纸产品:用硫酸盐法制浆多能获得较高的浆料得率;其化学浆的浆张强度有随着林龄的增加而下降的趋势;同一树种在浆的硬度大致相同的情况下,林龄小者得浆率高、易漂白、强度好;桉树木浆的白度、强度特性适合于抄高中档文化用纸,而且比针叶材木浆造纸的耗碱少、能耗低(彭彦和罗建举,1999)。20世纪90年代初,一些跨国公司开始在我国投资桉树造林并生产纸浆。1999年,印度尼西亚金光集团APP(中国)在海南省注册成立了特大型制浆造纸企业——海南金海浆纸业有限公司,一期工程年产100万t化学漂白硫酸盐桉木浆,于2005年3月28日正式投产。二期工程年产160万t造纸项目,其第一阶段年产90万t文化纸项目2011年7月6日建成投产;第二阶段年产70万t生活用纸项目于2016年底投产。

3. 林浆纸一体化

林浆纸一体化是当今世界造纸工业普遍采用的发展模式,国际大型制浆造纸企业以多种形式建设速生丰产原料林基地。林浆纸一体化产业的发展,能有效地把制浆造纸与营林建设结合起来,利用成本相对较低的工业原料林为主要木材原料,实行林纸一体化,利用配套的工业原料林来改善生态环境,减少污染,实现造纸的清洁化生产与生态环境的协调与可持续发展,为造纸提供发展的后劲并实现良性循环,扩大生产规模,提高纸品质量,加快我国造纸业发展,满足日益增长的纸品消费的需求。自1992年以来,先后有日本王子公司(Oji Paper)、印度尼西亚金光集团(APP)、芬兰斯道拉恩索集团(Stora Enso)等企业入驻中国,并投资发展桉树林浆纸(板)一体化产业和商业造林。其中,印度尼西亚金光集团APP(中国)于2003年在广西注册成立了广西金桂浆纸业有限公司,是目前国内实现林浆纸一体化的企业之一,其一期项目(2006—2010年)规划年产桉木浆30万t、纸和纸板60万t,二期项目(2011—2015年)规划年产桉木浆150万t、纸和纸板250万t。2003年,芬兰斯道拉恩索集团开始在广西实施林浆纸一体化产业发展项目并在北海港建设纸浆厂,一期规划年产桉木浆、纸和纸板各90万t(项东云和陈健波,2017)。

4. 人造板

人造板是以木材或其他植物纤维为原料，通过专门的工艺加工，施加胶黏剂或不加胶黏剂，在一定条件下压制而成的板材或型材。人造板工业既可充分利用"剩余物"、"次小薪材"和短周期人工速生丰产林等资源，又可为经济建设和人民生活提供大尺寸、多规格、性能优的各种高附加值木制品。国内一些高等学校、科研院所与生产企业联合开展以桉树为原料的人造板生产性试验研究，在桉树纤维板、胶合板、刨花板的生产方面都取得了一定成功。人造板工业的发展，促进了我国传统林业向现代林业的转型（项东云和陈健波，2017）。

四、旋切板产生

桉树木材由于生长应力大，旋切时单板易出现端裂，因此单板的旋切是桉树单板化利用的关键技术，单板制造质量对胶合板的质量具有决定性作用。根据桉树木材的特点，中国林业科学研究院木材工业研究所成功地开发了桉树宽幅面超厚单板的旋切技术（余养伦和于文吉，2009）。采用该项技术，可将小径级桉树旋切成厚度为 8mm±0.2mm，长度为 2500mm 的单板。该项技术的成功开发对于提高桉树木材的利用率以及开发应用范围更广的桉树单板利用有着极大的促进作用。2002 年开始，我国在无卡单板旋切技术方面取得突破，对于直径 8cm 以上的木材，均可旋切成单板（杨民胜等，2011），因此，桉树大径材作为旋切板材料具有显著优势。

根据 ACIAR 项目研究结果，我国桉树单板出材率的预测公式为：

$$Y = 0.472 + 0.015X_1 - 0.056X_2 - 0.026X_3 - 0.018X_4$$
$$R^2 = 0.36$$

式中：Y——D 级以上单板出材率（%）；

X_1——小头直径（cm）；

X_2——尖削度（%）；

X_3——整段弯曲度（cm）；

X_4——凸起和节疤数（个）。

五、胶合板生产

胶合板是将原木经蒸煮软化后沿年轮切成大张薄片，通过干燥、整理、涂胶后按相邻层木纹方向互相垂直组坯胶合而成的多层板材。我国是世界上最重要的胶合板生产国之一。胶合板生产可以合理地使用木材，由大径级原木经旋切成单板，单板经涂胶、组坯而压制成胶合板（项东云和陈健波，2017）。

胶合板与其他人造板相比，有以下突出优点：显著地改善了木材结构的不均匀性，达到结构平衡；提高木材原有的强度性能，特别是强重比；提高板材的稳定性，使板的胀缩、翘曲、开裂受到控制；增加板的宽度，提高木材的利用率。因此，胶合板是建筑、包装、造船、航空、军工以及制作家具、制造车辆的常用材料。胶合板是我国人造板行业中的主导产品，也是传统产品。

我国对桉树木材单板的利用研究始于 20 世纪 80 年代。广西柳州木材厂曾利用柠檬桉做过生产胶合板的试验，从原木蒸煮、旋切、干燥、涂胶到热压整个工艺均做过研究。该厂共生产过292张胶合板，合格数268张，合格率达91.78%，生产所需成本低于松杂木胶合板。之后由于原料来源的短缺及生产工艺上还存在许多问题，因此利用桉树木材进行胶合板制作的规模生产并未形成。其后，中国林业科学研究院木材工业研究所、福建林学院等都曾利用柠檬桉开展胶合板生产试验，并取得过实验室成功。由于桉树木材生产胶合板难处理的主要特征是其密度高、干燥前含水率高，这使得用于胶合板生产时蒸煮、旋切和施胶都有一定困难；横向切削时的木段端裂及干燥时易于干缩变形，均影响桉树木材作为胶合板生产的产量和质量（彭彦和罗建举，1999）。由于桉树木材利用方面的问题没有解决，使得生产单位不愿意作较大的投入来培育成熟的大径级桉树，这就导致能作为胶合板试验研究的桉树树种极少。但是，随着我国胶合板用材的日益短缺，桉树代表一种速生的价格低廉的单板资源，培育的大径材可用于生产家具级胶合板，但更适于生产结构级胶合板，比相同级别的针叶材胶合板性能上更为优越。

随着木材资源的减少，进口木材成本的增加，胶合板扩大树种应用研究的进展和无卡轴单板旋切机的推广，我国桉木胶合板得到迅速发展。20世纪90年代中期，福建、浙江、湖南等地的投资商陆续到广西投资建厂，推动了当地胶合板生产的迅速发展。如今，在桉树的生长地区随处可见桉木无卡轴单板旋切机，仅粤西地区各种桉树单板旋切机已超400台（项东云和陈健波，2017）。现已形成了以桉木单板为芯板，再与其他木材单板复合生产胶合板的格局。在我国内地或北方等非桉树产区，每年都要从广东、广西等桉树产区购买大量的桉木单板生产胶合板。采用脲醛胶、酚醛胶与桉木单板制成的胶合板，板材性能分别可以达到Ⅱ类胶合板或Ⅰ类胶合板的标准要求（余养伦和于文吉，2009）。由此可以看出，桉木胶合板的产业化生产带动了我国胶合板产量大幅增长。

六、家具制造

1. 桉木材性及家具设计问题

（1）桉木材性

桉树大径材由于生长周期较短，木材仍存在较高的生长应力，使得桉树原木加工方面的缺陷较多，对生产过程的影响较大。主要表现在以下五方面（杨民胜和彭彦，2001）：

①桉树立木砍伐时，由于生长应力的存在，心材的立即开裂和端裂是最常见的现象，原木的心材开裂和端裂造成锯材浪费。

②桉树原木的另一个特征是存在"脆心材"，心材遭到极度的腐蚀或被白蚁吃掉，给加工利用带来不良后果。

③桉树原木锯解时，由于残余应力的存在导致锯板厚度的不精确；由于应变的不平衡导致板材的弯曲和扭曲。

④由于木材的应拉导致板材干燥时出现皱缩、裂纹，最终导致板材降等。

⑤大多数桉树的基本密度相对较大，木材结构含附物纹孔较多，致使桉树木材渗透性很差，干燥困难，缺陷较多。

根据 ACIAR 项目研究结果，我国桉树锯材出材率的预测公式为：

$$Y = 2.881 + 1.020X_1 - 4.078X_2$$
$$R^2 = 0.18$$

式中：Y——标准及以上锯材出材率(%)；

X_1——平均直径(cm)；

X_2——弯曲度(cm/m)。

(2) 家具设计问题

用桉树大径材制作家具时除了要考虑材料的物理力学及加工性能外，还要在设计上注意一些问题。一是色差问题。木材是天然生物材料，其材色影响因素较多，桉木心边材色差大，因此在实木拼板设计及制造时应在工艺上考虑减小色差的措施。二是受力点问题。桉木速生林的力学强度较好，但其与其他成熟材相比还有欠缺。因此在座椅等零部件受力点处，应该适当加大零件的尺寸，或在连接榫卯设计时也应该考虑适度加大尺寸(陈露露和富艳春，2019)。

2. 家具制造

尽管桉木存在一些缺陷，但其木材密度高、材质细致、纹理美丽、颜色多样，用于制作家具具有优势。20 世纪 80 年代，我国南方就已较大量使用桉树实木制作家具及建筑用材。这是由于当时人们生活水平较低，且其他可获得的木材材料及人造板也较少，加之桉树价格低廉、干形好、强度大，对制作粗加工家具而言其原料经济实惠。在澳大利亚，作为实木利用的桉树树种有大花序桉(*E. cloeziana*)、巨桉、赤桉(*E. camaldulensis*)、柳桉、粗皮桉(*E. pellita*)、托里桉(*C. torelliana*)、柠檬桉等，它们的木材红色或深粉红色，结构紧密，纹理交错，坚硬耐久(祁述雄，2002)。我国利用桉木大径材制作家具已取得一定进展，树种有大花序桉、巨桉、柳桉和柠檬桉等。2017—2018 年，广西国有东门林场与广西靖西峰鼎贸易有限公司达成合作协议，由该公司加工定制大花序桉家具。大花序桉木材烘干工艺严格参照红木干燥方法进行，木材含水率达到红木制作家具成品木材的标准，制成的家具高端大气，有红木古典家私的高雅风范，成功解决了用桉木加工家具所产生的工艺问题(玉首杰和邓海群，2019)。国家林业和草原局桉树研究开发中心与广东信威家居发展有限公司合作，分别用粗皮桉和托里桉实木制作书柜和桌椅，产品在 2019 年广东·东盟农产品交易博览会上展出，获得业界人士的一致好评。

南京林业大学家居与工业设计学院对利用速生桉木多层单板生产家具弯曲木零部件的技术进行了研究，以多层桉木旋切单板为基材，经涂胶组坯、加热模压、弯曲胶合等工艺过程，使其弯曲成型为曲线形零部件，既可满足家具弯曲木零部件的外观造型和使用功能，又提升了速生桉木单板的使用附加值(吴智慧和黄琼涛，2015)。

七、产业现状及前景

1. 桉树产业现状

2017 年我国桉树木材产量为 3209 万 m³，其中广西 2294 万 m³、广东 685 万 m³、云南 80 万 m³、海南 40 万 m³、福建 60 万 m³、四川 50 万 m³；全国商品材总产量 8398 万 m³，桉树占 38.2%。直径为 8cm 或更大的桉树原木用于单板生产约占 79%，12% 用于生产纸浆，8% 用于 MDF 和 1% 用于其他用途，只有很小的一部分能被用于锯材生产。由于我国桉树人工林均为中小径材，中大径材基本依赖进口，主要用于中高档胶合板生产。我国 2012 年进口 20 万 m^3、2015 年进口 60 万 m^3、2016 年进口 70 万 m^3 桉树大径材，其中 53% 来自澳大利亚（蓝桉和亮果桉，价格 124~129US\$/m^3）、21% 来自美国夏威夷（巨桉，价格 131US\$/m^3）、10% 自巴西（尾巨桉，价格 113US\$/m^3）以及 6% 来自乌拉圭（巨桉，价格 170US\$/m^3，修枝材）；进口目的地是江苏、上海、山东和广东等地（Robert Flynn，2016）。

2000 年，中国胶合板出口不足 100 万 m^3，但在 2014—2016 年期间迅速增长，平均每年 1140 万 m^3（其中，桉树芯材胶合板至少占胶合板总产量的 60%），年出口额达到 55 亿美元。2015 年，中国占全球胶合板出口的 40%；美国是中国胶合板最大的出口市场，2015 年和 2016 年占出口总额的 25%（Robert Flynn，2016）。

2. 桉树大径材的前景

虽然我国的桉树人工林发展很快，但大部分均为小径材的纸浆纤维用材，其价格较低，目前在华南地区的价格为 300 元/m^3 左右，而大径材的价格则为 1000 元/m^3 以上。在澳大利亚，桉树小径材的价格为 20 澳元/m^3，大径材价格则在 200 澳元/m^3 以上，若将大径材加工成板材，价格可高达 1000 澳元/m^3。对广大桉树人工林经营者而言，经营单一木材产品的市场风险显然要高于经营多种木材产品，当小径材的市场行情不理想时，大径材产品可以进行弥补，从而降低了市场风险（项东云和陈健波，2017）。

自 1998 年我国实行天然林资源保护工程以来，每年国家计划生产的木材均以大约 500 万 m^3 的速度递减。在总量锐减的同时，结构性矛盾也十分突出，除了杨（*Populus*）、桦（*Betula*）和杉木（*Cunninghamia lanceolata*）外，可采伐的成熟林或过熟林日益减少，大径材级木材资源极为短缺。至 2020 年，我国木材供应缺口长期保持在 1 亿~1.5 亿 m^3。在我国进口的原木和锯材中，主要是优质大径级用材。出于对天然林和物种的保护、国家利益的需要及迫于国际环保组织的压力，近年来木材出口国普遍加大了保护本国森林资源的力度，限制和减少了大径材的出口，木材供给问题已由一般的经济问题逐步演变为资源战略问题。因桉树速生丰产的特点，其成材周期短、见效快，15~20 年即可产出大径材，能快速增加大径级木材的供应量，是缓解我国大径材供需矛盾的一条重要途径（陈少雄，2002；姜笑梅等，2007）。

3. 桉树大径材及其制品的市场潜力

我国是世界上木材及木制品的生产大国和消费大国，同时又是人均占有森林（木材）资源较少的国家。近 10 年木材消费需求以平均每年 1000 万 m^3 的速度迅速增长，目前国产木材无论在质量还是数量上都无法满足日益增长的需求，发展人工林和提倡木材高效利用等战略措施势在必行。随着世界各国对环境与经济协调发展的重视，木材出口将逐步减少，在中国发展人工林木材生产与加工，尤其是年生长量较大的热带人工林木材具有重要的战略意义，对全球经济稳定与资源的可持续经营将做出有益的贡献。2002 年，我国速生丰产林基地建设工程全面启动，为人工林木材的生产与加工的发展带来新的契机（姜笑梅等，2007）。

天然林资源保护工程的实施，使得天然林木材采伐量由1997年的3200万 m^3 减少至2000年的1400万 m^3。为了满足消费的需要，只能大量进口原木及木材制品，早在1998年，进口额已达63亿美元。长期进口木材不但受制于我国外汇能力，而且受制于国际市场的可供能力，绝非长久之计。许多桉树木材密度高，强度大，是家具和装饰的优良材料。高质量的桉树木制品逐渐取得的良好信誉以及明显的价格优势，必将加快桉树人工林木材在未来几年进入国际市场的步伐。我国桉树人工林种植面积和木材蓄积量在近几年得到迅速的发展，因此开展桉树大径材实木利用的研究，提高其经济附加值，取代天然林以满足对实体木材产品需求的日益增长，不仅有利于我国森林资源的合理利用，而且可促进国内木材加工工业的可持续发展（姜笑梅等，2007；殷亚方等，2001a）。

桉树纤维利用的纸浆制品已经确立了稳固的国际市场地位，桉树硬质纤维板和刨花板在市场中也取得了成功。用低龄材生产的桉树锯材则是市场中相对较新的产品，通常只是作为低价值的建筑材或包装箱板，局限于各国国内市场的消费。在巴西，桉树实木产品正通过价格上的优势开始在市场上与当地相对较丰富的热带木材资源竞争。在阿根廷等国的市场上，由于缺乏其他的可替代树种，桉树锯材则大大增强了市场竞争力（黄如楚，2010）。

随着环境保护呼声的不断高涨，越来越多的国家开始减少热带木材的采伐量，这给桉树木材进入国际市场带来了机遇。现在澳大利亚以桉树为代表的阔叶材实木产品，如地板半成品、用于生产指接材的锯材和用于地板和家具表面装饰的单板，在进入日本阔叶材木制品市场过程中获得了很好的机会，抢占了一定的市场份额，这主要是得益于不断扩大的市场和高质量桉树制品逐渐取得的良好信誉以及其明显的价格优势。当今世界阔叶树种人工林采伐量将以每年20%的速度递增，这也为桉树木材增加其在实木和其他非纤维用途树种中的比重提供了极好的条件和机会（姜笑梅等，2007；殷亚方等，2001b）。因此，桉树大径材作为一种短期见效的可再生资源，具有配置木材市场资源的优势，市场前景良好。

第二节　世界桉树资源与利用

至2019年，全世界已有100多个国家引种桉树，总计桉树人工林面积约为2500万 hm^2。桉树主要用于纸浆、造纸、人造板、木炭、薪材等生产，由于桉树木材的硬度高，也可作为建筑用材。桉树人工林在不断快速发展，前三位的国家分别为印度657万 hm^2、巴西570万 hm^2 和中国546万 hm^2。欧洲的代表性国家有葡萄牙70万 hm^2、西班牙60万 hm^2；南美洲的代表性国家还有乌拉圭70万 hm^2、智利60万 hm^2、阿根廷24万 hm^2；亚洲的代表性国家还有泰国48万 hm^2、越南34.8万 hm^2、巴基斯坦24.5万 hm^2；非洲的代表性国家有南非67万 hm^2、安哥拉39万 hm^2、埃塞俄比亚25万 hm^2、摩洛哥20万 hm^2；大洋洲的澳大利亚83.51万 hm^2；北美洲的美国也有20万 hm^2 桉树（谢耀坚等，2019）。

2015年世界大约有33.1万 hm^2 的以生产高价值桉树木材的人工林（间伐、修枝），占桉树人工林总面积的1.32%；其中，乌拉圭最多13.8万 hm^2，占其桉树总面积的19.71%；澳大利亚6万 hm^2，占其桉树人工林的7.18%；巴西5万 hm^2，阿根廷3万 hm^2，南非 2 万 hm²，所罗门群岛 1.4 万 hm²，智利 1 万 hm²，巴拉圭 9000hm²。2015 年世界桉树锯材出口量 80.55 万 m³，2016 年增加到 87.22 万 m³，增长 8.28%，其中 70 万 m³ 桉树大径材出口到了中国，占总量的 80.26%；主要桉树锯材出口国包括澳大利亚出口 37.56 万 m³（蓝桉和亮果桉，价格 124~129US$/m³）；乌拉圭出口 13.4 万 m³（巨桉，价格 170US$/m³，修枝材）；美国 15 万 m³（巨桉，价格 131US$/m³）；巴西 7 万 m³（尾巨桉，价格 113US$/m³）；巴布亚新几内亚 7 万 m³、所罗门群岛 3.4 万 m³、新西兰 2.42 万 m³、智利 5000m³、安哥拉 1 万 m³（Robert Flynn，2016）。桉树纸浆材和大径材生产投资回报率见表 1-5。

表 1-5　桉树纸浆材和大径材生产投资回报率

国家	研究树种	用途	轮伐期(a)	IRR(%)
乌拉圭	蓝桉	纸浆材	10	4.3
	邓恩桉	纸浆材	10	6.7
	巨桉	锯材	16	7.5
阿根廷	巨桉(不修枝)	多用途	10	8.7
	巨桉(修枝)	锯材	12	8.7
巴西	尾巨桉	纸浆材	7	4.0
	尾巨桉	锯材	14	8.5

注：IRR 为内部收益率。

根据联合国粮农组织关于硬木木材总收获的数据和对各国桉树收获份额的估计，2015 年全球桉树木材产量约为 3 亿 m³，占阔叶树木材收获的 30%；预计到 2030 年，全球桉树木材产量将增加到 5.2 亿 m³，占阔叶树木材收获的 50%，每年以 3.7% 的速度增长。超过一半的桉树木材供应增长预计将发生在巴西，另外 15% 的增长预计发生在印度尼西亚，由于使用粗皮桉替代相思种植（Robert Flynn，2016）。

一、澳大利亚

1. 澳大利亚桉树资源情况

至 2015 年底，澳大利亚的森林面积为 1.34 亿 hm²，覆盖 17% 的国土面积，其中 1.316 亿 hm² 为天然林，占 98%，人工林只有 195 万 hm²。天然林中桉树有 1.01 亿 hm²，占 77%，相思有 1100 万 hm²，占 8%；人工林中以桉树为主的阔叶林面积为 92.83 万 hm²，占阔叶林和针叶林总面积的 47.27%（表 1-6），主要栽培的树种有蓝桉（*E. globulus*）、亮果桉（*E. nitens*）、弹丸桉（*E. pilularis*）、巨桉（*E. grandis*）、邓恩桉（*E. dunnii*）、大花序桉（*E. cloeziana*）、斑皮桉（*Corymbia maculata*）等（Abares，2018）。

澳大利亚近年来木材生产的基本情况是，从 2005—2006 年度到 2015—2016 年度的 11 年间，木材年生产量从 2673 万 m³ 提高到了 3009 万 m³，提高了 12.53%；其中来自天然林的木材从 885 万 m³ 下降到了 413 万 m³，总量下降了 53.33%，占比从 33.12% 下降到 13.72%，下降了 19.40 个百分点；与之相反，以桉树为主的阔叶人工林，木材从 378 万 m³ 提高到了 978 万 m³，总量上升了 158.73%，占比从 14.14% 提高到 32.51%，上升了 18.37 个百分点，说明以桉树为主的阔叶人工林在澳大利亚木材供应链中的作用越来越大（表 1-7）。以桉树为主的阔叶人工林木材的用途还是以纸浆材为主，木材产量从 355.4 万 m^3 提高到了 959.0 万 m^3，总量上升了 169.84%；而锯材产量比较稳定，变化幅度不大，产量最多的 2014—2015 年度为 26.9 万 m^3，占当年阔叶人工林材产量的 3.18%（表 1-8）。按照政府部门的长期预测，以桉树为主的阔叶人工林锯材产量将从 2015—2019 年度每年约 40.8 万 m^3，稳步增长到 2055—2059 年度每年 99.4 万 m^3；占阔叶材总木材产量的比例也从 3.17% 提高到 10.9%（Abares，2018）。

表 1-6　澳大利亚人工林面积统计　　　　万 hm^2

年份	针叶树	阔叶树	合计	年份	针叶树	阔叶树	合计
1989—1990	92.64	9.65	102.29	2004—2005	99.0	74.02	173.02
1994—1995	89.64	24.17	113.81	2009—2010	102.36	97.30	199.66
1999—2000	97.22	50.26	148.48	2014—2015	103.54	92.83	196.37

表 1-7　澳大利亚近年来木材生产情况

项目	木材产量（百万 m^3）									
	2005—2006	2006—2007	2007—2008	2008—2009	2009—2010	2010—2011	2011—2012	2012—2013	2013—2014	2014—2015	2015—2016
天然林	8.85	8.77	9.15	7.95	6.79	6.51	4.64	3.92	4.09	4.08	4.13
占比（%）	33.12	32.27	32.25	30.81	26.55	24.53	19.76	17.34	16.18	14.94	13.72
阔叶人工林	3.78	4.05	4.27	4.75	4.56	5.22	5.07	5.28	6.97	8.46	9.78
占比（%）	14.14	14.90	15.05	18.40	17.82	19.69	21.56	23.39	27.58	31.00	32.51
针叶人工林	14.10	14.37	14.95	13.10	14.22	14.80	13.79	13.38	14.21	14.75	16.18
合计	26.73	27.19	28.37	25.80	25.57	26.53	23.50	22.58	25.27	27.29	30.09

表 1-8　澳大利亚近年来人工林木材生产情况　　　　万 m^3

木材种类	2005—2006	2006—2007	2007—2008	2008—2009	2009—2010	2010—2011	2011—2012	2012—2013	2013—2014	2014—2015	2015—2016
针叶人工林锯材	910.5	925.3	942.2	834.1	932.7	880.6	812.1	813.5	912.2	953.2	998.6
针叶人工林纸浆材	458.0	462.6	512.6	437.0	449.9	563.2	528.3	483.0	471.8	490.0	585.8
阔叶人工林锯材	20.8	15.9	18.6	16.8	13.6	11.4	6.8	11.3	19.0	26.9	18.7
阔叶人工林纸浆材	355.4	387.8	406.5	456.9	441.2	509.9	498.1	515.7	677.2	819.0	959.0

据 2017—2018 年度最新报告，阔叶树种人工林总面积为 89.6 万 hm^2，其中桉树人工林为 83.51 万 hm^2，占 93.2%。桉树主要树种以蓝桉造林面积最大为 45.74 万 hm^2，占 51.1%，亮果桉面积 23.36 万 hm^2，占 26.1%，邓恩桉 2.95 万 hm^2，占 3.3%，巨桉 2.51 万 hm^2，占 2.8%，斑皮桉等伞房属 1.99 万 hm^2，占 2.2%，其他桉树 6.96 万 hm^2，占 7.8%。从这个经营年度开始，澳大利亚的桉树经营者的经营目标发生了很大的变化，阔叶人工林面积的 82% 经营为纸浆材，而高达 17.9% 的面积开始经营为锯材生产，折合 16 万 hm^2 的阔叶树种人工林、14.95 万 hm^2 的桉树人工林将以桉树大径材为经营目标（Downham and Gavran，2019）。

2. 澳大利亚桉树大径材培育技术

澳大利亚桉树大径材生产技术主要来源于桉树天然再生林的改造技术，主要是密度的调控技术，鉴于澳大利亚桉树天然林采伐的锯材数量在逐年下降，桉树人工林锯材生产的重要性在逐步增加，催生了桉树人工林的大径材生产技术。

树种选择。桉树大径材主要栽培的树种主要有弹丸桉、巨桉、邓恩桉、大花序桉、斑皮桉等伞房属系列树种，蓝桉和亮果桉为纸浆材主要树种，同时也是培育大径材的良好树种。

轮伐期选择。从表1-9得知，澳大利亚桉树锯材生产的轮伐期主要在25~27年，中间经过两次间伐，第一次间伐在9~10年，第二次间伐在15~16年，年均生长量 14~20m³/(hm²·a)。

表1-9 澳大利亚主要地区桉树锯材生产情况

地区	最终采伐产量(m³/hm²)			第二次间伐量(m³/hm²)			第一次间伐量(m³/hm²)			年均增长量 [m³/(hm²·a)]
	年龄	锯材	纸浆材	年龄	锯材	纸浆材	年龄	锯材	纸浆材	
Western Australia	25	150	170	15	0	100	9	0	80	20
Mt Lofty Ranges	25	150	170	15	0	100	9	0	80	20
Murray Valley	27	140	160	16	0	100	10	0	80	18
Central Victoria	27	140	160	16	0	100	10	0	80	18
East Gippsland-bombala	27	112	128	16	0	80	10	0	64	14
Tasmania	25	150	170	15	0	100	9	0	80	20

3. 澳大利亚Tasmania地区桉树大径材培育技术

澳大利亚高等级桉树锯材标准为小头直径≥30cm，锯材长度最小3.6m，小规格的锯材标准为小头直径≥20cm，锯材长度最小2.5m（表1-10）（Wood et al., 2007）。

表1-10 桉树人工林木材等级标准

序号	木材等级描述	去皮胸径(cm)		长度(m)		修枝
		最小	最大	最小	最大	
1	高等级锯材	30.0	无	3.6	6.4	必须
2	小锯材	20.0	32.0	2.5	11.0	无
3	未修枝旋切材	20.0	无	0.9	11.0	无
4	纸浆材	10.0	无	2.4	11.0	无
5	废材（薪材）	0.0	无	0.0	无	无

Tasmania地区是澳大利亚桉树人工林锯材生产的主要地区之一，制定了长期桉树大径材生产目标，即每年产量不低于30万m³，其中16万m³为高等级锯材；为达到这个生产目标，Tasmania地区桉树人工林35646hm²的大部分将用于大径材生产，即44.25%的桉树面积用于高等级锯材生产，38.37%的桉树面积用于小锯材生产，两项合计为82.62%，具体数据见表1-11。

表 1-11 澳大利亚 Tasmania 地区 2007 年国有桉树人工林生产大径材林分面积情况　　hm²

木材等级	桉树树种			合计	占比(%)
	蓝桉	亮果桉	其他		
高等级锯材	2690	13041	41	15772	44.25
小锯材	2772	6614	4290	13676	38.37
纸浆材	2429	3305	464	6198	17.38
合计	7891	22960	4795	35646	100.00

(1)间伐模式范例之一

本研究中的立地质量评价采用的立地指数是指标准年龄为 15 年时的优势木平均高,本间伐模式研究在好、中、差三种立地指数级 SI 分别为 30、25 和 20 进行;所选的树种是蓝桉。间伐模式一:早期一次间伐,在 6 年生时从密度 1100 株/hm² 一次性间伐到 300 株/hm²;间伐模式二:中期一次间伐,在平均优势高达到 19m 时(20m 之前),从密度 1100 株/hm² 一次性间伐到 280 株/hm²;间伐模式三:两次间伐,首次间伐在 6 年生时,从密度 1100 株/hm² 间伐到 700 株/hm²,采伐物都是薪材,在澳大利亚并无价值,二次间伐 12 年生时,间伐到 300 株/hm²,再加修枝(Wood M J et al.,2007)。

立地条件差、中、好条件下,间伐模式一在 6 年生间伐时,优势木平均高分别为 12、15 和 17m;间伐模式二在优势木平均高 19m 间伐时,间伐年龄分别是 11、9 和 7 年;间伐模式三在 12 年生第二次间伐时,优势木平均高分别为 20m、24m 和 27m。

表 1-12 三种间伐模式林分在间伐和采伐时的主要指标

间伐模式		指标	立地质量(指数)		
			差(20)	中(25)	好(30)
间伐模式一	间伐	年龄(a)	6	6	6
		优势木平均高(m)	12	15	17
	采伐	年龄(a)	19	18	16
		立木数量(株/hm²)	298	298	298
		合计胸高断面积(m²)	27	35	39
		单株平均胸高断面积(m²)	0.09	0.12	0.13
		平均胸径(cm)	34	39	41
		净现值(澳元)	-222	646	1541
间伐模式二	间伐	年龄(a)	11	9	7
		优势木平均高(m)	19	19	19
	采伐	年龄(a)	21	19	16
		立木数量(株/hm²)	279	279	279
		合计胸高断面积(m²)	25	32	37
		单株平均胸高断面积(m²)	0.09	0.11	0.13
		平均胸径(cm)	34	38	41
		净现值(澳元)	458	1479	2531

(续)

间伐模式		指标	立地质量(指数)		
			差(20)	中(25)	好(30)
间伐模式三	间伐(2)	年龄(a)	12	12	12
		优势木平均高(m)	20	24	27
	采伐	年龄(a)	20	20	17
		立木数量(株/hm²)	299	299	299
		合计胸高断面积(m²)	25	33	35
		单株平均胸高断面积(m²)	0.08	0.11	0.12
		平均胸径(cm)	33	37	39
		净现值(澳元)	243	1288	2447

根据分析结果，无论是好、中、差何种立地，净现值都是以间伐模式二为最高，净现值分别为2531、1479和458澳元，采伐年龄分别为16、19和21年；其次为间伐模式三，再次为间伐模式一。各种等级材的出材率见表1-13，在间伐模式一中，由于间伐时间比较早没有间伐纸浆材，间伐模式三中，在第二次的间伐中过程中获得的纸浆材比间伐模式二的要多；间伐模式二和三在间伐过程中所获得的纸浆材都是随着立地质量的增加而增加。总的来说，无论何种间伐模式，高等级锯材出材量都是随着立地质量的增加而增加。

表1-13 三种间伐模式各木材等级出材量　　　　　　　　　m³/hm²

间伐模式	木材种类	立地质量(指数)		
		差(20)	中(25)	好(30)
间伐模式一	高等级锯材	30	149	186
	小锯材	168	161	169
	未修枝旋切材	6	10	33
	纸浆材(间伐)	0	0	0
	纸浆材(皆伐)	42	40	38
	废材(薪材)	15	13	15
	小计	261	373	441
间伐模式二	高等级锯材	32	129	156
	小锯材	164	162	162
	未修枝旋切材	3	15	46
	纸浆材(间伐)	63	70	65
	纸浆材(皆伐)	42	38	36
	废材(薪材)	14	13	14
	小计	318	427	479

(续)

间伐模式	木材种类	立地质量(指数)		
		差(20)	中(25)	好(30)
间伐模式三	高等级锯材	15	125	157
	小锯材	174	187	180
	未修枝旋切材	4	13	14
	纸浆材(间伐)	72	89	97
	纸浆材(皆伐)	46	43	42
	废材(薪材)	14	13	13
	小计	325	470	503

(2)间伐模式范例之二

本研究中的树种是亮果桉,研究内容有:一是立地选择,立地质量评价采用的是蓄积年平均生长量的高峰值;本间伐模式研究在4种立地中进行,年平均蓄积生长量峰值分别为20、25、30和35m³/(hm²·a),峰值发生年份分别是25、18、19和16年。二是修枝技术,3个处理,不修枝、低规格修枝(3年生时修枝350株/hm²、修枝高度2.7m)和高规格修枝(3年生时修枝350株/hm²、修枝高度2.7m;4年生时修枝325株/hm²、修枝高度4.5m;5年生时修枝300株/hm²、修枝高度6.4m)。三是间伐技术,5个间伐处理:不间伐、一次非商业性间伐(在6年生时把密度从1100株/hm²一次性间伐到300株/hm²,没有间伐收入)、二次间伐(在6年生时把密度从1100株/hm²间伐到725株/hm²;二次间伐把密度间伐到300株/hm²,有间伐收入)、一次商业性间伐(第一次把密度从1100株/hm²间伐到240株/hm²,至少有70m³/hm²木材收入)和二次商业性间伐(把密度从1100株/hm²一次间伐到450株/hm²;二次间伐到240株/hm²,每次间伐都至少有70m³/hm²木材收入),相关的间伐年龄都要有很好的计划性。基于最大利润的采伐年龄见表1-14(Wood et al.,2009)。

表1-14 五种间伐处理最大利润化的采伐年龄　　　　NPV,$AU/hm²

间伐处理	立地质量-蓄积年平均生长量峰值[m³/(hm²·a)]											
	20			25			30			35		
	修枝处理			修枝处理			修枝处理			修枝处理		
	不修	低修	高修	不修	低修	高修	不修	低修	高修	不修	低修	高修
不间伐	17	17	17	16	16	17	16	16	18	15	16	18
一次非商业性间伐	19	22	25	18	19	21	17	18	18	17	15	17
二次间伐	20	23	27	19	22	22	18	18	18	18	18	18
一次商业性间伐	20	23	25	19	19	21	18	16	19	17	14	17
二次商业性间伐	22	25	28	21	22	23	20	18	21	19	18	19

从表1-14得知,以净现值最大化的采伐年龄,随着立地质量增加而减小。在等级材的出材方面,出材总量随着立地质量的提升而明显增加(表1-15);在众多组合处理中,木材产量最低的只有225m³/hm²,是在立地质量为蓄积年平均生长量峰值

20m³/(hm²·a)条件下，不修枝、不进行商业性间伐的结果；木材产量最高的有559m³/hm²，是在立地质量为蓄积年平均生长量峰值35m³/(hm²·a)条件下，不修枝、但进行两次商业性间伐的结果；高等级锯材产量最高的是182m³/hm²，是在立地质量为蓄积年平均生长量峰值35m³/(hm²·a)条件下，高规格修枝、并进行两次间伐的结果。

表1-15 五种间伐处理等级材出材量　　　　　　　　　　　　m³/hm²

间伐处理	等级材	立地质量-蓄积年平均生长量峰值[m³/(hm²·a)]											
		20			25			30			35		
		修枝处理			修枝处理			修枝处理			修枝处理		
		不修	低修	高修	不修	低修	高修	不修	低修	高修	不修	低修	高修
不间伐	高等级锯材	0	0	0	0	1	2	0	6	18	0	15	42
	小锯材	83	83	83	83	129	147	201	195	232	232	254	285
	纸浆材	182	182	181	181	188	176	198	186	146	201	178	146
	合计	265	265	264	264	318	325	399	387	396	438	447	473
	锯材小计	83	83	83	83	130	149	201	201	250	237	269	327
一次非商业性间伐	高等级锯材	0	36	113	113	51	135	0	58	153	0	55	181
	小锯材	172	190	166	166	202	164	291	233	167	378	250	196
	纸浆材	53	54	54	54	51	36	50	41	2	49	28	0
	合计	225	280	333	333	304	335	341	332	322	427	333	377
	锯材小计	172	225	279	279	253	299	291	291	320	378	305	377
二次间伐	高等级锯材	0	21	94	94	62	123	0	58	155	0	55	182
	小锯材	156	187	183	183	231	170	301	243	176	389	261	207
	纸浆材	136	136	136	136	134	118	124	114	74	138	116	87
	合计	292	344	413	413	427	411	425	415	405	527	432	476
	锯材小计	156	208	277	277	293	293	301	301	331	389	316	389
一次商业性间伐	高等级锯材	0	37	107	107	44	124	0	44	150	0	40	162
	小锯材	160	173	137	137	183	142	295	193	168	356	203	189
	纸浆材	114	114	113	113	108	106	110	101	81	105	103	79
	合计	274	324	357	357	335	372	405	338	399	461	346	430
	锯材小计	160	210	244	244	227	266	295	237	318	356	243	351
二次商业性间伐	高等级锯材	0	25	91	0	41	113	0	42	143	0	42	157
	小锯材	172	196	179	248	228	178	333	235	208	407	261	239
	纸浆材	165	165	163	162	160	144	154	144	112	152	131	108
	合计	337	386	433	410	429	435	487	421	463	559	434	504
	锯材小计	172	221	270	248	269	291	333	277	351	407	303	396

经济收益也是随立地质量的增加而增加(表1-16)。对于不间伐处理，修枝操作明显降低了经济收益，即经济效益的排序为不修枝>低规格修枝>高规格修枝；对于各种

间伐处理，在最好的立地上[35m³/(hm²·a)]，经济收益都是修枝规格越高越大，即经济效益的排序为不修枝<低规格修枝<高规格修枝。在不好的立地上[20m³/(hm²·a)]，无论哪种间伐和修枝处理，其经济效益都很差，不适合作为桉树大径材培育的立地；在一般的立地上[25m³/(hm²·a)]，要谨慎选择间伐和修枝处理，选择不当，也有可能亏本；在较好的立地上[30m³/(hm²·a)]，无论哪种间伐和修枝处理，都能盈利，可选的盈利选项比较多；只有在好的立地条件下，生产锯材才能获得高利润，利润最高为3638澳元/hm²，为最好的立地上[35m³/(hm²·a)]高规格修枝并进行一次性商业间伐，这个立地是Tasmania地区高规格锯材生产的立地选择。

表1-16　五种间伐处理的经济产出　　　　　　　　　　　净现值，$AU/hm²

间伐处理	立地质量-蓄积年平均生长量峰值[m³/(hm²·a)]											
	20			25			30			35		
	修枝处理			修枝处理			修枝处理			修枝处理		
	不修	低修	高修	不修	低修	高修	不修	低修	高修	不修	低修	高修
不间伐	0	-443	-1268	815	361	-582	1729	1261	133	2659	2113	1142
一次非商业性间伐	-640	-766	-1187	34	126	-145	879	1093	1026	1786	1976	2423
二次间伐	87	-176	-686	954	927	558	1944	2097	1953	3012	3205	3455
一次商业性间伐	268	107	-309	1085	1093	864	2078	2134	2129	3077	3157	3638
二次商业性间伐	271	13	-497	1181	1061	669	2253	2241	1848	3383	3318	3255

4. 澳大利亚桉树利用

ABARES的数据显示，截至2015年6月30日，澳大利亚桉树原木产量约为220万m³，其中88%来自次生林，只有12%来自人工林。澳大利亚是世界上最大的桉树原木出口国，在2015年和2016年达到每年35万m³。几乎所有的桉树原木都出口到中国，主要用于胶合板生产。2016年约70%的桉树原木出口是巨桉，20%是蓝桉。

（1）纸浆材

澳大利亚在20世纪初即已用桉属阔叶材造纸，在Tasmania地区的波纳市建立了第一个商品性的造纸厂。1938年开始制造书写纸和新闻纸，1957年纸浆产量约3.4万t。其后在维多利亚州的玛利伐尔市建立纸厂，生产包装纸和硬纸板，1960年产量达8.7万t。在Tasmania地区的波易市新闻纸有限公司，每年生产新闻纸10万t。用于造纸的最好树种有：大桉、蓝桉、斜叶桉、王桉、柳桉、山白蜡桉、多枝桉。适于造纸的还有安德烈桉、小头桉、康西登桉、扫枝桉、棱萼桉、黄纤皮桉、亮叶桉、辐射桉、粗糙桉和苹果桉。这些桉树的纤维平均长度为0.75~1.33mm，它们的色泽、密度和抽出物的比率都适于制浆。澳大利亚50%以上的新闻纸都是用桉木制造的。

（2）纤维板

澳大利亚用桉树硬质材生产纤维板，直到1930年才初步完成试验研究工作，1939年开始商业性生产。新南威尔士州的梅萨尼特亚有限公司1960年曾用8万t桉木生产了厚度为0.3cm的纤维板1200m²，其后在维多利亚的艾尔登和昆士兰州的马尔巴勒又建立了各年产 1000 万 m² 的纤维板厂。在 Tasmania 地区的波纳市，造纸公司还年产硬质纤维板 400 万 m²。这些厂所用的主要树种有：斑皮桉、伞房花桉、树脂桉、白桃花心桉、粗糙桉、铁木桉和圆锥花桉。用量较少的树种有：棱萼桉、山桉、小帽桉、灰厚皮桉、柳桉、细叶桉、辐射桉、弹丸桉和大叶桉。

（3）家具

澳大利亚的木制家具主要以浅色为主，使用的木材是王桉、大桉、巨桉、蓝桉以及各种松木；如今多数人喜欢深色家具，木材有加拉桉、卡瑞桉、赤桉、斑皮桉、相思木、澳洲胡桃木等。尤其用加拉桉木心材制作的家具颇似我国的红木家具，在澳大利亚颇受欢迎，但价格较高。加拉桉木心材深红色，密度大，气干材约 820kg/m³，主要生长在西澳洲。

（4）改性材

澳大利亚纯粹用桉树木材生产人造板的企业比较少，其主要用于制造单板和胶合板工业。桉树主要树种有边缘桉、王桉、异色桉、斑皮桉和大桉。合成树脂的发展对改性材和压缩材的制造有很大的促进，利用树脂浸渗或压缩工艺，使木材的机械强度得到改变，以酚醛树脂品质最优良和最受欢迎。用于制造压缩木的主要树种是斑皮桉，用它可以生产高密度产品——塑性木材。利用边缘桉、斑皮桉、小头桉和小帽桉等树种的木材生产滑雪板，由于木材硬度大、密度高，加之造型结构新颖，成为极受欢迎的木材制品。

二、巴西

1. 巴西桉树培育

巴西拥有世界上最大的桉树人工林面积 570 万 hm²，面积前 5 位的州分别是 Minas Gerais、Sao Paulo、Mato Grosso do Sul、Bahia 和 RIO Grande do Sul。自 20 世纪 60 年代开始，巴西从国外共引进 92 种桉树，到 1984 年最终选定了 8 种。巴西作为世界桉树人工林发展的成功典范，已在桉树人工林的营林、管理、木材加工技术及其产品市场开发方面取得了突出进展，尤其是巨桉、尾巨桉及其种间杂交的优良无性系得到了很好的发展，其年生长量高达 60~100m³/hm²。巴西桉树人工林的主要树种是巨桉、尾叶桉、尾巨桉、巨赤桉、亮果桉、蓝桉以及它们的种间杂交种。

巴西特别重视桉树生态效益方面的研究：①采伐剩余物归田，每公顷 50t，包括树冠 9t、树皮 8t、树根 20t、枯枝落叶 13t。②水分利用效率桉树最高，为每千克用水生产 2.9g 干物质，松树为 2.1g，比农作物的水分利用效率更高，马铃薯 0.53g、玉米 0.78g、甘蔗 1.8g、豆子 0.5g、小麦 0.98g（Laércio Couto，2012）。

间伐模式的研究。首次间伐时间主要由培育目标的数量和质量决定，间伐强度也很重要，间伐强度太大可能引发副作用，比如杂草和杂灌的竞争、风的危害等、蓄积生长量的降低等。本案研究的树种为邓恩桉，初植密度 1600 株/hm²（2.5m×2.5m），造林后施肥量为 240kg/hm²，NPK（5∶2∶10），所有处理都是在 2 年生时修枝，修枝规格：保留的树冠长度不小于 4m，修枝树干高度 6m，间伐处理见表 1-17（Mario and Juergen，2019）。

数据采集从第二年开始,最后一次观测的年龄为13年,分析结果见表1-18:①平均胸径,不间伐处理的平均胸径只有20.2cm,有3种间伐处理的平均胸径超过30cm,间伐模式三的平均胸径最大为39.8cm,比对照高97%;②平均单株材积,不间伐对照只有0.4m³,4种间伐处理从0.8~1.5m³;③蓄积量,所有间伐处理的蓄积量都比对照要小,处理一总蓄积量数值最大,为529m³/hm²,只有对照的83.44%,而处理二的立木蓄积量最大,为488m³/hm²,只有对照的77%;④蓄积年平均生长量(MAI),对照为49m³/(hm²·a),4个间伐处理在26~41m³/(hm²·a),都小于对照。

表1-17 五种间伐模式

间伐年份(年)	不间伐	模式一	模式二	模式三	模式四
0	1600	1600	1600	1600	1600
1	1600	1600	1000	1000	1000
2	1600	1400	600	600	200
5	1600	400	600	200	200

表1-18 林分特性汇总(13年生)

变量	单位	间伐模式					P
		不间伐	模式一	模式二	模式三	模式四	
保留密度	株/hm²	1571d	395b	621c	185a	211a	<0.01
优势高	m	36,33	36,36	36,31	40,34	38,34	—
立地质量		Ⅱ,Ⅱ	Ⅱ,Ⅱ	Ⅱ,Ⅲ	Ⅰ,Ⅱ	Ⅰ,Ⅱ	
平均胸径	cm	20.2a	30.6abc	27.7ab	39.8c	38.2bc	<0.01
优势木胸径	cm	34.9	38.5	38.2	43.8	42.8	0.12
胸高断面积	m²/hm²	50.5c	29.0ab	37.5b	22.7a	24.1a	<0.01
平均单株材积	m³	0.4a	1.0bc	0.8ab	1.5d	1.4cd	<0.01
优势木平均材积	m³	1.3	1.5	1.5	1.7	1.7	0.09
立木蓄积量	m³/hm²	634c	381ab	488b	271a	290a	<0.01
第一间伐材积	m³/hm²	0	15	31	31	50	—
第二次间伐材积	m³/hm²	0	132	0	184	0	—
材积合计	m³/hm²	634b	529b	519b	486ab	340a	<0.01
年平均生长量	m³/(hm²·a)	49	41	40	37	26	—

注:立地质量中Ⅰ、Ⅱ、Ⅲ分别代表好、中和差的立地。

5种间伐处理的不同规格木材出材率列于表1-19,不间伐对照的纸浆和小径材出材比例接近50%,而4种间伐模式只有15%~34%;中径材的出材率以间伐模式一最高达66%,出材量也最高为351m³/hm²;大径材的出材率和出材量则以模式三最高21%,出材量为103m³/hm²。

表 1-19　五种间伐处理产生不同规格材的出材率

规格材	直径(cm)	不间伐		模式一		模式二		模式三		模式四	
		m³/hm²	%	m³/hm²	%	m³/hm²	%	m³/hm²	%	m³/hm²	%
纸浆和小径材	<20	310	49	159	30	175	34	74	15	65	19
中径材	20~40	324	51	351	66	325	63	309	64	217	64
大径材	40~60	—	—	19	4	19	4	103	21	58	17
合计	—	634	100	529	100	519	100	486	100	340	100

注：木材长度2.5m，直径为小头直径。

2. 巴西桉树利用

自1985年开始，陆续有规模较大的人工林企业开始考虑将桉树人工林大径级原木作为培育目标。巴西桉树市场需求旺盛，2012—2020年的桉树木材需求分别为：①制浆和造纸从5400万m^3增长到9000万m^3；②薪材从3600万m^3增长到5300万m^3；③木炭从2200万m^3增长到5800万m^3；④能源木芯从0到700万m^3，每年约增长8.2%；⑤纤维板从500万m^3增长到700万m^3；⑥锯材从600万m^3（占3.34%）增长到900万m^3（占4.02%），每年约增长5.7%。2012—2020年的桉树木材材积需求量从1.796亿m^3增长到2.237亿m^3，相应的桉树面积需求从490万hm^2增加到610万hm^2。

2015年巴西木材消耗总量为19370万m^3，其中桉树木材15120万m^3，占78.06%。桉树木材消耗情况为：①制浆造纸6560万m^3，占43.39%；②实木利用660万m^3，占4.37%；③人造板610万m^3，占4.03%；④木炭2130万m^3，占14.07%；⑤薪材4860万m^3，占32.12%；⑥其他310万m^3，占2.02%（Robert Flynn，2016）。

2013年，巴西向中国出口了不到1000m^3的桉树原木。2014年增加到3000m^3，2015年增加到1.4万m^3，2016年激增到约7万m^3。

（1）制浆造纸

巴西是世界上第七大纸浆生产国，占世界纸浆总产量的4%，同时也是世界第三大商品浆生产国和最大的桉木浆生产国，2018年巴西纸浆产量突破2100万t。巴西有制浆造纸企业近200家，其中最大的两家公司即金鱼浆纸（Suzano）和鹦鹉浆纸（Fibria）于2018年合并。巴西的纸张生产和消费在世界名列第11位，用桉木浆生产制造的纸种主要有包装用纸、印刷书写纸、纸板、卫生纸、新闻纸和特种纸等，其中包装用纸为巴西产量和消费量最大的纸种，占巴西年产纸总量和消费量的44%。

（2）木炭

巴西不产焦炭，桉树木炭是当地钢铁工业和采矿业的主要能源，木炭能源约占巴西全国能源的比例为22%。当地的钢铁厂使用木炭炼钢，每年木炭消耗量近1500万t。将采伐后的桉树木材切成20~30cm长的短块，将其加入连续炭化炉，经400~500℃加热后即可产出木炭。在焦煤价格暴涨以及海运运费上升的严峻形势下，利用木炭代替焦炭炼铁，在焦煤不足的巴西开展钢铁生产，能使成本大幅降低。

（3）实木加工

巴西拥有极其丰富的天然林资源，可以提供大量高质量和大径级的原木进行实木加工，而且国内工业用木炭生产对木材的大规模需求，导致人工林资源的实木利用没有得到很好的发展。随着森林资源可持续发展策略理念的深入推广和高附加值人工林实木利用的潜能被逐渐认识,加之采用了可持续发展策略及先进的营林技术,培育出来的桉树人工林开始用于实木加工。特别是巨桉和大花序桉,分别与巴西著名的桃花心木和"象牙色木材"十分相似,所制作的实木制品质量高、价格好。巴西桉树人工林木材还被广泛应用于家具、地板、模板、天花板和镶板等室内木制品。

(4) 其他

巴西利用速生桉树人工林木材生产的硬质纤维板质量良好,不但满足国内需求,并且大量出口,占国际市场份额的15%。桉树木材在刨花板生产中的比例不断增加,利用低龄桉树原木旋切单板生产的胶合板产量也不断扩大。利用桉树人工林木材生产结构材也得到了发展,如利用间苯二酚树脂生产桉树木材胶合木或螺栓联接的横梁、旁轨、5.08cm×10.16cm(2in×4in)的单板、木桥、预制墙构件和单层办公建筑等。

三、乌拉圭

1. 乌拉圭的桉树资源

与同在南美洲的巴西人工林资源结构类似,乌拉圭的人工林也基本都是桉树和松树,总面积100万hm^2,其中桉树占70%,即70万hm^2,松树占30%;主要分布在离乌拉圭主要出口港蒙得维的亚400~500km范围。在乌拉圭北方地区,大约59%的桉树被用来培育高价值的桉树锯材,而在中东部地区,大约40%的桉树被用来生产锯材。这些桉树人工林很早(2年生)就开始间伐,随后不久就进行修剪,最后的高度达到9~10m。今天,乌拉圭是世界高价值桉树集约经营管理的领导者,旨在生产更高质量的桉树原木。栽培的主要品种是巨桉(锯材和纸浆材)和蓝桉(纸浆材)。

COFUSA和Weyerhaeuser是乌拉圭高价值桉树人工林主要经营者,品种都是巨桉,因其巨桉相对易于加工而闻名,尤其是在干燥方面。COFUSA是位于乌拉圭北部里维拉地区的一家家族企业,它是开发桉树更高价值应用的先驱。该公司在20世纪80年代末开始了一个项目,非常密集的经营管理,以生产高质量的巨桉锯材为主。该公司拥有37000hm^2桉树人工林,通过一项早期间伐和修剪的计划,以20年或更短的周期,生产出高比例的大原木。基本技术包括在2年生时巨桉被间伐,然后在4年生时用3或4部升降机修剪到7~9m;预计在间伐期(7~8年生)产量约为70m^3/hm^2,在16年生最终采收时产量约为420m^3/hm^2;平均年增量(MAI)约为30m^3/hm^2。

2. 乌拉圭的桉树利用

每年生产木材1400万m^3,其中70%(980万m^3)为桉树纸浆材,主要品种有巨桉、蓝桉和邓恩桉;剩余30%包括约19.0%(270万m^3)桉树薪材、5%(70万m^3)巨桉锯材和6.0%(85万m^3)火炬松锯材。巨桉纸浆材的轮伐期10年,蓄积年平均生长量(MAI)为28$m^3/(hm^2·a)$,巨桉中大径材的轮伐期20年,蓄积年平均生长量(MAI)为25$m^3/(hm^2·a)$。桉树纸浆材的小头直径要在8cm以上,到厂价为55US\$/m^3,而中大径材的锯材和旋切材小头直径要求在20cm以上,到厂价为60US\$/m^3。目前,乌拉圭桉树大径材以出口居多,同时也有本国企业在加工生产单板层积材(LVL),加工能力为8万m^3/a,需要使用的木材包括松树12.56万m^3(80%)和桉树3.14万m^3(20%),

作为建筑用材销售到全球市场，其中中国是其主要出口市场（Andrés Dieste, et al, 2019）。2007年桉树原木出口量在迅速增长到10万m^3以上，并在2015年达到17.8万m^3的创纪录水平。所有的桉树锯材都是通过集装箱运输的，每个集装箱大约25~30m^3。2016年，直径为20cm以上的标准原木（不修剪），售价为70~105美元/m^3，而直径为30cm以上的标准原木，售价为105~140美元/m^3；一些50cm+修剪的销售高达280美元/m^3（Robert Flynn, 2016）。

URUFOR是属于COFUSA同一家族集团的一家公司，多年来一直在乌拉圭北部生产桉树木材，该公司安装了一个新的主要木材加工中心，这是世界上最大的桉树锯木厂。原木投入360000m^3，木材干燥能力10000m^3/月。产品以Red Grandis品牌销售，URUFOR生产KD木材（含水率10%~12%）和一系列的构件和面板以及内部胶合板，用于生产家具、橱柜、门窗、楼梯组件和建筑木制品。2015年，URUFOR向超过25个国家出口了9.3万m^3的锯木（超过乌拉圭总锯木量的91%）。

四、南非

南非拥有非洲最大的桉树面积67万hm^2，长期以来以种植纯种巨桉为主，现在开始以巨赤桉、巨尾桉等杂交品种替代巨桉。在高海拔的冷凉地区，种植巨亮桉杂交无性系替代巨桉。但近年来，人们对管理桉树生产锯木的兴趣有所减弱。在20世纪80年代早期，南非4万~4.5万hm^2的桉树人工林被用来生产锯木。但在20世纪90年代，这一面积降至平均3万hm^2，2010—2013年，这一面积降至1.67万hm^2，仅占该国桉树面积的3.2%，2015年上升到2万hm^2。

1992年，出售给锯木厂的桉树原木超过60万m^3，但在1997年减少到约40万m^3。到2007年只有25万m^3的桉树原木被锯木厂使用，而在2013年只有不到10万m^3的桉树原木被锯木厂使用。用于锯木厂的桉树原木比例从1997年的6.6%下降到2007年的2.5%，到2013年仅为1.0%，这是因为作为锯材生产的巨桉人工林资源在逐年减少。

五、新西兰

新西兰的人工林以辐射松为主，占90%，桉树和其他阔叶材树种只占2%；桉树以亮果桉居多，约有10000hm^2，小面积的还有高桉（*E. fastigata*）和王桉（*E. reganans*）。亮果桉以生产木片出口作为制浆造纸原料为主，近年来，利用15年生的亮果桉木材生产单板层积材（LVL）也成为了新的利用方向。

本案针对圆果桉（*E. globoidea*）木材做了LVL制造的一些研究。30年林分，平均直径36.3cm、小头直径34.4cm，旋切后剩余的木心直径比较大82mm，这与中国的旋切技术有很大的差距，中国桉树旋切后剩余的木心直径20~30mm，木心直径比较大小将影响旋切板的得材率数据，平均单板出材率54.5%、最小23.6%、最大74.5%；干燥单板密度平均688.13kg/m^3、最小557.41kg/m^3、最大824.0kg/m^3；收缩率平均9.85%、最小8.46%、最大11.31%；动态弹性模量平均15.14GPa、最小11.04GPa、最大19.51GPa（Fei Guo and Clemens, 2018）。

新西兰 2010 年开始向中国出口桉树木材，2010—2014 每年出口约 1 万 m³，2015 年上升到 37500m³。

六、其他国家

1. 智利

2019 年，智利桉树人工林 60 万 hm²，在过去 15 年里，每年新增加 3 万多 hm²；其中 69% 是蓝桉，31% 是亮果桉。2015 年，只有 2.7% 的桉树木材用于锯材生产或者出口。

2. 西班牙和葡萄牙

西班牙有 60 万 hm² 桉树人工林，主要是蓝桉，木材用于本国制浆造纸。

葡萄牙在 20 世纪 80 年代桉树面积超过 30 万 hm² 后开始稳步发展，2010 年突破 80 万 hm² 后开始回落，现有 70 万 hm² 桉树人工林，主要是蓝桉，干旱地区种植赤桉，木材用于本国制浆造纸。

3. 美国

美国在佛罗里达州、加利福尼亚州和夏威夷州等都有桉树人工林，主要树种为巨桉和尾巨桉。近年来夏威夷州开始向中国出口桉树木材，从 2012 年 3 万 m³ 上升到 2015 年的 14 万 m³。

4. 巴布亚新几内亚

巴布亚新几内亚只有两家公司拥有大面积的桉树，住友林业（Sumitomo Forestry）的子公司 Open Bay Timber 和 CS Bos International 旗下的 Stettin Bay Timber，两家公司都拥有大约 1 万 hm² 剥桉（*E. deglupta*）。Open Bay 每年生产约 10 万 m³ 的桉树原木，其中 70% 运往越南用于家具生产、10% 出口到菲律宾和马来西亚，一小部分卖给了当地的锯木厂。这些桉树的轮伐期约为 18 年。但从 2016 年开始，该公司计划将产量减少到每年 5 万~6 万 m³，并将继续保持这一水平。

5. 所罗门群岛

2015 年，所罗门群岛出口了超过 200 万 m³ 的硬木原木，其中 84% 出口到中国，12% 出口到印度。在 2015 年和 2016 年，Eagon 公司出口了约 2 万 m³ 的剥桉树原木，全部出口到中国，用于生产板材；而 KPFL 公司出口了 1.25 万 m³ 的剥桉树原木，这些桉树原木出口到中国（48%）、越南（41%）和日本（11%）。

第二章
桉树大径材培育理论与方法

桉树大径材培育不仅是一个复杂的系统工程,涉及森林培育学、遗传学、育种学、土壤肥料学、气象学、生态学等理论知识,而且是一个艰苦复杂的过程,大径材培育是一个开放系统,培育过程中有社会系统、经济系统、自然系统等综合交织在一起,这些系统中的一些要素和因子不时地影响着大径材的培育。这些系统中有哪些因子影响着大径材培育?它们又是如何影响的?理论研究包括以下两个方面:一是大径材培育体系模型研究,根据可持续发展理论、层次能级理论和控制与反馈理论的指导,以大材径培育的目标为切入点,对影响桉树大径材培育的社会、自然、经营技术等影响因素进行分析,应用解析结构模型理论,建立桉树大径材培育技术体系的因子结构机理模型。二是大径材培育体系模型评价。根据所建立的大径材培育体系中的结构因子,应用离差平方和分解理论,计算系统内主要关键因子对大径材培育贡献率,以定量分析和评价这些因子。

第一节 桉树大径材的概念

根据2017年出版的《桉树大径材培育技术规程》,桉树大径材的概念为:桉树的胸高直径达到28cm及以上的林木;这种木材主要可以用于锯材的加工,但由于受资源及加工水平的限制,目前这种规格木材还主要用于单板及胶合板的生产;桉树的胸高直径在16~26cm的林木为中径材,主要可以作为旋切板材使用,但部分也可以作为锯材使用;而胸高直径在8~14cm的林木为小径材,主要可以作为旋切板材使用(表2-1)。大径材林分是指大径材林木的数量占大径材、中径材和小径材总量的60%及以上的林分(陈少雄等,2017)。

表2-1 桉树木材产品分类

标准	直径范围(cm)	主要产品	产品出材率(%)	备注
大径材	≥28	锯材	>55	地板材(120mm)
中径材	16~26	锯材	40	地板材(90mm)
		旋切单板	70	

(续)

标准	直径范围(cm)	主要产品	产品出材率(%)	备注
小径材	8~14	旋切单板	>60	
切片材	4~6	纤维用材	100	木片
薪材	<4	薪材	100	

第二节 桉树大径材培育体系模型研究

根据系统论的观点，所谓要素（也可以称之为"系统要素"），即构成系统的必要因素，也是系统的构成要素。要素是组成系统的各个部分或成分，是系统最基本的单位，也是系统存在的基础和实际载体。要素决定着系统的结构、功能、性质、属性、特点等，同时也决定着系统的本质。系统的性质是由要素决定的，有什么样的要素就有什么样的系统。划分要素是认识系统、把握系统的最基本的手段，通过划分，使得系统中要素区分得当，既能准确地反映系统的特征，又易于认识系统各方面的变化规律。

营造桉树大径材速丰林是一个系统工程，受社会、经济和林业技术等方面的影响和作用。这是由林业生产具有社会性、经济性和生态性所决定的。林业在保持生态平衡和维护自然环境方面起着决定性作用，是人类生存的基础，林业还肩负着保持水土、涵养水源、调节气候、防风固沙、净化空气、美化环境的重要作用。同时林业在现代化建设中，又是一个十分重要的产业。没有充足的森林资源，就不能满足国家基本建设的需要和人们日益增长的物质文化生活需要。木材与生产资料和生活资料的生产和供应有着密切的关系。科学技术是第一生产力，森林培育离不开林业科学和技术的进步，科学技术的应用，促进林业生产的全面提升，才有利于林业的可持续发展和和谐社会的建立。尤其是以培育大径材为目的的林业生产，生产周期长，技术要求高，经营风险大，大径材培育成功不靠一项技术而是综合技术的结果。

一、大径材培育系统的社会经济技术要素划分

大径材培育是一个复杂系统，与社会系统、经济系统和自然系统交织在一起。为了考察各影响因子之间的关系，为大径材培育提供参考，建立因子的解析结构模型。因此从研究大径材培育系统的目的出发，构建大径材培育系统的影响因子体系，应用解析结构模型，建立和分析这些因子之间的关系，为建立桉树大径材培育技术体系提供参考。

1. 系统目的

桉树大径材速丰林的培育，充分利用桉树的速生性和高生产力的特点，满足社会对高附加值的木材产品需求。木材资源现在不是一般传统意义上的林产品，已上升为一种战略资源，尤其是在全球气候变化、天然林面积锐减，特别是热带雨林减少的背景下，木材资源的供应和消耗为世界所关注。随着我国经济的发展，"世界工厂"地位

的确立，与石油资源一样，我国对木材资源的依赖度不断提高，如果不及时解决，将影响到我国经济可持续发展，甚至是国家经济安全。

大径材培育主要是指通过满足社会对特定材种木材的需求，缓解社会对林业的压力，尤其是对生态林，特别是天然林大径材生产的压力，实现社会和谐、可持续发展。大径材培育是人工林定向培育的一种，目的明确，具有唯一性；产品规格具体，要求高。它是以生产经济价值高的锯材为主，即直径28cm以上的立木。

2. 系统因素构成及其系统影响因子

大径材培育是一个开放的系统，系统与环境进行着物质、能量、信息的交流。环境因子包括人文、社会、经济等诸多方面；系统因子包括系统构成要素及系统的结构、功能等。这些因子均是系统经营决策时必须考虑或受之影响的。

(1) 确定影响因子的理论根据

生态系统经营的影响因素很多，既包括系统内的构成因素，也包括系统之外的环境因素。如何在这些繁杂的因素中确定主要因子，就成为首先必须解决的问题。因此，确定因子时在可持续理论、层次—结构理论、控制与反馈原理等理论指导下进行。

①可持续发展理论

联合国环境与发展委员会给出的可持续发展定义是"既满足当代人需求又不危及后代人满足其需求能力的发展"。其核心思想是：经济的健康发展应该建立在生态持续能力、社会公正和人民积极参与自身发展的决策基础上。也就是说，可持续发展首先强调的是发展。但是，不解决各种制约经济发展的环境问题，人类将失去自身赖以发展的客观物质基础和生命的支持系统。为此，发展的可持续性取决于环境与资源的可持续性，只有合理开发，才能永续利用，同时当代人在利用环境和资源时，要考虑给下一代留下生存和发展的必要资本。作为约束经营区内人类开发活动，以维持区内生态环境良性循环，形成自然资源持续利用的最佳管理，所确立的因子体系必须遵循这一原则。

②层次能级理论

所谓层次能级理论，即按在管理对象中所处的地位，分出不同层次，各层次的能级就是其职能的划分与权力的大小，不同层次的问题要在相应的层次—能级上处理。大径材培育系统涉及经济、社会、环境等大系统的不同层次。培育系统本身又是由一级级相连的子系统构成，因此，层次—能级理论，对于建立大径材培育系统尤为重要。

③控制论及反馈原理

传统的控制论是研究设备、机器、生产过程等控制问题的理论，目前已经发展到大系统控制理论研究阶段。大径材生产经营决策体系也是一个大系统，其研究要以大系统理论作为指导，应用控制论的反馈原理建立大径材生产经营决策系统。大径材生产经营管理的目的就是通过监测、管理等手段不断地收集处于动态变化中的生态系统信息，经过加工后反馈用于调控区域内人类活动、生产方式以及其他影响大径材培育系统的行为。

(2)大径材培育系统影响因子

大径材培育系统影响因子共分为四大类 9 个因子：一是经营目标因子，包括：①经济目标、②社会目标；二是社会因子，包括：③社会需求；三是自然因子，包括：④气候因子和⑤立地因子；四是经营因子，包括：⑥树种控制、⑦密度调控技术、⑧施肥技术和⑨修枝技术。

二、研究的理论与方法

1. 解释结构模型的基本概念

ISM(Interpretative Structural Modeling)是美国 J·华费尔特教授于 1973 年作为分析复杂的社会经济系统有关问题的一种方法而开发的，它可以把模糊不清的思想、看法转化为直观的具有良好结构关系的模型。

要研究一个由大量单元组成的、各单元之间又存在着相互关系的系统，就必须了解系统的结构，一个有效的方法就是建立系统的结构模型。解析结构模型属于静态的定性模型，它的基本理论是图论的重构理论，通过一些基本假设和图、矩阵的有关运算，可以得到可达性矩阵；分解可达性矩阵，使复杂的系统分解成多级递阶结构形式。

解析结构模型技术来自于系统工程学。系统工程学的研究对象是复杂系统。由于科学技术的进步、社会的发展，使得描述、分析、综合、决策的问题日益增多，而解析复杂系统的难度也日益增大。采用一般的数学方法表述此类系统难以奏效，即使勉强地构成数学模型，也只是表示系统诸多问题的一部分。结构模型是定性模型，它只是表示对象的大致特点。根据结构图形与结构矩阵之间的一一对应关系，通过对矩阵的演算和变换，把不清楚、不条理、错综复杂的系统，变成简单、易理解和直观的递阶结构模型。它的优点在于集中表示系统相互间如何关联，而不表示量的关系，具有很强的解释功能。

解析结构模型技术 ISM 就是一种具有代表性的结构模型解析方法。它针对社会、经济、环境、工程等复杂系统，着眼于要素间的结合，迅速构造出可达矩阵，再设法求邻接矩阵，构成系统结构模型。

它的基本指导思想来源于系统工程学处理大规模复杂系统的思想方法。即：尽可能地把对象作为小规模、简单的系统来认识，在认识系统部分构造的基础上，认识系统的整体构造；把大规模复杂系统分解为能够处理的小规模、简单的子系统，通过对子系统的处理和变换，以达到对整个系统的处理；将子系统的特性集约化，以达到处理整个系统。

大径材培育系统是个复杂系统，系统内容不断进行着物质、能量、信息的交流。系统环境中，本身又包括复杂的社会系统、经济系统、气候系统和其他的生物系统。根据系统的结构、特点，应用系统结构解析模型的思想，对大径材培育系统进行结构化模式分析，为大径材培育系统决策提供依据。

2. ISM 的运算原理

(1)系统结构的有向图表示法

系统是由要素组成的，各要素之间存在大量的相互作用关系。我们要研究一个系统就需要了解各要素之间存在的关系,更要搞清楚系统的结构层次,建立系统的结构模型。

系统结构模型是系统中各要素之间的联系情况的描述。描述一个系统结构,最方便的方式是利用有向图形来描述。有向图形由节点和边两部分组成。节点就是利用一个圆圈代表系统中的一个要素,圆圈标有该要素的符号,边就是带箭头的线段,表示联系及影响的方向(图2-1)。

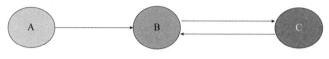

图2-1 系统结构有向图

图2-1中,由A到B的带箭头的线段表示A对B有影响,B到C的带箭头的线段表示B对C有影响,而C到B的带箭头的线段表示C对B有影响。这是一个小系统,系统由A、B、C三个要素组成,A要素与B要素有联系,B要素与C要素有联系。A要素对B有影响,B对C有影响,A对C的影响只能通过B起作用,B、C对A均无影响。

(2)有向图的矩阵表示方法

对于一个有向图,可以用一个$m \times m$方形矩阵来表示。m为系统要素的个数。矩阵的每一行和每一列对应图中一个节点——系统要素。并规定,要素s_i对s_j有影响时,矩阵元素a_{ij}为1,要素s_i对s_j无影响时,矩阵元素a_{ij}为0。

$$\begin{cases} 当要素\ s_i\ 对\ s_j\ 有影响时,a_{ij}=1 \\ 当要素\ s_i\ 对\ s_j\ 无影响时,a_{ij}=0 \end{cases} \quad 式(2\text{-}1)$$

对于有向图2-1中所表示的系统结构关系,建立各要素关系反应表(表2-2)。

表2-2 各要素关系反应

要素	A	B	C
A	0	1	0
B	0	0	1
C	0	1	0

用$m \times m = 3 \times 3$的矩阵表示为表2-2的关系。即反应矩阵为:

$$A = \begin{Bmatrix} 0 & 1 & 0 \\ 0 & 0 & 1 \\ 0 & 1 & 0 \end{Bmatrix} \quad 式(2\text{-}2)$$

这种与有向结构图对应,用0与1表示元素的矩阵,称为邻接矩阵。

(3)邻接矩阵的性质

$$A = \begin{matrix} & \begin{matrix} A & B & C \end{matrix} \\ \begin{matrix} A \\ B \\ C \end{matrix} & \begin{Bmatrix} 0 & 1 & 0 \\ 0 & 0 & 1 \\ 0 & 1 & 0 \end{Bmatrix} \end{matrix}$$

以矩阵A为例,说明邻接矩阵的性质:

①邻接矩阵和有向图是同一系统结构的两种不同表达形式。矩阵与图一一对应,有向图形确定,邻接矩阵也就唯一确定。反之,邻接矩阵确定,有向图形也就是等价结构。

②邻接矩阵的矩阵元素只能是 1 和 0，它属于布尔矩阵。布尔矩阵的运算主要有逻辑和运算以及逻辑乘运算，即：

$$0+0=0 \quad 0+1=1 \quad 1+0=1 \quad 1+1=1$$
$$0\times0=0 \quad 0\times1=0 \quad 1\times0=0 \quad 1\times1=1$$

③矩阵相乘的乘法法则：设 $A=[a_{ij}]$ 是一个 $m\times s$ 矩阵，$B=[b_{ij}]$ 是一个矩阵，则称 $C=A\times B$ 为 $m\times n$ 矩阵，为 A 与 B 的乘积，记为 $C=AB=[c_{ij}]$。其中：

$$c_{ij}=a_{i1}b_{1j}+a_{i2}b_{2j}+\cdots+a_{in}b_{nj}=\sum_{k}^{n}a_{ik}b_{kj}$$

（4）可达矩阵的层级分解

在层级分解中的几个概念：

①可达集合 $R(s_i)$：可达矩阵中要素 s_i 对应的行中，包含有 1 的矩阵元素所对应的列要素的集合。代表要素 s_i 到达的要素。

②先行集合 $Q(s_i)$：可达矩阵中要素 s_i 对应的列中，包含有 1 的矩阵元素所对应的行要素的集合。

③交集 $A=R(s_i)\cap Q(s_i)$

为了对可达矩阵进行区域分解，我们先把可达集合与先行集合及其交集列出在表 2-3 上。

表 2-3　可达集合、先行集合及它们的交集

s_i	$R(s_i)$	$Q(s_i)$	$A=R(s_i)\cap Q(s_i)$
1	1, 2, 3	1	1
2	2, 3	1, 2, 3	2, 3
3	2, 3	1, 2, 3	2, 3

层级分解的目的是可以更清晰地了解系统中各要素之间的层级关系，最顶层表示系统的最终目标，往下各层分别表示是上一层的原因。利用这种方法，可以科学地建立其他问题的类比模型。

层级分解的方法是根据 $R(s_i)\cap Q(s_i)=R(s_i)$ 条件来进行层级的抽取。如表 2-3 中对于 $i=2、3$ 满足条件，这表示 s_2、s_3 为该系统的最顶层，也就是系统的最终目标。然后，把表 2-3 中有关 2，3 的要素都抽取掉，得到表 2-4，最终得到最底层（表 2-4）。

表 2-4　可达集合、先行集合的交集

s_i	$R(s_i)$	$Q(s_i)$	$A=R(s_i)\cap Q(s_i)$
1	1	1	1

结果表明，2、3 要素为最顶层，1 为最底层。

三、大径材培育技术体系结构模型

在一个稳定的系统中，要素在构成系统并决定系统时，要形成一定的结构。一方面要素之间相互独立，相互依存，有着差别性；另一方面要素之间又按一定的规则相互作用，通过一定结构与系统整体发生联系。要素之间必须构成相互作用的耦合关系，

毫无结构的要素堆积，并不同于系统，也形成不了系统。在这种情况下，要素也就不成其为要素了。

根据大径材培育技术体系的影响因子和解析结构模型的研究理论和方法，建立各因子关系反应表(表2-5)，由此建立解析结构模型的邻接矩阵(表2-6)，通过在计算机上运算，最终得出解析结构模型(图2-2)。它系统地反映出各要素之间的关系及作用机理，为经营决策提供了很好的思路。

表2-5 大径材培育体系结构因子关系反应

要素	经济目标	社会目标	社会需求	气候因子	立地因子	树种控制	密度调控技术	施肥技术	修枝技术
①经济目标	0	0	0	0	0	0	0	0	0
②社会目标	0	0	0	0	0	0	0	0	0
③社会需求	1	1	0	0	0	1	1	0	1
④气候因子	1	0	0	0	0	1	0	0	0
⑤立地因子	1	0	0	0	0	1	1	1	0
⑥树种控制	1	1	0	0	0	0	1	1	1
⑦密度调控	1	0	0	0	0	0	0	0	0
⑧施肥技术	1	0	0	0	0	0	0	0	0
⑨修枝技术	1	1	0	0	0	0	0	0	0

表2-6 可达矩阵

要素	经济目标	社会目标	社会需求	气候因子	立地因子	树种控制	密度调控技术	施肥技术	修枝技术
①经济目标	1	0	0	0	0	0	0	0	0
②社会目标	0	1	0	0	0	0	0	0	0
③社会需求	1	1	1	0	0	1	1	1	1
④气候因子	1	0	0	1	0	0	0	0	0
⑤立地因子	1	1	0	0	1	1	1	1	1
⑥树种控制	1	1	0	0	0	1	1	1	1
⑦密度调控	1	1	0	0	0	0	1	0	0
⑧施肥技术	1	1	0	0	0	0	0	1	0
⑨修枝技术	1	1	0	0	0	0	0	0	1

通过图2-2的解析结构机理模型图可以得到以下结论：大径材培育系统是一个非常复杂的系统工程，影响因子众多，既有系统自身因子，如各种栽培培育技术，又有系统之外的环境因子和社会经济因子等，各因子交织在一起。

大径材培育目标除满足社会对林业的产品需求之外，还获得经济效益。因此，大径材培育技术体系是个多目标系统，其两大目标：经济目标、社会目标处于大径材培育技术体系解析结构模型的最顶层——目标层。

解析模型的第一层(最底层)为社会需求、气候因子、立地因子三个因子。这些因子有一个共同的特点，就是在大径材培育中，经营者只能对这些因子进行选择或适应，而无能为力改变它，然而这些因子又是决定大径材培育能否成功的关键。如果这些因子得不到满足，大径材培育也就无从谈起。

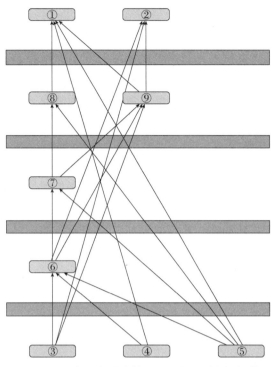

图 2-2　大径材培育技术体系因子解析结构机理模型

解析模型的第二层为树种控制，树种是大径材培育的物质基础，树种的生物学特性决定了树木的生长发育过程，是内因。因此在这个技术体系中处重要的第二层位置。

解析结构模型的第三层为密度调控，密度调控技术在大径材培育技术体系中处于比较特殊的位置，起承上启下的作用。通过密度调控技术调整林木营养空间，对林木的生长质量和数量均有实质的影响。

第四层为施肥技术、修枝技术，这两个因子都是在前面因子的基础上发挥作用，分别对大径材培育的质量和数量发挥作用。

所以通过以上的分析，可以清楚地了解大径材培育技术体系中各因子之间的关系，为大径材培育提供理论根据。

第三节　桉树大径材培育体系模型评价

现代林业的实质是发达的科技型林业。面对新世纪建设新农村、构建和谐社会等诸多挑战，科技进步已成为我国林业生存和发展的重要制衡因子。正确测算科技进步贡献率有助于分析经济增长方式，从整体上把握科技进步的水平和科技进步的潜力，促进产业向科技集约型方向转变，提高林业产品的国际竞争力等。

正如前节所述，桉树大径材培育受多因素的影响，那么培育体系中的各栽培措施对桉树究竟哪个影响大？它们的影响力又各自是多少？目前现有的资料中没有系统分析和回答这个问题，然而，这又是大径材培育的基础理论。

一、科技贡献力研究方法综述

科技贡献力的研究主要集中在技术经济领域,它是反映科技进步作用的一项综合指标,表明产出增长中由科技进步形成的增长比例。这一指标对于分析区域经济增长与科技进步、劳动和资本的长期发展趋势及其相互关系具有重要参考意义。常用的理论和方法有:柯布-道格拉斯生产函数、索洛余值法、连续替代弹性函数法、增长因素分析法和数据包络法等。

在科技进步贡献率测算的一个关键环节是如何确定资本、劳动要素的产出弹性。参数确定的常用方法:第一,回归分析法,这是一个纯数理统计方法,经济意义不明确,需要的数据量大,误差不易控制。第二,经验确定法,根据经验分析规定取值。这种方法的优点是计算方法简单,容易普及推广,但由于确定的理论依据不足,一旦得不到预期的结果便会提出修改要求,使科技进步贡献率的估算随意性增大。第三,理论分析法,包括美国芝加哥大学经济学教授 P. H. 道格拉斯对美国经济中的要素产出弹性的分析、美国经济学家 L. R. KuEIN 在《1921 年美国的经济波动》中提出的计算科技进步贡献率的最大利润法、我国学者狄昂照在假定资金和劳力在生产过程中处于最优配置的条件下通过解一个规划问题得到的二积累率的结论。

在技术经济领域研究的科技贡献力是社会整体科技水平的贡献,而不是具体某个技术的贡献,然而对自然科学来说,每一种科学技术均是具体的,在生产实践中促进生产力的提高。所以,我们研究的是生产系统中所采用的具体技术所作的贡献,在现有的资料中没有借鉴的理论和方法。

二、科技贡献力分析模型

根据前节的研究结果,大径材培育的主要技术措施有:树种选择、肥料技术、密度调控技术、立地控制技术等。大径材的形成就是这些因素共同作用的结果,然而,这些因素又各贡献了多大的量呢?根据离差平方和分解理论和原理,把这些因素的总和贡献力按系统内的因素,分解到各个因素上,从而得到各因素的贡献力。

如果每个因素 i 下面又设不同的水平 j,每个处理又重复 k。假设试验的数据模型为表 2-7 所示,如果各因素的贡献力无差异,它们的作用是一致的,各因素下的每个水平的处理结果相同,也即它们的实验数据应为一致,即:

$$\sum_i \sum_j \sum_k (x_{ijk} - \bar{x})^2 = 0 \qquad 式(2-3)$$

其实,在大部分的试验中,式(2-3)不可能为 0,

$$\sum_i \sum_j \sum_k (x_{ijk} - \bar{x})^2 \neq 0 \qquad 式(2-4)$$

究其原因,无非是技术措施作用下产生的结果,当然还有一个不可忽视的不可控制的随机因素的影响。为此,把式(2-4)进行变型:

第一个措施(因素)的贡献力平方为

$$\sum_j \sum_k (x_{1jk} - \bar{x})^2 \qquad 式(2-5)$$

表 2-7　贡献率分析数据

因素(i)	水平(j)	重复(k)
树种	树种 1	x_{111}, x_{112}, x_{113}, $\cdots$, $x_{11m_{11}}$
	树种 2	x_{121}, x_{122}, x_{123}, $\cdots$, $x_{12m_{12}}$
	……	…
	树种 b_1	x_{1b_11}, x_{1b_12}, x_{1b_13}, $\cdots$, $x_{1b_1m_{1b_1}}$
肥料	肥料 1	x_{211}, x_{212}, x_{213}, $\cdots$, $x_{21m_{21}}$
	肥料 2	x_{221}, x_{222}, x_{223}, $\cdots$, $x_{22m_{22}}$
	……	…
	肥料 b_2	x_{2b_21}, x_{2b_22}, x_{2b_213}, $\cdots$, $x_{2b_21m_{2b_2}}$
密度	密度 1	x_{311}, x_{312}, x_{313}, $\cdots$, $x_{31m_{31}}$
	密度 2	x_{321}, x_{322}, x_{323}, $\cdots$, $x_{32m_{32}}$
	……	…
	密度 b_3	x_{3b_31}, x_{3b_32}, x_{3b_33}, $\cdots$, $x_{3b_3m_{3b_3}}$
立地	立地 1	x_{411}, x_{412}, x_{413}, $\cdots$, $x_{41m_{41}}$
	立地 2	x_{421}, x_{422}, x_{423}, $\cdots$, $x_{42m_{42}}$
	……	…
	立地 b_4	x_{4b_41}, x_{4b_42}, x_{4b_43}, $\cdots$, $x_{4b_4m_{4b_4}}$
……	……	…
	……	…
	……	…

第二个措施(因素)的贡献力平方为

$$\sum_j \sum_k (x_{2jk} - \bar{x})^2 \qquad 式(2-6)$$

第三个措施(因素)的贡献力平方为

$$\sum_j \sum_k (x_{3jk} - \bar{x})^2 \qquad 式(2-7)$$

为了便于分析经营措施对不同量纲因子之间的比较,以贡献率衡量各种措施的作用。不考虑随机因素的作用,把它剔除,消除噪声后,计算相应因素的贡献率,可提高贡献率的灵敏度。

$$\frac{\sum_j \sum_k (x_{1jk} - \bar{x})^2}{\sum_i \sum_j \sum_k (x_{ijk} - \bar{x})^2 - \sum_i \sum_j \sum_k (x_{ijk} - \bar{x}_{ij})^2} \times 100\% \qquad 式(2-8)$$

$$\frac{\sum_j \sum_k (x_{2jk} - \bar{x})^2}{\sum_i \sum_j \sum_k (x_{ijk} - \bar{x})^2 - \sum_i \sum_j \sum_k (x_{ijk} - \bar{x}_{ij})^2} \times 100\% \qquad 式(2-9)$$

$$\frac{\sum_j \sum_k (x_{3jk} - \bar{x})^2}{\sum_i \sum_j \sum_k (x_{ijk} - \bar{x})^2 - \sum_i \sum_j \sum_k (x_{ijk} - \bar{x}_{ij})^2} \times 100\% \qquad 式(2-10)$$

……

若考虑随机因素的作用，不把随机因素剔除后计算相应因素的贡献率为：

$$\frac{\sum_j \sum_k (x_{1jk}-\bar{x})^2}{\sum_i \sum_j \sum_k (x_{ijk}-\bar{x})^2} \times 100\% \qquad 式(2-11)$$

$$\frac{\sum_j \sum_k (x_{2jk}-\bar{x})^2}{\sum_i \sum_j \sum_k (x_{ijk}-\bar{x})^2} \times 100\% \qquad 式(2-12)$$

$$\frac{\sum_j \sum_k (x_{3jk}-\bar{x})^2}{\sum_i \sum_j \sum_k (x_{ijk}-\bar{x})^2} \times 100\% \qquad 式(2-13)$$

三、主要培育技术措施对胸径、树高和材积贡献力的分析

不同控制技术措施对林木不同生长性状的影响不同，大径材培育是全方位的，要全面促进林木的生长，既要数量又要质量，因此，在人工林的培育全过程中实施集约经营，才能达到大径材培育的目标。

树种是大径材培育的物质基础，对胸径生长、树高生长和材积生长等方面都起着影响，所以良种良苗是实现大径材培育的关键。

立地条件也是大径材培育的物质基础之一，为林木的生长提供营养和空间。立地对林木树高生长影响较大，从而也影响着林木的尖削度。立地控制技术是影响大径材培育成功的主要因子之一。

密度调控技术在大径材培育中对胸径影响作用最大，胸径是大径材培育的控制指标之一，因此，只有有效地调整林木营养空间，促进林木胸径生长，才能达到大径材培育的指标。

施肥控制技术是大径材培育技术措施中的重要措施，通过施肥技术，弥补林地肥力不足，促进林木胸径、树高和材积的全面生长。从以上综合分析，桉树大径材是一个系统工程，必须综合运用各项控制技术措施，才能实现大径材培育的目的。

根据式(2-11)、(2-12)和(2-13)分别计算主要技术措施对于胸径、树高和材积的贡献率。

1. 主要培育技术措施对胸径贡献力的分析

从表2-8中可以看出，对胸径生长贡献力最大的为密度调控技术，为28.43%，其次为树种选择，为25.15%，肥料技术相对较小。

表2-8 主要几种控制技术对桉树大径材培育胸径贡献力分析　　　　　　　　%

技术措施	树种选择	肥料技术	密度调控技术	立地控制技术	∑
贡献率	25.15	22.66	28.43	23.76	100

2. 主要培育技术措施对树高贡献力的分析

从表2-9可以得出：对树高生长贡献率排在前面的控制技术措施为立地控制29.76%和肥料控制26.66%两项技术措施，其次为树种选择措施，密度调控技术的影响相对较小。

表 2-9　主要几种控制技术对桉树大径材培育树高贡献力分析　　　　　%

技术措施	树种选择	肥料技术	密度调控技术	立地控制技术	∑
贡献率	26.15	26.66	17.43	29.76	100

3. 主要培育技术措施对材积贡献力的分析

从表 2-10 可以看出，各项控制技术对材积生长差异并不大，说明影响都很重要。

表 2-10　主要几种控制技术对桉树大径材培育材积贡献力分析　　　　　%

技术措施	树种选择	肥料技术	密度调控技术	立地控制技术	∑
贡献率	25.15	24.66	24.43	25.76	100

第四节　立地质量评价的理论与方法

立地是人工林培育的基础条件，对人工林的培育影响为全方位的，除决定人工林培育的抚育措施外，还直接影响林分的生长和林木的特性。尤其在大径材培育中，立地是主要的限制因子。立地指数过低，无论有何种保留密度和经营措施，在培育期限内都很难实现培育大径材的目的（惠刚盈等，2000）。地位级指数越高的立地，培育大径材越好，生长量也越大，大径材的比例也大。且随着立地指数的提高，单株材积生长增长效果极其明显。

立地条件是限制生物产量的关键因子之一，也是限制出材量的主要因子。因此，立地选择是大径材定向培育的先决条件。国外的研究表明，土壤肥力、土层厚度、海拔、坡向和坡度以及其他主要因子都会强有力地影响到营林措施的适用范围与成功机会（盛炜彤，1992）。惠刚盈等（2000）研究认为，立地越好，培育大径材的可能性越大，大径材出现的时间越早。马尾松大径材定向培育选用中等以上立地条件（黄种明，2006.）。曹流清等（2003）认为，大径竹林竹大鞭深，要保持稳产高产，必须选择肥条件较好的林地，要求土层厚度 0.8m 以上，土壤微酸土质疏松肥沃，有机质含量丰富，排水通气性良好。

立地指数过低，无论有何种保留密度和经营措施，在培育期限内都很难实现培育大径材的目的。地位级指数越高的立地，培育大径材越好，生长量越大，大径材的比例也越大。叶功富等（2006）通过对比试验生长收获预测认为，大径材培育应选立地指数 18 以上的立地。杉木和马尾松主要选择立地条件较好的地块作为径材资源培育的基地。杉木大径材定向培育选择立地指数 16 以上的立地为培育杉木大径材的基地（陈康等，2004）。姜岳忠等（2005）认为，培育杨树大径材必须选用好的立地条件，立地指数为 18~20 级以上的立地。

关于立地质量评价，早期学者的争论主要在评价指标上，即是应用材积、指示植物还是高生长量作为立地质量评价的主要标准。实际上这 3 个指标的争论同样反映了各国自然地理、历史条件、经营目标等方面的差异性。从方法上讲，目前立地质量评价的方法主要有直接评价法和间接评价法。

直接法有：根据历史收获量记录估计立地质量、根据林分材积估计立地质量、根据林分高度估计立地质量和根据定期高生长估计立地质量4种方法。从目前发展的趋势看，以优势高为代表的立地指数方法由于具有简单、使用范围广和不受密度及人为干扰的优点，已在世界范围内被普遍接受，目前这一方法进展最大，研究也最为深入。立地质量的间接评价方法有：根据上层木树种间的关系估计立地质量、根据植被特征估计立地质量和根据环境因子估计立地质量3种方法。其中以环境因子估计方法研究居多，环境因子估计法的优点是能解决有林地与无林地统一评价的问题，这对无林地造林立地评价具有重大价值。其方法主要应用多元回归方程、数量化理论，建立立地指数与环境因子之间的关系模型。

国内外桉树人工林立地类型划分研究进展缓慢，我国对于桉树引种栽培区立地分类的报道始于2005年，研究对象较为笼统，其中涉及的树种有巨桉(*Eucalyptus grandis*)、邓恩桉(*E. dunnii*)、赤桉(*E. camaldulensis*)、柳桉(*E. saligna*)等，结合典型抽样设计试验方法，运用回归、主成分、聚类等方法分析林木指标与土壤、地形、气候等常规立地因子之间的联系，广泛应用的方法与常规测定的因子结合、运用较为成熟，但仍存在指标不够全面、模型因缺乏未来数据无法满足更多需求等不足。表2-11展示了近年来有关桉树人工林立地分类的研究实况(赖挺，2005；蔡会德等，2009；Scolforo et al.，2013；赵时胜和陈映辉，2017)。

表2-11 桉树立地分类研究

研究时间	研究对象	内容	基本原理	特点
2005	巨桉	四川巨桉人工林立地分类研究	采用典型抽样设计设置标准地，按照主导因子原则，定性与定量结合，采用主成分分析和聚类分析进行立地分类	立地因子较多，侧重于土壤理化因子，研究内容较为丰富，采用方法多样，立地划分方法较为合理、科学
2009	桉树	桉树立地评价及其决策支持技术的实现	结合气温、海拔、坡度、坡位、坡向、土壤种类、土层厚度等指标，确定广西桉树立地纲、立地目、立地类型组、立地类型四级分类系统	涉及气候、土壤、地形等因子，相关指标不够全面
2013	巨桉	结合气候变量的巨桉立地分类优势高模型	结合气候变量，从自动气象站采集数据，选择Chapman-Richards模型作为树龄的函数来反映优势高，主要用于人工林立地分类预测	将气候变量考虑其中，利用现代科学技术采集数据，较为先进，但所提方法因缺乏未来气候数据无法预测树木生长
2014	桉树	耐寒桉树立地类型划分及评价	采用聚类分析和逐步回归分析的方法，分析影响桉树生长的主导因素，确定立地分类系统，划分立地类型，评价生产力。根据桉树立地条件分析结果，提出了以海拔、局部地形、土壤因素为主的三级分类系统。该分类系统按海拔划分出类型区，以坡位划出类型组，以土壤温度、成土母质和腐殖质层厚度划分出主要立地类型	林木涉及多个品种，仅涉及地形、土壤因子相关指标，且土壤方面未涉及化学性质，结果只划分了主要立地类型

由于树高易于测定，而且受林分密度影响较小，因此，利用林分高已成为林业上最常采用的评定立地质量的方法。在利用林分高评定立地质量的方法中，又依所使用的林分高不同而分为地位级法和地位指数法。与地位级法相比，地位指数是一个能够直观地反映立地质量的数量指标，而地位级则只能给予相对等级的概念。另外，优势木高受林分密度和树种组成的影响较小，并且优势木平均高的测定工作量比林分条件平均高的测定工作量小，因此，地位指数成为比地位级更常采用的评定立地质量的方法。

对于没有受到显著人为干扰的林分，使用地位级或地位指数两种方法评定立地质量，两者没有明显的差异，而且与林分密度无关，具有良好的稳定性。但是，地位级法不适用于采用下层抚育伐的林分，地位指数法不适用于采用上层抚育伐（"拔大毛"式）的林分。若林分受人为干扰较少时，不仅优势木高与条件平均高之间存在着密切的线性相关，而且其相关性与林分密度大小无关。

第五节 立地指数的编制

立地指数是指林分在基准年龄高峰时的优势木高，基准年龄指林分优势高生长达到最高峰或趋于稳定时期的年龄。1926年Bruce在编制南方松的收获表时，抛弃了常用的立地级，采用了50年优势木平均能达到的高度作为衡量立地的指标，逐渐产生了立地指数（Site index）。与立地级相比，立地指数是分别树种制定，同时以一定年龄的优势木树高的数值来表述，能使人对立地质量产生更直观的概念。立地指数在世界各国得到了广泛应用和发展。1931年Buul研究出不同立地条件下树高曲线为多形性年指出用同一立地指数曲线族预测树高发育和进行立地分类是不合适的；其后，许多学者相继根据解析木资料建立了多形立地指数曲线，取代了传统的单形导向曲线编制的立地指数表，从而提高了立地指数的预测精度。1957年Mclintock和Bickford在美国东北部研究红果云杉异龄林分的立地质量时，认为在同一林分中优势木的高度和胸径间的关系极为敏感，规定优势木在一个标准的胸径达到的高度作为立地指数，使立地指数开始应用于异龄和混交林中，扩大了其应用的范围。近来由于数学方法的应用，立地指数表的编制由导向曲线法取代了图形法；用解析木或多次测定的永久标准地获得的林木—树高生长资料构成的真实时间序列，代替临时标准地的资料，使立地指数更能确切地反映立地特征。

立地指数能反映立地的潜在生产力，是人工林立地分类和立地质量评价、森林生长预测、森林经营效果评价、树种遗传品质评价以及其他森林经营管理工作中的一个重要工具。

一、标准年龄的确定

标准年龄的确定方法有：树种生活史平均年龄的一半作为该树种的标准年龄；以树种在各种立地条件下的平均采伐年龄作为该树种的标准年龄；树高生长已趋于稳定，又能充分反映立地条件差异的年龄作为该树种的标准年龄；树高平均生长量最大时的年龄作为该树种的标准年龄等。本文根据桉树大径材的生长利用情况，结合表 2-12 及图 2-3 的树高生长过程，确定尾巨桉的标准年龄为 7 年。

表 2-12 尾巨桉树高生长过程数据

月龄（月）	年龄（年）	优势木平均高（m）	优势木平均胸径（cm）	林分平均高（m）	林分平均胸径（cm）
12	1.0	5.5	—	3.7	—
27	2.3	14.0	12.5	11.4	9.1
37	3.1	18.1	14.1	14.2	10.7
42	3.5	18.9	14.0	15.5	11.4
50	4.2	20.4	15.9	16.9	12.3
62	5.2	21.2	16.9	18.9	13.5
75	6.3	26.0	18.1	21.2	14.3
88	7.3	26.8	18.6	22.9	14.9
99	8.3	27.0	19.6	23.6	15.5
110	9.2	28.0	20.0	24.4	16.1
144	12.0	30.2	21.6	25.8	17.3
192	16.0	32.3	23.6	26.8	18.7

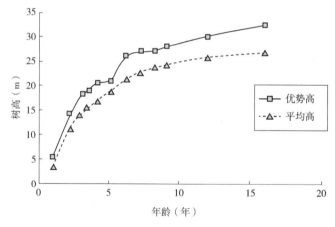

图 2-3 巨尾桉优势木平均高及林分平均高生长过程

二、地位指数级距的确定

地位指数级距是指标准年龄时相邻地位指数之间的间隔距离。一般以标准年龄时树高的 10% 作为地位指数分级的间距。根据调查的资料，级距定为 2m。

三、立地指数导向曲线与立地指数编制

目前，国内在编制地位指数表常用的方法有同型地位指数曲线法、多形地位指数曲线法和综合数学模型法。

20世纪60年代开始出现的多型地位指数曲线模型，能表现不同曲线簇不同地位指数优势高的生长过程，提高了地位指数的估计精度，但使用这样的地位指数表时首先需要确定辅助变量，这给使用带来不便，尤其是当辅助变量确定不当时更是如此；另外其模型中各指数不能写成显式，不便于用差分法展开地位指数曲线；综合数学模型法要分别指数级求解参数，应用多模型选优，多模型选取见表2-13。

桉树立地指数的导向曲线常用模型有3种：

$H = a + \dfrac{b}{(c+A)}$，$H = a + be^{(-cA)}$（e 是一个常数为 2.71828）和 $LnH = a + bA^c$；

本书优化后选择：

$$H = a + \dfrac{b}{(c+A)} \qquad \text{式}(2-14)$$

式中：H 为树高；A 为年龄；a，b，c 为待估系数。

表 2-13 立地指数导向曲线模型选取

序号	模型	系数			相关系数	离差剩余平方和
		a	b	c		
1	$H = a + \dfrac{b}{(c+A)}$	38.85	-127.2	2.838	0.996	5.552
2	$H = a + be^{(-cA)}$	31.89	-32.83	0.253	0.993	8.996
3	$LnH = a + bA^c$	-4763	4769	0.002	0.992	10.49
4	$H = a(1-e^{-cA})^b$	22.37	-40.47	49.96	1.49E-08	636.3
5	$H = a(1-e^{-bA})$	32.18	0.241	—	0.993	9.307
6	$H = ae^{\frac{b}{A}}$	35.72	2.173	—	0.993	10.65

本书利用尾巨桉的固定实测数据，采用5株优势木法，编制桉树立地指数。根据相关系数和离差剩余平方和选择指数导向曲线模型，用标准差法导出各树种的立地指数。本文的导向曲线模型为：

当年龄达标准年龄 $A=A_0$ 时，在本书中，标准年龄为7年，此时的树高即为立地指数（SI）：

$$SI = a + \dfrac{b}{(c+A_0)} \qquad \text{式}(2-15)$$

式中：SI 为立地指数；A_0 为标准年龄；a，b，c 为待估系数。

那么，在立地指数 SI 下各年龄的树高为：

$$H = SI \dfrac{\left(a + \dfrac{b}{c+A}\right)}{\left(a + \dfrac{b}{c+A_0}\right)} \qquad \text{式}(2-16)$$

式中：H 为树高；SI 为立地指数；A 为年龄；a，b，c 为待估系数。

应用式(2-16)展开，得到巨尾桉的立地指数表2-14。

表 2-14 巨尾桉立地指数

年龄	立地指数												
	12	14	16	18	20	22	24	26	28	30	32	34	36
1	2.6	3.1	3.5	4.0	4.4	4.8	5.3	5.7	6.2	6.6	7.0	7.5	7.9
2	5.8	6.8	7.8	8.7	9.7	10.7	11.6	12.6	13.6	14.5	15.5	16.5	17.4
3	7.9	9.2	10.5	11.8	13.2	14.5	15.8	17.1	18.4	19.7	21.1	22.4	23.7
4	9.4	10.9	12.5	14.1	15.6	17.2	18.7	20.3	21.9	23.4	25.0	26.6	28.1
5	10.5	12.2	14.0	15.7	17.5	19.2	20.9	22.7	24.4	26.2	27.9	29.7	31.4
6	11.3	13.2	15.1	17.0	18.9	20.8	22.6	24.5	26.4	28.3	30.2	32.1	34.0
7	12.0	14.0	16.0	18.0	20.0	22.0	24.0	26.0	28.0	30.0	32.0	34.0	36.0
8	12.6	14.6	16.7	18.8	20.9	23.0	25.1	27.2	29.3	31.4	33.5	35.6	37.7
9	13.0	15.2	17.3	19.5	21.7	23.9	26.0	28.2	30.4	32.5	34.7	36.9	39.0
10	13.4	15.6	17.9	20.1	22.3	24.6	26.8	29.0	31.3	33.5	35.7	38.0	40.2
11	13.7	16.0	18.3	20.6	22.9	25.2	27.5	29.7	32.0	34.3	36.6	38.9	41.2
12	14.0	16.4	18.7	21.0	23.4	25.7	28.0	30.4	32.7	35.0	37.4	39.7	42.1
13	14.3	16.7	19.0	21.4	23.8	26.2	28.5	30.9	33.3	35.7	38.0	40.4	42.8
14	14.5	16.9	19.3	21.7	24.1	26.6	29.0	31.4	33.8	36.2	38.6	41.1	43.5
15	14.7	17.1	19.6	22.0	24.5	26.9	29.4	31.8	34.3	36.7	39.2	41.6	44.1
16	14.9	17.3	19.8	22.3	24.8	27.2	29.7	32.2	34.7	37.1	39.6	42.1	44.6
17	15.0	17.5	20.0	22.5	25.0	27.5	30.0	32.5	35.0	37.5	40.0	42.5	45.1
18	15.2	17.7	20.2	22.7	25.3	27.8	30.3	32.8	35.4	37.9	40.4	43.0	45.5
19	15.3	17.9	20.4	22.9	25.5	28.0	30.6	33.1	35.7	38.2	40.8	43.3	45.9
20	15.4	18.0	20.5	23.1	25.7	28.2	30.8	33.4	36.0	38.5	41.1	43.7	46.2

四、立地指数检验

1. χ^2 检验

对分布相对较多的立地指数进行分级 χ^2 检验，结果见表 2-15。从表 2-15 的检验结果可以得出，所编制的立地指数曲线与相应指数级的实际优势木生长过程差异不显著，立地指数曲线能客观反映林木的生长过程。

表 2-15 立地指数 χ^2 检验

立地指数		16	18	20	22	24	26	28	30	32
χ^2	卡方值	3.61	2.91	5.32	3.22	4.77	2.21	3.01	1.99	2.66
	临界值（$\alpha=0.05$）	11.07	11.07	15.51	15.51	15.51	15.51	11.07	15.51	11.07

2. 标准差检验

以基准年龄 7 年时的树高为准，确定每株优势木属于的指数等级，然后逐株将各年龄树高实际值（H_{Ai}）与相应各指数级曲线相同年龄的理论树高中值（$\hat{H}_{Ai}$）代入公式：

$$S_i = \sqrt{\frac{\sum (H_{Ai} - \hat{H}_{Ai})}{n-1}} \qquad 式(2-17)$$

式中：S_i 为标准差；H_{Ai} 为各年龄树高实际值；$\hat{H}_{Ai}$ 为各指数级曲线相同年龄的理论树高中值；n 为各年龄观测样本数。求出各年龄标准差，结果见表2-16。

从表2-16可得，各年龄上的标准差大部分在1.0以内，均小于1个指数级。

通过两方法的不同检验，综合得出，所编制的立地指数合理，科学可行，可以用于解决生产中的问题。

表 2-16 各年龄树高标准差

年龄	标准差	年龄	标准差	年龄	标准差	年龄	标准差
1.0	0.86	3.5	1.22	6.3	1.50	9.2	0.84
2.3	0.77	4.2	0.78	7.3	0.67	12.0	0.88
3.1	0.24	5.2	0.57	8.3	0.86	16.0	0.57

第六节　立地指数与施肥

经营桉树人工林，施肥是最重要的技术措施之一。施肥具有增加土壤肥力，改善林木生长环境、养分状况的良好作用，通过施肥可以达到加快幼林生长，提高林分生长量，缩短成材年限，促进母树结实以及控制病虫害发展的目的。20世纪50年代以前世界各国进行的林木施肥都只限于小面积试验，没能形成一种营林措施，林木施肥作为一种营林措施直到20世纪50年代才开始进入实用阶段并有了较快的发展，引起了许多国家的重视。当前，许多林业发达国家均把林木施肥作为营建速生丰产人工林的重要手段，在施肥的计量方法上国外主要以树干解析技术、土壤测试作为诊断或预报肥效的手段，但由于一些技术问题没能解决好，他们没能形成一套完整的林木施肥技术体系。目前，在施肥的计量方法上，国外的林木施肥仍然多采用经验法和回归设计为特征的田间肥料效应的函数法。

施肥会改变林地的立地指数。在广西东门林场的尾巨桉施肥试验充分证明了这一点。该施肥试验包括NPK总量标准为120、210、240、270、420、480、540和960g/株等8个等级，其中N肥总量标准为60、90、120、180、240、360g/株等6个等级；P和K都是30、60、90、120、180、240g/株等6个等级。

从图2-4、图2-5、图2-6和图2-7可以得出，无论是NPK的施肥总量，还是N、P和K的单一元素使用量，对于立地指数是有明显的正面影响的。

施肥量(NPK总量或者N、P、K元素)对于立地指数都是正相关的对数关系(表2-17)。说明施肥提高了林地的立地指数，施肥量越多，立地指数提高的幅度越大；但是，这种提高幅度在施肥量少的时候较大，当施肥量逐步增大的时候，立地指数的提高幅度逐渐变小。为明确表示这种变化，通过使用NPK对立地指数的关系模型 SI = 1.7058Ln(NPK)+14.572，来数量化表述。从图2-8显示，当NPK施肥量从50g/株增加到

100g/株时，立地指数的增加量最大，达到 1.18；从 100g/株增加到 150g/株时，立地指数只增加 0.69；以后逐步减少，从 550g/株增加到 600g/株时，立地指数只增加 0.15。

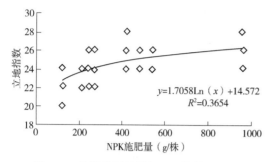

图 2-4　单株施肥总量与立地指数的关系

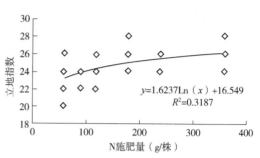

图 2-5　单株施 N 量与立地指数的关系

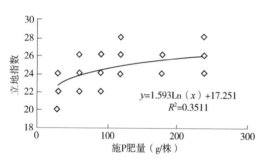

图 2-6　单株施肥 P 量与立地指数的关系

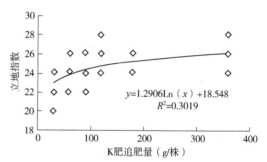

图 2-7　单株施肥 K 量与立地指数的关系

表 2-17　施肥与立地指数模型

施肥	立地指数与施肥的关系模型	相关系数平方
NPK	SI = 1.7058Ln(NPK) + 14.572	$R^2 = 0.3654$
N	SI = 1.6237Ln(N) + 16.549	$R^2 = 0.3187$
P	SI = 1.5931Ln(P) + 17.251	$R^2 = 0.3511$
K	SI = 1.2906Ln(K) + 18.548	$R^2 = 0.3019$

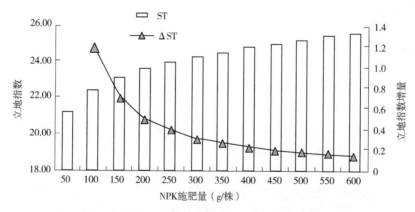

图 2-8　单株 NPK 施肥量促进立地指数增加

第七节　立地指数与土壤元素含量

土壤营养元素在桉树生长期调控作用显著。其中三类大量元素 N、P、K 的缺失都能在不同程度上对桉树造成影响，N 表现最为突出。缺 N 时桉树幼苗生长缓慢，分枝少。缺 P 表现症状比较晚，程度相对轻。缺 K 时早期生长良好，但后期出现焦枯症状，生长迅速减慢至停止、死亡。在整个生长发育期中，桉树对 3 种大量元素的吸收量为 N>K>P，前期吸收 N、P 较多，K 的吸收量在中期有所增加。N 能使桉树前期生长加快，胸径和材积明显增加，有效提高桉树人工林生物量和碳储量。在施肥总量相同的条件下，林分胸径、树高在 P 含量比例高的情况下占据优势。

在不同立地指数的 16 年生广西东门林场尾巨桉林分中取 0~50cm 的混合土样，分析结果的平均值见表 2-18。经过方差分析，结果都没有达到显著水平，即不同的立地指数其土壤中主要养分含量不一定有显著差别。

表 2-18　立地指数与土壤养分平均含量

立地指数	样本数	pH	有机质(g/kg)	含量(mg/kg)					
				N	P	K	Mg	Zn	B
20	1	4.45	34.36	83.9	1.3	16.5	17.6	0.65	0.03
22	4	4.56	22.55	74.98	0.98	12.65	13.48	0.56	0.19
24	26	4.50	24.56	78.72	0.94	14.22	12.95	0.60	0.14
26	15	4.50	22.71	82.45	1.05	15.33	14.01	0.70	0.16
28	2	4.39	23.53	102.60	1.25	19.25	14.85	1.03	0.14
平均		4.50	23.97	80.68	1.00	14.69	13.50	0.65	0.14

在不同立地指数的 6.5~10.5 年生范围内来自广西东门林场、福建漳州和广东清远的尾巨桉林分中取 0~60cm 的混合土样进行全 N、全 P、全 K 等元素的测定，取 0~20cm、20~40cm、40~60cm 的分层混合土样进行碱解 N、有效 P、速效 K、有效 Ca、有效 Mg 等元素的测定，分析结果的平均值见表 2-19 和表 2-20。经非线性相关分析，土壤养分含量与立地指数也没有达到明显的相关性，即土壤养分与立地指数不一定具有相关性。

表 2-19　不同立地指数下土壤养分元素含量统计

土壤养分元素	统计值	立地指数				
		22	24	26	28	30
有机质(g/kg)	最大值	40.70	36.29	35.36	26.50	29.02
	最小值	16.67	13.43	17.65	16.75	23.70
	平均值	25.36	22.05	26.68	21.21	25.73
全 N(g/kg)	最大值	2.136	1.747	1.428	0.758	0.894
	最小值	0.860	0.229	0.674	0.332	0.678
	平均值	1.400	0.943	0.915	0.520	0.756

（续）

土壤养分元素	统计值	立地指数				
		22	24	26	28	30
全 P(g/kg)	最大值	0.554	0.558	0.605	0.727	0.768
	最小值	0.186	0.078	0.157	0.360	0.681
	平均值	0.415	0.237	0.473	0.460	0.717
全 K(g/kg)	最大值	31.00	34.48	18.37	1.71	1.89
	最小值	9.34	2.83	2.71	0.75	1.60
	平均值	18.10	15.80	6.20	1.08	1.71
碱解 N(mg/kg)	最大值	147.6	128.0	92.3	61.4	64.2
	最小值	60.1	47.8	66.5	28.6	55.2
	平均值	104.6	80.2	76.6	46.1	59.7
有效 P(mg/kg)	最大值	2.30	1.39	0.98	2.29	0.88
	最小值	0.58	0.17	0.24	0.70	0.64
	平均值	1.34	0.64	0.56	1.09	0.80
速效 K(mg/kg)	最大值	105.5	119.9	54.5	46.6	26.8
	最小值	32.8	24.7	21.5	10.7	19.5
	平均值	69.0	68.5	34.9	24.1	23.9
有效 Ca(mg/kg)	最大值	89.2	76.0	83.1	101.8	116.0
	最小值	23.0	11.7	15.8	57.5	68.6
	平均值	61.9	36.3	52.4	80.6	85.8
有效 Mg(mg/kg)	最大值	15.6	19.9	20.0	12.0	9.1
	最小值	3.0	1.7	7.7	4.6	6.2
	平均值	11.0	7.8	13.2	8.2	7.4
有效 Cu(mg/kg)	最大值	1.579	1.951	2.476	2.382	1.918
	最小值	0.503	0.213	1.138	1.100	1.690
	平均值	1.023	0.857	1.708	1.577	1.794
有效 Zn(mg/kg)	最大值	2.10	1.69	1.30	1.33	1.28
	最小值	0.73	0.71	0.78	0.98	1.00
	平均值	1.21	1.03	0.93	1.16	1.10
有效 Mn(mg/kg)	最大值	67.33	66.75	88.02	24.60	30.43
	最小值	9.06	6.12	31.54	3.16	22.98
	平均值	27.26	29.09	46.83	12.78	27.49
有效 B(mg/kg)	最大值	0.357	0.422	0.391	0.301	0.320
	最小值	0.127	0.086	0.079	0.096	0.179
	平均值	0.177	0.220	0.237	0.186	0.250
有效 S(mg/kg)	最大值	75.4	108.2	70.1	64.2	53.4
	最小值	21.5	30.9	27.9	26.9	41.0
	平均值	43.2	62.4	48.4	39.9	47.9

表 2-20 不同立地指数下土壤养分元素平均含量统计

立地指数	样本数	pH	有机质	全N	全P	全K	碱解N	有效P	速效K	有效Ca	有效Mg	有效Cu	有效Zn	有效Mn	有效B	有效S
			g/kg				mg/kg									
22	7	4.35	25.36	1.400	0.415	18.10	104.6	1.34	69.0	61.9	11.0	1.023	1.21	27.26	0.177	43.2
24	19	4.37	22.05	0.943	0.237	15.80	80.2	0.64	68.5	36.3	7.8	0.857	1.03	29.09	0.220	62.4
26	14	4.41	26.68	0.915	0.473	6.20	76.6	0.56	34.9	52.4	13.2	1.708	0.93	46.83	0.237	48.4
28	17	4.31	21.21	0.520	0.460	1.08	46.1	1.09	24.1	80.6	8.2	1.577	1.16	12.78	0.186	39.9
30	3	4.36	25.73	0.756	0.717	1.71	59.7	0.80	23.9	85.8	7.4	1.794	1.10	27.49	0.250	47.9
平均		4.36	24.21	0.907	0.460	8.58	73.4	0.89	44.1	63.4	9.5	1.392	1.084	28.69	0.215	48.4

第三章
主要树种及适生区分布

第一节 大花序桉

一、树种概况

1. 原生地分布及用途

大花序桉（*Eucalyptus cloeziana*），又名昆士兰桉，为桉属（*Eucalyptus*）昆士兰桉亚属大乔木树种，天然分布于澳大利亚昆士兰州（16.0°~26.5°S），海拔60~900m，年降水量1000~1600mm，最热月气温29℃，最冷月气温8~12℃，喜土层深厚、潮湿和排水良好的土壤（祁述雄，2002）。大花序桉木材纹理通直，结构均匀、基本密度大、耐久，材质特性好，是重要的实木利用树种之一，在家具、矿柱、建筑等行业应用广泛。此外，大花序桉材积生长率高，尤其在后期材积生长显著，生长潜力大，是极具培育价值的中大径材树种之一（王建忠等，2016），在肯尼亚、南非、津巴布韦、巴西、刚果等多个国家引种栽培，成为当地重要的经济林产业支柱。

2. 在中国的发展历程

我国自1972年起开始引种大花序桉，在广西、福建、海南、四川等省（区）进行了引种试验（翟新翠等，2007；李昌荣等，2012a）。广西东门林场于1982年至1989年基于"中澳技术合作东门桉树示范林项目"对大花序桉进行引种，1983年进行大花序桉种源试验，1989年建立包含11个种源的试验林，并采用间伐技术促进大花序桉生长，至今保存较完整。2003年，广西壮族自治区林业科学研究院从澳大利亚引进大花序桉，在广西玉林、钦州建立种源试验林，得出3个在两个试验点适应性广、稳定性强的优良种源。

1987年，在海南省琼海县开展的研究表明，大花序桉的萌芽更新能力较弱，不适用于薪材林经营（黄世能等，1990）。1990年，在广东新会建立引种试验林，结果表明，与其他桉树品种相比，大花序桉作为大径级锯材培育方面极具潜力（薛华正等，1997）。2001年，在粤东北的龙川县进行大花序桉引种试验，2年生的大花序桉生长情况明显低于巨桉、托里桉等品种（陈添基，2006）。2002年，在广西鹿寨进行了大花序桉的造林试验，因其抗寒性不强，2年生大花序桉在桂北的生长总体表现一般（刘涛等，2005）。2004年，在广西玉林开展了大花序桉种源选择试验，在桂中南地区其适应性较强，筛选出8个种批和20个家系为潜力优良品系(翟新翠等，2007)。2006年，在福建长泰进行大花序桉的种源引种试验，结果表明其在当地可作为大径材用材优良树种(简丽华，2012)。2011年，在福建平和天马国有林场进行大花序桉造林试验，筛选出最佳造林密度(陈建有，2014)。

从20世纪70年代开始，我国学者对大花序桉的种源选择、适应性进行了研究，广西东门林场和广西壮族自治区林业科学研究院等机构对大花序桉进行了造林试验，但截至今日，大花序桉在我国的大规模种植还很少。有必要明确大花序桉在中国的潜在适生区划分，为大花序桉在中国的培育和推广提供依据。

二、在中国的分布

1. 分布经纬点

大花序桉在中国南部广东、广西、云南、福建、江西、四川、湖南、海南、重庆、贵州、浙江和台湾12个省（区、市）内的主要分布经纬点见表3-1，根据2014—2017年的调查资料，以及已发表的相关专著和文献（薛华正，1997；梁坤南，2000；祁述雄，2002；翟新翠等，2007；韩斐扬等，2010；李昌荣等，2012b；杜阿朋等，2014；刘德浩等，2015；王建忠等，2016）及国家林业和草原局桉树研究开发中心的桉树地理分布数据，获大花序桉的经纬度分布数据33份，分别分布于广西、广东、福建、四川、海南、重庆、云南7个省（区、市），暂未收集到其余5个省的大花序桉分布点信息。

表3-1 研究区样点分布

省（区、市）	经度（°E）	纬度（°N）	省（区、市）	经度（°E）	纬度（°N）
广西	109.65	24.05	广东	114.05	22.90
	109.87	22.58		112.93	22.37
	109.37	24.47		112.27	22.48
	110.15	22.05	福建	117.57	24.63
	107.83	22.32		117.82	24.60
	107.50	22.38		117.33	25.97
	108.62	21.95		117.47	24.32
	110.15	22.65		117.75	24.77
	108.62	21.95		117.83	24.68
	107.90	22.38		116.98	24.02
	109.85	24.73		117.38	24.35
	109.88	22.73	四川	104.83	29.00
	110.15	22.65		103.53	29.40
广东	115.28	24.12	海南	110.52	19.22
	112.70	23.35	重庆	107.87	29.70
	109.75	21.13	云南	103.50	24.22
	109.98	21.25			

2. 分布地区气候和土壤特征

大花序桉在广西、广东、福建、四川、海南、重庆、云南 7 个省（区、市）的现有分布地区主要为热带和亚热带季风气候，主要土壤类型为砖红壤、赤红壤和紫色土，属热带季雨林和亚热带常绿阔叶林区。在实地调查中发现，大花序桉主要分布区广西扶绥和福建漳州，热量充足，且在气温较高季度的降水量也较大，在低海拔区域生长更好。

三、在中国的适生区预测

1. 环境数据及预处理

选用 33 个环境变量进行模型建立，包含 19 个生物气候因子、1 个太阳辐射因子、3 个地形因子和 10 个土壤因子，详见表 3-2。其中，中国和澳大利亚的生物气候、太阳辐射、地形数据均来源于世界气候数据库（https://www.worldclim.org），土壤数据下载于世界土壤数据库（http://www.fao.org），所有环境因子的空间分辨率为 30″（约为 1km）。

表 3-2 33 个环境变量

类别	序号	环境变量	类别	序号	环境变量
生物气候因子	1	年均气温	生物气候因子	18	最热季度降水量
	2	昼夜气温差月均值		19	最冷季度降水量
	3	昼夜气温差与年气温差比值（等温线）	太阳辐射因子	1	太阳辐射
	4	气温季节变化方差			
	5	最热月份最高气温	地形因子	1	海拔
	6	最冷月份最低气温		2	坡向
	7	年气温变化范围		3	坡度
	8	最湿季度平均气温	土壤因子	1	土壤深度
	9	最干季度平均气温		2	土壤容重
	10	最热季度平均气温		3	土壤质地
	11	最冷季度平均气温		4	土壤有效 N 含量
	12	年降水量		5	土壤有效 P 含量
	13	最湿月份降水量		6	土壤黏粒含量
	14	最干月份降水量		7	土壤有效水含量
	15	降水量季节变化方差		8	土壤有机质含量
	16	最湿季度降水量		9	土壤 pH 值
	17	最干季度降水量		10	土壤阳离子交换量

为建立精确度更好的模型，去除在模型建立过程中环境因子间的共线性关系（Cao et al.，2016；Yi et al.，2016），本节采用 SPSS 22.0 软件中的主成分和相关性分析功能，从 33 个环境因子中进行预筛选。结合主成分分析结果，最终确定 19 个环境变量，进行分布预测，见表 3-3。

表 3-3　各环境变量相对贡献率

序号	环境变量	贡献率(%)	序号	环境变量	贡献率(%)
1	年均气温	0.0	11	最热季度降水量	0.2
2	昼夜气温差月均值	6.5	12	最冷季度降水量	1.4
3	气温季节变化方差	17.2	13	土壤深度	2.9
4	年气温变化范围	0.9	14	土壤质地	2.4
5	最湿季度平均气温	31.2	15	土壤阳离子交换量	2.4
6	最干季度平均气温	0.5	16	土壤有效 N 含量	1.2
7	年降水量	0.1	17	土壤有效 P 含量	0.5
8	最干月份降水量	6.9	18	海拔	20.4
9	最湿季度降水量	0.2	19	坡向	2.0
10	最干季度降水量	3.1			

2. 预测模型构建和概率分级

MaxEnt 模型通过整合物种已有的地理分布点信息和环境数据间的相互关系来推测物种未知的空间分布情况(Phillips and Dudik, 2008)。该模型的建立基于最大熵原理和贝叶斯理论,通过探索已知分布点的环境特征与目标区域的非随机关系,进行物种潜在的地理适生区域预测(Jaynes et al., 1957)。本节采用 MaxEnt 3.4.1 版本进行潜在适生区预测。

首先,用 ArcGIS 10.2 软件将 33 个大花序桉的分布点与我国南部 12 省(区、市)的 1:400 万数字化政区图叠加校对,确定 33 个分布点均在研究区范围内,无剔除点。其次,将各分布点经纬度信息与 19 个环境变量数据导入 MaxEnt 3.4.1 软件,训练子集选取 90%的分布点信息来进行模型建立,测试子集选用余下 10%的分布信息来进行模型验证,模型提供预测分布和刀切法(Jackknife)估测功能(Yi et al., 2016)。运行软件,用受试者操作特性曲线(ROC)与横坐标围成的面积(AUC)进行模型精度评价(Adams-Hosking et al., 2012),预测效果分别由不同的 AUC 值代表:0.5~0.6 为差、0.6~0.7 为较差、0.7~0.8 为一般、0.8~0.9 为很好、0.9~1.0 为最好(胡秀等,2014)。最后,获得大花序桉适生分布图,根据刀切法检验结果,对环境因子贡献权重进行统计分析。

在 ArcGIS 中将模型运行获得的分布结果进行格式转化,获得包含大花序桉存在概率的适生分布栅格矢量图。存活概率数值的范围是 0~1,其数值越高,物种的存在几率越高(Wang et al., 2015),基于 IPCC 第五次评估报告对物种存在概率的描述,划分 0~0.33 为不适生、0.33~0.66 为适生、>0.66 为最适生,绘制出大花序桉在当前气候情境下的适生地理分布图,再结合各省(区、市)的政区图,最终确定大花序桉在各市县的适生分布情况。本节的大花序桉总适生区包括适生和最适生 2 个等级,统计并计算最适生(存在概率>0.66)和总适生(存在概率>0.33)区的面积,数据的差异显著性分析采用 SPSS 22.0 软件。

3. MaxEnt 模型的预测评价

建立的 MaxEnt 模型对大花序桉潜在适生分布的模拟具有很高的可信度,训练子集和测试子集的 AUC 值分别为 0.937 和 0.980(图 3-1)。可用于大花序桉潜在适生区的分布预测。

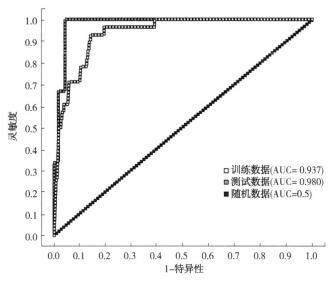

图 3-1　MaxEnt 模型中 ROC 预测结果

4. 大花序桉在中国的潜在适生区

大花序桉在当前气候下的潜在最适生区(存在概率>0.66)面积为 183811km^2，总适生(存在概率>0.33)面积为 406582km^2，总适生区占研究区总面积的 14.1%；各省份中，广东、广西、福建的最适生面积排名前三，分别为 82542、63574、28368km^2；广东总适生面积占本省总面积的比例最大(66.6%)(表 3-4)。

表 3-4　大花序桉在中国南部的潜在适生区面积　　　　　　　　　　　km^2

省(区、市)	最适生面积	适生面积	不适生面积	总适生面积(比例)
广东	82542	65209	74128	147751(66.6%)
广西	63574	79865	157487	143439(47.7%)
海南	6379	10116	24807	16495(39.9%)
四川	1922	19405	633567	21327(3.3%)
云南	65	1078	492049	1143(0.2%)
福建	28368	25198	102822	53566(34.3%)
江西	1	911	218737	912(0.4%)
重庆	112	5823	104849	5935(5.4%)
湖南	0	53	278996	53(0.0%)
台湾	354	5411	39337	5765(12.8%)
贵州	44	6788	223209	6832(3.0%)
浙江	450	2914	129395	3364(2.5%)
合计	183811	222771	2479383	406582(14.1%)

大花序桉在中国南部的总适生区涵盖丰水热带、南亚热带和多水中亚热带区，地形涉及东南沿海丘陵、南岭山地和四川盆地，适生地理坐标为 106.5°~121.3°E、18.4°~28.3°N 和 103.1°~106.4°E、28.2°~30.6°N，主要包括广东、福建、广西、海南和四川 5 个省(区)，在 5 个省(区)各市县的具体分布位置详见表 3-5。其中，最适生区主要在东南沿海丘陵(107.1°~119.6°E，18.7°~26.4°N)，具体包括广东湛江、江门和汕尾，福建漳州和泉州，广西北海和钦州。

表 3-5　当前气候情景下大花序桉在研究区的潜在适生分布情况

省(区)	地级市	县/县级市	最适生区	适生区
广东	湛江	廉江	大部分	
		吴川	大部分	
		遂溪	中部和西部	东部
		湛江市区	东部和西部	中部
		雷州	北部和中部	南部
		徐闻	东部局部	大部分
	茂名	化州	中部和南部	北部局部
		茂名市区	大部分	
		电白	大部分	东部局部
		高州	西南部	东部局部
		信宜		西部
	江门	鹤山	大部分	
		开平	大部分	
		江门市区	大部分	北部局部
		台山	大部分	北部局部
		恩平	大部分	中部局部
	阳江	阳西	中部和南部	北部局部
		阳春	东南部	西部局部
		阳江市区	中部大部和北部	中部局部
		阳东	大部分	北部局部
	潮州	饶平	中部和南部	北部局部
		潮州市区	中部和南部	北部局部
	汕头		大部分	
	揭阳	惠来	大部分	中部局部
		普宁	中部	南部局部和北部局部
		揭西	中部和北部	南部局部
		揭东	南部	北部
		揭阳市区		大部分
	汕尾	陆河	中部和南部	北部局部
		陆丰	大部分	南部局部和北部局部
		海丰	南部和北部	中部局部
		汕尾市区	北部大部和中部	北部部局部

(续)

省(区)	地级市	县/县级市	最适生区	适生区
广东	惠州	龙门	南部局部	中部局部
		博罗	西部局部和东部局部	中部局部
		惠州市区	中部和南部	北部局部
		惠东	中部大部和西部	东部局部
	深圳		中部和北部	南部局部
	珠海		东部局部和西部局部	
	佛山		西部局部和北部局部	东部局部
	肇庆	怀集		中部
		广宁	西部局部	东部局部
		封开	西部局部和中部局部	北部局部
		德庆	东南部	西部局部和北部局部
		四会	南部局部	北部局部
		肇庆市区	南部	北部局部
	云浮	罗定	中部大部	西部局部
		郁南	东部局部	西部局部
		云安	大部分	北部局部
		新兴	大部分	南部局部
		云浮市区	东部	
	广州	广州市区	西部局部和南部局部	
		增城		大部分
		从化		南部
	梅州	丰县	南部局部	中部和北部
		五华	西南部局部	北部局部
		大埔		大部分
	河源	紫金	南部局部	中部
		东源		东南部
福建	漳州	诏安	大部分	
		东山	北部局部	
		云霄	大部分	北部局部
		漳浦	大部分	南部局部
		平和	南部大部和东部	西北部局部
		龙海	大部分	东部局部
		南靖	东南部局部	北部局部和西部
		长泰	中部和东部	
		漳州市区	大部分	
		华安		北部
	厦门		大部分	

(续)

省(区)	地级市	县/县级市	最适生区	适生区
福建	泉州	晋江	中部	南部局部
		石狮	西部	东部局部
		南安	中部和南部	北部局部
		惠安	中部和西部	东部局部
		安溪	东部局部	中部局部
		永春	东南部局部	中部
		金门	大部分	
		泉州市区	大部分	
		德化		东南部局部
	莆田	仙游	南部	北部局部
		莆田市区	北部大部和西南部	东南部局部
	福州	福清	中部	南部局部
		平潭	南部局部	
		永泰	东部局部	中部
		闽侯	南部局部	中部局部
		福州市区	北部局部	
		连江	西部局部	中部
		罗源	南部局部	西部
		闽清		南部
	宁德	福鼎	东南局部	中部
		霞浦		中部
		福安		东南局部
		宁德市区		东南局部
广西	北海	合浦	中部和北部	南部局部
		北海市区	大部分	
	钦州	灵山	大部分	北部局部
		浦北	大部分	
		钦州市区	大部分	西部局部
	玉林	博白	大部分	中部局部
		陆川	南部	北部局部
		北流	南部局部	中部
		兴业	中部	
		玉林市区	南部	
		容县		北部
	贵港	桂平	北部大部	南部局部
		平南	南部局部	大部分
		贵港市区	南部大部	北部局部

(续)

省(区)	地级市	县/县级市	最适生区	适生区
广西	防城港	上思	中部局部	大部分
		防城港市区	东部	中部局部
	南宁	横县	中部大部	北部局部
		南宁市区	北部局部和南部	中部局部和北部局部
		宾阳	中部	东部局部
		上林	南部局部	北部局部
		隆安	南部局部	
	崇左	扶绥	中部	南部局部
		宁明	中部局部	中部和北部
		龙州	中部局部	西南部
		崇左市区	南部局部	南部局部
		凭祥		东部
	梧州	苍梧		南部
		岑溪		西部局部
		梧州市区		中部
	来宾	武宣	南部局部	北部局部
		象州	东部	西南部局部
		来宾市区	东部局部	
		金秀		西部
	河池	环江	中部局部	北部局部
		河池市区	东部局部	
		宜州	中部局部	
	百色	田东	北部局部	
海南		文昌	东部	西部局部
		琼海	中部和东部	西部局部
		万宁	东部局部	中部
		定安	北部	
		澄迈	东南部局部	
		儋州		中部局部
四川		泸县	中部局部	
		自贡	东部局部	
		宜宾		北部局部

四、适生分布主导环境因子及其与原产地的相似性

1. 主导环境因子

本节建立的 MaxEnt 模型对大花序桉在当前气候情景下的适生区预测模拟效果较

好,预测结果与大花序桉当前的实际分布情况能很好地吻合。刀切法分析结果显示(表3-3),最湿季度平均气温的贡献率最高(31.2%),是最重要的变量,对大花序桉的分布起最关键的作用;其次,海拔(20.4%)、气温季节变化方差(17.2%)的贡献率也较大;其他3个变量[最干月份降水量(6.9%)、昼夜温差月均值(6.5%)、最干季度降水量(3.1%)]的贡献率均超过3.1%,对大花序桉分布也产生一定影响。以上6个环境变量的总贡献率达85.3%,既是模型构建中重要的环境变量,也是影响大花序桉分布的主要环境因子。

2. 主导因子与原产地的相似性

外来物种的合理种植范围是由物种的生物特性,物种原产地与目标引种区的生态相似度和实地适生试验共同确定(Booth et al.,2002;Booth et al.,1990)。本节选取上述筛选出的6个影响大花序桉最适生区分布的重要环境变量,展示原产地澳大利亚自然分布区与中国最适生区之间的环境数据相似度(表3-6)。中国最适生区的最湿季度平均气温和气温季节变化方差均与澳大利亚自然分布区无显著差异,这2个变量在两区之间的相似程度高;中国最适生区的最干月份和最干季度降水量更高,海拔、昼夜气温差月均值比大花序桉原产地更低,这4个变量在两区之间差异较大($P<0.05$)。

中国适生区的最湿季度平均气温、气温季节变化方差与原产地澳大利亚自然分布区相似性很强,两个因子的累计贡献率达48.4%,可推测大花序桉在中国适生区具有较好的生长适应性。与原产地自然分布区相比,中国最适生区的最干月份和最干季度降水量更高,基于大花序桉喜温暖湿润环境的生物学特性,这两类降雨因子是更适合大花序桉生长的因子。中国最适生区的昼夜温差比原产地更低,也即气温更为恒定,同样是更利于大花序桉生长的因子。

表3-6 大花序桉在原产地自然分布区和中国适生区之间的生态因子相似性

环境变量	中国不适生区	中国适生区	中国最适生区	澳大利亚自然分布区
最湿季度平均气温(℃)	20.2b	25.6a	27.1a	27.7a
海拔(m)	1348.9a	283.2b	128.5c	231.4b
气温季节变化方差(℃)	63.4a	57.8a	53.8ab	46.5b
最干月份降水量(mm)	23.6b	29.7a	30.8a	11.0c
昼夜气温差月均值(℃)	9.5b	7.8c	7.2c	13.8a
最干季度降水量(mm)	85.6b	106.1a	109.2a	43.5c

注:同行不同小写字母表示差异显著($P<0.05$)。

五、引种栽培建议

大花序桉的最适宜区主要分布于广东、广西、福建南部和海南北部,这些地区恰好是沿南海海岸线向内陆辐射的区域,而有关研究表明昆士兰沿海地区大花序桉种源的生长状况优于内陆地区(Turnbull,1979),进一步证实了沿海地区为大花序桉的最佳适生区。最适宜大花序桉引种栽培的区域主要在东南沿海丘陵,具体地点有广东湛江、江门和汕尾,福建漳州和泉州,广西北海和钦州。

总体上，与原产地自然分布区相比，中国最适生区的热量条件、旱季的降水条件以及气温的恒定条件均更优，具有更适于大花序桉生长的气候环境。但中国沿海地区的台风灾害比较频繁，大花序桉在后期的生长速度快，抗击台风时被损坏风险更大，因此在沿海地区大面积种植大花序桉时需做好防风措施，或通过调控种植密度减少台风对其的侵害。在种植大花序桉时，也可配套实施土壤水分改良等措施来促进林木生长。

桉树的生命周期长，气候缺乏规律性和易变化增大了气候分析的难度，并且存在冰雪、风灾和洪涝灾害等破坏桉树人工林的气象因素。因此在环境因子分析基础上，需进一步结合实地树木生长情况。

第二节 巨桉

一、树种概况

1. 原生地分布及用途

巨桉（*Eucalyptus grandis*）为桉属高大乔木，原产于澳大利亚，从昆士兰州和新南威尔士州海岸向内陆延伸（22°~32°S），最热月平均最高气温范围 24~30℃，最冷月平均最低气温 3~8℃，夏雨型，年均降水量 1000~1800mm，垂直海拔范围一般在 600m 以内，但在分布区北部的雅瑟顿高原可高达 900m，喜土层深厚、湿润、排水良好的壤土和砂壤土，不适宜热带潮湿的低地（王豁然，2010）。巨桉生长迅速，干形通直、饱满，自然整枝良好，木材广泛用于房屋建筑、矿柱、电杆等，是理想的实木利用树种（Booth，2013）。

巨桉广泛用于亚热带、温带区域人工造林，为世界上栽培面积最大的桉树树种之一（Costa et al.，2017；Bordron et al.，2019）。到 20 世纪 90 年代末，世界各地共有近 200 万 hm^2 的巨桉及其家系商业人工林（CAB International，2000）。20 年后，巨桉及其家系人工林面积在 800 万 hm^2 左右。巨桉因其高产潜力、优良干形和适宜进行无性繁殖的特性，用于多个国家的人工林种植（Eldridge et al.，1993；Stape et al.，2010）。在东南亚、中国和巴西，绝大多数的巨桉和巨桉无性系人工林采取短轮伐（≤10 年）的经营模式，用于锯木、单板、纤维材生产（Luo et al.，2010）。但是，在斯里兰卡、南非和乌拉圭等国家，巨桉采用的为长轮伐经营模式，主要用于锯材原木生产（Shield，1995；Malan，2005；Bandara and Arnold，2017）。

2. 在中国的发展历程

在中国，巨桉及其无性系被证实为最适于建立高产、短轮作的树种。在全国 540 万 hm^2 桉树人工林中，有 60% 以上为巨桉或其杂交品种（Arnold et al.，2019a）。近年来，中国锯木和锯材的消耗速度剧增，因此需要进口大量木材，以弥补国内这一特定类别的生产不足。2018 年，中国的原木进口总量接近 6000 万 m^3。中国锯木的国内生产和消费之间不断扩大的缺口，导致人们越来越有兴趣对中国的一些桉树人工林进行更长的轮作(≥10年),以供应适合锯木生产的直径更大的原木。巨桉便是这种较长轮作锯木人工林的潜在树种之一。

迄今为止,巨桉作为一种纯种质资源,在中国主要分布在福建和四川部分地区(Luo et al.,2010)。1986年,四川省开始将巨桉引种至丰都、富顺国有林场,巨桉适应性强,经济效益好。经引种区试验后,于1992年开始在盆地推广,至2000年在四川盆地营建巨桉人工林2900hm^2,成为四川主要桉树栽培树种(陈小红等,2000)。1986年,在川东、川南、川西对巨桉进行引种栽培,在栽培试验的基础上,10年后,利用生物气候预测法预测出在四川盆地、盆边低山区及川西南山地局部可栽培推广巨桉(胡天宇和李晓清,1999)。2010年,郭洪英等在四川宜宾进行了巨桉及其无性系栽培试验,筛选出巨桉丰产无性系(郭洪英等,2012)。

另外,福建、广东、江西、海南等省(区)也进行了巨桉引种栽培试验。1986年,在海南东部琼海县对巨桉进行了种源试验,筛选出适于该地区生长的巨桉种源(梁坤南等,1994)。1987年,在福建长泰县和海南琼海县进行了系统巨桉种源试验,并应用生物气候预测分析得出巨桉的适生范围(王豁然等,1989)。1999年,在广东肇庆市封开县进行巨桉栽培试验,巨桉引种效果良好(梁育兴和刘天颐,2006)。2006—2011年,分别在赣南全南县、龙南县、赣县进行巨桉示范林营建,巨桉生长良好(廖忠明等,2013)。2009年,在广东清远对巨桉无性系进行了栽培试验,筛选出适合当地生长的优良无性系(孟蕊,2015)。2011年,在云南普洱进行了巨桉种源试验,筛选出适宜当地环境的种源(吴世军等,2017)。

国内学者对巨桉的适生环境进行了大量探索,明确了部分省份的巨桉适生局域。而现如今,考虑到既要扩大总种植资源,又要扩大适合中国锯木锯木生产的树种的长期轮作人工林的面积,除明晰巨桉的传统种植环境之外,还有必要确定适合巨桉种植的具体地区。

二、在中国的分布

1. 现有分布经纬点

巨桉在中国南部广东、广西、云南、福建、江西、四川、湖南、海南、重庆、贵州、浙江和台湾12个省(区、市)内的主要分布经纬点见表3-7,根据2013—2017年对部分样地的调查数据,相关文献和专著(李志辉等,2000;周群英等,2009;冯茂松等,2010;陈宗杰,2011;罗火月,2012;涂淑萍等,2013;陈健波等,2014;周永东等,2014;陈亚梅等,2015)以及国家林业和草原局桉树研究开发中心的桉树分布连续清查数据,共获取巨桉分布点经纬度数据132份,分别分布于广西、广东、福建、海南、四川、江西、云南、湖南8个省(区),暂未收集到其余4个省(市)的巨桉分布点信息。

2. 现有分布地区气候和土壤特征

巨桉在广西、广东、福建、海南、四川、江西、云南、湖南8个省(区)的现有分布区域以热带和亚热带季风气候为主,土壤类型主要为红壤、黄壤和紫色土,为亚热带常绿阔叶林和热带季雨林区。在野外调查中发现,巨桉主要分布区四川乐山的太阳辐射量相较于东南丘陵地带而言较小,但其全年温暖、无霜期长,且土壤深厚、坡度低，适于巨桉生长；另一主要分布区福建漳州的太阳辐射量相对高、气温变化幅度小，巨桉生长普遍较好，且在排水性好的土壤生长更佳。

表3-7 研究区样点分布

省(区、市)	经度(°E)	纬度(°N)	省(区、市)	经度(°E)	纬度(°N)	省(区、市)	经度(°E)	纬度(°N)	省(区、市)	经度(°E)	纬度(°N)
广西	107.86	22.34	福建	119.24	26.08	四川	103.9	30.79	四川	105.96	31.73
	107.11	21.9		119.46	26.26		103.3	30.38		104.69	31.43
	109.9	24.77		119.29	26.10		104.65	30.34		114.95	25.76
	108.35	22.92		118.95	25.86		104.4	30.87		114.91	25.89
	108.3	22.49		118.92	25.90		103.73	31.17		114.92	25.62
	110.35	25.31		118.58	25.93		103.48	30.57		115.09	25.49
广东	109.79	20.96		118.70	26.18		103.83	31.17		115.14	26.16
	109.88	21.23		118.57	27.12		103.55	29.91		115.77	26.22
	110.23	21.12		117.69	27.07		103.3	30.05		114.9	24.77
	114.06	22.91		118.39	26.46		103.37	29.92	江西	114.48	24.83
	113.38	23.19		118.39	25.27		103.86	29.84		114.72	24.86
	113.52	23.35		116.61	25.15		104.13	30		115.03	26.12
	113.63	23.29		118.82	25.66		103.85	30.04		115.92	26.18
	112.94	22.37		118.80	25.55		103.87	30.2		114.78	26.47
	115.25	24.10		118.62	25.60		105.04	29.6		115.15	27.42
	114.70	23.47		118.70	25.37		103.61	29.61		114.87	27.18
	112.08	24.57		119.10	25.62	四川	103.66	29.58		115.26	27.45
	113.13	23.56		118.87	25.67		103.79	29.66		115.83	28.77
	112.66	23.31		118.77	26.60		103.74	29.4		100.98	23.29
	111.48	23.40		120.08	26.92		103.55	29.42		100.57	23.63
	112.66	22.98		120.15	27.29		103.49	29.6		100.98	22.79
	111.54	21.68		120.24	27.19		103.61	29.77	云南	102.39	23
福建	117.36	25.94	海南	110.52	19.23		103.95	29.21		99.15	25.12
	117.33	26.05	四川	103.21	30.21		103.9	28.96		103.12	26.23
	117.39	25.90		102.98	29.97		105.21	28.65		102.54	25.22
	117.64	26.28		103.11	30.07		105.44	28.88		102.15	24.68
	117.78	24.76		107.64	29.8		104.97	29.18		113.2	25.97
	117.65	24.24		104.07	30.68		104.42	29.45		112.6	26.9
	117.39	24.36		103.49	30.2		104.61	28.77	湖南	112.62	26.86
	117.48	24.47		103.81	30.42		104.75	28.84		113.04	25.8
	117.28	24.88		103.43	30.2		104.56	28.56		113.68	25.54
	117.53	25.01		104.18	30.38		107.72	29.87		112.58	25.28
	117.55	25.11		104.02	30.35		106.63	30.47		112.95	25.39

三、在中国的适生区预测

1. 环境数据及预处理

方法与上一节大花序桉潜在分布预测相似，选用 33 个环境变量进行模型建立，包含 19 个生物气候因子、1 个太阳辐射因子、3 个地形因子和 10 个土壤因子。其中，中国和澳大利亚的生物气候、太阳辐射、地形数据均来源于世界气候数据库（https://www.worldclim.org），土壤数据下载于世界土壤数据库（http://www.fao.org），所有环境因子的空间分辨率为 30″（约为 1km）。采用 SPSS 22.0 软件中的主成分和相关性分析功能，从 33 个环境因子进行预筛选。结合主成分分析结果，最终确定 19 个环境变量，进行巨桉潜在分布预测（表 3-8）。

表 3-8　各环境变量相对贡献率

序号	环境变量	贡献率（%）	序号	环境变量	贡献率（%）
1	年均气温	3.6	11	土壤有效水含量	3.8
2	昼夜气温差月均值	3.3	12	土壤深度	2.0
3	昼夜气温差与年气温差比值	6.7	13	土壤 pH 值	2.0
4	气温季节变化方差	10.4	14	土壤有效 P 含量	1.7
5	最热月份最高气温	7.8	15	土壤黏粒含量	1.3
6	最干季度平均气温	1.6	16	海拔	16.7
7	最热季度平均气温	2.5	17	坡度	7.0
8	最湿月份降水量	1.7	18	坡向	2.0
9	降水量变化方差	3.7	19	太阳辐射	18.4
10	最干季度降水量	3.7			

2. 预测模型构建和概率分级

首先，用 ArcGIS 10.2 软件将 132 个巨桉的分布点与我国南部 12 省（区、市）的 1∶400 万数字化政区图叠加校对，确定 132 个分布点均在研究区范围内，无剔除点。其次，将各分布点经纬度信息与 19 个环境变量数据导入 MaxEnt 3.4.1 软件，训练子集选取 75% 的分布点信息来进行模型建立，测试子集选用余下 25% 的分布信息来进行模型验证，模型提供预测分布和刀切法（Jackknife）估测功能。运行软件，用受试者操作特性曲线（ROC）与横坐标围成的面积（AUC）进行模型精度评价，预测效果分别由不同的 AUC 值代表：0.5~0.6 为差，0.6~0.7 为较差，0.7~0.8 为一般，0.8~0.9 为很好，0.9~1.0 为最好。最后，获得巨桉适生分布图，根据刀切法检验结果，对环境因子贡献权重进行统计分析。

在 ArcGIS 中将模型运行获得的分布结果进行格式转化，获得包含巨桉存在概率的适生分布栅格矢量图。基于 IPCC 第五次评估报告对物种存在概率的描述，划分 0~0.33 为不适生、0.33~0.66 为适生、>0.66 为最适生，绘制出巨桉在当前气候情境下的适生地理分布图，再结合各省（区、市）的政区图，最终确定巨桉在各市县的适生分布情况。本节的巨桉总适生区包括适生和最适生2个等级，统计并计算最适生(存在概率>0.66)和总适生(存在概率>0.33)区的面积，数据的差异显著性分析采用 SPSS 22.0 软件。

3. MaxEnt 模型的预测评价

建立的 MaxEnt 模型对巨桉潜在适生分布的模拟具有很高的可信度，训练子集和测试子集的 AUC 值分别为0.930和0.890(图3-2)。

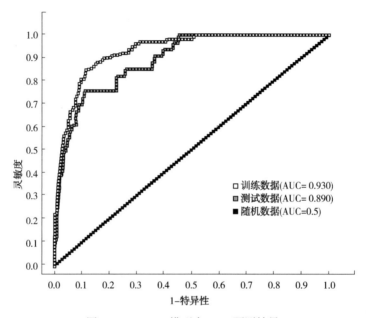

图3-2　MaxEnt 模型中 ROC 预测结果

4. 巨桉在中国的潜在适生区

巨桉在当前气候下的潜在最适生区(存在概率>0.66)面积为156016km^2，总适生(存在概率>0.33)面积为436890km^2，占研究区总面积的15.1%；四川、福建、广东的最适生面积排名前三，分别为49781、33243、26975km^2；福建总适生面积占本省总面积的比例最大(47.4%)(表3-9)。

表3-9　巨桉在中国南部的潜在适生区面积　　　　　　　　　　　　km^2

省(区、市)	最适生面积	适生面积	不适生面积	总适生面积(比例)
广东	26975	72064	122840	99039(44.6%)
广西	9973	56806	234147	66779(22.2%)
海南	1019	2819	37464	3838(9.3%)
四川	49781	35539	569574	85320(13.0%)
云南	368	6659	486165	7027(1.4%)
福建	33243	40943	82202	74186(47.4%)
江西	21567	36405	161677	57972(26.4%)
重庆	2080	6047	102657	8127(7.3%)

(续)

省(区、市)	最适生面积	适生面积	不适生面积	总适生面积(比例)
湖南	5621	11804	261624	17425(6.2%)
台湾	3994	5780	35328	9774(21.7%)
贵州	191	1905	227945	2096(0.9%)
浙江	1204	4103	127452	5307(4.0%)
合计	156016	280874	2449075	436890(15.1%)

巨桉在中国南部的总适生区涵盖多水中亚热带和丰水南亚热带和热带区，地形涉及四川盆地、南岭山地、东南沿海丘陵和江南丘陵，适生地理坐标为106.4°~121.8°E、19.6°~29.1°N 和 102.5°~108.8°E、28.1°~31.9°N，主要包括四川、江西、福建、重庆、广东、湖南、广西、台湾、海南9个省(区、市)，在9个省(区、市)各市县的具体分布方位详见表3-10。其中，最适生区主要在四川盆地(102.7°~105.2°E、28.4°~31.4°N)、南岭山地(111.1°~116.6°E、24.1°~27.0°N)和东南沿海丘陵(108.6°~121.6°E、19.8°~28.4°N)，具体包括四川眉山、成都和自贡，江西赣州和吉安，福建漳州和福州，广东韶关和台湾桃园。

表3-10 当前气候情景下巨桉在研究区的潜在适生分布情况

省(区、市)	地级市	县/县级市	最适生区	适生区
四川	眉山	仁寿	大部分	
		青神	大部分	
		丹棱	大部分	
		眉山市区	大部分	
		洪雅	北部	
	成都	崇州	东部	
		彭州	南部	中部局部
		成都市区	大部分	东部局部
		金堂	北部局部	南部
		新津	大部分	
		蒲江	大部分	
		邛崃		东部和中部
		大邑	东部局部	
		都江堰	南部局部	
	资阳	乐至		大部分
		资阳市区	西部	东部
	内江	威远	大部分	
		隆昌		中部和西部
		资中	西部	东部
		内江市区	西部	中部

（续）

省(区、市)	地级市	县/县级市	最适生区	适生区
四川	自贡	荣县	大部分	
		自贡市区	大部分	
		富顺	北部局部	南部
	宜宾	江安	南部局部	大部分
		长宁	中部和北部	
		兴文	北部局部	
		高县	东北部	
		宜宾市区	中部和东部	东部局部
		珙县		中部局部
	乐山	夹江	大部分	
		井研	大部分	
		犍为	大部分	
		沐川	北部局部	东部局部
		峨眉山	东部	
		乐山市区	东部和中部	
	雅安	荥经	东部局部	
		雅安市区	东部局部	
	泸州	合江	西部局部	西部
		泸州市区	南部局部	北部
		叙永	北部局部	
		泸县		西部
	绵阳	江油		南部局部
		绵阳市区	西部	东部
	德阳	广汉	大部分	
		中江	中部局部	大部分
		德阳市区	西部	东部
		什邡	南部局部	
		绵竹	东南局部	
重庆		丰都	中部局部	
		忠县	东部局部	
		重庆市区	中部局部和东部局部	西南局部
福建	漳州	诏安	北部局部和南部	东部局部
		云霄	中部	南部局部
		漳浦	中部和北部	南部局部
		平和	东南局部	
		龙海	中部和东部	西部局部

（续）

省(区、市)	地级市	县/县级市	最适生区	适生区
福建	漳州	南靖	东南局部	
		长泰	南部局部	
		漳州市区	东南局部	
	厦门		东南局部	
	泉州	晋江	南部和中部	北部局部
		石狮	东部	
		南安	东部局部	中部局部
		惠安	大部分	西部局部
		安溪	东部局部	
		金门	大部分	
		泉州市区	中部	北部局部
		永春		中部局部
		德化		中部局部
	莆田	仙游	东部	
		莆田市区	大部分	东部局部
	福州	福清	西部	
		永泰	东部局部	
		闽侯	南部局部	北部局部
		福州市区	南部局部	
		连江	中部和东部	西部局部
		罗源	南部局部	
		闽清	中部局部	
	宁德	福鼎	东部局部	北部局部
		霞浦	南部大部	
		福安	南部局部	
		古田	西南局部	
		宁德市区	东南局部	
	南平	顺昌	南部局部	
		建瓯	中部局部	
		建阳	中部局部	
		南平市区	中部局部	
	三明	沙县	东部局部	
		尤溪	东部局部	
		永安	南部局部	
		清流	中部局部	
		三明市区	中部局部	

（续）

省(区、市)	地级市	县/县级市	最适生区	适生区
福建	龙岩	长汀	南部局部	
		连城	中部局部	
		龙岩市区	南部局部	
		永定		西部局部
广东	韶关	乐昌	西北部	
		仁化	南部	北部局部
		南雄	东部	
		始兴	中部	
		翁源	东部局部	
		韶关市区	南部局部和北部局部	
		新丰	西部局部	
	清远	连州	中部	
		英德	中部	
		佛冈	南部局部	
		清远市区	中部局部和南部局部	
		阳山	东部局部	
	广州	增城	中部局部	
		从化	南部局部	
		广州市区	北部局部	
	肇庆	怀集	中部局部	
		广宁	南部局部	
		封开	西部局部	
		肇庆市区	西北局部	
		四会	南部局部	
	潮州	饶平	东部	
		潮州市区	中部局部	东部
	梅州	平远	南部局部	北部
		蕉岭	南部局部	
		大埔		东部
		兴宁	西部局部	大部分
		五华	中部局部	中部
	湛江	廉江	南部局部	南部
		徐闻	西部局部	大部分
		遂溪		大部分
		湛江市区		北部
		雷州		西部

(续)

省(区、市)	地级市	县/县级市	最适生区	适生区
广东	揭阳	惠来	中部局部	南部
		普宁		中部
	汕尾	陆丰	北部局部	北部
		陆河		南部
		海丰		东部
江西	赣州	信丰	大部分	北部局部
		于都	北部局部	南部
		赣州市区	中部和南部	北部局部
		兴国	南部局部	东部局部
		宁都	南部局部	北部局部
		石城	南部局部	北部局部
		瑞金	北部局部和中部局部	中部局部
		会昌	西部大部	西部局部
		寻乌	中部局部	中部大部
		安远	南部局部	北部大部
		定南	中部局部	西部局部
		龙南	北部局部	
		上犹	东南局部	
		崇义	中部局部	
	吉安	万安	北部大部和南部局部	
		遂川	东部局部	
		泰和	中部	
		吉安市区	南部局部	北部大部
		吉水	北部局部和西部局部	南部局部
		永丰		北部局部
		峡江		西部局部
	抚州	南城	南部局部	
		黎川	西部局部	西部大部
		南丰	中部大部	
		广昌	中部局部	
	上饶	弋阳	南部局部	
		铅山	北部局部	
		上饶市区		中部局部
		德兴		西部局部
	鹰潭	贵溪		北部局部
		鹰潭市区		中部
	南昌	南昌市区	中部局部	
	新余	新余市区		中部大部

（续）

省(区、市)	地级市	县/县级市	最适生区	适生区
湖南	永州	道县	中部	北部局部
		江永	东部局部	中部局部
		江华	西部局部	
		宁远		中部局部
	郴州	宜章	中部	
		临武	中部局部	
		嘉禾	中部局部	东部
		桂阳	南部局部	
		郴州市区	东部	
广西	桂林	临桂	南部局部	
		全州		中部局部
	贵港	平南	中部局部	南部局部
		桂平	中北局部	
		贵港市区	东部局部	南部局部
	来宾	象州	中部局部	大部分
		来宾市区	东部局部	中部
	柳州	柳城		中部
		鹿寨		西部
		融安		西部局部
	钦州	灵山		南部局部
		浦北		南部
		钦州市区		北部局部
	南宁	宾阳	中部局部	
		南宁市区		东南部
台湾		桃园	北部	
		新北	西部局部	东部局部
		宜兰	东北局部	
		花莲	中部局部	南部局部
		高雄	中部局部	西部局部
		屏东	北部局部	
		嘉义	中部局部	
		台中	中部局部	
		云林		中部局部
		新竹		西北局部
海南		临高	北部	中部局部
		儋州	北部局部	北部局部
		海口		中部局部
		澄迈		北部局部

四、适生分布主导环境因子及其与原产地的相似性

1. 主导环境因子

刀切法分析结果显示(表3-8),太阳辐射的贡献率最高(18.4%),为最重要的变量,对巨桉分布起最关键作用;海拔(16.7%)变量为其次;气温季节变化方差(10.4%)、最热月份最高温度(7.8%)、坡度(7.0%)、昼夜温差与年温差比值(6.7%)的贡献率也较大,对巨桉分布影响较大;其他5个变量(土壤有效水(3.8%)、最干季度降水量(3.7%)、降水量变化方差(3.7%)、年均温(3.6%)、昼夜温差月均值(3.3%))的贡献率均超过3.3%,对巨桉分布也有一定影响。以上11个环境变量的总贡献率达85.1%,这些变量既是模型构建中重要的环境变量,也是影响巨桉分布的主要生态因子。

2. 主导因子与原产地的相似性

选取上述筛选出的11个影响巨桉分布的重要因子,通过差异分析来展示中国适生区和原产地自然分布区之间的生态因子相似性(表3-11)。可以看出,中国最适生区的最热月份最高气温、年均气温、海拔、坡度与澳大利亚自然分布区无显著差异($P>0.95$),这4个变量在两区之间的相似性强;与原产地自然分布区相比,中国适生区的气温变化方差、降水量变化方差、最干季度降水量更高,昼夜气温差与年气温差比值、昼夜气温差月均值、太阳辐射、土壤有效水含量更低,这7个变量在两区之间差异较大。

表3-11 巨桉在原产地自然分布区和中国适生区之间的生态因子相似性

环境变量	中国不适生区	中国适生区	中国最适生区	澳大利亚自然分布区
气温季节变化方差(℃)	65.1a	62.3a	62.2a	50.3b
最热月份最高气温(℃)	27.4a	32.0a	32.0a	33.5a
昼夜气温差与年气温差比值	34.9b	30.7b	28.7b	48.8a
年均气温(℃)	14.7b	19.2a	19.8a	20.0a
昼夜气温差月均值(℃)	9.5b	7.9c	7.6c	13.6a
降水量变化方差(mm)	71.6a	65.1a	68.3a	48.9b
最干季度降水量(mm)	84.6b	104.1a	114.7a	73.8b
太阳辐射[MJ/(m²·d)]	13.4b	14.0b	14.2b	19.4a
海拔(m)	1352.9a	283.3b	258.0b	257.8b
坡度(°)	5.5a	1.9b	1.3c	1.5bc
土壤有效水含量(%)	10.0c	11.0c	17.0b	26.1a

注:同行不同小写字母表示差异显著($P<0.05$)。

中国适生区的最热月份最高温、年均温、海拔、坡度变量值与原产地澳大利亚自然分布区相似性很强,累计贡献率为35.1%,推测该物种在中国适生区具有一定的适应性。与原产地自然分布区相比,中国适生区的最干季度降水量更高,昼夜温差月均值更低,根据巨桉喜温暖湿润环境的特性,就这两个因子而言,中国适生区更适于巨桉生长。中国适生区的太阳辐射值低于原产地自然分布区,说明中国多山多沟壑地势

引起的低太阳辐射对巨桉生长有一定程度限制作用。在实地栽培区选择中，应充分考虑太阳辐射这一因子。

五、引种栽培建议

本节基于巨桉现有地理分布数据和19个生态因子，运用最大熵模型能很好地模拟我国巨桉的潜在适生分布（AUC值>0.89）。巨桉的最适生区集中在四川盆地和东南丘陵地带。其中四川的中南部盆地是巨桉在中国最适生区分布面积最大的区域，这与巨桉喜稍冷凉的亚热带气候、不适宜热带潮湿的低地的特性相符。最适生区分布面积其次为福建东部沿海，也较海南、广东南部等热带地区的纬度稍向北。巨桉在中国的最适生代表地点有四川眉山、成都和自贡，江西赣州和吉安，福建漳州和福州，广东韶关，台湾桃园。

中国最适生区的最热时期和年均气温、海拔等地形总体上与原产地相差不大，贡献率累计达35%，具有一定的相似性。中国最适生区的最干时段降水更高，昼夜温差更低，贡献率累计13%，是有利于巨桉生长的环境条件，一定程度上优化了适生环境。但在热量供应方面，中国最适生区的太阳辐射低于原产地，因此在实际栽培点选择中，除避免热带潮湿的低地外，还应在纬度更高的最适生区尽量避免多沟壑地势，选择平坦地势、向阳方位栽植巨桉，保证充足热量供应。同时结合局域温差、土壤排水性及树木实地生长状况进一步优化最适栽培区。

第三节 粗皮桉

一、树种概况

1. 原生地分布及用途

粗皮桉（*Eucalyptus pellita*）为桉属乔木，天然分布于澳大利亚，在澳大利亚主要有两个相隔很远的天然分布区，即昆士兰约克角半岛和从昆士兰州佛雷泽岛附近到新南威尔士巴特门斯湾南部。纬度范围为12°~18°S的昆士兰州是粗皮桉的重要产种地区和主要分布区，在27°~36°S的新南威尔士州，粗皮桉呈不连续分布（祁述雄，2002）。在澳大利亚原产地区，最冷月平均气温12~14℃，最热月平均气温24~33℃，南部霜冻很少，北部则无霜冻，年均降水量900~2400mm，极少干旱。

粗皮桉生长迅速，木质坚实，力学强度适中，为理想的实木利用树种，同时为优良的水源涵养树种（赵荣军等，2012；Hii et al.，2017；Sun et al.，1996）。从19世纪80年代开始，粗皮桉作为用材树种在国际上广泛栽植，包括中国、巴西、南非、菲律宾（CAB International，2000）。在巴西、印度、刚果、新几内亚、西萨摩亚广泛引种，生长状况良好，原木用于电线杆、枕木、木地板、桥梁建筑（Harwood et al.，1997）。

2. 在中国的发展历程

我国于1986年在海南地区引种栽培（吴坤明和吴菊英，1988），之后在广东、广西、海南广泛引种种植。1989年，广西东门林场对粗皮桉进行了家系试验，筛选出最优种源。1990年，在广东新会市建立试验林，粗皮桉的长势一般（薛华正等，1997）。1996年，福建长泰岩溪国有林场、南靖国有林场对粗皮桉进行了引种试验，长势较好（林玉清，2010）。1998年，在广东雷州林业局迈进林场进行了粗皮桉种源试验，筛选出粗皮桉潜力优良品种（Luo et al.，2006；陈文平等，2001）。

2002年，在福建平和天马国有林场进行了粗皮桉引种试验，粗皮桉在早期基本能适应当地环境（张连水等，2008）。2005年，在福建华安县进行了粗皮桉不同家系引种试验，大部分家系生长良好（林玉清，2010）。

我国从20世纪80年代开始引种粗皮桉，主要在广东、广西、海南开展了粗皮桉种源试验，筛选出了适合粗皮桉生长的一些区域，部分学者也对粗皮桉的适生环境进行了探索，但有关粗皮桉在中国的潜在地理适生区的系统研究还很少，缺少在具体市县的适生分布资料。

二、在中国的分布

1. 现有分布经纬点

粗皮桉在中国南部广东、广西、云南、福建、江西、四川、湖南、海南、重庆、贵州、浙江和台湾12个省（区、市）内的主要分布经纬点见表3-12，结合长期以来的野外调查资料，相关文献和专著（吴坤明等，1996；卢万鸿等，2009；吴清等，2009；陈晓明等，2009；林玉清，2010；施成坤，2010；周顺得，2010；罗亚春等，2013；周永东等，2014；农锦德等，2017）以及国家林业和草原局桉树研究开发中心的桉树分布连续清查数据，共获取粗皮桉分布点经纬度数据30份，分别分布于广西、广东、福建、海南、云南5个省（区），暂未收集到其余7个省（区、市）的粗皮桉分布点信息。

表3-12 研究区样点分布

省（区）	经度（°E）	纬度（°N）	省（区）	经度（°E）	纬度（°N）	省（区）	经度（°E）	纬度（°N）
广西	107.86	22.34	广东	113.38	23.19	福建	117.60	24.80
	109.90	24.77		113.21	23.40		117.41	24.42
	108.36	22.94		112.94	22.37		117.78	24.76
	105.80	24.66		114.70	23.47		117.65	24.24
广东	110.06	21.14	福建	119.28	26.15		116.23	25.03
	109.79	20.96		119.46	26.26		117.36	25.94
	114.06	22.91		119.29	26.10	海南	108.87	18.72
	110.23	21.12		119.79	25.52		109.68	19.91
	110.07	21.16		117.76	24.77		110.52	19.23
	109.88	21.23		117.35	24.51	云南	100.98	23.29

2. 现有分布地区气候和土壤特征

粗皮桉在广西、广东、福建、海南、云南5个省（区）的现有分布区域以热带和亚热带季风气候为主，土壤类型主要为砖红壤和赤红壤，为热带季雨林和亚热带常绿阔叶林区。实地调查发现，在广西扶绥和广东湛江的粗皮桉长势较好，两地均属于低海拔、低温差的区域，同时最冷时段的最低温相对较高。

三、在中国的适生区预测

1. 环境数据及预处理

方法与大花序桉潜在分布预测一致，选用33个环境变量进行模型建立，采用SPSS 22.0软件中的主成分和相关性分析功能，从33个环境因子中进行预筛选。结合主成分分析结果，最终确定19个环境变量，进行粗皮桉的潜在适生分布预测（表3-13）。

表3-13 各环境变量相对贡献率

序号	环境变量	贡献率(%)	序号	环境变量	贡献率(%)
1	年均气温	0.0	11	最冷季度降水量	1.5
2	昼夜气温差与年气温差比值(等温线)	0.5	12	土壤pH值	1.8
3	气温季节变化方差	16.3	13	土壤有效水含量	1.7
4	最冷月份最低气温	9.2	14	土壤有效N含量	0.8
5	最湿季度平均气温	1.3	15	土壤阳离子交换量	0.1
6	最干季度平均气温	1.0	16	海拔	48.9
7	最冷季度平均气温	1.3	17	坡向	5.2
8	最湿月份降水量	2.0	18	坡度	0.6
9	最干季度降水量	1.6	19	太阳辐射	0.0
10	最热季度降水量	6.1			

2. 预测模型构建和概率分级

同样与大花序桉的潜在适生预测方法一致，首先，用ArcGIS 10.2软件将30个粗皮桉的分布点与我国南部12省(区、市)的1:400万数字化政区图叠加校对，确定30个分布点均在研究区范围内，无剔除点。其次，将各分布点经纬度信息与19个环境变量数据导入MaxEnt 3.4.1软件，训练子集选取90%的分布点信息来进行模型建立，测试子集选用余下10%的分布信息来进行模型验证。最后，获得粗皮桉适生分布图，根据刀切法检验结果，对环境因子贡献权重进行统计分析。

在ArcGIS中将模型运行获得的分布结果进行格式转化，获得包含粗皮桉存在概率的适生分布栅格矢量图，绘制出粗皮桉在当前气候情境下的适生地理分布图，再结合各省(区、市)的政区图，最终确定粗皮桉在各市县的适生分布情况。粗皮桉总适生区包括适生和最适生2个等级，统计并计算最适生(存在概率>0.66)和总适生(存在概率>0.33)区的面积，数据的差异显著性分析采用SPSS 22.0软件。

3. MaxEnt模型的预测评价

建立的MaxEnt模型对粗皮桉潜在适生分布的模拟具有很高的可信度，训练子集和测试子集的AUC值分别为0.970和0.855(图3-3)。

4. 粗皮桉在中国的潜在适生区

粗皮桉在当前气候下的潜在最适生区(存在概率>0.66)面积为53522km^2，总适生

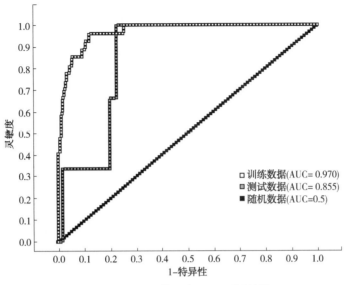

图 3-3 MaxEnt 模型中 ROC 预测结果

(存在概率>0.33)面积为 145655km²,占研究区总面积的 5.0%;广东、福建、广西的最适生面积排名前三,分别为 25700、12867、7277km²;海南总适生面积占本省总面积的比例最大(39.0%)(表 3-14)。

粗皮桉在中国南部的总适生区涵盖丰水热带和南亚热带区,地形主要为东南沿海丘陵,适生地理坐标为 106.2°~121.8°E、18.4°~26.4°N,主要包括广东、福建、广西、海南、台湾 5 个省(区),在 5 个省(区)各市县的具体分布方位详见表 3-15。其中,最适生区主要在东南沿海丘陵(108.6°~121.3°E、18.8°~26.2°N),具体包括广东湛江和汕头,福建漳州和福州,广西贵港,海南万宁和临高。

表 3-14 粗皮桉在中国南部的潜在适生区面积   km²

省(区、市)	最适生面积	适生面积	不适生面积	总适生面积(比例)
广东	25700	42163	154016	67863(30.6%)
广西	7277	23083	270566	30360(10.1%)
海南	5994	10108	25200	16102(39.0%)
四川	1	139	654754	140(0.0%)
云南	52	1056	492084	1108(0.2%)
福建	12867	12737	130784	25604(16.4%)
江西	35	657	218957	692(0.3%)
重庆	0	17	110767	17(0.0%)
湖南	0	6	279043	6(0.0%)
台湾	1561	1697	41844	3258(7.2%)
贵州	0	53	229988	53(0.0%)
浙江	35	417	132307	452(0.3%)
合计	53522	92133	2740310	145655(5.0%)

表 3-15 当前气候情景下粗皮桉在研究区的潜在适生分布情况

省(区)	地级市	县/县级市	最适生区	适生区
广东	湛江	廉江	中部和南部	北部局部
		吴川	西部局部	大部分
		遂溪	大部分	东部局部
		湛江市区	北部大部	南部大部
		雷州	北部大部	中部局部
		徐闻	西部局部	南部局部
	茂名	化州	南部局部	
		茂名市区	北部局部	大部分
		电白	中部局部	西部大部
		高州	西南局部	
	潮州	饶平	中部	北部局部
		潮州市区	南部局部	
	汕头		西部局部	大部分
	揭阳	惠来	南部大部	
		普宁	大部分	中部局部
		揭西	中部局部	
		揭东	西部局部	
	汕尾	陆河	南部局部	
		陆丰	南部	
		海丰	南部局部	
		汕尾市区	中部局部	
	惠州	龙门	南部局部	
		博罗	东部局部	西部局部
		惠州市区		中部局部
		惠东		西部局部
	广州	广州市区	北部大部	中部局部
		增城	中部局部	南部局部
		从化	南部局部	
	佛山		北部局部和西部局部	
	江门	鹤山	西部局部	
		开平	北部局部	北部大部
		江门市区	中部局部	
		台山	北部局部	北部大部
		恩平		东部局部
	肇庆	怀集	中部局部	
		广宁	中部局部	

(续)

省(区)	地级市	县/县级市	最适生区	适生区
广东	肇庆	封开	西南局部	
		德庆	南部局部	
		四会	东部局部	
	清远	英德	中部局部	
		佛冈	西南局部	
		清远市区	南部局部	
		阳山		南部局部
福建	漳州	诏安	南部大部	中部局部
		东山	北部	南部局部
		云霄	中部大部	南部局部
		漳浦	中部大部和东部大部	中部局部
		平和	东部局部	
		龙海	东部	中部局部
		南靖	东南局部	
		长泰	东南部	中部局部
		漳州市区	东南局部	
		华安	南部局部	
	厦门		东南大部	
	泉州	晋江	中部大部	
		石狮	东部大部	
		南安	中部局部	
		惠安	东部大部	
		金门	大部分	
		泉州市区	南部局部	
		安溪		东部局部
	莆田	仙游	东南局部	
		莆田市区	东部局部	
	福州	福清	中部	东南局部
		福州市区	中部大部	
		连江	中部大部	中部局部
		闽侯	东南局部	
广西	贵港	平南	中部	北部局部
		桂平	中部大部	西部局部
		贵港市区	中部大部	北部局部
	南宁	宾阳		中部局部

(续)

省(区)	地级市	县/县级市	最适生区	适生区
广西	玉林	博白	北部局部	南部局部
		玉林市区	中部局部	
	梧州	苍梧		东部局部
		藤县		西部局部
		梧州市区	中部局部	
	来宾	武宣	南部局部	东南部
		来宾市区		中部局部
海南		临高	北部大部	中部局部
		澄迈	中部局部	北部局部
		昌江	西部局部	北部大部
		文昌	中部局部	北部大部和中部
		琼海	中部大部	中部局部
		万宁	东部局部	东部大部
		海口	中部局部	
		儋州	北部局部	
		东方	西部局部	
		乐东	西部局部	
台湾		新北	中部局部	
		桃园	北部局部	
		花莲	东部局部	
		宜兰	东部局部	
		新竹	北部局部	
		苗栗	西部局部	

四、适生分布主导环境因子及其与原产地的相似性

1. 主导环境因子

表 3-13 显示了模型刀切法分析结果，即各环境变量对粗皮桉适生区分布的贡献率大小，其中海拔因子的贡献率最高(48.9%)，为最重要的环境因子，在粗皮桉适生分布中最为关键；其次，气温季节变化方差(16.3%)、最冷月份最低温度(9.2%)的贡献率也较高，对粗皮桉分布也具有较大影响；最暖季度降水量(6.1%)、坡向(5.2%)的贡献率均大于5.0%，对粗皮桉分布也具有一定作用。上述5个环境因子的贡献率累积达到85.7%，这些因子是分布模型构建过程中起主要作用的环境因子，也是影响粗皮桉潜在分布的主导生态因子。

2. 主导因子与原产地的相似性

选取上述筛选出的5个影响粗皮桉分布的重要因子，通过差异分析来展示中国适生区和原产地自然分布区之间的生态因子相似性（表3-16）。可以看出，气温变化方差在中国最适生区与自然分布区之间无显著差异；与自然分布区相比，中国适生区的海拔更低、最冷月份最低气温更高、最热季度降水量更大；自然分布区的坡向为南，中国最适生区的坡向为东南。

表3-16 粗皮桉在原产地自然分布区和中国适生区之间的生态因子相似性

环境变量	中国不适生区	中国适生区	中国最适生区	澳大利亚自然分布区
海拔（m）	1247.7a	108.06c	43.20c	231.4b
气温季节变化方差（℃）	62.9a	53.2ab	52.7ab	46.5b
最冷月份最低气温（℃）	0.6c	10.0a	10.7a	8.2b
最热季度降水量（mm）	575.8a	656.3a	595.2a	285.7b
坡向（°）	181.5a	154.0b	143.5b	184.0a

注：同行不同小写字母表示差异显著（$P<0.05$）；坡向北（0~22.5）、东北（22.5~67.5）、东（67.5~112.5）、东南（112.5~157.5）、南（157.5~202.5）、西南（202.5~247.5）、西（247.5~292.5）、西北（292.5~337.5）、北（337.5~360）。

我国最适生区的气温季节变化方差与自然分布区无明显差异，因子贡献率16.3%。相较自然分布区而言，我国适生区的海拔更低、最冷月份最低气温更高、最暖季度降水量更大，这3个因子的贡献率累计达64.2%，有学者报道，粗皮桉原生于低海拔地区（Harwood et al., 1997），一定温度范围内，粗皮桉代谢过程中叶绿素含量与生长环境气温呈正相关（Mokochinski et al., 2018），降水量的变化对粗皮桉的生长影响较大（Manson et al., 2013），因而就此3个生态因子而言，粗皮桉更适于在我国适生区环境中生长。

五、引种栽培建议

MaxEnt模型对粗皮桉预测的受试者特征曲线训练数据和测试数据子集AUC值均大于0.855，模型预测结果较好。粗皮桉在我国的潜在适生区分布集中在东南沿海，最适生区面积53522km²，集中在广东西部和东部沿海、广西中部、福建和海南沿海，具体代表性地点有广东湛江和汕头，福建漳州和福州，广西贵港，海南万宁和临高。

中国最适生区的季节性温变方差与原产地无显著差异，因子贡献率仅16.3%，与大花序桉等树种相比，中国最适生区与原产地的相似性较弱。与原产地相比，中国最适生区的海拔更低、最冷时期的气温更高、最暖时段的降水量更大，贡献率累计达64.2%，即在地形、最冷时期的气温、最暖时段的降水方面，中国最适生区拥有更适合粗皮桉生长的环境条件，在一定程度上缓解了与原产地生态相似性不强的缺憾。在实际栽培过程中，应在最适生区中尽量综合选择海拔更低、冬季气温更高、夏季降水更大、季节气温变化方差更小的地点种植粗皮桉。

第四节 尾叶桉

一、树种概况

1. 原生地分布及用途

尾叶桉（*Eucalyptus urophylla*）是原生于印度尼西亚东部群岛的树种，大乔木，自然分布区以帝汶岛（8°~16°S）为主，海拔高达3000m，最热月平均气温29℃，最冷月平均气温8~12℃；夏雨型，年降水量1000~1500mm（祁述雄，2002）。尾叶桉生长迅速、林分郁闭早、抗性强、树干通直圆满。尾叶桉不耐霜冻，目前已被南美、非洲以及澳大利亚等一些低纬度国家引种栽培，生长表现好。尾叶桉木材紫红色，坚硬耐腐，广泛用于重型结构和桥梁用材。

2. 在中国的发展历程

20世纪80年代初，我国开始引入尾叶桉，在广西进行了尾叶桉种源测定试验，筛选出优良种源，尾叶桉具有较强的适应性和较高的生长量。1989年，广西东门林场建立的尾叶桉采种母树林开始生产种子，大部分尾叶桉种子和苗木流向广东省。1990年，广西开始大面积推广尾叶桉良种种植，在随后的5年中，完成了12万hm²的尾叶桉人工林建设。1991—1995年，尾叶桉被成功地推广到柳州等桂中地区和山区（项东云等，1999）。1994年，国家林业局桉树研究开发中心引进200个尾叶桉家系，在广西建立了家系试验。2003年，在广西钦州市进行了尾叶桉栽培试验，筛选出适应性广、速生丰产的尾叶桉无性系品系（李光友等，2011）。2010年，在广西田林县对尾叶桉进行了栽培试验，筛选出在桂西地区的潜力无性系（农锦德等，2017）。

除广西外，在广东、福建、海南等地也开展了尾叶桉引种试验。1986年，在海南省琼海县进行了尾叶桉种源试验，部分尾叶桉种源长势较好（梁坤南等，1994）。1989年，在广东省花都市进行了尾叶桉栽培试验，筛选出促进尾叶桉实生林和萌芽林生长的整地施肥措施（张志鸿和翁启杰，2003）。1998年，在广东雷州半岛进行尾叶桉种源-家系试验林营建，尾叶桉生长良好，家系遗传品质理想（徐建民等，2005）；同年，在广东省潮州市饶平县进行尾叶桉生长选择试验，尾叶桉在粤东地区长势一般（王俊林等，2011）。2006年，在福建省漳州市漳浦县建立了尾叶桉栽培试验林，尾叶桉生长优良、形质较优（罗火月，2012）。2007年，在福建漳州市云霄县进行了尾叶桉栽培试验，尾叶桉生长良好，并筛选出适合闽南山地的优良品种（周顺得，2010）。2008年，在广东四会市建立了尾叶桉家系试验林，尾叶桉生长良好，筛选出尾叶桉代表性种质群体（刘德浩等，2014）。

长期以来，尾叶桉在华南和东南沿海地区广泛推广，从用材种类来看，尾叶桉是一个潜力很大的锯材树种，需要在中国南部各省区将尾叶桉种植区域划分不同级别的适生区，为尾叶桉中大径材培育提供参考。

二、在中国的分布

1. 现有分布经纬点

尾叶桉在中国南部广东、广西、云南、福建、江西、四川、湖南、海南、重庆、贵州、浙江和台湾 12 个省(区、市)内的主要分布经纬点见表 3-17，结合长期以来的野外调查资料，相关文献和专著(张宁南等，2003；李晓清等，2004；杨曾奖等，2005；叶绍明等，2008；林方良，2009；徐佑明等，2009；李芳菲等，2011；李光友等，2011；赵筱青等，2012)以及国家林业和草原局桉树研究开发中心的桉树分布连续清查数据，共获取尾叶桉分布点经纬度数据 111 份，分别分布于广西、广东、福建、海南、云南、湖南、四川 7 个省(区)，暂未收集到其余 5 个省(区、市)的尾叶桉分布点信息。

表 3-17 研究区样点分布

省(区)	经度(°E)	纬度(°N)	省(区)	经度(°E)	纬度(°N)	省(区)	经度(°E)	纬度(°N)	省(区)	经度(°E)	纬度(°N)
广西	109.34	22.82	广东	113.98	22.58	广东	115.16	24.05	福建	117.78	24.76
	108.36	22.94		113.38	22.46		114.96	23.82		117.65	24.24
	108.28	22.84		109.79	20.96		114.06	22.91		117.39	24.36
	108.34	22.96		109.84	21.07		113.76	22.87		119.46	26.26
	108.14	22.84		110.06	21.14		113.76	22.93		119.42	26.43
	108.35	22.82		109.88	21.23		112.99	23.04		119.20	26.03
	108.05	23.74		110.15	21.65		112.65	22.78		117.33	26.02
	107.86	22.34		109.84	20.84		111.94	21.73		117.44	25.81
	107.00	22.13		110.03	20.70		112.01	21.85		117.44	26.08
	109.25	23.77		110.23	21.12		111.54	21.68		117.12	25.74
	109.48	23.92		109.88	21.24		111.69	21.74		117.13	26.04
	109.20	21.91		110.07	21.16		112.94	22.37		117.25	25.86
	110.79	24.70		110.08	21.27		112.94	22.52		117.40	25.87
	110.35	25.31		110.56	21.14		112.92	22.46		120.24	27.19
	109.30	25.34		110.35	21.17		113.05	22.54		120.13	27.14
	109.37	24.47		113.36	23.20		112.98	22.59		120.08	26.92
	109.64	24.28		113.21	23.40		112.36	22.19	海南	110.52	19.23
	105.80	24.66		113.13	23.46		112.28	22.50		109.33	19.70
	106.22	24.29		113.30	23.55		112.90	22.67		108.87	18.72
	107.50	25.00		113.37	23.20		110.97	21.48		109.68	19.91
	108.00	23.74		113.41	23.14		113.38	24.75	云南	110.92	25.67
	109.20	21.91		113.36	23.16		112.77	23.36		99.89	22.52
	108.74	21.64		113.38	23.19		112.40	22.86		101.99	23.60
	108.86	22.17		113.52	22.80		112.63	22.94	湖南	112.60	26.90
广东	113.90	22.50		113.54	23.09		115.41	23.79		113.00	26.71
	114.22	22.72		113.44	23.28		116.99	23.67		112.62	26.86
	113.85	22.68		113.81	23.30		114.42	23.05	四川	103.21	30.21
	113.94	22.67		113.83	23.38						104.05	30.03

2. 现有分布地区气候和土壤特征

尾叶桉在广西、广东、福建、海南、云南、湖南、四川7个省(区)的现有分布区域以热带和亚热带季风气候为主，土壤类型主要为砖红壤、赤红壤和黄壤，为热带季雨林和亚热带常绿阔叶林区。在广东湛江和江门一带的尾叶桉长势较好，区域的雨热同时期的气候特征明显，且在低海拔地形生长更好。

三、在中国的适生区预测

1. 环境数据及预处理

方法与大花序桉潜在分布预测一致，选用33个环境变量进行模型建立，采用SPSS 22.0软件中的主成分和相关性分析结果，最终确定19个环境变量，进行尾叶桉的潜在适生分布预测(表3-18)。

表3-18 环境变量描述及相对贡献率

序号	环境变量	贡献率(%)	序号	环境变量	贡献率(%)
1	年均气温	6.5	11	降水量变化方差	1.3
2	昼夜气温差与年气温差比值(等温线)	1.5	12	土壤质地	1.9
3	气温季节变化方差	5.2	13	土壤有效N含量	0.9
4	最热月份最高气温	5.5	14	土壤深度	0.6
5	最冷月份最低气温	1.5	15	土壤黏粒含量	0.3
6	年气温变化范围	4.0	16	海拔	28.7
7	最湿季度平均气温	24.7	17	坡向	1.0
8	最干季度平均气温	3.5	18	坡度	0.5
9	最冷季度平均气温	7.4	19	太阳辐射	4.1
10	最湿月份降水量	1.0			

2. 预测模型构建和概率分级

同样与大花序桉的潜在适生预测方法一致，首先，用ArcGIS 10.2软件将111个尾叶桉的分布点与我国南部12省(区、市)的1∶400万数字化政区图叠加校对，确定111个分布点均在研究区范围内，无剔除点。其次，将各分布点经纬度信息与19个环境变量数据导入MaxEnt 3.4.1软件，训练子集选取75%的分布点信息来进行模型建立，测试子集选用余下25%的分布信息来进行模型验证。最后，获得尾叶桉适生分布图，对环境因子贡献权重进行统计分析。

在ArcGIS中将模型获得的分布结果进行格式转化，绘制出尾叶桉在当前气候情境下的适生地理分布图，再结合各省(区、市)的政区图，最终确定尾叶桉在各市县的适生分布情况。尾叶桉总适生区包括适生和最适生2个等级，统计并计算最适生(存在概率>0.66)和总适生(存在概率>0.33)区的面积。

3. MaxEnt 模型的预测评价

训练子集和测试子集的 AUC 值分别为 0.948 和 0.902（图 3-4），建立的 MaxEnt 模型对尾叶桉潜在适生分布的模拟具有很高的可信度。

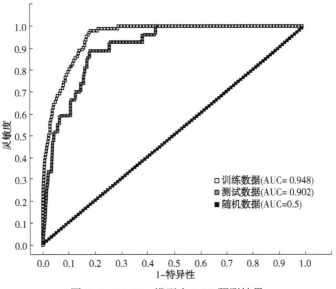

图 3-4　MaxEnt 模型中 ROC 预测结果

4. 尾叶桉在中国的潜在适生区

尾叶桉在当前气候下的潜在最适生区（存在概率>0.66）面积为 114296km^2，总适生（存在概率>0.33）面积为 319120km^2，占研究区总面积的 11.1%；广东、广西、台湾的最适生面积排名前三，分别为 71140、36059、3284km^2；广东总适生面积占本省总面积的比例最大（62.6%）（表 3-19）。

表 3-19　尾叶桉在中国南部的潜在适生区面积　　　　　　　　　　km^2

省（区、市）	最适生面积	适生面积	不适生面积	总适生面积（比例）
广东	71140	67748	82991	138888（62.6%）
广西	36059	91743	173124	127802（42.5%）
海南	565	5576	35161	6141（14.9%）
四川	5	9372	645517	9377（1.4%）
云南	210	873	492109	1083（0.2%）
福建	2582	16577	137229	19159（12.3%）
江西	53	4183	215413	4236（1.9%）
重庆	42	594	110148	636（0.6%）
湖南	338	2895	275816	3233（1.2%）
台湾	3284	4146	37672	7430（16.5%）
贵州	2	191	229848	193（0.1%）
浙江	16	926	131817	942（0.7%）
合计	114296	204824	2566845	319120（11.1%）

尾叶桉在中国南部的总适生区涵盖丰水南亚热带和热带、多水中亚热带，地形包括东南沿海丘陵、南岭山地和四川盆地，适生地理坐标为 105.9°~121.9°E、18.6°~27.7°N 和 103.1°~105.5°E、28.4°~30.4°N，主要包括广东、广西、台湾、福建、海南、湖南、四川 7 个省(区)，在 7 个省各市县的具体分布方位详见表 3-20。其中，最适生区主要在东南沿海丘陵(107.3°~121.9°E，19.9°~26.3°N)和南岭山地(106.4°~113.9°E，22.9°~25.1°N)，具体包括广东湛江、中山、东莞和惠州，广西北海、贵港和南宁，台湾新北、台北和桃园。

表 3-20 当前气候情景下尾叶桉在研究区的潜在适生分布情况

省(区)	地级市	县/县级市	最适生区	适生区
广东	湛江	廉江	大部分	北部局部
		吴川	大部分	
		遂溪	大部分	
		湛江市区	大部分	
		雷州	大部分	
		徐闻	中部大部和西部	东部局部
	茂名	化州	西南局部	北部局部和中部大部
		茂名市区	南部局部	北部大部
		电白	南部局部	中部大部
		高州	中部局部	西部
		信宜		西部局部
	韶关	乐昌	东南局部	
		仁化	中部局部	
		韶关市区	中部大部	
		始兴		北部局部
	汕头		西部大部和中部	东部局部
	揭阳	惠来	东部局部	大部分
		普宁	东部大部	北部局部
		揭西	南部局部	
		揭阳市区	南部局部	
	汕尾	陆河	南部局部	
		陆丰	南部和中部局部	北部局部
		海丰	中部局部	中部大部
		汕尾市区	北部局部	
	惠州	龙门	南部大部	北部
		博罗	西部大部和东部大部	北部局部
		惠州市区	大部分	北部局部
		惠东	南部大部	东部大部

（续）

省(区)	地级市	县/县级市	最适生区	适生区
广东	深圳		大部分	东南局部
	东莞		大部分	东南局部
	广州	增城	大部分	东北局部
		从化	南部大部	北部局部
		广州市区	大部分	南部局部
	中山		大部分	中部局部
	珠海		大部分	西南局部
	江门	鹤山	西部大部和中部	西南局部
		开平	中部局部	大部分
		江门市区	大部分	中部局部
		台山	东部大部	西部局部
		恩平	东部大部	南部局部
	肇庆	四会	南部大部	北部大部
		肇庆市区	南部大部和西北大部	中部局部
		广宁	东南局部	中部大部
		德庆	南部局部	
		怀集		中部大部
		封开		东北大部
广西	北海	合浦	北部大部	南部大部
		北海市区	大部分	
	玉林	博白	南部大部	北部局部
		陆川	南部局部	北部大部
		容县	东北局部	中部大部
		北流		西部大部
		兴业		中部大部和北部
		玉林市区		大部分
	钦州	灵山	南部大部	北部大部
		浦北	南部局部	
		钦州市区	中部大部	南部局部
	南宁	横县	西部大部	东部大部
		南宁市区	北部大部和中部	南部大部
		宾阳	北部局部	南部大部
		上林	东部大部	
		隆安	中部大部	
		马山	西部局部	

（续）

省(区)	地级市	县/县级市	最适生区	适生区
广西	来宾	象州	北部局部	大部分
		来宾市区	中部大部	南部局部
		武宣		中部大部
	贵港	平南	南部大部	北部局部
		桂平	中部大部	南部局部
		贵港市区	中部局部	
	梧州	苍梧	东部局部	东部大部
		岑溪	西部局部	中部局部
		藤县	南部局部	中部大部
		梧州市区	中部大部	
	崇左	扶绥	中部局部	南部大部
		宁明	北部局部	中部局部
		龙州	南部局部	
		崇左市区	中部局部	
		凭祥		北部大部
	防城港	上思	北部局部	北部大部
		防城港市区	中部局部	南部大部
	百色	田东	中部局部	
		平果	南部局部	北部局部
		百色市区	中部局部	
	柳州	柳城	中部局部	中部大部
		鹿寨	西南局部	西南部
		柳州市区		东部
		融水		南部局部
	贺州	贺州市区	南部局部	中部局部
		钟山		东部局部
		昭平		西南局部
台湾		新北	北部和中部	北部局部
		台北	大部分	
		桃园	北部局部	北部大部
		宜兰	东北大部	
		新竹	北部局部	
		云林		东部局部
福建	漳州	诏安	南部局部	西南部
		漳浦	东部局部	东部大部和中部
		龙海	东部局部	东部大部

(续)

省(区)	地级市	县/县级市	最适生区	适生区
福建	漳州	云霄		中部局部
		平和		东部局部
		长泰		南部局部
		漳州市区		中部大部
海南		临高	北部局部	中部大部
		文昌		北部大部
		海口	东北局部	东北大部
		澄迈		北部局部
		五指山		中部局部
湖南	郴州	资兴	西北局部	
		永兴		西部局部
	衡阳	耒阳	西南局部	
四川	宜宾	长宁		中部局部
		宜宾市区		北部大部
	自贡	荣县		中部局部
		富顺		中部局部
	乐山	井研		南部局部
		乐山市区		东部局部

四、适生分布主导环境因子及栽培建议

1. 主导环境因子

刀切法分析结果显示(表3-18)，海拔的贡献率最高(28.7%)，是最重要的变量；其次为最湿季度平均气温(24.7%)；其他6个变量[最冷季度平均气温(7.4%)、年均气温(6.5%)、最热月份最高气温(5.5%)、气温季节变化方差(5.2%)、太阳辐射(4.1%)、年气温变化范围(4.0%)]的贡献率均超过4.0%。以上8个环境变量的总贡献率达86.1%，既是模型构建中重要的环境变量，也是影响尾叶桉分布的主要环境因子。

2. 主导因子与原产地的相似性

由于尾叶桉原产地印度尼西亚的气候、土壤、地形数据暂未获得，在此未做与原产地相似性的分析。

3. 引种栽培建议

MaxEnt模型对尾叶桉预测的受试者特征曲线训练数据和测试数据子集AUC值均大于0.902，预测结果与尾叶桉实际分布情况能很好地吻合。尾叶桉在我国的最适生区主要集中在东南沿海丘陵和南岭山地，潜在最适生区的面积达114296km^2，代表性地点包括广东湛江、中山、东莞和惠州，广西北海、贵港和南宁，台湾新北、台北和桃园。

第五节　细叶桉

一、树种概况

1. 原生地分布及用途

细叶桉（*Eucalyptus tereticornis*）为桉属大乔木，主要天然分布在维多利亚东部沿海、新南威尔士州和昆士兰州东海岸至内陆100km的丘陵和平原地带（15°~38°S）以及巴布亚新几内亚南部，海拔一般在0~350m，但在新几内亚地区可达1800m；气候带由温暖地区至热带，1月最高气温31℃，7月最低气温5.5℃，绝对最低气温-5℃；降雨量除维多利亚少数地区为冬雨型外，其余多数表现为夏季雨水最多，年均降水量510~1520mm；喜不规则洪水浸淹的平坦冲积土，随雨量的变化，也可至丘陵坡地，喜品质较好的土壤，不耐酸性干燥瘠薄土壤（Eldridge et al.，1993；祁述雄，2002）。细叶桉生长迅速、高产，林分郁闭早，适应性强，在世界上（印度、中国、尼日利亚、巴西等）广泛种植（Varghese et al.，2009；王豁然，2010）。细叶桉木材红色，纹理交错，坚硬、耐腐蚀，是优良的实木利用和工业用材树种，主要用于建筑、枕木、桥梁、造船、制浆（Luo et al.，2014）。

2. 在中国的发展历程

从20世纪80年代初，中国开始广泛引种细叶桉，其中以热带海南和南亚热带的广东、广西地区发展尤为迅速，在广东省进行广泛栽培，细叶桉成为广东雷州半岛的桉树主栽培树种之一（何国华等，2009）。1986年，我国开始大规模推广种植细叶桉，至21世纪初期，细叶桉的造林面积接近20万hm^2，占当年国内桉树林面积的1/4，林分以纸浆材、建筑材、矿柱材为主要培育目标（杨曾奖等，2003）。

在海南、广东等省（区）先后进行了细叶桉引种试验。1986年，在海南省琼海县开展了细叶桉种源测试试验，5年的结果表明，细叶桉生长状况好，适于海南岛东部地区种植（梁坤南，1994）。1989年，在广东省阳西县进行细叶桉栽培试验，5年生长期间，细叶桉生长状况好，探讨了造林的必要施磷量（仲崇禄等，2000）。1990年，在福建省平潭县建立细叶桉种源试验林，结果表明，细叶桉不适于在当地生长，6个种源全部淘汰（洪顺山等，1996）。1992年，在广东省开平市进行细叶桉种源试验，细叶桉早期生长状况较好（梁坤南，2000）。1997年，在海南省儋州市建立细叶桉种源试验，3年生长期间，细叶桉长势良好，筛选出适于海南岛中西部地区的最优种源（陆钊华等，2003）。2000年，在广东雷州半岛建立细叶桉种源试验林，8年生长期间，细叶桉长势良好，筛选出适宜该地的优良潜力种源（何国华等，2009）。

细叶桉的纬度适应范围较广，在中国的栽植目前以热带和亚热带沿海地区为主，对细叶桉的潜在适生分布进行研究，区划细叶桉在中国南部的适生区域有利于科学推广细叶桉在中国的栽培种植。

二、在中国的分布

1. 分布经纬点

细叶桉在中国南部广东、广西、云南、福建、江西、四川、湖南、海南、重庆、贵州、浙江和台湾12个省（区、市）内的主要分布经纬点见表3-21，结合长期以来的野外调查资料，相关文献和专著（邓运光等，2000；仲崇禄等，2000；陆钊华等，2003；何国华等，2009；周家维等，2009；张党权等，2009；周燕园等，2011；郭赋英等，2012；吴志文，2014）以及国家林业和草原局桉树研究开发中心的桉树分布连续清查数据，共获取细叶桉分布点经纬度数据50份，分别分布于广西、广东、福建、海南、湖南、贵州、江西、云南、四川9个省（区），暂未收集到其余3个省（区、市）的细叶桉分布点信息。

表3-21 研究区样点分布

省（区）	经度（°E）	纬度（°N）	省（区）	经度（°E）	纬度（°N）	省（区）	经度（°E）	纬度（°N）
广西	108.34	22.96	广东	111.69	21.74	海南	109.33	19.70
	108.35	22.82		112.94	22.37		108.87	18.72
	107.86	22.34		112.44	22.35		109.68	19.91
	110.43	24.59		112.28	22.50		110.10	19.37
广东	109.79	20.96		113.04	23.10	湖南	113.04	25.80
	109.88	21.23		112.66	22.98		113.14	27.91
	110.07	21.16		115.60	24.07	贵州	108.89	25.75
	110.23	20.62		113.77	23.02		107.86	25.99
	110.23	21.12		118.90	24.91		105.54	24.90
	113.36	23.16		117.36	25.94		104.90	26.62
	113.38	23.19		117.40	25.87	江西	117.00	28.17
	113.52	23.35	福建	117.87	24.77		114.88	25.80
	113.63	23.29		117.65	24.24		114.37	25.86
	113.30	23.55		119.79	25.51	云南	100.52	25.05
	113.43	23.08		120.08	26.92		102.61	24.80
	112.94	22.37	海南	110.52	19.23	四川	105.82	32.44
	111.54	21.68		110.40	19.10			

2. 分布地区气候和土壤特征

细叶桉在广西、广东、福建、海南、湖南、贵州、江西、云南、四川9个省（区）的现有分布区域以亚热带和热带季风气候为主，土壤类型主要为砖红壤、赤红壤和黄壤，为亚热带常绿阔叶林和热带季雨林区。在广东湛江和阳江的细叶桉实地分布较多，生长较好，两地均属于低海拔、气温恒定的区域。

三、在中国的适生区预测

1. 环境数据及预处理

方法与大花序桉潜在分布预测一致,选用 33 个环境变量进行模型建立,采用 SPSS 22.0 软件中的主成分和相关性分析结果,最终确定 19 个环境变量,进行细叶桉的潜在适生分布预测,见表 3-22。

表 3-22　环境变量描述及相对贡献率

序号	环境变量	贡献率(%)	序号	环境变量	贡献率(%)
1	年均气温	33.6	11	土壤阳离子交换量	3.7
2	昼夜气温差与年气温差比值(等温线)	6.5	12	土壤有效 P 含量	1.1
3	最热月份最高气温	2.5	13	土壤 pH 值	0.6
4	年气温变化范围	0.9	14	土壤质地	0.5
5	最干季度平均气温	0.5	15	土壤有机质含量	0.4
6	最热季度平均气温	5.5	16	海拔	30.4
7	最冷季度平均气温	0.3	17	坡度	6.9
8	最湿月份降水量	0.7	18	坡向	1.8
9	最湿季度降水量	1.0	19	太阳辐射	2.4
10	最热季度降水量	0.7			

2. 预测模型构建和概率分级

同样与大花序桉的潜在适生预测方法一致,首先,用 ArcGIS 10.2 软件将 50 个细叶桉的分布点与我国南部 12 省(区、市)的 1∶400 万数字化政区图叠加校对,确定 50 个分布点均在研究区范围内,无剔除点。其次,将各分布点经纬度信息与 19 个环境变量数据导入 MaxEnt 3.4.1 软件,训练子集选取 75% 的分布点信息来进行模型建立,测试子集选用余下 25% 的分布信息来进行模型验证。最后,获得细叶桉适生分布图,对环境因子贡献权重进行统计分析。

在 ArcGIS 中将模型获得的分布结果进行格式转化,绘制出细叶桉在当前气候情境下的适生地理分布图,再结合各省(区、市)的政区图,最终确定细叶桉在各市县的适生分布情况。细叶桉总适生区包括适生和最适生 2 个等级,统计并计算最适生(存在概率>0.66)和总适生(存在概率>0.33)区的面积。

3. MaxEnt 模型的预测评价

训练子集和测试子集的 AUC 值分别为 0.904 和 0.867(图 3-5),建立的 MaxEnt 模型对细叶桉潜在适生分布的模拟具有较高的可信度。

4. 细叶桉在中国的潜在适生区

细叶桉在当前气候下的潜在最适生区(存在概率>0.66)面积为 168880km^2,总适生(存在概率>0.33)面积为 467278km^2,总适生面积占研究区总面积的 16.2%;广东、广

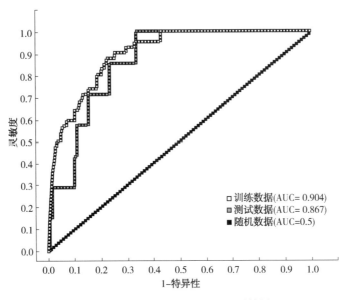

图 3-5 MaxEnt 模型中 ROC 预测结果

西、海南的最适生面积排名前三,分别为 88912、34393、23343km²;广东总适生面积占本省总面积的比例最大(73.1%)(表 3-23)。

表 3-23 细叶桉在中国南部的潜在适生区面积   km²

省(区、市)	最适生面积	适生面积	不适生面积	总适生面积(比例)
广东	88912	73276	59691	162188(73.1%)
广西	34393	93116	173417	127509(42.4%)
海南	23343	12513	5446	35856(86.8%)
福建	8729	24492	123167	33221(21.2%)
台湾	6463	8531	30108	14994(33.2%)
云南	3135	12337	477720	15472(3.1%)
江西	2546	39978	177125	42524(19.4%)
浙江	499	2467	129793	2966(2.2%)
湖南	382	18365	260302	18747(6.7%)
重庆	245	3262	107277	3507(3.2%)
贵州	230	6221	223590	6451(2.8%)
四川	3	3840	651051	3843(0.6%)
合计	168880	298398	2418687	467278(16.2%)

细叶桉在中国南部的总适生区涵盖丰水热带、南亚热带和多水中亚热带,地形包括东南沿海丘陵、南岭山地、江南丘陵和云贵高原,适生地理坐标为 100.1°~121.8°E、18.2°~31.2°N,主要包括广东、海南、广西、福建、台湾、江西、湖南、云南、浙江 9 个省(区),在 9 个省(区)各市县的具体分布方位详见表 3-24。其中,最适生区主要在东南沿海丘陵(106.6°~121.7°E,18.2°~26.2°N)、南岭山地(106.0°~115.0°E,

22.4°~25.8°N)和云贵高原(100.0°~103.9°E，21.5°~24.2°N)，具体包括广东湛江、江门、中山和东莞，海南临高、澄迈、文昌、儋州和万宁，广西北海和贵港，台湾云林和彰化，云南西双版纳和红河。

表3-24 当前气候情景下细叶桉在研究区的潜在适生分布情况

省(区)	地级市	县/县级市	最适生区	适生区
广东	湛江	廉江	大部分	北部局部
		吴川	大部分	东部局部
		遂溪	西部	东部局部
		湛江市区	大部分	西北局部
		雷州	北部和中部	南部局部
		徐闻	西部局部	中部大部
	茂名	化州	大部分	西北局部
		茂名市区	大部分	
		电白	西部	东部局部
		高州	西部	东部局部
		信宜	西南部	西部局部
	阳江	阳西	北部大部和南部	北部局部
		阳春	中部局部	西部局部
		阳江市区	北部局部	
		阳东	西部局部	东部局部
	江门	鹤山	东部和西部大部	中部局部
		开平	大部分	北部局部
		江门市区	大部分	西南局部
		台山	北部	南部大部
		恩平	东部大部	西部局部
	中山		大部分	南部局部
	珠海		北部大部	南部局部
	肇庆	四会	东部大部	中部局部
		肇庆市区	南部大部和北部局部	中部局部
		广宁	南部局部	北部大部
		德庆	南部局部	中部局部
		怀集	中部局部	
		封开	大部分	中部局部
	云浮	罗定	东部局部	中部大部
		新兴	东部局部	
		郁南		南部大部
		云安		北部局部
	东莞		大部分	东部局部

(续)

省(区)	地级市	县/县级市	最适生区	适生区
广东	深圳		西部大部和东部局部	中部局部
	广州	增城	大部分	北部局部
		从化	南部大部	北部局部
		广州市区	大部分	
	惠州	龙门	中部局部	中部局部
		博罗	西南部和东北部	中部局部
		惠州市区	中部大部	北部局部
		惠东	西部局部	东部局部
	韶关	乐昌	东南局部	
		仁化	南部大部	南部局部
		韶关市区	中部局部	
		始兴	中部局部	
		翁源	东部局部	
		新丰	西部局部	
		南雄		东部大部
	河源	紫金	西部局部	东部大部
		东源	中部局部	
		龙川	中部局部	北部大部
		和平		中部大部
		河源市区	东部局部	
		连平	东南局部	西南局部
	梅州	丰县	南部局部	东部局部
		五华	北部局部	南部大部
		大埔	中部局部	中部大部
		蕉岭	南部局部	
		兴宁	西部局部	东部局部
	汕尾	陆丰	西部局部和南部	东北局部
		海丰	东部局部	中部局部
		汕尾市区	南部局部	
		陆河		东部局部
	揭阳	惠来	南部	北部
		普宁	北部局部	中部局部
		揭西	东南局部	
		揭东	西部局部	
	汕头		西部大部和东北局部	中部局部

（续）

省（区）	地级市	县/县级市	最适生区	适生区
广东	潮州	饶平	南部大部	北部局部
		潮州市区	南部局部	
	清远	英德	中部局部	西南局部
		佛冈	南部	北部局部
		清远市区	南部大部	中部局部
		阳山	中部局部	
		连州	中部局部	
海南		临高	大部分	中部局部
		澄迈	大部分	北部局部
		海口	南部大部	东南局部
		文昌	大部分	西南局部
		屯昌	大部分	中部局部
		定安	北部大部和南部局部	中部局部
		琼海	大部分	北部局部
		万宁	大部分	西部局部
		陵水	南部大部	北部局部
		儋州	大部分	南部局部
		昌江	北部大部	中部局部
		东方	西部大部	中部局部
		乐东	西南局部	中部大部
		三亚	南部局部	西部局部
		保亭	东部局部	东部大部
广西	梧州	苍梧	东部局部	
		藤县	南部大部	中部局部
		梧州市区	大部分	北部局部
		岑溪	北部局部	中部局部
	贵港	平南	南部大部和中部	北部局部和南部局部
		桂平	中部大部	南部局部
		贵港市区	大部分	南部局部和北部局部
	来宾	象州	中部局部	大部分
		来宾市区	中部局部	西部局部
		武宣	西南局部	
	玉林	博白	南部大部和中部局部	中部大部
		陆川	南部大部	北部大部
		容县	北部局部	中部大部
		兴业	北部局部	中部大部

（续）

省(区)	地级市	县/县级市	最适生区	适生区
广西	玉林	玉林市区	中部大部	东部局部
		北流		中部大部
	北海	合浦	南部局部	大部分
		北海市区	大部分	
	钦州	灵山	中部局部	大部分
		浦北	南部局部	大部分
		钦州市区	中部局部	东部大部
	南宁	横县	中部局部	大部分
		南宁市区	中部局部	北部大部和南部局部
		宾阳	北部局部	东部大部
		上林	南部局部	东部局部
		隆安	中部局部	
	崇左	扶绥	北部局部	南部大部
		宁明	中部局部	中部局部
		龙州	南部局部	
		崇左市区	北部局部	南部局部
		凭祥		西北部
	百色	田东	中部局部	北部局部
		百色市区	中部大部	
	柳州	鹿寨		西南大部
		柳城		中部局部
		融安		中部局部
	桂林	平乐	中部局部	
		桂林市区	中部局部	中部大部
		荔浦		中部局部
福建	泉州	晋江	大部分	
		石狮	大部分	
		南安	东部局部	中部局部
		惠安	大部分	中部局部
		金门	大部分	
		泉州市区	南部局部	
	厦门		东南大部	中部局部
	莆田	仙游	东南局部	
		莆田市区	南部局部	
	福州	闽侯	南部局部	
		福州市区	中部局部	

（续）

省(区)	地级市	县/县级市	最适生区	适生区
福建	漳州	诏安	西南部	南部大部
		龙海	中部局部	
		平和	东部局部	
		长泰	东南部	
		漳州市区	中部大部	
		漳浦		大部分
		云霄		中部大部
	南平	南平市区	中部局部	
台湾		彰化	西部和中部	东部局部
		云林	西部	中部局部
		嘉义	西部局部	中部局部
		台南	西部局部	西南大部
		高雄	西部局部	
		台东	东部局部	
		花莲	东部局部	
		新北	西部局部	
		桃园	北部局部	北部大部
		新竹	西北局部	
		苗栗	西部局部	
		宜兰		东部局部
		台中		西部局部
江西	赣州	信丰	中部局部	中部大部
		于都	中部局部	
		赣州市区	中部局部	
		会昌	西南局部	
		寻乌	南部局部	
		宁都		南部局部
		石城		中部局部
		瑞金		中部局部
		定南		南部局部
	吉安	吉安市区	中部局部	南部局部
		万安		北部大部
		泰和		中部局部
		永丰		北部局部
		吉水		西北局部
		新干		西北局部

(续)

省(区)	地级市	县/县级市	最适生区	适生区
江西	宜春	樟树		大部分
		高安		南部大部
		上高		北部局部
		宜丰		南部局部
	新余	新余市区	中部局部	东北部
	上饶	弋阳	中部局部	
		铅山	北部局部	
		上饶市区	中部局部	
		余干	南部局部	
		潘阳		东南局部
	鹰潭	贵溪	中部局部	
		余江		中部大部
	抚州	南丰		中部大部
		广昌	北部局部	
湖南	永州	道县	中部局部	中部大部
		江华		西部局部
		宁远		中部局部
		祁阳		北部局部
	郴州	宜章	中部局部	南部大部
		郴州市区	北部局部	
		嘉禾		中部大部
		桂阳		西部局部
	衡阳	常宁		中部局部
		耒阳	中部局部	西部局部
云南	西双版纳	景洪	南部局部	
		勐腊		南部局部
	玉溪	新平	中部局部	
		元江	中部局部	
	红河	个旧	南部局部	
		河口	北部局部	
		建水	南部局部	中部局部
		石屏	南部局部	
浙江	丽水	丽水市区	南部局部	
	金华	武义	中部局部	
		金华市区	中部局部和西北局部	
		永康	南部局部	
		兰溪	南部局部	

四、适生分布主导环境因子及其与原产地的相似性

1. 主导环境因子

表3-22显示了刀切法分析结果,年均温的贡献率最高(33.6%),是影响细叶桉适生分布最重要的因子,对细叶桉分布起最关键的作用;其次为海拔(30.4%),对细叶桉分布的重要程度高;坡度(6.9%)、昼夜温差与年温差比值(6.5%)、最暖季度平均温度(5.5%)、土壤阳离子交换量(3.7%)的贡献率也都超过3.7%,对细叶桉分布也有一定影响。上述6个环境因子的贡献率累积达86.6%,这些因子是模型构建过程中起主要作用的因子,也是影响细叶桉潜在分布的重要生态因子。

在影响细叶桉分布的重要因子中,年均温和海拔因子的贡献率累计达64.0%,是最重要的气候和地形因子,这与细叶桉喜温暖低地,且其主要分布于温暖、低海拔坡地的特性和规律相符(Clarke et al.,2009),而影响其分布的因子中无降水量因子,又与细叶桉具有较好的耐干旱特性,对降雨的需求量较小相一致(Toky et al.,2011)。综上,温度和地形因子是影响细叶桉分布的最主要因子,温度因子中又以年均温的贡献度最高。

2. 主导因子与原产地的相似性

选取上述模型筛选出的6个影响细叶桉分布的主导生态因子,采用差异性分析评价中国适生区与原产地澳大利亚自然分布区之间的生态因子相似性(表3-25)。可以看出,年均气温、最热季度平均气温2个变量在中国适生区与自然分布区之间无显著差异($P>0.95$);与自然分布区相比,中国适生区的昼夜气温差与年气温差比值、海拔、坡度、土壤阳离子交换量更低,这4个变量在中国适生区与自然分布区之间的差异性较大。

中国适生区的年均气温、最热季度平均气温与原产地澳大利亚自然分布区很接近,具有一定的气候相似性,可推测细叶桉在中国适生区具有一定的生长适应性。与原产地自然分布区相比,中国适生区的昼夜温差与年温差比值、海拔、坡度更低,根据细叶桉喜恒定温度、低海拔、冲击平原地带的生物学特性,就这3个因子而言,中国适生区的环境条件更适于细叶桉生长。

表3-25 细叶桉在原产地自然分布区和中国适生区之间的生态因子相似性

环境变量	中国不适生区	中国适生区	中国最适生区	澳大利亚自然分布区
年均气温(℃)	14.3b	20.6a	22.4a	20.0a
海拔(m)	1385.9a	227.2b	72.0c	257.8b
坡度(°)	5.5a	2.2b	0.9d	1.5c
昼夜气温差与年气温差比值	34.4b	32.4b	34.2b	48.8a
最热季度平均气温(℃)	21.9b	27.6a	28.3a	26.1a
土壤阳离子交换量(cmol/kg)	13.1b	8.9c	8.8c	17.2a

注:同行不同小写字母表示差异显著($P<0.05$)。

五、引种栽培建议

本节基于细叶桉现有地理分布数据和19个生态因子，运用最大熵模型能很好地模拟我国细叶桉的潜在适生分布（AUC值>0.86）。细叶桉在我国的潜在最适生区面积达168880km^2，分布较广，包括了东南沿海丘陵、南岭山地和云贵高原。细叶桉在我国的最适生代表地点有广东湛江、江门、中山和东莞，海南临高、澄迈、文昌、儋州和万宁，广西北海和贵港，台湾云林和彰化，云南西双版纳和红河。

对细叶桉而言，中国最适生区的年均气温、最热季度平均气温与原产地无显著差异，贡献率累计39.1%，具有较好的相似性。与原产地相比，中国最适生区的海拔、坡度、等温性均更低，贡献率累计达43.8%，是有利于细叶桉生长的环境条件，较大程度优化了细叶桉在中国的适生环境。总体而言，细叶桉在我国的最适生区域较大，区域内的气候环境在一定程度上优于原产地。在实际栽培过程中，应综合选择海拔更低、坡度更缓的地势。

第六节　赤桉

一、树种概况

1. 原生地分布及用途

赤桉（*Eucalyptus camaldulensis*）为桉属大乔木，原产地为澳大利亚，赤桉耐干旱、耐盐碱，是分布最广的桉树树种之一，在澳大利亚，除荒漠外，各地几乎均有分布；赤桉已被分为3个树种，分别为昆北赤桉（*Eucalyptus camaldulensis* subsp. *simulata*）、赤桉（*Eucalyptus camaldulensis* var. *camaldulensis*）和钝盖赤桉（*Eucalyptus camaldulensis* var. *obtusa*（Cha-um et al.，2010；王豁然，2010；Bush et al.，2013；Ellis et al.，2017）。在澳大利亚北部，当土壤具有充足湿度时，赤桉能耐受热带条件，在南部也能适度抗寒，因而分布区内的气温范围较广，最热月平均最高气温13.2~41.9℃，最冷月平均最低气温-6.3~21.9℃，年均降水量127~4060mm；通常生长在600m以下的谷地，在主要原产地墨累河谷的赤桉纯林，几乎每年受一次或经常受到水淹没，在黏重的土壤上也能发育良好，尤其适合地下水位变动显著、pH值5~8.5的冲积土层（祁述雄，2002；欧阳林男，2019）。

赤桉生长迅速，出材率高，养分利用效率高，是理想的大径材树种；因其抗逆性强，种源的适应性很强，被引种推广到世界各地，是世界上最广泛种植的桉树树种之一。1996年，全世界就有赤桉人工林50万hm^2，种植较多的国家是西班牙、墨西哥、葡萄牙、摩洛哥、阿根廷、以色列、印度、泰国、缅甸、中国，泰国从20世纪60年代开始引种，至90年代赤桉栽种面积占泰国桉树总面积的98%以上（曾龄英，1996）。随后多年来，赤桉已在世界多国种植，用于柱材、枕木、胶合板材、纸浆材（Zohar et al.，2008；Varghese et al.，2017）。赤桉心材红色，纹理美观，材质硬度高，是理想的家具用材。

2. 在中国的发展历程

我国最早于1912年,在福建省厦门市鼓浪屿引种赤桉,云南在60年代大量栽培赤桉,但始终没有形成规模化的赤桉人工林(曾龄英,1996)。至80年代,中国开始广泛引种赤桉,南方各省均有栽培,在浙江、江西、湖南、云南、广西等地开展了赤桉种源测试。1988年,在广西东门林场建立了赤桉家系试验,次年建立赤桉无性系种子园(项东云等,1999)。90年代以云南南部及四川南部引种栽培较多,用于用材、纸浆材、薪炭材树种(王道兴,1996)。至2013年,赤桉在云南省红河州中北部弥勒、泸西、开远、建水、蒙自、个旧、石屏等县的栽培面积达700hm^2(金同伟,2013)。

赤桉在广东、云南、福建、江西、广西等省(区)先后进行了引种栽培。1983年,在福建省宁化县进行赤桉引种试验,赤桉适生性较强,对土壤要求不严(王道兴,1996)。1986年,在江西省鄱阳县和泰和县开展赤桉地理种源试验,赤桉在两地生长良好(江香梅等,1995)。1986年,在广西来宾县、横县、扶绥县和合浦县开展赤桉种源试验,在各地点赤桉的生长均较好(陈代喜等,1991)。1990年,在广东省新会市开展赤桉种源试验,4年内,赤桉存活率较好(薛华正等,1997)。1990年,在福建省平潭县进行赤桉种源试验,较多种源不适生被淘汰(洪顺山等,1996)。1992年,在云南省元谋县建立了赤桉人工林,5年后,赤桉生长良好,抗旱能力较强(李昆等,1999)。2002年,在福建省永安市、邵武市进行赤桉种源试验,赤桉具有较强的耐寒能力(蓝贺胜,2006)。2003年,在福建省永泰县进行赤桉栽培试验,赤桉无性系生长良好(李淑芳等,2006)。2006年,在湖南省株洲市进行了赤桉种源试验,赤桉早期生长良好(王钦安和刘小平,2012)。2009年,在云南省开远市,赤桉经历大旱后被筛选为当地适宜树种(孙晓可,2014)。

赤桉在我国的引种历史悠久,也是最早引进的桉树树种之一,赤桉适宜热量较高的地区,具有一定耐旱、抗寒特性,许多其他桉树生长不好的地方,它能很好生长,为具有很大生产潜力的树种。明确赤桉在中国的空间适生分布,区划各省市的适生范围有利于赤桉的积极发展和推广种植。

二、在中国的分布

1. 分布经纬点

赤桉在中国南部广东、广西、云南、福建、江西、四川、湖南、海南、重庆、贵州、浙江和台湾12个省(区、市)内的主要分布经纬点见表3-26,根据2014-2017年对部分样地的调查资料、相关专著和文献(韩斐扬等,2013;魏润鹏等,2012;罗火月等,2012;金同伟等,2013;严思维等,2017;李德等,2014)及国家林业和草原局桉树研究开发中心的桉树地理分布数据,获赤桉的经纬度分布数据96份,分别分布于广西、广东、福建、海南、云南、江西、湖南、四川8个省(区),暂未收集到重庆、贵州、浙江、台湾4个省(市)的赤桉分布点信息。

2. 分布地区气候和土壤特征

赤桉在广西、广东、福建、海南、云南、江西、湖南、四川8个省(区)的现有分布地区主要为热带和亚热带季风气候,主要土壤类型为砖红壤、赤红壤和黄壤,属亚热带常绿阔叶林和热带季雨林区。在实地调查中发现，赤桉主要分布区广东湛江和福建漳州，其气候温暖、气温变化幅度相对小，赤桉生长发育普遍较好，且在低海拔的向阳方位生长状况更好。

表3-26 研究区样点分布

省(区)	经度(°E)	纬度(°N)	省(区)	经度(°E)	纬度(°N)	省(区)	经度(°E)	纬度(°N)	省(区)	经度(°E)	纬度(°N)
广西	107.86	22.34	福建	119.46	26.26	福建	120.24	27.19	云南	102.09	25.16
	109.88	24.77		118.95	25.86		120.13	27.14		100.52	25.05
	109.25	23.77		118.92	25.90		119.98	27.27	江西	114.95	25.76
	109.12	22.92		118.58	25.93	海南	110.52	19.23		114.91	25.89
	107.83	22.55		119.79	25.52		108.87	18.72		115.92	26.18
	109.22	21.61		117.36	25.94		109.68	19.91		114.37	25.86
	110.92	25.67		117.64	26.28		110.10	19.37		114.51	28.35
	111.31	23.50		117.32	26.05	云南	101.75	25.84		115.83	28.77
广东	109.79	20.96		117.33	26.02		101.83	25.82		115.26	27.45
	110.23	21.12		117.44	25.81		101.86	25.74	湖南	113.04	25.80
	109.88	21.23		117.44	26.08		101.87	25.77		113.22	26.28
	110.15	21.65		117.12	25.74		102.08	25.90		113.68	25.54
	113.9	22.59		117.13	26.04		101.75	25.48		112.58	25.28
	114.22	22.72		117.25	25.86		103.59	23.77		112.95	25.39
	112.94	22.37		116.84	25.92		103.41	24.41		113.14	27.91
	113.21	23.40		116.63	26.38		103.76	24.54		111.64	25.44
	113.52	23.36		118.39	26.46		103.24	23.7		111.43	26.44
	113.62	23.29		117.69	27.07		102.82	23.64		111.38	26.44
	113.56	22.78		118.41	26.44		102.49	23.71		109.66	26.68
	111.54	21.68		119.99	26.88		99.47	24.20		112.60	26.90
	113.04	23.10		120.08	26.92		103.01	26.39		112.62	26.86
	112.66	22.98		116.61	25.15		103.12	26.23	四川	102.71	27.07
福建	117.78	24.76		116.42	25.04		102.75	25.06		102.96	26.96
	117.65	24.24		118.7	25.37		102.54	25.22		104.75	28.84

三、在中国的适生区预测

1. 环境数据及预处理

方法与大花序桉潜在分布预测一致，选用33个环境变量进行模型建立，采用SPSS 22.0软件中的主成分和相关性分析结果，最终确定19个环境变量，进行赤桉的潜在适生分布预测(表3-27)。

2. 预测模型构建和概率分级

同样与大花序桉的潜在适生预测方法一致，首先，用ArcGIS 10.2软件将96个赤桉的分布点与我国南部12省(区、市)的1∶400万数字化政区图叠加校对，确定96个分布点均在研究区范围内,无剔除点。其次,将各分布点经纬度信息与19个环境变量数据导入 MaxEnt 3.4.1 软件,训练子集选取75%的分布点信息来进行模型建立,测试子集选用余下25%的分布信息来进行模型验证。最后,获得赤桉适生分布图,对环境因子贡献权重进行统计分析。

在 ArcGIS 中将模型获得的分布结果进行格式转化,绘制出赤桉在当前气候情境下的适生地理分布图,再结合各省(区、市)的政区图,最终确定赤桉在各市县的适生分布情况。赤桉总适生区包括适生和最适生2个等级,统计并计算最适生(存在概率>0.66)和总适生(存在概率>0.33)区的面积。

表 3-27 各环境变量相对贡献率

序号	环境变量	贡献率(%)	序号	环境变量	贡献率(%)
1	年均气温	1.2	11	最热季度降水量	7.0
2	气温季节变化方差	15.8	12	土壤有效水含量	3.0
3	最热月份最高气温	11.5	13	土壤阳离子交换量	2.7
4	最湿季度平均气温	0.8	14	土壤有效P含量	0.7
5	最干季度平均气温	21.3	15	土壤pH值	0.4
6	最热季度平均气温	5.7	16	海拔	9.0
7	最冷季度平均气温	2.5	17	坡度	5.0
8	年降水量	4.0	18	坡向	3.9
9	降水量季节变化方差	0.6	19	太阳辐射	3.8
10	最湿季度降水量	1.2			

3. MaxEnt 模型的预测评价

训练子集和测试子集的 AUC 值分别为 0.939 和 0.847(图 3-6),表明 MaxEnt 对赤桉潜在适生分布的模拟具有很高的可信度。

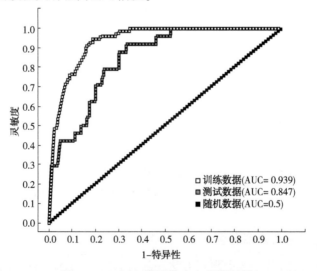

图 3-6 MaxEnt 模型中 ROC 预测结果

4. 赤桉在中国的潜在适生区

赤桉在当前气候下的潜在最适生区（存在概率>0.66）面积为137404km²，总适生（存在概率>0.33）面积为403245km²，占研究区总面积的14.0%；广东、福建、江西的最适生面积排名前三，分别为36260、32021、22046km²；广东总适生面积占本省总面积的比例最大(42.5%)（表3-28）。

表3-28 赤桉在中国南部的潜在适生区面积　　　　　　　　　　　　km²

省(区、市)	最适生面积	适生面积	不适生面积	总适生面积(比例)
广东	36260	57962	127657	94222(42.5%)
广西	13128	48478	239320	61606(20.5%)
海南	3325	8988	28989	12313(29.8%)
四川	3249	5655	645990	8904(1.4%)
云南	16267	36192	440733	52459(10.6%)
福建	32021	46355	78012	78376(50.1%)
江西	22046	34599	163004	56645(25.8%)
重庆	474	3702	106608	4176(3.8%)
湖南	7724	14480	256845	22204(8.0%)
台湾	1825	2682	40595	4507(10.0%)
贵州	131	2622	227288	2753(1.2%)
浙江	954	4126	127679	5080(3.8%)
合计	137404	265841	2482720	403245(14.0%)

赤桉在中国南部的总适生区涵盖丰水热带、南亚热带和多水中亚热带区，地形涉及东南沿海丘陵、江南丘陵、南岭山地和云贵高原，适生地理坐标为99.2°~121.8°E、18.8°~29.3°N，主要包括广东、福建、江西、云南、广西、湖南和海南7个省（区），在7个省各市县的分布方位详见表3-29。其中，最适生区包括东南沿海丘陵(109.0°~121.6°E，19.6°~28.4°N)、南岭山地(106.4°~114.2°E，23.8°~25.7°N)和云贵高原西部(100.5°~103.6°E，23.3°~26.9°N)，具体包括广东湛江、韶关和梅州，福建漳州和龙岩，江西赣州，广西梧州及云南楚雄。

表3-29 当前气候情景下赤桉在研究区的潜在适生分布情况

省(区)	地级市	县/县级市	最适生区	适生区
广东	梅州	平远	西北部和南部	东北部
		蕉岭	中部和南部	北部
		梅县	中北部和西部	
		丰顺	西南局部	北部
		五华	东北局部	北部和中南部
		兴宁市	中部和南部	北部
		大埔		大部分

（续）

省(区)	地级市	县/县级市	最适生区	适生区
广东	韶关	乐昌市	东南部	
		仁化	中部和南部	东北部
		始兴	北部	中部和西南局部
		南雄市	东部	
		韶关市	东北部和中南部	
		乳源	东部局部	
		翁源		东北部、西北部、南部
		新丰		西部
	湛江	廉江	东部和南部	北部
		雷州	北部和中部局部	西南局部
		遂溪	西部	
		吴川	东部局部	
	茂名	化州	南部局部	东部和北部
		高州	西南局部	西北部
		茂名	北部	南部
		电白		西部
	肇庆	怀集	中部	南部
		封开	西部	中部
		德庆	西部局部	
		四会	中部	
		广宁		中部
		高要		中南部
	清远	清新	西南部局部	中部局部
		连州	中部	南部
		英德	中部局部	南部
		清远	大部分	
		佛冈		西部和北部
广西	梧州	苍梧	北部	南部
		藤县	中部局部	
		梧州	大部分	
	贵港	平南	中部	
		桂平	东北部局部	中部
		贵港		中部
	贺州	贺州	南部局部	北部局部
		钟山	东部	
	百色	百色	中部	
		田阳	中部局部	

(续)

省(区)	地级市	县/县级市	最适生区	适生区
江西	赣州	信丰	大部分	
		安远	北部局部	南部局部
		会昌	大部分	
		瑞金	中部和南部	北部局部
		于都	中部和北部	
		赣县	北部和南部局部	
		赣州市区	大部分	
		南康	中部和南部	
		大余	南部局部	
		石城	大部分	
		宁都	中部局部和南部	
		兴国	南部局部	
	吉安	万安	北部	南部局部
		遂川	东部局部	
		泰和	中部	
		吉安		东部
	宜春	樟树		大部分
	抚州	广昌	南部局部	大部分
		南丰	南部局部	东部
		黎川	中部	
福建	漳州	诏安	南部	北部局部
		漳浦	中部	北部
		龙海	北部局部	中部和南部
		长泰	中部	东部局部
		南靖	东南局部	中部
		漳州市区	大部分	
		云霄	中部局部	
		华安	中部	
		平和		东部
	龙岩	上杭	西部	中部局部
		武平	南部	北部局部
		长汀	南部	中部局部
		龙岩市区	东部局部	中部局部
		连城	西部	
		漳平	中部局部	
		永定		西部局部和北部

（续）

省(区)	地级市	县/县级市	最适生区	适生区
福建	三明	宁化	中部局部	东部
		清流	中部局部	西部和东部
		尤溪	中部	西部局部和南部局部
		沙县	中部和北部	南部局部
		永安	中部	
		将乐	中部局部	
		泰宁	中部	
		三明市区	西部	
		明溪		大部分
		大田		北部
	泉州	晋江	中部和南部	北部局部
		南安	中部局部	大部分
		安溪		东部
		永春		东部
		惠安	中部和东部	西部和北部
	福州	永泰	中部局部	东部和西部局部
		闽侯	中部局部和南部局部	
		福清市	中部局部	
		闽清	中部和南部	
		连江	中部局部	
云南	楚雄	元谋	大部分	
		永仁	南部	
		牟定		南部
		禄丰		西南部
	丽江	华坪	中部局部	
	普洱	景东	中部局部	
	玉溪	新平	北部局部	
		元江	中部局部	
		玉溪市区	中部局部	
	红河州	建水	中部局部	
		开远	西部局部	
		弥勒	南部和中部局部	
		蒙自	西北部局部	
	西双版纳	勐海	中部局部	
湖南	永州	道县	中部	
		宁远	中部	

(续)

省(区)	地级市	县/县级市	最适生区	适生区
湖南	永州	蓝山	北部	
		江华	西部局部	
		江永	东部局部	
	郴州	宜章	中部	
		临武	东南部	
		嘉禾	大部分	
		桂阳		南部
		郴州市区		北部
海南		儋州	北部局部	中部
		临高	北部	南部
		澄迈	中部局部	南部
		文昌		大部分

四、适生分布主导环境因子及其与原产地的相似性

1. 主导环境因子

刀切法分析结果显示(表3-27),最干季度平均气温的贡献率最高(21.3%),是最重要的变量;其次,气温季节变化方差(15.8%)、最热月份最高气温(11.5%)、海拔(9.0%)、最热季度降水量(7.0%)的贡献率也较大;其他5个变量[最热季度平均气温(5.7%)、坡度(5.0%)、年降水量(4.0%)、坡向(3.9%)、太阳辐射(3.8%)]的贡献率均超过3.8%。以上10个环境变量的总贡献率达87.0%,这些变量既是模型构建中重要的环境变量,也是影响赤桉分布的主要环境因子。

在影响赤桉分布的主导因子中,贡献率排名前三的分别为最干季度平均气温(21.3%)、气温季节变化方差(15.8%)和最热月份最高气温(11.5%),均为气温类因子,排名第四的为海拔(9.0%),这与赤桉通常在低海拔温暖地带分布(Bush et al., 2013; Gezahgne et al., 2003)、高温季节利于赤桉的生长和开花结实(Mays et al., 2014)结果一致。均为在实际情况中应充分考虑的因子。

2. 主导因子与原产地的相似性

本节选取上述筛选出的10个影响赤桉最适生区分布的重要环境变量,展示原产地自然分布区与中国最适生区之间的环境数据相似度(表3-30)。中国最适生区的气温季节变化方差、最热月份最高气温、最热季度平均气温、海拔和坡向均与澳大利亚自然分布区无显著差异,这5个变量在两区之间的相似程度高;中国最适生区的坡度、最热季度降水量、年降水量值更高,最干季度平均气温、太阳辐射值比赤桉原产地更低,这5个变量在两区之间差异较大($P<0.05$)。

与原产地相比,中国最适生区的最热季降水量和年降水量更高,基于赤桉喜温暖湿润气候的特性,就这2个因子而言,中国最适生区具有更适宜该物种生长的环境条

件。中国最适生区的坡度值高于原产地自然分布区，说明中国多山地貌带来的海拔高差对赤桉生长有一定限制作用。

表 3-30 赤桉在原产地自然分布区和中国适生区之间的生态因子相似性

环境变量	中国不适生区	中国适生区	中国最适生区	澳大利亚自然分布区
最干季度平均气温（℃）	7.0c	13.5b	13.8b	18.6a
气温季节变化方差（℃）	62.8a	59.30a	60.40a	49.6a
最热月份最高气温（℃）	27.4b	31.9ab	32.6ab	35.1a
最热季度平均气温（℃）	22.2a	26.9a	27.5a	27.3a
海拔（m）	1322.3a	394.8b	320.2b	274.6b
最热季度降水量（mm）	578.8a	598.6a	542.8a	167.7b
年降水量（mm）	1278.3a	1480.0a	1432.4a	461.6b
坡度（°）	5.3a	2.49b	1.72c	1.1d
坡向（°）	181.0a	174.1a	170.4a	179.5a
太阳辐射[MJ/(m²·d)]	13.8b	14.7b	14.7b	20.5a

注：同行不同小写字母表示差异显著（$P<0.05$）。

五、引种栽培建议

本节基于赤桉现有地理分布数据和19个生态因子，运用最大熵模型能很好地模拟我国赤桉的潜在适生分布（AUC值>0.84）。当前赤桉在中国南部的潜在最适生区面积达137768km²，分布较广，主要集中在东南沿海丘陵、南岭山地和云贵高原西部。赤桉在我国适生区中最有代表性的地点有广东湛江、韶关和梅州，福建漳州和龙岩，江西赣州，广西梧州及云南楚雄。

对赤桉而言，中国最适生区的气温季节变化方差、最热月份最高气温、最热季度平均气温、海拔和坡向5个因子与原产地无显著差异，贡献率累计45.9%，具有较强的相似性。与原产地相比，中国最适生区的最热季度降水量、年降水量值更高，贡献率累计11.0%，这些都是有利于赤桉生长的环境条件。但在地形因子上，中国最适生区的坡度更大，在实际情况中应在最适生区范围内选择更平缓的地势进行赤桉栽培。同时还可结合选择太阳辐射更高的地区，以及综合树木实地生长状况来进一步优化最适栽培区。

第七节　柠檬桉

一、树种概况

1. 原生地分布及用途

柠檬桉（*Corymbia citriodora*）为伞房属（*Corymbia*）大乔木，为澳大利亚本土树种，自然分布于昆士兰州中部和北部的沿海区域，从海岸线伸展至内陆达322km，分布区南部与斑皮桉重合，北部大部分为散生；气候带跨越热带和亚热带，15.5°~25°S，最热月平均最高温度为22.5~39.2℃，最冷月平均最低温度0.3~21.9℃，一般无霜冻；分布区南部冬雨型，北部夏雨型，其余地区雨量均匀，年均降水量640~1020mm；分布区海拔范围0~600m，最常见于丘陵地区或台地；天然分布区土壤包括灰色和带红色深厚的壤土，喜湿润、深厚和疏松的酸性土，也适生于坚实的砾质黏土、粗骨土与排水良好略含粗质的土壤(Gill et al., 1985; Chippendale et al., 1981; 祁述雄, 2002)。

柠檬桉生长迅速，密度大，出材率高，是理想的大径材树种(Nichols et al., 2010)；干形圆满通直，抗风力强，也是优良的行道树种。柠檬桉的适应和生态幅度较宽，在国际上广泛种植(王豁然, 2010; Federico et al., 2013)。柠檬桉木质灰褐色，纹理直而有波纹，材质重，坚硬而韧性大，易加工，大径材为优良的造船用材，此外还用作枕木、车辆、桥梁、建筑、地板以及纸浆、精油等用材(祁述雄, 2002)。

2. 在中国的发展历程

我国于20世纪10年代开始引种柠檬桉，在广西、广东、福建三省的南部发展较多，也分布于川、滇等省的南部，最初只限于庭园及行道栽植，自中华人民共和国成立以来通过较大面积造林，在南亚热带地区的优越性逐渐显现(丁衍畴, 1980)。20世纪60年代，柠檬桉在雷州半岛成为重要的人工林树种，用于大面积造林(方玉霖和王豁然, 1993)。1989年，以柠檬桉和蓝桉为主要原料的芳香油在云南和广东的总生产量达1500t以上，中国桉树芳香油出口量占国际市场的70%(王豁然等, 1990)。从60年代开始，柠檬桉作为一个遗传较为稳定的树种在广西柳州、横县等地得到传播，80年代前作为中大径材培育，90年代柠檬桉中大径材因其较好的木材基本密度和理想的纹理色泽，成为市场备受欢迎的家具和造船用材(项东云等, 1999)。柠檬桉是广东、广西、福建等地的重要造林树种。

早在20世纪70年代，在广东、广西、福建就出现了不少柠檬桉大树，树种的适应性强、生长潜力大，在台风地区更是难得。1978年，在广东雷州，13年生的柠檬桉林分优树胸径达36.1cm，树高26.5m，材积1.47m³；1978年，在广西东门林场栽植的12年生柠檬桉，胸径30.5cm，树高28.5m；在福建省福州市，出现37年生柠檬桉优树，胸径68cm，树高36.5m；1976年，在广西柳州出现40年生的柠檬桉优树，胸径96cm，树高38.5m，材积10.31m³；1979年，在广西灵山，出现40年生柠檬桉，胸径87cm，树高20m；在广西北海36年生柠檬桉，胸径66.9cm，树高20m，材积3.17m³；广东蕉岭县的55年生柠檬桉，胸径60cm，树高27m，材积3.45m³(丁衍畴, 1980)。

随后，在广东、广西、福建、云南等省(区)陆续进行引种栽植。1984年，在云南省新平县开始建设柠檬桉人工林，至1990年，全县柠檬桉人工林达2000hm²，长势好(普超云等, 1991)。1990年，在广西横县开展柠檬桉栽培试验，柠檬桉生长良好(覃天安等, 1995)。1993年，在福建省东山县开展柠檬桉引种试验，树种存活情况较好(林武星, 2005)。2002年，在广东省乐昌市进行柠檬桉引种试验，5年后，生长良好(刘天颐等, 2011)。2002年，在广东省德庆县进行柠檬桉栽培试验，10年后，生长状况好(孔凡启等, 2016)。

柠檬桉在我国的引种历史悠久，是一个极具潜力的大径材桉树树种，但截至今日，在地理区划层次指导柠檬桉种植的资料很少，有必要对柠檬桉在中国南部的地理分布适宜性进行探讨，列出在各市县适合柠檬桉种植的区域。

二、在中国的分布

1. 分布经纬点

柠檬桉在中国南部广东、广西、云南、福建、江西、四川、湖南、海南、重庆、贵州、浙江和台湾12个省(区、市)内的主要分布经纬点见表3-31，结合2015—2017年对部分样地的现实调查资料，相关文献和专著(祁述雄，2002；田广红等，2003；刘郁等，2003；李士美等，2010；刘天颐等，2011；黎贵卿等，2012；孙振伟等，2014；王兆东等，2016；叶宝鉴等，2017；谢秋兰等，2017)以及国家林业和草原局桉树研究开发中心的桉树分布连续清查数据，共获取柠檬桉分布点经纬度数据119份，分别分布于广西、广东、福建、云南、海南、重庆、四川7个省(区、市)，暂未收集到其余5个省(区)的柠檬桉分布点信息。

表3-31 研究区样点分布

省(区、市)	经度(°E)	纬度(°N)	省(区、市)	经度(°E)	纬度(°N)	省(区、市)	经度(°E)	纬度(°N)	省(区、市)	经度(°E)	纬度(°N)
广西	108.29	22.84	广西	109.70	21.55	广东	110.28	21.61	福建	117.59	24.48
	108.33	22.87		109.25	23.77		110.03	20.70		117.41	24.41
	108.27	22.7		109.66	23.60		109.79	20.96		117.82	24.60
	108.29	22.73		107.99	21.99		114.06	22.91		117.78	24.76
	109.34	22.82		110.35	23.50		113.83	22.75		118.90	24.91
	109.12	22.92	广东	114.07	22.57		110.59	22.12		118.52	24.87
	108.29	23.18		114.07	22.58		110.94	22.36		118.57	24.81
	108.34	22.96		114.12	22.59		110.91	21.64		118.66	24.62
	108.29	22.85		113.90	22.50		111.01	22.05		118.56	24.68
	109.11	23.22		114.32	22.67		114.41	23.24		118.88	25.21
	109.24	25.10		113.38	23.19		114.49	23.55		118.37	24.78
	108.32	23.04		113.35	23.17		114.47	22.76		118.08	24.46
	107.86	22.34		113.36	23.16		116.59	23.48		118.24	24.62
	107.83	22.55		113.36	23.13		113.45	25.08		117.03	25.06
	106.85	22.34		113.36	23.20		114.07	24.48	云南	99.15	25.12
	106.77	22.09		113.29	23.10		111.63	23.20		101.75	25.84
	110.08	25.48		113.46	23.01		112.47	23.07		101.83	25.82
	110.13	25.17		113.29	23.10		112.92	23.92		110.92	25.67
	110.79	24.70		113.34	23.14		116.36	24.38		101.86	25.74
	109.30	25.34		113.27	23.15	福建	116.13	25.14		101.87	25.77
	109.37	24.47		113.58	22.37		117.36	25.95		101.65	23.95
	109.36	24.26		112.90	22.67		119.28	26.10		101.52	24.14
	109.90	24.77		113.03	22.79		119.39	26.10	海南	110.47	19.26
	109.20	21.91		109.98	21.25		119.22	26.24		110.52	19.23
	108.68	24.45		110.07	21.26		119.46	26.26		108.87	18.72
	106.42	23.15		110.15	21.43		117.98	27.64		109.33	19.70
	109.93	22.17		110.32	21.71		118.30	25.32	重庆	106.42	29.58
	109.12	21.48		109.84	20.84		117.33	24.22		105.59	29.42
	109.05	21.76		110.06	21.14		117.62	24.42	四川	104.73	31.48
	109.22	21.61		109.84	21.07		117.21	24.89			

2. 分布地区气候和土壤特征

柠檬桉在广西、广东、福建、云南、海南、重庆、四川7个省（区、市）的现有分布地区主要为亚热带和热带季风气候，主要土壤类型为砖红壤、赤红壤和紫色土，属热带季雨林和亚热带常绿阔叶林区。在野外调查中发现，柠檬桉的主要分布区广西南宁和广东湛江的气候温暖湿润，季节温度变化范围不大，柠檬桉的生长发育普遍较好，且在水分条件好的向阳方位生长状况更好。

三、在中国的适生区预测

1. 环境数据及预处理

方法与大花序桉潜在分布预测一致，选用33个环境变量进行模型建立，采用SPSS 22.0软件中的主成分和相关性分析结果，最终确定19个环境变量，进行柠檬桉的潜在适生分布预测（表3-32）。

表3-32 各环境变量相对贡献率

序号	环境变量	贡献率(%)	序号	环境变量	贡献率(%)
1	年均气温	7.6	11	最热季度降水量	4.6
2	气温季节变化方差	12.9	12	土壤深度	1.0
3	年气温变化范围	4.8	13	土壤pH值	0.8
4	最湿季度平均气温	32.3	14	土壤有效水含量	0.8
5	最干季度平均气温	6.7	15	土壤容重	0.0
6	最热季度平均气温	2.2	16	海拔	18.0
7	最冷季度平均气温	1.4	17	坡度	2.7
8	降水量季节变化方差	0.1	18	坡向	1.7
9	最湿季度降水量	0.1	19	太阳辐射	1.6
10	最干季度降水量	0.8			

2. 预测模型构建和概率分级

同样与大花序桉的潜在适生预测方法一致，首先，用ArcGIS 10.2软件将119个柠檬桉的分布点与我国南部12省（区、市）的1∶400万数字化政区图叠加校对，确定119个分布点均在研究区范围内，无剔除点。其次，将各分布点经纬度信息与19个环境变量数据导入MaxEnt 3.4.1软件，训练子集选取75%的分布点信息来进行模型建立，测试子集选用余下25%的分布信息来进行模型验证。最后，获得柠檬桉适生分布图，对环境因子贡献权重进行统计分析。

在ArcGIS中将模型获得的分布结果进行格式转化，绘制出柠檬桉在当前气候情境下的适生地理分布图，再结合各省（区、市）的政区图，最终确定柠檬桉在各市县的适生分布情况。柠檬桉总适生区包括适生和最适生2个等级，统计并计算最适生（存在概率>0.66）和总适生（存在概率>0.33）区的面积。

3. MaxEnt 模型的预测评价

训练子集和测试子集的 AUC 值分别为 0.951 和 0.916(图 3-7),表明 MaxEnt 模型对柠檬桉潜在适生区分布的模拟可信度达到最好水平。

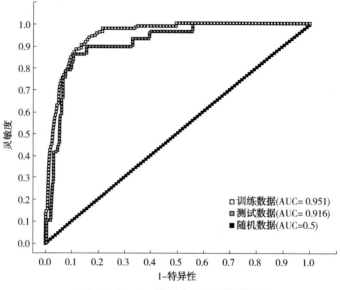

图 3-7　MaxEnt 模型中 ROC 预测结果

4. 柠檬桉在中国的潜在适生区

柠檬桉当前的最适生(存在概率>0.66)面积为 113258km^2,总适生(存在概率>0.33)面积为 286381km^2,占研究区总面积的 9.92%;广东、广西、福建的最适生面积排名前三,分别为 51354、41892、12360km^2;广东总适生面积占本省总面积的比例最大(53.4%)(表 3-33)。

表 3-33　柠檬桉在中国南部的潜在适生区面积　　　　　　　　　km^2

省(区、市)	最适生面积	适生面积	不适生面积	总适生面积(比例)
广东	51354	67112	103413	118466(53.4%)
广西	41892	69021	190013	110913(36.9%)
福建	12360	10257	133771	22617(14.5%)
海南	3008	7210	31084	10218(24.7%)
云南	2720	2758	487714	5478(1.1%)
台湾	1523	2159	41420	3682(8.2%)
四川	359	5693	648842	6052(0.9%)
贵州	23	510	229508	533(0.2%)
江西	10	1630	218009	1640(0.7%)
重庆	9	6574	104201	6583(5.9%)
湖南	0	173	278876	173(0.1%)
浙江	0	26	132733	26(0.02%)
合计	113258	173123	2599584	286381(9.92%)

柠檬桉在中国南部的总适生区主要分布在东南沿海,为丰水热带和南亚热带区,地形涉及东南沿海丘陵、南岭山地、云贵高原和四川盆地,适生地理坐标为 18.5°~26.9°N、105.6°~121.9°E,主要包括广东、广西、福建、海南、台湾、云南、四川、重庆(表3-34)。其中,最适生区主要为南岭山地和东南沿海丘陵(19.4°~26.2°N、106.8°~121.5°E),具体主要包括广东清远、广州、湛江、肇庆,广西南宁、贵港,福建漳州、泉州。除此之外,在云南沅江中下游(23.1°~24.6°N、101.3°~103.3°E)和四川盆地东南部靠近长江(28.6°~30.4°N、104.8°~106.7°E)局部小生境也出现适生区。

表3-34 当前气候情景下柠檬桉在研究区的潜在适生分布情况

省(区、市)	地级市	县/县级市	最适生区	适生区
广东	湛江	廉江	大部分	北部局部
		吴川	西部局部	中部大部
		遂溪	大部分	东部局部
		湛江市区	北部大部	中部局部
		雷州	大部分	南部局部
		徐闻	西部大部	东部大部
	茂名	化州	中部大部	北部局部
		茂名市区	大部分	南部局部
		电白	西部局部	中部局部
		高州	西部大部	中部局部
		信宜	西南局部	
	深圳		大部分	西部局部
	东莞		大部分	东部局部
	惠州	龙门	南部局部	中部局部
		博罗	西南大部和东北大部	中部局部
		惠州市区	大部分	东部局部
		惠东	西部局部	中部局部
	广州	增城	北部大部和西南部	中部局部
		从化	南部大部	中部局部
		广州市区	大部分	南部局部
	佛山		大部分	东部局部
	中山		大部分	北部局部
	珠海		东部局部	西部局部
	江门	鹤山	北部局部和南部局部	中部局部
		开平	北部局部	中部局部
		江门市区	北部局部	中部局部
		恩平	中部局部	东部大部
		台山		中部局部

(续)

省(区、市)	地级市	县/县级市	最适生区	适生区
广东	肇庆	四会	中部大部	北部局部
		肇庆市区	南部大部和西北大部	南部局部
		广宁	中部局部	北部局部
		德庆	西部大部和东部局部	中部局部
		怀集	中部局部	
		封开	西部大部	中部局部
	云浮	罗定	东部局部	中部局部
		新兴	东部局部	南部局部
		郁南	南部局部	中部局部
		云安	中部局部	北部局部
	清远	英德	中部局部	西部局部
		佛冈	南部局部	中部局部
		清远市区	东南大部	北部局部
		阳山	南部局部	
		连州		中部局部
	河源	紫金	西部局部	西南大部
		东源	北部局部和东南局部	中部局部
		龙川	中部局部	北部局部
		和平	南部局部	东部大部
	潮州	饶平	南部大部	
		潮州市区	西南局部	
	汕头			西部大部
	揭阳	惠来	西南局部	南部局部
		揭西	南部局部	
		普宁	北部局部	
	汕尾	陆丰	西部局部	南部局部
		海丰	东部局部	中部大部
广西	北海	合浦	大部分	北部局部
		北海市区	大部分	
	钦州	灵山	西北局部和南部局部	南部大部
		浦北	南部局部	南部大部
		钦州市区	大部分	中部局部
	防城港	上思		西北大部
		防城港市区	东部局部	东南局部

(续)

省(区、市)	地级市	县/县级市	最适生区	适生区
广西	南宁	横县	西部局部	中部大部
		南宁市区	北部大部和中部大部	南部局部
		宾阳	东北局部	中部局部
		上林	南部局部	
		隆安	东部大部	西部局部
	崇左	扶绥	南部局部和东北局部	南部局部
		宁明	北部局部	
		龙州	南部局部	
		崇左市区	北部局部和南部局部	南部局部
		大新	南部局部	
	玉林	博白	南部局部	中部大部
		陆川	南部局部	南部大部
		容县	北部局部	南部局部
		兴业	北部局部	中部局部
		玉林市区	中部局部	大部分
		北流		北部局部
	梧州	苍梧	南部局部和东部局部	东部局部
		藤县	南部大部	中部局部
		梧州市区	南部大部和北部大部	中部局部
		岑溪	北部局部	西北大部和东部局部
	贵港	平南	中部大部	北部局部和南部局部
		桂平	中部大部	南部局部
		贵港市区	中部大部	南部局部
	来宾	象州	中部大部	大部分
		来宾市区	中部局部	
		武宣	大部分	中部局部
	柳州	鹿寨	西南局部	中部大部
		柳城		中部局部
		融安		中部局部
	桂林	平乐	东南局部	
		桂林市区		中部大部
		荔浦		中部局部
	百色	田东	中部局部和北部局部	
		百色市区	中部局部	
		平果	南部局部	

(续)

省(区、市)	地级市	县/县级市	最适生区	适生区
福建	漳州	诏安	南部大部	
		龙海	东部局部	中部大部
		平和	东北局部	
		长泰	东南大部	
		漳浦	东南大部	中部局部
		云霄	南部局部	
		东山	大部分	
	厦门		东部大部和南部大部	北部局部
	泉州	晋江	大部分	
		石狮	大部分	
		南安	中部大部	南部局部
		惠安	大部分	中部局部
		金门	大部分	
	莆田	仙游	南部局部	
		莆田市区	南部局部	中部大部
	福州	闽侯	南部局部	
		福州市区	中部局部和南部局部	
		福清	中部大部	
		平潭		大部分
		连江		中部局部
海南		临高	中部大部和北部	中部局部
		澄迈	北部局部	北部大部
		儋州	西北大部	北部大部
		昌江	北部局部	北部大部
		东方		西部局部
		乐东		西部局部
		海口	北部局部	中部大部
		文昌		北部局部
		琼海		中部局部
		万宁		东北局部
台湾		新北	西部局部	
		桃园	北部局部	
		新竹	西北局部	
		苗栗	西北局部	
		宜兰	东部局部	
		花莲		东部局部

(续)

省(区、市)	地级市	县/县级市	最适生区	适生区
云南	红河	石屏	南部局部	
	玉溪	新平	西部局部	
		元江	中部局部	
	楚雄	元谋	西部大部	
		永仁	东南局部	
四川	泸州	泸县		中部大部
		合江		中部局部
重庆		潼南		南部大部
		铜梁		西北大部和南部局部
		永川		中部大部
		主城区		中部局部

四、适生分布主导环境因子及其与原产地的相似性

1. 主导环境因子

刀切法结果显示(表3-32),最湿季度平均温度的贡献率最高(32.3%),是影响柠檬桉分布的最重要因子;其次,海拔(18.0%)、气温季节变化方差(12.9%)的贡献率也较大,对柠檬桉分布的作用也较大;4个变量年均温(7.6%)、最干季度平均温度(6.7%)、年温变化范围(4.8%)、最暖季度降水量(4.6%)的贡献率也都超过4.5%,对柠檬桉分布也有一定影响。以上7个环境因子的累积贡献率达86.9%,这些因子既是模型构建中的主要环境因子,也是影响柠檬桉分布的重要生态因子。

2. 主导因子与原产地的相似性

选取上述MaxEnt模型得出的7个影响柠檬桉分布的主要生态因子,使用差异性分析来展示不同适生等级分布区与原产地昆士兰州自然分布区之间生态因子的相似性结果(表3-35)。可以看出,中国最适生区的最湿季度平均气温、年均气温、最干季度平均气温、年气温变化范围均与自然分布区的对应变量均值无显著差异($P>0.95$),这4个变量在两区之间的相似性强;与原产地自然分布区相比,中国适生区的海拔更低,最热季度降水量更高,气温季节变化方差更大,这3个变量在两区之间的差异性较大。

中国适生区的海拔、最热季度降水量、气温季节变化方差与原产地自然分布区的值差异较大,针对在两区之间相似性不明显的生态因子,需结合桉树自身的生物学特性分析物种在目标栽培区的生长适宜性。与原产地自然分布区相比,中国适生区的海拔更低,最热季度降水量更高,根据柠檬桉喜温暖湿润条件的特性,就这两个因子而言,中国适生区的环境条件更适于柠檬桉生长,有研究显示,降雨量与柠檬桉的生长量呈正相关性(Wormington et al.,2007)。

表 3-35　柠檬桉在原产地自然分布区和中国适生区之间的生态因子相似性

环境变量	中国不适生区	中国适生区	中国最适生区	澳大利亚自然分布区
最湿季度平均气温（℃）	20.5b	26.7a	27.4a	27.7a
海拔（m）	1305.5a	158.7c	85.1d	231.4b
气温季节变化方差（℃）	63.2a	56.5b	54.3b	46.5c
年均气温（℃）	14.8b	21.5a	22.2a	22.8a
最干季度平均气温（℃）	7.0c	15.4b	16.6ab	17.8a
年气温变化范围（℃）	27.4a	23.5ab	22.6ab	27.0a
最热季度降水量（mm）	567.7b	678.7a	682.9a	285.7c

注：同行不同小写字母表示差异显著（$P<0.05$）。

五、引种栽培建议

本节基于柠檬桉现有地理分布数据和 19 个生态因子，运用最大熵模型能很好地模拟我国柠檬桉的潜在适生分布（AUC 值>0.91）。当前柠檬桉在中国南部的潜在最适生区面积达 113258km^2，主要集中在南岭山地和东南沿海丘陵，此外，在云南沅江中下游和四川盆地东南部靠近长江局部小生境也出现适生区。柠檬桉在我国最适生区的代表性地点有广东清远、广州、湛江、肇庆，广西南宁、贵港，福建漳州、泉州。

中国最适生区的最湿季度平均温度、年均温、最干季度平均温度、年温变化范围均值与原产地昆士兰州自然分布区的相应值很接近，累计贡献率达 51.4%，具有很强的气候相似性，推测柠檬桉在中国适生区的生长适应性较强。中国最适生区的最热季度降水量更高、海拔更低，这两个因子累计贡献率 22.6%，较大程度优化了柠檬桉的适生环境。总体上，中国最适生区具有比原产地自然分布区更适于柠檬桉生长的气候条件。值得注意的是，中国最适生区的气温季节变化方差高于原产地，中国鲜明的季风气候带来的温差对柠檬桉生长发育产生一定限制性，因此在实地栽培中，应尽量选择气温季节变化方差更小的区域。

第八节　托里桉

一、树种概况

1. 原生地分布及用途

托里桉（*Corymbia torelliana*）为伞房属乔木，原产澳大利亚，为昆士兰州北部的天然树种，生长于砂壤土上。原产地纬度为 16°~19°S，海拔 100~800m，夏雨型，年均降水量 1000~1500mm，最热月气温 29℃，最冷月气温 10~16℃（祁述雄，2002）。木材浅褐色，沉重，纹理直，是优良的用材树种；可用于制造车轮。一些低纬度国家已成功引种了托里桉，如在斯里兰卡托里桉为用材树种（Sivananthawerl et al.，2011）；在尼日利亚，托里桉叶片用于提炼药材（Lawal et al.，2012）；在刚果，托里桉用于森林建设、抗土壤侵蚀，叶片用于产油（Silou et al.，2010）；在美国佛罗里达州，用于开发林化产品、生物燃料等能源产品（Rockwood et al.，2008）；在印度南部，为纸浆材树种。

2. 在中国的发展历程

我国引种托里桉地点始于云南，随后1974年引入广西东门林场，1979年引入海南，至今在南亚热带以南地区用做低丘造林、四旁绿化树种（窦志浩等，1989）。托里桉在我国广东、广西均有栽培，香港作为四旁植树（祁述雄，2002）。随后，在广东、福建、海南等地先后对托里桉进行了引种栽培。1981年，在海南省儋州市进行托里桉引种栽培，试种结果表明，托里桉生长适应性强，是我国南亚热带以南广大地区的优良造林树种（窦志浩等，1989）。2001年，在广东省河源市龙川县开展了托里桉引种试验，之后对2年生托里桉进行生长调查，托里桉生长发育良好，适应该地的环境条件（陈添基，2006）。2002年，在福建省漳州市平和县建立了托里桉引种试验林，经3年观测，树种在当地生长好，达到速生效果（张连水等，2008）。2005年，在广东省湛江市建立了1.1hm^{2}的托里桉试验林，3年后生长状况好，适当修枝有利于托里桉幼林的生长（刘球等，2010）。

二、在中国的分布

1. 分布经纬点

托里桉在中国南部广东、广西、云南、福建、江西、四川、湖南、海南、重庆、贵州、浙江和台湾12个省（区、市）内的主要分布经纬点见表3-36，结合长期以来对部分样地的现实调查资料，相关文献和专著（窦志浩等，1989；林国金，2005；陈添基，2006；王豁然，2010；陈少雄，2010；刘球等，2010；陈婷婷等，2011；林文革等，2015）以及国家林业和草原局桉树研究开发中心的桉树分布连续清查数据，共获取托里桉分布点经纬度数据28份，分别分布于广东、广西、福建、海南、贵州、四川、云南、浙江8个省（区），暂未收集到其余4个省（市）的托里桉分布点信息。

表3-36 研究区样点分布

省（区）	经度（°E）	纬度（°N）	省（区）	经度（°E）	纬度（°N）	省（区）	经度（°E）	纬度（°N）
广东	113.34	23.16	福建	117.26	24.42	海南	110.75	19.62
	113.35	23.15		117.48	24.47		110.43	19.21
	113.38	23.22		117.78	24.76	贵州	108.87	25.73
	113.08	23.02		117.79	24.63		108.55	25.92
	110.08	21.27		117.55	24.29	四川	104.05	30.03
	110.39	21.23		117.34	25.94	云南	98.89	24.99
	110.15	21.65		119.50	26.25		101.73	25.87
	114.06	22.8	海南	109.52	19.54			
	115.28	24.12		110.52	19.23			
广西	107.90	22.41		108.88	18.72	浙江	120.95	28.12

2. 分布地区气候和土壤特征

托里桉在广西、广东、福建、海南、贵州、四川、云南、浙江 8 个省(区)的现有分布地区主要为亚热带和热带季风气候,主要土壤类型为砖红壤、赤红壤和黄壤,属亚热带常绿阔叶林和热带季雨林区。在野外调查中发现,托里桉的主要分布区广东湛江和福建漳州的气候常年温暖、年间低温天气很少,托里桉的生长发育较好,且在低海拔的区域生长状况更好。

三、在中国的适生区预测

1. 环境数据及预处理

方法与大花序桉潜在分布预测一致,选用 33 个环境变量进行模型建立,采用 SPSS 22.0 软件中的主成分和相关性分析结果,最终确定 19 个环境变量,进行托里桉的潜在适生分布预测,见表 3-37。

表 3-37 各环境变量相对贡献率

序号	环境变量	贡献率(%)	序号	环境变量	贡献率(%)
1	海拔	25.8	11	最湿月份降水量	1.5
2	最湿季度平均气温	24.4	12	土壤黏粒含量	1.3
3	气温季节变化方差	13.0	13	最干月份降水量	1.0
4	年均气温	10.7	14	土壤有机质含量	1.0
5	最干季度降水量	5.1	15	土壤质地	0.9
6	土壤有效水含量	5.1	16	土壤阳离子交换量	0.8
7	土壤有效 P 含量	2.6	17	最冷月份最低气温	0.3
8	最热季度降水量	2.2	18	坡度	0.1
9	土壤深度	2.2	19	最热季度平均气温	0.1
10	最冷季度平均气温	2.0			

2. 预测模型构建和概率分级

同样与大花序桉的潜在适生预测方法一致,首先,用 ArcGIS 10.2 软件将 28 个托里桉的分布点与我国南部 12 省(区、市)的 1∶400 万数字化政区图叠加校对,确定 119 个分布点均在研究区范围内,无剔除点。其次,将各分布点经纬度信息与 19 个环境变量数据导入 MaxEnt 3.4.1 软件,训练子集选取 75% 的分布点信息来进行模型建立,测试子集选用余下 25% 的分布信息来进行模型验证。最后,获得托里桉适生分布图,对环境因子贡献权重进行统计分析。

在 ArcGIS 中将模型获得的分布结果进行格式转化,绘制出托里桉在当前气候情境下的适生地理分布图,再结合各省(区、市)的政区图,最终确定托里桉在各市县的适生分布情况。托里桉总适生区包括适生和最适生 2 个等级,统计并计算最适生(存在概率>0.66)和总适生(存在概率>0.33)区的面积。

3. MaxEnt 模型的预测评价

训练子集和测试子集的 AUC 值分别为 0.944 和 0.957（图 3-8），建立的 MaxEnt 模型对托里桉潜在适生分布的模拟具有很高的可信度。

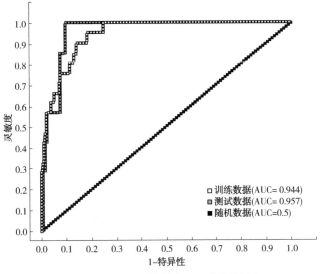

图 3-8 MaxEnt 模型中 ROC 预测结果

4. 托里桉在中国的潜在适生区

托里桉在当前气候下的潜在最适生区（存在概率>0.66）面积为 161668km^2，总适生（存在概率>0.33）面积为 492281km^2，占研究区总面积的 17.1%；广东、广西、福建的最适生面积排名前三，分别为 74267、27552、26243km^2；海南总适生面积占本省总面积的比例最大（86.9%）（表 3-38）。

表 3-38 托里桉在中国南部的潜在适生区面积　　　　　　　　　　　　　　km^2

省（区、市）	最适生面积	适生面积	不适生面积	总适生面积（比例）
广东	74267	92986	54626	167253（75.4%）
广西	27552	103834	169540	131386（43.7%）
海南	23425	12464	5413	35889（86.9%）
四川	334	20650	633910	20984（3.2%）
云南	2247	18341	472604	20588（4.2%）
福建	26243	36268	93877	62511（40.0%）
江西	693	10435	208521	11128（5.1%）
重庆	0	3758	107026	3758（3.4%）
湖南	0	864	278185	864（0.3%）
台湾	2919	6242	35941	9161（20.3%）
贵州	1909	18931	209201	20840（9.1%）
浙江	2079	5840	124840	7919（6.0%）
合计	161668	330613	2393684	492281（17.1%）

托里桉在中国南部的总适生区涵盖丰水热带、南亚热带和多水中亚热带区，地形包括东南沿海丘陵、南岭山地、四川盆地和云贵高原，适生地理坐标为 98.8°~121.5°E、18.3°~28.9°N 和 103.4°~106.5°E、28.2°~30.7°N，主要包括广东、福建、海南、广西、台湾、浙江、云南、贵州、四川 9 个省(区)，在 9 个省(区)各市县的具体分布方位详见表 3-39。其中，最适生区主要在东南沿海丘陵(107.7°~121.5°E，18.3°~28.7°N)和南岭山地(108.6°~113.7°E，23.1°~25.1°N)，具体包括广东湛江、茂名、阳江、江门、广州、东莞、潮州、揭阳、汕头和汕尾，海南文昌、琼海、万宁、澄迈和屯昌，福建漳州和福州，广西北海和来宾。

表 3-39 当前气候情景下托里桉在研究区的潜在适生分布情况

省(区)	地级市	县/县级市	最适生区	适生区
广东	湛江	廉江	南部大部	北部大部
		吴川	大部分	
		遂溪	中部大部	东部局部
		湛江市区	大部分	北部局部
		雷州	中部局部	大部分
		徐闻	南部局部	大部分
	茂名	化州	中部大部	南部局部
		茂名市区	大部分	中部局部
		电白	西部大部	东部大部
		高州	西南大部	中部大部
		信宜	中部局部	中部大部和西部大部
	阳江	阳西	大部分	西北局部
		阳春	东部局部	北部局部
		阳江市区	大部分	
		阳东	中部和南部	北部局部
	江门	鹤山	南部大部	北部大部
		开平	大部分	西北局部和南部局部
		江门市区	北部局部	南部大部
		恩平	东部大部	西部大部
		台山	北部大部	南部大部
	中山		西北局部和中部局部	大部分
	珠海		东部大部	西部大部
	佛山		大部分	中部局部
	云浮	罗定	西北大部	大部分
		新兴	中部局部	大部分
		郁南		大部分
		云安		大部分

(续)

省(区)	地级市	县/县级市	最适生区	适生区
广东	肇庆	四会	中部大部和南部	北部局部
		肇庆市区	中部大部和东部	西部大部
		广宁	南部局部	大部分
		德庆	中部局部	大部分
		怀集	中部局部	中部大部
		封开	北部局部	中部大部
	广州	增城	大部分	北部局部
		从化	南部大部	
		广州市区	大部分	南部局部
	东莞		大部分	东部局部
	惠州	龙门	南部大部	中部大部
		博罗	大部分	中部局部
		惠州市区	北部	南部大部
		惠东	西部大部	大部分
	汕尾	陆丰	西部和南部	东北部
		海丰	大部分	西部局部
		陆河	大部分	西部局部
		汕尾市区	北部大部	南部局部
	揭阳	惠来	南部	北部
		揭西	大部分	西部局部
		普宁	大部分	西部局部
		揭东	中部局部	大部分
	汕头		大部分	中部局部
	潮州	饶平	大部分	北部局部
		潮州市区	南部大部	
	梅州	丰县	南部局部	中部局部
		五华	南部大部	北部大部
		大埔	北部局部	中部局部
		蕉岭	南部局部	
		兴宁	中部局部	大部分
		平远	中部局部	西部大部
	河源	紫金	东部大部	大部分
		东源	东部局部	北部局部和东南大部
		龙川	中部局部	中部大部和南部大部
		和平		东部大部

（续）

省(区)	地级市	县/县级市	最适生区	适生区
广东	韶关	南雄		南部大部
		韶关市区	中部局部	
		始兴		中部局部
		翁源		中部局部
	清远	英德	中部局部	西部局部和东部局部
		佛冈	西南局部	
		清远市区	南部大部	北部局部
		阳山	南部局部	
福建	漳州	诏安	大部分	
		龙海	大部分	东部局部
		平和	南部大部和东部	西部局部
		长泰	中部大部和南部	北部局部
		漳浦	大部分	中部局部
		云霄	大部分	北部局部
		东山	北部局部	
		南靖	东南局部	中部局部
		华安	东部局部	
	厦门		大部分	北部局部
	福州	闽侯	南部局部	
		福州市区	大部分	北部局部
		福清	中部	南部大部和西北局部
		平潭	中部局部	
		连江	大部分	北部局部
		闽清		东部局部
	泉州	晋江	北部局部	大部分
		石狮		大部分
		南安	中部局部	大部分
		惠安	东北局部	大部分
		金门	大部分	中部局部
		安溪	东部局部	东南局部
	莆田	仙游	西南局部	南部大部
		莆田市区	东部大部	南部局部
	龙岩	武平	南部局部	南部大部
		上杭	南部局部	中部局部
		龙岩市区	西南局部	西部局部
		漳平	中部局部	

(续)

省(区)	地级市	县/县级市	最适生区	适生区
福建	龙岩	连城		西南大部
		长汀	南部局部	中南大部
	三明	沙县	东部局部	中部大部
		三明市区	西部局部	北部大部
		永安	中部局部和北部局部	
		尤溪		北部局部
		清流		中部局部
		宁化		中部局部
		将乐		中部局部
	南平	顺昌		中部大部
		建瓯		中部局部
		南平市区	中部局部	西部大部和中部局部
海南		文昌		大部分
		琼海		大部分
		万宁		大部分	西部局部
		澄迈		大部分	西南局部
		屯昌		大部分	南部局部
		定安		北部大部和南部大部	
		临高		北部大部	南部大部
		儋州		中部局部	大部分
		昌江		北部局部	中部大部
		东方		西部大部	东部大部
		乐东		南部大部	北部大部
		海口		东部大部	
		三亚		南部大部	中部局部
		陵水		中部和南部	北部局部
		保亭		东部大部	中部局部
		白沙		中部局部	大部分
		琼中		北部局部	西部大部
广西	来宾	象州	大部分	
		武宣	北部大部	东部局部
		来宾市区		中部局部
	北海	合浦	大部分	西部局部和南部局部
		北海市区	东部大部	西部大部
	钦州	灵山	中部局部	东北大部
		浦北	南部局部和北部局部	大部分
		钦州市区	南部大部	北部大部

(续)

省(区)	地级市	县/县级市	最适生区	适生区
广西	防城港	上思		中部局部
		防城港市区	东部局部	中部局部
	崇左	扶绥	中部局部	南部大部和北部局部
		宁明		南部大部和中部局部
		崇左市区		中部局部
	南宁	横县	东部局部	南部局部
		南宁市区		大部分
		宾阳	北部局部	东北大部
		上林	东南局部	
		隆安		东部局部
	玉林	博白	中部局部	东南大部
		陆川	中部局部	大部分
		容县	中部局部	大部分
		兴业	中部局部	大部分
		玉林市区	北部局部	
		北流	北部局部	大部分
	梧州	苍梧	西部局部	西北大部
		藤县	东北大部	南部大部
		梧州市区	中部局部	南部大部
		岑溪	中部局部	大部分
		蒙山	东南大部和北部局部	中部大部
	贵港	平南	中部局部和北部局部	南部大部
		桂平	北部大部和中部局部	南部大部
		贵港市区	东部局部	中部大部
	贺州	钟山		东南大部
		昭平	西部局部	大部分
		贺州市区	南部局部	南部大部和东部大部
	柳州	鹿寨	中部局部	大部分
		柳城		东部大部
		融安	中部局部	南部局部和北部
		三江		大部分
		融水	南部局部	东南大部
	桂林	平乐	东南大部	西南大部
		荔浦	南部局部	东部大部
		永福		东部大部
		桂林市区		西部局部

（续）

省(区)	地级市	县/县级市	最适生区	适生区
台湾	桃园		西部局部	中部局部和北部局部
	新竹		西北局部	西北大部
	苗栗		西北大部	西部局部
	台中		西北局部	西部局部
	彰化		中部局部	大部分
	云林		中部大部	西部局部和中部局部
	嘉义			西部大部
	花莲		中部局部	
	台东		东北局部	
浙江	温州	苍南	北部局部	
		平阳	东部局部	
		瑞安	东部局部	
		温州市区	中部局部	东部局部
		乐清	南部局部	东部局部
		泰顺		东部局部
	台州	临海	中部局部	
		台州市区	中部局部	
云南	西双版纳	景洪	南部局部	中部局部
		勐腊	西南局部	南部局部
	楚雄	元谋	西北大部	西部局部
	红河	屏边		东南局部
		蒙自		西北局部
贵州	黔东南	黎平	南部局部	中部大部和南部大部
		从江	中部局部	东部大部
		榕江	中部局部	北部大部
		丹寨	南部局部	中部大部
	黔西南	册亨		北部局部
		望谟		北部局部和东部局部
	黔南	三都		南部局部和北部局部
		荔波		北部局部
		独山		中部局部
四川	泸州	合江		西部局部
		泸县		中部局部
		泸州市区	中部局部	
		叙永		北部局部

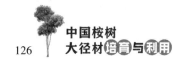

(续)

省(区)	地级市	县/县级市	最适生区	适生区
四川	宜宾	江安		中部局部
		长宁		北部局部
		兴文		北部局部
		宜宾市区		大部分
	内江	隆昌		南部局部
		内江市区		东北局部
	资阳	安岳		大部分
		乐至		东南局部
	遂宁	蓬溪		南部局部
		遂宁市区		中部大部和东部大部

四、适生分布主导环境因子及其与原产地的相似性

1. 主导环境因子

表 3-37 显示了模型刀切法分析结果，即各环境变量对托里桉适生区分布的贡献率大小，其中海拔因子的贡献率最高(25.8%)，是影响托里桉分布最为重要的环境因子；其次为最湿季度平均气温(24.4%)，对托里桉的分布起其次重要的作用；气温季节变化方差(13.0%)、年均气温(10.7%)、最干季度降水量(5.1%)、土壤有效水含量(5.1%)、土壤有效 P 含量(2.6%)的贡献率均大于 2.6%，对托里桉分布也产生一定影响。上述 7 个环境因子的贡献率累积达到 86.7%，这些因子是分布模型构建过程中起主要作用的环境因子，也是影响托里桉潜在分布的主导生态因子。

2. 主导因子与原产地的相似性

由于澳大利亚原产地自然分布区的土壤有效 P 数据暂未获取，因此选取筛选出的其余 6 个影响托里桉分布的重要因子，通过差异分析来分析中国适生区和原产地自然分布区之间的生态因子相似性(表 3-40)。可以看出，最湿季度平均气温、气温季节变化方差、年均气温在中国最适生区与自然分布区之间无显著差异；与自然分布区相比，中国最适生区的海拔更低、最干季度降水量更高、土壤有效水含量更低。

表 3-40 托里桉在原产地自然分布区和中国适生区之间的生态因子相似性

环境变量	中国不适生区	中国适生区	中国最适生区	澳大利亚自然分布区
海拔(m)	1380.9a	325.0b	118.3d	231.4c
最湿季度平均气温(℃)	20.1b	25.5a	26.7a	27.7a
气温季节变化方差(℃)	63.8a	57.6a	52.3a	46.5a
年均气温(℃)	14.3b	20.4a	21.9a	22.8a
最干季度降水量(mm)	85.0b	107.2a	105.2a	43.5c
土壤有效水含量(mm/m)	1.7b	1.0c	1.0c	2.8a

注：同行不同小写字母表示差异显著($P<0.05$)；土壤有效水含量 1(126~150)，2(101~125)，3(76~100)，4(51~75)，5(16~50)，6(2~15)，7(0~1)。

五、引种栽培建议

本节基于托里桉现有地理分布数据和 19 个生态因子，运用最大熵模型能很好地模拟我国托里桉的潜在适生分布（AUC 值>0.94）。当前托里桉在中国南部的潜在最适生区面积达 161668km^2，分布面积较大，主要集中在东南沿海丘陵和南岭山地。托里桉在我国的最适生区域代表性地点具体有广东湛江、茂名、阳江、江门、广州、东莞、潮州、揭阳、汕头和汕尾，海南文昌、琼海、万宁、澄迈和屯昌，福建漳州和福州，广西北海和来宾。

对于托里桉而言，中国最适生区的最湿季度平均气温、气温季节变化方差、年均气温与原产地自然分布区无显著差异，累计贡献率达 48.1%，气候相似性很强，可推测托里桉中国适生区的生长适应性较强。与自然分布区相比，中国最适生区的海拔更低、最干季度降水量更高，这两个因子的贡献率累计 30.9%，较大程度上优化了托里桉的适生环境条件。与柠檬桉相类似，总体上，中国最适生区具有比原产地自然分布区更适于托里桉生长的气候条件。在实际栽培过程中，应综合选择海拔更低、最干时期降雨量更高的区域。

第四章
初植密度与修枝技术

第一节 幼林初植密度对光合特性的影响

植物通过光合作用积累营养物质是树木生长的基础。光合作用受植物自身因素(如叶片大小、叶绿素含量、冠层结构、营养状况、光合酶活性等)和外部环境因素(如光照、温度、湿度、CO_2浓度等)多种因子的调节。森林培育措施如密度调控可以改变这些因素进而影响植物的光合效率,最终影响植株生长发育。农作物中的研究表明,群体密度对叶片形态特征如叶片数量、叶片面积、叶片结构、营养状况、叶夹角等产生影响。林木上,林分密度可以改变树木的叶面积、叶面积指数、冠型结构、叶片叶绿素含量、光合酶活性等,从而决定木材产量形成。林木的两向生长是木材产量形成的基础。林分密度对直径的影响远远大于树高生长,林分密度与直径生长呈显著负相关关系,密度越大,植株胸径生长越小,这是因为胸径的生长主要由营养空间决定。随着林分密度的增加,单株树木侧枝的生长空间变得狭小,枝叶重叠,相互遮阴,林木对光、养分和水等林地资源争夺激烈,光合效率减弱,使得林木的生长相对缓慢,胸径生长明显减小。因为桉树树体高大,光合作用相关参数的测定难以实现,本书以尾巨桉幼苗为研究对象,从个体的角度,详细阐述不同初植密度对植株生长发育、生物量积累与分配、光合生理和光合酶活性等的影响。

一、材料与方法

1. 试验样地及材料

本试验用的尾巨桉 DH_{32-29} 幼苗种植于广东湛江南方国家级林木种苗示范基地。2019年3月进行扩繁,2019年7月选择生长一致的幼苗移栽到种植袋中(长0.5m,直径0.3m),并按照9株/m^2(高初植密度,High Plant Density,HPD,株行距0.3m×0.3m)和4株/m^2(低初植密度,Low Plant Density,LPD,株行距0.6m×0.6m)移放至对应样地(长5m×宽4.5m×高0.5m);各处理3个重复,共计6个样地。

2. 试验方法

在幼苗生长过程中,每株植株的水分和营养充分供应且保持一致。苗木种植后,每月进行一次生长性状(地径、株高、冠幅和冠长)测定,在地径增长量具有显著差异的生长时期开展实验。所有叶片光合参数的测定均从上往下选取第三和第四叶位。用游标卡尺测定植株的地径,用直尺测定株高。于种植后 2、3 和 4 月进行每木检尺,每月测量一次。

(1)生物量的测定

根据每木检尺结果,选取不同处理下的平均木各 3 株,用直尺测量冠幅和冠长后,分别采集根、茎、叶,用电子天平称量鲜重(FW),75℃烘干至恒重后称其干重(DW),获得单株各器官生物量和单株总生物量。根据测定结果,计算叶片含水量(Leaf water content,LWC,公式 4-1)和生物量分配参数:叶生物量比(Leaf mass ratio,LMR,叶重/植株总重),茎生物量比(Stem mass ratio,SMR,茎重/植株总重),枝生物量比(Branch mass ratio,BMR,枝条重/植株总重),根生物量比(Root mass ratio,RMR,根重/植株总重),根冠比(Root mass/Crown mass,R/C,根生物量/地上部分生物量)。

$$LWC = \frac{(FW-DW)}{FW} \times 100\% \qquad 式(4-1)$$

式中:LWC 为叶片含水量;FW 为鲜重;DW 为干重。

(2)光合特性的测定

选取不同处理下的平均木各 3 株,在晴朗无风的天气,于 9:30~11:30 间,采用 LI-6400 光合仪测定植株不同分枝位置的光强,根据光强将植株划分上、中、下冠层,分别测定光合参数和光合酶活性:

①净光合速率 Pn

使用 LI-6400 光合仪测定,测定时上、中、下冠层光强分别设定为 1300、750、250μmol/($m^2 \cdot s$)。

②叶面积

使用 LI-3000C 叶面积仪测定。选取不同冠层的分枝各 1 条,分别测定各分枝总叶面积和总叶片数,计算各分枝的平均叶面积(分枝总叶面积/分枝叶片总数);分别计数各冠层的叶片数量,计算冠层的总叶片面积(分枝平均叶面积*冠层叶片数)和单株总叶面积(冠层总叶面积之和)。

③叶绿素含量

用叶绿素仪测定。每个冠层测量 30 个数据,计算均值,得出冠层叶片的叶绿素含量。

④光合作用关键酶活性

用酶联免疫分析方法(ELISA)测定。测定 5 种光合作用相关酶的酶活性:A. 核酮糖-1,5-二磷酸羧化酶(Rubisco);B. Rubisco 活化酶(RCA);C. 蔗糖合酶(SuSy);D. 腺苷二磷酸葡萄糖焦磷酸化酶(AGPase);E. 景天庚酮糖-1,7-二磷酸酯酶(SBPase)。用冷冻管收集测定的新鲜叶片,置于液氮中冷冻保存。用 PBS 提取粗酶液,经 ELISA 试剂反应后,用酶标仪在 450nm 波长处测定吸光度,每个样品设置 3 个重复。以所测标准品的 OD 值为横坐标,标准品的浓度值为纵坐标,用相关软件绘制标准曲线,并得到直线回归方程,将样品的 OD 值代入方程,计算出样品的浓度。

3. 数据分析

用 SPSS20.0 软件进行数据分析,用 SigmaPlot12.0 软件作图。

二、结果与分析

1. 幼林初植密度对尾巨桉生长的影响

树木的树高、直径、冠幅和冠长可以反映植株的生长情况。初植密度对尾巨桉生长的影响如图4-1所示。随着生长时间的增加,不同初植密度尾巨桉群体间的生长差异逐渐加大:2月龄时,低种植密度植株的树高和直径略大于高种植密度,但差异不显著;3月龄时,树高差异仍然不显著,但直径差异达到显著水平;4月龄时,低种植密度植株的树高和直径均显著大于高种植密度(图4-1A)。月生长量差异结果分析显示:种植后2月至3月之间的树高生长量差异不显著(图4-1B),但直径的生长量存在显著差异(图4-1B)。选择2.5月龄的植株测定冠幅和冠长,结果显示:低种植密度植株的冠幅和冠长均显著大于高种植密度(图4-1C)。这些结果表明,初植密度对尾巨桉生长产生显著影响,初植密度较大时植株的生长发育明显受到抑制,相对于树高,对直径、冠幅和冠长的影响更加明显。反之,初植密度小则有利于直径生长。

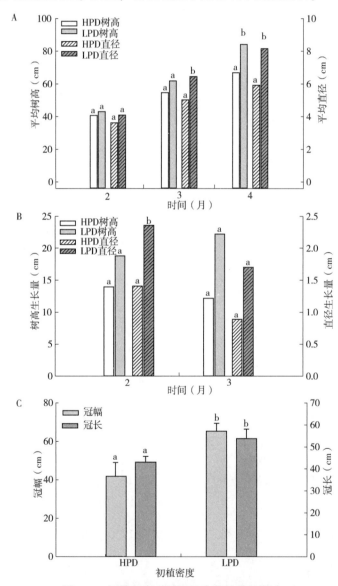

图4-1 初植密度对尾巨桉生长性状的影响

注:A为平均树高和直径;B为树高和直径月生长量;C为冠幅和冠长;HPD为高初植密度;LPD为低初植密度;不同的小写字母表示在$P \leqslant 0.05$统计水平上有显著差异。

2. 幼林初植密度对尾巨桉生物量积累及分配的影响

如图4-2所示：在本试验条件下，不同初植密度尾巨桉茎的生物量积累差异显著，叶、枝、根和全株的生物量积累差异不显著，但各部位和全株的生物量积累均表现出随初植密度减小而增大的趋势。说明较小的初植密度有利于个体生物量积累。

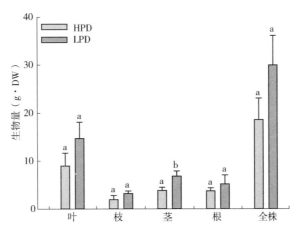

图4-2 初植密度对尾巨桉生物量积累的影响

注：HPD为高初植密度；LPD为低初植密度；不同的小写字母表示在$P \leq 0.05$统计水平上有显著差异。

如图4-3所示：2种初植密度下植株生物量分配参数差异不显著，但是单株叶生物量比（LMR）、茎生物量比（SMR）和枝生物量比（BMR）表现出随初植密度减小而增大的趋势，而根生物量比（RMR）和根冠比（R/C）表现出随初植密度减小而减小的趋势。说明较小的初植密度有利于尾巨桉向地上部分分配生物量，而降低地下部分生物量分配比例。

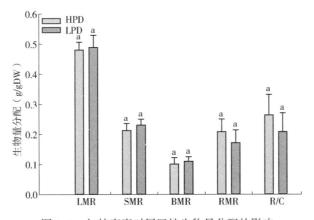

图4-3 初植密度对尾巨桉生物量分配的影响

注：LMR为叶生物量比（叶重/植株总重）；SMR为茎生物量比（茎重/植株总重）；BMR为枝生物量比（枝重/植株总重）；RMR为根生物量比（根重/植株总重）；R/C为根冠比（根生物量/地上部分生物量）；HPD为高初植密度；LPD为低初植密度；不同的小写字母表示在$P \leq 0.05$统计水平上有显著差异。

3. 幼林初植密度对尾巨桉光合参数的影响

如图4-4所示：在本试验条件下，低初植密度单株总叶面积显著大于高初植密度，而叶片含水量和叶绿素含量均无显著差异。说明初植密度会改变植株叶片形态发育，这可能会影响到植株的光合能力。净光合速率测定结果显示，低初植密度植株上、中、下冠层叶片的净光合速率均显著高于高初植密度，说明低初植密度叶片具有相对较高的光合能力。

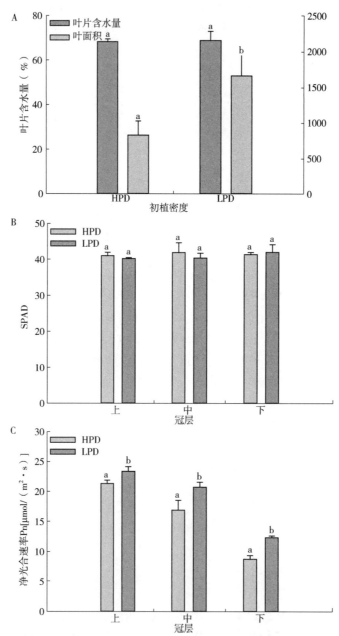

图 4-4　初植密度对尾巨桉叶片光合参数的影响

注：A 为叶片含水量和叶面积；B 为不同冠层叶绿素含量；C 为不同冠层净光合速率；HPD 为高初植密度；LPD 为低初植密度；不同的小写字母表示在 $P \leqslant 0.05$ 统计水平上有显著差异。

4. 幼林初植密度对尾巨桉光合关键酶活性的影响

如图 4-5 所示：5 种光合相关酶活性均表现出随初植密度减小而升高的趋势；低初

植密度上、中、下冠层功能叶片的 Rubisco 活性明显高于高初植密度的(图 4-5A);低初植密度上、下冠层功能叶片的 RAC 活性(图 4-5B),下冠层功能叶片的 SuSy 活性(图 4-5C),中冠层及下冠层功能叶片的 AGPase 活性(图 4-5D)和 SPBases 活性(图 4-5E)也明显大于高初植密度,说明较低初植密度植株叶片中光合相关酶活性更强,尤其是在中、下冠层的叶片中。

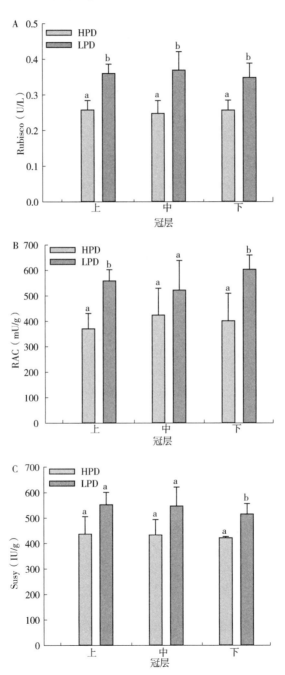

图 4-5 初植密度对尾巨桉光合关键酶酶活性的影响

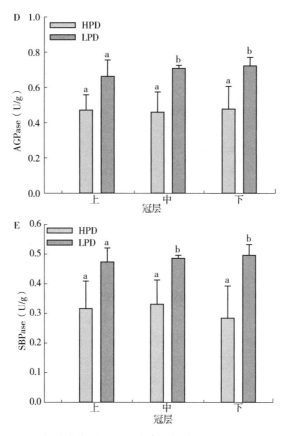

图 4-5 初植密度对尾巨桉光合关键酶酶活性的影响（续）

注：A 为 Rubisco，核酮糖-1,5-二磷酸羧化酶；B 为 RCA，Rubisco 活化酶；C 为 SuSy，蔗糖合酶；D 为 AGPase，腺苷二磷酸葡萄糖焦磷酸化酶；E 为 SBPase，景天庚酮糖-1,7-二磷酸酯酶；HPD 为高初植密度；LPD 为低初植密度；不同的小写字母表示在 $P \leqslant 0.05$ 统计水平上有显著差异。

三、小结

在本试验条件下，幼林低初植密度植株的总叶面积和净光和速率（Pn）更大，光合作用相关酶活性更高，这些因素共同促进了个体生物量积累。在生物量分配格局上，较低的初植密度有效促进了光合产物向地上部分分配，显著促进植株地上部分生物量积累，从而使低种植密度个体表现出更大的直径、树高、冠幅和冠长。树高和直径是决定木材产量形成的两个重要因素。本试验条件中，虽然树高和直径均受到初植密度的影响，但是直径生长所受影响更加明显。侧枝是树干生长所需营养物质的主要来源，但是很少有侧枝光合产物向上运输，因此侧枝对于高生长没有直接作用。

本试验中，5 种光合相关酶主要在低初植密度植株的中冠层和（或）下冠层功能叶片中表现出更高的活性，说明这 2 个冠层叶片中光合能力的差异是引起不同初植密度尾巨桉植株直径差异的关键因素，这也可能是直径生长比树高生长更易受初植密度影响的主要原因。

第二节 初植密度生长规律

密度调控技术是大径培育的关键技术之一。通过密度调控技术，动态调控培育密度，合理的林分密度有利于林分个体间竞争，促进林木生长，对林木个体选择有利。究竟何种经营密度对培育大径材有利？根据过去研究结果表明，培育大径材应适时进行多次间伐，控制林分密度，促进大径木生长。同时密度也影响着大径材的材质，主要通过林分密度影响树干的尖削度和自然整枝的结果。如何动态调控密度成为大径材培育过程的重要内容。研究内容包括林分直径结构、林分平均直径和断面积、林分树高结构、林分平均高、林分产量的构成结构、蓄积量等，从材种出材量、材质等方面确定最佳初植密度范围。

密度管理是林木大径材定向培育的关键措施，合适的密度有利于林分个体间竞争，促进林木生长，对立木个体选择有利。潘平开等（2005）研究认为，高密度会限制胸径的生长量，低密度有利于胸径的生长。不同的造林密度对杉木和桉树的胸径生长影响达到极显著差异，密度越大，平均胸径越小。但如果造林密度过低，林分的生殖生长旺盛，从而影响营养生长，不利于大径材培育。因此，低密度管理要通过间伐来控制密度，间伐是对林分密度控制实现大径材培育的一种重要的、有效的手段。抚育间伐对红松林木直径生长影响显著，并随间伐强度的增加而增加，总平均生长量间伐区高于对照区20%以上。密度是人工林集约栽培的重要因素，密度一旦确定，在林分整个生长过程中都起作用，它对采伐年龄和产量影响很大。确定合理的密度应考虑到树种的生物学特性和林木个体间的关系，保证林木群体能最大限度地利用空间，达到最高产量，同时还要考虑到所培育木材的径级、材种及价格。一般情况下密度对树高的生长量影响不很大，但对林分的平均胸径和材积产量影响很明显，随着年龄增大，密度的作用愈加明显。林分密度与林分直径生长成反比，林分密度越大，林分的平均胸径越小。一般密度越大，林分采伐年龄越短；林分密度越小，所培育的树木直径越大，林分采伐年龄越大。单位面积蓄积量受单位面积株数、平均单株材积和年龄因素的制约，林分初期单位面积株数起主要作用，林分后期，单株材积的作用增强。

尾巨桉生长迅速，林分很快郁闭，研究其造林密度显得十分重要。澳大利亚、巴西等桉树种植面积较大的国家研究桉树造林密度较早，印度和美国研究过桉树作为水土保持林的密度问题。中国对桉树造林密度的研究较晚。栽培密度是林业工作者在人工林培育过程中所能控制的主要因子，也是形成一定林分水平结构的基础。栽培密度是否合适直接影响人工林生产力的提高和功能的最大限度发挥。在合适的立地条件下，保留密度是材种形成的重要影响因素，密度不能太大，否则小径材将占绝对优势，中径材比倒极小；密度亦不能太小，因过低的密度将导致单位面积的材种出材量太低，从而造成地力浪费（惠刚盈等，2000）。造林密度随造林观念的变化而变化。中华人民共和国成立前零星营造的油松人工林一般密度偏低，树干尖削，侧枝发达，无法成材。在20世纪50年代和60年代初受苏联李森科理论引导，造林密度普遍偏高，一般在

10000 株/hm² 左右,甚至高达 15000 株/hm²,既浪费了资金和苗木,又影响了幼林后期生长,并给抚育间伐增加了压力。20 世纪 60 年代中期,以及其后的相当一段时间内,油松的造林密度一直各行其是,没有规范和标准。20 世纪 80 年代后,油松造林密度方面积累的科学研究资料为确定油松造林密度提供了一定的科学依据。油松在山地造林,合理的造林密度应在 4440~6660 株/hm² 之间,按不同立地条件及经营条件分别确定(徐化成,1993)。栽培密度对不同品种桉树人工林直径生长的影响表现出明显的一致性,即在林内各立木间开始存在竞争的栽培密度以上,密度越大,直径生长量越小。这种规律相继在尾巨桉(陈少雄等,1999)、巨尾桉(李宝福等,2000)、尾叶桉(周元满等,2004;黄宝灵等,2000)、巨桉(吴勇刚等,2003)、弹丸桉($E.\ pilularis$)和大花序桉(Alcorn Patrick,2007)等多个桉树品种中被发现,林分的直径生长与栽培密度呈负相关(李昌荣等,2007)。栽培密度同时影响林分直径结构,随栽培密度增大,林分直径分布向小径阶偏斜(陈少雄,1995)。栽培密度对林分及单木树高的影响比较复杂,不同的研究者在不同的情况下得出了不同的结论。有研究表明,桉树人工林的平均树高生长量随栽培密度的增大而递减。也研究得出了不同的结论,认为栽培密度对林分的树高生长有促进作用。多数学者认为栽培密度对桉树人工林的树高影响不显著。栽培密度对立木单株材积生长量的影响显著(朱宾良等,2007),栽培密度与单株材积呈现负相关,立木单株材积随栽培密度的增大而减小;同时,林分优势木平均高与单株材积相关系数($R^2 = 0.9899$)大于栽培密度对单株材积的相关系数($R^2 = -0.3618$)的绝对值。也就是说,立地条件对立木单株材积的影响大于林分栽培密度对立木单株材积的影响(张惠光,2006)。

本书将从 3 种初植密度 3m×5m(667 株/hm²)、3m×4m(883 株/hm²)和 2m×4m(1250 株/hm²)和 4 种立地指数 SI22、SI24、SI26 和 SI28,详细阐述其平均胸径生长过程、直径分布随年龄的变化、树高和蓄积生长过程等。

一、初植密度 3m×5m

初植密度 3m×5m 在我国桉树人工林栽培的历史中并不多见,但确是尾巨桉大径材培育的良好密度,每公顷合计 667 株。林分生长的初期,自然整枝较慢。在本研究中,初植密度 5m×3m 跨越 3 个立地指数,分别是 22、24 和 26 指数。本书将详细分析各个立地指数条件下的胸径生长过程和分布状况。

1. 密度 3m×5m 的胸径生长过程

根据 192 月的跟踪调查,初植密度 3m×5m 的林分平均胸径的实测生长过程如表 4-1 和图 4-6 所示。

表 4-1 密度 3m×5m 不同立地指数的平均胸径实测生长过程　　　　　　　　cm

月龄	27	37	50	62	75	88	99	110	144	192
SI-26	10.4	12.7	15.1	16.9	17.9	18.7	19.6	20.6	22.3	24.3
SI-24	10.2	12.2	14.2	16.2	17.2	18	18.8	19.8	21.3	23.1
SI-22	9.2	11.6	13.4	15.0	16.1	16.8	17.5	18.1	19.5	21.0

从表 4-1 和图 4-6 可以看出，立地指数 26 和 24 的胸径平均生长过程比较相似，在 27~99 月生的差距始终不超过 1cm，差距随着年龄的增大而增大，144 月生开始，差距超过了 1cm；立地指数 26 和 22 的胸径平均生长差距很大，且随年龄增大差距在不断增大，27~88 月生时的差距在 1.1~1.9cm 之间，99~144 月生的差距扩大到 2.1~2.8cm，192 月生的差距进一步扩大到 3.3cm；立地指数 24 和 22 的胸径平均

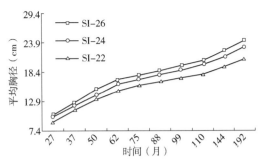

图 4-6　3m×5m 不同立地指数林分平均胸径实际生长过程

生长差距也很大，随年龄增大差距在不断增大，27~99 月生时的差距在 0.6~1.3cm 之间，110~144 月生时的差距在 1.7~1.8cm 之间，192 月生时的差距更加扩大到了 2.1cm。

根据立地指数 22、24 和 26 的全部样木的生长过程，采用平均生长量进行模拟，得出图 4-7、图 4-8 和图 4-9。

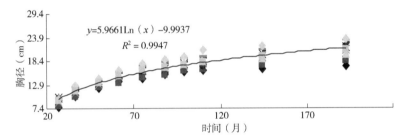

图 4-7　3m×5m 立地指数 22 的样木胸径生长过程

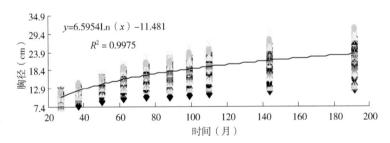

图 4-8　3m×5m 立地指数 24 的样木胸径生长过程

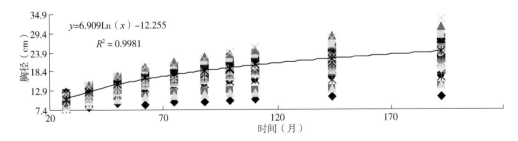

图 4-9　3m×5m 立地指数 26 的样木胸径生长过程

在实际测量的过程中，都没有在时间的节点上测量，而是根据天气和工作安排在27、37、42、50月等非每年年底开展测量工作，在计算每年的生长量方面不够直观。因此，为直观理解胸径每年的生长量，利用图4-7、图4-8和图4-9生成的3条回归曲线，这些回归曲线与平均胸径的回归系数都高达0.995以上，模拟立地指数22、24和26的每年平均胸径生长过程，预测精度高，如表4-2所示。

表4-2　密度3m×5m平均胸径模拟生长过程　　　　　　　　　　　　　　　　　　　cm

月龄	24	36	48	60	72	84	96	108	120	132	144	156	168	180	192
年龄	2	3	4	5	6	7	8	9	10	11	12	13	14	15	16
SI-22	9.0	11.4	13.1	14.4	15.5	16.4	17.2	17.9	18.6	19.1	19.7	20.1	20.6	21.0	21.4
SI-24	9.5	12.2	14.1	15.5	16.7	17.7	18.6	19.4	20.1	20.7	21.3	21.8	22.3	22.8	23.2
SI-26	9.7	12.5	14.5	16.0	17.3	18.4	19.3	20.1	20.8	21.5	22.1	22.6	23.1	23.6	24.1

中径材。根据本书第二章第一节中大径概念，林分胸径16.0cm为中径材标准。从表4-2得出，在造林初植密度为3m×5m的条件下，立地指数22要达到中径材培育目标的时间约为7年，平均每年胸径生长约1.9cm。立地指数24为6年，平均每年胸径生长约2.3cm。立地指数26为5年，平均每年胸径生长约2.6cm。

为全面分析胸径生长情况，再对平均胸径每年的增长量进行分析，用下一年的生长量减去前一年的胸径生长量得出表4-3。

表4-3　密度3m×5m连年胸径增长过程　　　　　　　　　　　　　　　　　　　　cm

月龄	24	36	48	60	72	84	96	108	120	132	144	156	168	180	192
年龄	2	3	4	5	6	7	8	9	10	11	12	13	14	15	16
SI-22	4.5	2.4	1.7	1.3	1.1	0.9	0.8	0.7	0.6	0.6	0.5	0.5	0.4	0.4	0.4
SI-24	4.7	2.7	1.9	1.5	1.2	1.0	0.9	0.8	0.7	0.6	0.6	0.5	0.5	0.5	0.4
SI-26	4.8	2.8	2.0	1.5	1.3	1.1	0.9	0.8	0.7	0.7	0.6	0.6	0.5	0.5	0.4

从表4-2和表4-3得出，胸径连年生长量随着时间的推移逐年变小，前2年胸径生长立地指数22、24和26均超过4cm；立地指数22、24第三年，立地指数26第三、四年平均胸径连年生长量均超过2cm；立地指数22在4~6年，立地指数24和26在4~7年，平均胸径生长量还能超过1cm；以后越来越小，但稳定在0.4cm以上。

2. 密度3m×5m的胸径分布

林分的观测基本是每年一次，192月生（16年）的试验林共观测了12次。为更加清楚反映林分全过程的胸径分布情况，本书将分6个阶段27、50、75、99、144和192月生来描述胸径生长过程和分布规律。

立地指数22、24、26的林分胸径分布规律是，随着林木的竞争，林分分化不断发展，胸径的结构也在不断发生变化，林木直径径阶分布不断扩大，如表4-4所示。立地指数22径阶比较少，在27和50月生时，只有2个径阶，75和99个月生时，径阶增加到到3个，144和192月生时，径阶增加到到4个；立地指数24和26径阶相对比较多一些，在27月生时也只有3个径阶，到50月生时增加到5个径阶，75月生时增加到7个径阶，99个月生时径阶增加到到8~9个，192月生时径阶进一步增加到到10~11个。

表 4-4 密度 3m×5m 3 种立地指数胸径分布频数

月龄	立地指数	8	10	12	14	16	18	20	22	24	26	28	30	32
27	22	2	8											
	24	13	75	33										
	26	7	51	34										
50	22			2	8									
	24		3	16	69	34	1							
	26		2	8	33	49	2							
75	22				2	6	2							
	24		1	3	9	30	59	20	1					
	26		1	2	4	16	47	23	1					
99	22					3	5	2						
	24		1	2	5	11	38	51	13	1	1			
	26		1	1	1	8	18	44	19	2				
144	22					1	1	7	1					
	24			1	5	6	12	23	39	29	6	1	1	
	26			1	2	3	5	14	27	33	7	2		
192	22						2	1	5	2				
	24			1	3	5	7	14	24	26	28	12	3	
	26			1	2	2	3	6	13	24	26	15	1	1

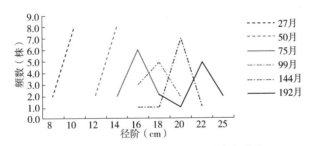

图 4-10 3m×5m 立地指数 22 的胸径分布

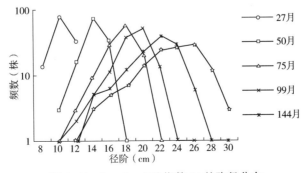

图 4-11 3m×5m 立地指数 24 的胸径分布

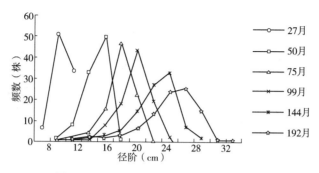

图 4-12　3m×5m 立地指数 26 的胸径分布

3. 密度 3m×5m 的树高生长过程

根据 192 月的跟踪调查，初植密度 3m×5m 的林分平均树高的实测生长过程如表 4-5 所示。

表 4-5　密度 3m×5m 不同立地指数的平均树高实测生长过程　　　　　　　　　　　m

月龄	12	27	37	42	50	62	75	88	99	110	144	192
SI-22	3.4	10.7	13.1	14.1	15.3	17.0	20.0	21.2	23.6	24.1	26.1	27.2
SI-24	3.6	11.2	14	15	17.2	19.6	21.8	23.7	24.9	26	28.3	29.2
SI-26	3.5	11.3	14.6	16.1	17.8	20.7	23.4	25	26.2	27.1	28.7	29.3

从表 4-5 可以看出，立地指数与林分平均高生长关系紧密，立地指数越大，平均高生长越大。在 12 月生时，平均高生长没有明显差距，都在 3.4~3.6m 之间，27 月生开始拉大，以后差距越来越大。

根据立地指数 22、24 和 26 的全部样木的生长过程，采用平均高生长量进行模拟，得出的 3 个回归方程：$H_{22} = 9.09\text{Ln}(x) - 19.504$，$R^2 = 0.9887$；$H_{24} = 9.874\text{Ln}(x) - 21.177$，$R^2 = 0.9921$；$H_{26} = 10.133\text{Ln}(x) - 21.477$，$R^2 = 0.9825$，其中 x 为以月为单位的时间。为直观理解树高每年的生长量，根据这 3 个回归方程，模拟出在实际测量过程中没有观测到的每个时间节点的树高生长量，如表 4-6 所示。

表 4-6　密度 3m×5m 平均高模拟生长过程　　　　　　　　　　　　　　　　　　m

月龄	12	24	36	48	60	72	84	96	108	120	132	144	156	168	180	192
年龄	1	2	3	4	5	6	7	8	9	10	11	12	13	14	15	16
SI-22	3.1	9.4	13.1	15.7	17.7	19.4	20.8	22.0	23.1	24.1	24.9	25.7	26.4	27.1	27.7	28.3
SI-24	3.4	10.2	14.2	17.0	19.3	21.1	22.6	23.9	25.1	26.1	27.0	27.9	28.7	29.4	30.1	30.7
SI-26	3.7	10.6	14.8	17.7	20.0	21.9	23.4	24.8	26.0	27.0	28.0	28.9	29.7	30.4	31.1	31.8

表 4-6 中模拟出来的数据，与立木平均值有少许差距，特别是在 192 月生的时候，数值偏大；但却与采伐后实际观测的数值十分接近，因此，回归方程的预测精度高。立地指数 22 达到中径材培育目标的时间约为 7 年，平均高为 20.8m，平均每年长高 3.0m；立地指数 24 为 6 年，平均高为 21.1m，平均每年树高生长约 3.5m；立地指数 26 为 5 年，平均高为 20.0m，平均每年树高生长约 4.0m。

表 4-7　密度 3m×5m 平均高连年增长过程　　　　　　　　　　　　　　m

月龄	12	24	36	48	60	72	84	96	108	120	132	144	156	168	180	192
年龄	1	2	3	4	5	6	7	8	9	10	11	12	13	14	15	16
SI-22	3.1	6.3	3.7	2.6	2.0	1.7	1.4	1.2	1.1	1.0	0.9	0.8	0.7	0.7	0.6	0.6
SI-24	3.4	6.8	4.0	2.8	2.2	1.8	1.5	1.3	1.2	1.0	0.9	0.9	0.8	0.7	0.7	0.6
SI-26	3.7	7.0	4.1	2.9	2.3	1.8	1.6	1.4	1.2	1.1	1.0	0.9	0.8	0.8	0.7	0.7

从表 4-6 和表 4-7 得出，树高生长量随着时间的推移逐年变小，前 3 年树高年生长量均超过 3m；第 4~5 年还超过 2m，5~10 年超过 1m，以后越来越小，但稳定超过 0.6m。

4. 密度 3m×5m 的蓄积生长过程

桉树人工林的材积计算公式，本书采用《桉树栽培实用技术》中推荐的公式：

$$V = f \cdot G_{1.3} \cdot (H+3)$$

式中：V 为材积；f 为桉树实验形数，尾巨桉取 0.4；$G_{1.3}$ 为胸高断面积；H 为树高。

单株是林分的组成部分，单株材积量的大小决定单位面积蓄积量大小，因此，首先来分析单株材积的生长过程。

表 4-8　密度 3m×5m 不同立地指数的平均单株材积实测生长过程　　　　m³/株

月龄	27	37	42	50	62	75	88	99	110	144	192
SI-22	0.0374	0.0683	0.0847	0.1028	0.1426	0.1883	0.2167	0.2578	0.2819	0.3496	0.4534
SI-24	0.0478	0.0800	0.0984	0.1299	0.1883	0.2356	0.2764	0.3161	0.3632	0.4594	0.5587
SI-26	0.0489	0.0884	0.1138	0.1472	0.2096	0.2646	0.3061	0.3516	0.3973	0.4960	0.6043

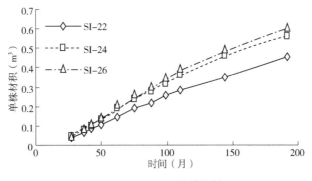

图 4-13　3m×5m 平均单株材积

从表 4-8 和图 4-13 得知，立地指数越大，单株材积生长量越大。立地指数 26 的单株材积有明显的优势，而 22 指数的单株材积则明显低于 24 和 26，这种生长差距随着时间推移变得越来越大。

林分蓄积量大小决定林分生物量和质量，因此，分析蓄积量的生长过程就是检验林分效应的过程。

表 4-9　密度 3m×5m 不同立地指数的蓄积实测生长过程　　　　m³/hm²

月龄	27	37	42	50	62	75	88	99	110	144	192
SI-22	24.93	45.53	56.47	68.53	95.07	125.53	144.47	171.87	187.93	233.07	302.27
SI-24	30.29	50.73	62.36	82.36	119.49	149.32	175.19	200.53	228.31	288.04	350.54
SI-26	30.87	55.72	71.71	92.62	131.69	166.22	192.13	220.62	249.11	311.01	378.63

从表 4-9 可以看出，单位面积的蓄积生长量和立地指数的关系密切，立地指数越大，单位面积的蓄积生长量的绝对数也越大，但是相对生长量的差距变化情况就比较复杂。其中，立地指数 26 明显较好，与立地指数 24 相比，27~62 月生差距在 20%~40% 之间，75~88 月生的差距在 10%~20%，99 月生以后的差距都在 10% 左右，这种生长量的相对差距随着时间推移变得越来越小；与立地指数 22 相比，27~62 月生差距在 40%~50% 之间，75~144 月生的差距在 30%~40%，192 月生的差距为 24.14%，同样，这种蓄积生长量差距随着时间推移而变小。

根据立地指数 22、24 和 26 的全部标准地的生长过程，采用平均蓄积生长量进行模拟，得出的 3 个回归方程：$V_{22} = 150.52\text{Ln}(x) - 504.44$，$R^2 = 0.959$；$V_{24} = 181.56\text{Ln}(x) - 611.3$，$R^2 = 0.964$；$V_{26} = 191.09\text{Ln}(x) - 624.36$，$R^2 = 0.975$，其中 x 为以月为单位的时间。为直观理解蓄积每年的生长量，根据这 3 个回归方程，模拟出在实际测量过程中没有观测到的每个时间节点的蓄积生长量，见表 4-10 所示。

表 4-10　密度 3m×5m 蓄积模拟生长过程　　　　m³/hm²

月龄	36	48	60	72	84	96	108	120	132	144	156	168	180	192
年龄	3	4	5	6	7	8	9	10	11	12	13	14	15	16
SI-22	34.95	78.25	111.84	139.28	162.49	182.59	200.31	216.17	230.52	243.62	255.66	266.82	277.20	286.92
SI-24	39.32	91.56	132.07	165.17	193.16	217.40	238.79	257.92	275.22	291.02	305.55	319.01	331.53	343.25
SI-26	56.83	111.52	153.93	188.59	217.89	243.28	265.67	285.69	303.81	320.35	335.57	349.65	362.77	375.04

立地指数 22 达到中径材培育目标的时间约为 7 年，平均蓄积量为 162.49m³/hm²，平均每年生长 23.2m³/hm²；立地指数 24 为 6 年，平均蓄积量为 165.17m³/hm²，平均每年生长 27.5m³/hm²；立地指数 26 为 5 年，平均蓄积量为 153.93m³/hm²，平均每年生长 30.8m³/hm²。

表 4-11　密度 3m×5m 蓄积增长过程　　　　m³/hm²

月龄	36	48	60	72	84	96	108	120	132	144	156	168	180	192
年龄	3	4	5	6	7	8	9	10	11	12	13	14	15	16
SI-22	11.65	43.30	33.59	27.44	23.20	20.10	17.73	15.86	14.35	13.10	12.05	11.15	10.38	9.71
SI-24	13.11	52.23	40.51	33.10	27.99	24.24	21.38	19.13	17.30	15.80	14.53	13.46	12.53	11.72
SI-26	18.94	54.69	42.42	34.66	29.30	25.38	22.39	20.03	18.12	16.54	15.22	14.09	13.11	12.27

从表 4-11 和图 4-14 得出，无论哪个指数级蓄积量年生长的高峰值都出现在第四年，且峰值都很大，立地指数 22、24 和 26 的峰值分别为 43.3、52.23 和 54.69m³/hm²，为平均生长量的 2 倍，峰值过后年生长量迅速下降，第一年下降超过 10m³/hm²，第二年

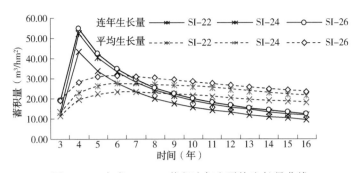

图 4-14 密度 3m×5m 蓄积连年和平均生长量曲线

下降 7m³/hm²，以后逐年下降，但降幅收窄。立地指数 22、24 和 26 的连年与平均蓄积生长量曲线的交叉点都出现在第七年左右，没有因为立地指数的不同而不同。

根据解析木资料，计算出林分中径材的原木出材率（表 4-12）。

表 4-12 林分平均直径下的中径材出材率

平均胸径(cm)	17.7	18.2	21.2	20.6	29.8	24	25.4
出材率(%)	37.31	34.21	60.55	60.22	90.90	77.07	77.35

根据表 4-12 的数据，建立林分平均胸径与出材率模型：

$$W = -0.3253D^2 + 20.02D - 217.6 \qquad 式(4-2)$$

式中：W 为出材率；D 为林分平均胸径。

相关系数 $R = 0.989192$，回归剩余离差平方和 $Q = 57.72$，$F = 1012.696$，$P < 0.01$，回归方程达到极显著水平。

表 4-13 林分中大径材理论出材率

平均胸径(cm)	16	18	20	22	24	26	28	30
出材率(%)	19.44	37.36	52.68	65.39	75.51	83.02	87.92	90.23

计算密度 3m×5m 的中大径材出材率和出材量。从蓄积量到木材的出材率采用《桉树栽培实用技术》中数据 80%。

表 4-14 密度 3m×5m 中大径材出材率和出材量　　　　　　　　　%、m³/hm²

月龄	84	96	108	120	132	144	156	168	180	192
年龄	7	8	9	10	11	12	13	14	15	16
SI-22	23.24	30.51	36.53	42.23	46.11	50.55	53.38	56.77	59.36	61.85
	30.20	44.56	58.54	73.03	85.03	98.52	109.17	121.17	131.64	141.98
SI-24	34.84	42.23	48.36	53.38	57.43	61.24	64.24	67.08	69.75	71.77
	53.84	73.45	92.38	110.14	126.44	142.58	157.03	171.19	185.00	197.09
SI-26	40.63	47.62	53.38	58.08	62.46	65.96	68.70	71.28	73.69	75.94
	70.83	92.67	113.45	132.74	151.81	169.05	184.43	199.38	213.87	227.86

表 4-14 得出，中大径材出材率要到达 60% 的中径材林分的标准，立地指数 22 需要 16 年，出材量为 141.98m³/hm²；而立地指数 24 和 26 分别只需要 12 年和 11 年，出材量分别为 142.58 和 151.81m³/hm²，因此，立地指数对于中大径材生产影响巨大。大径材的出材率和出材量还随着时间的推移变得越来越大，但增加的幅度越来越小；特别是立地指数 22 的幅度减少很快，而指数 26 的减少幅度较小。

二、初植密度 3m×4m

初植密度 3m×4m 在我国桉树人工林栽培的历史中也不多见，只是在一些试验林、种子园等处使用过，每公顷合计 883 株。在本研究中，初植密度 3m×4m 跨越 3 个立地指数，分别是 24、26 和 28 指数。本书将详细分析各个立地指数条件下的胸径生长过程和分布状况。

1. 初植密度 3m×4m 的胸径生长过程

从表 4-15 和图 4-15 可以看出，立地指数 28 的胸径平均生长过程比较突出，明显优于其他指数。测量全过程立地指数 28 与立地指数 26 的平均胸径的差距都在 1~2cm 之间，与立地指数 24 的平均胸径的差距更加明显，都在 1.5~2.5cm 之间；立地指数 26 和 24 的胸径平均生长过程的差距稳定在 0.4~0.8 之间，前期 27~50 月生的差距较大，在 0.7~0.8 之间，后期差距缩小在 0.4~0.6 之间，差距始终不超过 1cm。

表 4-15 密度 3m×4m 不同立地指数的平均胸径实测生长过程　　cm

月龄	27	37	42	50	62	75	88	99	110	144	192
SI-28	11.9	14.0	14.8	15.6	16.7	17.6	18.3	19.3	19.8	22.0	23.8
SI-26	10.4	12.3	13.3	14.3	15.6	16.6	17.2	18.0	18.6	20.2	21.9
SI-24	9.7	11.4	12.5	13.5	15.1	16.1	16.8	17.6	18.3	19.7	21.4

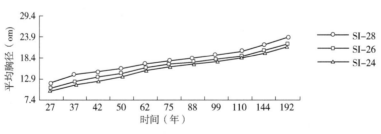

图 4-15 初植密度 3m×4m 不同立地指数林分胸径生长过程

根据立地指数 24、26 和 28 的全部样木的生长过程，采用平均生长量进行模拟，得出图 4-16、图 4-17 和图 4-18。

为直观理解胸径每年的生长量，利用图 4-16、图 4-17 和图 4-18 生成的 3 条回归曲线，这些回归曲线与平均胸径的回归系数都高达 0.99 以上，模拟立地指数 24、26 和 28 的每年平均胸径生长过程，预测精度高，如表 4-16 所示。

中径材。根据本书第二章第一节中大径材概念，林分平均胸径 16.0cm 为中径材标准。从表 4-16 得出，在造林初植密度为 3m×4m 的条件下，立地指数 24 要达到中径材培育目标的时间约为 7 年，平均每年胸径生长约 2.4cm。立地指数 26 为 6 年，平均每年胸径生长约 2.7cm。立地指数 28 为 5 年，平均每年胸径生长约 3.3cm。

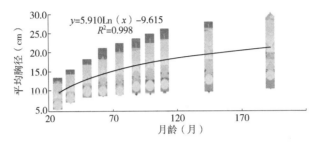

图 4-16　3m×4m 立地指数 24 的样木胸径生长过程

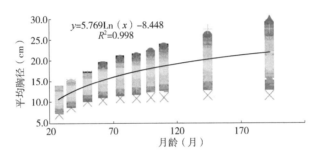

图 4-17　3m×4m 立地指数 26 的样木胸径生长过程

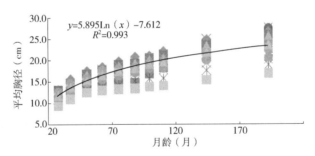

图 4-18　3m×4m 立地指数 28 的样木胸径生长过程

表 4-16　密度 3m×4m 平均胸径模拟生长过程　　　　　　　　　　　　　cm

月龄	24	36	48	60	72	84	96	108	120	132	144	156	168	180	192
年龄	2	3	4	5	6	7	8	9	10	11	12	13	14	15	16
SI-24	9.2	11.6	13.3	14.6	15.7	16.6	17.4	18.1	18.7	19.2	19.8	20.2	20.7	21.1	21.5
SI-26	9.9	12.2	13.9	15.2	16.2	17.1	17.9	18.6	19.2	19.7	20.2	20.7	21.1	21.5	21.9
SI-28	11.1	13.5	15.2	16.5	17.6	18.5	19.3	20.0	20.6	21.2	21.7	22.2	22.6	23.0	23.4

与在造林初植密度为 3m×5m 相对比，立地指数 24 和 26 达到中径材标准的时间分别为 6 年和 5 年，3m×4m 的密度都晚一年达标。

为全面分析胸径生长情况，再对平均胸径每年的增长量进行分析，用下一年的生长量减去前一年的胸径生长量得出表 4-17。

表 4-17　密度 3m×4m 连年胸径增长过程　　　　　　　　　　　　　　　　　　cm

月龄	24	36	48	60	72	84	96	108	120	132	144	156	168	180	192
年龄	2	3	4	5	6	7	8	9	10	11	12	13	14	15	16
SI-24	4.1	2.4	1.7	1.3	1.1	0.9	0.8	0.7	0.6	0.6	0.5	0.5	0.4	0.4	0.4
SI-26	4.0	2.3	1.7	1.3	1.1	0.9	0.8	0.7	0.6	0.5	0.5	0.5	0.4	0.4	0.4
SI-28	4.1	2.4	1.7	1.3	1.1	0.9	0.8	0.7	0.6	0.6	0.5	0.5	0.4	0.4	0.4

从表 4-16 和表 4-17 得出，胸径连年生长量随着时间的推移逐年变小，立地指数 24、26 和 28 前 2 年胸径生长均超过 4cm，第三年也超过 2cm；从第四年开始，3 种立地指数的胸径的连年生长量几乎都一样，慢慢同步变小。

与 3m×5m 相对比，胸径生长第二年开始就有差距，立地指数 24 和 26 分别相差 0.6 和 0.8cm，第三至四年都相差 0.3~0.4cm，以后就只差 0.1cm 左右，但这种胸径年生长量的差距，一直都存在。

2. 密度 3m×4m 的直径分布

为清楚反映林分全过程的胸径分布情况，本书将分 6 个阶段 27、50、75、99、144 和 192 月生来描述胸径生长过程和分布规律。

立地指数 24、26 和 28 的林分胸径分布规律：随着年龄的增长，林木的竞争加大，林分胸径分化不断增加，胸径的结构也在不断发生变化，林木直径径阶分布不断扩大，见表 4-18。

与 3m×5m 的初植密度相比较，径阶的起点更低一个，径阶峰值的移动更加滞后一些，见图 4-19、图 4-20 和图 4-21，立地指数 24 的径阶峰值从 75 个月开始滞后一个径阶，立地指数 26 的径阶峰值从 50 个月开始滞后一个径阶，其他规律大致相同。

表 4-18　密度 3m×4m 3 种立地指数胸径分布频数

月龄	立地指数	径阶(cm)											
		6	8	10	12	14	16	18	20	22	24	26	28	30
27	24	4	31	109	24									
	26		13	103	51	1								
	28			3	22	4								
50	24			6	36	103	22	1						
	26		1	12	88	66	1							
	28				1	6	21	1						
75	24			3	10	19	75	53	7	1				
	26				3	18	60	71	15	1				
	28					2	6	16	5					
99	24			2	9	11	29	78	32	2	1			
	26				2	4	37	53	58	13	1	1		
	28					1	1	7	18	2		2		

（续）

月龄	立地指数	径阶(cm)												
		6	8	10	12	14	16	18	20	22	24	26	28	30
144	24				5	12	9	28	48	48	13	5		
	26			1	3	14	28	41	39	32	9	1		
	28					1	1	5	12	8	2			
192	24				4	8	11	14	26	39	42	16	4	4
	26			1	2	5	18	29	32	31	29			
	28						1	3	5	11	6	3		

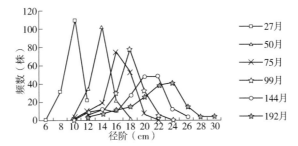

图 4-19　3m×4m 立地指数 24 的胸径分布

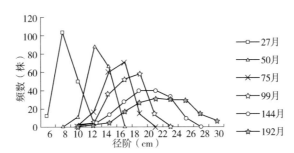

图 4-20　3m×4m 立地指数 26 的胸径分布

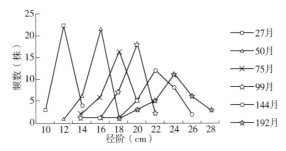

图 4-21　3m×4m 立地指数 28 的胸径分布

3. 密度 3m×4m 的树高生长过程

根据 192 月的跟踪调查，初植密度 3m×4m 的林分平均树高的实测生长过程如表 4-19 所示。

表 4-19　密度 3m×4m 不同立地指数的平均树高实测生长过程　　　　　　　　　　　　m

月龄	12	27	37	42	50	62	75	88	99	110	144	192
SI-24	3.4	10.8	13.6	15.1	16.8	19.3	21.7	23.5	24.4	25.6	27.3	28.5
SI-26	3.9	12	15.3	16.6	17.9	20.1	23.6	25.1	25.7	26.9	28.5	29.4
SI-28	5.4	13.8	18.6	19.6	20.4	21.3	25.6	27.2	27.4	28	29.4	30.3

从表 4-19 可以看出，立地指数与林分平均高生长关系十分紧密，立地指数越大，平均高生长越大。与初植密度 3m×5m 不同的是，从 12 月生开始，平均高生长的差距就十分明显，此后这种差距一直保持着。

根据立地指数 24、26 和 28 的全部样木的生长过程，采用平均高生长量进行模拟，得出 3 个回归方程：$H_{24}=9.677\text{Ln}(x)-20.74$，$R^2=0.990$；$H_{26}=9.805\text{Ln}(x)-20.01$，$R^2=0.985$；$H_{28}=9.350\text{Ln}(x)-16.30$，$R^2=0.968$，其中 x 为以月为单位的时间。为直观理解树高每年的生长量，根据这 3 个回归方程，模拟出在实际测量过程中没有观测到的每个时间节点的树高生长量，如表 4-20 所示。

表 4-20　密度 3m×4m 平均高模拟生长过程　　　　　　　　　　　　　　　　　m

月龄	12	24	36	48	60	72	84	96	108	120	132	144	156	168	180	192
年龄	1	2	3	4	5	6	7	8	9	10	11	12	13	14	15	16
SI-24	3.3	10.0	13.9	16.7	18.9	20.6	22.1	23.4	24.6	25.6	26.5	27.4	28.1	28.8	29.5	30.1
SI-26	4.4	11.2	15.1	17.9	20.1	21.9	23.4	24.7	25.9	26.9	27.9	28.7	29.5	30.2	30.9	31.5
SI-28	6.9	13.4	17.2	19.9	22.0	23.7	25.1	26.4	27.5	28.5	29.4	30.2	30.9	31.6	32.3	32.9

表 4-20 中模拟出来的数据，与立木平均值有少许差距，特别是在 SI28，12 月和 192 月这两个数值偏大。立地指数 24 达到中径材培育目标的时间约为 7 年，平均高为 22.1m，平均每年长高 3.2m；立地指数 26 为 6 年，平均高为 21.9m，平均每年树高生长约 3.7m；立地指数 28 为 5 年，平均高为 22.0m，平均每年树高生长约 4.4m。

表 4-21　密度 3m×5m 平均高连年增长过程　　　　　　　　　　　　　　　　　m

月龄	24	36	48	60	72	84	96	108	120	132	144	156	168	180	192
年龄	2	3	4	5	6	7	8	9	10	11	12	13	14	15	16
SI-24	6.7	3.9	2.8	2.2	1.8	1.5	1.3	1.1	1.0	0.9	0.8	0.8	0.7	0.7	0.6
SI-26	6.8	4.0	2.8	2.2	1.8	1.5	1.3	1.2	1.0	0.9	0.9	0.8	0.7	0.7	0.6
SI-28	6.5	3.8	2.7	2.1	1.7	1.4	1.2	1.1	1.0	0.9	0.8	0.7	0.7	0.6	0.6

从表 4-20 和表 4-21 得出，树高生长量随着时间的推移逐年变小明显，与 3m×5m 一样，前 3 年树高年生长量均超过 3m；第四至五年还超过 2m，6~10 年超过 1m，以后越来越小，但也稳定超过 0.6m，说明树高生长于密度关系不大。

4. 密度 3m×4m 的蓄积生长过程

单株是林分的组成部分，单株材积量的大小决定单位面积蓄积量大小，因此，首先来分析单株材积的生长过程。

表 4-22　密度 3m×4m 不同立地指数的平均单株材积实测生长过程　　　　　m³/株

月龄	27	37	42	50	62	75	88	99	110	144	192
SI-24	0.042	0.0702	0.0916	0.1169	0.1646	0.2063	0.2397	0.2728	0.3095	0.3847	0.4747
SI-26	0.0523	0.0885	0.1104	0.1363	0.1796	0.2349	0.2657	0.2962	0.3325	0.4159	0.5068
SI-28	0.0759	0.13295	0.1569	0.18085	0.21475	0.2824	0.32155	0.3612	0.38845	0.50235	0.6019

从表 4-22 和图 4-22 得知，单株材积生长量与立地指数关系密切，指数越高单株材积生长量越大。立地指数 28 的单株材积的生长量优势明显，与立地指数 26 相比，27～42 月生的差距在 40% 以上，50 月生还有 32.69% 的差距，62 月生以后都在 20% 左右；立地指数 26 与立地指数 24 相比，27～42 月生的差距在 20%～25% 之间，50 月生还有 16.6% 的差距，62 月生以后都在 20% 左右；62 月生以后都在 6%～14% 之间。

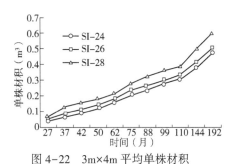

图 4-22　3m×4m 平均单株材积

林分蓄积量大小决定林分生物量和质量，因此，分析蓄积量的生长过程就是检验林分效应的过程。

表 4-23　密度 3m×4m 不同立地指数的蓄积实测生长过程　　　　　m³/hm²

月龄	27	37	42	50	62	75	88	99	110	144	192
SI-24	33.36	55.77	72.77	92.9	129.88	160.91	186.99	212.83	239.93	298.17	367.72
SI-26	42.22	71.31	88.15	108.83	142.42	186.25	210.68	234.83	263.60	329.68	401.51
SI-28	61.00	106.83	126.11	145.39	172.64	226.92	258.64	290.64	312.59	404.70	485.06

从表 4-23 可以看出，单位面积的蓄积生长量和立地指数的关系密切，立地指数越大，单位面积的蓄积生长量的绝对数也越大，但是不同立地指数之间随时间的相对生长量的差距情况就比较复杂。其中，SI28 明显较好，与 SI24 相比，27～37 月生差距高达 80%，42～50 月生的差距在 50%～75%，62 月生以后的差距都在 30% 以上，但这种生长差距随着时间推移变得越来越小；与 SI26 相比，27～42 月生差距在 40% 以上，50 月生的差距 33.6%，62 月生以后的差距稳定在 20% 以上，同样，这种蓄积生长差距随着时间推移而变小。

根据立地指数 24、26 和 28 的全部标准地的生长过程，采用平均蓄积生长量进行模拟，得出的 3 个回归方程：$V_{24} = 172.9\text{Ln}(x) - 570.8$，$R^2 = 0.972$；$V_{26} = 185.0\text{Ln}(x) - 601.7$，$R^2 = 0.973$；$V_{28} = 214.1\text{Ln}(x) - 679.7$，$R^2 = 0.967$，其中 x 为以月为单位的时间。为直观理解蓄积每年的生长量，根据这 3 个回归方程，模拟出在实际测量过程中没有观测到的每个时间节点的蓄积生长量，如表 4-24 所示。

立地指数 24 达到中径材培育目标的时间约为 7 年，平均蓄积量为 195.29m³/hm²，平均每年生长 27.9m³/hm²；立地指数 26 为 6 年，平均蓄积量为 189.48m³/hm²，平均每年生长 31.58m³/hm²；立地指数 28 为 5 年，平均蓄积量为 196.9m³/hm²，平均每年生长 39.38m³/hm²。

表 4-24　密度 3m×4m 蓄积模拟生长过程　　　　　　　　　　　　　　　　　m³/hm²

月龄	36	48	60	72	84	96	108	120	132	144	156	168	180	192
年龄	3	4	5	6	7	8	9	10	11	12	13	14	15	16
SI-24	48.79	98.53	137.11	168.64	195.29	218.38	238.74	256.96	273.44	288.48	302.32	315.13	327.06	338.22
SI-26	61.25	114.47	155.75	189.48	218.00	242.70	264.49	283.99	301.62	317.72	332.52	346.23	359.00	370.94
SI-28	87.53	149.12	196.90	235.93	268.94	297.53	322.74	345.30	365.71	384.34	401.47	417.34	432.11	445.93

表 4-25　密度 3m×4m 蓄积增长过程　　　　　　　　　　　　　　　　　　m³/hm²

月龄	36	48	60	72	84	96	108	120	132	144	156	168	180	192
年龄	3	4	5	6	7	8	9	10	11	12	13	14	15	16
SI-24	16.26	49.74	38.58	31.52	26.65	23.09	20.36	18.22	16.48	15.04	13.84	12.81	11.93	11.16
SI-26	20.42	53.22	41.28	33.73	28.52	24.70	21.79	19.49	17.63	16.10	14.81	13.71	12.76	11.94
SI-28	29.18	61.59	47.78	39.04	33.00	28.59	25.22	22.56	20.41	18.63	17.14	15.87	14.77	13.82

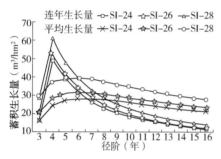

图 4-23　密度 3m×4m 蓄积连年和平均生长量曲线

从表 4-25 和图 4-23 得出，立地指数 24、26 和 28 的蓄积量年生长的高峰值也都出现在第四年，且峰值都很大，分别为 49.74、53.22 和 61.59m³/hm²，为平均生长量的 2 倍，峰值过后年生长量迅速下降。连年与平均蓄积生长量曲线的交叉点，立地指数 24 出现在 6.5~7 年之间、立地指数 26 在 6.5 年左右、立地指数 28 在 6 年，因此，这个规律是连年与平均蓄积生长量曲线的交叉点随立地指数的增加而时间变早，但 3 个指数的差距较小，不到 1 年。

继续使用

$$W = -0.3253D^2 + 20.02D - 217.6 \qquad 式(4-2)$$

式中：W 为出材率；D 为林分平均胸径，计算 3m×4m 中大径材出材率和出材量（表 4-26）。

表 4-26　密度 3m×4m 中大径材出材率和出材量　　　　　　　　　　　　%、m³/hm²

月龄		72	84	96	108	120	132	144	156	168	180	192
年龄		6	7	8	9	10	11	12	13	14	15	16
SI-24		16.53	25.09	32.26	38.19	43.02	46.87	51.27	54.07	57.43	60.00	62.46
		22.30	39.20	56.36	72.94	88.44	102.52	118.31	130.77	144.77	156.98	169.00
SI-26		21.35	29.62	36.53	42.23	46.87	50.55	54.07	57.43	60.00	62.46	64.82
		32.27	51.66	70.92	89.36	106.47	121.97	137.43	152.76	166.18	179.39	192.36
SI-28		33.99	41.44	47.62	52.68	56.77	60.62	63.65	66.52	68.70	70.78	72.75
		64.15	89.15	113.34	136.02	156.82	177.36	195.72	213.66	229.38	244.67	259.52

从表 4-26 得出，要达到林分中大径材出材率要到达 60% 的中径材林分标准，立地指数 24 需要 15 年，出材量为 156.98m³/hm²；而立地指数 26 和 28 分别只需要 14 年和 11 年，出材量分别为 166.18 和 177.36m³/hm²，再次证明，立地指数对于中大径材生

产影响巨大。密度 3m×4m 与密度 3m×5m 相比,到达林分中大径材出材率 60% 中径材林分标准需要时间更长,同为立地指数 24,分别为 15 年和 12 年,晚 3 年;同为立地指数 26,分别为 14 年和 11 年,也晚 3 年。

三、初植密度 2m×4m

初植密度 2m×4m 是我国桉树人工林栽培的常用密度,每公顷合计 1250 株。在本研究中,初植密度 2m×4m 跨越 3 个立地指数,分别是立地指数 22、24 和 26。本书将详细分析各个立地指数条件下的胸径生长过程和分布状况。

1. 初植密度 2m×4m 的胸径生长过程

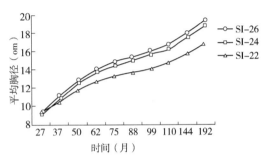

图 4-24 初植密度 2m×4m 不同立地指数林分胸径生长过程

从表 4-27 和图 4-24 可以看出,立地指数 26 的胸径平均生长过程较为突出,优于其他指数,但测量全过程立地指数 26 与立地指数 24 的平均胸径的差距都在 0.2~0.6cm,而立地指数 26 与立地指数 22 的平均胸径的差距十分明显,随年龄逐差距渐加大,50 月生时差距超过 1cm,110 月生时差距超过 2cm,在 192 月生时,差距达到 2.5cm;立地指数 22 和 24 的胸径平均生长过程的差距也类似,随年龄逐差距渐加大,62 月生时差距超过 1cm,在 192 月生时,差距达到 1.9cm。

根据立地指数 22、24 和 26 的全部样木的生长过程,采用平均生长量进行模拟,得出图 4-25、图 4-26 和图 4-27。

表 4-27 密度 2m×4m 不同立地指数的平均胸径实测生长过程   cm

月龄	27	37	50	62	75	88	99	110	144	192
SI-26	9.4	11.1	12.8	14.0	14.9	15.4	16.0	16.7	18.0	19.4
SI-24	9.2	10.8	12.4	13.7	14.4	15.0	15.6	16.1	17.4	18.8
SI-22	9.4	10.5	11.8	12.7	13.3	13.7	14.1	14.7	15.7	16.9

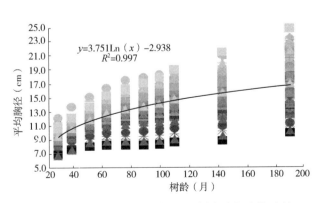

图 4-25 2m×4m 立地指数 22 的样木胸径生长过程

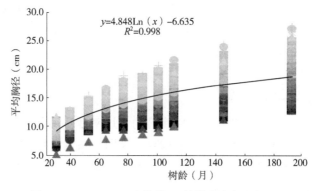

图 4-26 2m×4m 立地指数 24 的样木胸径生长过程

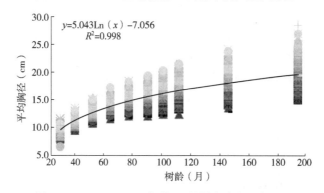

图 4-27 2m×4m 立地指数 26 的样木胸径生长过程

为直观理解胸径每年的生长量，利用图 4-25、图 4-26 和图 4-27 生成的 3 条回归曲线，模拟立地指数 22、24 和 26 的每年平均胸径生长过程，如表 4-28 所示。

表 4-28 密度 2m×4m 平均胸径模拟生长过程 cm

月龄	24	36	48	60	72	84	96	108	120	132	144	156	168	180	192
年龄	2	3	4	5	6	7	8	9	10	11	12	13	14	15	16
SI-22	9.0	10.5	11.6	12.4	13.1	13.7	14.2	14.6	15.0	15.4	15.7	16.0	16.3	16.5	16.8
SI-24	8.8	10.7	12.1	13.2	14.1	14.8	15.5	16.1	16.6	17.0	17.5	17.8	18.2	18.5	18.9
SI-26	9.0	11.0	12.5	13.6	14.5	15.3	16.0	16.6	17.1	17.6	18.0	18.4	18.8	19.1	19.5

中径材。根据本书第二章第一节中大径材概念，胸径为 16.0cm 为中径材标准。从表 4-28 得出，在造林初植密度为 2m×4m 的条件下，立地指数 22 要达到中径材培育的时间约为 13 年，平均每年胸径生长约 1.2cm；立地指数 24 为 9 年，平均每年胸径生长约 1.8cm。立地指数 26 为 8 年，平均每年胸径生长约 2.0cm。

2m×4m 立地指数 24 和 26 平均胸径达到中径材标准的时间分别为 9 年和 8 年，比 3m×4m 的密度都晚 2 年达标。

再对平均胸径每年的增长量进行分析，用下一年的生长量减去前一年的胸径生长量得出表 4-29。

从表 4-28 和表 4-29 得出，胸径连年生长量随着时间的推移逐年变小，立地指数 22 的胸径平均生长量最小，从 5 年生开始，年生长量小于 1cm；立地指数 24 和 26 从 6

年生开始，年生长量小于 1cm；3 种立地指数的胸径的连年生长量变化规律一致，同步慢慢变小，立地指数 22 变小的速度明显快于其他 2 个指数级。

表 4-29 密度 2m×4m 连年胸径增长过程   cm

月龄	24	36	48	60	72	84	96	108	120	132	144	156	168	180	192
年龄	2	3	4	5	6	7	8	9	10	11	12	13	14	15	16
SI-22	4.5	1.5	1.1	0.8	0.7	0.6	0.5	0.4	0.4	0.4	0.3	0.3	0.3	0.3	0.2
SI-24	4.4	2.0	1.4	1.1	0.9	0.7	0.6	0.6	0.5	0.5	0.4	0.4	0.4	0.3	0.3
SI-26	4.5	2.0	1.5	1.1	0.9	0.8	0.7	0.6	0.5	0.5	0.4	0.4	0.4	0.3	0.3

与 3m×4m 相对比，胸径生长第三年开始就拉开差距，立地指数 24 和 26 分别相差 0.4 和 0.3cm，第四年开始，每年的年生长量差距在 0.1~0.3cm 之间，这种胸径年生长量的差距，一直都存在。

2. 密度 2m×4m 的直径分布

为清楚反映 2m×4m 的直径分布情况，分 6 个阶段 27、50、75、99、144 和 192 月生来描述胸径生长过程和分布规律。

立地指数 22、24 和 26 的林分胸径分布同样是随着年龄的增长，林分胸径分化不断增加，胸径的结构也在不断发生变化，林木直径径阶分布不断扩大，如表 4-30 所示。

表 4-30 密度 2m×4m 三种立地指数胸径分布频数

月龄	立地指数	径阶(cm)										
		6	8	10	12	14	16	18	20	22	24	26	28
27	22	2	19	39	5								
	24	13	97	144	5								
	26	3	56	132	5								
50	22		2	14	35	13	1						
	24		9	35	123	91	1						
	26		2	13	98	80	3						
75	22		2	5	20	22	15	1					
	24		4	14	44	96	88	12	1				
	26		2	2	24	75	79	14					
99	22		2	4	16	15	21	7					
	24		2	15	30	55	86	63	8				
	26		2	2	17	40	81	47	7				
144	22		1	4	8	16	11	15	7	3			
	24			6	25	40	50	62	50	23	3		
	26			4	5	26	44	49	50	15	3		
192	22			2	8	16	5	13	9	8	4		
	24			3	15	39	40	43	48	39	25	5	2
	26			2	1	15	43	39	38	32	20	3	3

与 3m×4m 的初植密度相比较，SI24 和 SI26 径阶峰值从 50 月生开始出现差距，3m×4m 峰值在 14cm，而 2m×4m 的峰值在 12cm；75、99 和 144 个月生时的峰值差距都是一个径阶；但是到 192 个月时，峰值差距都是 2 个径阶了，3m×4m 峰值在 24cm，而 2m×4m 的峰值在 20cm；如图 4-28、图 4-29 和图 4-30 所示，说明，造林密度对于林分胸径分布的影响是十分显著的，即密度越大直径分布越小。

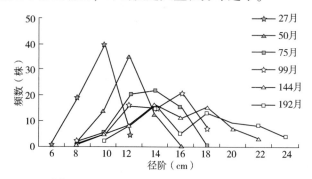

图 4-28　2m×4m 立地指数 22 的胸径分布

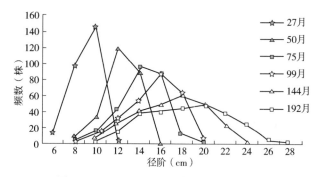

图 4-29　2m×4m 立地指数 24 的胸径分布

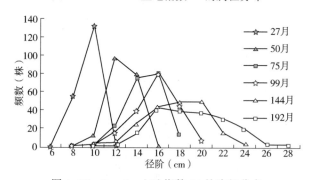

图 4-30　2m×4m 立地指数 26 的胸径分布

3. 密度 2m×4m 的树高生长过程

根据 192 月的跟踪调查，初植密度 2m×4m 的林分平均树高的实测生长过程如表 4-31 所示。

从表 4-31 可以看出，立地指数与林分平均高生长关系紧密，立地指数越大，平均高生长越大。根据立地指数 22、24 和 26 全部样木的生长过程，采用平均高生长量进行模拟，得出的 3 个回归方程：$H_{22} = 7.50\text{Ln}(x) - 13.03$，$R^2 = 0.975$；$H_{24} = 8.802\text{Ln}(x) - $

17.58，$R^2=0.984$；$H_{26}=9.224\text{Ln}(x)-18.46$，$R^2=0.980$，其中 x 为以月为单位的时间。为直观理解树高每年的生长量，根据这 3 个回归方程，模拟出在实际测量过程中没有观测到的每个时间节点的树高生长量，如表 4-32 所示。

表 4-31　密度 2m×4m 不同立地指数的平均树高实测生长过程　　　　　　　　　　　　　　m

月龄	12	27	37	42	50	62	75	88	99	110	144	192
SI-22	4.0	11.9	14.4	15.6	16.9	18.2	19.7	21.5	22	22.7	23.4	24.5
SI-24	3.6	11.3	14	15.2	16.9	18.8	21.4	23.1	23.6	24.3	25.7	26.7
SI-26	3.8	11.6	14.5	15.9	17.6	20	22.2	24.4	24.9	25.4	26.9	27.7

表 4-32　密度 2m×4m 平均高模拟生长过程　　　　　　　　　　　　　　　　　　　　m

月龄	12	24	36	48	60	72	84	96	108	120	132	144	156	168	180	192
年龄	1	2	3	4	5	6	7	8	9	10	11	12	13	14	15	16
SI-22	4	10.8	13.8	16.0	17.7	19.0	20.2	21.2	22.1	22.9	23.6	24.2	24.8	25.4	25.9	26.4
SI-24	3.6	10.4	14.0	16.5	18.5	20.1	21.4	22.6	23.6	24.6	25.4	26.2	26.9	27.5	28.1	28.7
SI-26	3.8	10.9	14.6	17.2	19.3	21.0	22.4	23.6	24.7	25.7	26.6	27.4	28.1	28.8	29.4	30.0

表 4-32 中模拟出来的数据，与立木平均值有少许差距，在前 5 年的预测差距较小，到 12 年生时的预测差距 0.6m 以内，到 16 年生时，预测差距超过 1m，因为是系统误差不影响数据的分析。立地指数 22 达到中径材的时间约为 13 年，平均高为 24.8m，平均每年长高 1.9m；立地指数 24 为 9 年，平均高为 23.6m，平均每年树高生长约 2.6m；立地指数 26 为 8 年，平均高为 23.6m，平均每年树高生长约 3.0m。

从表 4-32 和表 4-33 看出，树高生长量随着时间的推移逐年变小明显的趋势，与 2m×4m 一样，前 3 年树高年生长量均超过 3m；第四至五年还超过 2m（立地指数 22 除外，只有 1.7m），6~9 年超过 1m，以后越来越小，也稳定超过 0.5m，再次证明树高生长于密度关系不大。

表 4-33　密度 2m×4m 平均高连年增长过程　　　　　　　　　　　　　　　　　　m

月龄	24	36	48	60	72	84	96	108	120	132	144	156	168	180	192
年龄	2	3	4	5	6	7	8	9	10	11	12	13	14	15	16
SI-22	6.8	3.0	2.2	1.7	1.4	1.2	1.0	0.9	0.8	0.7	0.7	0.6	0.6	0.5	0.5
SI-24	6.8	3.6	2.5	2.0	1.6	1.4	1.2	1.0	0.9	0.8	0.8	0.7	0.7	0.6	0.6
SI-26	7.1	3.7	2.7	2.1	1.7	1.4	1.2	1.1	1.0	0.9	0.8	0.7	0.7	0.6	0.6

4. 密度 2m×4m 的蓄积生长过程

首先来分析单株材积的生长过程。

从表 4-34 和图 4-31 得知，指数越高单株材积生长量越大。立地指数 22 的单株材积的生长量明显低于立地指数 24 和立地指数 26 的；其中立地指数 22 与立地指数 24 的差距在 50 月生时为 12.1%，开始变得明显，以后的差距都维持在 26%~30% 之间；而立地指数 26 与立地指数 24 的差距，则要小一些，144 月生之前，维持在 4%~8% 之间，192 月生时，达到 10.84%。

表 4-34　密度 2m×4m 不同立地指数的平均单株材积实测生长过程　　　　　　　m³/株

月龄	27	37	42	50	62	75	88	99	110	144	192
SI-22	0.042	0.061	0.0731	0.0877	0.11	0.1298	0.1501	0.1633	0.1844	0.2181	0.2384
SI-24	0.0398	0.0642	0.0788	0.0983	0.1296	0.1646	0.1894	0.2079	0.2284	0.2827	0.3062
SI-26	0.0414	0.0676	0.0844	0.1046	0.1401	0.1755	0.2032	0.2238	0.2459	0.3048	0.3394

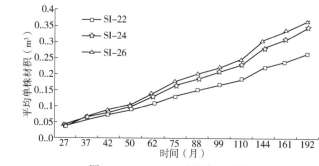

图 4-31　2m×4m 平均单株材积

表 4-35　密度 2m×4m 不同立地指数的蓄积实测生长过程　　　　　　　m³/hm²

月龄	27	37	42	50	62	75	88	99	110	144	192
SI-22	50.19	73.05	87.52	104.98	131.93	155.69	177.45	193.04	214.66	246.32	295.8
SI-24	47.27	76.31	93.63	116.32	152.84	192.57	220.79	242.34	262.67	324.74	388.43
SI-26	47.53	77.45	96.52	119.05	159.17	199.14	230.49	253.56	278.42	344.6	413.37

从表 4-35 可以看出，单位面积的蓄积生长量也和立地指数的关系密切，立地指数越大，单位面积的蓄积生长量的绝对数也越大，但是不同立地指数之间随时间的相对生长量的差距情况就比较复杂。其中，立地指数 22 明显较差，与立地指数 24 相比，42 月生差距在 10% 以内，50~62 月生的差距在 10%~20%，75~110 月生的差距扩大到 20% 以上，144 月生开始，继续扩大到超过 30%，这种生长差距随着时间推移变得越来越大；与立地指数 26 相比，38 月生差距在 10% 以内，42~50 月生的差距在 10%~20%，62~88 月生的差距扩大到 20% 以上，99 月生开始，继续扩大到超过 30%，144 和 192 月生时的差距都接近 40%。

根据立地指数 22、24 和 26 全部标准地的生长过程，采用平均蓄积生长量进行模拟，得出的 3 个回归方程：$V_{22} = 128.5\mathrm{Ln}(x) - 391.1$，$R^2 = 0.989$；$V_{24} = 179.1\mathrm{Ln}(x) - 572.3$，$R^2 = 0.985$；$V_{26} = 195.0\mathrm{Ln}(x) - 629.6$，$R^2 = 0.981$，其中 x 为以月为单位的时间。为直观理解蓄积每年的生长量，根据这 3 个回归方程，模拟出在实际测量过程中没有观测到的每个时间节点的蓄积生长量，如表 4-36 所示。

表 4-36　密度 2m×4m 蓄积模拟生长过程　　　　　　　m³/hm²

月龄	36	48	60	72	84	96	108	120	132	144	156	168	180	192
年龄	3	4	5	6	7	8	9	10	11	12	13	14	15	16
SI-22	69.38	106.35	135.02	158.45	178.26	195.42	210.55	224.09	236.34	247.52	257.81	267.33	276.19	284.49
SI-24	69.51	121.03	161.00	193.65	221.26	245.17	266.27	285.14	302.21	317.79	332.13	345.40	357.76	369.32
SI-26	69.19	125.28	168.80	204.35	234.41	260.45	283.42	303.96	322.55	339.51	355.12	369.57	383.03	395.61

立地指数22达到中径材的时间约为13年,平均蓄积量为257.81m³/hm²,平均每年生长19.8m³/hm²;立地指数24为9年,平均蓄积量为266.27m³/hm²,平均每年生长29.6m³/hm²;立地指数26为8年,平均蓄积量为260.45m³/hm²,平均每年生长32.6m³/hm²。

从表4-37和图4-32得出,立地指数22、24和26的蓄积量年生长的高峰值也都出现在第四年,且峰值比较大,分别为36.97、51.52和56.1m³/hm²,峰值过后年生长量迅速下降。连年与平均蓄积生长量曲线的交叉点,立地指数22出现在5.5年、立地指数24在6.0年左右、立地指数26在6.5年,因此,这个规律是连年与平均蓄积生长量曲线的交叉点随立地指数的增加而推迟时间,但3个指数的差距较小,每级指数的差距都是0.5年。

表4-37 密度2m×4m蓄积增长过程　　　　　　　　　　　　　　　　m³/hm²

月龄	36	48	60	72	84	96	108	120	132	144	156	168	180	192
年龄	3	4	5	6	7	8	9	10	11	12	13	14	15	16
SI-22	23.13	36.97	28.67	23.43	19.81	17.16	15.14	13.54	12.25	11.18	10.29	9.52	8.87	8.29
SI-24	23.17	51.52	39.97	32.65	27.61	23.92	21.09	18.87	17.07	15.58	14.34	13.27	12.36	11.56
SI-26	23.06	56.1	43.51	35.55	30.06	26.04	22.97	20.55	18.59	16.97	15.61	14.45	13.45	12.59

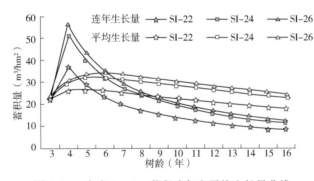

图4-32 密度2m×4m蓄积连年和平均生长量曲线

继续使用

$$W=-0.3253D^2+20.02D-217.6 \quad 式(4-2)$$

式中:W为出材率;D为林分平均胸径,计算2m×4m中大径材出材率和出材量(表4-38)。

表4-38 密度2m×4m中大径材出材率(%)和出材量　　　　　　　　　m³/hm²

月龄	108	120	132	144	156	168	180	192
年龄	9	10	11	12	13	14	15	16
SI-22	1.09%	5.35%	9.51%	13.56%	16.53%	19.44%	22.30%	24.17%
	1.84	9.59	17.98	26.85	34.09	41.58	49.27	55.00
SI-24	14.56%	20.40%	25.09%	28.73%	33.13%	35.69%	39.01%	41.44%
	31.01	46.54	60.67	73.04	88.02	98.61	111.65	122.43
SI-26	19.44%	25.09%	29.62%	33.99%	37.36%	40.63%	43.80%	46.11%
	44.08	61.02	76.43	92.31	106.15	120.14	134.22	145.93

从表4-38得出，林分中大径材出材率要到达60%的中径材林分标准，立地指数22~26在密度2m×4m的条件下，16年生时均未达到，立地指数26在16年生时最高，也只有46.11%，因此，这个密度不是培育桉树中大径材的初植密度。

四、三种初植密度中大径材培育综合分析

本书所研究的初植密度只有三种3m×5m(667株/hm^2)、3m×4m(833株/hm^2)和2m×4m(1250株/hm^2)，所研究的立地指数有四种立地指数22、24、26和28。在上文中，详细阐述了三种初植密度的平均胸径生长过程、直径分布随年龄的变化、树高和蓄积生长过程等，以下将从立地指数的角度综合阐述培育中径材和中径材林分的初植密度和相应的变化规律。

1. 中大径材林木培育

从立地指数的角度，阐述不同初植密度培育中、大径材的可行性。

（1）立地指数22

在立地指数22，林分的基础材料跨越了两种初植密度3m×5m和2m×4m。从表4-39得知，初植密度3m×5m平均胸径达到中径材的时间是7年，而初植密度2m×4m平均胸径达到中径材的时间是13年，晚了6年；同样的立地条件不同的初植密度，平均胸径的增长很大不同，7年生时，初植密度3m×5m的平均胸径比2m×4m高出19.7%，到13年生时，更高出25.6%。

表4-39 立地指数22的平均胸径生长过程　　　　　　　　　　　　　cm

月龄	24	36	48	60	72	84	96	108	120	132	144	156	168	180	192
年龄	2	3	4	5	6	7	8	9	10	11	12	13	14	15	16
3m×5m	9.0	11.4	13.1	14.4	15.5	16.4	17.2	17.9	18.6	19.1	19.7	20.1	20.6	21.0	21.4
2m×4m	9.0	10.5	11.6	12.4	13.1	13.7	14.2	14.6	15.0	15.4	15.7	16.0	16.3	16.5	16.8

按照先前拟合SI22的初植密度2m×4m的平均胸径生长预测公式$DBH = 3.751\text{Ln}(x) - 2.938$，$R^2 = 0.997$，要达到平均胸径28cm大径材林木标准，50年之内都是不可能的；3m×5m的平均胸径生长预测公式$DBH = 5.966\text{Ln}(x) - 9.993$，$R^2 = 0.994$，要达到平均胸径28cm大径材林木标准，需要49年。

（2）立地指数24

在立地指数24，林分的基础材料跨越了三种初植密度3m×5m、3m×4m和2m×4m。从表4-40可知，初植密度3m×5m平均胸径达到中径材的时间是6年，而初植密度3m×4m平均胸径达到中径材的时间是7年，晚了1年；而初植密度2m×4m达到中径材的时间是9年，晚了3年。在6年生时，3m×5m的平均胸径比3m×4m和2m×4m分别高出6.4%和16.3%；到9年生时，更高出7.2%和20.5%；不同初植密度间的胸径平均生长量差距明显，而且，这种差距随时间变得越来越大。

按照先前拟合立地指数24的初植密度2m×4m的平均胸径生长预测公式$DBH = 4.848\text{Ln}(x) - 6.635$，$R^2 = 0.998$，要达到平均胸径28cm大径材林木标准，同样，50年之内都不可能；3m×4m的平均胸径生长预测公式$DBH = 5.910\text{Ln}(x) - 9.615$，$R^2 = 0.997$，要达到平均胸径28cm大径材林木标准，需要48年的时间；3m×5m的平均胸

径生长预测公式 $DBH=6.595\text{Ln}(x)-11.48$，$R^2=0.997$，要达到平均胸径 28cm 大径材林木标准，需要 33 年。因此，立地指数 24 在初植密度 3m×5m、3m×4m 和 2m×4m 条件下，如果不经过间伐，都不适合培育桉树大径材林木。

表 4-40 立地指数 24 的平均胸径生长过程 cm

月龄	24	36	48	60	72	84	96	108	120	132	144	156	168	180	192
年龄	2	3	4	5	6	7	8	9	10	11	12	13	14	15	16
3m×5m	9.5	12.2	14.1	15.5	16.7	17.7	18.6	19.4	20.1	20.7	21.3	21.8	22.3	22.8	23.2
3m×4m	9.2	11.6	13.3	14.6	15.7	16.6	17.4	18.1	18.7	19.3	19.8	20.2	20.7	21.1	21.5
2m×4m	8.8	10.7	12.1	13.2	14.1	14.8	15.5	16.1	16.6	17.0	17.5	17.8	18.2	18.5	18.9

（3）立地指数 26

在立地指数 26，林分的基础材料跨越了三种初植密度 3m×5m、3m×4m 和 2m×4m。从表 4-41 可知，初植密度 3m×5m 平均胸径达到中径材的时间是 5 年，而初植密度 3m×4m 平均胸径达到中径材的时间是 6 年，晚了 1 年；而初植密度 2m×4m 平均胸径达到中径材的时间是 8 年，晚了 3 年。在 5 年生时，3m×5m 的平均胸径比 3m×4m 和 2m×4m 分别高出 5.3% 和 17.6%；到 8 年生时，更高出 7.8% 和 20.6%；不同初植密度间的胸径平均生长量差距随时间变得越来越大。

表 4-41 立地指数 26 的平均胸径生长过程 cm

月龄	24	36	48	60	72	84	96	108	120	132	144	156	168	180	192
年龄	2	3	4	5	6	7	8	9	10	11	12	13	14	15	16
3m×5m	9.7	12.5	14.5	16.0	17.3	18.4	19.3	20.1	20.8	21.5	22.1	22.6	23.1	23.6	24.1
3m×4m	9.9	12.2	13.9	15.2	16.2	17.1	17.9	18.6	19.2	19.7	20.2	20.7	21.1	21.5	21.9
2m×4m	9.0	11.0	12.5	13.6	14.5	15.3	16.0	16.6	17.1	17.6	18.0	18.4	18.8	19.1	19.5

按照先前拟合立地指数 26 的初植密度 2m×4m 的平均胸径生长预测公式 $DBH=5.043\text{Ln}(x)-7.056$，$R^2=0.998$，要达到平均胸径 28cm 大径材林木标准，同样，50 年之内都不可能；3m×4m 的平均胸径生长预测公式 $DBH=5.769\text{Ln}(x)-8.448$，$R^2=0.998$，要达到平均胸径 28cm 大径材林木标准，需要 46 年的时间；3m×5m 的平均胸径生长预测公式 $DBH=7.040\text{Ln}(x)-12.60$，$R^2=0.998$，要达到平均胸径 28cm 大径材林木标准，需要 29 年。因此，立地指数 26 在初植密度 3m×5m、3m×4m 和 2m×4m 条件下，如果不经过合适的间伐处理，也同样不适合培育桉树大径材林木。

（4）立地指数 28

在立地指数 28，林分的基础材料只有一个初植密度 3m×4m。从表 4-42 得知，初植密度 3m×4m 平均胸径达到中径材的时间是 5 年。

表 4-42 立地指数 28 的平均胸径生长过程 cm

月龄	24	36	48	60	72	84	96	108	120	132	144	156	168	180	192
年龄	2	3	4	5	6	7	8	9	10	11	12	13	14	15	16
3m×4m	11.1	13.5	15.2	16.5	17.6	18.5	19.3	20.0	20.6	21.2	21.7	22.2	22.6	23.0	23.4

按照先前拟合立地指数 28 的初植密度 3m×4m 的平均胸径生长预测公式 $DBH = 5.895\text{Ln}(x) - 7.612$, $R^2 = 0.993$, 要达到平均胸径 28cm 大径材林木标准, 需要 35 年。因此, 立地指数 28 在初植密度 3m×4m 条件下, 如果不间伐处理, 同样也不适合培育桉树大径材林木, 只适合培育桉树中径材林木。

2. 中大径材林分培育

根据《桉树大径材培育技术规程》（LY/T 2909—2017）规定, 大径材林木的胸径≥28cm、中径材胸径标准为 16~26cm；大径材林分的概念是指大径材林木的数量占大径材、中径材和小径材总量的 60% 及以上的林分；鉴于本书中的数据来源尚未达到大径材林分的标准, 因此, 采用中大径材林分的概念。中大径材林分是指中径材和大径材林木的数量之和占大径材、中径材和小径材总量的 60% 及以上的林分。根据固定样地调查数据表, 来分析和判断林分到达中径材林分时间节点。

（1）立地指数 22

在立地指数 22, 林分有两种初植密度 3m×5m 和 2m×4m。从表 4-43 得知, 初植密度 3m×5m 达到中径材林分的时间是 62 个月（5.16 年）, 而初植密度 2m×4m 达到中径材林分的时间是 16 年, 晚了 10 年。

表 4-43　立地指数 22 的单株胸径 16cm 及以上林木数量及百分比　　　　株、%

月龄	50	62	75	88	99	110	144	192
年龄	4.16	5.16	6.25	7.33	8.25	9.2	12	16
3m×5m	0	6	10	10	10	10	10	10
	—	60	100	100	100	100	100	100
2m×4m	0	5	13	20	24	32	36	39
	—	7.7	20.0	30.8	36.9	49.2	55.4	60.0

（2）立地指数 24

在立地指数 24, 林分有三种初植密度 3m×5m、3m×4m 和 2m×4m。从表 4-44 得知, 初植密度 3m×5m 达到中径材林分的时间是 4~5 年之间, 3m×4m 达到中径材林分的时间是 5~6 年之间, 而初植密度 2m×4m 达到中径材林分的时间是 8~9 年之间, 比前两者分别晚 4 年和 3 年。

表 4-44　立地指数 24 的单株胸径 16cm 及以上林木数量及百分比　　　　株、%

月龄	50	62	75	88	99	110	144	192
年龄	4.16	5.16	6.25	7.33	8.25	9.2	12	16
3m×5m	31	100	109	110	116	116	117	119
	25.2	81.3	88.6	89.4	94.3	94.3	95.1	96.7
3m×4m	21	96	131	140	145	147	151	154
	12.5	57.1	78.0	83.3	86.3	87.5	89.9	91.7
2m×4m	1	36	90	124	146	168	187	199
	0.4	13.9	34.7	47.9	56.4	64.9	72.2	76.8

(3)立地指数 26

在立地指数 26，林分有三种初植密度 3m×5m、3m×4m 和 2m×4m。从表 4-45 得知，初植密度 3m×5m 达到中径材林分的时间是 4~5 年之间，3m×4m 达到中径材林分的时间也是 4~5 年之间，而初植密度 2m×4m 达到中径材林分的时间是 7~8 年之间，比前两者分别晚 3 年以上。

表 4-45 立地指数 26 的单株胸径 16cm 及以上林木数量及百分比　　　　株、%

月龄	50	62	75	88	99	110	144	192
年龄	4.16	5.16	6.25	7.33	8.25	9.2	12	16
3m×5m	49	83	87	87	91	91	91	91
	52.7	89.2	93.5	93.5	97.8	97.8	97.8	97.8
3m×4m	46	96	117	127	133	137	139	140
	32.2	67.1	81.8	88.8	93.0	95.8	97.2	97.9
2m×4m	1	24	83	104	130	146	159	170
	0.5	12.2	42.3	53.1	66.3	74.5	81.1	86.7

(4)立地指数 28

在立地指数 28，林分只有一种初植密度 3m×4m。从表 4-46 得知，达到中径材林分的时间是 4 年以内。

表 4-46 立地指数 28 的单株胸径 16cm 及以上林木数量及百分比　　　　株、%

月龄	37	50	62	75	88	99	110	144	192
年龄	3.08	4.16	5.16	6.25	7.33	8.25	9.2	12	16
3m×4m	3	21	26	26	27	28	28	29	29
	10.3	72.4	89.7	89.7	93.1	96.6	96.6	100.0	100.0

3. 中大径材林分培育优化选择

要培育桉树中大径材林分，首先考虑立地选择，再考虑密度选择。本书将在现有的立地和密度的基础上，开展优化选择，提出相应的选择结果和理由。

(1)立地指数 22 的优化

根据上文的分析，在立地指数 22、初植密度 3m×5m 和 2m×4m 的条件下，达到中径材林分的是时间分别是 62 个月（5.16 年）和 16 年。显然，初植密度 2m×4m 不是，而 3m×5m 是一个培育培育中径材的初植密度。初植密度 3m×5m 蓄积平均生长量和连年生长量的交叉点在 7 年生。

因此，立地指数 22 的优化结果是，选择初植密度 3m×5m，7 年生为轮伐期，这时的平均胸径为 16.4cm，平均高 20.8m，蓄积量 162.49m³/hm²、蓄积年平均生长量为 23.21m³/hm²；中大径材的出材率和出材量分别为 23.24% 和 30.20m³/hm²。

(2)立地指数 24 的优化

在立地指数 24、初植密度 3m×5m、3m×4m 和 2m×4m 的条件下，达到中径材林分标准的是时间分别是 4~5 年、5~6 年和 8~9 年之间。

初植密度 3m×5m 蓄积平均生长量和连年生长量的交叉点在 7 年生,即数量成熟年龄为 7 年,平均胸径为 17.7cm;3m×4m 蓄积平均生长量和连年生长量的交叉点在 6.5~7 年之间,7 年生平均胸径为 16.6cm;2m×4m 蓄积平均生长量和连年生长量的交叉点在 6 年,这时平均胸径为 14.1cm,还没有达到中径材林木的标准,对比之下首先被淘汰。再比较初植密度 3m×5m 和 3m×4m 在 7 年生时中径材生产的结果,中大径材的出材率和出材量分别为 34.84% 和 53.84m^3/hm^2 以及 25.09% 和 39.20m^3/hm^2,3m×5m 比 3m×4m 分别高 13.75 个百分点和 37.35%。

因此,立地指数 24 的优化结果是,选择初植密度 3m×5m,7 年生为轮伐期,这时的平均胸径为 17.7cm,平均高 22.6m,蓄积量 193.16m^3/hm^2、蓄积年平均生长量为 27.59m^3/hm^2;中大径材的出材率和出材量分别为 34.84% 和 53.84m^3/hm^2。

(3)立地指数 26 的优化

在立地指数 26、初植密度 3m×5m、3m×4m 和 2m×4m 的条件下,达到中径材林分标准的是时间分别是 4~5 年、4~5 年和 7~8 年之间。

初植密度 3m×5m 蓄积平均生长量和连年生长量的交叉点也在 7 年生,即数量成熟年龄为 7 年,平均胸径为 18.4cm;3m×4m 蓄积平均生长量和连年生长量的交叉点在 6.5 年,7 年生平均胸径为 17.1cm;2m×4m 蓄积平均生长量和连年生长量的交叉点在 6.5 年,7 年生的平均胸径为 15.3cm,也没有达到中径材林木的标准,对比之下首先被淘汰。再比较初植密度 3m×5m 和 3m×4m 在 7 年生时中径材生产的结果,中大径材的出材率和出材量分别为 40.63% 和 70.83m^3/hm^2 以及 29.62% 和 51.66m^3/hm^2,3m×5m 比 3m×4m 分别高 11.01 个百分点和 37.11%。

因此,立地指数 26 的优化结果是,选择初植密度 3m×5m,7 年生为轮伐期,这时的平均胸径为 18.4cm,平均高 23.4m,蓄积量 217.89m^3/hm^2、蓄积年平均生长量为 31.13m^3/hm^2;中大径材的出材率和出材量分别为 40.63% 和 70.83m^3/hm^2。

(4)立地指数 28 的优化

在立地指数 28,林分只有一种初植密度 3m×4m。达到中径材林分的时间是 4 年以内。3m×4m 蓄积平均生长量和连年生长量的交叉点在 6 年,即数量成熟年龄为 6 年,这时平均胸径为 17.6cm。

因此,立地指数 28 的优化结果是,选择初植密度 3m×4m,6 年生为轮伐期,这时的平均胸径为 17.6cm,平均高 23.7m,蓄积量 235.93m^3/hm^2、蓄积年平均生长量为 39.32m^3/hm^2;中大径材的出材率和出材量分别为 33.99% 和 64.15m^3/hm^2。

第三节 修枝效应

近年来,随着经济的发展,人民生活水平不断提高,对木材的外观和质量提出了更高的要求。树节(包括活节和死节)是限制木材外观等级与内在质量的主要因素。国家标准(GB/T 9846.4—2004)对热带阔叶树材胶合板面板上节疤的数量和大小提出了严格的规定:胶合面板上活节的最大单个直径,优等品不允许超过 10mm,一等品不允许超过 20mm,优等品不允许有半活节、死节,一等品不得超过 3 个/m^2,合格品不得超过 5 个/m²。修枝是一项重要的林木抚育措施，尤其对于集约化程度要求较高的桉树人工林，其不仅影响林分树高、胸径与材积生长，还影响林木的枝条发育、调节林木干、枝、叶之间物质分配、光合及其生理变化、木材材性、树体形质、同时改变林木冠层结构和其对应的光环境等诸多方面(王胜春，2016；Bianch，2017)。我国自 20 世纪 70 年代以来开展了修枝方面的研究，这些研究大多集中于修枝的作用、目的及修枝技术上，如修枝的强度、修枝方法、修枝季节等。修枝对桉树人工林集约经营意义重大(沈国舫，2001)。因此，开展修枝技术研究有助于制定合理的修枝方案，为桉树人工林高效培育以及无节良材培育提供科学依据。

目前冠层光环境对林木影响的研究主要采用半球面影像技术(Hemispherical Photography)来获取林冠结构和林下光照数据是比较快捷、准确的方法(Lang，2010)，并且广泛应用于林业中的诸多领域，包括生态(光、水分、养分分布、植物多样性等)，森林资源调查(生长、产量、林分动态)，水文(积雪、降水、洪水、溪流温度等)和生物物理参数(叶面积指数，开度等)(Richard，2017)。有许多针对冠层结构的相关研究，其中具有代表性的有：采用半球冠层摄影技术，对奥克斯塔提亚国家公园针叶林的质量和数量进行了分析。发现其叶面积指数(LAI)与凋落物显著相关。这使得叶面积指数(LAI)在主要营养成分的质量平衡计算中具有重要意义(Sidabras and Augustaitis，2015)。冠层结构的改变可能产生一系列复杂的影响，有研究表明改变冠层结构加剧光抑制，可能通过光氧化胁迫导致细胞死亡(Pintó，2007)。修枝前后叶面积指数变化较大，叶量随时间变化增多，在对照叶面积指数下降时修枝处理叶面积指数仍在增加，且第二年中，叶量在月开始减少，说明修枝能够延长树木生长期(尚富华，2010)。冠层光环境研究近年来越来越受到学者的重视，但主要集中在具体描述和单因子分析，尚未见从整体上分析影响最显著的光环境因子。

一、修枝强度对尾巨桉冠层光环境影响

本研究以尾巨桉作为研究对象，对不同修枝强度处理后尾巨桉冠层光环境的变化情况和冠层光环境参数与叶面积指数的关系进行探讨，以期得出不同修枝处理冠层参数的变化规律，找出影响叶面积指数最显著的光环境因子，为尾巨桉用材林经营提供理论参考。

试验地及林分概况：尾巨桉修枝试验地位于广东省广宁县北市镇北市林场，地理位置是北纬 23°50′24″，东经 112°34′31″。该区属亚热带季风气候，冬寒秋凉，夏热春湿，相对湿度 95%。雨量充沛，年降雨量不低于 1800mm，昼夜温差大，平均最高气温 35.5℃，最低气温 −5℃，且土质肥沃。试验林营造时间为 2012 年 7 月，修枝处理为 2013 年 4 月。试验地共设 5 种处理，分别是：CK(不修枝)；P1 轻度修枝(修去冠长的 1/6)；P2 中度修枝(修去冠长的 2/6)；P3 强度修枝(修去冠长的 3/6)；P4 重度修枝(修去冠长的 4/6)；随机区组排列，3 次重复。

冠层影像系统：Hemi View 冠层分析仪采用 Canon EOS 50D 数码相机，Sigma EX-DC.45mm 鱼眼镜头，镜头变换器(180°)，SLM8 自平衡支架；在符合冠层相片获取的天气状况下，相同时间段对不同修枝处理的林分采集 5 幅全天空照片。数据分析：运用 DPS 数据处理系统对数据进行多重比较(LSD 检验，$\alpha = 0.05$)、多元逐步回归和通径

分析等处理，用 GraphPad Prism 作图。

间接光定点因子(ISF)表示漫射光穿透冠层的比例(Stovall, 2009)；直接立地因子(DSF)表示冠层以下直接太阳辐射与上方直接太阳辐射的比值(Kitao, 2019)；总定点因子(GSF)可用于反映树下光照的强度，即直接立地因子(DSF)；间接立地因子(ISF)的加权之和也称间隙光指数(Richard, 2017)；冠层总透光比(VisSky)是天空半球(Sky hemisphere)不被冠层遮挡的图像比例(Liu, 2013; Hale and Edwards, 2002)；散射辐射是太阳辐射的重要组成之一，与直接辐射不同，散射辐射可以均匀分布于植物群体内部，更有利于提高目标生态系统的光能利用(Farquhar, 1997; Alton, 2007; 卫楠, 2017)；叶面积指数(LAI)是单位林地面积与林分中林木叶总面积的比值，是衡量林分结构是否合理的重要指标之一，并且直接关系到林分同化光能的数量，影响生产力的提高(王希群, 2005)。

通过对消除初始条件影响，于修枝后 27 月和 36 月对尾巨桉冠层光环境参数进行测定。由图 4-33A 可知，间接光定点因子在修枝后 27 月时的变化范围(0.322~0.370)最高为重度修枝处理 P4，最低为 CK，且存在显著差异，修枝后 36 月时的变化范围(0.238~0.326)随修枝强度增加而增强。图 4-33B 表示修枝后 27 月和 36 月时变化规律为随修枝强度增加而增强。修枝后 27 月时直接定点因子排序为 P3>P4>P2>P1>CK，修枝后 36 月时各处理随修枝强度增加呈现先减少后增加的趋势。由图 4-33C 可知，其变化趋势与图 4-33B 相同。

27 月时重度修枝(P4)处理的总透光比最高(图 4-33D)，达到 28.64%，经方差分析得知，P4 与 P3、P1 处理无统计学差异，且 P3 处理、P1 处理又与其他处理无显著差异。各处理排序为 P4>P3>P1>P2>CK。到 36 月时经过 9 个月的生长恢复，各处理总透光比都有所减少，最佳处理依然是 P4 处理与 P3 处理，二者与其他处理都存在显著差异。

5 种修枝强度的冠层下总直接辐射(DirBe)由图 4-33E 可知，27 月时各处理冠层下总直接辐射随修枝强度增加而增加；到 36 月时因冠层枝叶得到恢复而有所改变，P1 处理表现最差，且除与对照外都存在统计学显著差异。各处理叶量恢复不同，P1、P2、P3 和 P4 处理之间亦存在显著差异。

由图 4-33F 可知 27 月时冠层下散射辐射 P4 处理最高，达到 878.57MJ/($m^2 \cdot d$)，其次为 P1 处理。各处理排序为 P4>P1>P3>P2>CK。36 月时为：P4>P3>P1>P2>CK。

冠层下的总辐射值由冠层下直接辐射与冠层下散射辐射值之和，由图 4-33G 可以看出其基本规律及各处理统计学分析都与冠层下直接辐射相似。

由图 4-33H 可知，修枝后 28 月调查 LAI 指数最高为 CK 处理，排序为 CK>P1>P2>P3>P4。修枝后 36 月调查 LAI 指数排序为 CK>P1>P2>P3>P4。由此可知，叶面积指数与林下总透光比、冠层下总直接辐射、冠层下总辐射呈负相关，即叶面积指数越大，透光率越小。

二、冠层光环境的变化对叶面积指数的影响

采用多元逐步回归及通径分析方法，得出尾巨桉在修枝后 28 月和 36 月的叶面积指数与相关生态因子的关系。

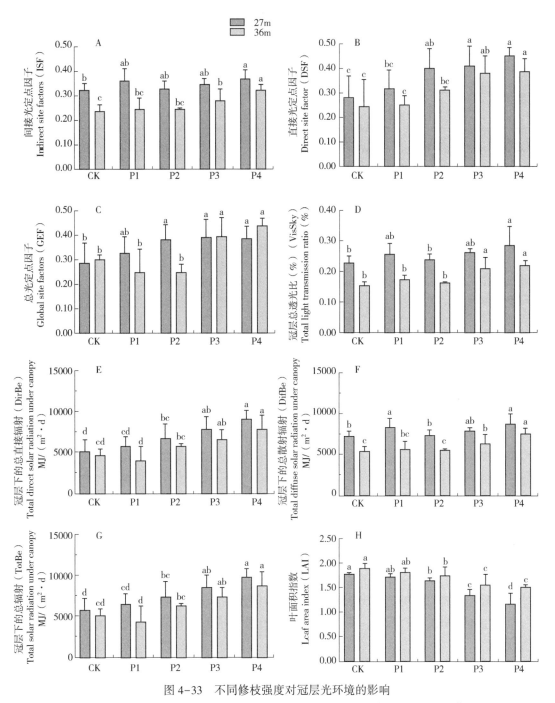

图 4-33 不同修枝强度对冠层光环境的影响

注：用最小显著差异方法（LSD）进行多重比较，同行标有不同小写字母表示组间差异显著（$P<0.05$）。

1. 修枝后 28 月叶面积指数与其影响因子的相关性

对尾巨桉的叶面积指数及其影响因子进行二元变量相关分析可见，$X2$（DSF）与叶面积指数相关性达到显著水平，$X5$（TotBe）、$X6$（DirBe）与叶面积指数相关性呈极显著差异。影响叶面积指数（LAI）的因素很多，因此，二元变量相关分析在某些情况下无法真实准确地反映变量之间的关系。单纯计算简单相关系数，显然不能准确地解释各因子间的关系。而多元逐步回归分析能有效地从众多影响因子中挑选出对 $Y(LAI)$ 贡献大的因子，并建立 Y 与这些因子的"最优"回归方程。以 $ISF(X1)$、$DSF(X2)$、$GSF(X3)$、$VisSky(X4)$、$TotBe(X5)$、$DirBe(X6)$、$DifBe(X7)$ 和 $LAI(Y)$ 进行多元逐步回归，得到下列回归方程：

表 4-47 相关系数矩阵(28 月)

相关系数	X1	X2	X3	X4	X5	X6	X7	Y	显著水平 P
X1(ISF)	1	0.5597	0.4183	0.9531	0.6924	0.6715	0.991	−0.6857	0.2013
X2(DSF)		1	0.9508	0.7065	0.9519	0.9551	0.5146	−0.8851	0.0459*
X3(GSF)			1	0.5236	0.8376	0.8445	0.3393	−0.7585	0.1372
X4(VisSky)				1	0.8483	0.8329	0.9555	−0.8489	0.0689
X5(TotBe)					1	0.9996	0.6647	−0.9815	0.003**
X6(DirBe)						1	0.6427	−0.9815	0.003**
X7(DifBe)							1	−0.6604	0.225
Y(LAI)								1	0.0001

注：*和**分别表示 0.05 和 0.01 水平显著。下同。

$Y = 2.562226769 + 4.017670809X2 - 1.7740006309X3 - 0.00027779668220X6$（相关系数 $R = 0.9997$，$F = 514.5092$，显著水平 $P = 0.0324$）。此回归模型可信度达 99.97%，经 F 检验，变量与自变量的相关性达显著水平，模型的拟合值与观察值接近（表 4-48），表明其预测能力较强，是较理想的回归方程。从回归方程可以看出，影响叶面积指数的主要光环境因子是 $DSF(X2)$、$GSF(X3)$ 和 $DirBe(X6)$。从逐步回归中挑选的几个因子与叶面积指数的偏相关系数来看（表 4-49），光环境因子对叶面积指数影响的顺序为 $DirBe(X6) > DSF(X2) > GSF(X3)$，且 $X2$ 与 Y 的相关关系达显著水平，$X6$ 与 Y 的相关关系呈极显著差异。通径分析研究多个相关变量之间的关系，并将其分为因果和平行两类关系进行研究（吴瑞云，2007）。在通径分析中，从直接作用绝对值大小看，光环境因子对叶面积指数影响的顺序为 $DirBe(X6) > DSF(X2) > GSF(X3)$，显然对叶面积指数起直接影响的主要光环境因子是 $DirBe(X6)$（与偏相关系数分析相符）（表 4-50）。

以上分析表明，决定间伐 27 月后尾巨桉叶面积指数的主要因子是 $DirBe(X6)$，这一因子与叶面积指数的相关关系达极显著负相关，即冠层下总直接辐射越大，叶面积指数越小。

表 4-48 观测值与拟合值

样本	观测值	拟合值	拟合误差
CK	1.76	1.7671	−0.0071
P1	1.71	1.6995	0.0105
P2	1.63	1.6325	−0.0025
P3	1.35	1.3508	−0.0008
P4	1.17	1.1701	−0.0001

表 4-49 偏相关分析

项目	偏相关	t 检验值	P 值
r(Y, X2)=	0.9831	5.3745	0.0329
r(Y, X3)=	-0.9389	2.7277	0.1122
r(Y, X6)=	-0.9978	14.9157	0.0045

表 4-50 通径系数

因子	直接通径系数	间接通径系数		
		X2	X3	X6
X2	1.1059	—	-0.2953	-1.6957
X3	-0.3106	1.0514	—	-1.4993
X6	-1.7754	1.0562	-0.2623	—

2. 修枝后 36 月叶面积指数与其影响因子的相关性

对 36 月尾巨桉叶面积指数及其影响因子进行相关分析(表 4-51)可见,7 项光环境因子中,X1、X5、X6 和 X7 与叶面积指数相关性达到显著水平,X2、X4 与叶面积指数相关性呈极显著差异。应用多元逐步回归分析方法,以 ISF(X1)、DSF(X2)、GSF(X3)、VisSky(X4)、TotBe(X5)、DirBe(X6)、DifBe(X7) 和 LAI(Y) 进行多元逐步回归,挑选影响较大的因子,得到回归方程:$Y = 2.668427344 - 1.4154389154X2 - 2.8319959585X4$(相关系数 $R = 0.9939$,$F = 80.7265$,显著水平 $P = 0.0122$)。此回归模型可信度达 99.39%,其拟合值与观察值接近(表 4-52)。从回归方程可以看出,影响叶面积指数的主要光环境因子是 DSF(X2)、VisSky(X4)。从逐步回归中挑选的因子与叶面积指数的偏相关系数(表 4-53)来看,光环境因子对叶面积指数影响的顺序为 DSF(X2)>VisSky(X4),均与 LAI(Y) 的呈负相关关系。在通径分析中,从直接作用绝对值大小看,光环境因子对净光合速率影响的顺序为 DSF(X2)>VisSky(X4),显然光环境因子对叶面积起直接主要影响作用的是 DSF(X2)(与偏相关系数分析相符)(表 4-54)。

以上分析表明,决定间伐后第三年尾巨桉叶面积指数的主要因子是 DSF(X2) 和 VisSky(X4)。

表 4-51 相关系数矩阵(36 月)

相关系数	X1	X2	X3	X4	X5	X6	X7	Y	显著水平 P
X1(ISF)	1	0.8411	0.9095	0.9389	0.9042	0.8863	0.9995	-0.915	0.0293 *
X2(DSF)		1	0.835	0.8968	0.9499	0.9439	0.8278	-0.9721	0.0056 * *
X3(GSF)			1	0.8946	0.8768	0.857	0.9021	-0.845	0.0715
X4(VisSky)				1	0.8512	0.8263	0.9275	-0.9633	0.0084 * *
X5(TotBe)					1	0.9988	0.9002	-0.9272	0.0233 *
X6(DirBe)						1	0.883	-0.9137	0.03 *
X7(DifBe)							1	-0.9041	0.0352 *
Y(LAI)								1	0.0001

表 4-52　观测值与拟合值

样本	观测值	拟合值	拟合误差
CK	1.898	1.8753	0.0227
P1	1.8101	1.8232	-0.0131
P2	1.7456	1.7642	-0.0186
P3	1.551	1.5322	0.0188
P4	1.4864	1.4962	-0.0098

表 4-53　偏相关分析

项目	偏相关	t 检验值	P 值
$r(Y, X2)=$	-0.9112	3.1286	0.0521
$r(Y, X4)=$	-0.8818	2.6436	0.0774

表 4-54　通径系数

因子	直接通径系数	间接通径系数	
		$X2$	$X3$
$X2$	-0.553	—	-0.4191
$X4$	-0.4673	-0.496	

三、主要结论

冠层总透光比(VisSky)排序为 $P4>P3>P1>P2>CK$。到 36 月时经过 9 个月的生长恢复，各处理的总透光比都有所减少。说明修枝导致冠层枝叶的减少是影响冠层总透光比的主要因素之一，但是并非修枝强度越大总透光比越大。各处理冠层下总直接辐射(DirBe)随修枝强度增加而增加，说明其与枝条数量呈正相关。P4 处理的冠层下散射辐射(DifBe)最高，说明其并不是完全由冠层枝叶的多少决定，可能由于叶、枝等器官对光的吸收、反射和透射的综合作用。冠层下的总辐射值(TotBe)基本规律及各处理统计学分析都与冠层下直接辐射相似。不同修枝强度对冠层总透光比、冠层下总直接辐射、冠层下散射辐射及冠层下总辐射值有显著影响。修枝后 28 月调查 LAI 指数最高为 CK 处理，指数随修枝强度增加而减少。修枝后 36 月调查 LAI 指数排序为 $CK>P2>P3>P4>P1$。随修枝强度增大而减小，这说明越靠近树冠下层叶量越大，重度修枝对叶量减少最明显，且叶面积指数与林下光环境指标呈显著负相关。

冠层光环境的时空变化被广泛理解为森林生态动力学的一个重要因素，林分光的时空异质性主要受林冠结构的影响(Chrimes，2005；Valladares Guzmán，2006；Ding，2005)，林下光环境是冠下幼树生长、发育的关键决定性因素。而叶面积指数作为研究群体结构的重要参数之一，研究林分叶面积指数可以为合理培育提供理论依据，并成为衡量林分质量的重要指标。为探讨尾巨桉叶面积指数与冠层光环境因子的关系，对其进行二元变量相关分析，结果表明，修枝后 27 月时 $X2$(DSF)与叶面积指数相关性达到显著水平，$X5$、$X6$(DirBe)与叶面积指数相关性呈极显著的相关关系。对叶面积指数起主要影响作用。但简单相关分析与偏相关分析及通径分析的结果并不完全一致，偏相关分析及通径分析表明，尾巨桉叶面积指数主要受到 DSF($X2$)、GSF($X3$)和 DirBe($X6$)的影响。二元变量的相关分析表明，修枝后 36 月几项光环境因子中，$X1$(ISF)、$X5$(TotBe)、$X6$(DirBe)和 $X7$(DifBe)与叶面积指数相关性达到显著水平，$X2$(DSF)、$X4$(VisSky)与叶面积指数相关性呈极显著差异。偏相关分析及通径分析反映出对尾巨桉叶面积指数的影响顺序为 DSF($X2$)>VisSky($X4$)，且呈负相关。

冠层光环境研究还处在初步阶段，未来需要从光环境综合条件、光合特性及光利用效率等方面来全方位解析修枝措施对冠层光环境的影响。

第五章
间伐效应

第一节 试验设计与调查

一、试验设计

选择不同区域、不同立地类型的地区开展综合间伐试验,包括闽南地区、粤中北、桂南、桂中北、湘南地区等。在4~7年生的新造林和萌芽林两种现有林分中,寻找立地条件较好、交通方便、林木生长和保存较好的林分,通过不同间伐强度研究,探索两种林分在培育桉树大径材的模式之间的潜力差别。

1. 间伐处理设计

共设计了15个处理,包括不间伐、间伐后保留200、300、400、500、600、700、800株/hm²(在小区面积400m²的情况下,小区保留株数分别为8、12、16、20、24、28、32株);间伐后,又分保留1株萌芽条和不留萌芽条两种情况:①不保留萌芽条,即从小径材→培育大径材模式;②保留1株萌芽条,长短结合模式,即从小径材→大径材+小径材模式。间伐后,无论是哪种间伐处理,所保留的萌芽条生长普遍不好,有的是病虫害造成,更多的是管理出现问题,因此,间伐后萌芽处理不纳入本次结果分析;参加本次结果分析的只有8个间伐处理(表5-1)。

表5-1 间伐试验设计(400m²保留株数)

处理号	重复一	重复二	重复三	重复四
1	对照	12	16	28
2	32	20	8	12
3	28	8	20	对照
4	24	对照	12	8
5	20	24	对照	32
6	16	32	28	24
7	12	28	24	16
8	8	16	32	20

2. 间伐原则

①去"弱"留"强",所谓"弱"和"强"都是相对的,是指与周边几株立木比较的强与弱。②全小区分布均匀。不能因为一群树小而集中采伐,出现"天窗",也不能因为一群大树集中保留不间伐。试验设计:每个小区400m²(20m×20m),15个处理,3次(丘陵区)至4次(平台地)重复,合计45~60个观测小区,小区随机排列;测量区试验所需净面积为27~36亩[①](400m²×15处理×3次重复),试验实际的面积150~300亩。在非测量区,林分统一间伐到500~600/hm²(即间伐50%左右)。小区与小区之间、小区与非测量区之间都有明显的区别界线,以免混淆。

3. 抚育措施

①扩穴2m×2m、深20cm;施肥前每年一次。②追肥,每年4月前追肥。施肥方法:一是观测目标树,挖小沟20cm×20cm×50cm,行内两侧,离树桩1m,施肥量每侧0.5kg NPK复合肥,合计1kg/株。二是萌芽株,在2m左右除萌芽,保留1条,施肥量0.5kg/株;三是对照处理林分,施肥量0.5kg/株。试验观测:固定样地设置。第一步,寻找合适样地,每个小区400m²(20m×20m),小区内林木生长整齐、保存率高。第二步,标记固定样地,小区与小区之间、小区与非测量区之间都必须有明显的区别界线,设固定桩,画位置图。

二、试验调查

1. 本底调查

(1) 立木调查

树高、胸径、冠幅和枝下高等;造林时间和背景登记等;土壤和植被调查;气候因子调查。开始间伐,按照试验设计要求进行;用不同的颜色喷漆标记需要保留和砍伐的林木。采伐株在登记表上标记"已砍伐"。

(2) 年度调查

林木调查,每半年调查一次。每年的4月底前(代表旱季生长调查)和10月底至11月初(代表雨季生长调查)各调查一次。植被调查,每年10月底调查一次。土壤调查,2020年前再调查一次。

(3) 土壤调查

选择有代表性的一个重复的标准地,在本地调查和结题调查时进行,合计开展2次调查。在标准地内按一定原则挖3个土壤剖面做土壤深度调查(以1.0m为最大调查深度,超过1.0m即标记为>1.0m,其他如实登记),利用环刀法测定0~40cm、40~60cm、60~100cm的土壤容重、孔隙度(总孔隙度、毛管孔隙度和非毛管孔隙度)、持水量(饱和持水量、毛管持水量和田间持水量)等指标;在环刀取样同时利用土壤袋取土(每层200g左右),带回实验室风干粉碎过筛待测。0~40cm混合后取200g,40~100cm混合取200g。最终分0~40cm土层和40~100cm土层送样检测土壤有机质、pH值,土壤黏粒含量,N、P、K有效含量和土壤B含量。

设立的间伐试验点见表5-2。

---

① 1亩=1/15hm²,下同。

表5-2 设立的间伐试验点

地区	树种	造林时间	间伐时间及年龄(月)	面积(亩)
1. 粤中北地区：广东清远市清城区飞来峡镇	尾巨桉	2012	2017.5(53)	200
2. 桂南地区：广西扶绥县东门林场雷卡分场	尾巨桉	2012萌芽	2017.8(59)	200
3. 粤中北地区：广东清远市清新区禾云镇	尾巨桉	2010.5萌芽	2017.4(76)	300
4. 桂中北地区：广西鹿寨县黄冕林场波寨分场	尾巨桉	2010.5	2017.4(78)	150
5. 闽南地区：福建龙海市九龙岭林场	尾巨桉	2011.5	2017.1(85)	150
6. 桂南地区：广西扶绥县东门林场华侨分场	尾巨桉	2008.5	2017.5(103)	200

2. 试验地概况

(1)清远市清新区禾云镇新国村委会杨梅村

地理坐标为23°52′58.6″N，113°03′10.1″E，2010年采伐后萌芽更新尾巨桉林，试验地净面积27亩。2010年5月萌芽，2017年4月间伐。

(2)清远市清城区飞来峡镇高田村委会高塱大水坝村

地理坐标为23°51′36.9″N，113°10′51.0″E，试验地净面积27亩。2012年6月新造尾巨桉林，2017年5月间伐。

两地均属于亚热带季风气候，四季分明、昼夜温差明显、雨量充沛，年均降雨量2100mm，无霜冻期300d以上，年平均气温18~21℃。

(3)广西国有黄冕林场波寨分场

地理坐标为109°52′59.6″~109°58′18″E，24°46′17.9″~24°52′11″N，2010年5月造林，2017年4月间伐。该区域属于南亚热带季风气候，四季分明，无霜期长，光热资源充足，降雨量集中在4~8月，年平均气温20.3~22.4℃，年平均降雨量815~1686mm，年平均日照时数1275~1579h。成土母质砂页岩，土壤为黄红壤，土层较厚。

(4)广西崇左扶绥县东门林场华侨和雷卡分场

地理坐标为107°15′~108°00′E，22°17′~22°30′N。该区域属于典型的亚热带季风气候，年均温度为21.2~22.3℃，年降雨量为1100~1300mm，主要集中在6~8月。海拔140~250m，坡度<15°，土壤为砖红壤，pH值为4.5~6.0，大部分地区土层较深，约80cm。华侨分场尾巨桉植苗林间伐试验：2008年5月造林，2017年5月间伐。雷卡分场尾巨桉萌芽林间伐试验：2007年5月造林，2012年5月萌芽，2017年5月间伐。

(5)福建龙海市九湖镇东头村九龙岭国有林场

地理坐标为117°37′~174°5′E，24°20′~24°75′N，属于南亚热带海洋性季风气候，该地区年均气温21.4℃，极端高温41.5℃，极端低温0℃，年均日照数达2000h，年均降雨量1563mm。土层较厚，土壤为砖红壤。2010年4月造林，2017年5月间伐。

第二节　间伐对冠层光环境的影响

森林的生产依赖于光的截留来进行光合作用，而光的截留则依赖于叶面积以及它们在树冠内和整个林冠内的排列方式。冠层是树木光合作用的主要层次，冠层结构造成的林下光环境差异对于植物的生长和群落的更新演替有着重要的生态学意义，其重要作用已引起全球生态学家的高度重视。冠层结构和组成影响着林木对降雨截留、光截获的能力,进而影响地表的植被、土壤性质等,决定着林地内林木生长质量(管惠文和董希斌,2018)。林下光照可分为直射光(穿过林冠空隙直接照射到林下的光)和散射光(从任意方位反射到林下的光)(胡理乐等,2009)。不同的冠层结构导致了直射光和散射光对林下总光照贡献的变化(Christian,1995;Gendron et al.,1998)。林分叶面积指数(Olivas et al.,2013)显著影响冠层光截获和光利用效率(de Mattos et al.,2020)。间伐是调整林分结构状况的重要措施,通过间伐可改善林下光照等生境条件(Sullivan et al.,2002),构建合理的冠层结构,使得林内光分布趋于合理,提高光能利用率、林分生长率,改善林木品质(Zhang et al.,2007;雷相东等,2005),促进森林可持续发展(张甜等,2016)。研究抚育间伐条件下林分冠层结构与林内光环境响应的意义重大。本书通过对粤北(广东清远),桂北(广西国有黄冕林场)尾巨桉人工林进行不同强度的抚育间伐,对尾巨桉冠层结构和冠层光环境参数展开研究,为更好地改善林分结构、提高光能利用率、促进林分生长提供可行性建议。

一、研究方法

冠层光环境参数测定采用 Hemi View 冠层分析仪,Canon EOS 50D 数码相机,Sigma EX-DC.45mm 鱼眼镜头,镜头变换器(180°),SLM8 自平衡支架;在符合冠层相片获取的天气状况下,相同时间段对不同修枝处理的林分采集 5 幅全天空照片。本文所采用的参数:叶面积指数(leaf area index,LAI)、冠层总透光比(total light transmission ratio,VisSky)、冠层下的总直接辐射(total direct solar radiation under canopy,DirBe)、冠层下总散射辐射(total diffuse solar radiation under canopy,DifBe)、冠层下的总辐射(total solar radiation under canopy,TotBe)、直接定点因子(Direct Site Factor,DSF)、间接定点因子(indirect site factor,ISF)、总定点因子(global site factors,GSF)作为光环境因子对不同间伐强度夏尾巨桉冠层光环境进行分析。

二、53月生林分间伐后冠层光环境变化分析

2012 年 7 月造林,2016 年 12 月生长量本底调查,2017 年 5 月间伐,冠层参数测定时间为 2017 年 12 月(66m)、2018 年 11 月(79m)和 2019 年 12 月(90m)(图 5-1)。属于亚热带季风气候,四季分明、昼夜温差明显、雨量充沛,年均降雨量 2100mm,无霜冻期 300d 以上,年平均气温 18~21℃。

1. 不同间伐强度对冠层结构参数的影响

冠层总透光比(VisSky)也称为林隙分数,是指在一片指定区域(sky sector)中可视天空(visible sky)的比例,即将图像中像素等级作为开放的天空(不被植被阻隔的)所占图像(在两个空间间隔中)中天空网格区域的指数。由图 5-2A 可知,间伐 8 个月后即 66m 林龄时,最佳处理为保留 8 株,冠层总透光比达到 0.6655,是保留 16 株的 1.13 倍、是保留 24 株的 1.27 倍、是保留 32 株的 1.35 倍、是 CK 的 1.41 倍,其与保留 24 株,保留 32 株和 CK 差异显著。79m 时,最高值出现在保留 16 株小区,最低为保留 32 株小区,二者差异显著。90m 时,最佳处理为保留 24 株,最差为保留 8 株,各处理无统计学差异。

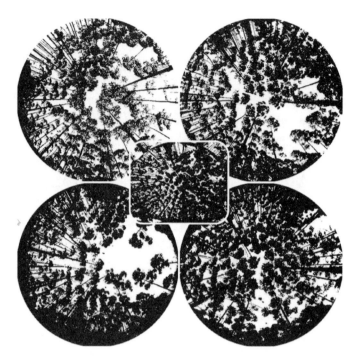

图 5-1 间伐处理保留 8 株(左上)、16(右上)、24(左下)、32(右下)和 CK(中间)的阈值处理后图片

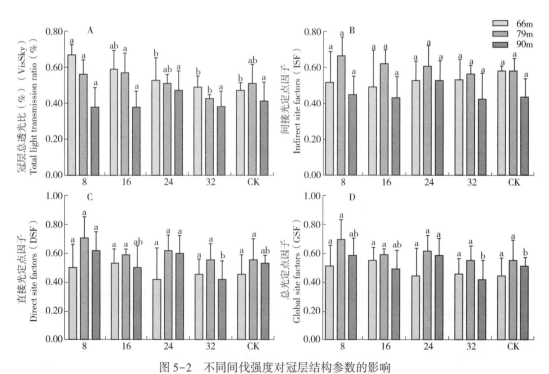

图 5-2 不同间伐强度对冠层结构参数的影响

注：采用 Duncan's 新复极差法进行多重比较，同行标有不同小写字母表示组间差异显著($P < 0.05$)，下同。横坐标 8、16、24、32、CK 指 400m² 样方内的株数，下同。

间接光定点因子也称散射光指数,指树冠下散射光占开放地区的散射光的比值(吴祥云等,2011),由图5-2B可知,间接光定点因子呈现先上升后逐渐下降的趋势,66m时CK处理达最高,达到0.5763,比保留8株处理高0.0645,比保留16株处理高0.091,比保留24株处理高0.0523,比保留32株处理高0.0501。79m时最高处理为保留8株,其余依次为保留16株、保留24株、CK、保留32株。90m时各处理均有所下降。经方差分析可知,66m、79m和90m时各处理无显著差异,说明抚育间伐对冠层间接光定点因子无显著相关。

由图5-2C可知,直接光定点因子在66m时,最高处理为保留16株,达到0.5293,最低处理为保留24株,为0.4238;各处理无统计学差异。79m月时的变化范围(0.5513~0.7003)最高为保留8株处理,最低为CK处理,二者无显著差异,90m时的变化范围(0.4180~0.6138)最高为保留8株,其余处理依次为保留24株、CK、保留16株、保留32株,保留8株和保留24株与保留32株之间存在显著差异。说明直接光定点因子的大小与林分间伐强度无显著相关。

冠层总定点因子(GSF)可用于反映树下光照的强度,即直接定点因子(DSF)与间接定点因子(ISF)的加权之和,如图5-2D所示:冠层总定点因子与冠层直接定点因子变化趋势一致。66m时,最大值出现在保留16株处理,最小值为保留24株(0.4437)。79m时,最高处理为保留8株,达到0.6933,显著高于最低的保留28株处理($p<0.05$)。90m时,各处理排序为保留24株>保留8株>CK>保留16株>保留32株。总光定点因子与林分间伐强度无显著相关。

2. 不同间伐强度对冠层光环境的影响

散射辐射是太阳辐射的重要组成之一,与直接辐射不同,散射辐射可以均匀分布于植物群体内部,更有利于提高目标生态系统的光能利用(Farquhar and Roderick, 2003; Alton, 2007; 卫楠等, 2017)。图5-3A可看出,66m到79m时总散射辐射呈上升趋势,到90m时呈现下降。66m时,CK处理最佳,达到625.67MJ/($m^2 \cdot d$),最低处理为保留16株。总体上呈现随间伐强度增加而下降的趋势。79m时,最高处理为保留8株,达到713.83MJ/($m^2 \cdot d$),是最低处理保留32株的1.18倍。90m时,各处理散射辐射有所下降,排序为保留24株>保留8株>CK>保留16株>保留32株。经方差分析可知,各处理无显著差异,说明抚育间伐对冠层总散射辐射无显著相关。

由图5-3B可知,冠层的总直接辐射与间伐强度呈正相关,即间伐强度越大,直接辐射越大。最优处理为保留8株,范围为3325~3703.17MJ/($m^2 \cdot d$),66m时是保留32株的1.85倍,是保留24株的1.65倍,是CK的1.41倍,是保留16株的1.10倍,其中保留8株与保留24株,保留32株,CK具有统计学显著差异。在79m时,保留8株为最高处理,达到3325MJ/($m^2 \cdot d$),经方差分析极显著于CK($P<0.05$)。90m时,依然是保留8株处理最高,与CK差异显著。

冠层下总辐射与冠层下总直接辐射变化趋势基本一致,66~90m随着间伐强度的减小一直呈下降趋势。

叶面积指数决定了植被的生产能力,与林冠的蒸腾作用、光合作用等密切相关。由图5-3D可见:66m时,最高处理为CK,达到0.7453,显著高于保留8株和16株

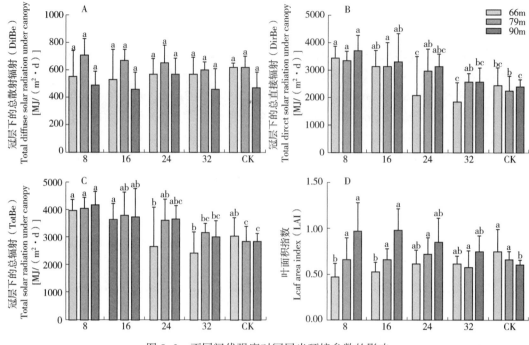

图5-3　不同间伐强度对冠层光环境参数的影响

($P<0.05$)；排序为CK>保留32株>保留24株>保留16株>保留8株。79m时，最高处理为保留24株，比最低的保留32株高1.26倍。90m时，最高处理为保留16株，排序依次为保留16株>保留8株>保留24株>保留32株>CK。总体表现为叶面积指数与林龄呈现显著的负相关性，即随着林龄增加叶面积指数逐步增大，可能因为间伐后冠层空间得以释放，促进了叶面积的增长。

三、76月生林分间伐后冠层光环境变化分析

地理坐标为(23°52′58.6″N，113°03′10.1″E)，2010年采伐后萌芽更新尾巨桉林，试验地净面积27亩。2010年萌芽，2016年底生长量本底调查，2017年4月间伐，冠层参数测定时间为2017年12月(88m)、2018年12月(100m)和2019年12月(112m)(图5-4)。

1. 不同间伐强度对冠层结构参数的影响

由图5-5A可知，随着林龄增加总透光比一直呈下降趋势。88m时，保留8株处理为最佳处理，排序为保留8株>保留16株>保留32株>保留24株>CK。保留8株与CK差异显著。100m时，最高处理为保留24株，达到0.4503，比保留32株高1.02倍、比保留8株高1.10倍、比CK高1.13倍、比保留16株高1.22倍，且与之差异显著。112m时，保留8株处理显著高于保留32株($P<0.05$)，达到0.395。

图5-5B可知，各处理的间接光定点因子在88m时，最佳处理为保留24株，达到0.5795，最低处理为CK，各处理无显著差异。在100m时表现出显著差异，随着间伐强度减小而减小。其中最佳为保留8株(0.4750)，最差为保留32株(0.3320)。保留8株和保留16株与保留24株、保留32株及CK处理差异极显著($P<0.01$)。112m时，各处理排序为保留8株>保留24株>保留32株>保留16株>CK，各处理无显著差异。

图 5-4 间伐处理保留 8(左上)、16(右上)、24(左下)、
32(右下)和 CK(中间)的阈值处理后图片

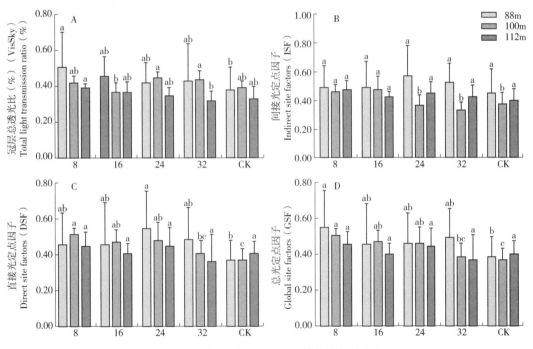

图 5-5 不同间伐强度对冠层结构参数的影响

图 5-5C 展示了不同间伐强度对冠层直接光定点因子的影响，发现随着林龄的增加，间伐强度为保留 8 株和 16 株的处理呈现先上升后下降的趋势，间伐强度为保留 24 株和 32 株的处理呈现直线下降趋势，而 CK 呈现逐步上升趋势。88m 时，最高值出现在保留 24 株小区，达到 0.5448，显著高于 CK（$P<0.05$）。100m 时，保留 8 株处理最佳，达到 0.5105，是最低处理 CK 的 1.39 倍，是保留 32 株的 1.28 倍，且与二者存在

显著差异。112m 时，各处理排序为保留 8 株>保留 24 株>CK>保留 16 株>保留 32 株。各间伐处理不具有统计学差异。

由图 5-5D 可知，88m 时，总光定点因子最佳为保留 8 株处理，显著高于 CK，是其 1.44 倍。100m 时，保留 8 株处理最高，达到 0.5032，显著高于保留 32 株的 0.3873、CK 的 0.369（$P<0.05$）。112m 时，各处理无统计学差异，与冠层直接定点因子的规律一致。

2. 不同间伐强度对冠层光环境的影响

如图 5-6A 所示，88m 时，最高冠层下总散射辐射处理为保留 16 株，达到 628.83MJ/(m²·d)，各处理不具有统计学差异。在 100m 时，各处理排序为保留 16 株>保留 8 株>CK>保留 24 株>保留 32 株，其中保留 16 和 8 株显著高于 CK、保留 24 株、保留 32 株（$P<0.05$）。112m 时，各处理无显著差异。

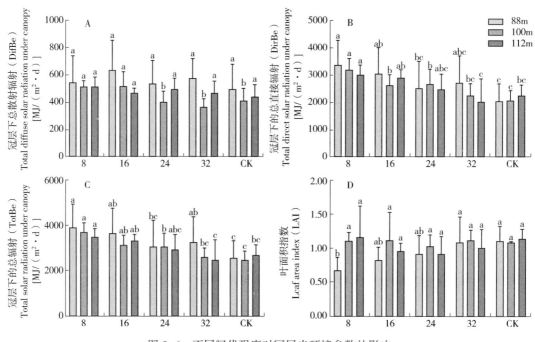

图 5-6 不同间伐强度对冠层光环境参数的影响

由图 5-6B 可知，冠层下的总直接辐射（DirBe）在 88m 时，依次表现为保留 8 株 [3326.33MJ/(m²·d)]>保留 16 株 [2971.83MJ/(m²·d)]>保留 32 株 [2657.33MJ/(m²·d)]>保留 24 株 [2470.57MJ/(m²·d)]>CK [2015.68MJ/(m²·d)]。保留 8 株处理与保留 24 株、保留 32 株、CK 处理存在显著差异。100m 时，最佳处理为保留 8 株，达到 3138.17MJ/(m²·d)，显著高于其余间伐处理（$P<0.05$）。112m 时，随着间伐强度的增加冠层下的总直接辐射逐渐增大，各处理存在显著差异（$P<0.05$）。

图 5-6C 是不同间伐强度对冠层下的总辐射的影响，因其为冠层下总散射辐射与冠层下总直接辐射之和，其与冠层下总直接辐射规律一致。88m 时，间伐保留 8 株为最，达到 3863.33MJ/(m²·d)，是最低处理 CK 的 1.54 倍，且与其他处理差异显著（$P<0.05$），与 CK 差异极显著（$P<0.01$）。100m 时，最佳处理依然是保留 8 株，其余

依次是保留 16 株、保留 24 株、保留 32 株、CK，即随小区保留株数越多冠层下的总辐射越低。112m 时各间伐处理排序为保留 8 株>保留 16 株>保留 24 株>CK>保留 32 株。保留 32 株处理显著低于保留 8 株、16 株（$P<0.05$）。

由图 5-6D 可知，叶面积指数随间伐强度降低而升高，即保留株数越多叶面积指数越大，且随着间伐强度的增加呈现先增再减的变化趋势，其中 88m 时，保留 8 株小区达到最小值，为 0.6590；CK 达到最大值，为 1.0883，这与冠层透光的变化正好相反。100m 时，各处理排序为保留 16 株>保留 32 株>保留 8 株>CK>保留 24 株；到 112m 时，保留 8 株小区的叶面积指数达到 1.1442，超过 CK 的 1.1273。说明叶面积指数在间伐后逐渐恢复，并且超过对照处理。

四、78 月生林分间伐后冠层光环境变化分析

2010 年 5 月造林，2016 年底生长量本底调查，2017 年 4 月间伐。冠层参数测定时间为 2017 年 12 月（91m）、2018 年 12 月（103m）和 2019 年 12 月（116m）（图 5-7）。该区域属于南亚热带季风气候，四季分明，无霜期长，光热资源充足，降雨量集中在 4~8 月，年平均气温 20.3~22.4℃，年平均降雨量 815~1686mm，年平均日照时数 1275~1579h。成土母质砂页岩，土壤为黄红壤，土层较厚。

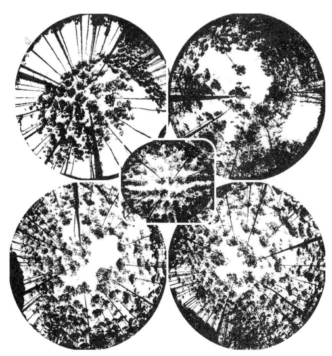

图 5-7　间伐处理保留 8（左上）、16（右上）、24（左下）、32（右下）和 CK（中间）的阈值处理后图片

1. 不同间伐强度对冠层结构参数的影响

图 5-8A 可看出，冠层总透光比随着间伐强度的减小而减小，即保留株数越多总透光比越小。随着林龄的增加，透光比也减小。最高值为 91m 时保留 8 株小区，达到

0.6685，是保留 16 株的 1.18 倍，是保留 24 株的 1.45 倍，是保留 32 株的 1.69 倍，是 CK 的 1.71 倍。保留 8 株处理与除保留 6 株外的其余处理差异显著。103m 时，最佳处理依然是保留 8 株，达到 0.6422，与各其他处理都存在显著差异。经过 25 月后各处理透光比有所下降，但保留 8 株小区仍然是 CK 的 1.64 倍，且显著高于 CK（$P<0.05$）。

91m 时，间接光定点因子（图 5-8B）最佳为保留 8 株小区，排序为保留 8 株>保留 16 株>保留 32 株>保留 24 株>CK；经多重比较可知，保留 8 株、12 株、16 株处理均显著高于 CK（$P<0.05$）。103m 时，最佳处理为保留 8 株（0.5013），其与保留 24 株差异显著（$P<0.05$）。116m 时，依旧是保留 8 株处理最高，达到 0.5568，比最低的 CK 处理高 1.49 倍，与其差异达到极显著水平（$P<0.01$）。

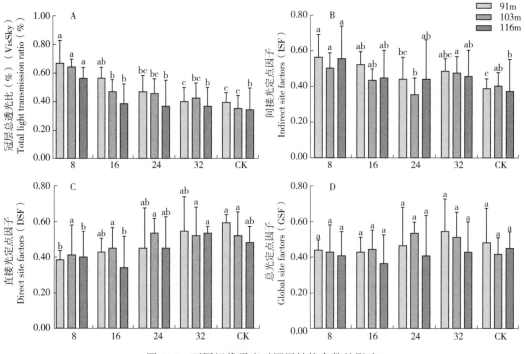

图 5-8　不同间伐强度对冠层结构参数的影响

由图 5-8C 可知，直接光定点因子在间伐强度为保留 8 株，保留 16 株，保留 24 株时随着林龄的增加呈现先上升后下降的趋势。间伐强度增大直接光定点因子随之减小，91m 时，CK 最高，达到 0.5973，最低为保留 8 株小区，为 0.3985，且统计学差异达到显著水平（$P<0.05$）。103m 时，保留 24 株小区的直接光定点因子超过了 CK，达到 0.5387，是最低处理保留 8 株的 1.36 倍，说明经过间伐，冠层结构得到优化，以保留 24 株对直接光定点因子的影响最佳。

总光定点因子（图 5-8D）是间接光定点因子与直接光定点因子之和，且受直接光定点因子的影响最大，随着林龄的增加呈现先上升后下降的趋势。间伐强度增加直接光定点因子随之减小，但是不同间伐强度间的差异性达不到显著水平。91m 时最大值出现在保留 32 株小区，均值达到 0.5503，是保留 8 株处理的 1.24 倍，是保留 16 株处理的 1.28 倍，是保留 24 株小区的 1.19 倍，是 CK 的 1.13 倍。到 103m 时，以保留 24 株小区最佳。116m 时，最佳处理为 CK。

2. 不同间伐强度对冠层光环境的影响

由图 5-9A 可知，保留 8 株、保留 24、保留 32 处理和 CK 处理的冠层下总散射辐射随林龄的增加逐渐下降，91m 时最高值出现在保留 24 株小区，达到 613.5MJ/(m²·d)，最低为保留 16 株小区，各间伐处理无显著差异。103m 时，最佳处理依然为保留 24 株，其次为保留 8 株，最差为保留 32 株，保留 24 株处理与 CK 差异显著（$P<0.05$）。116m 时最佳处理为保留 32 株处理，达到 495.33MJ/(m²·d)，最低处理为 CK，只有 405MJ/(m²·d)，占保留 32 株处理的 82%，无显著差异。

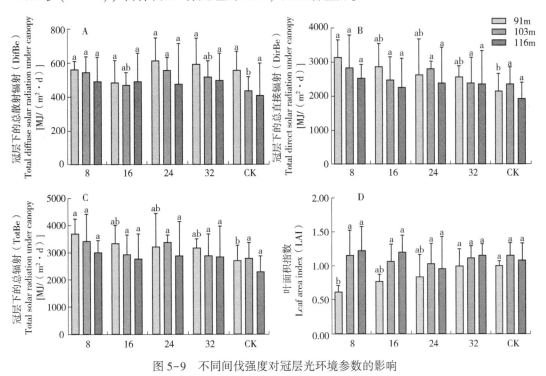

图 5-9 不同间伐强度对冠层光环境参数的影响

图 5-9B 是不同间伐强度对冠层下总直接辐射的影响，从图中可以看出，间伐强度越高，冠层下总直接辐射越高。91m 时保留 8 株处理最高，达到 3140MJ/(m²·d)，最低为 CK 处理的 2140MJ/(m²·d)，且存在显著差异（$P<0.05$）。103m 时最佳处理依旧为保留 8 株，达到 2854.5MJ/(m²·d)，比最低处理 CK 高 1.22 倍。116m 时直接辐射最高值出现在保留 8 株小区，达到 2535.67MJ/(m²·d)，是最低的小区 CK 的 1.33 倍。各处理排序为保留 8 株>保留 24 株>保留 32 株>保留 28 株>保留 16 株>CK，各处理无显著差异。

冠层下的总辐射值是冠层下直接辐射与冠层下散射辐射值之和，由图 5-9 可知，不同间伐强度对冠层下总辐射值影响与冠层下直接辐射的规律相符。91m 时，保留 8 株小区最佳，达到 3702.5MJ/(m²·d)，比最低的 CK 高 1.37 倍。103m 时，最高处理同样是保留 8 株处理，达到 3398.5MJ/(m²·d)，最低为 CK 处理，是最高处理的 81%，无显著差异。116m 时各处理无显著差异，保留 8 株小区最佳，其余处理分别是保留 8 株、保留 32 株、保留 16 株、保留 24 株、CK。

叶面积的大小及其分布，直接影响着林分对光能的截获及利用，进而影响着林分生产力(王希群，2005)，将4种间伐林分的叶面积指数与对照相比可知(图5-9D)：91m时，最高叶面积指数为CK，达到0.9965，是最低处理保留8株的1.60倍，保留8株、16株、24株处理的林分叶面积指数显著低于保留32株和CK($P<0.05$)。103m时，最高处理为CK，达到1.1595，是保留8株的1.01倍，是保留16株的1.08倍，是保留24株的1.13倍，是保留32株的1.03倍。可知经过一年的恢复，各间伐处理的叶面积指数基本恢复。116m时，叶面积指数最佳处理为保留8株，其次是保留16株，最差为保留24株。其中保留8株和保留24株均超过对照，达到对照的113.3%和111.8%，间伐强度较高的2个处理在2年后超过对照处理，说明改善林分的空间格局对其叶面积指数有积极影响。

五、不同区域间伐对冠层的影响

为了解粤西北(高田53月生、禾云76月生)、桂北(黄冕78月生)三个试验区冠层结构特征，对所采集的主要冠层结构参数采用Duncan's新复极差法进行多重比较，以期得出各区域特征的规律。

由表5-3可知，冠层总透光比由高到低依次为黄冕保留8株、高田保留8株、高田保留16株、黄冕保留16株、高田保留24株，均值分别达到0.6685、0.6655、0.5853、0.5635、0.5247，与其余处理差异显著($P<0.05$)，且禾云处理明显低于黄冕和高田，可能的原因是因为禾云为二代萌芽林，冠层恢复不及一代林。

表5-3 不同区域总透光比多重比较(2017)

排序	处理	均值	5%显著水平	1%极显著水平
1	黄冕保留8株	0.6685	a	A
2	高田保留8株	0.6655	a	A
3	高田保留16株	0.5853	ab	AB
4	黄冕保留16株	0.5635	abc	AB
5	高田保留24株	0.5247	abcd	AB
6	禾云保留8株	0.5118	bcd	AB
7	高田保留32株	0.4913	bcd	AB
8	高田CK	0.4703	bcd	AB
9	禾云保留16株	0.4623	bcd	B
10	黄冕保留24株	0.4618	bcd	B
11	禾云保留32株	0.4342	bcd	B
12	禾云保留24株	0.4233	cd	B
13	黄冕保留32株	0.3945	d	B
14	黄冕CK	0.392	d	B
15	禾云CK	0.381	d	B

注：同列无相同小写字母表示差异显著($P<0.05$)，无相同大写字母表示差异极显著($P<0.01$)。下同。

表 5-4 是间伐后 1.5 年后的测量数据,可以看到,冠层总透光比较前一年都有所下降,究其原因为林分抚育间伐后枝叶经过恢复生长,林下透光比逐渐减小。由高到低排序为黄冕保留 8 株>高田保留 16 株>高田保留 8 株>高田 CK>高田保留 24 株>黄冕保留 16 株>黄冕保留 24 株>禾云保留 24 株>禾云保留 32 株>高田保留 32 株>禾云保留 8 株>黄冕保留 32 株>禾云 CK>禾云保留 16 株>黄冕 CK。其中黄冕保留 8 株、高田保留 16 株、高田保留 8 株显著高于其他处理($P<0.05$)。依旧是禾云较差。

表 5-4 不同区域总透光比多重比较(2018)

排序	处理	均值	5%显著水平	1%极显著水平
1	黄冕保留 8 株	0.6422	a	A
2	高田保留 16 株	0.5695	ab	AB
3	高田保留 8 株	0.563	abc	ABC
4	高田 CK	0.5093	bcd	BCD
5	高田保留 24 株	0.5087	bcd	BCD
6	黄冕保留 16 株	0.4737	cde	BCDE
7	黄冕保留 24 株	0.4527	def	BCDE
8	禾云保留 24 株	0.4503	def	BCDE
9	禾云保留 32 株	0.4435	defg	CDE
10	高田保留 32 株	0.4298	defg	DE
11	禾云保留 8 株	0.421	defg	DE
12	黄冕保留 32 株	0.4198	defg	DE
13	禾云 CK	0.3973	efg	DE
14	禾云保留 16 株	0.3693	fg	E
15	黄冕 CK	0.3483	g	E

2019 年不同区域冠层总透光比见表 5-5,黄冕保留 8 株、高田保留 24 株最佳,均值分别达到 0.5603、0.4733,与其他处理相比存在显著差异($P<0.05$),与黄冕保留 24 株、禾云保留 24 株、黄冕 CK、禾云 CK、禾云保留 32 株相比存在极显著差异($P<0.01$)。

表 5-5 不同区域总透光比多重比较(2019)

排序	处理	均值	5%显著水平	1%极显著水平
1	黄冕保留 8 株	0.5603	a	A
2	高田保留 24 株	0.4733	ab	AB
3	高田 CK	0.414	b	AB
4	禾云保留 8 株	0.395	b	AB
5	高田保留 32 株	0.3827	b	AB
6	黄冕保留 16 株	0.381	b	AB
7	高田保留 16 株	0.3778	b	AB
8	高田保留 8 株	0.3762	b	AB
9	黄冕保留 32 株	0.3692	b	AB

(续)

排序	处理	均值	5%显著水平	1%极显著水平
10	禾云保留 16 株	0.3687	b	AB
11	黄冕保留 24 株	0.359	b	B
12	禾云保留 24 株	0.346	b	B
13	黄冕 CK	0.342	b	B
14	禾云 CK	0.3327	b	B
15	禾云保留 32 株	0.3228	b	B

总光定点因子反映透过冠层的太阳辐射量，由表 5-6 可知，各区域处理排序为禾云保留 8 株、黄冕保留 32 株、高田保留 16 株、高田保留 8 株、禾云保留 32 株、黄冕 CK、黄冕保留 24 株、高田保留 32 株、禾云保留 16 株、禾云保留 24 株、高田 CK、高田保留 24 株、黄冕保留 8 株、黄冕保留 16 株、禾云 CK，均值分别达到 0.5505、0.5503、0.5502、0.5105、0.4905、0.486、0.4643、0.4585、0.4572、0.4565、0.4453、0.4437、0.4433、0.4313、0.3813，各处理之间无明显规律，无统计学差异。

表 5-6　不同区域总光定点因子多重比较（2017）

排序	处理	均值	5%显著水平	1%极显著水平
1	禾云保留 8 株	0.5505	a	A
2	黄冕保留 32 株	0.5503	a	A
3	高田保留 16 株	0.5502	a	A
4	高田保留 8 株	0.5105	a	A
5	禾云保留 32 株	0.4905	a	A
6	黄冕 CK	0.486	a	A
7	黄冕保留 24 株	0.4643	a	A
8	高田保留 32 株	0.4585	a	A
9	禾云保留 16 株	0.4572	a	A
10	禾云保留 24 株	0.4565	a	A
11	高田 CK	0.4453	a	A
12	高田保留 24 株	0.4437	a	A
13	黄冕保留 8 株	0.4433	a	AB
14	黄冕保留 16 株	0.4313	a	A
15	禾云 CK	0.3813	a	A

到 2018 年，即间伐 1 年半后，各处理的总光定点因子普遍增长，排名前 3 为高田保留 8 株、高田保留 24 株、高田保留 16 株，显著高于高田 CK、高田保留 32 株、黄冕保留 24 株、黄冕保留 32 株（$P<0.05$），极显著高于禾云保留 8 株、禾云保留 16 株、禾云保留 24 株、黄冕保留 16 株、黄冕保留 8 株、黄冕 CK、禾云保留 32 株、禾云 CK（$P<0.01$）。比较特殊的是黄冕保留 8 株、黄冕 CK、禾云保留 32 株、禾云 CK，相对前一年有所下降。其中黄冕 8 株处理为尾巨桉与米老排混交，米老排生长逐渐影响林下光环境。见表 5-7。

表 5-7 不同区域总光定点因子多重比较（2018）

排序	处理	均值	5%显著水平	1%极显著水平
1	高田保留 8 株	0.6933	a	A
2	高田保留 24 株	0.6165	ab	AB
3	高田保留 16 株	0.5907	abc	ABC
4	高田 CK	0.5553	bcd	ABCD
5	高田保留 32 株	0.5537	bcd	ABCD
6	黄冕保留 24 株	0.5347	bcd	ABCDE
7	黄冕保留 32 株	0.5175	bcde	ABCDE
8	禾云保留 8 株	0.5032	bcdef	BCDE
9	禾云保留 16 株	0.4693	cdef	BCDE
10	禾云保留 24 株	0.4602	cdef	BCDE
11	黄冕保留 16 株	0.4507	def	BCDE
12	黄冕保留 8 株	0.4288	def	CDE
13	黄冕 CK	0.4207	def	CDE
14	禾云保留 32 株	0.3873	ef	DE
15	禾云 CK	0.369	f	E

间伐 2 年半后，总体来看（表 5-8），总光定点因子较上一年有所下降，排名 1、2 的为高田保留 24 株和高田保留 8 株，分别达到 0.5867、0.5857，显著高于禾云 CK、禾云保留 16 株、禾云保留 32 株、黄冕保留 16 株。从排名来看，高田处理普遍高于禾云和黄冕，说明高田的冠层枝叶恢复高于禾云和黄冕。

表 5-8 不同区域总光定点因子多重比较（2019）

排序	处理	均值	5%显著水平	1%极显著水平
1	高田保留 24 株	0.5867	a	A
2	高田保留 8 株	0.5857	a	A
3	高田 CK	0.5107	ab	A
4	高田保留 16 株	0.4922	ab	A
5	黄冕 CK	0.4513	ab	A
6	禾云保留 8 株	0.4508	ab	A
7	禾云保留 24 株	0.4425	ab	A
8	黄冕保留 32 株	0.431	ab	A
9	高田保留 32 株	0.4187	ab	A
10	黄冕保留 24 株	0.411	ab	A
11	黄冕保留 8 株	0.4095	ab	A
12	禾云 CK	0.4033	b	A
13	禾云保留 16 株	0.4017	b	A
14	禾云保留 32 株	0.3705	b	A
15	黄冕保留 16 株	0.3648	b	A

由冠层下总辐射多重比较(表5-9)可知,间伐初期普遍规律为间伐强度越强,冠层下总辐射越强,表现最佳处理是高田保留8株、禾云保留8株、黄冕保留8株,其次为高田保留16株、禾云保留16株、黄冕保留16株。由此可知三个不同区域排序为高田>禾云>黄冕。而黄冕CK、高田保留24株、禾云CK、高田保留32株,4个处理显著低于其他处理。

表5-9　不同区域冠层下总辐射多重比较(2017)

排序	处理	均值[MJ/(m²·d)]	5%显著水平	1%极显著水平
1	高田保留8株	3976.5	a	A
2	禾云保留8株	3863.333	a	AB
3	黄冕保留8株	3702.5	ab	AB
4	高田保留16株	3645.667	abc	AB
5	禾云保留16株	3600.667	abc	AB
6	黄冕保留16株	3345.333	abcd	AB
7	禾云保留32株	3227.333	abcd	AB
8	黄冕保留24株	3221.5	abcd	AB
9	黄冕保留32株	3150.167	abcd	AB
10	高田CK	3049.333	abcd	AB
11	禾云保留24株	3001.667	abcd	AB
12	黄冕CK	2698.833	bcd	AB
13	高田保留24株	2644.333	bcd	AB
14	禾云CK	2508	cd	AB
15	高田保留32株	2417	d	B

表5-10反映的是间伐1年半后的冠层下总辐射值,表中排名第一为高田保留8株,达到4038.833MJ/(m²·d),是最低处理禾云CK的1.66倍。高田保留8株、高田保留16株、禾云保留8株、高田保留24株、黄冕保留8株、黄冕保留24株显著高于高田保留32株、禾云保留16株、禾云保留24株($P<0.05$),与黄冕保留16株、黄冕保留32株、高田CK、黄冕CK、禾云保留32株、禾云CK具有极显著差异($P<0.01$)。

表5-10　不同区域冠层下总辐射多重比较(2018)

排序	处理	均值[MJ/(m²·d)]	5%显著水平	1%极显著水平
1	高田保留8株	4038.833	a	A
2	高田保留16株	3787.833	ab	AB
3	禾云保留8株	3643.333	abc	AB
4	高田保留24株	3620	abc	AB
5	黄冕保留8株	3398.5	abcd	ABC
6	黄冕保留24株	3351.667	abcde	ABC
7	高田保留32株	3177.167	bcdef	ABC

(续)

排序	处理	均值[MJ/(m²·d)]	5%显著水平	1%极显著水平
8	禾云保留16株	3087.833	bcdef	ABC
9	禾云保留24株	3027	bcdef	ABC
10	黄冕保留16株	2964.333	cdef	BC
11	黄冕保留32株	2887.833	cdef	BC
12	高田CK	2850.333	cdef	BC
13	黄冕CK	2767	def	BC
14	禾云保留32株	2548	ef	C
15	禾云CK	2427.333	f	C

间伐2年半后，总体来看（表5-11），高田保留8株处理依旧是最佳，为4185.667MJ/(m²·d)，比前一年增长了146.834MJ/(m²·d)，高田保留16株、高田保留24株、禾云保留8株、禾云保留16株次之，均与高田保留32株、黄冕保留8株、禾云保留24株、黄冕保留24株、高田CK、黄冕保留32株、黄冕保留16株、禾云CK、禾云保留32株、黄冕CK差异显著（$P<0.05$）。

表5-11　不同区域冠层下总辐射多重比较（2019）

排序	处理	均值[MJ/(m²·d)]	5%显著水平	1%极显著水平
1	高田保留8株	4185.667	a	A
2	高田保留16株	3755.5	ab	AB
3	高田保留24株	3674.833	abc	AB
4	禾云保留8株	3466.333	abc	ABC
5	禾云保留16株	3310.333	abcd	ABC
6	高田保留32株	3029.5	bcd	ABC
7	黄冕保留8株	3027.667	bcd	ABC
8	禾云保留24株	2909.667	bcd	ABC
9	黄冕保留24株	2870.167	bcd	BC
10	高田CK	2866.667	bcd	BC
11	黄冕保留32株	2836.333	bcd	BC
12	黄冕保留16株	2733.667	bcd	BC
13	禾云CK	2653.333	cd	BC
14	禾云保留32株	2438.333	d	BC
15	黄冕CK	2314.333	d	C

如表5-12所示，排名第一的处理为禾云CK，达到1.0883，与禾云保留32株、黄冕CK、黄冕保留32株、禾云保留24株、黄冕保留24株处理之间无显著差异，与其余处理差异达到显著水平（$P<0.05$），与禾云保留8株、黄冕保留8株、高田保留32株、高田保留24株、高田保留16株、高田保留8株存在极显著差异（$P<0.01$）。

表 5-12 不同区域叶面积指数多重比较(2017)

排序	处理	均值	5%显著水平	1%极显著水平
1	禾云 CK	1.0883	a	A
2	禾云保留 32 株	1.0797	ab	A
3	黄冕 CK	0.9965	abc	AB
4	黄冕保留 32 株	0.9852	abc	AB
5	禾云保留 24 株	0.9048	abcd	ABC
6	黄冕保留 24 株	0.834	abcde	ABCD
7	禾云保留 16 株	0.8117	bcde	ABCDE
8	黄冕保留 16 株	0.7672	cdef	ABCDE
9	高田 CK	0.7453	cdef	ABCDE
10	禾云保留 8 株	0.659	defg	BCDE
11	黄冕保留 8 株	0.6233	efg	CDE
12	高田保留 32 株	0.608	efg	CDE
13	高田保留 24 株	0.6043	efg	CDE
14	高田保留 16 株	0.521	fg	DE
15	高田保留 8 株	0.4653	g	E

表 5-13 为间伐 1 年半后不同区域叶面积指数特征,除高田保留 32 株以外,其余处理较前一年都有所恢复,各处理排序为黄冕 CK>黄冕保留 8 株>黄冕保留 32 株>禾云保留 16 株>禾云保留 32 株>禾云保留 8 株>黄冕保留 16 株>禾云 CK>黄冕保留 24 株>禾云保留 24 株>高田保留 24 株>高田保留 8 株>高田 CK>高田保留 16 株>高田保留 32 株。黄冕,禾云处理极显著高于高田($P<0.01$),黄冕保留 8 株由 2017 年的第 11 位上升到了第 2 位,说明其增长率最高,但是其林下间种了米老排,所以对其忽略不计。

表 5-13 不同区域叶面积指数多重比较(2018)

排序	处理	均值	5%显著水平	1%极显著水平
1	黄冕 CK	1.1595	a	A
2	黄冕保留 8 株	1.145	a	A
3	黄冕保留 32 株	1.1245	a	A
4	禾云保留 16 株	1.1128	a	AB
5	禾云保留 32 株	1.0997	a	AB
6	禾云保留 8 株	1.087	a	AB
7	黄冕保留 16 株	1.0724	a	AB
8	禾云 CK	1.0653	a	AB
9	黄冕保留 24 株	1.0303	a	AB
10	禾云保留 24 株	1.0133	a	ABC
11	高田保留 24 株	0.7253	b	BCD
12	高田保留 8 株	0.6558	b	CD

(续)

排序	处理	均值	5%显著水平	1%极显著水平
13	高田CK	0.6522	b	CD
14	高田保留16株	0.6492	b	CD
15	高田保留32株	0.5742	b	D

间伐2年半后尾巨桉人工林叶面积指数的变化(表5-14)，可以看到，经过2年半的生长各处理排序为黄冕保留8株、黄冕保留16株、黄冕保留32株、禾云保留8株禾云CK、黄冕CK、禾云保留32株、高田保留16株、高田保留8株、黄冕保留24株、禾云保留16株、禾云保留24株、高田保留24株、高田保留32株、高田CK，较前一年增长排序为高田保留16株>高田保留8株>高田保留32株>黄冕保留16株>高田保留24株>黄冕保留8株>禾云CK>禾云保留8株>黄冕保留32株，分别增长了0.3285、0.3124、0.1685、0.1304、0.1224、0.0741、0.062、0.0572、0.0208，其余处理为负增长。说明经过恢复，林分叶面积指数达到增长高峰后不再继续增长，而且可能在临界值附近上下浮动。

表5-14 不同区域叶面积指数多重比较(2019)

排序	处理	均值	5%显著水平	1%极显著水平
1	黄冕保留8株	1.2191	a	A
2	黄冕保留16株	1.2028	a	A
3	黄冕保留32株	1.1453	a	A
4	禾云保留8株	1.1442	a	A
5	禾云CK	1.1273	ab	A
6	黄冕CK	1.0763	ab	AB
7	禾云保留32株	0.9987	ab	AB
8	高田保留16株	0.9777	abc	AB
9	高田保留8株	0.9682	abc	AB
10	黄冕保留24株	0.952	abc	AB
11	禾云保留16株	0.9417	abc	AB
12	禾云保留24株	0.9147	abc	AB
13	高田保留24株	0.8477	abc	AB
14	高田保留32株	0.7427	bc	AB
15	高田CK	0.5982	c	B

六、结论

1. 间伐强度桉树人工林冠层结构参数的影响

对粤北、桂北桉树人工林进行5种不同强度抚育间伐处理，分析2017—2019年各样地间伐对林分冠层的影响。

冠层总透光比在不同区域的规律相同，即随着间伐强度增加而增加，保留株数越多冠层总透光比越小，随着林龄增加，透光比逐渐呈下降趋势，可能是枝叶的恢复导致间伐影响逐渐减小。间伐半年后测量数据表明：无论是粤北（高田、禾云）还是桂北（黄冕），最佳冠层总透光比都是保留8株。间伐1.5年后各区域开始出现差异，高田最高值出现在保留16株小区，禾云最高处理为保留24株，黄冕最佳处理依然是保留8株。间伐2.5年后，高田最佳处理为保留24株，最差为保留8株，各处理无统计学差异。禾云保留8株处理显著高于保留32株，二者差异显著。黄冕保留8株小区仍然是最佳处理，且显著高于CK（$P<0.05$）。总体来看，间伐初期冠层总透光比随着间伐强度增加而增加，即保留株数越多冠层总透光比越小，随着林龄增加，透光比逐渐呈下降趋势，到间伐2年半时高田5种间伐处理已无显著差异，可能是枝叶的恢复导致间伐影响逐渐减小，禾云和黄冕仍然具有显著差异。说明林龄较小的高田林分经过抚育间伐后冠层枝叶恢复比禾云、黄冕更快。

间接光定点因子总体上呈现先上升后逐渐下降的趋势，经方差分析可知，高田和禾云各处理无显著差异，说明抚育间伐对冠层间接光定点因子无显著相关。高田直接光定点因子的大小与林分间伐强度无显著相关。禾云和黄冕的直接光定点因子随着林龄的增加，呈现先上升后下降的趋势，且间伐强度增加直接光定点因子随之减小。总光定点因子与直接光定点因子基本一致。

总散射辐射总体上呈现随间伐强度增加而下降趋势，随林龄的增加也是逐渐下降。冠层的总直接辐射与间伐强度呈正相关，即间伐强度越大，直接辐射越大。不同间伐强度对冠层下总辐射值影响与冠层下直接辐射的规律一致。

叶面积指数随间伐强度降低而升高，即保留株数越多叶面积指数越大，且随着间伐强度的增加呈现先增再减的变化趋势。间伐后林分的结构得到调整，林冠结构更为合理，穿透顶层林冠到达中下层的光辐射更多，促进了冠层中下层枝叶的生长，从而导致叶面积指数在间伐后大幅增长。抚育间伐强度对尾巨桉叶面积指数、冠层下总辐射有显著差异，随着间伐强度的增加叶面积指数呈现先增再减的趋势，冠层下总辐射呈现先减再增的变化趋势，这与前人（李祥，2015；张甜等，2017；董莉莉等，2017）的研究结果一致。在冠层下总辐射中，冠层下的总直接辐射占绝大部分，冠层下散射辐射仅占一小部分，所以冠层下总直接辐射对冠下植物的光合作用贡献较大。

2. 不同区域间伐效应对冠层的影响

抚育间伐能显著改变林分冠层的透光性，不同的间伐强度，不同的林龄，萌芽林与非萌芽林都有所差别，在间伐初期，普遍是间伐强度高的透光比大，因为间伐使林分的林冠枝叶有充足的侧向生长空间（石君杰等，2019）。到2018年，即间伐1年后林冠枝叶有所恢复，冠层透光比有所下降，开始不再遵循间伐强度高和透光比成正比的规律，高田的透光比普遍高于其他区域，可能的原因是其林龄较小，为2012年造林，黄冕是2010年造林，而禾云为2010年一代萌芽林。

总光定点因子在间伐后出现先曾后减的趋势，初期无显著差异，间伐1年半后区域间具有统计学差异，高田抚育间伐处理普遍优于其他，同样可能是林龄较小，恢复能力更强。黄冕CK、禾云保留32株、禾云CK较前一年有所下降，可能的原因是因为其间伐强度较小或无间伐，所以其冠层枝叶侧向生长空间无法带来增长。黄冕保留8株处理则是混交的米老排有所影响。2019年观测数据显示高田优于禾云和黄冕，可能是其林龄较小，冠层枝叶恢复能力较强。

间伐初期间伐强度与冠层下总辐射值呈正相关，三个区域的保留8株处理高于保留16株处理，显著高于其他处理。间伐1年半后，最小值出现在黄冕保留32株、高田CK、黄冕CK、禾云保留32株、禾云CK，说明间伐强度越小或冠层下总辐射越小，符合普遍规律，与管惠文等人的研究一致。（管惠文和董希斌，2018）。间伐2年半后，高田保留8株、高田保留16株、高田保留24株分列前三位，依旧是最佳。说明存在高田>禾云>黄冕的规律，即林龄较小林分>萌芽林>非萌芽林。

3次测量数据显示，林分叶面积指数随着林龄的增加而增加，各间伐强度反映出并不是间伐强度越大，叶面积指数降低越大，说明间伐后的林分结构得到调整，透过林冠的光合辐射更多，促进了冠层枝叶的生长，从而导致叶面积指数的增长，但并非线性增长。间伐半年后，高田各处理叶面积指数明显低于其他区域，可能因为其为林龄比其他两个区域林分小。间伐1年半后及2年半后，排名前三位逐渐被黄冕处理占据，说明其叶面积指数增长最大。

本书研究不同间伐强度对桉树人工林冠层的短期影响，此项结果仅是对后期研究的一个参考，研究还需要更长时期的观测及不断完善研究指标，建立林分生长动态模型，为桉树大径材科学经营提供依据。

第三节　间伐对生长的影响

本节将从两个林分类型实生林和萌芽林，六种初始间伐林龄53月生（广东清远高田镇）、59月生（广西扶绥东门雷卡分场，萌芽林）、76月生（广东清远禾云镇，萌芽林）、78月生（广西黄冕林场）、85月生（福建漳州九龙岭林场）、103月生（广西扶绥东门华侨分场）和五种立地指数SI20、SI22、SI24、SI26和SI28，详细阐述其平均胸径生长过程、直径分布、胸高断面积随林龄的变化和蓄积生长过程等。

一、53月生林分间伐效应分析

1. 初始间伐53月龄的胸径生长过程

根据90月的跟踪调查，初始间伐林龄为53月生的林分平均胸径的实测生长过程见表5-15和图5-10。

表5-15　高田（53月生）不同立地指数的平均胸径实测生长过程　　　　　　　　cm

月龄	53	66	72	78	85	90
SI-22	14.18	15.31	15.80	16.74	17.12	17.75
SI-24	14.59	15.87	16.29	17.21	17.59	18.24
SI-26	15.59	17.13	17.46	18.32	18.74	19.38

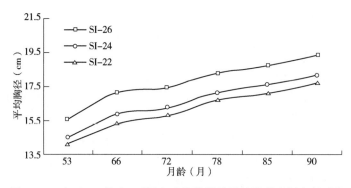

图 5-10　高田(53 月生)不同立地指数林分平均胸径实际生长过程

从表 5-15 和图 5-10 可以看出，立地指数 22、24、26 的胸径平均生长过程较为相似，在林龄 53~90 月生时期中，立地指数 26 与 24 的胸径平均生长差距在 0.99~1.26cm 之间，立地指数 26 与 22 的差距在 1.41~1.82cm 之间。

根据立地指数 22、24 和 26 全部样木的生长过程，利用平均生长量进行模拟，得出以下图 5-11 至图 5-13。

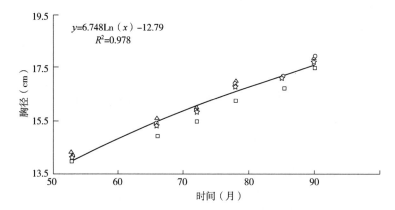

图 5-11　高田(53 月生)立地指数 22 的样木胸径生长过程

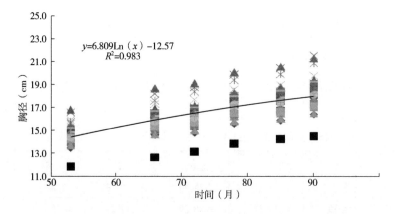

图 5-12　高田(53 月生)立地指数 24 的样木胸径生长过程

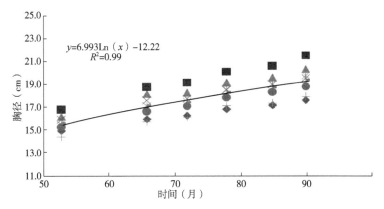

图 5-13　高田(53 月生)立地指数 26 的样木胸径生长过程

在实际测量过程中，在间伐后每隔 5~7 个月开展测量工作，由于间伐后观测的时间只有 4 年，为进一步理解胸径每年的生长量，利用图 5-11 至图 5-13 生成的 3 条回归曲线模拟立地指数 22、24 和 26 的逐年平均胸径生长过程，见表 5-16。这些回归曲线与平均胸径的回归系数都在 0.98 以上，预测精度高。

表 5-16　高田(53 月生)平均胸径模拟生长过程　　　　　　　　　　　　cm

月龄	48	53	60	72	84	96	108	120	132	144	156	168	180	192
年龄	4	4.4	5	6	7	8	9	10	11	12	13	14	15	16
SI-22	13.33	14.18	14.84	16.07	17.11	18.01	18.80	19.51	20.16	20.74	21.28	21.78	22.25	22.68
SI-24	13.79	14.59	15.30	16.55	17.60	18.51	19.31	20.02	20.67	21.27	21.81	22.32	22.79	23.23
SI-26	14.85	15.59	16.41	17.68	18.76	19.69	20.52	21.25	21.92	22.53	23.09	23.61	24.09	24.54

22cm 中径材。根据本书第二章第一节中大径材概念，林分胸径 16.0cm 为中径材标准，由于初始间伐时林木的平均胸径接近 16cm，为更合理描述间伐对林木生长的影响，本章选取 22cm 的中径材作为培育目标。

从表 5-16 得出，在初始间伐林龄为 53 月的条件下，立地指数 22 达到 22cm 中径材培育目标的时间为 15 年(即间伐后 10.6 年)，立地指数 22 间伐后平均每年胸径增长约 0.76cm；立地指数 24 为 14 年(即间伐后 9.6 年)，间伐后平均每年胸径增长约 0.80cm；立地指数 26 为 12 年(即间伐后 7.6 年)，间伐后平均每年胸径增长约 0.91cm。

为全面分析胸径生长情况，再对平均胸径每年的增长量进行分析，用下一年的生长量减去前一年的胸径生长量得出表 5-17。

表 5-17　高田(53 月生)连年胸径增长过程　　　　　　　　　　　　cm

月龄	48	60	72	84	96	108	120	132	144	156	168	180	192
年龄	4	5	6	7	8	9	10	11	12	13	14	15	16
SI-22	1.94	1.51	1.23	1.04	0.90	0.79	0.71	0.64	0.59	0.54	0.50	0.47	0.44
SI-24	1.96	1.52	1.24	1.05	0.91	0.80	0.72	0.65	0.59	0.55	0.50	0.47	0.44
SI-26	2.01	1.56	1.28	1.08	0.93	0.82	0.74	0.67	0.61	0.56	0.52	0.48	0.45

从表 5-16 和表 5-17 得出，胸径连年生长量随着时间的推移逐年变小，立地指数 22、24 和 26 第四年平均胸径连年生长量均超过 1.94cm；立地指数 22、24、26 在 5~7 年平均胸径连年生长量还能超过 1.04cm；此后越来越小，但稳定在 0.44cm 以上。

林分的观测是间伐后 6~7 个月观测一次，90 月生的试验林共观测了 6 次。为更清楚反映林分全过程的胸径分布情况，本书按间伐后 1 年一次，分 4 个阶段 53、66、78 和 90 月生来描述胸径的生长分布规律。

立地指数 22、24 和 26 的林分胸径分布随着林木的竞争，林分分化不断发展，胸径的结构也在不断发生变化，林木直径径阶分布不断扩大，见表 5-18、图 5-20 至图 5-22。

表 5-18　高田(53 月生)3 种立地指数胸径分布频数

月龄	立地指数	径阶(cm)										
		4	6	8	10	12	14	16	18	20	22	24
53	22					1	23	4				
	24	1	7	8	12	50	433	246	17			
	26					7	57	121	20			
66	22						10	16	2			
	24		6	7	10	14	201	391	127	11	1	
	26					4	18	91	74	17		1
78	22						1	15	12			
	24		1	6	7	14	51	308	304	64	8	
	26					10	39	99	52	5		
90	22						6	18	4			
	24			5	7	11	20	173	334	176	30	4
	26					6	22	72	75	26	3	

立地指数 22 的径阶比较少，在 53、66、78、90 月生时，径阶均只有 3 个；立地指数 24 径阶多一些，在 53 月生时为 8 个，在 66、78、90 月生时均为 9 个径阶；立地指数 26 径阶个数有所减小，在 53 月生时为 4 个，在 66、78、90 月生时分别为 6、5、6 个径阶。

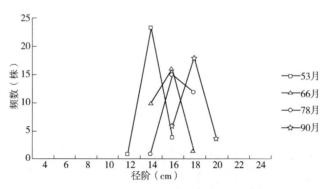

图 5-14　高田(53 月生)立地指数 22 的胸径分布

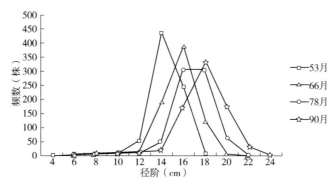

图 5-15　高田(53 月生)立地指数 24 的胸径分布

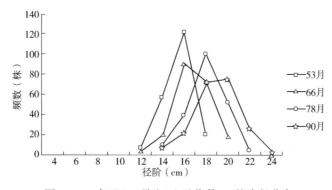

图 5-16　高田(53 月生)立地指数 26 的胸径分布

2. 初始间伐 53 月龄的胸高断面积生长过程

根据 90 月的跟踪调查，初始间伐林龄为 53 月的林分胸高断面积的实测生长过程见表 5-19、图 5-17。

表 5-19　高田(53 月生)不同立地指数的胸高断面积实测生长过程　　　　　m^2/hm^2

月龄	53	66	72	78	85	90
SI-22	3.71	4.33	4.61	5.18	5.41	5.80
SI-24	9.00	10.61	11.15	12.40	12.93	13.86
SI-26	13.68	16.38	17.03	18.70	19.56	20.86

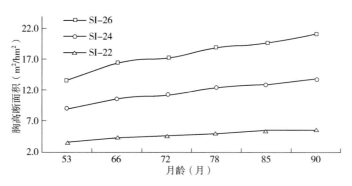

图 5-17　高田(53 月生)胸高断面积

从表 5-19 和图 5-17 可以看出，在林龄 53~90 月生时期中，立地指数 22、24、26 的胸高断面积随立地指数增大而提高，各立地指数胸高断面积的差距随林龄逐步拉大，到 90 月生（间伐后 3.1 年）立地指数 26 与 24、22 的胸高断面积差距分别达 7.00、15.06m²/hm²。

与胸径相似，根据立地指数 22、24 和 26 全部样木的生长过程，利用平均生长量进行模拟，得出以下 3 个回归方程：$BA_{22} = 3.9497Ln(x) - 12.101$，$R^2 = 0.9712$；$BA_{24} = 9.0376Ln(x) - 27.108$，$R^2 = 0.9773$；$BA_{26} = 13.241Ln(x) - 39.095$，$R^2 = 0.9856$；其中 x 为以月为单位的时间。利用上述 3 条回归曲线模拟立地指数 22、24 和 26 的逐年胸高断面积生长过程，见表 5-20。

表 5-20　高田（53 月生）胸高断面积模拟生长过程　　　　　　　　　　　　　　m²/hm²

月龄	48	53	60	72	84	96	108	120	132	144	156	168	180	192
年龄	4	4.4	5	6	7	8	9	10	11	12	13	14	15	16
SI-22	3.19	3.71	4.07	4.79	5.40	5.93	6.39	6.81	7.18	7.53	7.84	8.14	8.41	8.66
SI-24	7.88	9.00	9.90	11.54	12.94	14.14	15.21	16.16	17.02	17.81	18.53	19.20	19.82	20.41
SI-26	12.16	13.68	15.12	17.53	19.57	21.34	22.90	24.30	25.56	26.71	27.77	28.75	29.66	30.52

由上述初始间伐 53 月龄的胸径生长过程部分得知，立地指数 22、24、26 达到 22cm 中径材的时间分别为 15、14、12 年，间伐后，立地指数 22、24、26 的胸径达到 22cm 中径材时的胸高断面积平均每年增长分别为 0.44（间伐后 10.6 年）、1.06（间伐后 9.6 年）、1.71（间伐后 7.6 年）m²/hm²。

为全面分析胸高断面积生长情况，用下一年的生长量减去前一年的胸高断面积生长量得出胸高断面积每年的增长量，见表 5-21。

可以看出，胸高断面积连年生长量随着时间的推移逐年变小，立地指数越高，胸高断面积连年生长量越大，差异显著。立地指数 22 第 4 年胸高断面积连年生长量超过 1.14m²/hm²，此后越来越小，但稳定在 0.25m²/hm² 以上；立地指数 24 第 9 年连年生长量超过 1.06m²/hm²，此后稳定在 0.58m²/hm² 以上；立地指数 22 第 13 年连年生长量还能超过 1.06m²/hm²，此后连续两年稳定在 0.85m²/hm² 以上。

表 5-21　高田（53 月生）胸高断面积增长过程　　　　　　　　　　　　　　m²/hm²

月龄	48	60	72	84	96	108	120	132	144	156	168	180	192
年龄	4	5	6	7	8	9	10	11	12	13	14	15	16
SI-22	1.14	0.88	0.72	0.61	0.53	0.47	0.42	0.38	0.34	0.32	0.29	0.27	0.25
SI-24	2.60	2.02	1.65	1.39	1.21	1.06	0.95	0.86	0.79	0.72	0.67	0.62	0.58
SI-26	3.81	2.95	2.41	2.04	1.77	1.56	1.40	1.26	1.15	1.06	0.98	0.91	0.85

3. 初始间伐 53 月龄的蓄积生长过程

表 5-22 和图 5-18 展现了 53 月生初始间伐林龄的实测生长过程，可以看出，立地指数越大单株材积生长量越大。立地指数 26 的单株材积有明显优势，而 22 和 24 指数的单株材积明显低于 26，这种差距随时间推移越来越大。

表 5-22　高田(53 月生)不同立地指数的平均单株材积实测生长过程　　　　　　　　m³/株

月龄	53	66	72	78	85	90
SI-22	0.14	0.17	0.18	0.21	0.22	0.24
SI-24	0.15	0.19	0.20	0.23	0.24	0.26
SI-26	0.18	0.22	0.24	0.27	0.29	0.30

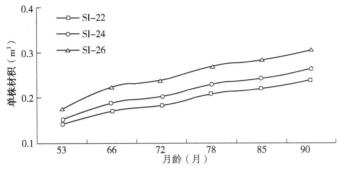

图 5-18　高田(53 月生)平均单株材积

从表 5-23 可以看出，在林龄 53~90 月生时期中，单位面积的蓄积生长量和立地指数关系紧密，立地指数越大，单位面积的蓄积生长量的绝对值也越大。立地指数 26 与 24 的蓄积生长差距在 46.48~74.89m³/hm² 之间，立地指数 26 与 22 的差距在 94.00~156.58m³/hm²。

表 5-23　高田(53 月生)不同立地指数的蓄积实测生长过程　　　　　　　　m³/hm²

立地指数	间伐量	53 月	66 月	72 月	78 月	85 月	90 月
22	75.46	32.73	39.99	42.72	48.66	51.53	55.40
24	81.92	80.25	99.95	106.74	120.66	126.99	137.09
26	88.04	126.73	158.96	168.57	188.85	198.60	211.98

根据立地指数 22、24 和 26 的全部标准地的生长过程，采用平均蓄积生长量进行模拟，得出 3 个回归方程：$V_{22}=42.776\mathrm{Ln}(x)-138.31$，$R^2=0.9773$；$V_{24}=106.18\mathrm{Ln}(x)-343.47$，$R^2=0.9842$；$V_{26}=159.67\mathrm{Ln}(x)-509.27$，$R^2=0.9903$，其中 x 为以月为单位的时间。根据这 3 个回归方程，模拟出在实际测量过程中没有观测到的每个时间节点的蓄积生长量，见表 5-24。

表 5-24　高田(53 月生)蓄积模拟生长过程　　　　　　　　m³/hm²

月龄	48	53	60	72	84	96	108	120	132	144	156	168	180	192
年龄	4	4.4	5	6	7	8	9	10	11	12	13	14	15	16
SI-22	27.28	32.73	36.83	44.63	51.22	56.93	61.97	66.48	70.56	74.28	77.70	80.87	83.82	86.58
SI-24	67.57	80.25	91.27	110.63	126.99	141.17	153.68	164.87	174.99	184.22	192.72	200.59	207.92	214.77
SI-26	108.84	126.73	144.47	173.59	198.20	219.52	238.33	255.15	270.37	284.26	297.04	308.87	319.89	330.19

间伐后，立地指数 22、24、26 的胸径达到 22cm 中径材时的蓄积平均每年增长分

别为 4.82(间伐后 10.6 年)、12.54(间伐后 9.6 年)、20.73(间伐后 7.6 年)m^3/hm^2。

从表 5-25 和图 5-19 得出,所有指数级蓄积量连年生长的高峰值都出现在第四年,峰值很大,指数 22、24 和 26 的峰值分别为 12.31、30.55 和 45.93m^3/hm^2,峰值后的年生长量迅速下降,第一年下降超过 2.76m^3/hm^2,以后逐年下降,但降幅收窄。初始间伐林龄 53 月生,立地指数 22、24、26 林分蓄积连年生长量与平均生长量的交点均出现在第六年。

表 5-25　高田(53 月生)蓄积增长过程　　　　　　　　　　　　　　　m^3/hm^2

月龄	48	60	72	84	96	108	120	132	144	156	168	180	192
年龄	4	5	6	7	8	9	10	11	12	13	14	15	16
SI-22	12.31	9.55	7.80	6.59	5.71	5.04	4.51	4.08	3.72	3.42	3.17	2.95	2.76
SI-24	30.55	23.69	19.36	16.37	14.18	12.51	11.19	10.12	9.24	8.50	7.87	7.33	6.85
SI-26	45.93	35.63	29.11	24.61	21.32	18.81	16.82	15.22	13.89	12.78	11.83	11.02	10.30

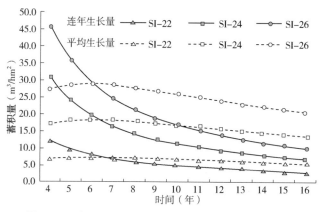

图 5-19　高田(53 月生)蓄积连年和平均生长量曲线

4. SI24 的不同间伐处理的生长差距

(1)胸径

初始间伐林龄为 53 月、立地指数 24,不同间伐处理下的林分平均胸径实测生长过程见表 5-26 和图 5-20。

表 5-26　高田(53 月生)立地指数 24 林分的平均胸径实测生长过程　　　株/hm^2、cm

处理	53 月	66 月	72 月	78 月	85 月	90 月
200	15.45	17.08	17.64	18.72	19.23	20.11
300	14.76	16.02	16.50	17.51	17.89	18.57
400	14.67	16.02	16.44	17.35	17.71	18.39
500	14.79	16.03	16.39	17.33	17.73	18.39
600	14.11	15.21	15.62	16.52	16.89	17.46
700	14.69	16.00	16.34	17.22	17.54	18.17
800	14.66	15.92	16.29	17.14	17.49	18.02
Control	12.58	13.58	13.92	14.67	15.01	15.42

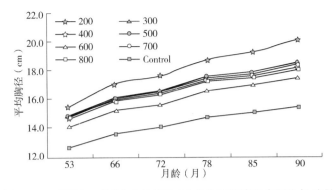

图 5-20　高田(53 月生)立地指数 24 林分平均胸径实际生长过程

可以看出，在立地指数均为 24 的情况下，在 53~90 月龄生长期间，不间伐对照 Control 的平均胸径均低于间伐处理(保留 200、300、400、500、600、700、800 株/hm²)，间伐强度越高，平均胸径越大。

根据不同处理全部样木的生长过程，利用平均生长量进行模拟，得出 8 个回归方程：$D_{200} = 8.6276\text{Ln}(x) - 18.969$，$R^2 = 0.9844$；$D_{300} = 7.1609\text{Ln}(x) - 13.838$，$R^2 = 0.9799$；$D_{400} = 6.9094\text{Ln}(x) - 12.872$，$R^2 = 0.9856$；$D_{500} = 6.7134\text{Ln}(x) - 12.018$，$R^2 = 0.9793$；$D_{600} = 6.3259\text{Ln}(x) - 11.166$，$R^2 = 0.9789$；$D_{700} = 6.4482\text{Ln}(x) - 10.997$，$R^2 = 0.9851$；$D_{800} = 6.314\text{Ln}(x) - 10.496$，$R^2 = 0.9885$；$D_C = 5.3942\text{Ln}(x) - 8.9416$，$R^2 = 0.9854$，其中 x 为以月为单位的时间。进一步模拟出各间伐处理的平均胸径逐年生长过程，见表 5-27。

不间伐对照 Control 达到 22cm 中径材的时间为第 18 年，即间伐后第 13.6 年，保留 200、300、400、500、600、700、800 株/hm² 处理达到 22cm 中径材的时间分别为间伐后的第 5.6、8.6、8.6、9.6、11.6、9.6、10.6 年，比 Control 分别提早了 8、5、5、4、2、4、3 年。

不间伐对照 Control 从 53 月龄到达到 22cm 中径材时的胸径年平均生长量为 0.55cm，间伐保留 200、300、400、500、600、700、800 株/hm² 达到 22cm 中径材时的胸径年平均生长量分别为 1.23、0.88、0.85、0.79、0.69、0.77、0.72cm。

表 5-27　高田(53 月生、立地指数 24)林分的平均胸径模拟生长过程　　株/hm²、cm

月龄	48	53	60	72	84	96	108	120
年龄	4	4.4	5	6	7	8	9	10
200	14.43	15.45	16.36	17.93	19.26	20.41	21.43	22.34
300	13.88	14.76	15.48	16.79	17.89	18.85	19.69	20.44
400	13.88	14.67	15.42	16.68	17.74	18.66	19.48	20.21
500	13.97	14.79	15.47	16.69	17.73	18.62	19.42	20.12
600	13.32	14.11	14.73	15.89	16.86	17.71	18.45	19.12
700	13.97	14.69	15.40	16.58	17.57	18.43	19.19	19.87
800	13.95	14.66	15.36	16.51	17.48	18.32	19.07	19.73
Control	11.94	12.58	13.14	14.13	14.96	15.68	16.31	16.88

(续)

月龄	132	144	156	168	180	192	204	216
年龄	11	12	13	14	15	16	17	18
200	23.16	23.91	24.60	25.24	25.83	26.39	26.91	27.41
300	21.13	21.75	22.32	22.85	23.35	23.81	24.24	24.65
400	20.87	21.47	22.02	22.53	23.01	23.45	23.87	24.27
500	20.76	21.35	21.88	22.38	22.84	23.28	23.68	24.07
600	19.72	20.27	20.78	21.25	21.68	22.09	22.48	22.84
700	20.49	21.05	21.57	22.04	22.49	22.90	23.30	23.66
800	20.33	20.88	21.39	21.86	22.29	22.70	23.08	23.44
Control	17.40	17.87	18.30	18.70	19.07	19.42	19.75	20.05

从表 5-28 可以看出，间伐强度越高，平均胸径连年生长量越大。平均胸径连年生长量随着时间的推移逐年变小。不间伐对照 Control 第五年胸径连年生长量超过 1.20cm，此后越来越小，稳定在 0.31cm 以上；间伐保留 200 株/hm² 第九年连年生长量超过 1.02cm，此后越来越小，但稳定在 0.49cm 以上；保留 300 株/hm² 第七年连年生长量超过 1.10cm，此后越来越小，但稳定在 0.41cm 以上；保留 400、500、600、700、800 株/hm² 处理第六年连年生长量均超过 1.15cm，此后越来越小，但稳定在 0.36cm 以上。

表 5-28 高田(53 月生、立地指数 24)林分的连年胸径增长过程　　　　株/hm²、cm

月龄	48	60	72	84	96	108	120	132	144	156	168	180	192	204	216
年龄	4	5	6	7	8	9	10	11	12	13	14	15	16	17	18
200	2.48	1.93	1.57	1.33	1.15	1.02	0.91	0.82	0.75	0.69	0.64	0.60	0.56	0.52	0.49
300	2.06	1.60	1.31	1.10	0.96	0.84	0.75	0.68	0.62	0.57	0.53	0.49	0.46	0.43	0.41
400	1.99	1.54	1.26	1.07	0.92	0.81	0.73	0.66	0.60	0.55	0.51	0.48	0.45	0.42	0.39
500	1.93	1.50	1.22	1.03	0.90	0.79	0.71	0.64	0.58	0.54	0.50	0.46	0.43	0.41	0.38
600	1.82	1.41	1.15	0.98	0.84	0.75	0.67	0.60	0.55	0.51	0.47	0.44	0.41	0.38	0.36
700	1.86	1.44	1.18	0.99	0.86	0.76	0.68	0.61	0.56	0.52	0.48	0.44	0.42	0.39	0.37
800	1.82	1.41	1.15	0.97	0.84	0.74	0.67	0.60	0.55	0.51	0.47	0.44	0.41	0.38	0.36
Control	1.55	1.20	0.98	0.83	0.72	0.64	0.57	0.51	0.47	0.43	0.40	0.37	0.35	0.33	0.31

（2）胸高断面积

表 5-29 和图 5-21 展示了初始间伐林龄为 53 月、立地指数 24，在林龄 53~90 月生时期中，不同间伐处理下的林分胸高断面积实测生长过程。由于胸高断面积是样地内每木胸高断面积的总和，与样地内的株数密切相关，而试验时间不长，目前的跟踪观测时间只到间伐后 3.1 年，间伐的长期效应还未完全显现，因此，在 53~90 月龄生长期间，间伐保留株数越小，胸高断面积越小，间伐处理小区的胸高断面积均低于不间伐 Control。

表 5-29　高田(53 月生、立地指数 24)的胸高断面积实测生长过程　株/hm²、m²/hm²

月龄	53	66	72	78	85	90
200	3.77	4.61	4.91	5.53	5.84	6.39
300	5.14	6.07	6.44	7.24	7.55	8.13
400	6.82	8.16	8.59	9.56	9.97	10.75
500	8.61	10.13	10.60	11.82	12.29	13.22
600	9.43	10.96	11.56	12.92	13.50	14.43
700	11.94	14.18	14.80	16.42	17.05	18.32
800	13.54	16.00	16.75	18.54	19.30	20.51
Control	18.09	20.75	21.79	23.93	25.06	26.55

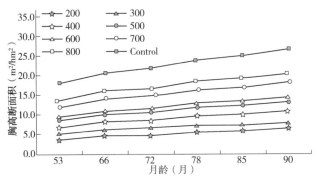

图 5-21　高田(53 月生、立地指数 24)的胸高断面积

根据不同处理全部样木的生长过程，利用胸高断面积平均生长量进行模拟，得出 8 个回归方程：$BA_{200} = 4.8255Ln(x) - 15.525$，$R^2 = 0.9743$；$BA_{300} = 5.5975Ln(x) - 17.248$，$R^2 = 0.9723$；$BA_{400} = 7.2744Ln(x) - 22.229$，$R^2 = 0.9793$；$BA_{500} = 8.5494Ln(x) - 25.559$，$R^2 = 0.9736$；$BA_{600} = 9.4064Ln(x) - 28.213$，$R^2 = 0.9713$；$BA_{700} = 11.78Ln(x) - 35.077$，$R^2 = 0.979$；$BA_{800} = 13.034Ln(x) - 38.469$，$R^2 = 0.9832$；$BA_C = 15.919Ln(x) - 45.586$，$R^2 = 0.9762$；其中 x 为以月为单位的时间。模拟出各处理的胸高断面积逐年生长过程，如表 5-30。

不间伐对照 Control 从 53 月龄到达到 22cm 中径材时的胸高断面积年平均生长量为 1.61m²/hm²，间伐保留 200、300、400、500、600、700、800 株/hm² 的胸径达到中径材 22cm 时的胸高断面积年平均生长量分别为 0.68、0.68、0.89、1.00、1.02、1.39、1.48m²/hm²。

从表 5-31 可以看出，间伐强度越高，胸高断面积连年生长量越小。胸高断面积连年生长量随时间的推移逐年变小。不间伐对照 Control 第 16 年胸高断面积连年生长量超过 1.03m²/hm²，此后越来越小；间伐保留 200、300 株/hm² 分别在第 5 年、第 6 年连年生长量均超过 1.08m²/hm²，此后越来越小，但均稳定在 0.28m²/hm² 以上；保留 400 株/hm² 第 7 年连年生长量超过 1.12m²/hm²，此后越来越小，但稳定在 0.42m²/hm² 以上；保留 500、600 株/hm² 处理分别在第 9 年连年生长量均超过 1.01m²/hm²，此后越来越小，但稳定在 0.49m²/hm² 以上；保留 700、800 株/hm² 处理分别在第 12 年、第 13 年连年生长量均超过 1.02m²/hm²，此后越来越小，但稳定在 0.67m²/hm² 以上。

表 5-30　高田(53月生、立地指数 24)胸高断面积模拟生长过程　　株/hm²、m²/hm²

月龄	48	53	60	72	84	96	108	120
年龄	4	4.4	5	6	7	8	9	10
200	3.16	3.77	4.23	5.11	5.86	6.50	7.07	7.58
300	4.42	5.14	5.67	6.69	7.55	8.30	8.96	9.55
400	5.93	6.82	7.55	8.88	10.00	10.97	11.83	12.60
500	7.54	8.61	9.45	11.00	12.32	13.46	14.47	15.37
600	8.20	9.43	10.30	12.02	13.47	14.72	15.83	16.82
700	10.53	11.94	13.15	15.30	17.12	18.69	20.08	21.32
800	11.99	13.54	14.90	17.27	19.28	21.02	22.56	23.93
Control	16.04	18.09	19.59	22.49	24.95	27.07	28.95	30.63

月龄	132	144	156	168	180	192	204	216
年龄	11	12	13	14	15	16	17	18
200	8.04	8.46	8.84	9.20	9.53	9.85	10.14	10.41
300	10.08	10.57	11.02	11.43	11.82	12.18	12.52	12.84
400	13.29	13.92	14.51	15.04	15.55	16.02	16.46	16.87
500	16.19	16.93	17.61	18.25	18.84	19.39	19.91	20.40
600	17.72	18.54	19.29	19.99	20.63	21.24	21.81	22.35
700	22.44	23.47	24.41	25.28	26.10	26.86	27.57	28.24
800	25.17	26.31	27.35	28.32	29.22	30.06	30.85	31.59
Control	32.14	33.53	34.80	35.98	37.08	38.11	39.07	39.98

表 5-31　高田(53月生、立地指数 24)胸高断面积增长过程　　株/hm²、m²/hm²

月龄	48	60	72	84	96	108	120	132	144	156	168	180	192	204	216
年龄	4	5	6	7	8	9	10	11	12	13	14	15	16	17	18
200	1.39	1.08	0.88	0.74	0.64	0.57	0.51	0.46	0.42	0.39	0.36	0.33	0.31	0.29	0.28
300	1.61	1.25	1.02	0.86	0.75	0.66	0.59	0.53	0.49	0.45	0.41	0.39	0.36	0.34	0.32
400	2.09	1.62	1.33	1.12	0.97	0.86	0.77	0.69	0.63	0.58	0.54	0.50	0.47	0.44	0.42
500	2.46	1.91	1.56	1.32	1.14	1.01	0.90	0.81	0.74	0.68	0.63	0.59	0.55	0.52	0.49
600	2.71	2.10	1.71	1.45	1.26	1.11	0.99	0.90	0.82	0.75	0.70	0.65	0.61	0.57	0.54
700	3.39	2.63	2.15	1.82	1.57	1.39	1.24	1.12	1.02	0.94	0.87	0.81	0.76	0.71	0.67
800	3.75	2.91	2.38	2.01	1.74	1.54	1.37	1.24	1.13	1.04	0.97	0.90	0.84	0.79	0.75
Control	4.58	3.55	2.90	2.45	2.13	1.87	1.68	1.52	1.39	1.27	1.18	1.10	1.03	0.97	0.91

(3)蓄积

表 5-32 展示了初始间伐林龄为 53 月、立地指数 24，不同间伐处理下的蓄积实测生长过程。与胸高断面积相似，蓄积是样地内每木材积的总和，除与单株材积相关之外，还与样地内的株数密切相关，而试验时间不长，目前间伐的长期效应还未完全显现，因此，在 53~90 月龄生长期间，间伐保留株数越小，蓄积越小，各间伐处理小区的蓄积面积均低于不间伐对照 Control。

表 5-32 高田(53 月生、立地指数 24)蓄积实测生长过程　　　株/hm²、m³/hm²

处理	间伐量	53月	66月	72月	78月	85月	90月
200	128.45	34.51	44.37	48.14	55.26	59.38	65.68
300	119.11	46.99	58.59	62.56	71.31	75.41	81.47
400	79.88	61.26	77.00	82.92	93.31	98.86	107.24
500	90.63	77.35	95.24	101.84	116.40	123.33	133.06
600	63.74	81.34	100.60	107.70	122.51	128.85	139.57
700	61.16	107.41	134.49	142.72	160.49	168.18	181.85
800	70.24	119.05	151.68	161.59	181.53	190.35	203.08
Control	0.00	161.36	192.23	204.19	227.90	236.36	253.63

根据不同处理全部样木的生长过程，利用蓄积平均生长量进行模拟，得出 8 个回归方程：$V_{200} = 57.651 \text{Ln}(x) - 196.06$，$R^2 = 0.9753$；$V_{300} = 64.603 \text{Ln}(x) - 211.05$，$R^2 = 0.9808$；$V_{400} = 85.563 \text{Ln}(x) - 280.24$，$R^2 = 0.9853$；$V_{500} = 104.87 \text{Ln}(x) - 341.94$，$R^2 = 0.977$；$V_{600} = 108.92 \text{Ln}(x) - 353.74$，$R^2 = 0.9799$；$V_{700} = 138 \text{Ln}(x) - 442.74$，$R^2 = 0.9859$；$V_{800} = 157.66 \text{Ln}(x) - 508.39$，$R^2 = 0.992$；$V_C = 172.58 \text{Ln}(x) - 527.63$，$R^2 = 0.981$，其中 x 为以月为单位的时间。进而模拟出各处理的蓄积逐年生长过程，如表 5-33 所示。

表 5-33 高田(53 月生、立地指数 24)蓄积模拟生长过程　　　株/hm²、m³/hm²

月龄	53	60	72	84	96	108	120	132
年龄	4.4	5	6	7	8	9	10	11
200	34.51	39.98	50.49	59.38	67.08	73.87	79.94	85.44
300	46.99	53.46	65.24	75.19	83.82	91.43	98.24	104.39
400	61.26	70.08	85.68	98.87	110.30	120.38	129.39	137.55
500	77.35	87.43	106.55	122.72	136.72	149.08	160.12	170.12
600	81.34	92.22	112.07	128.86	143.41	156.24	167.71	178.09
700	107.41	122.28	147.44	168.71	187.14	203.39	217.93	231.09
800	119.05	137.12	165.87	190.17	211.23	229.79	246.41	261.43
Control	161.36	178.97	210.44	237.04	260.09	280.41	298.60	315.04

月龄	144	156	168	180	192	204	216
年龄	12	13	14	15	16	17	18
200	90.45	95.07	99.34	103.32	107.04	110.53	113.83
300	110.01	115.19	119.97	124.43	128.60	132.52	136.21
400	144.99	151.84	158.18	164.08	169.61	174.79	179.68
500	179.24	187.64	195.41	202.65	209.41	215.77	221.77
600	187.57	196.29	204.36	211.88	218.91	225.51	231.74
700	243.09	254.14	264.37	273.89	282.79	291.16	299.05
800	275.15	287.77	299.45	310.33	320.51	330.06	339.08
Control	330.06	343.87	356.66	368.57	379.71	390.17	400.04

不间伐对照 Control 从 53 月龄至达到 22cm 中径材时的蓄积年平均生长量为 17.5m³/hm²，间伐保留 200、300、400、500、600、700、800 株/hm² 的胸径达到中径材 22cm 时的蓄积年平均生长量分别为 8.11、7.93、10.53、12.30、11.86、16.35、18.05m³/hm²。

从表 5-34 和图 5-22 得出，对照和所有间伐处理蓄积连年生长的高峰值都出现在第四年，对照 Control 的峰值是平均生长量的 1.41 倍，保留 200、300、400、500、600、700、800 株/hm² 的峰值分别为平均生长量的 2.45、1.90、1.93、1.88、1.85、1.74、1.78 倍，之后逐年下降，降幅收窄。

表 5-34　高田(53 月生、立地指数 24)蓄积增长过程　　　　株/hm²、m³/hm²

月龄	48	60	72	84	96	108	120	132	144	156	168	180	192	204	216
年龄	4	5	6	7	8	9	10	11	12	13	14	15	16	17	18
200	16.59	12.86	10.51	8.89	7.70	6.79	6.07	5.49	5.02	4.61	4.27	3.98	3.72	3.50	3.30
300	18.59	14.42	11.78	9.96	8.63	7.61	6.81	6.16	5.62	5.17	4.79	4.46	4.17	3.92	3.69
400	24.61	19.09	15.60	13.19	11.43	10.08	9.01	8.16	7.44	6.85	6.34	5.90	5.52	5.19	4.89
500	30.17	23.40	19.12	16.17	14.00	12.35	11.05	10.00	9.12	8.39	7.77	7.24	6.77	6.36	5.99
600	31.33	24.30	19.86	16.79	14.54	12.83	11.48	10.38	9.48	8.72	8.07	7.51	7.03	6.60	6.23
700	39.70	30.79	25.16	21.27	18.43	16.25	14.54	13.15	12.01	11.05	10.23	9.52	8.91	8.37	7.89
800	45.36	35.18	28.74	24.30	21.05	18.57	16.61	15.03	13.72	12.62	11.68	10.88	10.18	9.56	9.01
Control	49.65	38.51	31.47	26.60	23.04	20.33	18.18	16.45	15.02	13.81	12.79	11.91	11.14	10.46	9.86

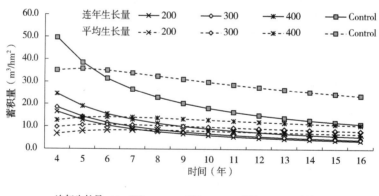

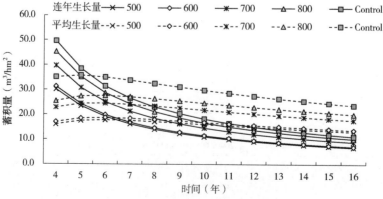

图 5-22　高田(53 月生、立地指数 24)蓄积连年和平均生长量曲线

初始间伐林龄 53 月生、立地指数 24 条件下，不间伐对照 Control 蓄积连年生长量与平均生长量的交点出现在第 5.5 年；间伐保留 200、300 株/hm² 林分蓄积连年生长量与平均生长量的交点均出现在第 7 年，比对照延迟了 1.5 年；保留 400、500、600 株/hm² 交点均出现在第 6.5 年，比对照延迟了 1 年；保留 700、800 株/hm² 交点均出现在第 6 年，比对照延迟了 0.5 年。

5. SI26 的不同间伐处理的生长差距

（1）胸径

初始间伐林龄为 53 月、立地指数 26，不同间伐处理下的林分平均胸径实测生长过程见表 5-35 和图 5-23。

表 5-35　高田（53 月生）立地指数 26 林分的平均胸径实测生长过程　　株/hm²、cm

处理	53 月	66 月	72 月	78 月	85 月	90 月
400	16.78	18.76	19.18	20.15	20.63	21.56
500	16.20	18.17	18.28	19.17	19.60	20.37
600	15.90	17.57	17.78	18.50	19.06	19.58
700	15.53	17.10	17.51	18.55	18.99	19.80
800	14.87	16.18	16.61	17.51	17.85	18.37
Control	14.96	15.97	16.27	16.84	17.18	17.63

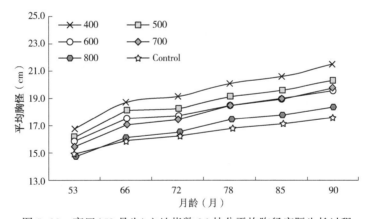

图 5-23　高田（53 月生）立地指数 26 林分平均胸径实际生长过程

可以看出，在立地指数均为 26 的情况下，在 53~90 月龄生长期间，不间伐 Control 的平均胸径均低于间伐处理（保留 400、500、600、700、800 株/hm²），间伐强度越高，平均胸径越大。

根据不同处理全部样木的生长过程，利用平均生长量进行模拟，得出 6 个回归方程：$D_{400} = 8.6644 \text{Ln}(x) - 17.654$，$R^2 = 0.9885$；$D_{500} = 7.4737 \text{Ln}(x) - 13.425$，$R^2 = 0.9801$；$D_{600} = 6.7546 \text{Ln}(x) - 10.908$，$R^2 = 0.9903$；$D_{700} = 7.8795 \text{Ln}(x) - 15.884$，$R^2 = 0.9836$；$D_{800} = 6.617 \text{Ln}(x) - 11.486$，$R^2 = 0.9886$；$D_C = 4.9507 \text{Ln}(x) - 4.76$，$R^2 = 0.991$，其中 x 为以月为单位的时间。进而模拟出各处理的胸径逐年生长过程，见表 5-36。

不间伐对照 Control 达到 22cm 中径材的时间为第 18 年，即间伐后第 13.6 年，间伐保留 400、500、600、700、800 株/hm² 处理达到 22cm 中径材的时间分别为间伐后的第 3.6、5.6、6.6、6.6、9.6 年，比 Control 分别提早了 10、8、7、7、4 年。

不间伐 Control 从 53 月龄到达到 22cm 中径材时的胸径年平均生长量为 0.52cm，间伐保留 400、500、600、700、800 株/hm² 达到 22cm 中径材时的胸径年平均生长量分别为 1.45、1.10、0.94、1.07、0.79cm。

表 5-36　高田（53 月生、立地指数 26）林分的平均胸径模拟生长过程　　株/hm²、cm

月龄	53	60	72	84	96	108	120	132
年龄	4.4	5	6	7	8	9	10	11
400	16.78	17.82	19.40	20.74	22.00	22.91	23.83	24.65
500	16.20	17.17	18.54	19.69	20.69	21.57	22.36	23.07
600	15.90	16.75	17.98	19.02	19.92	20.72	21.43	22.07
700	15.53	16.38	17.81	19.03	20.08	21.01	21.84	22.59
800	14.87	15.61	16.81	17.83	18.72	19.50	20.19	20.82
Control	14.96	15.51	16.41	17.18	17.84	18.42	18.94	19.41

月龄	144	156	168	180	192	204	216
年龄	12	13	14	15	16	17	18
400	25.41	26.10	26.74	27.34	27.90	28.42	28.92
500	23.72	24.32	24.87	25.39	25.87	26.32	26.75
600	22.66	23.20	23.70	24.17	24.60	25.01	25.40
700	23.28	23.91	24.49	25.03	25.54	26.02	26.47
800	21.40	21.93	22.42	22.88	23.30	23.70	24.08
Control	19.84	20.24	20.61	20.95	21.27	21.57	22.00

从表 5-37 可以看出，间伐强度越高，平均胸径连年生长量越大。胸径连年生长量随着时间的推移逐年变小。不间伐对照 Control 第 5 年胸径连年生长量超过 1.10cm，此后越来越小，稳定在 0.30cm 以上；间伐保留 400 株/hm² 第 8 年连年生长量超过 1.26cm，此后越来越小，但稳定在 0.50cm 以上；保留 500 株/hm² 第 8 年连年生长量超过 1.00cm，此后越来越小，但稳定在 0.43cm 以上；保留 600、700、800 株/hm² 处理分别在第 7、8、7 年连年生长量超过 1.02cm，此后越来越小，分别稳定在 0.39、0.45、0.38cm 以上。

表 5-37　高田（53 月生、立地指数 26）林分的连年胸径增长过程　　株/hm²、cm

月龄	48	60	72	84	96	108	120	132	144	156	168	180	192	204	216
年龄	4	5	6	7	8	9	10	11	12	13	14	15	16	17	18
400	2.49	1.93	1.58	1.34	1.26	0.91	0.91	0.83	0.75	0.69	0.64	0.60	0.56	0.53	0.50
500	2.15	1.67	1.36	1.15	1.00	0.88	0.79	0.71	0.65	0.60	0.55	0.52	0.48	0.45	0.43
600	1.94	1.51	1.23	1.04	0.90	0.80	0.71	0.64	0.59	0.54	0.50	0.47	0.44	0.41	0.39
700	2.27	1.76	1.44	1.21	1.05	0.93	0.83	0.75	0.69	0.63	0.58	0.54	0.51	0.48	0.45
800	1.90	1.48	1.21	1.02	0.88	0.78	0.70	0.63	0.58	0.53	0.49	0.46	0.43	0.40	0.38
Control	1.42	1.10	0.90	0.76	0.66	0.58	0.52	0.47	0.43	0.40	0.37	0.34	0.32	0.30	0.30

（2）胸高断面积

表 5-38 和图 5-24 展示了初始间伐林龄为 53 月、立地指数 26，在 53~90 月龄生长期间，不同间伐处理下的林分胸高断面积实测生长过程。与立地指数 24 相似，由于间伐的长期效应还未完全显现。总体上，间伐保留株数越小，胸高断面积越小，各间伐处理的胸高断面积均低于不间伐对照 Control。

表 5-38　高田（53 月生、立地指数 26）的胸高断面积实测生长过程　株/hm²、m²/hm²

处理	53 月	66 月	72 月	78 月	85 月	90 月
400	8.86	11.08	11.57	12.78	13.39	14.64
500	10.33	13.04	13.16	14.47	15.15	16.33
600	11.94	14.61	14.96	16.21	17.20	18.15
700	13.28	16.11	16.90	18.97	19.89	21.61
800	13.95	16.50	17.40	19.33	20.10	21.30
Control	23.45	26.80	27.83	29.79	31.07	32.65

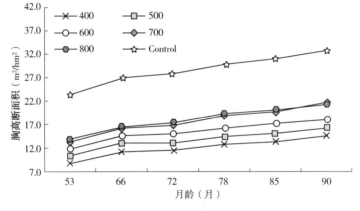

图 5-24　高田（53 月生、立地指数 26）的胸高断面积

根据不同处理全部样木的生长过程，利用胸高断面积平均生长量进行模拟，得出 8 个回归方程：$BA_{400} = 10.427 \text{Ln}(x) - 32.671$，$R^2 = 0.982$；$BA_{500} = 10.724 \text{Ln}(x) - 32.251$，$R^2 = 0.9767$；$BA_{600} = 11.392 \text{Ln}(x) - 33.353$，$R^2 = 0.9879$；$BA_{700} = 15.319 \text{Ln}(x) - 47.916$，$R^2 = 0.9752$；$BA_{800} = 13.879 \text{Ln}(x) - 41.432$，$R^2 = 0.9839$；$BA_C = 17.068 \text{Ln}(x) - 44.612$，$R^2 = 0.9882$；其中 x 为以月为单位的时间。模拟出各处理的胸高断面积逐年生长过程，如表 5-39。

不间伐对照 Control 从 53 月龄到达到 22cm 中径材时的胸高断面积年平均生长量为 1.74m²/hm²，间伐保留 400、500、600、700、800 株/hm² 的胸径达到中径材 22cm 时的胸高断面积年平均生长量分别为 1.68、1.56、1.57、2.06、1.64m²/hm²。

从表 5-40 可以看出，间伐强度越高，胸高断面积连年生长量越小。胸高断面积连年生长量随时间的推移逐年变小。不间伐对照 Control 第 17 年胸高断面积连年生长量还能超过 1.03m²/hm²；间伐保留 400、500 株/hm² 分别在第 10、第 11 年连年生长量均超过 1.02m²/hm²，此后越来越小，但均稳定在 0.60m²/hm² 以上；保留 600 株/hm² 第 11

年连年生长量超过 1.09m²/hm²，此后越来越小，但稳定在 0.65m²/hm² 以上；保留 700、800 株/hm² 处理分别在第 15 年、第 14 年连年生长量均超过 1.03m²/hm²，此后越来越小，但均稳定在 0.79m²/hm² 以上。

表 5-39　高田(53 月生、立地指数 26)胸高断面积模拟生长过程　　株/hm²、m²/hm²

月龄	53	60	72	84	96	108	120	132	144	156	168	180	192	204	216
年龄	4.4	5	6	7	8	9	10	11	12	13	14	15	16	17	18
400	8.86	10.02	11.92	13.53	14.92	16.15	17.25	18.24	19.15	19.98	20.76	21.48	22.15	22.78	23.38
500	10.33	11.66	13.61	15.27	16.70	17.96	19.09	20.11	21.05	21.90	22.70	23.44	24.13	24.78	25.39
600	11.94	13.29	15.37	17.12	18.64	19.99	21.19	22.27	23.26	24.17	25.02	25.81	26.54	27.23	27.88
700	13.28	14.81	17.60	19.96	22.01	23.81	25.42	26.88	28.23	29.44	30.58	31.63	32.62	33.55	34.43
800	13.95	15.39	17.92	20.06	21.92	23.55	25.01	26.34	27.54	28.65	29.68	30.64	31.54	32.38	33.17
Control	23.45	25.27	28.38	31.01	33.29	35.30	37.10	38.73	40.21	41.58	42.84	44.02	45.12	46.16	47.13

表 5-40　高田(53 月生、立地指数 26)胸高断面积增长过程　　株/hm²、m²/hm²

月龄	48	60	72	84	96	108	120	132	144	156	168	180	192	204	216
年龄	4	5	6	7	8	9	10	11	12	13	14	15	16	17	18
400	3.00	2.33	1.90	1.61	1.39	1.23	1.10	0.99	0.91	0.83	0.77	0.72	0.67	0.63	0.60
500	3.09	2.39	1.96	1.65	1.43	1.26	1.13	1.02	0.93	0.86	0.79	0.74	0.69	0.65	0.61
600	3.28	2.54	2.08	1.76	1.52	1.34	1.20	1.09	0.99	0.91	0.84	0.79	0.74	0.69	0.65
700	4.41	3.42	2.79	2.36	2.05	1.80	1.61	1.46	1.33	1.23	1.14	1.06	0.99	0.93	0.88
800	3.99	3.10	2.53	2.14	1.85	1.63	1.46	1.32	1.21	1.11	1.03	0.96	0.90	0.84	0.79
Control	4.91	3.81	3.11	2.63	2.28	2.01	1.80	1.63	1.49	1.37	1.26	1.18	1.10	1.03	0.98

(3) 蓄积

表 5-41 展示了初始间伐林龄为 53 月、立地指数 26，不同间伐处理下的蓄积实测生长过程。与立地指数 24 相似，在 53~90 月龄生长期间，间伐保留株数越小，蓄积越小，各间伐处理小区的蓄积量均低于不间伐对照 Control。

表 5-41　高田(53 月生、立地指数 26)蓄积实测生长过程　　株/hm²、m³/hm²

处理	间伐量	53 月	66 月	72 月	78 月	85 月	90 月
400	147.03	83.61	106.79	115.23	131.01	140.24	154.53
500	61.46	93.47	127.03	129.35	146.18	154.68	168.45
600	60.27	109.33	140.95	147.52	166.91	176.88	188.98
700	144.12	125.60	159.17	172.00	196.13	205.72	223.86
800	101.72	127.54	159.27	169.94	193.01	201.57	214.47
Control	0.00	220.01	260.25	276.00	295.72	309.57	319.11

根据不同处理全部样木的生长过程，利用蓄积平均生长量进行模拟，得出 6 个回归方程：$V_{400} = 130.81\text{Ln}(x) - 439.2$，$R^2 = 0.9782$；$V_{500} = 135.29\text{Ln}(x) - 443.79$，$R^2 =$

0.9812；$V_{600} = 148.59\text{Ln}(x) - 482.24$，$R^2 = 0.9887$；$V_{700} = 183.45\text{Ln}(x) - 606.46$，$R^2 = 0.9838$；$V_{800} = 164.84\text{Ln}(x) - 529.4$，$R^2 = 0.987$；$V_C = 189.89\text{Ln}(x) - 534.39$，$R^2 = 0.9981$；其中 x 为以月为单位的时间。进而模拟出各处理的蓄积逐年生长过程，见表 5-42。

不间伐对照 Control 从 53 月龄至达到 22cm 中径材时的蓄积年平均生长量为 19.58m³/hm²，间伐保留 400、500、600、700、800 株/hm² 的胸径达到中径材 22cm 时的蓄积年平均生长量分别为 20.63、19.72、20.30、24.80、19.55m³/hm²。

表 5-42 高田（53 月生、立地指数 26）蓄积模拟生长过程 株/hm²、m³/hm²

月龄	53	60	72	84	96	108	120	132
年龄	4.4	5	6	7	8	9	10	11
400	83.61	96.38	120.23	140.40	157.86	173.27	187.05	199.52
500	93.47	110.13	134.80	155.66	173.72	189.66	203.91	216.80
600	109.33	126.14	153.23	176.14	195.98	213.48	229.13	243.30
700	125.60	144.65	178.09	206.37	230.87	252.48	271.81	289.29
800	127.54	145.51	175.57	200.98	222.99	242.40	259.77	275.48
Control	220.01	243.09	277.71	306.98	332.33	354.70	374.71	392.81

月龄	144	156	168	180	192	204	216
年龄	12	13	14	15	16	17	18
400	210.90	221.37	231.07	240.09	248.53	256.46	263.94
500	228.58	239.41	249.43	258.77	267.50	275.70	283.43
600	256.22	268.12	279.13	289.38	298.97	307.98	316.47
700	305.25	319.94	333.53	346.19	358.03	369.15	379.63
800	289.82	303.02	315.23	326.61	337.25	347.24	356.66
Control	409.33	424.53	438.60	451.70	463.96	475.47	486.32

从表 5-43 和图 5-25 得出，对照和所有间伐处理蓄积连年生长的高峰值都出现在第 4 年，对照 Control 的峰值是平均生长量的 1.09 倍，保留 400、500、600、700、800 株/hm² 的峰值分别为平均生长量的 2.24、1.95、1.84、2.04、1.74 倍，之后逐年下降，降幅收窄。

表 5-43 高田（53 月生、立地指数 26）蓄积增长过程 株/hm²、m³/hm²

月龄	48	60	72	84	96	108	120	132
年龄	4	5	6	7	8	9	10	11
400	37.63	29.19	23.85	20.16	17.47	15.41	13.78	12.47
500	38.92	30.19	24.67	20.86	18.07	15.93	14.25	12.89
600	42.75	33.16	27.09	22.91	19.84	17.50	15.66	14.16
700	52.78	40.94	33.45	28.28	24.50	21.61	19.33	17.48
800	47.42	36.78	30.05	25.41	22.01	19.42	17.37	15.71
Control	54.63	42.37	34.62	29.27	25.36	22.37	20.01	18.10

(续)

月龄	144	156	168	180	192	204	216
年龄	12	13	14	15	16	17	18
400	11.38	10.47	9.69	9.02	8.44	7.93	7.48
500	11.77	10.83	10.03	9.33	8.73	8.20	7.73
600	12.93	11.89	11.01	10.25	9.59	9.01	8.49
700	15.96	14.68	13.60	12.66	11.84	11.12	10.49
800	14.34	13.19	12.22	11.37	10.64	9.99	9.42
Control	16.52	15.20	14.07	13.10	12.26	11.51	10.85

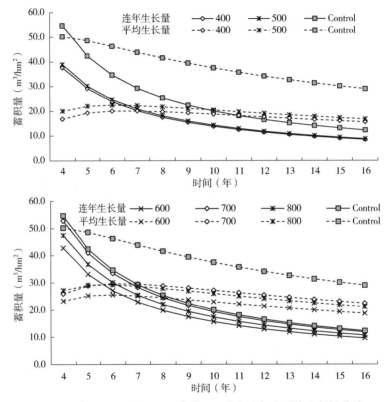

图 5-25　高田(53月生、立地指数26)蓄积连年和平均生长量曲线

初始间伐林龄53月生、立地指数26条件下，不间伐对照蓄积连年生长量和平均生长量交点出现在第4.5年；间伐保留400株/hm²交点出现在第7年，比对照延迟了2.5年；保留500、600株/hm²交点出现在第6.5年，比对照延迟了2年；保留700株/hm²交点均出现在第7年，比对照延迟了2.5年；保留800株/hm²交点均出现在第6年，比对照延迟了1.5年。

二、78月生林分间伐效应分析

1. 初始间伐78月龄的胸径生长过程

根据116月的跟踪调查，初始间伐林龄为78月的林分平均胸径的实测生长过程见

表 5-44 和图 5-26。

从表 5-44 和图 5-26 可以看出，立地指数 16、18、20、22、24 的胸径平均生长过程较为相似，在林龄 78~116 月生中，立地指数 24 与 22、20、18、16 的胸径平均生长差距分别在 1.11~1.29cm、2.25~2.50cm、3.03~3.41cm、4.22~4.51cm 之间。

表 5-44 黄冕(78月生)不同立地指数的平均胸径实测生长过程 cm

月龄	78	91	97	103	109	116
SI-16	11.83	12.79	13.31	14.19	14.60	14.77
SI-18	13.22	13.98	14.41	15.25	15.69	16.02
SI-20	14.03	14.79	15.44	15.84	16.48	16.66
SI-22	15.02	15.90	16.57	17.23	17.64	17.76
SI-24	16.28	17.16	17.82	18.34	18.82	19.05

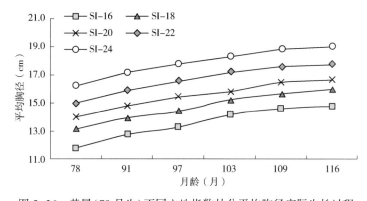

图 5-26 黄冕(78月生)不同立地指数林分平均胸径实际生长过程

根据立地指数 16、18、20、22 和 24 全部样木的生长过程，利用平均生长量进行模拟，得出 5 个回归方程：$D_{16} = 8.017\text{Ln}(x) - 23.193$，$R^2 = 0.9735$；$D_{18} = 7.5042\text{Ln}(x) - 19.661$，$R^2 = 0.9684$；$D_{20} = 7.0688\text{Ln}(x) - 16.884$，$R^2 = 0.9796$；$D_{22} = 7.4821\text{Ln}(x) - 17.635$，$R^2 = 0.9752$；$D_{24} = 7.3911\text{Ln}(x) - 15.992$，$R^2 = 0.9871$；其中 x 为以月为单位的时间，回归系数均大于 0.96，模拟精度高。

在间伐后每隔 5~7 个月逐次测量，为进一步理解胸径每年的生长量，利用上述 5 个回归方程，模拟立地指数 16、18、20、22 和 24 的逐年平均胸径生长过程，见表 5-45。

表 5-45 黄冕(78月生)平均胸径模拟生长过程 cm

月龄	72	78	84	96	108	120	132	144	156	168
年龄	6	6.5	7	8	9	10	11	12	13	14
SI-16	11.09	11.83	12.33	13.40	14.34	15.19	15.95	16.65	17.29	17.89
SI-18	12.43	13.22	13.59	14.59	15.47	16.27	16.98	17.63	18.23	18.79
SI-20	13.35	14.03	14.44	15.38	16.21	16.96	17.63	18.25	18.81	19.34
SI-22	14.36	15.02	15.52	16.52	17.40	18.19	18.90	19.55	20.15	20.70
SI-24	15.62	16.28	16.76	17.74	18.61	19.39	20.10	20.74	21.33	21.88

(续)

月龄	180	192	204	216	228	240	252	264	276	288
年龄	15	16	17	18	19	20	21	22	23	24
SI-16	18.44	18.96	19.44	19.90	20.33	20.75	21.14	21.51	21.87	22.21
SI-18	19.31	19.79	20.25	20.68	21.08	21.47	21.83	22.18	22.52	22.83
SI-20	19.82	20.28	20.71	21.11	21.49	21.86	22.20	22.53	22.85	23.15
SI-22	21.22	21.70	22.16	22.58	22.99	23.37	23.74	24.08	24.42	24.74
SI-24	22.39	22.87	23.31	23.74	24.14	24.52	24.88	25.22	25.55	25.86

可以看出，在初始间伐林龄为78月的条件下，立地指数20、18、16达到22cm中径材培育目标的时间分别为21年（即间伐后14.5年）、22年（即间伐后15.5年）、24年（即间伐后17.5年），间伐后平均每年胸径增长0.56~0.59cm；立地指数22为17年（即间伐后10.5年），间伐后平均每年胸径增长约0.68cm；立地指数24达到22cm中径材培育目标的时间为15年（即间伐后8.5年），立地指数24间伐后平均每年胸径增长约0.72cm。

为全面分析胸径生长情况，再对平均胸径每年的增长量进行分析，用下一年的生长量减去前一年的胸径生长量得出表5-46。

表5-46 黄冕（78月生）连年胸径增长过程   cm

月龄	72	84	96	108	120	132	144	156	168	180	192
年龄	6	7	8	9	10	11	12	13	14	15	16
SI-16	1.46	1.24	1.07	0.94	0.84	0.76	0.70	0.64	0.59	0.55	0.52
SI-18	1.37	1.16	1.00	0.88	0.79	0.72	0.65	0.60	0.56	0.52	0.48
SI-20	1.29	1.09	0.94	0.83	0.74	0.67	0.62	0.57	0.52	0.49	0.46
SI-22	1.36	1.15	1.00	0.88	0.79	0.71	0.65	0.60	0.55	0.52	0.48
SI-24	1.35	1.14	0.99	0.87	0.78	0.70	0.64	0.59	0.55	0.51	0.48

从表5-46得出，胸径连年生长量随着时间的推移逐年变小，立地指数16、18、20、22和24的第8年平均胸径连年生长量大部分超过1.00cm，此后越来越小，但稳定在0.46cm以上。

立地指数16、18、20、22和24的林分胸径分布随着林木的竞争，林分分化不断发展，胸径的结构也在不断发生变化，林木直径径阶分布不断扩大，见表5-47和图5-27至图5-31。

立地指数16和18的径阶比较少，在78、91、103月生时，径阶均只有3个，在116月生时，SI16和18径阶分别只有2和3个；立地指数20和22径阶相比而言较多一些，在78、91月生时均为7个，在103、116月生时均为8个；立地指数24径阶最多，在78、91月生时均为8个，在103、116月生时分别为7和8个。

表 5-47 黄冕(78月生)5种立地指数胸径分布频数

月龄	立地指数	径阶(cm)									
		6	8	10	12	14	16	18	20	22	24	26
78	16			1	6	1						
	18			1	9	14						
	20	6	4	9	50	144	71	1				
	22		5	11	45	140	142	45	5			
	24		1	5	20	54	92	55	22	3		
91	16			1	2	5						
	18				5	17	2					
	20	2	5	9	29	106	115	17				
	22		3	7	32	82	164	87	17			
	24			3	16	33	78	72	40	7	1	
103	16				1	5	2					
	18				1	6	17					
	20	1	4	6	19	68	120	58	2			
	22			2	14	50	97	148	51	14	1	
	24				7	23	51	79	62	23	5	
116	16					4	4					
	18					5	15	4				
	20	1	2	7	12	41	101	93	17			
	22			1	9	44	75	151	72	21	3	
	24				4	22	32	77	64	38	9	1

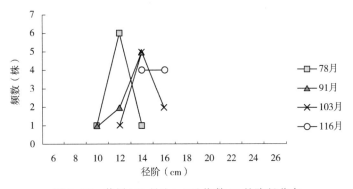

图 5-27 黄冕(78月生)立地指数16的胸径分布

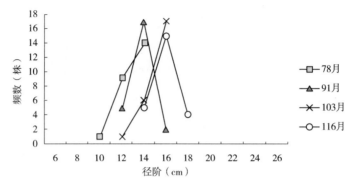

图 5-28　黄冕(78 月生)立地指数 18 的胸径分布

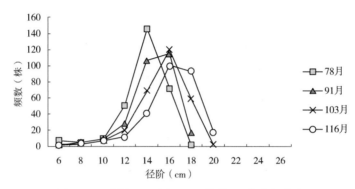

图 5-29　黄冕(78 月生)立地指数 20 的胸径分布

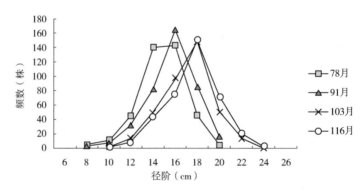

图 5-30　黄冕(78 月生)立地指数 22 的胸径分布

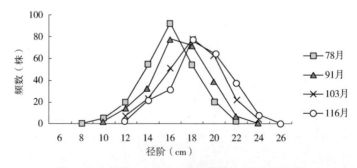

图 5-31　黄冕(78 月生)立地指数 24 的胸径分布

2. 胸高断面积生长过程

根据116月的跟踪调查,初始间伐林龄为78月的林分胸高断面积的实测生长过程见表5-48。

表5-48 黄冕(78月生)不同立地指数的胸高断面积实测生长过程 m^2/hm^2

月龄	78	91	97	103	109	116
SI-16	2.24	2.60	2.83	3.16	3.38	3.45
SI-18	4.06	4.55	4.85	5.44	5.77	5.98
SI-20	8.19	9.09	9.80	10.30	11.03	11.26
SI-22	10.08	11.25	12.11	13.08	13.64	13.86
SI-24	10.46	11.69	12.62	13.46	14.11	14.41

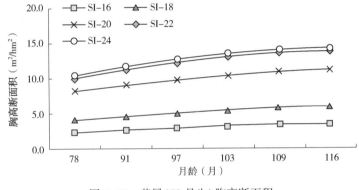

图5-32 黄冕(78月生)胸高断面积

由图5-32可以看出,在林龄78~116月生时期中,立地指数16、18、20、22和24的胸高断面积随立地指数增大而提高,到116月生(间伐后3.2年)立地指数24与22、20、18、16的胸高断面积差距分别达0.55、3.16、8.43、10.97 m^2/hm^2。

利用全部样木的平均生长量进行模拟,得出以下5个回归方程:$BA_{16}=3.3006Ln(x)-12.196$,$R^2=0.9738$;$BA_{18}=5.1791Ln(x)-18.646$,$R^2=0.9611$;$BA_{20}=8.2143Ln(x)-27.734$,$R^2=0.9813$;$BA_{22}=10.318Ln(x)-34.991$,$R^2=0.9757$;$BA_{24}=10.644Ln(x)-36.036$,$R^2=0.9831$;其中$x$为以月为单位的时间。利用上述5条回归曲线模拟立地指数16、18、20、22和24的逐年胸高断面积生长过程,见表5-49。

当胸径达到中径材22cm时,立地指数16、18、20、22和24的胸高断面积平均每年增长量分别为0.24(间伐后17.5年)、0.40(间伐后15.5年)、0.66(间伐后14.5年)、0.93(间伐后10.5年)、1.03(间伐后8.5年) m^2/hm^2。

表5-50为胸高断面积连年生长量,可以看出,立地指数越高,胸高断面积连年生长量越大。胸高断面积连年生长量随着时间的推移逐年变小。立地指数16、18的连年生长量逐年减小,分别稳定在0.24、0.38 m^2/hm^2以上;立地指数20第8年连年生长量超过1.10 m^2/hm^2,此后稳定在0.61 m^2/hm^2以上;立地指数22、24第10年连年生长量均超过1.09 m^2/hm^2,此后均稳定在0.76 m^2/hm^2以上。

表 5-49 黄冕(78 月生)胸高断面积模拟生长过程 m²/hm²

月龄	72	78	84	96	108	120	132	144	156	168
年龄	6	6.5	7	8	9	10	11	12	13	14
SI-16	1.92	2.24	2.43	2.87	3.26	3.61	3.92	4.21	4.47	4.72
SI-18	3.50	4.06	4.30	4.99	5.60	6.15	6.64	7.09	7.51	7.89
SI-20	7.40	8.19	8.66	9.76	10.73	11.59	12.37	13.09	13.75	14.36
SI-22	9.14	10.08	10.73	12.10	13.32	14.41	15.39	16.29	17.11	17.88
SI-24	9.48	10.46	11.13	12.55	13.80	14.92	15.94	16.86	17.71	18.50
月龄	180	192	204	216	228	240	252	264	276	288
年龄	15	16	17	18	19	20	21	22	23	24
SI-16	4.94	5.16	5.36	5.55	5.72	5.89	6.05	6.21	6.35	6.50
SI-18	8.25	8.58	8.90	9.19	9.47	9.74	9.99	10.23	10.46	10.68
SI-20	14.92	15.45	15.95	16.42	16.86	17.29	17.69	18.07	18.43	18.78
SI-22	18.59	19.26	19.88	20.47	21.03	21.56	22.06	22.54	23.00	23.44
SI-24	19.24	19.92	20.57	21.18	21.75	22.30	22.82	23.31	23.79	24.24

表 5-50 黄冕(78 月生)胸高断面积增长过程 m²/hm²

月龄	72	84	96	108	120	132	144	156	168
年龄	6	7	8	9	10	11	12	13	14
SI-16	0.60	0.51	0.44	0.39	0.35	0.31	0.29	0.26	0.24
SI-18	0.94	0.80	0.69	0.61	0.55	0.49	0.45	0.41	0.38
SI-20	1.50	1.27	1.10	0.97	0.87	0.78	0.71	0.66	0.61
SI-22	1.88	1.59	1.38	1.22	1.09	0.98	0.90	0.83	0.76
SI-24	1.94	1.64	1.42	1.25	1.12	1.01	0.93	0.85	0.79
月龄	180	192	204	216	228	240	252	264	276	288
年龄	15	16	17	18	19	20	21	22	23	24
SI-16	0.23	0.21	0.20	0.19	0.18	0.17	0.16	0.15	0.15	0.14
SI-18	0.36	0.33	0.31	0.30	0.28	0.27	0.25	0.24	0.23	0.22
SI-20	0.57	0.53	0.50	0.47	0.44	0.42	0.40	0.38	0.37	0.35
SI-22	0.71	0.67	0.63	0.59	0.56	0.53	0.50	0.48	0.46	0.44
SI-24	0.73	0.69	0.65	0.61	0.58	0.55	0.52	0.50	0.47	0.45

3. 初始间伐 78 月龄的蓄积生长过程

表 5-51 和图 5-33 展现了 78 月生初始间伐林龄的实测生长过程，可以看出，立地指数越大单株材积生长量越大。立地指数 24 的单株材积有明显优势，并且 24 与其余 4 个立地指数的蓄积差距随时间推移越来越大。

从表 5-52 可以看出，单位面积的蓄积生长量和立地指数关系紧密，立地指数越大,单位面积的蓄积生长量的绝对值也越大。在林龄 78~116 月生时期中,立地指数 24 与 22、20、18、16 的蓄积生长差距分别在 12.43~14.58、35.52~49.48、71.90~102.94、87.99~125.45m³/hm² 之间。

表 5-51 黄冕(78 月生)不同立地指数的平均单株材积实测生长过程   m³/株

月龄	78	91	97	103	109	116
SI-16	0.08	0.10	0.11	0.12	0.13	0.14
SI-18	0.11	0.12	0.13	0.15	0.16	0.17
SI-20	0.13	0.15	0.17	0.18	0.20	0.21
SI-22	0.17	0.19	0.21	0.23	0.25	0.25
SI-24	0.21	0.24	0.26	0.28	0.30	0.31

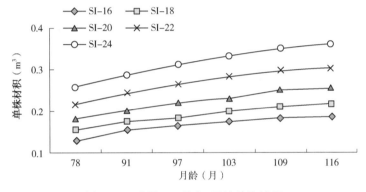

图 5-33 黄冕(78 月生)平均单株材积

表 5-52 黄冕(78 月生)不同立地指数的蓄积实测生长过程   m³/hm²

立地指数	间伐量	78 月	91 月	97 月	103 月	109 月	116 月
16	48.83	15.76	20.63	22.97	24.95	26.87	27.42
18	60.43	31.86	36.66	39.58	44.90	47.96	49.94
20	60.85	68.24	78.81	86.86	92.67	100.27	103.40
22	43.32	91.33	106.45	117.68	128.19	135.60	138.30
24	43.44	103.76	118.06	130.25	140.63	148.74	152.88

根据立地指数 16、18、20、22 和 24 的全部标准地的生长过程,采用平均蓄积生长量模拟,得出 5 个回归方程:$V_{16} = 30.841\text{Ln}(x) - 118.37$,$R^2 = 0.9871$;$V_{18} = 48.583\text{Ln}(x) - 181.04$,$R^2 = 0.967$;$V_{20} = 93.426\text{Ln}(x) - 340.17$,$R^2 = 0.9853$;$V_{22} = 127.41\text{Ln}(x) - 464.85$,$R^2 = 0.98$;$V_{24} = 132.37\text{Ln}(x) - 474.82$,$R^2 = 0.9807$,其中 x 为以月为单位的时间。随后模拟出间伐后的逐年蓄积生长量,见表 5-53。

间伐后,立地指数 16、18、20、22 和 24 的胸径达到中径材 22cm 时的蓄积平均每年增长分别为 2.32(间伐后 17.5 年)、3.74(间伐后 15.5 年)、7.46(间伐后 14.5 年)、11.56(间伐后 10.5 年)、12.80(间伐后 8.5 年)m³/hm²。

表 5-53　黄冕(78 月生)蓄积模拟生长过程　　　　　　　　　　　　　　　　m³/hm²

月龄	78	84	96	108	120	132	144	156	168
年龄	6.5	7	8	9	10	11	12	13	14
SI-16	15.76	18.28	22.40	26.03	29.28	32.22	34.90	37.37	39.66
SI-18	31.86	34.22	40.71	46.43	51.55	56.18	60.41	64.30	67.90
SI-20	68.24	73.78	86.26	97.26	107.11	116.01	124.14	131.62	138.54
SI-22	91.33	99.68	116.69	131.70	145.12	157.27	168.35	178.55	187.99
SI-24	103.76	111.69	129.36	144.95	158.90	171.52	183.03	193.63	203.44
月龄	180	192	204	216	228	240	252	264	276	288
年龄	15	16	17	18	19	20	21	22	23	24
SI-16	41.79	43.78	45.65	47.41	49.08	50.66	52.16	53.60	54.97	56.28
SI-18	71.25	74.38	77.33	80.11	82.73	85.23	87.60	89.86	92.02	94.08
SI-20	144.99	151.02	156.68	162.02	167.07	171.86	176.42	180.77	184.92	188.90
SI-22	196.78	205.01	212.73	220.01	226.90	233.44	239.65	245.58	251.25	256.67
SI-24	212.57	221.11	229.14	236.71	243.86	250.65	257.11	263.27	269.15	274.79

从表 5-54 和图 5-34 得出，所有指数级蓄积量连年生长的高峰值都出现在第 6 年，峰值后的年生长量逐年下降。初始间伐林龄 78 月生条件下，立地指数 SI16 和 SI18 林分蓄积连年生长量与平均生长量的交点分别出现在第 11 和第 10 年，SI20、SI22、SI24 的交点均出现在第 9 年。

表 5-54　黄冕(78 月生)蓄积增长过程　　　　　　　　　　　　　　　　m³/hm²

月龄	72	84	96	108	120	132	144	156	168
年龄	6	7	8	9	10	11	12	13	14
SI-16	5.62	4.75	4.12	3.63	3.25	2.94	2.68	2.47	2.29
SI-18	8.86	7.49	6.49	5.72	5.12	4.63	4.23	3.89	3.60
SI-20	17.03	14.40	12.48	11.00	9.84	8.90	8.13	7.48	6.92
SI-22	23.23	19.64	17.01	15.01	13.42	12.14	11.09	10.20	9.44
SI-24	24.13	20.40	17.68	15.59	13.95	12.62	11.52	10.60	9.81
月龄	180	192	204	216	228	240	252	264	276	288
年龄	15	16	17	18	19	20	21	22	23	24
SI-16	2.13	1.99	1.87	1.76	1.67	1.58	1.50	1.43	1.37	1.31
SI-18	3.35	3.14	2.95	2.78	2.63	2.49	2.37	2.26	2.16	2.07
SI-20	6.45	6.03	5.66	5.34	5.05	4.79	4.56	4.35	4.15	3.98
SI-22	8.79	8.22	7.72	7.28	6.89	6.54	6.22	5.93	5.66	5.42
SI-24	9.13	8.54	8.02	7.57	7.16	6.79	6.46	6.16	5.88	5.63

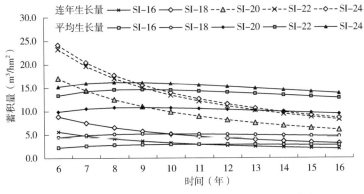

图 5-34 黄冕(78月生)蓄积连年和平均生长量曲线

4. 立地指数 20 的不同间伐处理的生长差距

(1) 胸径

初始间伐林龄为 78 月、立地指数 20，不同间伐处理下的林分平均胸径实测生长过程见表 5-55 和图 5-35。

表 5-55　黄冕(78月生)立地指数 20 林分的平均胸径实测生长过程　　株/hm²、cm

处理	78 月	91 月	97 月	103 月	109 月	116 月
200	14.89	15.72	16.95	17.28	18.31	18.52
300	13.93	14.74	15.63	16.08	16.66	17.03
400	14.29	15.08	15.56	16.01	16.64	16.88
500	14.49	15.00	15.68	16.43	16.57	16.74
600	13.94	14.75	15.37	15.76	16.39	16.50
700	14.15	14.99	15.48	15.75	16.46	16.57
800	13.74	14.52	15.01	15.27	15.83	16.01
Control	11.80	12.27	12.63	13.00	13.54	13.60

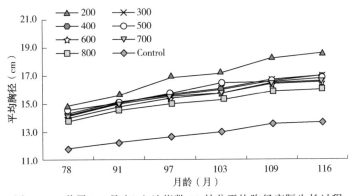

图 5-35　黄冕(78月生)立地指数 20 林分平均胸径实际生长过程

可以看出，在立地指数均为 20 的情况下，在 78~116 月龄生长期间，不间伐 Control 的平均胸径均低于间伐处理(保留 200、300、400、500、600、700、800 株/hm²)，间伐强度越高，平均胸径越大。

根据不同处理全部样木的生长过程,利用平均生长量进行模拟,得出 8 个回归方程:
$D_{200} = 9.8877\text{Ln}(x) - 28.411$,$R^2 = 0.9586$;$D_{300} = 8.221\text{Ln}(x) - 22.035$,$R^2 = 0.9806$;
$D_{400} = 6.8299\text{Ln}(x) - 15.583$,$R^2 = 0.9823$;$D_{500} = 6.3279\text{Ln}(x) - 13.209$,$R^2 = 0.9409$;
$D_{600} = 6.9065\text{Ln}(x) - 16.229$,$R^2 = 0.9809$;$D_{700} = 6.4113\text{Ln}(x) - 13.843$,$R^2 = 0.9805$;
$D_{800} = 5.9628\text{Ln}(x) - 12.285$,$R^2 = 0.9889$;$D_C = 4.9305\text{Ln}(x) - 9.8093$,$R^2 = 0.9584$,其中 x 为以月为单位的时间。进而模拟出各处理的胸径逐年生长过程,见表 5-56。

不间伐对照培育不了 22cm 中径材,间伐保留 200、300、400、500、600、700、800 株/hm² 处理达到 22cm 中径材的时间分别为间伐后的第 7.5、11.5、14.5、15.5、14.5、16.5、19.5 年。

不间伐对照从 78 月龄达到 22cm 中径材时的胸径年平均生长量为 0.22cm,间伐保留 200、300、400、500、600、700、800 株/hm² 达到 22cm 中径材时的胸径年平均生长量分别为 0.98、0.72、0.54、0.49、0.55、0.49、0.42cm。

表 5-56 黄冕(78 月生、立地指数 20)林分的平均胸径模拟生长过程   株/hm²、cm

月龄	78	84	96	108	120	132	144	156	168	180	192
年龄	6.5	7	8	9	10	11	12	13	14	15	16
200	14.89	15.40	16.72	17.88	18.93	19.87	20.73	21.52	22.25	22.94	23.57
300	13.93	14.39	15.49	16.46	17.32	18.11	18.82	19.48	20.09	20.66	21.19
400	14.29	14.68	15.59	16.40	17.12	17.77	18.36	18.91	19.41	19.88	20.33
500	14.49	14.83	15.67	16.42	17.09	17.69	18.24	18.75	19.21	19.65	20.06
600	13.94	14.37	15.29	16.11	16.84	17.49	18.10	18.65	19.16	19.64	20.08
700	14.15	14.56	15.42	16.18	16.85	17.46	18.02	18.53	19.01	19.45	19.86
800	13.74	14.14	14.93	15.63	16.26	16.83	17.35	17.83	18.27	18.68	19.06
Control	11.80	12.04	12.70	13.28	13.80	14.27	14.69	15.09	15.45	15.79	16.11
月龄	204	216	228	240	252	264	276	288	300	312	
年龄	17	18	19	20	21	22	23	24	25	26	
200	24.17	24.74	25.27	25.78	26.26	26.72	27.16	27.58	27.99	28.37	
300	21.69	22.16	22.60	23.02	23.42	23.80	24.17	24.52	24.86	25.18	
400	20.74	21.13	21.50	21.85	22.18	22.50	22.80	23.09	23.37	23.64	
500	20.44	20.81	21.15	21.47	21.78	22.08	22.36	22.63	22.88	23.13	
600	20.50	20.90	21.27	21.62	21.96	22.28	22.59	22.88	23.16	23.44	
700	20.25	20.62	20.97	21.30	21.61	21.91	22.19	22.46	22.73	22.98	
800	19.43	19.77	20.09	20.39	20.69	20.96	21.23	21.48	21.73	21.96	
Control	16.41	16.69	16.96	17.21	17.45	17.68	17.90	18.11	18.31	18.51	

从表 5-57 可以看出,间伐强度越高,平均胸径连年生长量越大。胸径连年生长量随着时间的推移逐年变小。72~192 月龄期间,不间伐对照的胸径连年生长量随时间推移越来越小,但稳定在 0.32cm 以上;间伐保留 200 株/hm² 第 10 年连年生长量超过 1.04cm,此后越来越小,但稳定在 0.64cm 以上;保留 300 株/hm² 第 8 年连年生长量超

过 1.10cm，此后越来越小，但稳定在 0.53cm 以上；保留 400、500、600、700 株/hm² 处理均在第 6 年连年生长量均超过 1.17cm，此后越来越小，均稳定在 0.41cm 以上；间伐保留 800 株/hm² 第 6 年连年生长量超过 1.09cm，此后越来越小，但稳定在 0.38cm 以上。

表 5-57　黄冕(78 月生、立地指数 20)林分的连年胸径增长过程　　株/hm²、cm

月龄	72	84	96	108	120	132	144	156	168	180	192
年龄	6	7	8	9	10	11	12	13	14	15	16
200	1.80	1.52	1.32	1.16	1.04	0.94	0.86	0.79	0.73	0.68	0.64
300	1.50	1.27	1.10	0.97	0.87	0.78	0.72	0.66	0.61	0.57	0.53
400	1.25	1.05	0.91	0.80	0.72	0.65	0.59	0.55	0.51	0.47	0.44
500	1.15	0.98	0.84	0.75	0.67	0.60	0.55	0.51	0.47	0.44	0.41
600	1.26	1.06	0.92	0.81	0.73	0.66	0.60	0.55	0.51	0.48	0.45
700	1.17	0.99	0.86	0.76	0.68	0.61	0.56	0.51	0.48	0.44	0.41
800	1.09	0.92	0.80	0.70	0.63	0.57	0.52	0.48	0.44	0.41	0.38
Control	0.90	0.76	0.66	0.58	0.52	0.47	0.43	0.39	0.37	0.34	0.32

月龄	204	216	228	240	252	264	276	288	300	312
年龄	17	18	19	20	21	22	23	24	25	26
200	0.60	0.57	0.53	0.51	0.48	0.46	0.44	0.42	0.40	0.39
300	0.50	0.47	0.44	0.42	0.40	0.38	0.37	0.35	0.34	0.32
400	0.41	0.39	0.37	0.35	0.33	0.32	0.30	0.29	0.28	0.27
500	0.38	0.36	0.34	0.32	0.31	0.29	0.28	0.27	0.26	0.25
600	0.42	0.39	0.37	0.35	0.34	0.32	0.31	0.29	0.28	0.27
700	0.39	0.37	0.35	0.33	0.31	0.29	0.28	0.27	0.26	0.25
800	0.36	0.34	0.32	0.31	0.29	0.28	0.27	0.25	0.24	0.23
Control	0.30	0.28	0.27	0.25	0.24	0.23	0.22	0.21	0.20	0.19

(2)胸高断面积

表 5-58 和图 5-36 展示了初始间伐林龄为 78 月、立地指数 20，不同间伐处理下的林分胸高断面积实测生长过程。与上述高田试验林分相似，在 78~116 月龄生长期间，间伐保留株数越小，胸高断面积越小，间伐处理小区的胸高断面积均低于不间伐 Control。

表 5-58　黄冕(78 月生、立地指数 20)的胸高断面积实测生长过程　株/hm²、m²/hm²

处理	78 月	91 月	97 月	103 月	109 月	116 月
200	3.51	3.95	4.55	4.74	5.34	5.45
300	4.58	5.13	5.76	6.10	6.54	6.84
400	6.46	7.19	7.64	8.08	8.74	8.99
500	8.29	8.89	9.70	10.66	10.85	11.09
600	9.22	10.35	11.24	11.81	12.72	12.90
700	11.06	12.44	13.27	13.72	14.99	15.18
800	11.97	13.41	14.31	14.83	15.93	16.31
Control	13.72	14.70	15.53	16.49	16.79	16.94

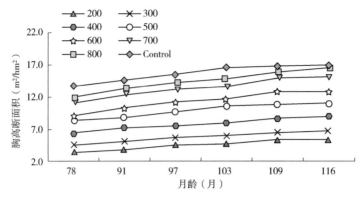

图 5-36 黄冕(78 月生、立地指数 20)的胸高断面积

根据不同处理全部样木的生长过程,利用胸高断面积平均生长量进行模拟,得出 8 个回归方程:$BA_{200} = 5.2567\text{Ln}(x) - 19.522$,$R^2 = 0.9571$;$BA_{300} = 5.9851\text{Ln}(x) - 21.629$,$R^2 = 0.9775$;$BA_{400} = 6.6885\text{Ln}(x) - 22.829$,$R^2 = 0.977$;$BA_{500} = 7.8311\text{Ln}(x) - 26.007$,$R^2 = 0.9387$;$BA_{600} = 9.898\text{Ln}(x) - 34.029$,$R^2 = 0.9796$;$BA_{700} = 10.921\text{Ln}(x) - 36.65$,$R^2 = 0.9769$;$BA_{800} = 11.366\text{Ln}(x) - 37.677$,$R^2 = 0.9873$;$BA_C = 8.9417\text{Ln}(x) - 25.32$,$R^2 = 0.9601$;其中 x 为以月为单位的时间。模拟出各处理的胸高断面积逐年生长过程,如表 5-59 所示。

表 5-59 黄冕(78 月生、立地指数 20)胸高断面积模拟生长过程 株/hm², m²/hm²

月龄	78	84	96	108	120	132	144	156	168	180	192
年龄	6.5	7	8	9	10	11	12	13	14	15	16
200	3.51	3.77	4.47	5.09	5.64	6.15	6.60	7.02	7.41	7.78	8.12
300	4.58	4.89	5.69	6.39	7.02	7.60	8.12	8.59	9.04	9.45	9.84
400	6.46	6.81	7.70	8.49	9.19	9.83	10.41	10.95	11.44	11.90	12.34
500	8.29	8.69	9.74	10.66	11.48	12.23	12.91	13.54	14.12	14.66	15.16
600	9.22	9.83	11.15	12.31	13.36	14.30	15.16	15.95	16.69	17.37	18.01
700	11.06	11.74	13.20	14.48	15.63	16.68	17.63	18.50	19.31	20.06	20.77
800	11.97	12.68	14.20	15.54	16.74	17.82	18.81	19.72	20.56	21.35	22.08
Control	13.72	14.30	15.49	16.55	17.49	18.34	19.12	19.83	20.50	21.11	21.69
月龄	204	216	228	240	252	264	276	288	300	312	
年龄	17	18	19	20	21	22	23	24	25	26	
200	8.43	8.73	9.02	9.29	9.54	9.79	10.02	10.25	10.46	10.67	
300	10.20	10.54	10.87	11.17	11.47	11.74	12.01	12.26	12.51	12.74	
400	12.74	13.12	13.49	13.83	14.15	14.47	14.76	15.05	15.32	15.58	
500	15.64	16.09	16.51	16.91	17.29	17.66	18.01	18.34	18.66	18.97	
600	18.61	19.18	19.71	20.22	20.70	21.16	21.60	22.02	22.43	22.82	
700	21.43	22.05	22.64	23.20	23.74	24.24	24.73	25.20	25.64	26.07	
800	22.77	23.42	24.03	24.62	25.17	25.70	26.20	26.69	27.15	27.60	
Control	22.23	22.74	23.23	23.69	24.12	24.54	24.94	25.32	25.68	26.03	

不间伐对照 Control 从 78 月龄到胸径达到中径材 22cm 时，胸高断面积年平均生长量为 0.40m²/hm²，间伐保留 200、300、400、500、600、700、800 株/hm² 的胸径达到中径材 22cm 时的胸高断面积年平均生长量分别为 0.52、0.52、0.53、0.60、0.79、0.83、0.80m²/hm²。

从表 5-60 可以看出，间伐强度越高，胸高断面积连年生长量越小。胸高断面积连年生长量随时间的推移逐年变小。60~192 月龄生长期间，不间伐对照 Control 第 9 年胸高断面积连年生长量超过 1.05m²/hm²，此后越来越小，稳定在 0.58m²/hm² 以上；间伐保留 200、300、400、500、600、700、800 株/hm² 分别在第 5 年、第 6 年、第 7 年、第 8 年、第 10 年、第 11 年、第 11 年连年生长量均超过 1.03m²/hm²，此后越来越小。

表 5-60　黄冕(78 月生、立地指数 20)胸高断面积增长过程　　株/hm²、m²/hm²

月龄	60	72	84	96	108	120	132	144	156	168	180	192
年龄	5	6	7	8	9	10	11	12	13	14	15	16
200	1.17	0.96	0.81	0.70	0.62	0.55	0.50	0.46	0.42	0.39	0.36	0.34
300	1.34	1.09	0.92	0.80	0.70	0.63	0.57	0.52	0.48	0.44	0.41	0.39
400	1.49	1.22	1.03	0.89	0.79	0.70	0.64	0.58	0.54	0.50	0.46	0.43
500	1.75	1.43	1.21	1.05	0.92	0.83	0.75	0.68	0.63	0.58	0.54	0.51
600	2.21	1.80	1.53	1.32	1.17	1.04	0.94	0.86	0.79	0.73	0.68	0.64
700	2.44	1.99	1.68	1.46	1.29	1.15	1.04	0.95	0.87	0.81	0.75	0.70
800	2.54	2.07	1.75	1.52	1.34	1.20	1.08	0.99	0.91	0.84	0.78	0.73
Control	2.00	1.63	1.38	1.19	1.05	0.94	0.85	0.78	0.72	0.66	0.62	0.58
月龄	204	216	228	240	252	264	276	288	300	312		
年龄	17	18	19	20	21	22	23	24	25	26		
200	0.32	0.30	0.28	0.27	0.26	0.24	0.23	0.22	0.21	0.21		
300	0.36	0.34	0.32	0.31	0.29	0.28	0.27	0.25	0.24	0.23		
400	0.41	0.38	0.36	0.34	0.33	0.31	0.30	0.28	0.27	0.26		
500	0.47	0.45	0.42	0.40	0.38	0.36	0.35	0.33	0.32	0.31		
600	0.60	0.57	0.54	0.51	0.48	0.46	0.44	0.42	0.40	0.39		
700	0.66	0.62	0.59	0.56	0.53	0.51	0.49	0.46	0.45	0.43		
800	0.69	0.65	0.61	0.58	0.55	0.53	0.51	0.48	0.46	0.45		
Control	0.54	0.51	0.48	0.46	0.44	0.42	0.40	0.38	0.37	0.35		

(3) 蓄积

表 5-61 展示了 78 月初始间伐林龄、立地指数 20，不同间伐处理下的蓄积实测生长过程。在 53~90 月龄生长期间，间伐保留株数越小，蓄积量越小，间伐保留 200、300、400、500、600、700 株/hm² 的蓄积量均低于不间伐对照 Control，但间伐保留 800 株/hm² 的蓄积量超过了不间伐对照 Control。

表 5-61　黄冕(78 月生、立地指数 20)蓄积实测生长过程　　　株/hm², m³/hm²

处理	间伐量	78 月	91 月	97 月	103 月	109 月	116 月
200	171.04	31.30	36.76	43.27	45.84	52.32	53.73
300	90.86	39.16	45.19	52.00	56.12	60.69	63.58
400	53.54	54.71	63.19	68.91	74.12	81.29	84.11
500	38.37	68.95	76.00	84.49	94.28	96.90	99.99
600	42.64	76.70	91.78	102.20	108.60	116.48	121.03
700	42.06	89.95	106.79	115.07	121.91	136.02	139.48
800	15.89	99.05	114.88	124.93	131.31	143.37	147.87
Control	0.00	110.83	120.15	130.16	138.56	141.77	143.52

根据不同处理全部样木的生长过程，利用蓄积平均生长量进行模拟，得出 8 个回归方程：$V_{200} = 60.69\text{Ln}(x) - 234.52$，$R^2 = 0.9644$；$V_{300} = 65.135\text{Ln}(x) - 245.99$，$R^2 = 0.9767$；$V_{400} = 77.861\text{Ln}(x) - 286.09$，$R^2 = 0.9798$；$V_{500} = 85.794\text{Ln}(x) - 306.77$，$R^2 = 0.9516$；$V_{600} = 116.09\text{Ln}(x) - 429.69$，$R^2 = 0.9929$；$V_{700} = 130.09\text{Ln}(x) - 478.52$，$R^2 = 0.9815$；$V_{800} = 127.88\text{Ln}(x) - 459.7$，$R^2 = 0.9875$；$V_C = 90.612\text{Ln}(x) - 284.81$，$R^2 = 0.9592$，其中 x 为以月为单位的时间。模拟出各处理的蓄积逐年生长过程，见表 5-62。

表 5-62　黄冕(78 月生、立地指数 20)蓄积模拟生长过程　　　株/hm², m³/hm²

月龄	78	84	96	108	120	132	144	156	168	180	192
年龄	6.5	7	8	9	10	11	12	13	14	15	16
200	31.30	34.39	42.49	49.64	56.03	61.82	67.10	71.96	76.45	80.64	84.56
300	39.16	42.61	51.31	58.98	65.84	72.05	77.72	82.93	87.76	92.25	96.46
400	54.71	58.90	69.29	78.47	86.67	94.09	100.86	107.10	112.87	118.24	123.26
500	68.95	73.37	84.82	94.93	103.97	112.15	119.61	126.48	132.84	138.75	144.29
600	76.70	84.68	100.19	113.86	126.09	137.15	147.26	156.55	165.15	173.16	180.65
700	89.95	97.88	115.26	130.58	144.28	156.68	168.00	178.42	188.06	197.03	205.43
800	99.05	106.91	123.99	139.05	152.52	164.71	175.84	186.08	195.55	204.38	212.63
Control	110.83	116.68	128.77	139.45	148.99	157.63	165.51	172.77	179.48	185.73	191.58

月龄	204	216	228	240	252	264	276	288	300	312
年龄	17	18	19	20	21	22	23	24	25	26
200	88.24	91.71	94.99	98.10	101.06	103.88	106.58	109.17	111.64	114.02
300	100.41	104.13	107.65	110.99	114.17	117.20	120.09	122.87	125.53	128.08
400	127.98	132.43	136.64	140.64	144.44	148.06	151.52	154.83	158.01	161.07
500	149.49	154.40	159.04	163.44	167.62	171.61	175.43	179.08	182.58	185.95
600	187.69	194.33	200.60	206.56	212.22	217.62	222.78	227.72	232.46	237.02
700	213.31	220.75	227.78	234.46	240.80	246.86	252.64	258.17	263.49	268.59
800	220.38	227.69	234.60	241.16	247.40	253.35	259.04	264.48	269.70	274.72
Control	197.08	202.25	207.15	211.80	216.22	220.44	224.47	228.32	232.02	235.58

不间伐对照 Control 从 78 月龄至胸径达到中径材 22cm 时的蓄积年平均生长量为 4.07m³/hm²，间伐保留 200、300、400、500、600、700、800 株/hm² 达到 22cm 中径材时的蓄积年平均生长量分别为 6.02、5.65、6.19、6.62、9.35、9.86、9.01m³/hm²。

从表 5-63 和图 5-37 得出，对照和所有间伐处理蓄积连年生长的高峰值都出现在第 6 年，对照 Control 的峰值是平均生长量的 0.97 倍，保留 200、300、400、500、600、700、800 株/hm² 的峰值分别为平均生长量的 2.65、2.19、1.82、1.56、1.90、1.83、1.60 倍，之后逐年下降、降幅收窄。

初始间伐林龄 78 月生、立地指数 20 条件下，不间伐对照蓄积连年生长量和平均生长量交点出现在第 6 年；间伐保留 200 和 300 株/hm² 交点分别出现在第 11.5 年和 10.5 年，分别比对照延迟了 5.5、4.5 年；保留 400、500、600、700 株/hm² 交点均出现在第 9.5 年，均比对照延迟了 3.5 年；保留 800 株/hm² 交点出现在第 9 年，比对照延迟了 3 年。

表 5-63 黄冕 (78 月生、立地指数 20) 蓄积增长过程　　　　株/hm²、m³/hm²

月龄	72	84	96	108	120	132	144	156	168	180	192
年龄	6	7	8	9	10	11	12	13	14	15	16
200	11.07	9.36	8.10	7.15	6.39	5.78	5.28	4.86	4.50	4.19	3.92
300	11.88	10.04	8.70	7.67	6.86	6.21	5.67	5.21	4.83	4.49	4.20
400	14.20	12.00	10.40	9.17	8.20	7.42	6.77	6.23	5.77	5.37	5.03
500	15.64	13.23	11.46	10.11	9.04	8.18	7.47	6.87	6.36	5.92	5.54
600	21.17	17.90	15.50	13.67	12.23	11.06	10.10	9.29	8.60	8.01	7.49
700	23.72	20.05	17.37	15.32	13.71	12.40	11.32	10.41	9.64	8.98	8.40
800	23.32	19.71	17.08	15.06	13.47	12.19	11.13	10.24	9.48	8.82	8.25
Control	16.52	13.97	12.10	10.67	9.55	8.64	7.88	7.25	6.72	6.25	5.85
月龄	204	216	228	240	252	264	276	288	300	312	
年龄	17	18	19	20	21	22	23	24	25	26	
200	3.68	3.47	3.28	3.11	2.96	2.82	2.70	2.58	2.48	2.38	
300	3.95	3.72	3.52	3.34	3.18	3.03	2.90	2.77	2.66	2.55	
400	4.72	4.45	4.21	3.99	3.80	3.62	3.46	3.31	3.18	3.05	
500	5.20	4.90	4.64	4.40	4.19	3.99	3.81	3.65	3.50	3.36	
600	7.04	6.64	6.28	5.95	5.66	5.40	5.16	4.94	4.74	4.55	
700	7.89	7.44	7.03	6.67	6.35	6.05	5.78	5.54	5.31	5.10	
800	7.75	7.31	6.91	6.56	6.24	5.95	5.68	5.44	5.22	5.02	
Control	5.49	5.18	4.90	4.65	4.42	4.22	4.03	3.86	3.70	3.55	

5. 立地指数 22 的不同间伐处理的生长差距

(1) 胸径

初始间伐林龄为 78 月、立地指数 22，不同间伐处理下的林分平均胸径实测生长过程见表 5-64 和图 5-38。

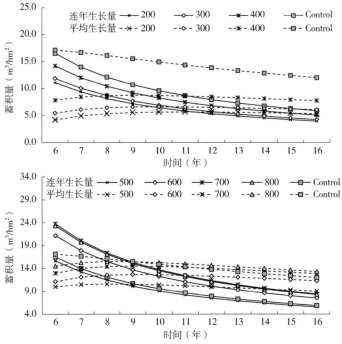

图 5-37 黄冕(78月生、立地指数 20)蓄积连年和平均生长量曲线

表 5-64 黄冕(78月生、立地指数 22)林分的平均胸径实测生长过程　　株/hm²、cm

处理	78月	91月	97月	103月	109月	116月
200	15.68	16.75	17.71	18.74	18.91	19.00
400	16.08	17.15	17.95	18.47	19.19	19.36
300	15.12	15.73	16.41	17.08	17.83	17.94
500	14.94	15.85	16.60	17.21	17.64	17.76
600	15.35	16.20	16.83	17.52	17.76	17.85
700	15.09	15.98	16.51	17.28	17.54	17.66
800	14.37	15.19	15.73	16.36	16.73	16.86
Control	13.73	14.39	14.82	15.33	15.69	15.80

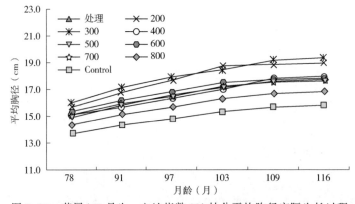

图 5-38 黄冕(78月生、立地指数 22)林分平均胸径实际生长过程

可以看出，在立地指数均为 22 的情况下，在 78~116 月龄生长期间，不间伐 Control 的平均胸径均低于间伐处理（保留 200、300、400、500、600、700、800 株/hm²），间伐强度越高，平均胸径越大。

根据不同处理全部样木的生长过程，利用平均生长量进行模拟，得出 8 个回归方程：$D_{200} = 9.3205\text{Ln}(x) - 24.955$，$R^2 = 0.9451$；$D_{300} = 8.8272\text{Ln}(x) - 22.458$，$R^2 = 0.9842$；$D_{400} = 7.85\text{Ln}(x) - 19.323$，$R^2 = 0.9503$；$D_{500} = 7.717\text{Ln}(x) - 18.731$，$R^2 = 0.975$；$D_{600} = 6.8875\text{Ln}(x) - 14.675$，$R^2 = 0.9645$；$D_{700} = 7.0383\text{Ln}(x) - 15.606$，$R^2 = 0.9693$；$D_{800} = 6.7705\text{Ln}(x) - 15.183$，$R^2 = 0.9774$；$D_C = 5.6225\text{Ln}(x) - 10.83$，$R^2 = 0.9778$；其中 x 为以月为单位的时间。进而模拟出各处理的胸径逐年生长过程，如表 5-65 所示。

不间伐对照 Control 达到 22cm 中径材的时间为第 29 年，即间伐后第 22.5 年，间伐保留 200、300、400、500、600、700、800 株/hm² 处理达到 22cm 中径材的时间分别为间伐后的第 6.5、6.5、10.5、10.5、10.5、11.5、14.5 年，比对照分别提早了 16、16、12、12、12、11、8 年。

表 5-65　黄冕（78 月生、立地指数 22）林分的平均胸径模拟生长过程　　　　株/hm²、cm

月龄	78	84	96	108	120	132	144	156	168
年龄	6.5	7	8	9	10	11	12	13	14
200	15.68	16.34	17.59	18.68	19.67	20.56	21.37	22.11	22.80
300	16.08	16.65	17.83	18.87	19.80	20.64	21.41	22.12	22.77
400	15.12	15.46	16.51	17.43	18.26	19.01	19.69	20.32	20.90
500	14.94	15.46	16.49	17.40	18.21	18.95	19.62	20.24	20.81
600	15.35	15.84	16.76	17.57	18.30	18.96	19.55	20.11	20.62
700	15.09	15.58	16.52	17.35	18.09	18.76	19.37	19.94	20.46
800	14.37	14.82	15.72	16.52	17.23	17.88	18.47	19.01	19.51
Control	13.73	14.08	14.83	15.50	16.09	16.62	17.11	17.56	17.98
月龄	180	192	204	216	228	240	252	…	348
年龄	15	16	17	18	19	20	21	…	29
200	23.45	24.05	24.61	25.15	25.65	26.13	26.58	…	29.59
300	23.38	23.95	24.49	24.99	25.47	25.92	26.35	…	29.20
400	21.44	21.95	22.42	22.87	23.30	23.70	24.08	…	26.62
500	21.34	21.84	22.31	22.75	23.17	23.56	23.94	…	26.43
600	21.09	21.54	21.95	22.35	22.72	23.07	23.41	…	25.63
700	20.94	21.40	21.82	22.23	22.61	22.97	23.31	…	25.58
800	19.98	20.41	20.82	21.21	21.58	21.92	22.25	…	24.44
Control	18.37	18.73	19.07	19.39	19.70	19.98	20.26	…	22.07

不间伐Control从78月龄到达到22cm中径材时的胸径年平均生长量为0.37cm,间伐保留200、300、400、500、600、700、800株/hm²达到22cm中径材时的胸径年平均生长量分别为0.99、0.93、0.70、0.70、0.63、0.62、0.54cm。

从表5-66可以看出,间伐强度越高,平均胸径连年生长量越大。胸径连年生长量随着时间的推移逐年变小。72~168月龄期间,不间伐对照Control第6年胸径连年生长量超过1.03cm,此后越来越小,稳定在0.42cm以上;间伐保留200、300、400、500、600、700、800株/hm²分别在第9年、第9年、第8年、第8年、第7年、第7年、第7年连年生长量均超过1.03cm,此后越来越小,分别稳定在0.69、0.65、0.58、0.57、0.51、0.52、0.50cm以上。

表5-66 黄冕(78月生、立地指数22)林分的连年胸径增长过程　　株/hm²、cm

月龄	72	84	96	108	120	132	144	156	168
年龄	6	7	8	9	10	11	12	13	14
200	1.70	1.44	1.24	1.10	0.98	0.89	0.81	0.75	0.69
300	1.61	1.36	1.18	1.04	0.93	0.84	0.77	0.71	0.65
400	1.43	1.21	1.05	0.92	0.83	0.75	0.68	0.63	0.58
500	1.41	1.19	1.03	0.91	0.81	0.74	0.67	0.62	0.57
600	1.26	1.06	0.92	0.81	0.73	0.66	0.60	0.55	0.51
700	1.28	1.08	0.94	0.83	0.74	0.67	0.61	0.56	0.52
800	1.23	1.04	0.90	0.80	0.71	0.65	0.59	0.54	0.50
Control	1.03	0.87	0.75	0.66	0.59	0.54	0.49	0.45	0.42
月龄	180	192	204	216	228	240	252	…	348
年龄	15	16	17	18	19	20	21	…	29
200	0.64	0.60	0.57	0.53	0.50	0.48	0.45	…	0.33
300	0.61	0.57	0.54	0.50	0.48	0.45	0.43	…	0.31
400	0.54	0.51	0.48	0.45	0.42	0.40	0.38	…	0.28
500	0.53	0.50	0.47	0.44	0.42	0.40	0.38	…	0.27
600	0.48	0.44	0.42	0.39	0.37	0.35	0.34	…	0.24
700	0.49	0.45	0.43	0.40	0.38	0.36	0.34	…	0.25
800	0.47	0.44	0.41	0.39	0.37	0.35	0.33	…	0.24
Control	0.39	0.36	0.34	0.32	0.30	0.29	0.27	…	0.20

(2)胸高断面积

表5-67和图5-39展示了初始间伐林龄为78月、立地指数22,不同间伐处理下的林分胸高断面积实测生长过程。与立地指数20相似,在78~116月龄生长期,间伐保留株数越小,胸高断面积越小;间伐处理的胸高断面积均低于不间伐对照。

表 5-67　黄冕(78 月生、立地指数 22)的胸高断面积实测生长过程　　株/hm², m²/hm²

处理	78 月	91 月	97 月	103 月	109 月	116 月
200	3.88	4.44	4.96	5.55	5.65	5.70
300	6.16	7.02	7.67	8.12	8.77	8.92
400	7.24	7.88	8.58	9.28	10.09	10.22
500	8.84	9.96	10.94	11.77	12.35	12.51
600	11.26	12.57	13.54	14.70	15.16	15.24
700	12.63	14.14	15.10	16.53	17.03	17.28
800	13.19	14.76	15.84	17.16	17.90	18.19
Control	16.34	17.40	17.49	18.51	18.78	19.70

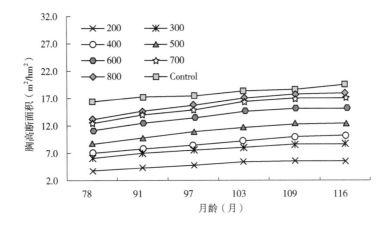

图 5-39　黄冕(78 月生、立地指数 22)的胸高断面积

根据不同处理全部样木的生长过程，利用胸高断面积平均生长量进行模拟，得出 8 个回归方程：$BA_{200} = 5.1213\ln(x) - 18.462$，$R^2 = 0.9434$；$BA_{300} = 7.4282\ln(x) - 26.298$，$R^2 = 0.9822$；$BA_{400} = 8.2633\ln(x) - 29.023$，$R^2 = 0.9486$；$BA_{500} = 10.073\ln(x) - 35.143$，$R^2 = 0.9734$；$BA_{600} = 11.08\ln(x) - 37.079$，$R^2 = 0.9619$；$BA_{700} = 12.76\ln(x) - 43.078$，$R^2 = 0.9681$；$BA_{800} = 13.631\ln(x) - 46.349$，$R^2 = 0.9755$；$BA_C = 8.2239\ln(x) - 19.686$，$R^2 = 0.9518$；其中 x 为以月为单位的时间。模拟出各处理的胸高断面积逐年生长过程，如表 5-68 所示。

表 5-68　黄冕(78 月生、立地指数 22)胸高断面积模拟生长过程　　株/hm², m²/hm²

月龄	78	84	96	108	120	132	144	156	168
年龄	6.5	7	8	9	10	11	12	13	14
200	3.88	4.23	4.91	5.52	6.06	6.54	6.99	7.40	7.78
300	6.16	6.61	7.61	8.48	9.26	9.97	10.62	11.21	11.76

(续)

月龄	78	84	96	108	120	132	144	156	168
400	7.24	7.59	8.69	9.67	10.54	11.33	12.04	12.71	13.32
500	8.84	9.49	10.83	12.02	13.08	14.04	14.92	15.72	16.47
600	11.26	12.01	13.49	14.80	15.97	17.02	17.99	18.87	19.69
700	12.63	13.46	15.16	16.67	18.01	19.23	20.34	21.36	22.30
800	13.19	14.05	15.87	17.47	18.91	20.21	21.39	22.49	23.50
Control	16.34	16.75	17.85	18.82	19.69	20.47	21.19	21.84	22.45

月龄	180	192	204	216	228	240	252	…	348
年龄	15	16	17	18	19	20	21	…	29
200	8.13	8.46	8.77	9.07	9.34	9.61	9.86	…	11.51
300	12.28	12.76	13.21	13.63	14.03	14.41	14.78	…	17.17
400	13.89	14.42	14.92	15.39	15.84	16.27	16.67	…	19.34
500	17.17	17.82	18.43	19.00	19.55	20.06	20.55	…	23.81
600	20.46	21.17	21.85	22.48	23.08	23.65	24.19	…	27.76
700	23.18	24.01	24.78	25.51	26.20	26.85	27.48	…	31.60
800	24.44	25.32	26.14	26.92	27.66	28.36	29.02	…	33.42
Control	23.02	23.55	24.05	24.52	24.96	25.39	25.79	…	28.44

不间伐对照 Control 从 78 月龄到胸径达到中径材 22cm 时，胸高断面积年平均生长量为 0.54m²/hm²，间伐保留 200、300、400、500、600、700、800 株/hm² 达到 22cm 中径材时的胸高断面积年平均生长量分别为 0.54、0.78、0.73、0.91、1.01、1.12、1.09m²/hm²。

从表 5-69 可以看出，间伐强度越高，胸高断面积连年生长量越小。胸高断面积连年生长量随时间的推移逐年变小。72~192 月龄生长期间，不间伐对照 Control 第 8 年胸高断面积连年生长量超过 1.10m²/hm²，此后越来越小，稳定在 0.53m²/hm² 以上；间伐保留 200、300、400、500、600、700、800 株/hm² 分别在第 5 年、第 7 年、第 8 年、第 10 年、第 11 年、第 13 年、第 14 年连年生长量超过 1.01m²/hm²。

表 5-69　黄冕(78 月生、立地指数 22)胸高断面积增长过程　　株/hm²、m²/hm²

月龄	72	84	96	108	120	132	144	156	168
年龄	6	7	8	9	10	11	12	13	14
200	0.93	0.79	0.68	0.60	0.54	0.49	0.45	0.41	0.38
300	1.35	1.15	0.99	0.87	0.78	0.71	0.65	0.59	0.55
400	1.51	1.27	1.10	0.97	0.87	0.79	0.72	0.66	0.61

(续)

月龄	72	84	96	108	120	132	144	156	168
500	1.84	1.55	1.35	1.19	1.06	0.96	0.88	0.81	0.75
600	2.02	1.71	1.48	1.31	1.17	1.06	0.96	0.89	0.82
700	2.33	1.97	1.70	1.50	1.34	1.22	1.11	1.02	0.95
800	2.49	2.10	1.82	1.61	1.44	1.30	1.19	1.09	1.01
Control	1.50	1.27	1.10	0.97	0.87	0.78	0.72	0.66	0.61
月龄	180	192	204	216	228	240	252	…	348
年龄	15	16	17	18	19	20	21	…	29
200	0.35	0.33	0.31	0.29	0.28	0.26	0.25	…	0.18
300	0.51	0.48	0.45	0.42	0.40	0.38	0.36	…	0.26
400	0.57	0.53	0.50	0.47	0.45	0.42	0.40	…	0.29
500	0.69	0.65	0.61	0.58	0.54	0.52	0.49	…	0.35
600	0.76	0.72	0.67	0.63	0.60	0.57	0.54	…	0.39
700	0.88	0.82	0.77	0.73	0.69	0.65	0.62	…	0.45
800	0.94	0.88	0.83	0.78	0.74	0.70	0.67	…	0.48
Control	0.57	0.53	0.50	0.47	0.44	0.42	0.40	…	0.29

(3) 蓄积

表5-70展示了78月初始间伐林龄、立地指数22,不同间伐处理下的蓄积实测生长过程。在78~116月龄生长期间,间伐保留株数越小,蓄积越小,间伐保留200、300、400、500、600株/hm²的蓄积面积均低于不间伐对照Control,但间伐保留700、800株/hm²的蓄积量超过了不间伐对照Control。

表5-70 黄冕(78月生、立地指数22)蓄积实测生长过程   株/hm²、m³/hm²

处理	间伐量	78月	91月	97月	103月	109月	116月
200	45.51	37.87	44.67	51.20	58.08	59.81	61.89
300	89.72	59.80	69.36	77.98	83.43	90.90	93.26
400	53.27	64.16	71.93	80.66	88.18	97.67	99.73
500	43.96	80.26	96.66	109.10	117.72	125.64	128.60
600	29.86	105.20	123.98	137.56	150.33	157.95	159.24
700	47.27	120.38	137.60	148.61	163.58	169.89	172.86
800	28.08	117.72	136.49	149.42	164.00	172.43	176.29
Control	0.00	125.40	138.49	146.66	157.61	164.67	166.83

根据不同处理全部样木的生长过程，利用蓄积平均生长量进行模拟，得出 8 个回归方程：$V_{200} = 65.817\text{Ln}(x) - 249.65$，$R^2 = 0.9628$；$V_{300} = 90.067\text{Ln}(x) - 334.01$，$R^2 = 0.9796$；$V_{400} = 97.85\text{Ln}(x) - 365.11$，$R^2 = 0.9548$；$V_{500} = 129.9\text{Ln}(x) - 486.18$，$R^2 = 0.9839$；$V_{600} = 148.51\text{Ln}(x) - 542.19$，$R^2 = 0.9717$；$V_{700} = 143.27\text{Ln}(x) - 505.04$，$R^2 = 0.9731$；$V_{800} = 158.74\text{Ln}(x) - 575.43$，$R^2 = 0.9793$；$V_C = 112.92\text{Ln}(x) - 368.04$，$R^2 = 0.9759$；其中 x 为以月为单位的时间。模拟出各处理的蓄积逐年生长过程，见表 5-71。

表 5-71　黄冕（78 月生、立地指数 22）蓄积模拟生长过程　　　　　　　　m^3/hm^2

月龄	78	84	96	108	120	132	144	156	168
年龄	6.5	7	8	9	10	11	12	13	14
200	37.87	41.97	50.76	58.51	65.45	71.72	77.45	82.72	87.59
300	59.80	65.06	77.09	87.70	97.19	105.77	113.61	120.82	127.49
400	64.16	68.45	81.51	93.04	103.35	112.67	121.19	129.02	136.27
500	80.26	89.38	106.73	122.03	135.72	148.10	159.40	169.80	179.42
600	105.20	115.83	135.66	153.15	168.80	182.95	195.88	207.76	218.77
700	120.38	129.76	148.89	165.77	180.86	194.52	206.99	218.45	229.07
800	117.72	127.92	149.11	167.81	184.54	199.67	213.48	226.18	237.95
Control	125.40	132.29	147.37	160.67	172.56	183.33	193.15	202.19	210.56
月龄	180	192	204	216	228	240	252	…	348
年龄	15	16	17	18	19	20	21	…	29
200	92.13	96.38	100.37	104.13	107.69	111.07	114.28	…	135.52
300	133.70	139.52	144.98	150.13	154.99	159.61	164.01	…	193.08
400	143.02	149.34	155.27	160.86	166.15	171.17	175.94	…	207.53
500	188.39	196.77	204.64	212.07	219.09	225.75	232.09	…	274.02
600	229.02	238.60	247.60	256.09	264.12	271.74	278.99	…	326.92
700	238.95	248.20	256.89	265.08	272.82	280.17	287.16	…	333.41
800	248.90	259.14	268.77	277.84	286.42	294.57	302.31	…	353.55
Control	218.35	225.64	232.48	238.94	245.04	250.83	256.34	…	292.79

不间伐对照 Control 从 78 月龄至胸径达到中径材 22cm 时的蓄积年平均生长量为 7.4m^3/hm^2，间伐保留 200、300、400、500、600、700、800 株/hm^2 达到 22cm 中径材时的蓄积年平均生长量分别为 6.90、9.39、8.68、11.85、13.56、12.58、12.73m^3/hm^2。

从表 5-72 和图 5-40 得出，对照和所有间伐处理蓄积连年生长的高峰值都出现在第 6 年，对照 Control 的峰值是平均生长量的 1.08 倍，保留 200、300、400、500、600、

700、800 株/hm² 的峰值分别为平均生长量的 2.26、1.93、2.01、2.05、1.75、1.46、1.68 倍，之后逐年下降、降幅收窄。

表 5-72　黄冕(78 月生、立地指数 22)蓄积增长过程　　　　　株/hm²、m³/hm²

月龄	72	84	96	108	120	132	144	156	168	180	192
年龄	6	7	8	9	10	11	12	13	14	15	16
200	12.00	10.15	8.79	7.75	6.93	6.27	5.73	5.27	4.88	4.54	4.25
300	16.42	13.88	12.03	10.61	9.49	8.58	7.84	7.21	6.67	6.21	5.81
400	17.84	15.08	13.07	11.53	10.31	9.33	8.51	7.83	7.25	6.75	6.32
500	23.68	20.02	17.35	15.30	13.69	12.38	11.30	10.40	9.63	8.96	8.38
600	27.08	22.89	19.83	17.49	15.65	14.15	12.92	11.89	11.01	10.25	9.58
700	26.12	22.09	19.13	16.87	15.10	13.66	12.47	11.47	10.62	9.88	9.25
800	28.94	24.47	21.20	18.70	16.72	15.13	13.81	12.71	11.76	10.95	10.24
Control	20.59	17.41	15.08	13.30	11.90	10.76	9.83	9.04	8.37	7.79	7.29

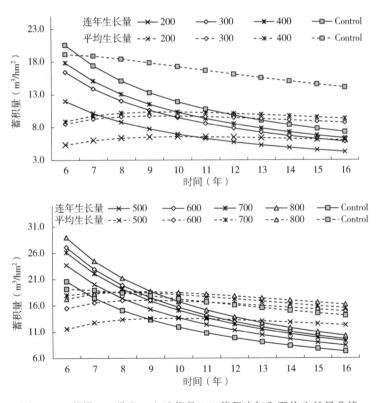

图 5-40　黄冕(78 月生、立地指数 22)蓄积连年和平均生长量曲线

初始间伐林龄 78 月生、立地指数 22 条件下，不间伐对照交点出现在第 6.5 年；间伐保留 200 株/hm² 交点出现在第 10.5 年，比对照延迟了 4 年；保留 300 株/hm² 交点出现在第 9.5 年，比对照延迟了 3 年；保留 400、500 株/hm² 交点均出现在第 10 年，均比对照延迟了 3.5 年；600 株/hm² 交点出现在第 9.5 年，比对照延迟了 3 年；保留

700、800株/hm² 交点分别出现在第8.5、第9年，分别比对照延迟了2、2.5年。

6. SI24 的不同间伐处理的生长差距

（1）胸径

初始间伐林龄为78月、立地指数24，不同间伐处理下的林分平均胸径实测生长过程见表5-73和图5-41。

表5-73 黄冕(78月生、立地指数24)林分的平均胸径实测生长过程　　株/hm²、cm

处理	78月	91月	97月	103月	109月	116月
200	18.28	19.34	20.07	20.53	21.39	21.81
300	17.50	18.43	19.14	19.49	20.21	20.59
400	16.46	17.38	17.93	18.56	19.04	19.16
600	15.93	16.74	17.33	18.04	18.33	18.49
700	15.07	15.87	16.58	17.04	17.47	17.65
800	14.93	15.95	16.60	17.36	17.64	17.73
Control	16.10	16.93	17.44	17.94	18.06	18.16

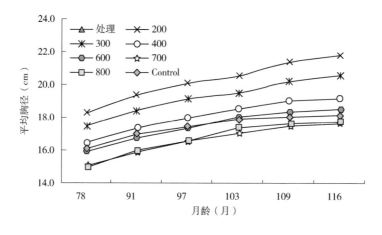

图5-41 黄冕(78月生、立地指数24)林分平均胸径实际生长过程

可以看出，在立地指数均为24的情况下，在78~116月龄生长期间，不间伐Control的平均胸径均低于间伐处理(保留200、300、400、600、700、800株/hm²)，间伐强度越高，平均胸径越大。

根据不同处理全部样木的生长过程，利用平均生长量进行模拟，得出7个回归方程：$D_{200}=9.194\text{Ln}(x)-21.936$，$R^2=0.9855$；$D_{300}=8.0256\text{Ln}(x)-17.588$，$R^2=0.987$；$D_{400}=7.338\text{Ln}(x)-15.572$，$R^2=0.9811$；$D_{600}=6.9916\text{Ln}(x)-14.594$，$R^2=0.9719$；$D_{700}=6.9533\text{Ln}(x)-15.283$，$R^2=0.9813$；$D_{800}=7.6903\text{Ln}(x)-18.575$，$R^2=0.9684$；$D_C=5.5507\text{Ln}(x)-8.0223$，$R^2=0.9649$；其中$x$为以月为单位的时间。进而模拟出各

处理的胸径逐年生长过程，见表 5-74。

表 5-74　黄冕(78 月生、立地指数 24)林分的平均胸径模拟生长过程　　　　株/hm², cm

月龄	78	84	96	108	120	132	144	156	168	180	192	204	216	228
年龄	6.5	7	8	9	10	11	12	13	14	15	16	17	18	19
200	18.28	18.80	20.03	21.11	22.08	22.96	23.76	24.49	25.17	25.81	26.40	26.96	27.48	27.98
300	17.50	17.97	19.04	19.99	20.83	21.60	22.30	22.94	23.53	24.09	24.61	25.09	25.55	25.99
400	16.46	16.94	17.92	18.79	19.56	20.26	20.90	21.48	22.03	22.53	23.01	23.45	23.87	24.27
600	15.93	16.38	17.32	18.14	18.88	19.54	20.15	20.71	21.23	21.71	22.16	22.59	22.99	23.37
700	15.07	15.53	16.45	17.27	18.01	18.67	19.27	19.83	20.35	20.83	21.27	21.70	22.09	22.47
800	14.93	15.50	16.53	17.43	18.24	18.98	19.64	20.26	20.83	21.36	21.86	22.32	22.76	23.18
Control	16.10	16.57	17.31	17.97	18.55	19.08	19.56	20.01	20.42	20.80	21.16	21.50	21.81	22.11

不间伐对照 Control 的胸径达到中径材 22cm 的时间为第 19 年，即间伐后第 12.5 年，间伐保留 200、300、400、600、700、800 株/hm² 处理达到 22cm 中径材的时间分别为间伐后的第 3.5、5.5、7.5、9.5、11.5、10.5 年，比 Control 分别提早了 9、7、5、3、1、2 年。

不间伐 Control 从 78 月龄到胸径达到中径材 22cm 时的胸径年平均生长量为 0.48cm，间伐保留 200、300、400、600、700、800 株/hm² 达到 22cm 中径材时的胸径年平均生长量分别为 1.09、0.87、0.74、0.66、0.61、0.70cm。

从表 5-75 可以看出，间伐强度越高，平均胸径连年生长量越大。胸径连年生长量随着时间的推移逐年变小。72~228 月龄期间，不间伐对照 Control 第 6 年胸径连年生长量超过 1.01cm，此后越来越小，稳定在 0.30cm 以上；间伐保留 200、300、400、600、700、800 株/hm² 分别在第 9 年、第 8 年、第 7 年、第 7 年、第 7 年、第 8 年连年生长量均超过 1.03cm，此后越来越小，分别稳定在 0.50、0.43、0.40、0.38、0.38、0.42cm 以上。

表 5-75　黄冕(78 月生、立地指数 24)林分的连年胸径增长过程　　　　株/hm², cm

月龄	72	84	96	108	120	132	144	156	168	180	192	204	216	228
年龄	6	7	8	9	10	11	12	13	14	15	16	17	18	19
200	1.68	1.42	1.23	1.08	0.97	0.88	0.80	0.74	0.68	0.63	0.59	0.56	0.53	0.50
300	1.46	1.24	1.07	0.95	0.85	0.76	0.70	0.64	0.59	0.55	0.52	0.49	0.46	0.43
400	1.34	1.13	0.98	0.86	0.77	0.70	0.64	0.59	0.54	0.51	0.47	0.44	0.42	0.40
600	1.27	1.08	0.93	0.82	0.74	0.67	0.61	0.56	0.52	0.48	0.45	0.42	0.40	0.38
700	1.27	1.07	0.93	0.82	0.73	0.66	0.61	0.56	0.52	0.48	0.45	0.42	0.40	0.38
800	1.40	1.19	1.03	0.91	0.81	0.73	0.67	0.62	0.57	0.53	0.50	0.47	0.44	0.42
Control	1.01	0.86	0.74	0.65	0.58	0.53	0.48	0.44	0.41	0.38	0.36	0.34	0.32	0.30

(2)胸高断面积

表5-76和图5-42展示了初始间伐林龄为78月、立地指数24，不同间伐处理下的林分胸高断面积实测生长过程。在78~116月龄生长期，间伐保留株数越小，胸高断面积越小；间伐保留200、300、400、600、700株/hm²胸高断面积均低于不间伐对照，但保留800株/hm²胸高断面积大于不间伐对照。

表5-76　黄冕(78月生、立地指数24)的胸高断面积实测生长过程　　　株/hm²、m²/hm²

处理	78月	91月	97月	103月	109月	116月
200	5.21	5.80	6.24	6.53	7.08	7.37
300	7.28	8.08	8.71	9.04	9.71	10.08
400	8.55	9.53	10.15	10.88	11.45	11.59
600	12.09	13.37	14.33	15.52	16.02	16.31
700	12.74	14.13	15.37	16.26	17.07	17.42
800	13.96	15.99	17.21	19.26	19.87	20.08
Control	13.53	15.53	16.89	17.90	18.54	18.78

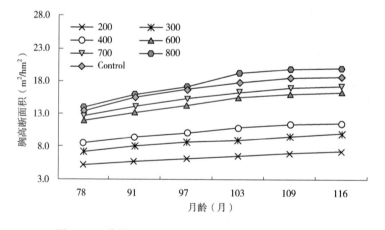

图5-42　黄冕(78月生、立地指数24)的胸高断面积

根据不同处理全部样木的生长过程，利用胸高断面积平均生长量进行模拟，得出8个回归方程：$BA_{200} = 5.6244Ln(x) - 19.427$，$R^2 = 0.9775$；$BA_{300} = 7.2559Ln(x) - 24.467$，$R^2 = 0.9834$；$BA_{400} = 8.2565Ln(x) - 27.515$，$R^2 = 0.9791$；$BA_{600} = 11.524Ln(x) - 38.254$，$R^2 = 0.9713$；$BA_{700} = 12.644Ln(x) - 42.501$，$R^2 = 0.9809$；$BA_{800} = 16.969Ln(x) - 60.108$，$R^2 = 0.96061$；$BA_C = 14.135Ln(x) - 47.976$，$R^2 = 0.9766$；其中$x$为以月为单位的时间。模拟出各处理的胸高断面积逐年生长过程，见表5-77。

不间伐对照Control从78月龄到胸径达到22cm中径材时的胸高断面积年平均生长量为1.22m²/hm²，间伐保留200、300、400、600、700、800株/hm²达到22cm中径材时的胸高断面积年平均生长量分别为0.66、0.78、0.83、1.08、1.11、1.54m²/hm²。

表 5-77　黄冕(78 月生、立地指数 24)胸高断面积模拟生长过程　　　株/hm², m²/hm²

月龄	78	84	96	108	120	132	144	156	168	180	192	204	216	228
年龄	6.5	7	8	9	10	11	12	13	14	15	16	17	18	19
200	5.21	5.49	6.24	6.91	7.50	8.04	8.53	8.98	9.39	9.78	10.14	10.48	10.81	11.11
300	7.28	7.68	8.65	9.51	10.27	10.96	11.59	12.17	12.71	13.21	13.68	14.12	14.54	14.93
400	8.55	9.07	10.17	11.14	12.01	12.80	13.52	14.18	14.79	15.36	15.89	16.39	16.87	17.31
600	12.09	12.81	14.35	15.70	16.92	18.02	19.02	19.94	20.79	21.59	22.33	23.03	23.69	24.31
700	12.74	13.52	15.21	16.70	18.03	19.24	20.34	21.35	22.29	23.16	23.97	24.74	25.46	26.15
800	13.96	15.08	17.34	19.34	21.13	22.75	24.22	25.58	26.84	28.01	29.11	30.14	31.11	32.02
Control	13.53	14.65	16.54	18.21	19.70	21.04	22.27	23.40	24.45	25.43	26.34	27.20	28.00	28.77

从表 5-78 可以看出，间伐强度越高，胸高断面积连年生长量越小。胸高断面积连年生长量随时间的推移逐年变小。72~228 月龄生长期间，不间伐对照 Control 第 14 年胸高断面积连年生长量超过 1.05m²/hm²，此后越来越小，稳定在 0.76m²/hm² 以上；间伐保留 200、300、400、600、700、800 株/hm² 分别在第 6 年、第 7 年、第 8 年、第 12 年、第 13 年、第 17 年连年生长量均超过 1.01m²/hm²。

表 5-78　黄冕(78 月生、立地指数 24)胸高断面积增长过程　　　株/hm²、m²/hm²

月龄	72	84	96	108	120	132	144	156	168	180	192	204	216	228
年龄	6	7	8	9	10	11	12	13	14	15	16	17	18	19
200	1.03	0.87	0.75	0.66	0.59	0.54	0.49	0.45	0.42	0.39	0.36	0.34	0.32	0.30
300	1.32	1.12	0.97	0.85	0.76	0.69	0.63	0.58	0.54	0.50	0.47	0.44	0.41	0.39
400	1.51	1.27	1.10	0.97	0.87	0.79	0.72	0.66	0.61	0.57	0.53	0.50	0.47	0.45
600	2.10	1.78	1.54	1.36	1.21	1.10	1.00	0.92	0.85	0.80	0.74	0.70	0.66	0.62
700	2.31	1.95	1.69	1.49	1.33	1.21	1.10	1.01	0.94	0.87	0.82	0.77	0.72	0.68
800	3.09	2.62	2.27	2.00	1.79	1.62	1.48	1.36	1.26	1.17	1.10	1.03	0.97	0.92
Control	2.58	2.18	1.89	1.66	1.49	1.35	1.23	1.13	1.05	0.98	0.91	0.86	0.81	0.76

(3) 蓄积

表 5-79 展示了 78 月初始间伐林龄、立地指数 24，不同间伐处理下的蓄积实测生长过程。在 78~116 月龄生长期间，间伐保留株数越小，蓄积量越小，间伐保留 200、300、400、600、700 株/hm² 的蓄积面积均低于不间伐对照 Control，但间伐保留 800 株/hm² 的蓄积量超过了不间伐对照 Control。

表 5-79　黄冕(78 月生、立地指数 24)蓄积实测生长过程　　　株/hm²、m³/hm²

处理	间伐量	78 月	91 月	97 月	103 月	109 月	116 月
200	103.57	51.68	59.56	66.49	72.58	80.52	83.95
300	65.45	73.00	83.75	92.05	96.71	105.88	111.22

(续)

处理	间伐量	78月	91月	97月	103月	109月	116月
400	42.09	87.80	99.62	108.15	117.06	124.21	126.36
600	51.90	122.15	134.96	148.60	162.92	169.36	173.23
700	22.14	118.75	135.57	152.93	165.31	175.48	179.64
800	9.00	135.98	161.13	177.10	195.85	204.33	207.11
Control	0.00	150.06	168.47	179.14	190.17	193.01	198.05

根据不同处理全部样木的生长过程，利用蓄积平均生长量进行模拟，得出7个回归方程：$V_{200} = 86.112\text{Ln}(x) - 325.86$，$R^2 = 0.969$；$V_{300} = 98.881\text{Ln}(x) - 359.8$，$R^2 = 0.9821$；$V_{400} = 104.83\text{Ln}(x) - 370.31$，$R^2 = 0.9784$；$V_{600} = 140.98\text{Ln}(x) - 494.79$，$R^2 = 0.9618$；$V_{700} = 166.04\text{Ln}(x) - 607$，$R^2 = 0.9739$；$V_{800} = 194.39\text{Ln}(x) - 711.44$，$R^2 = 0.9731$；$V_C = 126.45\text{Ln}(x) - 400.2$，$R^2 = 0.9811$；其中 x 为以月为单位的时间。模拟出各处理的蓄积逐年生长过程，见表5-80。

不间伐对照Control从78月龄至胸径达到22cm中径材时的蓄积年平均生长量为10.90m³/hm²，间伐保留200、300、400、600、700、800株/hm²达到22cm中径材时的蓄积年平均生长量分别为9.92、10.66、10.54、13.08、14.50、17.75m³/hm²。

表5-80 黄冕(78月生、立地指数24)蓄积模拟生长过程　　株/hm²、m³/hm²

月龄	78	84	96	108	120	132	144	156	168	180	192	204	216	228
年龄	6.5	7	8	9	10	11	12	13	14	15	16	17	18	19
200	51.68	55.69	67.19	77.33	86.40	94.61	102.10	108.99	115.37	121.32	126.87	132.09	137.02	141.67
300	73.00	78.32	91.53	103.17	113.59	123.02	131.62	139.53	146.86	153.68	160.07	166.06	171.71	177.06
400	87.80	94.17	108.17	120.52	131.56	141.55	150.68	159.07	166.84	174.07	180.83	187.19	193.18	198.85
600	122.15	129.87	148.69	165.30	180.15	193.59	205.85	217.14	227.59	237.31	246.41	254.96	263.02	270.64
700	118.75	128.69	150.86	170.42	187.92	203.74	218.19	231.48	243.78	255.24	265.95	276.02	285.51	294.49
800	135.98	149.87	175.82	198.72	219.20	237.73	254.64	270.20	284.61	298.02	310.56	322.35	333.46	343.97
Control	150.06	160.08	176.96	191.86	205.18	217.23	228.23	238.35	247.73	256.45	264.61	272.28	279.50	286.34

从表5-81和图5-43得出，对照和所有间伐处理蓄积连年生长的高峰值都出现在第6年，对照Control的峰值与平均生长量相同，保留200、300、400、600、700、800株/hm²的峰值分别为平均生长量的2.22、1.71、1.47、1.43、1.76、1.77倍，之后逐年下降、降幅收窄。

表5-81 黄冕(78月生、立地指数24)蓄积增长过程　　株/hm²、m³/hm²

月龄	72	84	96	108	120	132	144	156	168	180	192	204	216	228
年龄	6	7	8	9	10	11	12	13	14	15	16	17	18	19
200	15.70	13.27	11.50	10.14	9.07	8.21	7.49	6.89	6.38	5.94	5.56	5.22	4.92	4.66
300	18.03	15.24	13.20	11.65	10.42	9.42	8.60	7.91	7.33	6.82	6.38	5.99	5.65	5.35

(续)

月龄	72	84	96	108	120	132	144	156	168	180	192	204	216	228
400	19.11	16.16	14.00	12.35	11.04	9.99	9.12	8.39	7.77	7.23	6.77	6.36	5.99	5.67
600	25.70	21.73	18.83	16.61	14.85	13.44	12.27	11.28	10.45	9.73	9.10	8.55	8.06	7.62
700	30.27	25.60	22.17	19.56	17.49	15.83	14.45	13.29	12.30	11.46	10.72	10.07	9.49	8.98
800	35.44	29.97	25.96	22.90	20.48	18.53	16.91	15.56	14.41	13.41	12.55	11.78	11.11	10.51
Control	23.05	19.49	16.89	14.89	13.32	12.05	11.00	10.12	9.37	8.72	8.16	7.67	7.23	6.84

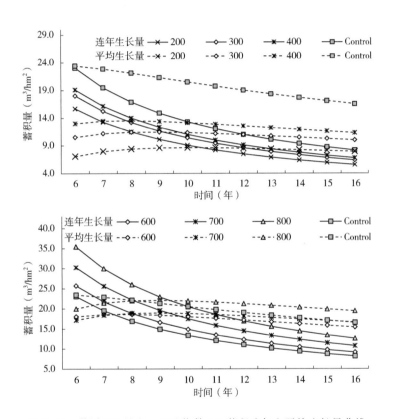

图 5-43　黄冕(78 月生、立地指数 24)蓄积连年和平均生长量曲线

初始间伐林龄 78 月生、立地指数 22 条件下,不间伐对照交点出现在第 6.5 年;间伐保留 200 株/hm² 交点出现在第 10.5 年,比对照延迟了 4 年;保留 300 株/hm² 交点出现在第 9.5 年,比对照延迟了 3 年;保留 400、500 株/hm² 交点均出现在第 10 年,均比对照延迟了 3.5 年;600 株/hm² 交点出现在第 9.5 年,比对照延迟了 3 年;保留 700、800 株/hm² 交点分别出现在第 8.5 年、第 9 年,分别比对照延迟了 2、2.5 年。

初始间伐林龄 78 月生、立地指数 24 条件下,不间伐对照交点出现在第 6 年;间伐保留 200 株/hm² 交点出现在第 10.5 年,比对照延迟了 4.5 年;保留 300 株/hm² 交点出现在第 9 年,比对照延迟了 3 年;保留 400、600 株/hm² 交点均出现在第 8 年,比对照延迟了 2 年;保留 700、800 株/hm² 交点均出现在第 9 年,比对照延迟了 3 年。

三、85月生林分间伐效应分析

1. 初始间伐85月龄的胸径生长过程

根据117月的跟踪调查,初始间伐林龄为85月的林分平均胸径的实测生长过程见表5-82和图5-44。

表5-82　九龙岭(85月生)不同立地指数的平均胸径实测生长过程　　　　　　cm

月龄	85	92	99	105	112	117
SI-20	17.51	17.66	18.21	18.61	19.57	20.10
SI-22	18.63	18.90	19.54	19.97	20.92	21.44
SI-24	19.24	19.50	20.05	20.51	21.46	22.01
SI-26	20.10	20.39	20.91	21.24	22.16	22.69

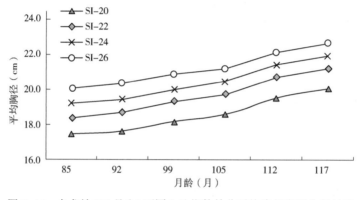

图5-44　九龙岭(85月生)不同立地指数林分平均胸径实际生长过程

从表5-82和图5-44可以看出,立地指数20、22、24和26的胸径平均生长过程较为相似,在林龄85~117月生中,立地指数26与24、22、20的胸径平均生长差距分别在0.68~0.89cm、1.24~1.48cm、2.59~2.72cm之间。

根据立地指数20、22、24和26全部样木的生长过程,利用平均生长量进行模拟,得出4个回归方程:$D_{20} = 8.3289\text{Ln}(x) - 19.831$,$R^2 = 0.9298$;$D_{22} = 8.9933\text{Ln}(x) - 21.608$,$R^2 = 0.9562$;$D_{24} = 8.8181\text{Ln}(x) - 20.24$,$R^2 = 0.946$;$D_{26} = 8.1434\text{Ln}(x) - 16.34$,$R^2 = 0.9455$;其中$x$为以月为单位的时间,回归系数均大于0.92,模拟精度高。

在间伐后每隔5~7个月逐次测量,为进一步理解胸径每年的生长量,利用上述4个回归方程,模拟立地指数20、22、24和26的逐年平均胸径生长过程,见表5-83。

从表5-83得出,在初始间伐林龄为85月的条件下,立地指数20达到22cm中径材培育目标的时间为13年(即间伐后5.9年),立地指数20间伐后平均每年胸径增长约0.80cm;立地指数22为11年(即间伐后3.9年),间伐后平均每年胸径增长约0.94cm;立地指数24为10年(即间伐后2.9年),间伐后平均每年胸径增长约

0.94cm；立地指数 26 为 10 年（即间伐后 2.9 年），间伐后平均每年胸径增长约 0.88cm。

表 5-83　九龙岭（85 月生）平均胸径模拟生长过程　　　　　　　　　　　　　　cm

月龄	84	85	96	108	120	132	144	156	168	180	192
年龄	7	7.1	8	9	10	11	12	13	14	15	16
SI-20	17.07	17.51	18.18	19.17	20.04	20.84	21.56	22.23	22.85	23.42	23.96
SI-22	18.24	18.63	19.44	20.50	21.45	22.30	23.09	23.81	24.47	25.09	25.67
SI-24	18.83	19.24	20.01	21.05	21.98	22.82	23.58	24.29	24.94	25.55	26.12
SI-26	19.74	20.10	20.83	21.79	22.65	23.42	24.13	24.78	25.39	25.95	26.47

为全面分析胸径生长情况，再对平均胸径每年的增长量进行分析，用下一年的生长量减去前一年的胸径生长量得出表 5-84。

从表 5-84 得出，胸径连年生长量随着时间的推移逐年变小，立地指数 20、22、24 和 26 的第 8 年平均胸径连年生长量均超过 1.09cm，此后越来越小，但稳定在 0.53cm 以上。

表 5-84　九龙岭（85 月生）连年胸径增长过程　　　　　　　　　　　　　　cm

月龄	84	96	108	120	132	144	156	168	180	192
年龄	7	8	9	10	11	12	13	14	15	16
SI-20	1.28	1.11	0.98	0.88	0.79	0.72	0.67	0.62	0.57	0.54
SI-22	1.39	1.20	1.06	0.95	0.86	0.78	0.72	0.67	0.62	0.58
SI-24	1.36	1.18	1.04	0.93	0.84	0.77	0.71	0.65	0.61	0.57
SI-26	1.26	1.09	0.96	0.86	0.78	0.71	0.65	0.60	0.56	0.53

立地指数 20、22、24 和 26 的林分胸径分布随着林木的竞争，林分分化不断发展，胸径的结构也在不断发生变化，林木直径径阶分布不断扩大，如表 5-85 和图 5-45 至 5-48 所示。

表 5-85　九龙岭（85 月生）4 种立地指数胸径分布频数

月龄	立地指数	径阶（cm）												
		6	8	10	12	14	16	18	20	22	24	26	28	30
85	20	—	—	—	9	14	21	45	29	5	1	—	—	—
	22	4	14	16	14	32	55	124	133	65	20	6	1	—
	24	2	2	12	23	33	31	40	30	49	42	5	—	—
	26	—	—	3	6	3	9	11	8	9	12	9	2	—
99	20	—	—	—	5	14	18	38	35	13	1	—	—	—
	22	1	9	17	16	26	41	94	152	91	24	10	3	—
	24	1	3	9	20	28	37	26	35	41	56	13	—	—
	26	—	—	2	4	5	6	11	10	8	10	13	2	1

(续)

月龄	立地指数	径阶(cm)											
		6	8	10	12	14	16	18	20	22	24	26	28	30
112	20	—	—	—	—	9	15	27	37	30	6	—	—	—
	22	—	1	17	14	15	36	47	118	143	64	19	8	2
	24	1	—	5	12	23	35	31	27	41	43	44	7	—
	26	—	—	1	1	6	3	11	9	10	9	8	12	2

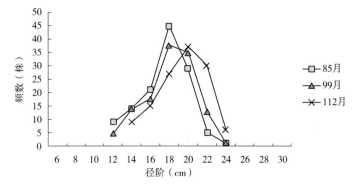

图 5-45　九龙岭(85月生)立地指数20的胸径分布

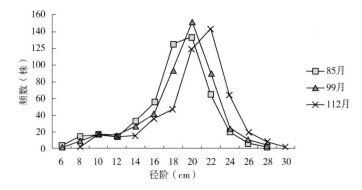

图 5-46　九龙岭(85月生)立地指数22的胸径分布

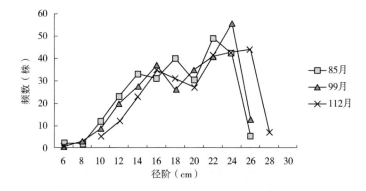

图 5-47　九龙岭(85月生)立地指数24的胸径分布

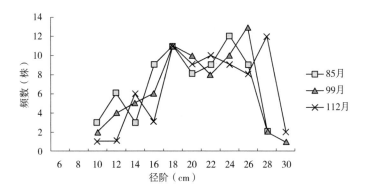

图 5-48　九龙岭(85月生)立地指数26的胸径分布

立地指数20的径阶在85和99月生时均为7个,在112月生时为6个;立地指数22径阶最多,在85、99和112月生时均为12个;立地指数24径阶在85、99和112月生时均为11个;立地指数26径阶在85月生时为10个,在99和112月生时均为11个。

2. 胸高断面积

根据117月的跟踪调查,初始间伐林龄为85月,林龄85~117月生时期的林分胸高断面积的实测生长过程见表5-86和图5-49。

表 5-86　九龙岭(85月生)不同立地指数的胸高断面积实测生长过程　　m²/hm²

月龄	85	92	99	105	112	117
SI-20	14.95	15.19	16.10	16.72	18.47	19.46
SI-22	14.74	15.12	15.99	16.65	18.27	19.16
SI-24	13.30	13.59	14.25	14.85	16.28	17.10
SI-26	14.49	14.85	15.60	16.04	17.42	18.24

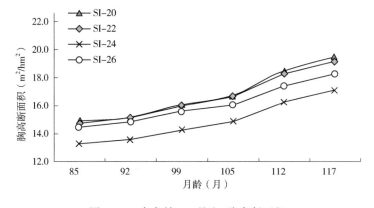

图 5-49　九龙岭(85月生)胸高断面积

可以看出,到117月生(间伐后2.7年)立地指数26与24的胸高断面积差距为1.1m³/hm²。利用全部样木的平均生长量进行模拟,得出以下4个回归方程:$BA_{20}=$

14.368Ln(x)-49.505,R^2 = 0.9161;BA_{22} = 14.06Ln(x)-48.242,R^2 = 0.9359;BA_{24} = 12.05Ln(x)-40.722,R^2 = 0.9213;BA_{26} = 11.745Ln(x)-38.106,R^2 = 0.9327;其中 x 为以月为单位的时间。利用上述4条回归曲线模拟立地指数20、22、24和26的逐年胸高断面积生长过程,如表5-87所示。

表5-87 九龙岭(85月生)胸高断面积模拟生长过程　　　　　　　　　　　　m^2/hm^2

月龄	84	85	96	108	120	132	144	156	168	180	192
年龄	7	7.1	8	9	10	11	12	13	14	15	16
SI-20	14.16	14.95	16.08	17.77	19.28	20.65	21.90	23.05	24.12	25.11	26.03
SI-22	14.06	14.74	15.93	17.59	19.07	20.41	21.63	22.76	23.80	24.77	25.68
SI-24	12.67	13.30	14.28	15.70	16.97	18.12	19.16	20.13	21.02	21.85	22.63
SI-26	13.93	14.49	15.50	16.89	18.12	19.24	20.26	21.20	22.07	22.89	23.64

当胸径达到中径材22cm时,立地指数20、22、24和26的胸高断面积平均每年增长量分别为1.37(间伐后5.9年)、1.45(间伐后3.9年)、1.26(间伐后2.9年)、1.25(间伐后2.9年)m^2/hm^2。

表5-88为胸高断面积连年生长量,胸高断面积连年生长量随着时间的推移逐年变小。立地指数20、22第14年胸高断面积连年生长量超过$1.04m^2/hm^2$,此后稳定在$0.91m^2/hm^2$以上;立地指数24、26均在第12年胸高断面积连年生长量超过$1.02m^2/hm^2$,此后均稳定在$0.76m^2/hm^2$以上。

表5-88 九龙岭(85月生)胸高断面积增长过程　　　　　　　　　　　　m^2/hm^2

月龄	84	96	108	120	132	144	156	168	180	192
年龄	7	8	9	10	11	12	13	14	15	16
SI-20	2.21	1.92	1.69	1.51	1.37	1.25	1.15	1.06	0.99	0.93
SI-22	2.17	1.88	1.66	1.48	1.34	1.22	1.13	1.04	0.97	0.91
SI-24	1.86	1.61	1.42	1.27	1.15	1.05	0.96	0.89	0.83	0.78
SI-26	1.81	1.57	1.38	1.24	1.12	1.02	0.94	0.87	0.81	0.76

3. 初始间伐85月龄的蓄积生长过程

表5-89和图5-56展现了85月生初始间伐林龄的实测生长过程,与前述部分相似,立地指数越大单株材积生长量越大。

表5-89 九龙岭(85月生)不同立地指数的平均单株材积实测生长过程　　　　$m^3/$株

月龄	85	92	99	105	112	117
SI-20	0.22	0.22	0.25	0.26	0.30	0.32
SI-22	0.26	0.27	0.30	0.31	0.35	0.38
SI-24	0.30	0.32	0.34	0.36	0.40	0.44
SI-26	0.34	0.36	0.40	0.41	0.46	0.49

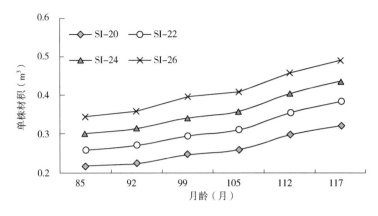

图 5-50 九龙岭(85月生)平均单株材积

从表 5-90 可以看出，单位面积的蓄积生长量和立地指数关系紧密。在林龄 85~117 月生时期中，立地指数 26 与 24、22、20 的蓄积生长差距分别在 20.10~29.62、11.25~14.91、15.96~20.41 m^3/hm^2 之间。

表 5-90 九龙岭(85月生)不同立地指数的蓄积实测生长过程 m^3/hm^2

月龄	间伐量	85	92	99	105	112	117
SI-20	34.85	132.08	135.99	149.64	155.88	179.52	194.01
SI-22	24.73	134.53	142.24	155.14	161.86	184.26	199.94
SI-24	24.24	127.93	132.95	143.01	149.11	168.45	181.10
SI-26	42.35	148.03	154.02	170.05	174.92	196.28	210.72

根据立地指数 20、22、24 和 26 的全部标准地的生长过程，采用平均蓄积生长量模拟，得出 4 个回归方程：$V_{20}=194.45\mathrm{Ln}(x)-739.67$，$R^2=0.9187$；$V_{22}=200.75\mathrm{Ln}(x)-763.6$，$R^2=0.9385$；$V_{24}=164.88\mathrm{Ln}(x)-610.62$，$R^2=0.9258$；$V_{26}=194.77\mathrm{Ln}(x)-723.32$，$R^2=0.9449$，其中 x 为以月为单位的时间。之后模拟出间伐后的逐年蓄积生长量，如表 5-91 所示。

表 5-91 九龙岭(85月生)蓄积模拟生长过程 m^3/hm^2

月龄	84	85	96	108	120	132	144	156	168	180	192
年龄	7	7.1	8	9	10	11	12	13	14	15	16
SI-20	121.90	132.08	147.87	170.77	191.26	209.79	226.71	242.27	256.68	270.10	282.65
SI-22	125.89	134.53	152.69	176.34	197.49	216.62	234.09	250.16	265.04	278.89	291.84
SI-24	119.93	127.93	141.95	161.37	178.74	194.46	208.80	222.00	234.22	245.59	256.24
SI-26	139.67	148.03	165.68	188.62	209.14	227.70	244.65	260.24	274.67	288.11	300.68

间伐后，立地指数 20、22、24 和 26 的胸径达到 22cm 中径材时的蓄积平均每年增长分别为 18.68(间伐后 5.9 年)、21.05(间伐后 3.9 年)、17.52(间伐后 2.9 年)、21.07(间伐后 2.9 年) m^3/hm^2。

从表 5-92 和图 5-51 得出，所有指数级蓄积量连年生长的高峰值都出现在第 7 年，峰值后的年生长量逐年下降。初始间伐林龄85月生条件下，立地指数20、22的交点分别出现在第11年、第10.5年，立地指数24、26林分蓄积连年生长量与平均生长量的交点均出现在第10年。

表5-92 九龙岭(85月生)蓄积增长过程　　　　　　　　　　　　　　　m³/hm²

月龄	84	96	108	120	132	144	156	168	180	192
年龄	7	8	9	10	11	12	13	14	15	16
SI-20	29.97	25.97	22.90	20.49	18.53	16.92	15.56	14.41	13.42	12.55
SI-22	30.95	26.81	23.64	21.15	19.13	17.47	16.07	14.88	13.85	12.96
SI-24	25.42	22.02	19.42	17.37	15.71	14.35	13.20	12.22	11.38	10.64
SI-26	30.02	26.01	22.94	20.52	18.56	16.95	15.59	14.43	13.44	12.57

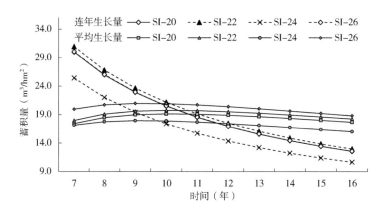

图5-51 九龙岭(85月生)蓄积连年和平均生长量曲线

4. 立地指数22的不同间伐处理的生长差距

(1) 胸径

初始间伐林龄为85月、立地指数22，不同间伐处理下的林分平均胸径实测生长过程见表5-93和图5-52。

表5-93 九龙岭(85月生、立地指数22)林分的平均胸径实测生长过程　　　株/hm²、cm

处理	85月	92月	99月	105月	112月	117月
200	19.32	19.71	20.83	21.47	22.50	23.11
300	21.06	21.40	22.26	22.98	23.94	24.53
400	19.41	19.63	20.25	20.66	21.56	22.10
500	17.05	17.34	17.86	18.21	19.14	19.60
600	17.79	18.03	18.67	19.04	20.00	20.49
700	18.98	19.29	19.64	20.04	20.98	21.44
800	18.20	18.44	18.86	19.17	20.10	20.60
Control	16.98	17.06	17.42	17.78	18.59	19.11

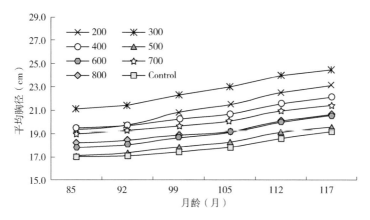

图 5-52 九龙岭(85 月生、立地指数 22)林分平均胸径实际生长过程

从表 5-93 和图 5-52 可以看出,在立地指数均为 22 的情况下,在 85~117 月龄生长期间,不间伐 Control 的平均胸径均低于间伐处理(保留 200、300、400、500、600、700、800 株/hm²)。

根据不同处理全部样木的生长过程,利用平均生长量进行模拟,得出 8 个回归方程:$D_{200} = 12.341 \text{Ln}(x) - 35.807$,$R^2 = 0.9796$;$D_{300} = 11.31 \text{Ln}(x) - 29.51$,$R^2 = 0.973$;$D_{400} = 8.6018 \text{Ln}(x) - 19.1$,$R^2 = 0.9501$;$D_{500} = 8.1251 \text{Ln}(x) - 19.304$,$R^2 = 0.9504$;$D_{600} = 8.683 \text{Ln}(x) - 21.072$,$R^2 = 0.9522$;$D_{700} = 7.7345 \text{Ln}(x) - 15.641$,$R^2 = 0.9323$;$D_{800} = 7.5504 \text{Ln}(x) - 15.625$,$R^2 = 0.9263$;$D_C = 6.756 \text{Ln}(x) - 13.359$,$R^2 = 0.8971$;其中 x 为以月为单位的时间。进而模拟出各处理的胸径逐年生长过程,如表 5-94 所示。

表 5-94 九龙岭(85 月生、立地指数 22)林分的平均胸径模拟生长过程　　株/hm²、cm

月龄	84	85	96	108	120	132	144	156	168	180	192
年龄	7	7.1	8	9	10	11	12	13	14	15	16
200	18.87	19.32	20.52	21.98	23.28	24.45	25.53	26.51	27.43	28.28	29.08
300	20.60	21.06	22.11	23.44	24.64	25.71	26.70	27.60	28.44	29.22	29.95
400	19.01	19.41	20.16	21.17	22.08	22.90	23.65	24.34	24.98	25.57	26.12
500	16.70	17.05	17.78	18.74	19.59	20.37	21.08	21.73	22.33	22.89	23.41
600	17.40	17.79	18.56	19.58	20.50	21.33	22.08	22.78	23.42	24.02	24.58
700	18.63	18.98	19.66	20.57	21.39	22.13	22.80	23.42	23.99	24.52	25.02
800	17.83	18.20	18.84	19.73	20.52	21.24	21.90	22.50	23.06	23.58	24.07
Control	16.58	16.98	17.48	18.27	18.99	19.63	20.22	20.76	21.26	21.72	22.16

不间伐对照 Control 达到 22cm 中径材的时间为第 16 年,即间伐后第 8.9 年,间伐保留 200、300、400、500、600、700、800 株/hm² 处理达到 22cm 中径材的时间分别为间伐后的第 1.9、0.9、2.9、6.9、4.9、3.9、5.9 年,比 Control 分别提早了 7、8、6、2、4、5、3 年。

不间伐 Control 从 85 月龄到胸径达到 22cm 中径材时的胸径年平均生长量为 0.58cm，间伐保留 200、300、400、500、600、700、800 株/hm² 达到 22cm 中径材时的胸径年平均生长量分别为 1.40、1.17、0.92、0.77、0.88、0.81、0.73cm。

从表 5-95 可以看出，间伐强度越高，平均胸径连年生长量越大。胸径连年生长量随着时间的推移逐年变小。84~192 月龄期间，不间伐对照 Control 第 7 年胸径连年生长量超过 1.04cm，此后越来越小，稳定在 0.44cm 以上；间伐保留 200、300、400、500、600、700、800 株/hm² 分别在第 12 年、第 11 年、第 9 年、第 8 年、第 9 年、第 8 年、第 8 年连年生长量超过 1.01cm，此后越来越小，分别稳定在 0.80、0.73、0.56、0.52、0.56、0.50、0.49cm 以上。

表 5-95　九龙岭(85 月生、立地指数 22)林分的连年胸径增长过程　　　株/hm²、cm

月龄	84	96	108	120	132	144	156	168	180	192
年龄	7	8	9	10	11	12	13	14	15	16
200	1.90	1.65	1.45	1.30	1.18	1.07	0.99	0.91	0.85	0.80
300	1.74	1.51	1.33	1.19	1.08	0.98	0.91	0.84	0.78	0.73
400	1.33	1.15	1.01	0.91	0.82	0.75	0.69	0.64	0.59	0.56
600	1.25	1.08	0.96	0.86	0.77	0.71	0.65	0.60	0.56	0.52
500	1.34	1.16	1.02	0.91	0.83	0.76	0.70	0.64	0.60	0.56
700	1.19	1.03	0.91	0.81	0.74	0.67	0.62	0.57	0.53	0.50
800	1.16	1.01	0.89	0.80	0.72	0.66	0.60	0.56	0.52	0.49
Control	1.04	0.90	0.80	0.71	0.64	0.59	0.54	0.50	0.47	0.44

(2) 胸高断面积

表 5-96 和图 5-53 展示了初始间伐林龄为 85 月、立地指数 22，不同间伐处理下的林分胸高断面积实测生长过程。在 85~117 月龄生长期，间伐保留株数越小，胸高断面积越小；间伐保留 200、300、400、500、600 株/hm² 胸高断面积均低于不间伐对照，但保留 700、800 株/hm² 胸高断面积大于不间伐对照。

表 5-96　九龙岭(85 月生、立地指数 22)林分的胸高断面积实测生长过程　　　株/hm²、m²/hm²

处理	85 月	92 月	99 月	105 月	112 月	117 月
200	6.06	6.29	6.94	7.35	8.07	8.51
300	10.67	11.00	11.89	12.66	13.72	14.40
400	11.98	12.24	13.02	13.55	14.75	15.49
500	11.99	12.37	13.12	13.61	14.98	15.69
600	15.48	15.86	17.00	17.66	19.45	20.40
700	20.06	20.70	21.44	22.31	24.44	25.53
800	21.54	22.07	23.04	23.79	26.14	27.40
Control	18.36	18.56	19.42	20.32	22.40	23.60

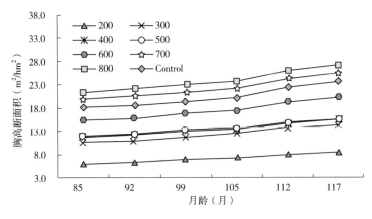

图 5-53　九龙岭(85 月生、立地指数 22)林分胸高断面积实际生长过程

根据不同处理全部样木的生长过程，利用胸高断面积平均生长量进行模拟，得出 8 个回归方程：$BA_{200} = 7.9197\ln(x) - 29.35$，$R^2 = 0.9702$；$BA_{300} = 12.097\ln(x) - 43.447$，$R^2 = 0.9663$；$BA_{400} = 11.186\ln(x) - 38.124$，$R^2 = 0.9437$；$BA_{500} = 11.714\ln(x) - 40.441$，$R^2 = 0.9424$；$BA_{600} = 15.748\ln(x) - 55.046$，$R^2 = 0.9431$；$BA_{700} = 17.18\ln(x) - 56.885$，$R^2 = 0.9234$；$BA_{800} = 18.377\ln(x) - 60.822$，$R^2 = 0.9147$；$BA_C = 16.765\ln(x) - 56.937$，$R^2 = 0.8967$；其中 x 为以月为单位的时间。模拟出各处理的胸高断面积逐年生长过程，如表 5-97 所示。

表 5-97　九龙岭(85 月生、立地指数 22)林分的胸高断面积模拟生长过程　　株/hm², m²/hm²

月龄	84	85	96	108	120	132	144	156	168	180	192
年龄	7	7.1	8	9	10	11	12	13	14	15	16
200	5.74	6.06	6.80	7.73	8.57	9.32	10.01	10.64	11.23	11.78	12.29
300	10.15	10.67	11.77	13.19	14.47	15.62	16.67	17.64	18.54	19.37	20.15
400	11.44	11.98	12.93	14.25	15.43	16.50	17.47	18.36	19.19	19.96	20.69
500	11.46	11.99	13.03	14.41	15.64	16.76	17.78	18.71	19.58	20.39	21.15
600	14.73	15.48	16.83	18.69	20.35	21.85	23.22	24.48	25.65	26.73	27.75
700	19.24	20.06	21.53	23.55	25.36	27.00	28.50	29.87	31.14	32.33	33.44
800	20.60	21.54	23.06	25.22	27.16	28.91	30.51	31.98	33.34	34.61	35.79
Control	17.35	18.36	19.58	21.56	23.33	24.92	26.38	27.72	28.97	30.12	31.20

不间伐对照 Control 从 85 月龄到胸径达到 22cm 中径材时的胸高断面积年平均生长量为 1.44m²/hm²，间伐保留 200、300、400、500、600、700、800 株/hm² 达到 22cm 中径材时的胸高断面积年平均生长量分别为 0.88、1.22、1.19、1.10、1.58、1.78、1.77m²/hm²。

从表 5-98 可以看出，间伐强度越高，胸高断面积连年生长量越小。胸高断面积连年生长量随时间的推移逐年变小。84~192 月龄生长期间，不间伐对照 Control 第 16 年胸高断面积连年生长量超过 $1.08m^2/hm^2$，此后越来越小；间伐保留 200、300、400、500、600、700、800 株/hm^2 分别在第 8 年、第 12 年、第 11 年、第 12 年、第 16 年、第 16 年、第 16 年连年生长量均超过 $1.02m^2/hm^2$。

表 5-98　九龙岭（85 月生、立地指数 22）林分的连年胸径增长过程　　　株/hm^2、m^2/hm^2

月龄	84	96	108	120	132	144	156	168	180	192
年龄	7	8	9	10	11	12	13	14	15	16
200	1.22	1.06	0.93	0.83	0.75	0.69	0.63	0.59	0.55	0.51
300	1.86	1.62	1.42	1.27	1.15	1.05	0.97	0.90	0.83	0.78
400	1.72	1.49	1.32	1.18	1.07	0.97	0.90	0.83	0.77	0.72
500	1.81	1.56	1.38	1.23	1.12	1.02	0.94	0.87	0.81	0.76
600	2.43	2.10	1.85	1.66	1.50	1.37	1.26	1.17	1.09	1.02
700	2.65	2.29	2.02	1.81	1.64	1.49	1.38	1.27	1.19	1.11
800	2.83	2.45	2.16	1.94	1.75	1.60	1.47	1.36	1.27	1.19
Control	2.58	2.24	1.97	1.77	1.60	1.46	1.34	1.24	1.16	1.08

（3）蓄积

表 5-99 展示了 85 月初始间伐林龄、立地指数 22，不同间伐处理下的蓄积实测生长过程。在 85～117 月龄生长期间，间伐保留株数越小，蓄积越小，间伐保留 200、300、400、500、600、700 株/hm^2 的蓄积面积均低于不间伐对照 Control，但间伐保留 800 株/hm^2 的蓄积量超过了不间伐对照 Control。

表 5-99　九龙岭（85 月生、立地指数 22）蓄积实测生长过程　　　株/hm^2、m^3/hm^2

处理	间伐量	85 月	92 月	99 月	105 月	112 月	117 月
200	52.17	57.17	61.73	69.63	73.73	83.92	91.37
300	56.18	104.55	111.56	123.50	131.33	147.38	159.92
400	50.05	112.86	118.07	128.49	134.12	152.49	165.26
500	22.74	106.01	112.76	123.35	128.28	146.82	158.29
600	12.40	141.60	148.21	164.48	171.35	196.60	213.35
700	9.25	179.00	191.81	206.55	215.67	245.61	264.16
800	2.86	192.28	204.53	220.22	228.06	261.67	282.67
Control	0.00	200.46	204.52	217.91	227.22	247.42	270.10

根据不同处理全部样木的生长过程，利用蓄积平均生长量进行模拟，得出 8 个回归方程：$V_{200} = 106.07\text{Ln}(x) - 416.64$，$R^2 = 0.9663$；$V_{300} = 171.85\text{Ln}(x) - 663.5$，$R^2 = 0.9631$；$V_{400} = 161.71\text{Ln}(x) - 611.17$，$R^2 = 0.931$；$V_{500} = 161.19\text{Ln}(x) - 614.74$，$R^2 = 0.9442$；$V_{600} = 223.04\text{Ln}(x) - 856.9$，$R^2 = 0.9368$；$V_{700} = 260.81\text{Ln}(x) - 986.7$，$R^2 = $

0.9449；$V_{800} = 275.42\text{Ln}(x) - 1039.7$，$R^2 = 0.9292$；$V_C = 168.36\text{Ln}(x) - 552.67$，$R^2 = 0.9311$；其中 x 为以月为单位的时间。模拟出各处理的蓄积逐年生长过程，如表 5-100 所示。

表 5-100　九龙岭(85 月生、立地指数 22)蓄积模拟生长过程　　株/hm²、m³/hm²

月龄	84	85	96	108	120	132	144	156	168	180	192
年龄	7	7.1	8	9	10	11	12	13	14	15	16
200	53.34	57.17	67.50	79.99	91.17	101.28	110.51	119.00	126.86	134.18	141.02
300	97.94	104.55	120.88	141.12	159.23	175.61	190.56	204.32	217.05	228.91	240.00
400	105.34	112.86	126.93	145.98	163.02	178.43	192.50	205.44	217.43	228.58	239.02
500	72.46	106.01	93.99	112.97	129.96	145.32	159.34	172.25	184.19	195.31	205.72
600	131.35	141.60	161.13	187.40	210.90	232.16	251.57	269.42	285.95	301.34	315.73
700	168.90	179.00	203.73	234.45	261.93	286.78	309.48	330.35	349.68	367.68	384.51
800	180.64	192.28	217.41	249.85	278.87	305.12	329.09	351.13	371.54	390.54	408.32
Control	193.30	200.46	215.78	235.61	253.35	269.40	284.05	297.52	310.00	321.62	332.48

不间伐对照 Control 从 85 月龄至胸径达到中径材 22cm 时的蓄积年平均生长量为 14.83m³/hm²，间伐保留 200、300、400、500、600、700、800 株/hm² 达到 22cm 中径材时的蓄积年平均生长量分别为 12.01、18.15、17.29、11.33、22.44、27.64、26.92m³/hm²。

从表 5-101 和图 5-54 得出，对照和所有间伐处理蓄积连年生长的高峰值都出现在第 6 年，对照 Control 的峰值是平均生长量的 1.10 倍，保留 200、300、400、500、600、700、800 株/hm² 的峰值分别为平均生长量的 3.14、2.63、2.20、3.70、2.52、2.22、2.18 倍，之后逐年下降、降幅收窄。

表 5-101　九龙岭(85 月生、立地指数 22)蓄积增长过程　　株/hm²、m³/hm²

月龄	72	84	96	108	120	132	144	156	168	180	192
年龄	6	7	8	9	10	11	12	13	14	15	16
200	19.34	16.35	14.16	12.49	11.18	10.11	9.23	8.49	7.86	7.32	6.85
300	31.33	26.49	22.95	20.24	18.11	16.38	14.95	13.76	12.74	11.86	11.09
400	29.48	24.93	21.59	19.05	17.04	15.41	14.07	12.94	11.98	11.16	10.44
500	29.39	24.85	21.52	18.99	16.98	15.36	14.03	12.90	11.95	11.12	10.40
600	40.67	34.38	29.78	26.27	23.50	21.26	19.41	17.85	16.53	15.39	14.39
700	47.55	40.20	34.83	30.72	27.48	24.86	22.69	20.88	19.33	17.99	16.83
800	50.22	42.46	36.78	32.44	29.02	26.25	23.96	22.05	20.41	19.00	17.78
Control	30.70	25.95	22.48	19.83	17.74	16.05	14.65	13.48	12.48	11.62	10.87

初始间伐林龄 85 月生、立地指数 22 条件下，不间伐对照交点出现在第 7 年；间伐保留 200、300 株/hm² 交点分别出现在第 12 年、第 11 年，分别比对照延迟了 5、4 年；

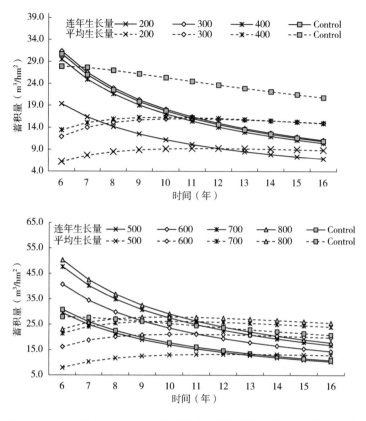

图 5-54　九龙岭(85月生、立地指数22)蓄积连年和平均生长量曲线

保留 400、500、600、700、800 株/hm² 交点分别出现在第 10.5 年、第 12.5 年、第 11.5 年、第 10.5 年、第 10 年，分别比对照延迟了 3.5、5.5、4.5、3.5、3 年。

5. SI24 的不同间伐处理的生长差距

(1) 胸径

初始间伐林龄为 85 月、立地指数 24，不同间伐处理下的林分平均胸径实测生长过程见表 5-102 和图 5-55。

表 5-102　九龙岭(85月生、立地指数24)林分的平均胸径实测生长过程　　株/hm²、cm

处理	85月	92月	99月	105月	112月	117月
200	22.35	22.70	23.82	24.42	25.29	25.89
300	20.27	20.57	20.91	21.60	22.53	23.13
400	19.54	19.90	20.43	20.82	21.96	22.46
500	19.29	19.52	19.77	20.23	21.11	21.67
600	18.78	18.91	19.91	20.33	21.29	21.81
700	16.63	16.78	17.04	17.35	18.27	18.78
Control	15.49	15.62	15.95	16.28	17.26	17.74

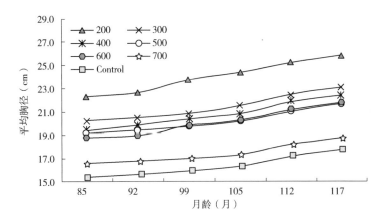

图 5-55 九龙岭(85 月生、立地指数 24)林分平均胸径实际生长过程

可以看出,在立地指数均为 22 的情况下,在 85~117 月龄生长期间,不间伐 Control 的平均胸径均低于间伐处理(保留 200、300、400、500、600、700、800 株/hm²),间伐强度越高,平均胸径越大。

根据不同处理全部样木的生长过程,利用平均生长量进行模拟,得出 7 个回归方程:$D_{200} = 11.525\text{Ln}(x) - 29.118$,$R^2 = 0.9817$;$D_{300} = 9.1131\text{Ln}(x) - 20.562$,$R^2 = 0.9311$;$D_{400} = 9.2586\text{Ln}(x) - 21.882$,$R^2 = 0.9418$;$D_{500} = 7.4169\text{Ln}(x) - 13.97$,$R^2 = 0.9039$;$D_{600} = 9.9783\text{Ln}(x) - 25.884$,$R^2 = 0.9584$;$D_{700} = 6.719\text{Ln}(x) - 13.538$,$R^2 = 0.8771$;$D_C = 7.1654\text{Ln}(x) - 16.683$,$R^2 = 0.8879$;其中 x 为以月为单位的时间。进而模拟出各处理的胸径逐年生长过程,如表 5-103 所示。

表 5-103 九龙岭(85 月生、立地指数 24)林分的平均胸径模拟生长过程　　株/hm²、cm

月龄	84	85	96	108	120	132	144	156	168	180	192	204	216	228
年龄	7	7.1	8	9	10	11	12	13	14	15	16	17	18	19
200	21.95	22.35	23.49	24.84	26.06	27.16	28.16	29.08	29.94	30.73	31.47	32.17	32.83	33.46
300	19.82	20.27	21.03	22.11	23.07	23.94	24.73	25.46	26.13	26.76	27.35	27.90	28.42	28.92
400	19.14	19.54	20.38	21.47	22.44	23.33	24.13	24.87	25.56	26.20	26.80	27.36	27.89	28.39
500	18.89	19.29	19.88	20.76	21.54	22.25	22.89	23.48	24.03	24.55	25.02	25.47	25.90	26.30
600	18.33	18.78	19.66	20.84	21.89	22.84	23.71	24.50	25.24	25.93	26.58	27.18	27.75	28.29
700	16.23	16.63	17.13	17.92	18.63	19.27	19.85	20.39	20.89	21.35	21.79	22.19	22.58	22.94
Control	15.07	15.49	16.02	16.87	17.62	18.30	18.93	19.50	20.03	20.53	20.99	21.42	21.83	22.22

不间伐对照 Control 达到 22cm 中径材的时间为第 19 年,即间伐后第 11.9 年,间伐保留 300、400、500、600、700 株/hm² 处理达到 22cm 中径材的时间分别为间伐后的第 1.9、2.9、3.9、3.9、9.9 年,比 Control 分别提早了 11、10、9、8、8、2 年。

不间伐 Control 从 85 月龄到达到 22cm 中径材时的胸径年平均生长量为 0.57cm，间伐保留 200、300、400、500、600、700 株/hm² 达到 22cm 中径材时的胸径年平均生长量分别为 1.27、0.97、1.00、0.76、1.04、0.56cm。

从表 5-104 可以看出，间伐强度越高，平均胸径连年生长量越大。胸径连年生长量随着时间的推移逐年变小。84~228 月龄期间，不间伐对照 Control 第 7 年胸径连年生长量超过 1.10cm，此后越来越小，稳定在 0.39cm 以上；间伐保留 200、300、400、500、600、700 株/hm² 分别在第 12 年、第 9 年、第 9 年、第 7 年、第 10 年、第 7 年连年生长量超过 1.0cm，此后越来越小，分别稳定在 0.62、0.49、0.50、0.40、0.54、0.36cm 以上。

表 5-104　九龙岭（85 月生、立地指数 24）林分的连年胸径增长过程　　　　株/hm²、cm

月龄	84	96	108	120	132	144	156	168	180	192	204	216	228
年龄	7	8	9	10	11	12	13	14	15	16	17	18	19
200	1.78	1.54	1.36	1.21	1.10	1.00	0.92	0.85	0.80	0.74	0.70	0.66	0.62
300	1.40	1.22	1.07	0.96	0.87	0.79	0.73	0.68	0.63	0.59	0.55	0.52	0.49
400	1.43	1.24	1.09	0.98	0.88	0.81	0.74	0.69	0.64	0.60	0.56	0.53	0.50
500	1.14	0.99	0.87	0.78	0.71	0.65	0.59	0.55	0.51	0.48	0.45	0.42	0.40
600	1.54	1.33	1.18	1.05	0.95	0.87	0.80	0.74	0.69	0.64	0.60	0.57	0.54
700	1.04	0.90	0.79	0.71	0.64	0.58	0.54	0.50	0.46	0.43	0.41	0.38	0.36
Control	1.10	0.96	0.84	0.75	0.68	0.62	0.57	0.53	0.49	0.46	0.43	0.41	0.39

（2）胸高断面积

表 5-105 和图 5-56 展示了初始间伐林龄为 85 月、立地指数 24，不同间伐处理下的林分胸高断面积实测生长过程。在 85~117 月龄生长期，间伐保留株数越小，胸高断面积越小；间伐保留 200、300、400、500、600、700 株/hm² 胸高断面积均低于不间伐对照。

表 5-105　九龙岭（85 月生、立地指数 24）林分的胸高断面积实测生长过程　　　　株/hm²、m²/hm²

处理	85 月	92 月	99 月	105 月	112 月	117 月
200	7.88	8.13	8.94	9.39	10.08	10.57
300	10.14	10.41	10.76	11.45	12.43	13.07
400	12.47	12.89	13.52	14.03	15.56	16.24
500	15.26	15.57	15.95	16.64	18.08	18.99
600	17.08	17.32	19.13	19.90	21.84	22.88
700	16.30	16.55	17.04	17.60	19.43	20.48
Control	20.88	21.16	22.00	22.83	25.45	26.82

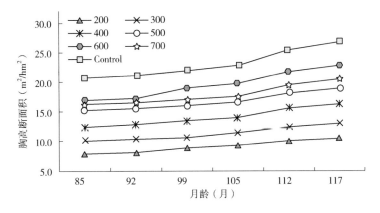

图 5-56 九龙岭(85月生、立地指数24)林分胸高断面积实际生长过程

根据不同处理全部样木的生长过程,利用胸高断面积平均生长量进行模拟,得出7个回归方程:$BA_{200} = 8.6996\text{Ln}(x) - 30.989$,$R^2 = 0.9776$;$BA_{300} = 9.3003\text{Ln}(x) - 31.549$,$R^2 = 0.9224$;$BA_{400} = 11.941\text{Ln}(x) - 41$,$R^2 = 0.9284$;$BA_{500} = 11.642\text{Ln}(x) - 36.986$,$R^2 = 0.8902$;$BA_{600} = 19.022\text{Ln}(x) - 68.111$,$R^2 = 0.9526$;$BA_{700} = 13.012\text{Ln}(x) - 42.158$,$R^2 = 0.8657$;$BA_C = 18.777\text{Ln}(x) - 63.479$,$R^2 = 0.8752$;其中 x 为以月为单位的时间。模拟出各处理的胸高断面积逐年生长过程,如表 5-106 所示。

表 5-106 九龙岭(85月生、立地指数24)林分的胸高断面积模拟生长过程   株/hm², m²/hm²

月龄	84	85	96	108	120	132	144	156	168	180	192	204	216	228
年龄	7	7.1	8	9	10	11	12	13	14	15	16	17	18	19
200	7.56	7.88	8.72	9.74	10.66	11.49	12.25	12.94	13.59	14.19	14.75	15.28	15.77	16.24
300	9.66	10.14	10.90	12.00	12.98	13.86	14.67	15.42	16.11	16.75	17.35	17.91	18.44	18.95
400	11.91	12.47	13.50	14.91	16.17	17.31	18.34	19.30	20.19	21.01	21.78	22.50	23.19	23.83
500	14.60	15.26	16.15	17.52	18.75	19.86	20.87	21.80	22.67	23.47	24.22	24.93	25.59	26.22
600	16.17	17.08	18.71	20.95	22.96	24.77	26.42	27.95	29.36	30.67	31.90	33.05	34.14	35.17
700	15.50	16.30	17.23	18.77	20.14	21.38	22.51	23.55	24.52	25.41	26.25	27.04	27.79	28.49
Control	19.72	20.88	22.23	24.44	26.42	28.21	29.84	31.34	32.73	34.03	35.24	36.38	37.45	38.47

不间伐对照 Control 从 85 月龄到胸径达到中径材 22cm 时的胸高断面积年平均生长量为 1.48m²/hm²,间伐保留 200、300、400、500、600、700 株/hm² 达到 22cm 中径材时的胸高断面积年平均生长量分别为 0.93、0.97、1.27、1.18、1.97、1.09m²/hm²。

从表 5-107 可以看出,间伐强度越高,胸高断面积连年生长量越小。胸高断面积连年生长量随时间的推移逐年变小。84~228 月龄生长期间,不间伐对照 Control 第 19 年胸高断面积连年生长量超过 1.02m²/hm²;间伐保留 200、300、400、500、600、700 株/hm² 分别在第 9 年、第 9 年、第 12 年、第 12 年、第 19 年、第 13 年连年生长量均超过 1.02m²/hm²。

表 5-107　九龙岭(85 月生、立地指数 24)林分的胸高断面积增长过程　　株/hm²、m²/hm²

月龄	84	96	108	120	132	144	156	168	180	192	204	216	228
年龄	7	8	9	10	11	12	13	14	15	16	17	18	19
200	1.34	1.16	1.02	0.92	0.83	0.76	0.70	0.64	0.60	0.56	0.53	0.50	0.47
300	1.43	1.24	1.10	0.98	0.89	0.81	0.74	0.69	0.64	0.60	0.56	0.53	0.50
400	1.84	1.59	1.41	1.26	1.14	1.04	0.96	0.88	0.82	0.77	0.72	0.68	0.65
500	1.79	1.55	1.37	1.23	1.11	1.01	0.93	0.86	0.80	0.75	0.71	0.67	0.63
600	2.93	2.54	2.24	2.00	1.81	1.66	1.52	1.41	1.31	1.23	1.15	1.09	1.03
700	2.01	1.74	1.53	1.37	1.24	1.13	1.04	0.96	0.90	0.84	0.79	0.74	0.70
Control	2.89	2.51	2.21	1.98	1.79	1.63	1.50	1.39	1.30	1.21	1.14	1.07	1.02

(3)蓄积

表 5-108 展示了 85 月初始间伐林龄、立地指数 24，不同间伐处理下的蓄积实测生长过程。在 85~117 月龄生长期间，总体上，间伐保留株数越小，蓄积越小，间伐保留 200、300、400、500、700 株/hm² 的蓄积面积均低于不间伐对照，但间伐保留 600 株/hm² 的蓄积量超过了不间伐对照。

表 5-108　九龙岭(85 月生、立地指数 24)蓄积实测生长过程　　株/hm²、m³/hm²

处理	间伐量	85 月	92 月	99 月	105 月	112 月	117 月
200	47.90	82.01	86.80	98.84	103.82	115.37	124.43
300	45.56	103.56	108.13	112.88	120.24	135.11	146.11
400	25.09	122.54	130.06	140.68	146.00	167.87	180.00
500	12.51	148.87	154.73	160.54	167.85	189.03	203.41
600	8.54	165.44	169.29	192.73	200.20	229.86	247.77
700	6.95	148.90	153.09	162.62	167.86	192.37	208.11
Control	0.00	182.89	186.44	196.92	204.16	221.19	230.97

根据不同处理全部样木的生长过程，利用蓄积平均生长量进行模拟，得出 7 个回归方程：$V_{200} = 133.22\text{Ln}(x) - 513.02$，$R^2 = 0.9728$；$V_{300} = 130.62\text{Ln}(x) - 481.89$，$R^2 = 0.9078$；$V_{400} = 177.43\text{Ln}(x) - 671.08$，$R^2 = 0.9352$；$V_{500} = 165.86\text{Ln}(x) - 594.84$，$R^2 = 0.8889$；$V_{600} = 262.64\text{Ln}(x) - 1011.4$，$R^2 = 0.9355$；$V_{700} = 181.51\text{Ln}(x) - 665.63$，$R^2 = 0.8819$；$V_C = 153.72\text{Ln}(x) - 505.75$，$R^2 = 0.9401$；其中 x 为以月为单位的时间。模拟出各处理的蓄积逐年生长过程，如表 5-109 所示。

不间伐对照 Control 从 85 月龄至胸径达到中径材 22cm 时的蓄积年平均生长量为 12.27m³/hm²，间伐保留 200、300、400、500、600、700 株/hm² 达到 22cm 中径材时的蓄积年平均生长量分别为 14.48、13.75、19.25、16.96、27.07、15.22m³/hm²。

表 5-109　九龙岭(85 月生、立地指数 24)蓄积模拟生长过程　　株/hm²、m³/hm²

月龄	84	85	96	108	120	132	144	156	168	180	192	204	216	228
年龄	7	7.1	8	9	10	11	12	13	14	15	16	17	18	19
200	77.25	82.01	95.04	110.73	124.77	137.47	149.06	159.72	169.59	178.79	187.38	195.46	203.07	210.28
300	96.86	103.56	114.31	129.69	143.45	155.90	167.27	177.72	187.40	196.41	204.84	212.76	220.23	227.29
400	115.08	122.54	138.77	159.67	178.36	195.28	210.71	224.92	238.06	250.31	261.76	272.51	282.66	292.25
500	140.06	148.87	162.20	181.74	199.21	215.02	229.45	242.73	255.02	266.46	277.17	287.22	296.70	305.67
600	152.31	165.44	187.38	218.31	245.99	271.02	293.87	314.89	334.36	352.48	369.43	385.35	400.36	414.56
700	138.61	148.90	162.84	184.22	203.35	220.65	236.44	250.97	264.42	276.94	288.66	299.66	310.04	319.85
Control	175.36	182.89	195.88	213.99	230.18	244.83	258.21	270.51	281.91	292.51	302.43	311.75	320.54	328.85

从表 5-110 和图 5-57 得出,对照和所有间伐处理蓄积连年生长的高峰值都出现在第 6 年,对照 Control 的峰值是平均生长量的 1.11 倍,保留 200、300、400、500、600、700 株/hm² 的峰值分别为平均生长量的 2.57、1.86、2.21、1.58、2.57、1.79 倍,之后逐年下降、降幅收窄。

表 5-110　九龙岭(85 月生、立地指数 24)蓄积增长过程　　株/hm²、m³/hm²

月龄	72	84	96	108	120	132	144	156	168	180	192	204	216	228
年龄	6	7	8	9	10	11	12	13	14	15	16	17	18	19
200	24.29	20.54	17.79	15.69	14.04	12.70	11.59	10.66	9.87	9.19	8.60	8.08	7.61	7.20
300	23.81	20.14	17.44	15.38	13.76	12.45	11.37	10.46	9.68	9.01	8.43	7.92	7.47	7.06
400	32.35	27.35	23.69	20.90	18.69	16.91	15.44	14.20	13.15	12.24	11.45	10.76	10.14	9.59
500	30.24	25.57	22.15	19.54	17.48	15.81	14.43	13.28	12.29	11.44	10.70	10.06	9.48	8.97
600	47.88	40.49	35.07	30.93	27.67	25.03	22.85	21.02	19.46	18.12	16.95	15.92	15.01	14.20
700	33.09	27.98	24.24	21.38	19.12	17.30	15.79	14.53	13.45	12.52	11.71	11.00	10.37	9.81
Control	28.03	23.70	20.53	18.11	16.20	14.65	13.38	12.30	11.39	10.61	9.92	9.32	8.79	8.31

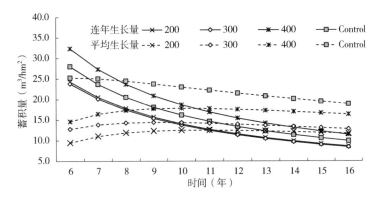

图 5-57　九龙岭(85 月生、立地指数 24)蓄积连年和平均生长量曲线

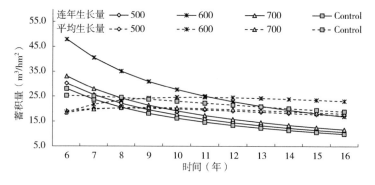

图 5-57 九龙岭(85 月生、立地指数 24)蓄积连年和平均生长量曲线(续)

初始间伐林龄 85 月生、立地指数 24 条件下,不间伐对照交点出现在第 7 年;间伐保留 200、300 株/hm² 交点分别出现在第 11 年、第 10 年,分别比对照延迟了 4、3 年;保留 400、500、600、700 株/hm² 交点分别出现在第 10.5 年、第 9 年、第 11 年、第 9.5 年,分别比对照延迟了 3.5、2、4、2.5 年。

四、103 月生林分间伐效应分析

1. 初始间伐 103 月龄的胸径生长过程

根据 139 月的跟踪调查,初始间伐林龄为 103 月的林分平均胸径的实测生长过程见表 5-111 和图 5-58。

表 5-111 华侨(103 月生)不同立地指数的平均胸径实测生长过程 cm

月龄	103	115	127	139
SI-28	20.19	20.94	22.03	22.84
SI-30	20.91	21.68	22.60	23.18

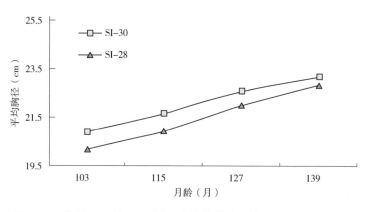

图 5-58 华侨(103 月生)不同立地指数林分平均胸径实际生长过程

可以看出,在林龄 103~139 月生中,立地指数 30 与 28 的平均胸径生长差距在 0.34~0.72cm 之间。根据立地指数 28 和 30 全部样木的生长过程,利用平均生长量进行模拟,得出 2 个回归方程:$D_{28} = 9.0005\mathrm{Ln}(x) - 21.608$,$R^2 = 0.9916$;$D_{30} = 7.7275\mathrm{Ln}(x) - 14.919$,$R^2 = 0.9958$;其中 x 为以月为单位的时间。

在间伐后每隔 12 个月逐次测量，利用上述 2 个回归方程，模拟立地指数 28 和 30 的逐年平均胸径生长过程，见表 5-112。

表 5-112　华侨（103 月生）平均胸径模拟生长过程　　　　　　　　　　　　cm

月龄	96	103	108	120	132	144	156	168	180	192
年龄	8	8.6	9	10	11	12	13	14	15	16
SI-28	19.47	20.19	20.53	21.48	22.34	23.12	23.84	24.51	25.13	25.71
SI-30	20.35	20.91	21.26	22.08	22.81	23.49	24.10	24.68	25.21	25.71

从表 5-112 得出，在初始间伐林龄为 103 月的条件下，立地指数 28 和 30 达到 22cm 中径材培育目标的时间分别为 11 年（即间伐后 2.4 年）和 10 年（即间伐后 1.4 年），间伐后平均每年胸径生长分别约 0.89cm 和 0.83cm。

表 5-113 显示了初始间伐 103 月龄在 48~192 月生的逐年胸径增长情况，胸径连年生长量随着时间的推移逐年变小，立地指数 28 的第 9 年平均胸径连年生长量超过 1.06cm，此后越来越小，但稳定在 0.58cm 以上；立地指数 30 的第 8 年平均胸径连年生长量超过 1.03cm，此后越来越小，但稳定在 0.50cm 以上。

表 5-113　华侨（103 月生）连年胸径增长过程　　　　　　　　　　　　cm

月龄	96	108	120	132	144	156	168	180	192
年龄	8	9	10	11	12	13	14	15	16
SI-28	1.20	1.06	0.95	0.86	0.78	0.72	0.67	0.62	0.58
SI-30	1.03	0.91	0.81	0.74	0.67	0.62	0.57	0.53	0.50

立地指数 16、18、20、22 和 24 的林分胸径分布随着林木的竞争，林分分化不断发展，胸径的结构也在不断发生变化，林木直径径阶分布不断扩大，见表 5-114 和图 5-59 至 5-60。

表 5-114　华侨（103 月生）2 种立地指数胸径分布频数

月龄	立地指数	径阶（cm）															
		2	4	6	8	10	12	14	16	18	20	22	24	26	28	30	32	34
103	28	—	—	2	10	33	39	126	212	371	267	113	11	2	—	—	—	—
	30	—	—	1	2	9	8	6	15	20	34	15	9	—	—	—	—	—
115	28	—	—	2	10	27	39	103	166	274	325	192	44	2	2	—	—	—
	30	—	—	1	2	7	5	12	19	27	19	12	6	—	—	—	—	—
127	28	—	—	—	—	6	19	32	74	151	203	302	255	120	24	3	—	—
	30	—	—	—	1	—	6	10	5	9	14	23	26	14	11	—	—	—
139	28	—	—	—	6	16	29	65	130	178	242	269	173	57	10	2	1	
	30	—	—	—	1	5	9	5	9	14	14	26	18	10	6	—	—	—

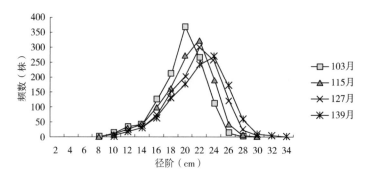

图 5-59　华侨(103月生)立地指数28的胸径分布

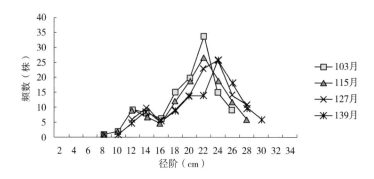

图 5-60　华侨(103月生)立地指数30的胸径分布

立地指数28的径阶较多,在103、115、127、139月生的径阶分别为11、12、11、13个;立地指数30的径阶在103、115、127、139月生的径阶分别为10、11、10、11个。

2. 初始间伐103月龄的胸高断面积生长过程

根据139月的跟踪调查,初始间伐103月龄的胸高断面积的实测生长过程见表5-115和图5-61。

表5-115　华侨(103月生)不同立地指数的胸高断面积实测生长过程　　　m²/hm²

月龄	103	115	127	139
SI-28	16.61	17.80	19.62	21.39
SI-30	19.02	20.43	22.10	23.15

可以看出,立地指数28和30的胸高断面积随立地指数增大而提高,到139月生(间伐后3.0年)立地指数30与28的胸高断面积差距为1.76m²/hm²。

利用全部样木的平均生长量进行模拟,得出以下2个回归方程:$BA_{28} = 16.1\text{Ln}(x) - 58.256$,$R^2 = 0.9829$;$BA_{30} = 14.072\text{Ln}(x) - 46.222$,$R^2 = 0.9958$;其中$x$为以月为单位的时间。利用上述2条回归曲线模拟立地指数28和30的逐年胸高断面积生长过程,如表5-116所示。

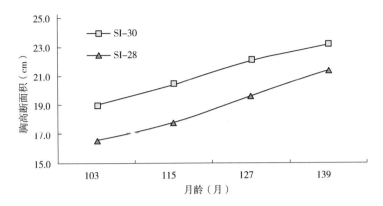

图 5-61　华侨（103 月生）不同立地指数林分胸高断面积实际生长过程

表 5-116　华侨（103 月生）胸高断面积模拟生长过程　　　　　　　　　　　m²/hm²

月龄	96	103	108	120	132	144	156	168	180	192
年龄	8	8.6	9	10	11	12	13	14	15	16
SI-28	15.23	16.61	17.13	18.82	20.36	21.76	23.05	24.24	25.35	26.39
SI-30	18.01	19.02	19.66	21.15	22.49	23.71	24.84	25.88	26.85	27.76

当胸径达到 22cm 中径材时，立地指数 28 和 30 的胸高断面积平均每年增长量分别为 1.56（间伐后 2.4 年）、1.52（间伐后 1.4 年）m²/hm²。

表 5-117 显示了胸高断面积连年生长量，其值随着时间的推移逐年变小。立地指数 28、30 分别在第 16 年、第 14 年胸高断面积连年生长量超过 1.04m²/hm²。

表 5-117　华侨（103 月生）连年胸高断面积增长过程　　　　　　　　　　　m²/hm²

月龄	96	108	120	132	144	156	168	180	192
年龄	8	9	10	11	12	13	14	15	16
SI-28	2.15	1.90	1.70	1.53	1.40	1.29	1.19	1.11	1.04
SI-30	1.88	1.66	1.48	1.34	1.22	1.13	1.04	0.97	0.91

3. 初始间伐 103 月龄的蓄积生长过程

表 5-118 和图 5-62 展现了 103 月初始间伐林龄的单株材积实测生长过程，立地指数越大单株材积生长量越大。

表 5-118　华侨（103 月生）不同立地指数的平均单株材积实测生长过程　　　m³/株

月龄	103	115	127	139
SI-28	0.40	0.47	0.53	0.59
SI-30	0.45	0.53	0.58	0.63

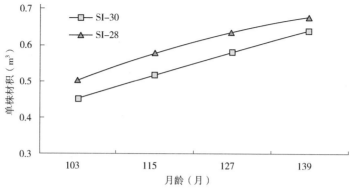

图 5-62　华侨（103 月生）不同立地指数单株材积

从表 5-119 可以看出，单位面积的蓄积生长量和立地指数关系紧密，立地指数越大，单位面积的蓄积量越大。在林龄 103~139 月生时期中，立地指数 30 与 28 的蓄积生长差距在 31.66~41.33 m³/hm² 之间。

表 5-119　华侨（103 月生）不同立地指数的蓄积实测生长过程　　m³/hm²

立地指数	间伐量	103 月	115 月	127 月	139 月
28	112.85	203.10	234.43	264.52	294.27
30	100.00	238.29	275.76	304.00	325.93

根据立地指数 28 和 30 的全部标准地的生长过程，采用平均蓄积生长量模拟，得出 2 个回归方程：$V_{28}=303.64\mathrm{Ln}(x)-1205.2$，$R^2=0.9989$；$V_{30}=292.6\mathrm{Ln}(x)-1115.4$，$R^2=0.9944$，其中 x 为以月为单位的时间。随后模拟出间伐后的逐年蓄积生长量，如表 5-120 所示。

表 5-120　华侨（103 月生）蓄积模拟生长过程　　m³/hm²

月龄	96	103	108	120	132	144	156	168	180	192
年龄	8	8.6	9	10	11	12	13	14	15	16
SI-28	180.72	203.10	216.48	248.47	277.41	303.83	328.14	350.64	371.59	391.19
SI-30	220.13	238.29	254.59	285.42	313.31	338.77	362.19	383.87	404.06	422.94

间伐后，立地指数 28 和 30 的胸径达到中径材 22 cm 时的蓄积平均每年增长分别为 30.97（间伐后 2.4 年）、33.67（间伐后 1.4 年）m³/hm²。

从表 5-121 和图 5-63 得出，所有指数级蓄积量连年生长的高峰值都出现在第 8 年，峰值后的年生长量逐年下降。初始间伐林龄 103 月生条件下，立地指数 SI28 的交点出现在第 12.5 年，SI30 的交点出现在第 11 年。

表 5-121　华侨（103 月生）蓄积增长过程　　m³/hm²

月龄	96	108	120	132	144	156	168	180	192
年龄	8	9	10	11	12	13	14	15	16
SI-28	40.55	35.76	31.99	28.94	26.42	24.30	22.50	20.95	19.60
SI-30	39.07	34.46	30.83	27.89	25.46	23.42	21.68	20.19	18.88

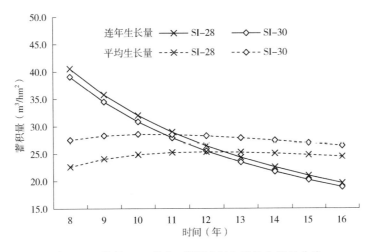

图 5-63　华侨(103 月生)蓄积连年和平均生长量曲线

五、59 月生萌芽林分间伐效应分析

1. 初始间伐 59 月龄萌芽林的胸径生长过程

根据 89 月的跟踪调查,初始间伐林龄为 59 月的萌芽林林分平均胸径的实测生长过程见表 5-122 和图 5-64。

表 5-122　雷卡(59 月生,萌芽)不同立地指数的平均胸径实测生长过程　　　　　cm

月龄	59	68	80	89
SI-26	15.76	16.35	17.74	18.80
SI-28	16.15	16.74	17.97	19.06

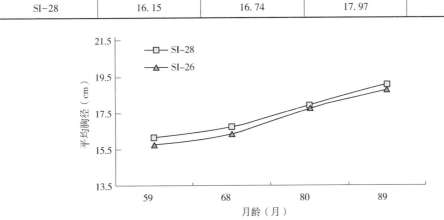

图 5-64　雷卡(59 月生)不同立地指数林分平均胸径实际生长过程

可以看出,在林龄 59~89 月生萌芽林中,立地指数越高,林分平均胸径越大,立地指数 28 与 26 的平均胸径生长差距在 0.23~0.38cm 之间。根据立地指数 28 和 30 全部样木的生长过程,利用平均生长量进行模拟,得出 2 个回归方程:$D_{26}=7.4644\text{Ln}(x)-14.874$,$R^2=0.9732$;$D_{28}=7.076\text{Ln}(x)-12.893$,$R^2=0.9716$;其中 x 为以月为单位的时间。在间伐后每隔 12 个月逐次测量,利用上述 2 个回归方程,模拟立地指数 26 和 28 的逐年平均胸径生长过程,见表 5-123。

表 5-123　雷卡(59 月生)平均胸径模拟生长过程　　cm

月龄	48	59	60	72	84	96	108	120	132	144	156	168	180	192
年龄	4	4.9	5	6	7	8	9	10	11	12	13	14	15	16
SI-26	14.02	15.76	15.69	17.05	18.20	19.20	20.08	20.86	21.57	22.22	22.82	23.37	23.89	24.37
SI-28	14.50	16.15	16.08	17.37	18.46	19.40	20.24	20.98	21.66	22.27	22.84	23.36	23.85	24.31

从表 5-123 得出，在初始间伐林龄为 59 月萌芽林的条件下，立地指数 26 和 28 达到 22cm 中径材培育目标的时间均为 12 年(即间伐后 7.1 年)，间伐后平均每年胸径生长分别为 0.91、0.86cm。

表 5-124 显示了初始间伐 59 月龄在 60~192 月生的逐年胸径增长情况，胸径连年生长量随着时间的推移逐年变小，立地指数 26 的第 8 年平均胸径连年生长量超过 1.00cm，此后越来越小，但稳定在 0.48cm 以上；立地指数 28 的第 7 年平均胸径连年生长量超过 1.09cm，此后越来越小，但稳定在 0.46cm 以上。

表 5-124　雷卡(59 月生)连年胸径增长过程　　cm

月龄	60	72	84	96	108	120	132	144	156	168	180	192
年龄	5	6	7	8	9	10	11	12	13	14	15	16
SI-26	1.67	1.36	1.15	1.00	0.88	0.79	0.71	0.65	0.60	0.55	0.51	0.48
SI-28	1.58	1.29	1.09	0.94	0.83	0.75	0.67	0.62	0.57	0.52	0.49	0.46

立地指数 26 和 28 的林分胸径分布随着林木的竞争，林分分化不断发展，胸径的结构也在不断发生变化，林木直径径阶分布不断扩大，见表 5-125 和图 5-65 至 5-66。

表 5-125　雷卡(59 月生)2 种立地指数胸径分布频数

月龄	立地指数	径阶(cm)													
		2	4	6	8	10	12	14	16	18	20	22	24	26	28	30
59	26			1	6	19	86	286	539	199	33	3				
	28						5	19	33	22	5					
68	26	2	1	1	5	19	77	204	477	305	65	16				
	28						4	17	28	27	6	2				
80	26					13	52	125	316	390	193	54	18	8		
	28						3	8	21	24	22	4	2			

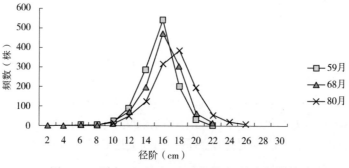

图 5-65　雷卡(59 月生)立地指数 26 的胸径分布

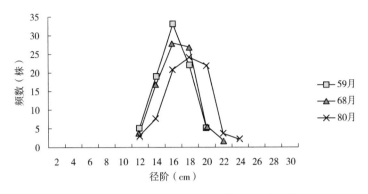

图 5-66　雷卡(59 月生)立地指数 28 的胸径分布

立地指数 26 的径阶较多,在 59、68、80 月生的径阶分别为 9、11、9 个;立地指数 28 径阶少一些,在 59、68、80 月生分别为 5、6、7 个。

2. 初始间伐 59 月龄的胸高断面积生长过程

根据 89 月的跟踪调查,初始间伐 59 月龄的胸高断面积的实测生长过程见表 5-126 和图 5-67。

表 5-126　雷卡(59 月生,萌芽林)不同立地指数的胸高断面积实测生长过程　　m²/hm²

月龄	59	68	80	89
SI-26	9.90	10.62	12.47	13.81
SI-28	10.63	11.41	13.16	14.58

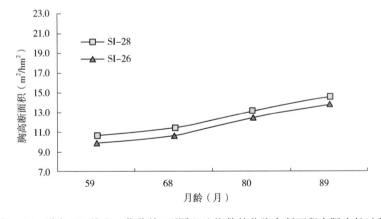

图 5-67　雷卡(59 月生,萌芽林)不同立地指数林分胸高断面积实际生长过程

从表 5-126 和图 5-67 可以看出,立地指数 28 和 30 的胸高断面积随立地指数增大而提高,到 89 月生(间伐后 2.5 年)立地指数 30 与 28 的胸高断面积差距为 0.77m³/hm²。

利用全部样木的平均生长量进行模拟,得出以下 2 个回归方程:$BA_{26} = 9.6764\ln(x) - 29.827$,$R^2 = 0.9711$;$BA_{28} = 9.6786\ln(x) - 29.097$,$R^2 = 0.9731$;其中 x 为以月为单位的时间。利用上述 2 条回归曲线模拟立地指数 28 和 30 的逐年胸高断面积生长过程,见表 5-127。

表 5-127　雷卡(59月生，萌芽林)胸高断面积模拟生长过程　　　　　　　　m²/hm²

月龄	48	59	60	72	84	96	108	120	132	144	156	168	180	192
年龄	4	4.9	5	6	7	8	9	10	11	12	13	14	15	16
SI-26	7.63	9.90	9.97	11.56	13.05	14.34	15.48	16.50	17.42	18.26	19.04	19.75	20.42	21.05
SI-28	8.37	10.63	10.69	12.30	13.79	15.08	16.22	17.24	18.16	19.00	19.78	20.50	21.16	21.79

当胸径达到 22cm 中径材时，立地指数 28 和 30 的胸高断面积平均每年增长量均为 1.18(均为间伐后 7.1 年) m²/hm²。

表 5-128 显示了胸高断面积连年生长量，其值随着时间的推移逐年变小。立地指数 28、30 均在第 10 年胸高断面积连年生长量超过 1.02m²/hm²。

表 5-128　雷卡(59月生，萌芽林)连年胸高断面积增长过程　　　　　　　　m²/hm²

月龄	60	72	84	96	108	120	132	144	156	168	180	192
年龄	5	6	7	8	9	10	11	12	13	14	15	16
SI-26	2.16	1.76	1.49	1.29	1.14	1.02	0.92	0.84	0.77	0.72	0.67	0.62
SI-28	2.16	1.76	1.49	1.29	1.14	1.02	0.92	0.84	0.77	0.72	0.67	0.62

3. 初始间伐 59 月龄的蓄积生长过程

表 5-129 和图 5-68 展现了 59 月初始间伐萌芽林林龄的单株材积实测生长过程，立地指数越大单株材积生长量越大。

表 5-129　雷卡(59月生，萌芽林)不同立地指数的平均单株材积实测生长　　　m³/株

月龄	59	68	80	89
SI-26	0.19	0.22	0.29	0.33
SI-28	0.21	0.23	0.30	0.34

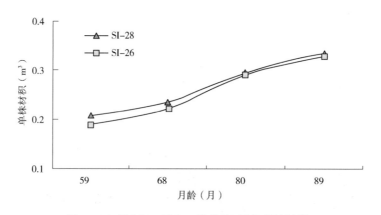

图 5-68　雷卡(59月生，萌芽林)平均单株材积

从表 5-130 可以看出，单位面积的蓄积生长量和立地指数关系紧密，立地指数越大，单位面积的蓄积量越大。在林龄 59~89 月生时期中，立地指数 28 与 26 的蓄积生长差距在 10.39~10.95m³/hm² 之间。

表 5-130 雷卡(59 月生,萌芽林)不同立地指数的蓄积实测生长过程 m^3/hm^2

立地指数	间伐量	59 月	68 月	80 月	89 月
26	32.80	95.39	109.82	141.11	159.66
28	25.53	105.79	120.17	150.87	170.61

根据立地指数 26 和 28 的全部标准地的生长过程,采用平均蓄积生长量模拟,得出 2 个回归方程:$V_{26}=160.34\mathrm{Ln}(x)-561.68$,$R^2=0.9847$;$V_{28}=160.91\mathrm{Ln}(x)-553.76$,$R^2=0.9838$;其中 x 为以月为单位的时间。随后模拟出间伐后的逐年蓄积生长量,见表 5-131。

表 5-131 雷卡(59 月生,萌芽林)蓄积模拟生长过程 m^3/hm^2

月龄	59	60	72	84	96	108	120	132	144	156	168	180	192
年龄	4.9	5	6	7	8	9	10	11	12	13	14	15	16
SI-26	95.39	94.81	124.04	148.76	170.17	189.05	205.95	221.23	235.18	248.01	259.90	270.96	281.31
SI-28	105.79	105.06	134.40	159.20	180.69	199.64	216.60	231.93	245.93	258.81	270.74	281.84	292.22

间伐后,立地指数 26 和 28 的胸径达到 22cm 中径材时的蓄积平均每年增长分别为 19.69、19.74(均为间伐后 7.1 年)m^3/hm^2。

从表 5-132 和图 5-69 得出,所有指数级蓄积量连年生长的高峰值都出现在第 5 年,峰值后的年生长量逐年下降。初始间伐林龄 59 月生条件下,立地指数 SI26 林分蓄积连年生长量与平均生长量的交点出现在第 8 年,SI28 的交点出现在第 7.5 年。

表 5-132 雷卡(59 月生,萌芽林)蓄积增长过程 m^3/hm^2

月龄	60	72	84	96	108	120	132	144	156	168	180	192
年龄	5	6	7	8	9	10	11	12	13	14	15	16
SI-26	35.78	29.23	24.72	21.41	18.89	16.89	15.28	13.95	12.83	11.88	11.06	10.35
SI-28	35.91	29.34	24.80	21.49	18.95	16.95	15.34	14.00	12.88	11.92	11.10	10.38

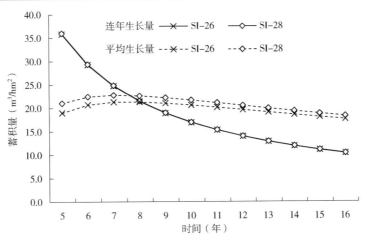

图 5-69 雷卡(59 月生,萌芽林)蓄积连年和平均生长量曲线

六、76 月生萌芽林间伐效应分析

1. 初始间伐 53 月龄的胸径生长过程

根据 112 月的跟踪调查，初始间伐林龄为 76 月的萌芽林林分平均胸径的实测生长过程见表 5-133 和图 5-70。

表 5-133　禾云(76 月生，萌芽林)不同立地指数的平均胸径实测生长过程　　cm

月龄	76	88	94	100	107	112
SI-28	20.24	21.08	21.45	22.02	22.28	22.66
SI-26	19.65	20.40	20.80	21.31	21.63	21.90
SI-24	18.63	19.60	19.93	20.27	20.83	21.17

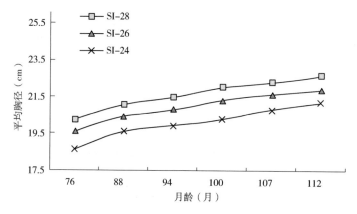

图 5-70　禾云(76 月生，萌芽林)不同立地指数林分平均胸径实际生长过程

可以看出，立地指数 24、26 和 28 的胸径平均生长过程较为相似，在林龄 76~112 月生中，立地指数 28 与 26、24 的胸径平均生长差距分别在 0.58~0.76cm、1.45~1.75cm 之间。

根据立地指数 24、26 和 28 全部样木的生长过程，利用平均生长量进行模拟，得出 3 个回归方程：$D_{24} = 6.423\text{Ln}(x) - 9.2038$，$R^2 = 0.9949$；$D_{26} = 5.9192\text{Ln}(x) - 6.0287$，$R^2 = 0.9948$；$D_{28} = 6.2537\text{Ln}(x) - 6.8832$，$R^2 = 0.9937$；其中 x 为以月为单位的时间，回归系数均大于 0.993，模拟精度高。

在间伐后每隔 5~7 个月逐次测量，为进一步理解胸径每年的生长量，利用上述 3 个回归方程，模拟立地指数 24、26 和 28 的逐年平均胸径生长过程，见表 5-134。

表 5-134　禾云(76 月生，萌芽林)平均胸径模拟生长过程　　cm

月龄	72	76	84	96	108	120	132	144	156	168	180	192
年龄	6	6.3	7	8	9	10	11	12	13	14	15	16
SI-24	18.27	18.63	19.26	20.11	20.87	21.55	22.16	22.72	23.23	23.71	24.15	24.57
SI-26	19.29	19.65	20.20	20.99	21.69	22.31	22.87	23.39	23.86	24.30	24.71	25.09
SI-28	19.86	20.24	20.83	21.66	22.40	23.06	23.65	24.20	24.70	25.16	25.59	26.00

从表5-134得出，在初始间伐林龄为76月的条件下，立地指数24达到22cm中径材培育目标的时间为11年（即间伐后4.7年），立地指数24间伐后平均每年胸径增长约0.75cm；立地指数26为10年（即间伐后3.7年），间伐后平均每年胸径增长约1.56cm；立地指数28为9年（即间伐后2.7年），间伐后平均每年胸径增长约3.09cm。

为全面分析胸径生长情况，再对平均胸径每年的增长量进行分析，用下一年的生长量减去前一年的胸径生长量得出表5-135，可以得出，胸径连年生长量随着时间的推移逐年变小，但稳定在0.38cm以上。

表5-135 禾云(76月生，萌芽林)连年胸径增长过程　　　　　　　　　　　　　　　　cm

月龄	84	96	108	120	132	144	156	168	180	192
年龄	7	8	9	10	11	12	13	14	15	16
SI-24	0.99	0.86	0.76	0.68	0.61	0.56	0.51	0.48	0.44	0.41
SI-26	0.91	0.79	0.70	0.62	0.56	0.52	0.47	0.44	0.41	0.38
SI-28	0.96	0.84	0.74	0.66	0.60	0.54	0.50	0.46	0.43	0.40

立地指数24、26和28的林分胸径分布随着林木的竞争，胸径的结构也在不断发生变化，林木直径径阶分布不断扩大，见表5-136和图5-71至5-73。

表5-136 禾云(76月生，萌芽林)3种立地指数胸径分布频数

月龄	立地指数	径阶(cm)															
		2	4	6	8	10	12	14	16	18	20	22	24	26	28	30	32	34
76	24	—	—	—	—	—	1	4	14	13	4	—	—	—	—	—	—	—
	26	1	—	—	2	7	5	10	48	102	128	78	17	6	1	—	—	—
	28	—	—	1	3	1	4	7	48	125	149	113	48	13	2	—	—	—
88	24	—	—	—	—	—	—	—	2	12	15	6	1	—	—	—	—	—
	26	—	—	1	—	1	6	4	10	46	74	119	82	48	7	3	2	—
	28	—	—	1	2	3	4	9	32	101	122	130	69	34	5	2	—	—
100	24	—	—	—	—	—	—	—	1	10	12	10	3	—	—	—	—	—
	26	—	—	1	4	6	5	33	56	104	97	62	24	6	3	1	—	—
	28	—	—	2	2	2	4	3	22	77	101	134	88	47	24	3	2	—
112	24	—	—	—	—	—	—	—	—	10	10	7	3	—	—	—	—	—
	26	—	—	—	1	2	5	4	28	51	91	95	69	33	14	6	—	1
	28	—	—	2	3	1	4	3	15	65	92	117	99	53	34	16	1	2

立地指数24的径阶较少，在76、88、100和112月生时均为5个；立地指数26径阶较多，在76月生时为12个，在88、100和112月生时均为13个；立地指数28径阶在76月生时为12个，在88月生时为13个，在100月生时为14个，在112月生时为15个。

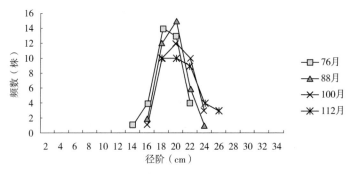

图 5-71　禾云(76 月生，萌芽林)立地指数 24 的胸径分布

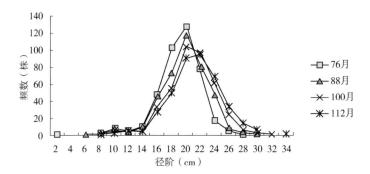

图 5-72　禾云(76 月生，萌芽林)立地指数 26 的胸径分布

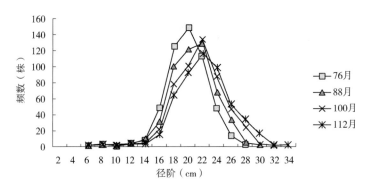

图 5-73　禾云(76 月生，萌芽林)立地指数 28 的胸径分布

2. 初始间伐 76 月龄的胸高断面积生长过程

根据 112 月的跟踪调查，初始间伐 76 月龄，林龄 76~112 月生时期的胸高断面积的实测生长过程见表 5-137 和图 5-74。

表 5-137　禾云(76 月生，萌芽林)不同立地指数的胸高断面积实测生长过程　　m²/hm²

月龄	76	88	94	100	107	112
SI-28	19.06	20.71	21.43	22.61	23.16	23.96
SI-26	14.08	15.20	15.74	16.60	17.05	17.50
SI-24	8.26	9.03	9.41	9.70	10.22	10.52

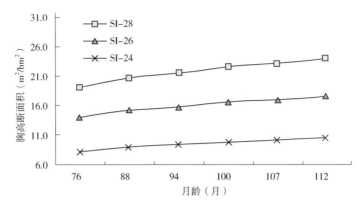

图 5-74　禾云(76月生，萌芽林)不同立地指数林分胸高断面积实际生长过程

从表 5-137 和图 5-74 可以看出，立地指数 24、26 和 28 的胸高断面积随立地指数增大而提高，到 112 月生(间伐后 3.0 年)立地指数 28 与 26、24 的胸高断面积差距分别为 6.45、13.43m²/hm²。

利用全部样木的平均生长量进行模拟，得出以下 3 个方程：$BA_{24} = 5.7994\ln(x) - 16.91$，$R^2 = 0.9946$；$BA_{26} = 8.9886\ln(x) - 24.942$，$R^2 = 0.9919$；$BA_{28} = 12.628\ln(x) - 35.738$，$R^2 = 0.9922$；其中 x 为以月为单位的时间。利用上述 3 条回归曲线模拟立地指数 24、26 和 28 的逐年胸高断面积生长过程，见表 5-138。

表 5-138　禾云(76月生，萌芽林)胸高断面积模拟生长过程　　　　m²/hm²

月龄	72	76	84	96	108	120	132	144	156	168	180	192
年龄	6	6.3	7	8	9	10	11	12	13	14	15	16
SI-24	7.89	8.26	8.79	9.56	10.24	10.85	11.41	11.91	12.38	12.81	13.21	13.58
SI-26	13.50	14.08	14.88	16.09	17.14	18.09	18.95	19.73	20.45	21.12	21.74	22.32
SI-28	18.27	19.06	20.21	21.90	23.39	24.72	25.92	27.02	28.03	28.97	29.84	30.65

当胸径达到 22cm 中径材时，立地指数 24、26 和 28 的胸高断面积平均每年增长量分别为 0.67(间伐后 4.7 年)、1.18(间伐后 1.7 年)、1.65(间伐后 0.7 年)m²/hm²。

表 5-139 显示了胸高断面积连年生长量，其值随着时间的推移逐年变小。立地指数 24、26、28 分别在第 6 年、第 9 年、第 13 年胸高断面积连年生长量还能超过 1.01m²/hm²，此后越来越小，但分别稳定在 0.37、0.58、0.81m²/hm²。

表 5-139　禾云(76月生，萌芽林)胸高断面积增长过程　　　　m²/hm²

月龄	72	84	96	108	120	132	144	156	168	180	192
年龄	6	7	8	9	10	11	12	13	14	15	16
SI-24	1.06	0.89	0.77	0.68	0.61	0.55	0.50	0.46	0.43	0.40	0.37
SI-26	1.64	1.39	1.20	1.06	0.95	0.86	0.78	0.72	0.67	0.62	0.58
SI-28	2.30	1.95	1.69	1.49	1.33	1.20	1.10	1.01	0.94	0.87	0.81

3. 初始间伐76月龄的蓄积生长过程

表5-140和图5-75展现了76月初始间伐林龄萌芽林的单株材积实测生长过程，立地指数越大单株材积生长量越大。

表5-140　禾云(76月生，萌芽林)不同立地指数的平均单株材积实测生长　　　　m³/株

月龄	76	88	94	100	107	112
SI-24	0.28	0.32	0.34	0.36	0.38	0.40
SI-26	0.33	0.37	0.39	0.42	0.43	0.45
SI-28	0.36	0.41	0.43	0.46	0.48	0.50

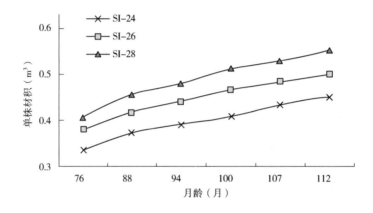

图5-75　禾云(76月生，萌芽林)平均单株材积

从表5-141可以看出，单位面积的蓄积生长量和立地指数关系紧密，立地指数越大，单位面积的蓄积量越大。在林龄76~112月生时期中，立地指数28与26、24的蓄积生长差距分别在57.45~86.17、121.95~168.77m³/hm²之间。

表5-141　禾云(76月生，萌芽林)不同立地指数的蓄积实测生长过程　　　　m³/hm²

立地指数	间伐量	76月	88月	94月	100月	107月	112月
24	51.32	84.84	95.40	101.44	106.32	113.51	117.80
26	50.56	149.34	165.57	174.72	186.59	193.56	200.40
28	53.08	206.79	234.46	246.59	265.04	274.54	286.57

根据立地指数26和28的全部标准地的生长过程，采用平均蓄积生长量模拟，得出3个回归方程：$V_{24} = 85.406\text{Ln}(x) - 286.06$，$R^2 = 0.9945$；$V_{26} = 134.13\text{Ln}(x) - 433.01$，$R^2 = 0.9929$；$V_{28} = 206.16\text{Ln}(x) - 687.35$，$R^2 = 0.9946$；其中$x$为以月为单位的时间。随后模拟出间伐后的逐年蓄积生长量，见表5-142。

间伐后，立地指数24、26和28的胸径达到22cm中径材时的蓄积平均每年增长均为9.81(间伐后4.7年)、16.16(间伐后3.7年)、26.34(间伐后2.7年)m³/hm²。

表 5-142　禾云(76月生，萌芽林)蓄积模拟生长过程　　　　　　　　m³/hm²

月龄	72	76	84	96	108	120	132	144	156	168	180	192
年龄	6	6.3	7	8	9	10	11	12	13	14	15	16
SI-24	79.19	84.84	92.36	103.76	113.82	122.82	130.96	138.39	145.23	151.56	157.45	162.96
SI-26	140.62	149.34	161.30	179.21	195.00	209.14	221.92	233.59	244.33	254.27	263.52	272.18
SI-28	194.33	206.79	226.11	253.64	277.92	299.64	319.29	337.23	353.73	369.01	383.23	396.54

从表 5-143 和图 5-76 得出，所有指数级蓄积量连年生长的高峰值都出现在第 6 年，峰值后的年生长量逐年下降。初始间伐林龄 76 月生条件下，立地指数 SI24、SI26、SI28 林分蓄积连年生长量与平均生长量的交点分别出现在第 7 年、第 6.5 年、第 7 年。

表 5-143　禾云(76月生，萌芽林)蓄积增长过程　　　　　　　　m³/hm²

月龄	72	84	96	108	120	132	144	156	168	180	192
年龄	6	7	8	9	10	11	12	13	14	15	16
SI-24	15.57	13.17	11.40	10.06	9.00	8.14	7.43	6.84	6.33	5.89	5.51
SI-26	24.45	20.68	17.91	15.80	14.13	12.78	11.67	10.74	9.94	9.25	8.66
SI-28	37.59	31.78	27.53	24.28	21.72	19.65	17.94	16.50	15.28	14.22	13.31

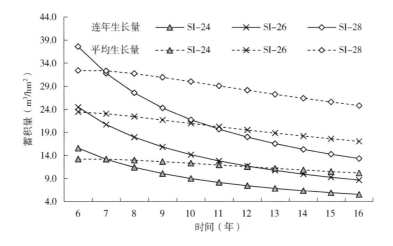

图 5-76　禾云(76月生，萌芽林)蓄积连年和平均生长量曲线

4. 立地指数 26 的不同间伐处理的生长差距

(1) 胸径

初始间伐林龄为 76 月、立地指数 26，不同间伐处理下的林分平均胸径实测生长过程见表 5-144 和图 5-77。

可以看出，在立地指数均为 26 的情况下，在 76~112 月龄生长期间，不间伐 Control 的平均胸径均低于间伐处理（保留 200、300、400、500、600、700、800 株/hm²）。

表 5-144　禾云(76月生，萌芽林)立地指数 26 林分平均胸径实测生长　　株/hm²、cm

处理	76月	88月	94月	100月	107月	112月
200	21.60	22.65	23.15	23.95	24.25	24.80
300	20.18	21.08	21.45	21.97	22.37	22.58
400	20.60	21.27	21.77	22.27	22.57	22.83
500	19.20	19.65	20.10	20.50	20.70	20.95
600	18.93	19.57	20.03	20.63	21.03	21.37
700	19.45	20.25	20.55	21.05	21.30	21.55
800	18.80	19.40	19.60	20.10	20.40	20.60
Control	16.85	17.50	17.75	18.00	18.20	18.30

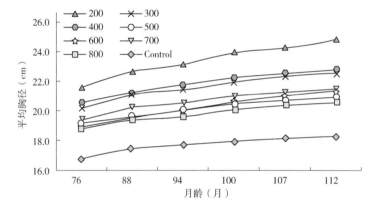

图 5-77　禾云(76月生，萌芽林)立地指数 26 林分平均胸径实际生长过程

根据不同处理全部样木的生长过程，利用平均生长量进行模拟，得出 8 个回归方程：$D_{200} = 8.2527\mathrm{Ln}(x) - 14.216$，$R^2 = 0.9897$；$D_{300} = 6.3188\mathrm{Ln}(x) - 7.1955$，$R^2 = 0.9973$；$D_{400} = 5.9485\mathrm{Ln}(x) - 5.23$，$R^2 = 0.9902$；$D_{500} = 4.6717\mathrm{Ln}(x) - 1.1103$，$R^2 = 0.9816$；$D_{600} = 6.4775\mathrm{Ln}(x) - 9.2634$，$R^2 = 0.9818$；$D_{700} = 5.4691\mathrm{Ln}(x) - 4.2365$，$R^2 = 0.9951$；$D_{800} = 4.761\mathrm{Ln}(x) - 1.8837$，$R^2 = 0.986$；$D_C = 3.7817\mathrm{Ln}(x) + 0.5296$，$R^2 = 0.9898$；其中 x 为以月为单位的时间。进而模拟出各处理的胸径逐年生长过程，见表 5-145。

表 5-145　禾云(76月生、立地指数 26，萌芽林)平均胸径模拟生长　　株/hm²、cm

月龄	72	76	84	96	108	120	132	144	156	168	180	192	…	300
年龄	6	6.3	7	8	9	10	11	12	13	14	15	16	…	25
200	21.08	21.60	22.35	23.45	24.42	25.29	26.08	26.80	27.46	28.07	28.64	29.17	…	32.86
300	19.83	20.18	20.80	21.65	22.39	23.06	23.66	24.21	24.71	25.18	25.62	26.03	…	28.85
400	20.21	20.60	21.13	21.92	22.62	23.25	23.82	24.33	24.81	25.25	25.66	26.04	…	28.70

(续)

月龄	72	76	84	96	108	120	132	144	156	168	180	192	⋯	300
500	18.87	19.20	19.59	20.21	20.76	21.26	21.70	22.11	22.48	22.83	23.15	23.45	⋯	25.54
600	18.44	18.93	19.44	20.30	21.07	21.75	22.36	22.93	23.45	23.93	24.37	24.79	⋯	27.68
700	19.15	19.45	20.00	20.73	21.37	21.95	22.47	22.94	23.38	23.79	24.16	24.52	⋯	26.96
800	18.48	18.80	19.21	19.85	20.41	20.91	21.36	21.78	22.16	22.51	22.84	23.15	⋯	25.27
Control	16.70	16.85	17.29	17.79	18.24	18.63	18.99	19.32	19.63	19.91	20.17	20.41	⋯	22.10

不间伐对照 Control 达到 22cm 中径材的时间为第 25 年，即间伐后第 18.7 年，间伐保留 200、300、400、500、600、700、800 株/hm² 处理达到 22cm 中径材的时间分别为间伐后的第 0.7、2.7、2.7、5.7、4.7、4.7、6.7 年，比 Control 分别提早了 18、16、16、13、14、14、12 年。

不间伐 Control 从 76 月龄到达到 22cm 中径材时的胸径年平均生长量为 0.28cm，间伐保留 200、300、400、500、600、700、800 株/hm² 达到 22cm 中径材时的胸径年平均生长量分别为 1.07、0.82、0.75、0.51、0.73、0.64、0.50cm。

从表 5-146 可以看出，间伐强度越高，平均胸径连年生长量越大。胸径连年生长量随着时间的推移逐年变小。48~192 月龄期间，不间伐对照 Control 的胸径连年生长量随时间推移越来越小，稳定在 0.24cm 以上；间伐保留 200、300、400、500、600、700、800 株/hm² 的胸径连年生长量分别稳定在 0.34、0.26、0.24、0.19、0.26、0.22、0.19cm 以上。

表 5-146　禾云(76 月生、立地指数 26，萌芽林)连年胸径增长过程　　株/hm²、cm

月龄	72	84	96	108	120	132	144	156	168	180	192	⋯	300
年龄	6	7	8	9	10	11	12	13	14	15	16	⋯	25
200	1.50	1.27	1.10	0.97	0.87	0.79	0.72	0.66	0.61	0.57	0.53	⋯	0.34
300	1.15	0.97	0.84	0.74	0.67	0.60	0.55	0.51	0.47	0.44	0.41	⋯	0.26
400	1.08	0.92	0.79	0.70	0.63	0.57	0.52	0.48	0.44	0.41	0.38	⋯	0.24
500	0.85	0.72	0.62	0.55	0.49	0.45	0.41	0.37	0.35	0.32	0.30	⋯	0.19
600	1.18	1.00	0.86	0.76	0.68	0.62	0.56	0.52	0.48	0.45	0.42	⋯	0.26
700	1.00	0.84	0.73	0.64	0.58	0.52	0.48	0.44	0.41	0.38	0.35	⋯	0.22
800	0.87	0.73	0.64	0.56	0.50	0.45	0.41	0.38	0.35	0.33	0.31	⋯	0.19
Control	0.69	0.58	0.50	0.45	0.40	0.36	0.33	0.30	0.28	0.26	0.24	⋯	0.15

(2) 胸高断面积

表 5-147 和图 5-78 展示了初始间伐林龄为 76 月、立地指数 26 萌芽林不同间伐处理下的林分胸高断面积实测生长过程。在 76~112 月龄生长期，间伐保留株数越小，胸高断面积越小；间伐保留 200、300、400、500、600 株/hm² 的胸高断面积均低于不间伐对照，但间伐保留 700、800 株/hm² 的胸高断面积均高于不间伐对照。

表 5-147　禾云(76月生,萌芽林)立地指数26林分的胸高断面积实测生长过程

株/hm²、m²/hm²

处理	76月	88月	94月	100月	107月	112月
200	7.39	8.19	8.50	9.12	9.34	9.79
300	9.71	10.60	10.97	11.55	11.96	12.22
400	13.41	14.36	15.05	15.78	16.18	16.60
500	14.63	15.52	16.10	16.77	17.18	17.59
600	17.11	18.37	19.18	20.38	21.13	21.89
700	20.96	22.87	23.53	24.77	25.30	26.04
800	22.39	24.07	24.51	25.71	26.53	27.16
Control	18.74	20.11	20.64	21.85	22.03	22.38

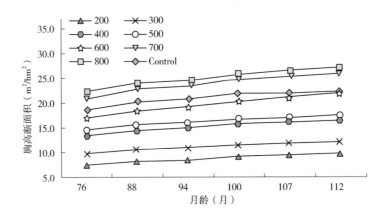

图 5-78　禾云(76月生,萌芽林)立地指数26林分胸高断面积实际生长过程

根据不同处理全部样木的生长过程,利用胸高断面积平均生长量进行模拟,得出8个回归方程:$BA_{200} = 6.1447\text{Ln}(x) - 19.286$,$R^2 = 0.9867$;$BA_{300} = 6.6275\text{Ln}(x) - 19.038$,$R^2 = 0.9956$;$BA_{400} = 8.4481\text{Ln}(x) - 23.275$,$R^2 = 0.9896$;$BA_{500} = 7.8052\text{Ln}(x) - 19.278$,$R^2 = 0.9912$;$BA_{600} = 12.562\text{Ln}(x) - 37.584$,$R^2 = 0.9799$;$BA_{700} = 13.095\text{Ln}(x) - 35.775$,$R^2 = 0.9938$;$BA_{800} = 12.369\text{Ln}(x) - 31.317$,$R^2 = 0.9883$;$BA_C = 9.7519\text{Ln}(x) - 23.491$,$R^2 = 0.975$;其中 x 为以月为单位的时间。模拟出各处理的胸高断面积逐年生长过程,如表5-148所示。

表 5-148　禾云(76月生、立地指数26,萌芽林)胸高断面积模拟生长过程　株/hm²、m²/hm²

月龄	72	76	84	96	108	120	132	144	156	168	180	192	…	300
年龄	6	6.3	7	8	9	10	11	12	13	14	15	16	…	25
200	6.99	7.39	7.94	8.76	9.48	10.13	10.72	11.25	11.74	12.20	12.62	13.02	…	15.76
300	9.31	9.71	10.33	11.21	11.99	12.69	13.32	13.90	14.43	14.92	15.38	15.81	…	18.76

(续)

月龄	72	76	84	96	108	120	132	144	156	168	180	192	…	300
400	12.85	13.41	14.16	15.29	16.28	17.17	17.98	18.71	19.39	20.01	20.60	21.14	…	24.91
500	14.10	14.63	15.31	16.35	17.27	18.09	18.83	19.51	20.14	20.72	21.25	21.76	…	25.24
600	16.14	17.11	18.08	19.75	21.23	22.56	23.75	24.85	25.85	26.78	27.65	28.46	…	34.07
700	20.23	20.96	22.25	24.00	25.54	26.92	28.17	29.30	30.35	31.32	32.23	33.07	…	38.92
800	21.58	22.39	23.49	25.14	26.60	27.90	29.08	30.15	31.14	32.06	32.91	33.71	…	39.23
Control	18.21	18.74	19.72	21.02	22.17	23.20	24.13	24.97	25.75	26.48	27.15	27.78	…	32.13

不间伐对照 Control 从 76 月龄到胸径达到 22cm 中径材时的胸高断面积年平均生长量为 0.72m²/hm²，间伐保留 200、300、400、500、600、700、800 株/hm² 达到 22cm 中径材时的胸高断面积年平均生长量分别为 0.79、0.85、1.06、0.86、1.41、1.53、1.31m²/hm²。

从表 5-149 可以看出，间伐强度越高，胸高断面积连年生长量越小。胸高断面积连年生长量随时间的推移逐年变小。72~192 月龄生长期间，不间伐对照 Control 第 10 年胸高断面积连年生长量超过 1.03m²/hm²，此后越来越小，稳定在 0.63m²/hm² 以上；间伐保留 200、300、400、500、600、700、800 株/hm² 分别在第 6 年、第 7 年、第 9 年、第 8 年、第 13 年、第 13 年、第 12 年连年生长量超过 1.01m²/hm²。

表 5-149 禾云 (76 月生、立地指数 26，萌芽林) 林分的胸高断面积增长过程

株/hm²、m²/hm²

月龄	72	84	96	108	120	132	144	156	168	180	192
年龄	6	7	8	9	10	11	12	13	14	15	16
200	1.12	0.95	0.82	0.72	0.65	0.59	0.53	0.49	0.46	0.42	0.40
300	1.21	1.02	0.88	0.78	0.70	0.63	0.58	0.53	0.49	0.46	0.43
400	1.54	1.30	1.13	1.00	0.89	0.81	0.74	0.68	0.63	0.58	0.55
500	1.42	1.20	1.04	0.92	0.82	0.74	0.68	0.62	0.58	0.54	0.50
600	2.29	1.94	1.68	1.48	1.32	1.20	1.09	1.01	0.93	0.87	0.81
700	2.39	2.02	1.75	1.54	1.38	1.25	1.14	1.05	0.97	0.90	0.85
800	2.26	1.91	1.65	1.46	1.30	1.18	1.08	0.99	0.92	0.85	0.80
Control	1.78	1.50	1.30	1.15	1.03	0.93	0.85	0.78	0.72	0.67	0.63

（3）蓄积

表 5-150 展示了 76 月初始间伐林龄、立地指数 26，不同间伐处理下萌芽林的蓄积实测生长过程。在 76~112 月龄生长期间，间伐保留株数越小，蓄积越小，间伐保留 200、300、400、500 株/hm² 的蓄积面积均低于不间伐对照 Control，但间伐保留 600、700、800 株/hm² 的蓄积量均超过了不间伐对照 Control。

表 5-150　禾云(76 月生、立地指数 26，萌芽林)蓄积实测生长过程　　　株/hm²、m³/hm²

处理	间伐量	76 月	88 月	94 月	100 月	107 月	112 月
200	91.59	82.03	94.55	100.33	109.81	114.06	120.54
300	42.91	104.89	118.34	124.66	133.66	139.61	144.12
400	53.95	145.90	162.01	172.17	183.12	189.34	196.03
500	46.58	154.79	162.25	176.92	186.24	192.47	198.31
600	70.37	180.88	199.54	211.35	227.75	238.70	249.62
700	65.55	225.96	252.05	262.05	278.75	287.40	297.76
800	23.81	233.14	257.38	265.39	282.73	294.84	304.24
Control	0.00	183.88	203.64	213.31	225.78	230.15	234.69

根据不同处理全部样木的生长过程，利用蓄积平均生长量进行模拟，得出 8 个回归方程：$D_{200} = 99.375\text{Ln}(x) - 349.4$，$R^2 = 0.9904$；$D_{300} = 103.14\text{Ln}(x) - 342.56$，$R^2 = 0.9954$；$D_{400} = 131.69\text{Ln}(x) - 425.5$，$R^2 = 0.9937$；$D_{500} = 119.27\text{Ln}(x) - 365.15$，$R^2 = 0.959$；$D_{600} = 180.16\text{Ln}(x) - 603.19$，$R^2 = 0.9833$；$D_{700} = 185.25\text{Ln}(x) - 577.05$，$R^2 = 0.9952$；$D_{800} = 184.96\text{Ln}(x) - 570.09$，$R^2 = 0.9904$；$D_C = 134.83\text{Ln}(x) - 399.3$，$R^2 = 0.9871$；其中 x 为以月为单位的时间。模拟出各处理的蓄积逐年生长过程，见表 5-151。

表 5-151　禾云(76 月生、立地指数 26，萌芽林)蓄积模拟生长过程　　　株/hm²、m³/hm²

月龄	72	76	84	96	108	120	132	144	156	168	180	192	…	300
年龄	6	6.3	7	8	9	10	11	12	13	14	15	16	…	25
200	75.6	82.03	90.9	104.2	115.9	126.4	135.8	144.5	152.4	159.8	166.7	173.1	…	217.4
300	98.5	104.89	114.4	128.2	140.4	151.2	161.1	170.0	178.3	185.9	193.0	199.7	…	245.7
400	137.7	145.90	158.0	175.6	191.1	205.0	217.5	229.0	239.5	249.3	258.4	266.9	…	325.6
500	144.9	154.79	163.3	179.2	193.3	205.9	217.2	227.6	237.1	246.0	254.2	261.9	…	315.1
600	167.3	180.88	195.1	219.1	240.3	259.3	276.5	292.2	306.6	319.9	332.4	344.0	…	424.4
700	215.2	225.96	243.8	268.5	290.3	309.8	327.5	343.6	358.4	372.2	384.9	396.9	…	479.6
800	220.9	233.14	249.4	274.1	295.9	315.4	333.0	349.1	363.9	377.6	390.4	402.3	…	484.9
Control	177.3	183.88	198.1	216.1	232.0	246.2	259.0	270.8	281.6	291.6	300.9	309.6	…	369.7

不间伐对照 Control 从 76 月龄至胸径达到 22cm 中径材时的蓄积年平均生长量为 9.94m³/hm²，间伐保留 200、300、400、500、600、700、800 株/hm² 的胸径达到 22cm 中径材时的蓄积年平均生长量分别为 12.69、13.13、16.74、12.77、20.34、21.60、19.52m³/hm²。

从表 5-152 和图 5-79 得出，对照和所有间伐处理蓄积连年生长的高峰值都出现在第 4 年，对照 Control 的峰值是平均生长量的 1.26 倍，保留 200、300、400、500、600、

700、800株/hm²的峰值分别为平均生长量的3.24、2.09、1.80、1.42、2.20、1.52、1.46倍，之后逐年下降、降幅收窄。

表5-152 禾云(76月生、立地指数26，萌芽林)蓄积增长过程　　株/hm²、m³/hm²

月龄	48	60	72	84	96	108	120	132	144	156	168	180	192
年龄	4	5	6	7	8	9	10	11	12	13	14	15	16
200	28.59	22.17	18.12	15.32	13.27	11.70	10.47	9.47	8.65	7.95	7.36	6.86	6.41
300	29.67	23.02	18.80	15.90	13.77	12.15	10.87	9.83	8.97	8.26	7.64	7.12	6.66
400	37.88	29.39	24.01	20.30	17.58	15.51	13.87	12.55	11.46	10.54	9.76	9.09	8.50
500	34.31	26.61	21.75	18.39	15.93	14.05	12.57	11.37	10.38	9.55	8.84	8.23	7.70
600	51.83	40.20	32.85	27.77	24.06	21.22	18.98	17.17	15.68	14.42	13.35	12.43	11.63
700	53.29	41.34	33.78	28.56	24.74	21.82	19.52	17.66	16.12	14.83	13.73	12.78	11.96
800	53.21	41.27	33.72	28.51	24.70	21.79	19.49	17.63	16.09	14.80	13.71	12.76	11.94
Control	38.79	30.09	24.58	20.78	18.00	15.88	14.21	12.85	11.73	10.79	9.99	9.30	8.70

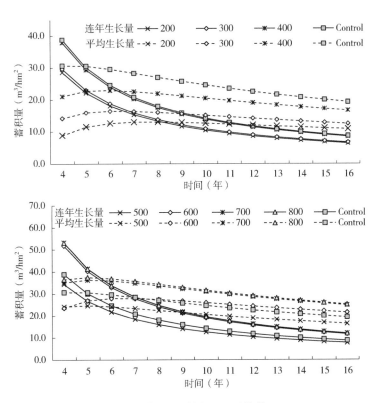

图5-79 禾云(76月生、立地指数26，萌芽林)蓄积连年和平均生长量曲线

初始间伐林龄76月生、立地指数26条件下，不间伐对照的蓄积连年生长量和平均生长量的交点出现在第5年；间伐保留200株/hm²交点出现在第8年，比对照延迟了3

年；300、400、500、600 株/hm² 交点分别出现在第 7、6、6、7 年，分别比对照延迟了 2、1、1、2 年；保留 700、800 株/hm² 交点均出现在第 6 年，均比对照延迟了 1 年。

5. 立地指数 28 的不同间伐处理的生长差距

（1）胸径

初始间伐林龄为 76 月、立地指数 28 萌芽林不同间伐处理下的林分平均胸径实测生长过程见表 5-153 和图 5-80。

表 5-153　禾云（76 月生、立地指数 28，萌芽林）平均胸径实测生长　　株/hm²、cm

处理	76 月	88 月	94 月	100 月	107 月	112 月
200	22.70	23.65	24.30	25.05	25.40	25.90
400	21.10	21.90	22.33	22.87	23.30	23.80
500	21.63	22.70	23.03	23.87	24.10	24.70
600	19.77	20.47	20.83	21.40	21.53	21.83
700	19.55	20.30	20.75	21.23	21.48	21.78
800	19.26	20.18	20.40	20.96	21.16	21.44
Control	17.58	18.02	18.21	18.25	18.67	18.73

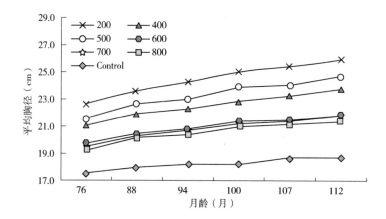

图 5-80　禾云（76 月生、立地指数 28，萌芽林）林分平均胸径实际生长过程

可以看出，在立地指数均为 28 的情况下，在 76~112 月龄生长期间，不间伐 Control 的平均胸径均低于间伐处理（保留 200、300、400、500、600、700、800 株/hm²）。

根据不同处理全部样木的生长过程，利用平均生长量进行模拟，得出 7 个回归方程：$D_{200} = 8.384\text{Ln}(x) - 13.714$，$R^2 = 0.989$；$D_{400} = 6.8999\text{Ln}(x) - 8.8994$，$R^2 = 0.9879$；$D_{500} = 7.7794\text{Ln}(x) - 12.12$，$R^2 = 0.9842$；$D_{600} = 5.421\text{Ln}(x) - 3.7364$，$R^2 = 0.9857$；$D_{700} = 5.8186\text{Ln}(x) - 5.675$，$R^2 = 0.9943$；$D_{800} = 5.6001\text{Ln}(x) - 4.9586$，$R^2 = 0.9898$；$D_C = 2.9843\text{Ln}(x) + 4.6412$，$R^2 = 0.9711$；其中 x 为以月为单位的时间。进而模拟出各处理的胸径逐年生长过程，见表 5-154。

表 5-154　禾云(76月生、立地指数 28，萌芽林)平均胸径模拟生长　　株/hm², cm

月龄	72	76	84	96	108	120	132	144	156	168	180	192	...	336
年龄	6	6.3	7	8	9	10	11	12	13	14	15	16	...	28
200	22.14	22.70	23.43	24.55	25.54	26.42	27.22	27.95	28.62	29.25	29.82	30.37	...	35.06
400	20.61	21.10	21.67	22.59	23.41	24.13	24.79	25.39	25.94	26.46	26.93	27.38	...	31.24
500	21.15	21.63	22.35	23.39	24.30	25.12	25.87	26.54	27.16	27.74	28.28	28.78	...	33.13
600	19.45	19.77	20.28	21.01	21.65	22.22	22.73	23.20	23.64	24.04	24.41	24.76	...	27.80
700	19.21	19.55	20.11	20.88	21.57	22.18	22.74	23.24	23.71	24.14	24.54	24.92	...	28.17
800	18.99	19.26	19.85	20.60	21.26	21.85	22.39	22.87	23.32	23.74	24.12	24.48	...	27.62
Control	17.40	17.58	17.86	18.26	18.61	18.93	19.21	19.47	19.71	19.93	20.14	20.33	...	22.00

不间伐对照 Control 达到 22cm 中径材的时间为第 28 年，即间伐后第 21.7 年，间伐保留 400、500、600、700、800 株/hm² 处理达到 22cm 中径材的时间分别为间伐后的第 1.7、0.7、3.7、3.7、4.7 年，比 Control 分别提早了 21、20、21、18、18、17 年。

不间伐 Control 从 76 月龄到达到 22cm 中径材时的胸径年平均生长量为 0.2cm，间伐保留 400、500、600、700、800 株/hm² 达到 22cm 中径材时的胸径年平均生长量分别为 0.88、1.02、0.66、0.71、0.67cm。

从表 5-155 可以看出，间伐强度越高，平均胸径连年生长量越大。胸径连年生长量随着时间的推移逐年变小。72~192 月龄期间，不间伐对照 Control 的胸径连年生长量随时间推移越来越小，但稳定在 0.19cm 以上；间伐保留 200、400、500、600、700、800 株/hm² 分别在第 8 年、第 7 年、第 8 年、第 6 年、第 6 年、第 6 年连年生长量绝大部分超过 1.02cm，此后越来越小，分别稳定在 0.54、0.45、0.50、0.35、0.38、0.36cm 以上。

表 5-155　禾云(76月生、立地指数 28，萌芽林)林分的连年胸径增长过程　　株/hm², cm

月龄	72	84	96	108	120	132	144	156	168	180	192
年龄	6	7	8	9	10	11	12	13	14	15	16
200	1.53	1.29	1.12	0.99	0.88	0.80	0.73	0.67	0.62	0.58	0.54
400	1.26	1.06	0.92	0.81	0.73	0.66	0.60	0.55	0.51	0.48	0.45
500	1.42	1.20	1.04	0.92	0.82	0.74	0.68	0.62	0.58	0.54	0.50
600	0.99	0.84	0.72	0.64	0.57	0.52	0.47	0.43	0.40	0.37	0.35
700	1.06	0.90	0.78	0.69	0.61	0.55	0.51	0.47	0.43	0.40	0.38
800	1.02	0.86	0.75	0.66	0.59	0.53	0.49	0.45	0.42	0.39	0.36
Control	0.54	0.46	0.40	0.35	0.31	0.28	0.26	0.24	0.22	0.21	0.19

(2) 胸高断面积

表 5-156 和图 5-81 展示了初始间伐林龄为 76 月、立地指数 28，不同间伐处理下的林分胸高断面积实测生长过程。在 76~112 月龄生长期，总体上，间伐保留株数越小，胸高断面积越小；间伐保留 200、400、500、600、700、800 株/hm² 的胸高断面积均低于不间伐对照。

表 5-156　禾云(76 月生、立地指数 28，萌芽林)胸高断面积实测生长过程　　株/hm²、m²/hm²

处理	76 月	88 月	94 月	100 月	107 月	112 月
200	8.16	8.91	9.39	9.97	10.23	10.69
400	14.15	15.20	15.90	16.69	17.35	18.12
500	18.33	20.33	21.11	22.68	23.13	24.35
600	18.58	20.02	20.72	21.90	22.23	22.89
700	21.34	22.90	23.92	25.21	25.79	26.51
800	23.54	25.92	26.47	27.97	28.57	29.50
Control	27.64	29.29	29.95	30.41	31.74	32.10

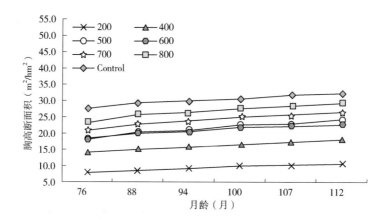

图 5-81　禾云(76 月生、立地指数 28，萌芽林)林分胸高断面积实际生长过程

根据不同处理全部样木的生长过程，利用胸高断面积平均生长量进行模拟，得出 7 个回归方程：$BA_{200} = 6.5287\mathrm{Ln}(x) - 20.199$，$R^2 = 0.988$；$BA_{400} = 10.186\mathrm{Ln}(x) - 30.192$，$R^2 = 0.9815$；$BA_{500} = 15.274\mathrm{Ln}(x) - 47.967$，$R^2 = 0.9848$；$BA_{600} = 11.241\mathrm{Ln}(x) - 30.178$，$R^2 = 0.9869$；$BA_{700} = 13.68\mathrm{Ln}(x) - 38.077$，$R^2 = 0.9888$；$BA_{800} = 15.151\mathrm{Ln}(x) - 42.062$，$R^2 = 0.9907$；$BA_C = 11.555\mathrm{Ln}(x) - 22.477$，$R^2 = 0.9872$；其中 x 为以月为单位的时间。模拟出各处理的胸高断面积逐年生长过程，见表 5-157。

不间伐对照 Control 从 76 月龄到胸径达到 22cm 中径材时的胸高断面积年平均生长量为 0.79m²/hm²，间伐保留 400、500、600、700、800 株/hm² 的胸径达到 22cm 中径材时的胸高断面积年平均生长量分别为 1.27、1.97、1.37、1.64、1.78m²/hm²。

表 5-157　禾云(76 月生、立地指数 28,萌芽林)胸高断面积模拟生长过程　　株/hm², m²/hm²

月龄	72	76	84	96	108	120	132	144	156	168	180	192	…	336
年龄	6	6.3	7	8	9	10	11	12	13	14	15	16	…	28
200	7.72	8.16	8.73	9.60	10.37	11.06	11.68	12.25	12.77	13.25	13.70	14.13	…	17.78
400	13.37	14.15	14.94	16.30	17.50	18.57	19.54	20.43	21.25	22.00	22.70	23.36	…	29.06
500	17.35	18.33	19.71	21.75	23.55	25.16	26.61	27.94	29.16	30.30	31.35	32.34	…	40.88
600	17.90	18.58	19.63	21.13	22.45	23.64	24.71	25.69	26.59	27.42	28.20	28.92	…	35.21
700	20.43	21.34	22.54	24.36	25.97	27.42	28.72	29.91	31.01	32.02	32.96	33.85	…	41.50
800	22.73	23.54	25.07	27.09	28.88	30.47	31.92	33.24	34.45	35.57	36.62	37.59	…	46.07
Control	26.94	27.64	28.72	30.26	31.63	32.84	33.94	34.95	35.87	36.73	37.53	38.27	…	44.74

从表 5-158 可以看出,间伐强度越高,胸高断面积连年生长量越小。胸高断面积连年生长量随时间的推移逐年变小。72~192 月龄生长期间,不间伐对照 Control 第 12 年胸高断面积连年生长量超过 $1.01\text{m}^2/\text{hm}^2$,此后越来越小,稳定在 $0.75\text{m}^2/\text{hm}^2$ 以上;间伐保留 200、400、500、600、700、800 株/hm² 分别在第 7 年、第 10 年、第 15 年、第 11 年、第 14 年、第 15 年连年生长量超过 1.01cm。

表 5-158　禾云(76 月生、立地指数 28,萌芽林)连年胸高断面积增长过程　　株/hm², m²/hm²

月龄	72	84	96	108	120	132	144	156	168	180	192
年龄	6	7	8	9	10	11	12	13	14	15	16
200	1.19	1.01	0.87	0.77	0.69	0.62	0.57	0.52	0.48	0.45	0.42
400	1.86	1.57	1.36	1.20	1.07	0.97	0.89	0.82	0.75	0.70	0.66
500	2.78	2.35	2.04	1.80	1.61	1.46	1.33	1.22	1.13	1.05	0.99
600	2.05	1.73	1.50	1.32	1.18	1.07	0.98	0.90	0.83	0.78	0.73
700	2.49	2.11	1.83	1.61	1.44	1.30	1.19	1.09	1.01	0.94	0.88
800	2.76	2.34	2.02	1.78	1.60	1.44	1.32	1.21	1.12	1.05	0.98
Control	2.11	1.78	1.54	1.36	1.22	1.10	1.01	0.92	0.86	0.80	0.75

(3)蓄积

表 5-159 展示了 76 月初始间伐林龄、立地指数 28,不同间伐处理下的蓄积实测生长过程。在 76~112 月龄生长期间,间伐保留 200、400、500、600、700 株/hm² 的蓄积面积均低于不间伐对照 Control,但间伐保留 800 株/hm² 的蓄积量均超过了不间伐对照 Control。

根据不同处理全部样木的生长过程,利用蓄积平均生长量进行模拟,得出 7 个回归方程:$D_{200} = 121.37\text{Ln}(x) - 434.71$, $R^2 = 0.9901$; $D_{400} = 169.45\text{Ln}(x) - 578.64$, $R^2 =$

0.9882；$D_{500}=250.47\text{Ln}(x)-887.87$，$R^2=0.9892$；$D_{600}=192.17\text{Ln}(x)-627.07$，$R^2=0.9931$；$D_{700}=211.93\text{Ln}(x)-686.26$，$R^2=0.9908$；$D_{800}=241.63\text{Ln}(x)-792.8$，$R^2=0.9916$；$D_C=194.51\text{Ln}(x)-575.12$，$R^2=0.9963$；其中 x 为以月为单位的时间。模拟出各处理的蓄积逐年生长过程，见表 5-160。

表 5-159　禾云(76 月生、立地指数 28，萌芽林)蓄积实测生长过程　　株/hm²、m³/hm²

处理	间伐量	76 月	88 月	94 月	100 月	107 月	112 月
200	108.89	92.37	106.33	115.75	126.15	131.34	138.97
400	42.44	158.29	176.96	188.60	202.01	212.74	223.72
500	66.82	199.45	231.15	245.72	269.70	279.40	297.08
600	43.45	206.24	231.82	243.73	261.60	269.24	280.34
700	40.96	234.32	258.58	274.14	292.92	303.61	314.78
800	54.97	252.51	292.13	301.22	324.13	333.75	347.53
Control	0.00	265.98	296.23	310.04	321.21	335.36	339.95

表 5-160　禾云(76 月生、立地指数 28，萌芽林)蓄积模拟生长过程　　株/hm²、m³/hm²

月龄	72	76	84	96	108	120	132	144	156	168	180	192	…	336
年龄	6	6.3	7	8	9	10	11	12	13	14	15	16	…	28
200	84.35	92.37	103.06	119.26	133.56	146.35	157.92	168.48	178.19	187.19	195.56	203.39	…	271.31
400	146.04	158.29	172.16	194.79	214.75	232.60	248.75	263.49	277.06	289.62	301.31	312.24	…	407.07
500	183.31	199.45	221.92	255.36	284.86	311.25	335.13	356.92	376.97	395.53	412.81	428.97	…	569.14
600	194.78	206.24	224.40	250.06	272.70	292.94	311.26	327.98	343.36	357.60	370.86	383.26	…	490.80
700	220.09	234.32	252.76	281.06	306.02	328.35	348.55	366.99	383.96	399.66	414.28	427.96	…	546.56
800	240.57	252.51	277.82	310.08	338.54	364.00	387.03	408.06	427.40	445.30	461.97	477.57	…	612.79
Control	256.73	265.98	286.72	312.69	335.60	356.10	374.63	391.56	407.13	421.54	434.96	447.52	…	556.37

不间伐对照 Control 从 76 月龄至胸径达到 22cm 中径材时的蓄积年平均生长量为 13.38m³/hm²，间伐保留 400、500、600、700、800 株/hm² 的胸径达到 22cm 中径材时的蓄积年平均生长量分别为 21.47、32.09、23.43、25.41、28.62m³/hm²。

从表 5-161 和图 5-82 得出，对照和所有间伐处理蓄积连年生长的高峰值都出现在第 4 年，对照 Control 的峰值是平均生长量的 1.26 倍，保留 200、400、500、600、700、800 株/hm² 的峰值分别为平均生长量的 3.97、2.52、3.53、1.89、1.82、1.95 倍，之后逐年下降、降幅收窄。

表 5-161　禾云(76 月生、立地指数 28，萌芽林)蓄积增长过程　株/hm², m³/hm²

月龄	48	60	72	84	96	108	120	132	144	156	168	180	192
年龄	4	5	6	7	8	9	10	11	12	13	14	15	16
200	34.92	27.08	22.13	18.71	16.21	14.30	12.79	11.57	10.56	9.71	8.99	8.37	7.83
400	48.75	37.81	30.89	26.12	22.63	19.96	17.85	16.15	14.74	13.56	12.56	11.69	10.94
500	72.06	55.89	45.67	38.61	33.45	29.50	26.39	23.87	21.79	20.05	18.56	17.28	16.16
600	55.28	42.88	35.04	29.62	25.66	22.63	20.25	18.32	16.72	15.38	14.24	13.26	12.40
700	60.97	47.29	38.64	32.67	28.30	24.96	22.33	20.20	18.44	16.96	15.71	14.62	13.68
800	69.51	53.92	44.05	37.25	32.27	28.46	25.46	23.03	21.02	19.34	17.91	16.67	15.59
Control	55.96	43.40	35.46	29.98	25.97	22.91	20.49	18.54	16.92	15.57	14.41	13.42	12.55

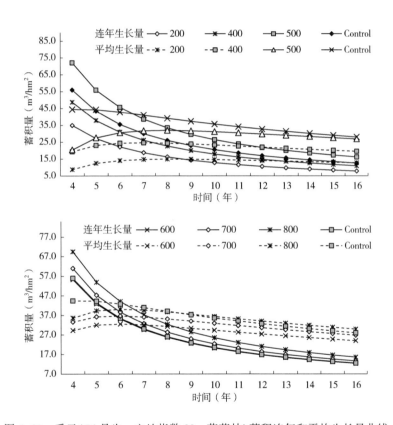

图 5-82　禾云(76 月生、立地指数 28，萌芽林)蓄积连年和平均生长量曲线

初始间伐林龄 76 月生、立地指数 28 条件下，不间伐对照的蓄积连年生长量和平均生长量交点出现在第 5 年；保留 200 株/hm² 交点出现在第 8.5 年，比对照延迟了 3.5 年；保留 400 株/hm² 交点出现在第 7.5 年，比对照延迟了 2.5 年；间伐保留 500 株/hm² 交点出现在第 8.5 年，比对照延迟了 3.5 年；保留 600、700、800 株/hm² 交点均出现在第 6.5 年，均比对照延迟了 1.5 年。

第四节 间伐效应的综合分析

一、新造林不同间伐年龄效果综合分析

1. 不同间伐开始年龄的间伐效果

（1）平均胸径增加量

在同一立地指数 24 的条件下，53、78 和 85 月龄三种不同初始间伐林龄的伐后当月和 4 年后林分平均胸径生长见表 5-162。

表 5-162 立地指数 24 不同初始间伐林龄、不同间伐处理林分的平均胸径生长量　cm

保留株数（株/hm²）	53 月生			78 月生			85 月生		
	伐后当月	4 年后	增量	伐后当月	4 年后	增量	伐后当月	4 年后	增量
Control	12.58	15.94	3.36	16.10	18.82	2.72	15.49	18.36	2.87
200	15.45	20.83	5.38	18.28	22.53	4.25	22.35	27.24	4.90
300	14.76	19.20	4.43	17.50	21.23	3.73	20.27	24.00	3.74
400	14.67	19.00	4.33	16.46	19.92	3.46	19.54	23.40	3.85
500	14.79	18.95	4.16	—	—	—	19.29	22.30	3.01
600	14.11	18.02	3.91	15.93	19.22	3.29	18.78	22.91	4.13
700	14.69	18.75	4.06	15.07	18.35	3.28	16.63	19.32	2.69
800	14.66	18.63	3.97	14.93	18.62	3.69	—	—	—
平均	14.46	18.67	4.20	16.32	19.81	3.49	18.91	22.50	3.60

①平均胸径的增长量。总体上，在初始间伐林龄 53、78、85 月龄中，初始间伐林龄越大，间伐时的平均胸径越大，分别为 14.46、16.32 和 18.91cm，但 4 年后的胸径平均增长量基本上是变小的趋势，分别为 4.20、3.49 和 3.60cm；说明，间伐年龄越小胸径增长量越大，即 53 月生间伐的增长量最大，7 种间伐处理的平均增长量为 4.32cm，最大增长量为 200 株/hm² 处理的 5.38cm。

②平均胸径的相对增长量。在选择最佳间伐林龄时，还应考虑与不间伐对照相比，间伐措施在激发胸径增长潜力方面的作用，即还应计算出各初始间伐林龄下，与不间伐对照相比，各间伐处理强度对 4 年生长期内胸径增长总量的提高比率。将各间伐强度伐后 4 年的胸径增量减去不间伐对照的胸径增量，再除以不间伐对照的胸径增量，得出不同初始间伐林龄下，不同间伐处理对林分胸径增长总量的提高比率，见表 5-163。初始间伐林龄 53、78、85 月龄中，间伐后的平均胸径增长率分别为 16.17%~60.12%、21.01%~56.45% 和 4.99%~70.73%，平均增长率分别为 28.5%、32.99% 和 29.74%，与全体平均值 30.41% 的差距都不大，在 1~2 个百分点之间，并没有体现出不同年龄之间的明显优势。

③间伐效果比较。在不同间伐处理之间，200 株/hm² 和 300 株/hm² 两个处理表现出了明显的优势，比总体平均值分别高 62.43% 和 33.09%，其他处理的平均胸径增长

量都比总体平均值 30.41% 要低；以 85 月龄初始间伐林龄、保留 200 株/hm² 的平均胸径增长总量增加的百分数为最大，为 70.73%。

表 5-163 立地指数 24 不同初始间伐林龄下间伐处理对林分平均胸径增长总量的提高比率   %

初始间伐林龄（月）	保留株数（株/hm²）							
	200	300	400	500	600	700	800	平均
53	60.12	31.81	28.83	23.77	16.17	20.60	18.18	28.50
78	56.45	37.04	27.27	—	21.01	20.47	35.69	32.99
85	70.73	30.43	34.42	4.99	44.12	-6.28	—	29.74
平均	62.43	33.09	30.17	14.38	27.10	11.60	26.94	30.41

（2）蓄积增加量

在同一立地指数 SI24 条件下，53、78 和 85 月龄三种不同初始间伐林龄的伐后当月和 4 年后林分蓄积生长见表 5-164A 和 5-164B。

①间伐量

53 月龄、78 月龄和 85 月龄三种不同初始间伐林龄的平均伐量分别为 76.65、42.02 和 20.94m³/hm²，间伐年龄越小伐量越大，说明三者的保存率不一样，间伐年龄越小保存率越大；间伐后当月的平均蓄积量分别为 86.16、105.63 和 136.32m³/hm²，这个数值符合生长量预期。

②增加量

由于林分在进行间伐处理时具有一定的采伐量，因此，在评估间伐蓄积效应时还应考虑这部分经济效益。本节将伐后 4 年的蓄积量与间伐量相加，得出 4 年后的蓄积总量，以此来衡量林分的总蓄积能力。在初始间伐林龄 53、78、85 月龄中，4 年后的蓄积总量（加间伐量）平均值分别为 232.27、208.99 和 227.97m³/hm²，以 53 月生蓄积总量最大；4 年后的蓄积增加量平均值分别为 69.46、61.33 和 70.72m³/hm²，间伐年龄 53 月和 85 月生相差不大，只是 78 月生明显要小。

从表 5-164B 可以看出，总体上，间伐保留株数越大，蓄积增量越大，以保留 600、700、800 株/hm² 的蓄积增量更大。其中，对于 53 月初始间伐林龄，保留 800 株/hm² 的 4 年后的蓄积总量比不间伐对照提高 7.67%；对于 78 月初始间伐林龄，保留 600、700、800 株/hm² 的 4 年后蓄积总量比对照分别提高 13.05%、3.22%、12.46%；对于 85 月初始间伐林龄，保留 600 株/hm² 的 4 年后蓄积总量比对照提高 14%。

（3）径阶 22cm 及以上的株数

在桉树人工林中，中大径材林木的数量是评判林分是否达到中大径材林分标准的重要指标之一。与前述部分相类似，由于初始间伐时林木的平均胸径接近中径材标准 16cm，为更合理描述间伐对林分生长的作用，本节统计了伐后 4 年林分中径阶 22cm 及以上的中径材数量，见表 5-164A 和表 5-164B。

表 5-164A 立地指数 24 不同初始间伐林龄、不同间伐处理林分的蓄积量和径阶大于 22cm 的株数

保留株数（株/hm²）	间伐量	53 月龄 蓄积量 (m³/hm²) 伐后当月	53 月龄 4年后	53 月龄 4年后总量	53 月龄 增量	株数（株/hm²）≥22cm	间伐量	78 月龄 蓄积量 (m³/hm²) 伐后当月	78 月龄 4年后	78 月龄 4年后总量	78 月龄 增量	株数（株/hm²）≥22cm	间伐量	85 月龄 蓄积量 (m³/hm²) 伐后当月	85 月龄 4年后	85 月龄 4年后总量	85 月龄 增量	株数（株/hm²）≥22cm
Control	0.00	161.36	107.49	268.85	107.49	0	0.00	150.06	211.35	211.35	61.28	175	0.00	182.89	245.99	245.99	63.11	275
200	128.45	34.51	70.01	198.46	35.50	56	103.57	51.68	90.60	194.17	38.92	125	47.90	82.01	138.47	186.37	56.46	200
300	119.11	46.99	87.10	206.21	40.11	0	65.45	73.00	118.42	183.86	45.42	125	45.56	103.56	156.89	202.44	53.32	213
400	79.88	61.26	114.64	194.52	53.38	55	42.09	87.80	136.68	178.76	48.88	100	25.09	122.54	196.61	221.71	74.07	338
500	90.63	77.35	142.05	232.68	64.70	15	—	—	—	—	—	—	12.51	148.87	216.27	228.79	67.41	313
600	63.74	81.34	148.94	212.68	67.60	5	51.90	122.15	187.03	238.93	64.88	75	8.54	165.44	273.00	281.54	107.56	450
700	61.16	107.41	194.15	255.31	86.74	45	22.14	118.75	196.02	218.16	77.26	67	6.95	148.90	222.02	228.97	73.11	192
800	70.24	119.05	219.23	289.46	100.18	6	9.00	135.98	228.68	237.69	92.70	75	—	—	—	—	—	—
平均	76.65	86.16	155.62	232.27	69.46	22.75	42.02	105.63	166.97	208.99	61.33	106.00	20.94	136.32	207.04	227.97	70.72	283.00

表 5-164B 立地指数 24 不同初始间伐林龄、不同间伐处理林分的蓄积量和
径阶大于 22cm 的株数与对照处理的对比

保留株数 （株/hm²）	53 月龄			78 月龄			85 月龄		
	与对照比较（%）			与对照比较（%）			与对照比较（%）		
	蓄积总量	蓄积增量	≥22cm 株数	蓄积总量	蓄积增量	≥22cm 株数	蓄积总量	蓄积增量	≥22cm 株数
Control	—	—	—	—	—	—	—	—	—
200	-26.18	-66.97	0	-8.13	-36.49	-28.57	-24.24	-10.54	-27.27
300	-23.30	-62.68	0	-13.01	-25.88	-28.57	-17.70	-15.51	-22.55
400	-27.65	-50.34	0	-15.42	-20.23	-42.86	-9.87	17.37	22.91
500	-13.45	-39.81	0	—	—	—	-6.99	6.81	13.82
600	-20.89	-37.11	0	13.05	5.87	-57.14	14.45	70.43	63.64
700	-5.04	-19.30	0	3.22	26.08	-61.71	-6.92	15.85	-30.18
800	7.67	-6.80	0	12.46	51.27	-57.14	—	—	—
平均	-13.61	-35.38	0	-1.12	0.08	-39.43	-7.33	12.06	2.91

在初始间伐林龄 53、78、85 月龄中，初始间伐林龄越大，径阶 22cm 及以上的中径材数量越多，平均数分别为 22.75 株/hm²、106 株/hm² 和 283 株/hm²，以 85 月初始间伐林龄出现的大于 22cm 株数最多。

①53 月龄径阶 22cm 及以上的株数，对照为 0，即没有增加 1 株；初始间伐林龄 53 月龄的伐后 4 年大于 22cm 株数以保留 200 株/hm² 处理最多，径阶 22cm 及以上的中径材数量从不间伐对照的 0 提高到 56 株/hm²。

②初始间伐林龄 78 月龄伐后 4 年大于 22cm 的株数以对照增加最多，为 175 株/hm²，各种间伐处理中以保留 200 和 300 株/hm² 处理最多，都是 125 株/hm²。

③初始间伐林龄 85 月龄大于 22cm 的株数以保留 600 株/hm² 最多，为 450 株/hm²；大于对照 275 株/hm²。

2. 不同立地指数的间伐效果

（1）平均胸径增加量

①在同一初始间伐林龄 53 月的条件下，立地指数 24、26 两种不同立地指数的伐后当月平均胸径分别为 14.46cm 和 15.71cm，而 4 年后林分平均胸径分别为 18.67cm 和 20.2cm，增加量分别为 4.20cm 和 4.50cm；具体生长情况见表 5-165 和表 5-166。总体上，立地指数越大、间伐强度越大，林分平均胸径增长总量和胸径增长总量的提高比率都越大，立地指数 24 在 7 间伐处理中的提高率在 16.17%~59.96% 之间，平均 27.92%，其中以 200、300 和 400 株/hm² 处理的平均胸径增长量高于 4.2cm 的平均值，分别为 5.38cm、4.43cm 和 4.33cm；立地指数 26 在 5 种间伐处理中的提高率更高，在 33.7%~77.54% 之间，平均 48.45%，其中 400、500 株/hm² 处理的平均胸径增长量高于 4.5cm 的平均值，分别为 5.54cm 和 4.85cm。

表 5-165　53 月龄初始间伐不同立地指数、不同间伐处理林分的平均胸径生长量　　　cm

保留株数 （株/hm²）	SI-24			SI-26		
	伐后当月	4 年后	增量	伐后当月	4 年后	增量
Control	12.58	15.94	3.36	14.96	18.08	3.12
200	15.45	20.83	5.38	—	—	—
300	14.76	19.20	4.43	—	—	—
400	14.67	19.00	4.33	16.78	22.32	5.54
500	14.79	18.95	4.16	16.20	21.05	4.85
600	14.11	18.02	3.91	15.90	20.25	4.35
700	14.69	18.75	4.06	15.53	20.47	4.94
800	14.66	18.63	3.97	14.87	19.04	4.17
平均	14.46	18.67	4.20	15.71	20.20	4.50

表 5-166　53 月龄初始间伐不同立地指数下间伐处理对林分平均胸径增长总量的提高比率　　　%

立地 指数	保留株数（株/hm²）							
	200	300	400	500	600	700	800	平均
24	59.96	31.81	28.83	23.77	16.17	20.60	18.18	27.92
26	—	—	77.54	55.61	39.56	58.27	33.70	48.45

②在同一初始间伐林龄 78 月的条件下，立地指数 20、22 和 24 三种不同立地指数的平均胸径生长情况见表 5-167 和表 5-168。间伐后的当月，三种立地指数 20、22 和 24 的平均胸径分别为 13.9、15.05 和 16.32cm，4 年后的平均胸径分别为 17.11、18.57 和 19.81cm，4 年的平均胸径生长量分别 3.21、3.53 和 3.49cm；不同立地指数之间，平均胸径生长量以立地指数 20 最低，与后两者的差距在 0.3cm 左右，而立地指数 22 和 24 的差距不大，只有 0.04cm。总体上，间伐强度越大，胸径增长总量和胸径增长总量的提高比率都越大，其中立地指数 20 以 200 和 300 株/hm² 处理的平均胸径增长量高于其平均值，分别为 4.52cm 和 3.8cm；立地指数 22 在 7 种间伐处理中的提高率更高，在 21.23%~69.09%之间，平均 39.04%，其中 200、300 株/hm² 处理的平均胸径增长量高于其平均值，分别为 4.45 和 4.16cm；立地指数 24 在 6 种间伐处理中的提高率在 20.47%~56.45%之间，平均 32.99%，其中 200、300 株/hm² 处理的平均胸径增长量高于其平均值，分别为 4.25 和 3.73cm。

表 5-167　78 月龄初始间伐不同立地指数、不同间伐处理林分的平均胸径生长量　　　cm

保留株数 （株/hm²）	SI-20			SI-22			SI-24		
	伐后当月	4 年后	增量	伐后当月	4 年后	增量	伐后当月	4 年后	增量
Control	11.80	14.04	2.24	13.73	16.36	2.63	16.10	18.82	2.72
200	14.89	19.41	4.52	15.68	20.12	4.45	18.28	22.53	4.25
300	13.93	17.72	3.80	16.08	20.23	4.16	17.50	21.23	3.73

(续)

保留株数 (株/hm²)	SI-20			SI-22			SI-24		
	伐后当月	4年后	增量	伐后当月	4年后	增量	伐后当月	4年后	增量
400	14.29	17.45	3.15	15.12	18.64	3.52	16.46	19.92	3.46
500	14.49	17.39	2.91	14.94	18.59	3.65	—	—	—
600	13.94	17.17	3.24	15.35	18.63	3.28	15.93	19.22	3.29
700	14.15	17.16	3.02	15.09	18.43	3.34	15.07	18.35	3.28
800	13.74	16.55	2.81	14.37	17.56	3.19	14.93	18.62	3.69
平均	13.90	17.11	3.21	15.05	18.57	3.53	16.32	19.81	3.49

表 5-168　78 月龄初始间伐不同立地下间伐处理对林分平均胸径增长总量的提高比率　　%

立地 指数	保留株数(株/hm²)							
	200	300	400	500	600	700	800	平均
20	102.24	69.91	41.08	30.01	44.78	34.95	25.84	49.83
22	69.09	58.11	33.97	38.98	24.84	27.03	21.23	39.04
24	56.45	37.04	27.27	—	21.01	20.47	35.69	32.99
平均	75.93	55.02	34.11	34.50	30.21	27.48	27.59	40.64

③在同一初始间伐林龄 85 月的条件下，立地指数 22、24 两种不同立地指数的伐后当月和 4 年后林分胸径的生长情况见表 5-169 和表 5-170。总体上，间伐强度越大，胸径增长总量和胸径增长总量的提高比率都越大；但立地指数越大，胸径增长总量和胸径增长总量的提高比率都越小。间伐强度从 800 到 200 株/hm² 的平均胸径增长率从 15.13 上升到 82.34%；间伐处理 200 株/hm² 的提高最大，在立地指数 22 和立地指数 24 胸径增长量分别为 5.22cm 和 4.90cm，比对照分别提高 93.77% 和 70.73%。

表 5-169　85 月龄初始间伐不同立地指数、不同间伐处理林分的平均胸径生长量　　cm

保留株数 (株/hm²)	SI-22			SI-24		
	伐后当月	4年后	增量	伐后当月	4年后	增量
Control	16.98	19.68	2.70	15.49	18.36	2.87
200	19.32	24.54	5.22	22.35	27.24	4.90
300	21.06	25.80	4.74	20.27	24.00	3.74
400	19.41	22.97	3.55	19.54	23.40	3.85
500	17.05	20.43	3.39	19.29	22.30	3.01
600	17.79	21.39	3.60	18.78	22.91	4.13
700	18.98	22.18	3.20	16.63	19.32	2.69
800	18.20	21.30	3.10	—	—	—
平均	18.60	22.29	3.69	18.91	22.50	3.60

表 5-170　85 月龄初始间伐不同立地指数下间伐对林分平均胸径增长总量的提高比率　　　　%

立地指数	保留株数（株/hm²）							
	200	300	400	500	600	700	800	平均
22	93.77	75.87	31.80	25.56	33.58	18.74	15.13	39.56
24	70.90	30.43	34.42	4.99	44.12	-6.28	—	28.94
平均	82.34	53.15	33.11	15.28	38.85	6.23	15.13	34.25

（2）蓄积增加量

①在初始间伐林龄53月的条件下，立地指数24、26两种不同立地指数的林分蓄积生长情况见表5-171。

间伐量。53月龄立地指数24、26两种不同立地指数的林分的平均伐量分别为76.65和85.77m³/hm²，立地指数26稍大；间伐后当月的平均蓄积量分别为86.16和126.59m³/hm²，这个数值符合立地生长量预期。

增加量。在立地指数24、26中，4年后的蓄积总量（加间伐量）平均值分别为232.27和312.79m³/hm²，4年后的蓄积增加量平均值分别为69.46和100.43m³/hm²，立地指数26的优势明显。

从表5-171可以看出，总体上，立地指数越大，林分在伐后4年期间的蓄积增量和4年后蓄积总量均越大。间伐保留株数越大，蓄积增量越大，以保留700、800株/hm²的蓄积增量更大。其中，对于立地指数24，间伐4年后，保留800株/hm²的蓄积总量比对照提高7.67%；对于立地指数26，间伐4年后，保留700株/hm²的蓄积总量比对照提高12.38%。

②在同一初始间伐林龄78月的条件下，立地指数20、22和24三种不同立地指数的蓄积情况见表5-172A。

间伐量。78月龄立地指数20、22和24三种不同立地指数的林分的平均伐量分别为56.8、42.21和42.02m³/hm²，立地指数20最大，说明其当时的保存率最高；间伐后当月的平均蓄积量分别为71.33、88.85和105.63m³/hm²，这个数值就符合立地生长量预期。

增加量。在立地指数20、22和24三种不同立地指数的林分中，4年后的蓄积总量（加间伐量）平均值分别为171.95、186.54和208.99m³/hm²，4年后的蓄积增加量平均值分别为43.82、55.49和61.33m³/hm²，立地指数24>立地指数22>立地指数20，立地优势明显。

关于间伐强度，以保留600、700、800株/hm²的蓄积增量更大。在立地指数20，伐后4年保留600、700、800株/hm²的蓄积总量比对照分别提高13.67%、25.60%、13.84%；在立地指数22，伐后4年保留500、600、700、800株/hm²的蓄积总量比对照分别提高4.46%、15.63%、32.04%、23.75%；在立地指数24，伐后4年保留600、700、800株/hm²的蓄积总量比对照分别提高13.05%、3.22%、12.46%。

③在同一初始间伐林龄85月的条件下，立地指数22、24两种不同立地指数的蓄积生长情况见表5-173。

表 5-171 53 月龄初始间伐不同立地指数、不同间伐处理林分的蓄积量和胸径大于 22cm 的株数

保留株数（株/hm²）	SI-24								SI-26							
	间伐量	蓄积量（m³/hm²）					株数（株/hm²）		间伐量	蓄积量（m³/hm²）					株数（株/hm²）	
		伐后当月	4年后	4年后总量	总量对比(%)	增量	增量对比(%)	≥22	株数对比(%)		伐后当月	4年后	4年后总量	总量对比(%)	增量	增量对比(%)	≥22	株数对比(%)
Control	0.00	161.36	268.85	268.85	—	107.49	—	0	—	0.00	220.01	341.98	341.98	—	121.97	—	25	—
200	128.45	34.51	70.01	198.46	-26.18	35.50	-66.97	56	—	—	—	—	—	—	—	—	—	—
300	119.11	46.99	87.10	206.21	-23.30	40.11	-62.68	0	—	—	—	—	—	—	—	—	—	—
400	79.88	61.26	114.64	194.52	-27.65	53.38	-50.34	55	—	147.03	83.61	164.50	311.53	-8.90	80.90	-33.67	300	1100.00
500	90.63	77.35	142.05	232.68	-13.45	64.70	-39.81	15	—	61.46	93.47	180.59	242.05	-29.22	87.12	-28.57	150	500.00
600	63.74	81.34	148.94	212.68	-20.89	67.60	-37.11	5	—	60.27	109.33	203.52	263.79	-22.86	94.19	-22.78	125	400.00
700	61.16	107.41	194.15	255.31	-5.04	86.74	-19.30	45	—	144.12	125.60	240.18	384.31	12.38	114.59	-6.05	75	200.00
800	70.24	119.05	219.23	289.46	7.67	100.18	-6.80	6	—	101.72	127.54	231.36	333.07	-2.61	103.81	-14.89	25	0.00
平均	76.65	86.16	155.62	232.27	-13.61	69.46	-35.38	22.75	—	85.77	126.59	227.02	312.79	-8.54	100.43	-17.66	116.67	366.68

表 5-172A 78月龄初始间伐不同立地指数、不同间伐处理林分的蓄积量和胸径大于22cm的株数

保留株数(株/hm²)	间伐量	SI-20 蓄积量(m³/hm²)				株数(株/hm²) ≥22cm	间伐量	SI-22 蓄积量(m³/hm²)				株数(株/hm²) ≥22cm	间伐量	SI-24 蓄积量(m³/hm²)				株数(株/hm²) ≥22cm
		伐后当月	4年后	4年后总量	增量			伐后当月	4年后	4年后总量	增量			伐后当月	4年后	4年后总量	增量	
Control	0.00	110.83	153.42	153.42	42.58	0	0.00	125.40	178.07	178.07	52.68	25	0.00	150.06	211.35	211.35	61.28	175
200	171.04	31.30	58.99	230.03	27.70	0	45.51	37.87	68.66	114.17	30.79	50	103.57	51.68	90.60	194.17	38.92	125
300	90.86	39.16	69.02	159.88	29.86	0	89.72	59.80	101.58	191.30	41.78	75	65.45	73.00	118.42	183.86	45.42	125
400	53.54	54.71	90.47	144.01	35.76	0	53.27	64.16	108.12	161.39	43.96	0	42.09	87.80	136.68	178.76	48.88	100
500	38.37	68.95	108.15	146.52	39.21	0	43.96	80.26	142.05	186.01	61.80	25	—	—	—	—	—	—
600	42.64	76.70	131.75	174.39	55.05	0	29.86	105.20	176.05	205.91	70.85	50	51.90	122.15	187.03	238.93	64.88	75
700	42.06	89.95	150.63	192.69	60.69	0	47.27	120.38	187.85	235.12	67.47	25	22.14	118.75	196.02	218.16	77.26	67
800	15.89	99.05	158.76	174.65	59.71	0	28.08	117.72	192.28	220.36	74.56	33	9.00	135.98	228.68	237.69	92.70	75
平均	56.8	71.33	115.15	171.95	43.82	0.00	42.21	88.85	144.33	186.54	55.49	35.38	42.02	105.63	166.97	208.99	61.33	106.00

表 5-172B 78月龄初始间伐不同立地指数、不同间伐处理林分的蓄积量和胸径大于22cm的株数与对照处理的对比

保留株数 (株/hm²)	SI-20			SI-22			SI-24		
	蓄积总量	与对照比较(%)		蓄积总量	与对照比较(%)		蓄积总量	与对照比较(%)	
		蓄积增量	≥22cm 株数		蓄积增量	≥22cm 株数		蓄积增量	≥22cm 株数
Control	—	—	—	—	—	—	—	—	—
200	49.93	-34.95	—	-35.88	-41.55	100.00	-8.13	-36.49	-28.57
300	4.21	-29.87	—	7.43	-20.69	200.00	-13.01	-25.88	-28.57
400	-6.13	-16.02	—	-9.37	-16.55	-100.00	-15.42	-20.23	-42.86
500	-4.50	-7.91	—	4.46	17.31	0.00	—	—	—
600	13.67	29.29	—	15.63	34.49	100.00	13.05	5.87	-57.14
700	25.60	42.53	—	32.04	28.08	0.00	3.22	26.08	-61.71
800	13.84	40.23	—	23.75	41.53	32.00	12.46	51.27	-57.14
平均	12.08	2.91	—	4.76	5.33	41.52	-1.12	0.08	-39.43

表 5-173　85 月龄初始间伐不同立地指数、不同间伐处理林分的蓄积量和胸径大于 22cm 的株数

保留株数（株/hm²）	间伐量	SI-22 蓄积量（m³/hm²）							SI-22 株数（株/hm²） ≥22cm	株数对比（%）	间伐量	SI-24 蓄积量（m³/hm²）							SI-24 株数（株/hm²） ≥22cm	株数对比（%）
		伐后当月	4年后	4年后总量	总量对比（%）	增量	增量对比（%）					伐后当月	4年后	4年后总量	总量对比（%）	增量	增量对比（%）			
Control	0.00	200.46	270.67	270.67	—	70.21	—	238	—	0.00	182.89	245.99	245.99	—	63.11	—	275	—
200	52.17	57.17	102.08	154.24	-43.02	44.91	-36.03	158	-33.61	47.90	82.01	138.47	186.37	-24.24	56.46	-10.54	200	-27.27
300	56.18	104.55	176.91	233.09	-13.88	72.36	3.06	238	0.00	45.56	103.56	156.89	202.44	-17.70	53.32	-15.51	213	-22.55
400	50.05	112.86	179.65	229.70	-15.14	66.79	-4.87	292	22.69	25.09	122.54	196.61	221.71	-9.87	74.07	17.37	338	22.91
500	22.74	106.01	146.54	169.28	-37.46	40.53	-42.27	163	-31.51	12.51	148.87	216.27	228.79	-6.99	67.41	6.81	313	13.82
600	12.40	141.60	233.84	246.24	-9.03	92.24	31.38	344	44.54	8.54	165.44	273.00	281.54	14.45	107.56	70.43	450	63.64
700	9.25	179.00	288.75	298.00	10.10	109.75	56.32	463	94.54	6.95	148.90	222.02	228.97	-6.92	73.11	15.85	192	-30.18
800	2.86	192.28	307.20	310.06	14.55	114.92	63.68	481	102.10	—	—	—	—	—	—	—	—	—
平均	25.71	136.74	213.21	238.91	-11.73	76.46	8.90	297.13	24.84	20.94	136.32	207.04	227.97	-7.33	70.72	12.06	283.00	2.91

间伐量。85 月龄立地指数 22 和立地指数 24 两种不同立地指数的林分的平均伐量分别为 25.71 和 20.95m³/hm²，立地指数 22 稍大，说明其当时的保存率稍高；间伐后当月的平均蓄积量分别为 136.74 和 136.32m³/hm²，这两个数值就基本一致。

增加量。在立地指数 22 和立地指数 24 两种不同立地指数的林分中，4 年后的蓄积总量（加间伐量）平均值分别为 238.91 和 227.97m³/hm²，4 年后的蓄积增加量平均值分别为 76.46 和 70.72m³/hm²，立地指数 22>立地指数 24，立地优势不明显。

关于间伐强度，仍然以保留 600、700、800 株/hm² 的蓄积增量更大。林分在伐后 4 年期间的蓄积增量和 4 年后蓄积总量随立地指数和间伐强度的变化规律不明显。在立地指数 22，伐后 4 年保留 700、800 株/hm² 的蓄积总量比对照分别提高 10.10%、14.55%；在立地指数 24，伐后 4 年保留 600 株/hm² 的蓄积总量比对照提高 14.45%。

（3）胸径大于 22cm 的株数

①在初始间伐林龄 53 月的条件下，立地指数 24、立地指数 26 两种不同立地指数林分的伐后 4 年大于 22cm 的株数的平均数分别为 22.75 和 116.67 株/hm²，立地优势明显，见表 5-171。间伐强度上，也为间伐强度越大伐后 4 年大于 22cm 的株数越多。对于立地指数 24 立地指数，伐后 4 年大于 22cm 株数以保留 200 株/hm² 处理最多，大于 22cm 的株数从不间伐对照的 0 提高到 56；对于立地指数 26 立地指数，伐后 4 年大于 22cm 的株数以保留 400 株/hm² 最多，大于 22cm 的株数比不间伐对照提高 11 倍。

②在初始间伐林龄 78 月的条件下，立地指数 20、22、24 三种不同立地指数林分的伐后 4 年大于 22cm 的株数平均数分别为 0、35.38 和 106 株/hm²，立地优势明显，立地指数越大，伐后 4 年大于 22cm 的株数越多，见表 5-172A 和表 5-172B。总体上，间伐强度越大，伐后 4 年大于 22cm 的株数越多。在立地指数 20，各间伐处理和对照在伐后 4 年均未出现大于 22cm 的林木，株数均为 0；在立地指数 22，大于 22cm 的株数以保留 300 株/hm² 最多，比对照提高 2 倍；在立地指数 24，大于 22cm 的株数以保留 200 株/hm² 最多。

③在初始间伐林龄 85 月的条件下，立地指数 22、24 两种立地指数的伐后 4 年大于 22cm 的株数平均数分别为 297.13 和 283 株/hm²，立地优势不明显，见表 5-173。在立地指数 22，伐后 4 年大于 22cm 的株数以保留 800 株/hm² 最多，大于 22cm 的株数比不间伐对照提高 1.02 倍；在立地指数 24，伐后 4 年大于 22cm 的株数以保留 600 株/hm² 最多，大于 22cm 的株数比不间伐对照提高 0.64 倍。

二、萌芽林不同间伐年龄效果综合分析

1. 不同间伐开始年龄的间伐效果

（1）平均胸径增加量

对于桉树萌芽林，在同一立地指数 26 的条件下，59、76 月龄两种不同初始间伐林龄的林分平均胸径生长情况见表 5-174 和表 5-175。

表 5-174　立地指数 26 不同初始间伐林龄、不同间伐处理林分的平均胸径生长量　　株/hm²、cm

保留株数 （株/hm²）	59 月龄			76 月龄		
	伐后当月	4 年后	增量	伐后当月	4 年后	增量
Control	14.08	17.36	3.28	16.85	18.76	1.91
200	16.95	22.87	5.91	21.60	25.56	3.96
300	16.57	21.99	5.42	20.18	23.26	3.08
400	16.58	21.54	4.96	20.60	23.44	2.84
500	15.76	19.76	4.01	19.20	21.41	2.21
600	15.52	18.97	3.46	18.93	21.96	3.03
700	15.09	18.35	3.27	19.45	22.13	2.68
800	14.81	17.97	3.16	18.80	21.07	2.27
平均	15.67	19.85	4.18	19.45	22.20	2.75

表 5-175　立地指数 26 不同初始间伐林龄下间伐对林分平均胸径增长总量的提高比率　　%

初始间伐 林龄（月）	保留株数（株/hm²）							
	200	300	400	500	600	700	800	平均
59	80.24	65.18	51.32	22.14	5.36	-0.43	-3.66	31.45
76	107.72	61.36	48.99	15.73	58.59	40.22	18.72	50.19
平均	93.98	63.27	50.155	18.935	31.975	19.895	7.53	40.82

①平均胸径的绝对增长量

总体上，在初始间伐林龄 59 和 76 月龄中，初始间伐林龄越大，间伐时的平均胸径越大，分别为 15.67 和 19.49cm，但 4 年后的胸径平均增长量基本上是变小的趋势，分别为 4.18 和 2.75cm；说明间伐年龄越小胸径增长量越大，即 59 月生间伐的增长量比 76 月生明显大些。

②平均胸径的相对增长量

在选择最佳间伐林龄时，还应考虑与不间伐对照相比。将各间伐强度伐后 4 年的胸径增量减去不间伐对照的胸径增量，再除以不间伐对照的胸径增量，得出不同初始间伐林龄下，不同间伐处理对林分胸径增长总量的提高比率，见表 5-175。初始间伐林龄 59、76 月龄中，间伐后的平均增长率分别为 31.45% 和 50.19%，并没有体现出上述不同年龄之间的明显优势；但是，300、400 和 500 株/hm² 的增长率，59 月生比 76 月生有优势。

在不同间伐处理之间，间伐强度越大胸径的相对生长率越高，200、300 和 400 株/hm² 三个处理表现出了明显的优势，都明显高于总体平均值 40.82%。

（2）蓄积增加量

对于桉树萌芽林，在同一立地指数 26 的条件下，59、76 月龄两种不同初始间伐林龄的林分蓄积生长情况见表 5-176。

①间伐量

59月龄和76月龄两种不同初始间伐林龄的平均伐量分别为30.68和49.35m^3/hm^2，间伐年龄越大间伐量越多；间伐后当月的平均蓄积量分别为97.53和163.93m^3/hm^2，这个数值符合生长量预期。

②增加量

本节将伐后4年的蓄积量与间伐量相加，得出4年后的蓄积总量，以此来衡量林分的总蓄积能力。在初始间伐林龄59和76月龄中，4年后的蓄积总量(加间伐量)平均值分别为221.67和281.41m^3/hm^2，以76月生蓄积总量最大；4年后的蓄积增加量平均值分别为93.46和68.13m^3/hm^2，间伐年龄59月明显优于76月生。

总体上，间伐保留株数越大，蓄积增量越大，以保留600、700、800株/hm^2的蓄积增量更大。对于59月初始间伐林龄，保留700、800株/hm^2的4年后的蓄积总量比不间伐对照分别提高2.31%、14.36%；对于76月初始间伐林龄，保留400、500、600、700、800株/hm^2的4年后蓄积总量比对照分别提高5.03%、2.28%、33.91%、52.21%、37.77%。

(3)径阶22cm及以上的株数

对于桉树萌芽林，在同一立地指数26的条件下，59月龄、76月龄两种不同初始间伐林龄的伐后4年胸径大于22cm的株数见表5-176。

在初始间伐林龄59和76月龄中，初始间伐林龄越大，径阶22cm及以上的中径材数量越多，平均数分别为85.38株/hm^2和274.63株/hm^2。

①59月龄径阶22cm及以上的株数，对照为56株/hm^2，伐后4年大于22cm株数以保留200、300和400株/hm^2处理的株数为多，都超过100株/hm^2，优势明显，以保留400株/hm^2处理最多，大于22cm的株数比不间伐对照提高1.4倍。

②初始间伐林龄76月龄伐后4年大于22cm的株数的结果比较复杂，以保留700株/hm^2处理最多，大于22cm的株数比对照提高0.94倍。

2. 不同立地指数的间伐效果

(1)平均胸径增加量

对于桉树萌芽林，在同一初始间伐林龄76月的条件下，立地指数26和28两种立地指数的当月平均胸径分别为19.45和20.23cm，而4年后林分平均胸径分别为22.20和23.18cm，增加量分别为2.75和2.95cm；具体生长情况见表5-177和表5-178。

总体上，立地指数越大、间伐强度越大，林分平均胸径增长总量和胸径增长总量的提高比率都越大，立地指数26在7种间伐处理中的提高率在18.72%~107.72%之间，平均47.17%，其中以200、300和400株/hm^2处理的平均胸径增长量高于2.75cm的平均值，分别为3.96、3.08和2.84cm；立地指数28在6种间伐处理中的提高率更高，在92.21%~176.99%之间，平均108.54%，其中200、400、500株/hm^2处理的平均胸径增长量高于2.95cm的平均值，分别为4.00、3.26和3.75cm。

表 5-176 立地指数 26 不同初始间伐林龄、不同间伐处理林分的蓄积量和胸径大于 22cm 的株数

保留株数（株/hm²）	间伐量	59 月龄 蓄积量（m³/hm²）					株数（株/hm²） ≥22cm	株数对比（%）	76 月龄 间伐量	蓄积量（m³/hm²）					株数（株/hm²） ≥22cm	株数对比（%）
		伐后当月	4年后	4年后总量	增量	增量对比(%)				伐后当月	4年后	4年后总量	增量	增量对比(%)		
Control	0.00	125.80	230.71	230.71	104.91	—	56	—	0.00	183.88	250.62	250.62	66.74	—	213	—
200	72.09	44.39	104.24	176.34	59.85	-42.95	103	83.93	91.59	82.03	129.62	221.20	47.59	-28.69	175	-17.84
300	53.64	62.31	141.76	195.40	79.45	-24.27	122	117.86	42.91	104.89	154.60	197.52	49.71	-25.52	192	-9.86
400	41.61	81.86	177.87	219.48	96.02	-8.47	133	137.50	53.95	145.90	209.28	263.23	63.39	-5.02	308	44.60
500	31.25	95.08	189.37	220.63	94.29	-10.12	82	46.43	46.58	154.79	209.76	256.34	54.98	-17.62	263	23.47
600	23.15	109.35	207.77	230.92	98.42	-6.19	50	-10.71	70.37	180.88	265.23	335.61	84.35	26.39	308	44.60
700	11.39	123.41	224.64	236.03	101.23	-3.51	44	-21.43	65.55	225.96	315.91	381.46	89.95	34.78	413	93.90
800	12.30	138.04	251.55	263.85	113.52	8.21	93	66.07	23.81	233.14	321.47	345.28	88.33	32.35	325	52.58
平均	30.68	97.53	190.99	221.67	93.46	-10.91	85.38	52.46	49.35	163.93	232.06	281.41	68.13	2.08	274.63	28.93

表 5-177　萌芽林 76 月龄初始间伐不同立地指数、不同间伐处理林分的胸径生长量　　cm

保留株数	SI-26			SI-28		
（株/hm²）	伐后当月	4年后	增量	伐后当月	4年后	增量
Control	16.85	18.76	1.91	17.58	19.03	1.44
200	21.60	25.56	3.96	22.70	26.70	4.00
300	20.18	23.26	3.08	—	—	—
400	20.60	23.44	2.84	21.10	24.36	3.26
500	19.20	21.41	2.21	21.63	25.38	3.75
600	18.93	21.96	3.03	19.77	22.39	2.63
700	19.45	22.13	2.68	19.55	22.37	2.82
800	18.80	21.07	2.27	19.26	22.04	2.78
平均	19.45	22.20	2.75	20.23	23.18	2.95

表 5-178　萌芽林 76 月龄初始间伐不同立地指数下间伐对平均胸径增长总量的提高比率　　%

立地指数	保留株数（株/hm²）							
	200	300	400	500	600	700	800	平均
26	107.72	61.36	48.99	15.73	58.59	40.22	18.72	47.17
28	176.99	—	125.77	159.39	81.97	95.45	92.21	108.54
平均	142.36	61.36	87.38	87.56	70.28	67.84	55.47	81.75

（2）蓄积增加量

对于桉树萌芽林，在同一初始间伐林龄 76 月的条件下，立地指数 26 和立地指数 28 两种立地指数的林分蓄积生长情况见表 5-179。

①间伐量

在立地指数 26 和立地指数 28 两种立地指数下，平均伐量分别为 49.53 和 51.08m³/hm²，两个指数的间伐量相近；间伐后当月的平均蓄积量分别为 163.93 和 201.31m³/hm²，这个数值符合不同立地的生长量预期。

②增加量

在立地指数 26 和立地指数 28 两种立地指数下初始间伐中，4 年后的蓄积总量（加间伐量）平均值分别为 281.41 和 345.83m³/hm²，立地指数 28 的蓄积总量明显大于立地指数 26；4 年后的蓄积增加量平均值分别为 68.13 和 93.44m³/hm²，立地指数 28 也明显优于立地指数 26。

在间伐处理对林分蓄积的作用中，总体上，间伐保留株数越大，蓄积增量越大；其中，对于立地指数 26 立地指数，间伐 4 年后，保留 600、700、800 株/hm² 的蓄积总量比对照分别提高 33.91%、52.21%、37.77%；对于立地指数 28 立地指数，间伐 4 年后，保留 700、800 株/hm² 的蓄积总量比对照分别提高 3.80%、17.78%。

表5-179 萌芽林76月龄初始间伐不同立地指数、不同间伐处理林分的蓄积量和胸径大于22cm的株数

保留株数(株/hm²)	SI-26									SI-28								
	间伐量	蓄积量(m³/hm²)				增量	增量对比(%)	株数(株/hm²)≥22cm	株数对比(%)	间伐量	蓄积量(m³/hm²)				增量	总量对比(%)	株数(株/hm²)≥22cm	株数对比(%)
		伐后当月	4年后	4年后总量	总量对比(%)						伐后当月	4年后	4年后总量	总量对比(%)				
Control	0.00	183.88	250.62	250.62	—	66.74	—	213	—	0.00	265.98	362.47	362.47	—	96.49	—	550	—
200	91.59	82.03	129.62	221.20	-11.74	47.59	-28.69	175	-17.84	108.89	92.37	150.33	259.22	-28.49	57.96	-39.93	200	-63.64
300	42.91	104.89	154.60	197.52	-21.19	49.71	-25.52	192	-9.86	—	—	—	—	—	—	—	—	—
400	53.95	145.90	209.28	263.23	5.03	63.39	-5.02	308	44.60	42.44	158.29	238.16	280.60	-22.59	79.86	-17.23	325	-40.91
500	46.58	154.79	209.76	256.34	2.28	54.98	-17.62	263	23.47	66.82	199.45	305.85	372.67	2.8	106.40	10.27	417	-24.18
600	70.37	180.88	265.23	335.61	33.91	84.35	26.39	308	44.60	43.45	206.24	299.24	342.69	-5.46	93.00	-3.62	350	-36.36
700	65.55	225.96	315.91	381.46	52.21	89.95	34.78	413	93.90	40.96	234.32	335.30	376.26	3.80	100.98	4.65	388	-29.45
800	23.81	233.14	321.47	345.28	37.77	88.33	32.35	325	52.58	54.97	252.51	371.92	426.90	17.78	119.41	23.75	440	-20.00
平均	49.35	163.93	232.06	281.41	12.29	68.13	2.08	274.63	28.93	51.08	201.31	294.75	345.83	-4.59	93.44	-3.16	392.14	-28.70

(3) 胸径大于 22cm 的株数

对于桉树萌芽林，在同一初始间伐林龄 76 月的条件下，立地指数 26 和立地指数 28 两种立地指数的伐后 4 年胸径大于 22cm 的株数见表 5-179。在立地指数 26 和立地指数 28 两种立地指数下，呈现出立地指数越大，伐后 4 年胸径大于 22cm 株数越多的趋势。

在不同间伐处理中，伐后 4 年大于 22cm 的林木株数以保留 700、800 株/hm² 处理为更多。对于立地指数 26 立地指数，伐后 4 年大于 22cm 株数以保留 700 株/hm² 处理最多，大于 22cm 的株数比不间伐对照提高 0.94 倍；对于立地指数 28 立地指数，大于 22cm 的株数以保留 800 株/hm² 为最多。

第五节 间伐强度综合分析

一、不同初始间伐林龄间伐效果分析

1. 新造林

本试验的初始间伐年龄有 53（4.42 年生）、78（6.5 年生）和 85（7.08 年生）月生三个年龄段，不同间伐起始年龄在间伐后 4 年生长期间的林分平均胸径增长量、林分蓄积增长量和伐后 4 年大于 22cm 的株数分别见表 5-180、表 5-181 和表 5-182。

表 5-180 不同间伐起始林龄、不同立地指数伐后 4 年生长期间的林分平均胸径增量　　cm

保留株数（株/hm²）		Control	200	300	400	500	600	700	800	平均
53 月龄	SI-24	3.36	5.38	4.43	4.33	4.16	3.91	4.06	3.97	4.20
78 月龄	SI-22	2.63	4.45	4.16	3.52	3.65	3.28	3.34	3.19	3.53
85 月龄	SI-22	2.70	5.22	4.74	3.55	3.39	3.60	3.20	3.10	3.69

表 5-181 不同立地指数、不同间伐起始林龄伐后 4 年生长期间的林分蓄积增量　　m³/hm²

保留株数（株/hm²）		Control	200	300	400	500	600	700	800	平均
53 月龄	SI-24	107.49	35.50	40.11	53.38	64.70	67.60	86.74	100.18	69.46
78 月龄	SI-22	52.68	30.79	41.78	43.96	61.80	70.85	67.47	74.56	55.49
85 月龄	SI-22	70.21	44.91	72.36	66.79	40.53	92.24	109.75	114.92	76.46

表 5-182 不同立地指数、不同间伐起始林龄伐后 4 年胸径大于 22cm 的株数　　hm²

保留株数（株/hm²）		Control	200	300	400	500	600	700	800
53 月龄	SI-24	0	56	0	55	15	5	45	6
78 月龄	SI-22	25	50	75	0	25	50	25	33
85 月龄	SI-22	238	158	238	292	163	344	463	481

（1）三个年龄段的综合分析

平均胸径增长量：在同一立地指数立地指数 24 的条件下，53 月龄、78 月龄和 85 月龄三种不同初始间伐林龄的伐后 4 年的胸径平均增长量分别为为 4.2、3.5 和 3.6cm；说明，间伐年龄越小，胸径增长量越大，即 53 月生间伐后的增长量最大，分别比 78 月龄和 85 月龄大 20.00% 和 16.67%。

平均胸径增长率：初始间伐林龄 53、78、85 月龄中，间伐后的平均胸径增长率分别为 16.17% ~ 60.12%、21.01% ~ 56.45% 和 4.99% ~ 70.73%，平均增长率分别为 28.5%、32.99% 和 29.74%，与全体平均值 30.41% 的差距都不大，只在 1~2 个百分点之间，不同年龄之间没有体现出明显优势。

蓄积总量：在初始间伐林龄 53、78、85 月龄中，4 年后的蓄积总量（加间伐量）平均值分别为 232.27、208.99 和 227.97m^3/hm^2，以 53 月生蓄积总量最大；说明，间伐年龄越小，蓄积总量越大，即 53 月生间伐后的增长量最大，分别比 78 月龄和 85 月龄大 11.14% 和 1.89%。4 年后的蓄积增加量平均值分别为 69.46、61.33 和 70.72m^3/hm^2，间伐年龄 53 月和 85 月生相差不大，只是 78 月生明显要小。

综合分析，在初始间伐林龄 53、78、85 月龄中，间伐年龄越小，间伐胸径增长效果越好；间伐 4 年后，53 月生间伐后的平均胸径增长量最大为 4.2cm，分别比 78 月龄和 85 月龄大 20% 和 16.7%；最大胸径增长量为 5.38cm、年均生长量 1.35cm，是间伐保留 200 株/hm^2，比对照增加 60.1%。53 月生间伐后的蓄积总量最大为 232.27m^3/hm^2，分别比 78 月龄和 85 月龄大 11.14% 和 1.89%。

（2）三个年龄分段分析

①53 月龄

对于 53 月初始间伐林龄，立地指数 24 在提高平均胸径方面的最佳间伐处理为保留 200 株/hm^2，伐后 4 年生长期间的胸径增量达 5.38cm，比不间伐对照提高 60.12%；所有间伐处理胸径生长量的平均值为 4.20cm，比平均值高的处理还有保留 300 和 400 株/hm^2。在间伐后林分蓄积增加量方面，平均值为 69.46m^3/hm^2，高于平均值的间伐处理有保留 700 和 800 株/hm^2，但都低于对照；伐后 4 年大于 22cm 的立木株数方面，为 200 和 400 株/hm^2 两个处理都很突出，分别为 56 和 55 株/hm^2，而不间伐对照为 0。

②78 月龄

对于 78 月初始间伐林龄，立地指数 22 在提高平均胸径方面的最佳间伐处理为保留 200 株/hm^2，伐后 4 年生长期间的胸径增量达 4.45cm，比不间伐对照提高 69.20%；所有间伐处理胸径生长量的平均值为 3.53cm，比平均值高的处理还有保留 300 和 500 株/hm^2，400 株/hm^2 的平均值为 3.52cm，也十分接近。在间伐后林分蓄积增加量方面，平均值为 55.49m^3/hm^2，高于平均值的间伐处理有保留 500、600、700 和 800 株/hm^2，同时都高于对照；伐后 4 年大于 22cm 的立木株数方面，为 200 和 300 株/hm^2 两个处理都很突出，分别为 50 和 75 株/hm^2，分别是不间伐对照的 2 倍和 3 倍。

③85 月龄

对于 85 月初始间伐林龄，立地指数 22 在提高平均胸径方面的最佳间伐处理为保留 200 株/hm^2，伐后 4 年生长期间的胸径增量达 5.22cm，比不间伐对照提高 93.33%；所有间伐处理胸径生长量的平均值为 3.69cm，比平均值高的处理还有保留 300 株/hm²。在间伐后林分蓄积增加量方面，平均值为 76.46m³/hm²，高于平均值的间伐处理有保留 600、700 和 800 株/hm²，同时都高于对照；伐后 4 年大于 22cm 的立木株数方面，为 600、700 和 800 株/hm² 三个处理都很突出，分别为 344、463 和 481 株/hm²，分别高于不间伐对照的 40.53%、94.54% 和 102.10%。

2. 新造林与萌芽林对比

本试验中还有一个新造林与萌芽林对比间伐效果的比较。萌芽林 76 月生（6.5 年生）和新造林 78（6.5 年生），起始间伐年龄只相差 2 个月，立地指数分别为 26 和 24，差一个等级，具有一定的可比性。间伐后 4 年生长期间的林分平均胸径增长量和林分蓄积增长量分别见表 5-183 和表 5-184。

表 5-183 新造林与萌芽林伐后 4 年生长期间的林分平均胸径增量　　　　　　　　cm

保留株数(株/hm²)		Control	200	300	400	500	600	700	800	平均
萌芽林	SI-26	1.91	3.96	3.08	2.84	2.21	3.03	2.68	2.27	2.75
新造林	SI-24	2.72	4.25	3.73	3.46	—	3.29	3.28	3.69	3.49

表 5-184 新造林与萌芽林伐后 4 年生长期间的林分蓄积增量　　　　　　　　m³/hm²

保留株数(株/hm²)		Control	200	300	400	500	600	700	800	平均
萌芽林	SI-26	66.74	47.59	49.71	63.39	54.98	84.35	89.95	88.33	68.13
新造林	SI-24	61.28	38.92	45.42	48.88	—	64.88	77.26	92.70	61.33

平均胸径增长量：尽管萌芽林的立地指数高一级，但伐后 4 年萌芽林的胸径平均增长量在 1.91~3.96cm 之间，平均数只有 2.75cm，而新造林的胸径平均增长量在 2.72~4.25cm 之间，平均数为 3.49cm，比前者多 26.91%；说明新造林间伐效果明显好于萌芽林。

蓄积增量：由于萌芽林的立地指数高一级，在伐后 4 年蓄积的生长量有小幅优势，萌芽林的蓄积的生长量在 47.59~89.95m³/hm² 之间，平均值为 68.13m³/hm²，而新造林的蓄积的生长量在 38.92~92.72m³/hm² 之间，平均值为 61.33m³/hm²，比前者少 11.08%；但蓄积生长量最大的还是新造林的 800 株/hm² 处理，为 92.70m³/hm²，即每年生长 23.18m³/hm²。

二、不同立地指数间伐效果分析

本试验包含的立地指数主要有 20、22、24、26 和 28 五个指数级，分相同年龄不同指数级和相同指数级不同年龄两种情况综合分析间伐效果。

1. 相同年龄不同立地指数间伐效果分析

在同一初始间伐林龄 78 月的条件下，立地指数 20、22 和 24 三种不同立地指数的平均胸径增加量、蓄积增加量分析比较见表 5-185 和表 5-186。

表5-185　不同立地指数、不同间伐起始林龄伐后4年生长期间的林分平均胸径增量　　　cm

保留株数（株/hm²）		Control	200	300	400	500	600	700	800
SI-20	78月龄	2.24	4.52	3.80	3.15	2.91	3.24	3.02	2.81
SI-22	78月龄	2.63	4.45	4.16	3.52	3.65	3.28	3.34	3.19
	85月龄	2.70	5.22	4.74	3.55	3.39	3.60	3.20	3.10
SI-24	53月龄	3.36	5.38	4.43	4.33	4.16	3.91	4.06	3.97
	78月龄	2.72	4.25	3.73	3.46	—	3.29	3.28	3.69
	85月龄	2.87	4.90	3.74	3.85	3.01	4.13	2.69	—
SI-26	53月龄	3.12	—	—	5.54	4.85	4.35	4.94	4.17
	59月龄	3.28	5.91	5.42	4.96	4.01	3.46	3.27	3.16
	76月龄	1.91	3.96	3.08	2.84	2.21	3.03	2.68	2.27
SI-28	76月龄	1.44	4.00	—	3.26	3.75	2.63	2.82	2.78
	103月龄	2.21	4.21	3.98	3.79	3.26	3.69	2.61	2.43

表5-186　不同立地指数、不同间伐起始林龄伐后4年生长期间的林分蓄积增量　　　m³/hm²

保留株数（株/hm²）		Control	200	300	400	500	600	700	800
SI-20	78月龄	42.58	27.70	29.86	35.76	39.21	55.05	60.69	59.71
SI-22	78月龄	52.68	30.79	41.78	43.96	61.80	70.85	67.47	74.56
	85月龄	70.21	44.91	72.36	66.79	40.53	92.24	109.75	114.92
SI-24	53月龄	107.49	35.50	40.11	53.38	64.70	67.60	86.74	100.18
	78月龄	61.28	38.92	45.42	48.88	—	64.88	77.26	92.70
	85月龄	63.11	56.46	53.32	74.07	67.41	107.56	73.11	—
SI-26	53月龄	121.97	—	—	80.90	87.12	94.19	114.59	103.81
	59月龄	104.91	59.85	79.45	96.02	94.29	98.42	101.23	113.52
	76月龄	66.74	47.59	49.71	63.39	54.98	84.35	89.95	88.33
SI-28	76月龄	96.49	57.96	—	79.86	106.40	93.00	100.98	119.41
	103月龄	132.84	63.81	82.55	99.77	114.47	133.72	120.70	126.51

表5-187　不同立地指数、不同间伐起始林龄伐后4年胸径大于22cm的株数　　　株/hm²

保留株数（株/hm²）		Control	200	300	400	500	600	700	800
SI-22	78月龄	25	50	75	0	25	50	25	33
	85月龄	238	158	238	292	163	344	463	481
SI-24	53月龄	0	56	0	55	15	5	45	6
	78月龄	175	125	125	100	—	75	67	75
	85月龄	275	200	213	338	313	450	192	—

（续）

保留株数(株/hm²)		Control	200	300	400	500	600	700	800
SI-26	53月龄	25	—	—	300	150	125	75	25
	59月龄	56	103	122	133	82	50	44	93
	76月龄	213	175	192	308	263	308	413	325
SI-28	76月龄	550	200	—	325	417	350	388	440
	103月龄	367	204	288	375	418	350	368	388

(1) 平均胸径生长量

立地指数20、22和24间伐后4年后的平均胸径分别为17.11、18.57和19.81cm，4年的平均胸径生长量分别为3.21、3.53和3.49cm；不同立地指数之间，平均胸径生长量以立地指数20最低，与后两者的差距在0.3cm左右。立地指数20、22和24的最佳间伐处理都是200株/hm²，间伐4年后胸径增长量分别为4.52、4.45和4.25cm，年平均胸径生长量都超过1cm，比对照分别高101.78%、69.09%和56.45%。

(2) 蓄积增加量

在立地指数20、22和24三种不同立地指数的林分中，4年后的蓄积增加量平均值分别为43.82、55.49和61.33m³/hm²，立地指数24>立地指数22>立地指数20，立地优势明显；其中，立地指数20最大增加量来自700株/hm²，其值为60.69m³/hm²，年均生长量15.17m³/hm²，比对照多42.53%；立地指数22最大增加量来自800株/hm²，其值为74.56m³/hm²，年均生长量18.64m³/hm²，比对照多41.53%；立地指数24最大增加量来自800株/hm²，其值为92.70m³/hm²，年均生长量23.18m³/hm²，比对照多51.27%。

2. 相同指数不同年龄间伐效果分析

(1) 立地指数22

对于立地指数22，在78、85月两个初始间伐林龄下，在提高平均胸径方面的最佳间伐处理为85月初始间伐林龄、保留200株/hm²，伐后4年生长期间的胸径增量达5.22cm，比不间伐对照提高93.33%；在提高蓄积方面的最佳间伐处理为85月初始间伐林龄、保留800株/hm²，伐后4年生长期间的蓄积增量达114.92m³/hm²，比不间伐对照提高63.68%；在提高伐后4年大于22cm株数方面的最佳间伐处理为85月初始间伐林龄、保留800株/hm²，伐后4年大于22cm的株数为481株/hm²，比不间伐对照提高1.02倍。

(2) 立地指数24

对于立地指数24，在53、78、85月三个初始间伐林龄下，在提高平均胸径方面的最佳间伐处理为53月初始间伐林龄、保留200株/hm²，伐后4年生长期间的胸径增量达5.38cm，比不间伐对照提高60.12%；在提高蓄积方面的最佳间伐处理为85月初始间伐林龄、保留600株/hm²，伐后4年生长期间的蓄积增量达107.56m³/hm²，比不间伐对照提高70.43%；在提高伐后4年大于22cm株数方面的最佳间伐处理为85月初始间伐林龄、保留600株/hm²，伐后4年大于22cm的株数为450株/hm²，比不间伐对照提高 0.64 倍。

(3) 立地指数 26

对于立地指数 26，在 53、59、76 月三个初始间伐林龄下，在提高平均胸径方面的最佳间伐处理为 59 月初始间伐林龄、保留 200 株/hm²，伐后 4 年生长期间的胸径增量达 5.91cm，比不间伐对照提高 80.18%；在提高蓄积方面的最佳间伐处理为 53 月初始间伐林龄、保留 700 株/hm²，伐后 4 年生长期间的蓄积增量达 114.59m³/hm²；在提高伐后 4 年大于 22cm 株数方面的最佳间伐处理为 76 月初始间伐林龄、保留 400 株/hm²，伐后 4 年大于 22cm 的株数为 308 株/hm²，比不间伐对照提高 0.45 倍。

(4) 立地指数 28

对于立地指数 28，在 76、103 月两个初始间伐林龄下，在提高平均胸径方面的最佳间伐处理为 103 月初始间伐林龄、保留 200 株/hm²，伐后 4 年生长期间的胸径增量达 4.21cm，比不间伐对照提高 90.50%；在提高蓄积方面的最佳间伐处理为 103 月初始间伐林龄、保留 600 株/hm²，伐后 4 年生长期间的蓄积增量达 133.72m³/hm²；在提高伐后 4 年大于 22cm 株数方面的最佳间伐处理为 103 月初始间伐林龄、保留 500 株/hm²，伐后 4 年大于 22cm 的株数为 418 株/hm²，比不间伐对照提高 0.14 倍。

第六章
施肥效应

我国的林木施肥研究工作始于20世纪50年代后期，熊文愈等在50年代进行了毛竹施肥研究(熊文愈，1959)，随后开展了杉木、杨树、泡桐、桉树、毛竹、国外松等树种的施肥研究工作，施肥面积逐年增大(金建忠，1995；赵天锡和王富国，1994)。

近年来，据对速生林木主要包括杉木、湿地松、马尾松、杨树和桉树树种的施肥研究表明，它们对化肥需求量并不高，但对P养分反应敏感，N、P比一般为1:1，对K肥的施用尚不紧迫(安国英和陈玉娥，1997；陈玉娥等，1998；李家康，2000)。经济林木和毛竹的需肥量较高，一般都在250~450kg/hm²以上，而且P、K肥的用量也较大。根据刘寿坡等在鲁西黏壤质黄潮土上进行了长期系统的I-214杨施肥效应研究指出，最佳施肥处理(150gN+150g P_2O_5+50g K_2O+10kg绿肥)，小区树高、胸径和蓄积等分别增长23%、41%和132%，纤维长度和宽度、纤维相对结晶度、a-纤维素含量有所增加，木材化学机械浆(CMP)制浆特性变化不大，总投入与总产出比为1:5.6(刘寿坡和徐孝庆，1992)。

施肥对树高、胸径生长具有明显的效果，其中N、NP肥效果较好(韦炜和谢元福，1997)。因此，在幼林阶段应重视N肥，同时配合一定数量的P肥。N肥的适宜剂量为每株200g尿素，NP肥的剂量为每株100g尿素和100g过磷酸钙，单施P肥对树高生长有一定作用，但对胸径生长效应不明显(李家康，2000)。杨树施肥时间在4~5月初较合适，一般作追肥施肥。追肥试验结果表明不同施肥处理对杨树生长量的影响不同，健杨幼林连续3年施N(尿素150kg/hm²)，P(过磷酸钙525kg/hm²)，K(硫酸钾150kg/hm²)，健杨幼林树高、胸径、材积、生长量均比对照有显著提高，其中N处理材积生长量比对照处理超出86%，表明N肥有明显效果，NP处理的树高、胸径、材积、生长量均高于N处理，NPK处理又高于NP处理，表明NPK混合肥效果最佳(陈玉娥等，1998)。施肥效应也与土壤本底密切相关，单施N肥，林木材积随着施N量的增加而增加；单施P肥，材积随着施肥量的增加而增加；单施K肥无效；NP配合差异显著，NK配合等同于单施N肥效果。单株树木最佳施肥量N为160g，P为60g，N、P比例为2.67:1；施肥后材积增加92.4%，每千米林带纯收入可达4960元，经济效益提高86.11%(陈玉娥等，1998)。

根据Ostertag研究，施肥(N，P)对根系密度影响差异不显著，活细根N浓度在各施N肥处理间相似，而P浓度在各施P处理间差异显著；活细根现存生物量在施N区比对照区大，但施 P 影响不显著(Ostertag, 2001)。Mou 等和 Geroge 等研究表明，土壤养分空间异质性能够改变细根密度，在养分较肥沃的土壤斑块内，植株的细根密度增加。Fabiao 等的施肥实验也证明，施肥改变了表层土壤的养分状况，导致细根主要分布于土壤表层(Mou, 1995; Geroge, 1997)。

在所有的用材树种中，桉树为速生性最为显著的一种，由于林木快速生长，从土壤中吸收大量的营养，致使林地生产力下降，保持土壤肥力，施肥是有效补偿土壤营养元素最有效的途径之一。

施肥是为了改善土壤的养分供应，促进杨树生长和发育而进行的育林措施。桉树为了正常生长，必须由土壤吸收多种营养元素。我国的桉树林地多数肥力偏低；土壤含砂粒多，含黏粒、粉粒少；土壤有机质少，常不及 0.5%~1%；N、P、K 含量处于低下水平。而且地下水位又常低于 3m，季节性供水不足。实际上我国多数桉树林地的立地条件与桉树的速生条件之间存在相当大的差距，肥力不足限制了桉树的生产力。此外，在人多地少的丘陵区，桉树连作很普遍，杨树轮伐期短，桉树重茬连作的现象到处可见，有的林地已连作 2~3 茬，土壤养分流失，土壤肥力递减(苏英吾和李向阳，1997)。在人口密集的丘陵地区，桉树人工林内人的活动频繁。每年秋季到林内扫落叶和收集枯枝做燃料，采伐后将全部树桩挖出做燃料，加快了由土壤摄取养分的进程，因而更需要施肥和培肥林地，否则就不具备桉树中大径材生产的物质基础。

合理的施肥应针对林木各种营养元素的盈亏程度，确定各种肥料的用量和比例，避免过量施肥或施肥不足。造林时在植树穴内施基肥有很好的效果，可以较长久地供肥和改良土壤理化性质。根据刘寿坡对 I-214 杨全轮伐期(7 年)的施肥研究，在肥力偏低的黄潮土上对 I-214 杨合理施肥，胸径比对照提高 41.1%，树高增高 23.1%，材积增加 113.2%(刘寿坡，徐孝庆，1992)。N 肥和 P 肥单独施用的作用都很显著，K 肥单施肥效差。N、P、K 三种肥料配合施，效果均较单施好。因此，最好三种肥料配合施用。根据土壤条件决定用量及 N、P、K 的配比，N 素的用量一般为每株 250~500g，$P_2O_5 : K_2O = 3(2) : 1(0.5)$(陈玉娥等，1998)。目前各地杨树施肥多数只用氮肥忽视磷肥的倾向应该纠正。

第一节　中国桉树中大径材主栽区的土壤营养状况

由于中国桉树主产区分布范围广，种植面积大，林地的肥力差异大。中大径材培育对立地质量的要求严格，否则无法达到培育中大径材的目的。

我国大面积种植桉树的地区为华南热带、亚热带地区，这些地区的土壤主要为砖红壤、赤红壤、红壤、燥红土等，分属铁铝土纲和半淋溶土纲，成土母质主要有玄武岩、变质岩、砂页岩、浅海沉积物等，林业用地土壤是贫瘠的。一是土壤有机质的含量普遍偏低，土壤有机质是土壤肥力的重要指标，由于我国华南地区水热充足，有机物质分解迅速，加上暴雨频繁，淋溶严重，有机质含量大多在 20g/kg(4 级)以下，表土在 30g/kg 以下。二是土壤 N 的水平也低，土壤 N 与有机质含量呈密切正相关，华南红壤、砖红壤丘陵旱地土壤全 N 普遍在 1.0g/kg(3 级)以下,有的甚至低于 0.5g/kg(6 级),全 N 中 90% 以上属有机 N,红壤胶体对 NH^+ 有较强的吸附能力。三是因风化强烈,pH 值低,多在 4~5 之间,土壤全 P 量一般在 0.13~0.26g/kg(6 级)之间;最低的甚至在 0.05g/kg 以下,有效 P 多低于 10mg/kg(干土),是我国平均含 P 量最低的土区。四是除花岗岩、云母片岩和片岩发育的砖红壤外,供 K 能力均属极低,土壤全 K 平均在 24.5~37.0g/kg(2 级)之间,速效 K53.0~69.0mg/kg(4 级)。以上四点说明我国华南土区的肥力水平低、N、P、K 缺乏,并且有效性较差,土壤吸水保水能力弱,淋溶严重,这是我国桉树人工林的土壤现状(苏英吾和李向阳,1997)。

根据全国第二次土壤普查养分分级标准(表 6-1 和表 6-2),将大量元素含量分为 6 级,微元素 5 级(全国土壤普查办公室,1992)。

表6-1　土壤主要养分分级标准

等级	有机质 (g/kg)	全 N (g/kg)	速效 N (mg/kg)	全 P (g/kg)	速效 P (mg/kg)	全 K (g/kg)	速效 K (mg/kg)
1	>40	>2.0	>150	>2.0	>40	>30	>200
2	30~40	1.5~2.0	120~150	1.5~2.0	20~40	20~30	150~200
3	20~30	1.0~1.5	90~120	1.0~1.5	10~20	15~20	100~150
4	10~20	0.75~1.0	60~90	0.7~1.0	5~10	10~15	50~100
5	6~10	0.5~0.75	30~60	0.4~0.7	3~5	5~10	30~50
6	<6	<0.5	<30	<0.4	<3	<5	<30

表6-2　土壤微量元素分级表　　　　　　　　　　　　　　　　　　　　mg/kg

等级	Cu	Zn	Fe	Mn	B	Al
1(极富)	>1.8	>3.0	>20	>30	>2.0	>0.3
2(富)	1.0~1.8	1.0~3.0	10~20	15~30	1.0~2.0	0.2~0.3
3(中)	0.2~1.0	0.5~1.0	4.5~10	5.0~15	0.5~1.0	0.1~0.2
4(缺乏)	0.1~0.2	0.3~0.5	2.5~4.5	1.0~5.0	0.2~0.5	0.1~0.15
5(极缺乏)	<0.1	<0.3	<2.5	<1.0	<0.2	<0.1

一、广西桉树人工林土壤养分状况

广西是我国桉树栽培面积最大的地区,据全国第九次森林资源清查结果显示,广西有 256.05 万 hm^2 的桉树人工林,占全国桉树总面积的 46.83%。根据从广西主要种植速丰桉树地区,如崇左、扶绥、上思、钦州、玉林、博白、陆川、柳州等 100 余个土壤样品分析结果来看(表 6-3~表 6-10),这些地方的平均值范围分别为:pH 值在 4.10~4.34;有机质含量在 21.89~29.88g/kg,处于中等水平;全 N 在 0.556~1.370g/kg,中等到缺乏水平;速效 N 在 48.4~113.6mg/kg,属于缺乏到中等之间;全 P 在 0.309~0.528g/kg,从极度缺乏到缺乏;速效 P 在 0.65~3.34mg/kg,基本都处于极度缺乏水平;全 K 在 1.17~17.88g/kg,从缺乏到中等水平;速效 K 含量在 24.0~68.9mg/kg,

属于极缺乏到中等之间。微量元素在这些地方的平均值范围分别为：B 在 0.127～0.257mg/kg，处于缺乏到极缺乏水平；Zn 在 0.86～1.15mg/kg，基本处于中等水平；Cu 0.917～1.780mg/kg，处于中等到富的水平；Mn 13.07～47.91mg/kg，中等以上水平。说明广西桉树林地土壤养分含量普遍比较贫瘠，严重缺乏的养分主要有 P、K 和 B 等。

表6-3　东门林场华侨分场桉树林地土壤养分状况

养分	平均值	等级	极值(最大/最小)	标准差	变异系数
pH	4.34	—	4.71/3.89	0.17	0.04
有机质(g/kg)	21.89	3	29.02/16.75	3.06	0.14
全 N(g/kg)	0.56	5	0.89/0.33	0.15	0.27
速效 N(mg/kg)	48.10	5	64.20/28.60	10.10	0.21
全 P_2O_5(g/kg)	0.50	5	0.77/0.36	0.14	0.28
速效 P(mg/kg)	1.04	6	2.29/0.64	0.38	0.36
全 K_2O(g/kg)	1.17	6	1.89/0.75	0.32	0.28
速效 K(mg/kg)	24.0	6	46.60/10.70	9.51	0.40
速效 Zn(mg/kg)	1.15	2	1.33/0.98	0.12	0.10
速效 Cu(mg/kg)	1.61	2	2.38/1.10	0.35	0.21
速效 Mg(mg/kg)	8.10	—	12.0/4.60	2.02	0.25
速效 Ca(mg/kg)	81.40	—	116.0/57.50	15.53	0.19
有效 S(mg/kg)	41.10	—	64.20/26.90	10.18	0.25
速效 Mn(mg/kg)	15.93	2	30.43/3.16	9.22	0.58
有效 B(mg/kg)	0.20	5	0.32/0.10	0.06	0.31

表6-4　东门林场华侨分场桉树林地土壤养分分级分布状况　　　　　　　　　　%

养分	1级极富	2级富	3级中	4级低	5级缺乏	6级极缺乏	Σ
pH	—	—	—	—	—	—	100
有机质	—	—	75.0	25.0	—	—	100
全 N	—	—	—	10.0	45.0	45.0	100
速效 N	—	—	—	10.0	85.0	5.0	100
全 P_2O_5	—	—	—	15.8	36.8	47.4	100
速效 P	—	—	—	—	—	100.0	100
全 K_2O	—	—	—	—	—	100.0	100
速效 K	—	—	—	—	25.0	75.0	100
速效 Zn	—	95.0	5.0	—	—	—	100

（续）

养分	1级极富	2级富	3级中	4级低	5级缺乏	6级极缺乏	Σ
速效 Cu	25.0	75.0	—	—	—	—	100
速效 Mg	—	—	—	—	—	—	100
速效 Ca	—	—	—	—	—	—	100
有效 S	—	—	—	—	—	—	100
速效 Mn	7.2	50.0	21.4	21.4	—	—	100
有效 B	—	—	—	36.8	63.2	—	100

表 6-5 东门林场雷卡分场桉树林地土壤养分状况

养分	平均值	等级	极值（最大/最小）	标准差	变异系数
pH	4.27	—	4.51/3.89	0.14	0.03
有机质(g/kg)	29.88	3	36.29/26.03	3.13	0.11
全 N(g/kg)	0.95	4	1.43/0.73	0.17	0.18
速效 N(mg/kg)	75.30	4	83.20/66.50	5.16	0.07
全 P_2O_5(g/kg)	0.53	5	0.61/0.48	0.03	0.06
速效 P(mg/kg)	0.65	6	1.10/0.28	0.26	0.40
全 K_2O(g/kg)	3.25	6	3.95/2.71	0.39	0.12
速效 K(mg/kg)	35.60	5	63.40/21.50	11.77	0.33
速效 Zn(mg/kg)	0.86	3	1.00/0.75	0.07	0.08
速效 Cu(mg/kg)	1.78	2	2.48/1.40	0.32	0.18
速效 Mg(mg/kg)	15.0	—	20.0/11.10	3.13	0.21
速效 Ca(mg/kg)	57.40	—	83.10/43.90	12.86	0.22
有效 S(mg/kg)	43.10	—	55.10/27.90	8.24	0.19
速效 Mn(mg/kg)	47.91	1	88.02/31.54	14.87	0.31
有效 B(mg/kg)	0.24	4	0.39/0.08	0.08	0.34

表 6-6 东门林场雷卡分场桉树林地土壤养分分级分布状况　　　　　　　　　　%

养分	1级极富	2级富	3级中	4级低	5级缺乏	6级极缺乏	Σ
pH	—	—	—	—	—	—	100
有机质	—	30.8	69.2	—	—	—	100
全 N	—	—	—	84.6	15.4	—	100
速效 N	—	—	—	100.0	—	—	100
全 P_2O_5	—	—	—	—	100.0	—	100

(续)

养分	1级极富	2级富	3级中	4级低	5级缺乏	6级极缺乏	Σ
速效 P	—	—	—	—	—	100.0	100
全 K_2O	—	—	—	—	—	100.0	100
速效 K	—	—	—	7.7	61.5	30.8	100
速效 Zn	—	7.7	92.3	—	—	—	100
速效 Cu	30.8	69.2	—	—	—	—	100
速效 Mg	—	—	—	—	—	—	100
速效 Ca	—	—	—	—	—	—	100
有效 S	—	—	—	—	—	—	100
速效 Mn	100.0	—	—	—	—	—	100
有效 B	—	—	—	69.2	30.8	—	100

表 6-7　林业公司桉树林地土壤养分状况

养分	平均值	等级	极值(最大/最小)	标准差	变异系数
pH	4.10	—	5.11/3.52	0.37	0.09
有机质(g/kg)	26.56	3	63.88/5.88	10.81	0.41
全 N(g/kg)	0.95	4	1.88/0.35	0.34	0.35
速效 N(mg/kg)	68.80	4	130.10/14.10	28.87	0.42
全 P_2O_5(g/kg)	0.31	6	1.73/0.08	0.25	0.80
速效 P(mg/kg)	3.34	5	46.75/0.64	6.94	2.08
全 K_2O(g/kg)	12.95	4	32.89/0.36	7.31	0.56
速效 K(mg/kg)	42.30	5	88.60/10.90	18.90	0.45
有效 B(mg/kg)	0.26	4	1.10/0.04	0.18	0.69

表 6-8　林业公司桉树林地土壤养分分级分布状况　　　　　　　　　　　　　　%

养分	1级极富	2级富	3级中	4级低	5级缺乏	6级极缺乏	Σ
有机质	8.3	21.7	45.0	18.3	5.0	1.7	100
全 N	—	8.3	35.0	26.7	25.0	5.0	100
速效 N	—	10.0	13.3	28.3	41.7	6.7	100
全 P_2O_5	—	1.7	1.7	—	15.0	81.6	100
速效 P	1.7	3.3	5.0	—	3.3	86.7	100
全 K_2O	1.7	10.0	26.7	31.7	11.6	18.3	100
速效 K	—	—	—	31.7	35.0	33.3	100
有效 B	—	1.7	6.7	45.0	46.7	—	100

表 6-9 黄冕桉树林地土壤养分状况

养分	平均值	等级	极值(最大/最小)	标准差	变异系数
pH	4.34	—	4.61/4.19	0.12	0.03
有机质(g/kg)	25.01	3	40.70/15.42	6.70	0.27
全 N(g/kg)	1.37	3	2.14/0.70	0.47	0.34
速效 N(mg/kg)	108.90	3	147.60/60.10	23.43	0.22
全 P_2O_5(g/kg)	0.42	5	0.56/0.32	0.08	0.19
速效 P(mg/kg)	1.30	6	2.30/0.60	0.50	0.39
全 K_2O(g/kg)	17.88	3	31.00/9.77	7.23	0.41
速效 K(mg/kg)	68.90	4	112.90/32.80	24.42	0.36
速效 Zn(mg/kg)	1.11	2	2.10/0.71	0.37	0.34
速效 Cu(mg/kg)	0.92	3	1.39/0.33	0.34	0.37
速效 Mg(mg/kg)	12.70	—	19.20/6.80	3.80	0.30
速效 Ca(mg/kg)	67.20	—	89.20/47.10	14.14	0.21
有效 S(mg/kg)	42.70	—	64.20/21.50	12.25	0.29
速效 Mn(mg/kg)	22.97	2	67.33/6.12	17.30	0.75
有效 B(mg/kg)	0.17	5	0.36/0.09	0.08	0.46

表 6-10 黄冕桉树林地土壤养分分级分布状况　　　　　　　　　　%

养分	1级极富	2级富	3级中	4级低	5级缺乏	6级极缺乏	Σ
pH	—	—	—	—	—	—	100
有机质	9.1	—	72.7	18.2	—	—	100
全 N	9.1	36.3	18.2	27.3	9.1	—	100
速效 N	—	30.0	50.0	20.0	—	—	100
全 P_2O_5	—	—	—	—	54.5	45.5	100
速效 P	—	—	—	—	—	100.0	100
全 K_2O	9.1	18.2	18.2	45.4	9.1	—	100
速效 K	—	—	18.2	54.6	18.2	—	100
速效 Zn	—	63.6	36.4	—	—	—	100
速效 Cu	—	54.5	45.5	—	—	—	100
速效 Mg	—	—	—	—	—	—	100
速效 Ca	—	—	—	—	—	—	100
有效 S	—	—	—	—	—	—	100
速效 Mn	27.3	27.3	45.4	—	—	—	100
有效 B	—	—	—	12.5	87.5	—	100

二、海南桉树人工林土壤养分状况

海南是我国桉树主要栽培地区之一，据全国第九次森林资源清查结果显示，海南有 12.94 万 hm² 的桉树人工林，占全国桉树总面积的 2.37%。在全省范围内所采取的 100 多个各类桉林土壤中，土壤有机质含量在 3.5~19.7g/kg（4~6 级）之间；全 N 含量在 0.18~0.96g/kg（4~6 级）之间，且 60% 林地的全 N 低于 0.75g/kg；土壤全 P 含量变幅在 0.46~1.57g/kg（2~5 级）之间，但多数的土壤的全 P 不高于 0.70g/kg；全 K 含量在 3.2~20.7g/kg（2~6 级）范围内；土壤速效 P 多低于 9mg/kg（4 级），只有 5% 林地的有效 P 含量高于 10mg/kg；土壤速效 K 35.0~69.0mg/kg（4~5 级），多数土壤低于 50mg/kg；土壤微量元素 Mo、Cu、Zn、B 含量分别在 0.1~0.37mg/kg（1~4 级）、0.39~0.99mg/kg（3 级）、0.65~9.9mg/kg（1~3 级）和 0.34~0.46mg/kg（4 级）之间（华元刚等，2005）。全省范围内桉林土壤可分为六大类型，分别为：玄武岩发育的铁质砖红壤分布于岛东北部至西北部，肥力特点为"富 NP、缺 K、高 Mg"；花岗岩发育的硅铝质砖红壤及粗骨砖红壤分布在岛中部及南部低山丘陵地带，土壤养分均衡、肥力较高；片麻花岗岩发育的硅铝质砖红壤分布于省西部丘陵地带，土壤养分供应也均衡、肥力中等；浅海沉积物发育的褐色砖红壤及燥红土分布于省东、西海的沿海阶地，土壤的 N、P、K、Mg 的养分均偏低，需平衡施肥桉树才能生长良好；滨海砂土分布于岛西南部沿海低阶地半干旱地带，其肥力特点是贫瘠、干旱，N、P、K、Mg 的养分供应均不足。但大部分桉林分布在贫瘠的褐色砖红壤、燥红土和滨海砂土上，这些土壤有效肥力和潜在肥力都不高。

三、广东桉树人工林土壤养分状况

广东是我国桉树栽培面积最大的地区之一，据全国第九次森林资源清查结果显示，广东有 186.65 万 hm² 的桉树人工林，占全国桉树总面积的 34.14%。

1. 粤中地区土壤养分状况

在广东东莞等地的各类桉林土壤中取土样 52 个，采用《中华人民共和国国家标准森林土壤样品的采集与制备（GB7830-7332—87）》中规定的方法采样，依据《中华人民共和国林业行业标准 LY/T—1999》进行分析测定。表 6-11 和表 6-12 说明，粤中桉树林地土壤养分也比较贫瘠，严重缺乏的养分主要有 P、K、B 等。

表 6-11 粤中部分桉树林地土壤养分状况

养分	上层平均值（0~30cm）	等级	下层平均值	上层极值 最大/最小	下层极值 最大/最小
pH	4.27	—	4.38	4.68/4.01	4.77/3.96
有机质（g/kg）	24.52	3	11.97	36.49/14.69	19.76/5.12
全 N（g/kg）	1.04	3	0.61	1.76/0.58	0.82/0.35
速效 N（mg/kg）	80.83	4	39.79	145.21/31.89	66.56/9.15

(续)

养分	上层平均值 (0~30cm)	等级	下层平均值	上层极值 最大/最小	下层极值 最大/最小
全 P_2O_5(g/kg)	0.32	6	0.29	0.68/0.09	0.63/0.08
速效 P(mg/kg)	0.57	6	0.31	0.90/0.23	0.69/0.08
全 K_2O(g/kg)	13.72	4	17.67	20.50/7.16	21.6/7.74
速效 K(mg/kg)	28.33	6	23.09	59.74/8.12	68.56/9.01
有效 B(mg/kg)	0.22	4	0.13	0.36/0.08	0.19/0.07

表 6-12 粤中部分桉树林地土壤养分分级分布状况 %

养分	1级极富	2级富	3级中	4级低	5级缺乏	6级极缺乏	∑
有机质	—	—	88.0	—	12.0	—	100
全 N	—	7.7	42.3	30.8	19.2	—	100
速效 N	—	11.5	15.4	46.2	26.9	—	100
全 P_2O_5	—	.	—	—	19.2	80.8	100
速效 P	—	—	—	—	—	100.0	100
全 K_2O	—	7.7	26.9	42.3	23.1	—	100
速效 K	—	—	7.7	30.8	61.5	—	100
有效 B	—	—	—	—	57.	42.3	100

土壤上层至下层平均值全 N 0.61~1.04g/kg 属 3 级占 42.3%，4 级以下合计占 50%，速效 N 39.79~80.83mg/kg 属 4 级以下占 73.1%，土壤中的 N 素含量偏低；土壤上层至下层平均值全 P 0.29~0.32g/kg 和有效 P 0.31~0.57mg/kg 属 5 级以下占 100%，可见桉树人工林土壤 P 素含量水平极低；K 元素的含量也属缺乏程度，全 K 17.67~13.72g/kg 属 4 级以下的比例在 65%以上，速效 K 23.09~28.33mg/kg 属 4 级以下的比例更占 92.3%。桉树人工林土壤微量元素有效 B 极缺乏，属缺乏、极缺乏（5 级以下）的比例达 100%。

2. 雷州半岛土壤养分状况

雷州半岛 20 世纪 50 年代开始大面积种植桉树，目前是我国最大的桉树工业用材林基地，桉树人工林面积超过 20 万 hm^2。桉树多代经营后的土壤状况如何一直是外界普遍关注的焦点问题。

表 6-13 雷州半岛桉树林土壤养分状况

养分	平均值	等级	极值(最大/最小)	标准差	变异系数
有机质(g/kg)	12.44	4	46.12/1.44	1.79	0.25
全 N(g/kg)	0.51	5	2.54/0.12	0.14	0.35
速效 N(mg/kg)	43.96	5	231.0/6.73	11.92	0.42

(续)

养分	平均值	等级	极值(最大/最小)	标准差	变异系数
全 P_2O_5(g/kg)	0.17	6	0.91/0.02	0.07	0.60
速效 P(mg/kg)	1.89	6	84.75/痕量	0.83	0.99
全 K_2O(g/kg)	2.06	6	21.35/0.13	1.31	0.93
速效 K(mg/kg)	15.46	6	195.0/0.51	8.89	0.72
有效 Cu(mg/kg)	0.47	3	12.57/痕量	0.35	1.40
有效 Zn(mg/kg)	0.77	3	17.06/0.12	0.28	0.60
有效 Mn(mg/kg)	5.49	3	200.3/0.00	0.32	0.95
有效 B(mg/kg)	0.12	5	0.7/痕量	0.10	0.87

雷州半岛地貌沿着纵线中央高，东西两边低，南北两端高而中间低，地形多为台地，相对高度一般不超过10m。成土母质北部为砂页岩，中部为浅海沉积物，南部为玄武岩。土壤类型主要有浅海沉积物砖红壤和玄武岩砖红壤，其次为砂页岩红壤、花岗岩砖红壤。按土壤调查规范，对雷州半岛桉树人工林地进行了土壤普查，共采集不同母质、不同桉树品种下的土壤混合分析样品395个。土壤有机质含量1.44~46.12g/kg，缺乏(4、5级)的为主，占73%，极缺乏的占12.4%，合计85.4%，由此可见雷州半岛桉树人工林土壤有机质含量严重偏低。全N含量0.12~2.54g/kg极缺乏的占64.19%，4级以下合计占92.29%；速效N 6.73~231.0mg/kg 4级以下占92.84%，土壤中的N素含量十分低，这与土壤中有机质含量低有一定关系。土壤中全P含量0.02~0.91g/kg属4级以下占100%，有效P从痕量至84.75mg/kg属4级以下占95.87%，其中极缺乏的全P和有效P都是占88.98%，可见桉树人工林土壤P素含量水平极低。K元素的含量也属极缺乏程度，无论是全K还是速效K，属5级以下的比例均在95%以上(钟继洪等，2005)。

表6-14 雷州半岛桉树林土壤分级分布养分状况　　　　　　　　　　%

养分	1级极富	2级富	3级中	4级低	5级缺乏	6级极缺乏
有机质	1.65	2.48	10.47	34.98	38.02	12.40
全 N	0.82	0.55	6.34	10.19	17.91	64.19
速效 N	0.55	1.93	4.68	19.83	26.45	46.56
全 P_2O_5	—	—	—	2.76	8.26	88.98
速效 P	0.28	1.10	2.75	3.31	3.58	88.98
全 K_2O	—	0.55	0.00	2.75	7.99	88.71
速效 K	—	0.55	0.55	3.31	5.23	90.36
有效 Cu	6.89	2.75	30.03	30.03	20.11	40.22
有效 Zn	4.69	11.3	24.24	24.24	28.37	31.4
有效 Mn	7.44	2.75	3.03	3.03	6.89	79.89
有效 B	—	—	1.93	1.93	13.22	84.85

按照全国土壤普查技术标准对土壤微量元素含量分级标准,桉树人工林土壤有效 B 极缺乏,属缺乏、极缺乏(4 级以下)的比例达 98.07%;桉树人工林土壤有效 Mn,有效 Cu,有效 Zn 也比较缺乏,属于缺乏、极缺乏的比例分别为 85.78%、60.33% 和 59.77%。这种情况显然与一般南方土壤中的有效 Mn、有效 Cu、有效 Zn 缺乏程度较轻的情况不同。

3. 粤西北土壤养分状况

地处粤西北的清远是广东桉树发展的重要地区之一,地势以山地为主。在清远的高田镇采集了土壤样品 8 个,并进行了详细分析,结果见表 6-15 和表 6-16。

表 6-15　高田桉树林地土壤养分状况

养分	平均值	等级	极值(最大/最小)	标准差	变异系数
pH	4.42	—	4.69/4.31	0.11	0.03
有机质(g/kg)	18.51	4	24.65/13.43	3.87	0.21
全 N(g/kg)	0.61	5	0.79/0.23	0.17	0.29
速效 N(mg/kg)	68.70	4	104.20/47.80	20.08	0.29
全 P_2O_5(g/kg)	0.09	6	0.12/0.08	0.01	0.15
速效 P(mg/kg)	0.30	6	0.48/0.17	0.11	0.36
全 K_2O(g/kg)	18.27	3	34.48/6.61	9.39	0.51
速效 K(mg/kg)	49.10	5	71.30/24.70	14.68	0.30
速效 Zn(mg/kg)	0.88	3	0.96/0.74	0.08	0.09
速效 Cu(mg/kg)	0.34	3	0.41/0.21	0.07	0.20
速效 Mg(mg/kg)	2.80	—	5.00/1.70	1.03	0.37
速效 Ca(mg/kg)	26.10	—	62.50/11.70	16.70	0.64
有效 S(mg/kg)	83.70	—	108.20/69.80	14.22	0.17
速效 Mn(mg/kg)	24.68	2	49.62/9.21	15.48	0.63
有效 B(mg/kg)	0.306	4	0.422/0.235	0.06	0.20

表 6-16　高田桉树林地土壤养分分级分布状况　　　　　　　　　　%

养分	1 级极富	2 级富	3 级中	4 级低	5 级缺乏	6 级极缺乏	Σ
pH	—	—	—	—	—	—	100
有机质	—	—	37.5	62.5	—	—	100
全 N	—	—	12.5	62.5	25.0	—	100
速效 N	—	—	25.0	25.0	50.0	—	100
全 P_2O_5	—	—	—	—	—	100.0	100
速效 P	—	—	—	—	—	100.0	100
全 K_2O	25.0	—	25.0	25.0	25.0	—	100

(续)

养分	1级极富	2级富	3级中	4级低	5级缺乏	6级极缺乏	∑
速效 K	—	—	—	62.5	25.0	12.5	100
速效 Zn	—	—	100.0	—	—	—	100
速效 Cu	—	—	100.0	—	—	—	100
速效 Mg	—	—	—	—	—	—	100
速效 Ca	—	—	—	—	—	—	100
有效 S	—	—	—	—	—	—	100
速效 Mn	40.0	20.0	40.0	—	—	—	100
有效 B	—	—	—	100.0	—	—	100

按照全国土壤普查技术标准对土壤微量元素含量分级标准,桉树人工林土壤有机质含量13.43~24.65g/kg,以4级低下为主,占62.5%;全N 0.229~0.785g/kg 和速效N 47.8~104.2mg/kg 的含量以5级缺乏为主;全P 0.078~0.124g/kg 和速效P 0.17~0.48mg/kg 则均为6级极缺乏,占100%;K 的情况稍好一些,全K 6.61~34.48g/kg,1~3级占50%,4~5级占50%,速效K 24.7~71.3mg/kg 含量较低,4级及以下占100%;桉树人工林土壤中微量元素有效Cu 和Zn 含量中等,Mn 的含量中等以上,但有效B 缺乏,4级占100%。

四、福建闽南山地桉树人工林土壤养分状况

福建也是我国桉树主要栽培地区之一,据全国第九次森林资源清查结果显示,福建有20.88万 hm² 的桉树人工林,占全国桉树总面积的3.82%。

土壤样品来自闽南地区巨尾桉($E.\ grandis \times E.\ urophylla$)人工林,生长类型中选择18块标准地进行土壤调查(表6-17和表6-18)。土壤有机质含量为14.94~24.13g/kg 属中级和低级各占50%;全N 0.729~1.336g/kg 和速效N 57.7~94.8mg/kg 分别以中级3级和低级4级为主,土壤中的N素含量十分低。土壤中有全P 0.129~0.201g/kg 和速效P 0.58~0.98mg/kg 属6级缺乏占100%,可见桉树人工林土壤P素含量水平极低;全K 9.34~23.51g/kg 和速效K元素69.0~154.7mg/kg 的含量以3级水平为主,属于中等的状态。桉树人工林土壤中的Cu、Zn、Mn 都比较丰富,但B缺乏。

表6-17 漳州桉树林地土壤养分状况

养分	平均值	等级	极值(最大/最小)	标准差	变异系数
pH	4.54	—	4.75/4.36	0.12	0.03
有机质(g/kg)	19.80	4	24.13/14.94	2.55	0.13
全 N(g/kg)	1.02	3	1.34/0.73	0.20	0.20
速效 N(mg/kg)	78.40	4	94.80/57.70	9.90	0.13
全 P_2O_5(g/kg)	0.17	6	0.20/0.13	0.02	0.12
速效 P(mg/kg)	0.70	6	0.98/0.58	0.13	0.19

(续)

养分	平均值	等级	极值(最大/最小)	标准差	变异系数
全 K_2O (g/kg)	16.08	3	23.51/9.34	4.72	0.29
速效 K (mg/kg)	98.40	3	119.90/69.00	19.20	0.20
速效 Zn (mg/kg)	1.34	2	1.69/1.17	0.17	0.13
速效 Cu (mg/kg)	1.29	2	1.95/0.90	0.32	0.26
速效 Mg (mg/kg)	5.40	—	8.00/3.00	1.85	0.35
速效 Ca (mg/kg)	26.90	—	36.80/19.30	6.47	0.24
有效 S (mg/kg)	63.50	—	84.30/34.30	14.02	0.22
速效 Mn (mg/kg)	39.13	1	66.75/26.59	11.09	0.28
有效 B (mg/kg)	0.14	5	0.19/0.09	0.03	0.25

表 6-18　漳州桉树林地土壤养分分级分布状况　　　　　　　　　　　　　　%

养分	1级极富	2级富	3级中	4级低	5级缺乏	6级极缺乏	Σ
pH	—	—	—	—	—	—	100
有机质	—	—	50.0	50.0	—	—	100
全 N	—	—	62.5	25.0	12.5	—	100
速效 N	—	—	12.5	75.0	12.5	—	100
全 P_2O_5	—	—	—	—	100.0	—	100
速效 P	—	—	—	—	100.0	—	100
全 K_2O	—	12.5	50.0	12.5	25.0	—	100
速效 K	—	—	50.0	50.0	—	—	100
速效 Zn	—	100.0	—	—	—	—	100
速效 Cu	12.5	62.5	25.0	—	—	—	100
速效 Mg	—	—	—	—	—	—	100
速效 Ca	—	—	—	—	—	—	100
有效 S	—	—	—	—	—	—	100
速效 Mn	87.5	12.5	—	—	—	—	100
有效 B	—	—	—	100.0	—	—	100

五、云南桉树人工林土壤养分状况

云南是我国桉树栽培面积最早的地区之一，据全国第九次森林资源清查结果显示，云南有 42.24 万 hm^2 的桉树人工林，占全国桉树总面积的 7.73%。云南桉树的分布特点是中部和西部以蓝桉和史密斯桉为主，南部则以尾巨桉为主。此次土壤采集的地区为中部地区的蓝桉人工林中，土壤样品数量为 50 个，分析结果见表 6-19 和表 6-20。

表 6-19　云南桉树林地土壤养分状况

养分	平均值	等级	极值(最大/最小)	标准差	变异系数
pH	5.64	—	7.15/4.51	0.70	0.13
有机质(g/kg)	11.97	4	23.28/3.84	4.79	0.40
速效 N(mg/kg)	32.1	5	73.80/9.80	13.86	0.43
速效 P(mg/kg)	8.79	4	40.34/1.70	8.35	0.95
速效 K(mg/kg)	66.70	4	204.50/19.30	42.59	0.64
有效 B(mg/kg)	152.20	1	380.00/45.00	72.80	0.48

表 6-20　云南桉树林地土壤养分分级分布状况　　　　　　　　　　　　　　%

养分	1级极富	2级富	3级中	4级低	5级缺乏	6级极缺乏	Σ
有机质	—	—	6.0	58.0	30.0	6.0	100
速效 N	—	—	—	4.0	48.0	48.0	100
速效 P	2.0	8.0	18.0	34.0	18.0	20.0	100
速效 K	2.0	4.0	12.0	36.0	28.0	18.0	100
有效 B	100.0	—	—	—	—	—	100

土壤中有机质的含量在 3.84~23.28g/kg 以 4 级低下为主，绝大部分在 4 级和 4 级以下，属于缺乏状态；速效 N 含量 9.8~73.8mg/kg，5 级缺乏和 6 级极缺乏占 96%；速效 P 含量 1.70~40.34mg/kg，4 级缺乏及以下占 72%；速效 K 含量 19.3~204.5mg/kg，4 级缺乏及以下占 82%；有效 B 的含量为 45.0~380.0mg/kg，总体属于极丰富。

六、四川桉树人工林土壤养分状况

四川也是我国桉树栽培面积最早的地区之一，据全国第九次森林资源清查结果显示，四川有 18.43 万 hm^2 的桉树人工林，占全国桉树总面积的 3.37%。四川在 20 世纪 90 年代的桉树以巨桉为主，2000 年以后则以尾巨桉为主。此次土壤采集为四川南部地区的尾巨桉人工林中，土壤样品数量为 97 个，分析结果见表 6-21 和表 6-22。

表 6-21　四川桉树林地土壤养分状况

养分	平均值	等级	极值(最大/最小)	标准差	变异系数
pH	5.07	—	8.64/4.14	0.94	0.19
有机质(g/kg)	21.61	3	45.31/9.17	4.75	0.22
全 N(g/kg)	40.49	1	192.28/9.10	25.32	0.63
全 P_2O_5(g/kg)	0.01	6	0.05/0.004	0.01	0.55
全 K_2O(g/kg)	0.09	6	0.26/0.02	0.04	0.50
有效 B(mg/kg)	0.35	4	0.71/0.09	0.13	0.36

表 6-22 四川桉树林地土壤养分分级分布状况　　　　　　　　%

养分	1级极富	2级富	3级中	4级低	5级缺乏	6级极缺乏	Σ
有机质	1.0	5.2	52.6	40.2	1.0	—	100
全 N	100.0	—	—	—	—	—	100
全 P_2O_5	—	—	—	—	—	100.0	100
全 K_2O	—	—	—	—	—	100.0	100
有效 B	—	—	10.3	79.4	10.3	—	100

土壤中有机质的含量在 9.17~45.31g/kg 以 3 级中等和 4 级低下为主，合计占 92.8%；全 N 含量 9.096~192.281g/kg，含量极为丰富；全 P 含量 0.004~0.053g/kg，6 级极缺占 100%；全 K 含量 0.02~0.26g/kg，6 级极缺占 100%；有效 B 的含量为 0.093~0.707mg/kg，4 级低含量及以下占 89.7%，总体属于缺乏。

七、江西桉树人工林土壤养分状况

江西是我国桉树栽培的北缘地区，主要的栽培地区为南部的赣州市，据全国第九次森林资源清查结果显示，江西有 1.28 万 hm^2 的桉树人工林，只占全国桉树总面积的 0.234%。此次土壤采集为江西南部地区的尾巨桉人工林，土壤样品数量为 29 个，分析结果见表 6-23 和表 6-24。

表 6-23 赣南桉树林地土壤养分状况

养分	平均值	等级	极值(最大/最小)	标准差	变异系数
pH	4.62	—	5.08/4.18	0.20	0.04
有机质(g/kg)	15.08	4	27.49/2.70	6.37	0.42
速效 N(mg/kg)	44.50	5	79.50/12.0	18.56	0.42
速效 P(mg/kg)	1.83	6	27.75/0.15	5.63	3.09
速效 K(mg/kg)	38.70	5	105.00/13.50	23.90	0.62

表 6-24 赣南桉树林地土壤养分分级分布状况　　　　　　　　%

养分	1级极富	2级富	3级中	4级低	5级缺乏	6级极缺乏	Σ
有机质	—	—	24.1	51.7	13.8	10.4	100
速效 N	—	—	—	31.0	41.4	27.6	100
速效 P	—	3.4	3.5	—	—	93.1	100
速效 K	—	—	3.5	27.6	17.2	51.7	100

土壤中有机质的含量在 2.70~27.49g/kg 以 4 级低下和 4 级低下为主，合计占 75.9%；速效 N 含量 12.0~79.5mg/kg，4 级低下和 4 级低下，合计占 100%；速效 P 含量 0.15~27.75mg/kg，6 级极缺乏占 93.1%；速效 K 含量 13.5~105.0mg/kg，4 级低含量及以下占 96.5%，总体属于缺乏。

第二节　施肥处理对桉树中大径材培育效应

在广西东门林场的施肥试验，主要测试大量元素 N、P 和 K 的不同配比，六种配比包括 N(100，150，200 和 300kg/hm²) 4 个量、P(50，100，150 和 200kg/hm²) 4 个量和 K(50，100，150 和 200kg/hm²) 4 个量；其中 N 肥为含 N 34%的硝酸铵、P 肥为含 P_2O_5 20.7%的过磷酸钙、K 肥为含 K_2O 50%的氯化钾；挖小洞在树的两边埋施。肥料试验的详细情况见表 6-25。

表 6-25　肥料试验的详细情况

处理号	全部追肥	第一次追肥	第二次追肥	编号*	元素总量(kg/hm²)
1	$N_{300}\,P_{200}\,K_{200}$	$N_{150}\,P_{100}\,K_{100}$	$N_{150}\,P_{100}\,K_{100}$	hNPK	700
2	$N_{200}\,P_{100}\,K_{150}$	$N_{100}\,P_{50}\,K_{100}$	$N_{100}\,P_{50}\,K_{50}$	mNKlP	450
3	$N_{200}\,P_{150}\,K_{100}$	$N_{100}\,P_{50}\,K_{50}$	$N_{100}\,P_{100}\,K_{50}$	mNPlK	450
4	$N_{150}\,P_{100}\,K_{100}$	$N_{100}\,P_{50}\,K_{50}$	$N_{50}\,P_{50}\,K_{50}$	mNlPK	350
5	$N_{100}\,P_{50}\,K_{50}$	$N_{50}\,P_0\,K_{50}$	$N_{50}\,P_{50}\,K_0$	lNvlPK	200
6	$N_{100}\,P_{150}\,K_{150}$	$N_{50}\,P_{50}\,K_{50}$	$N_{50}\,P_{100}\,K_{100}$	lNmPK	400

注：*h 为高，m 为中，l 为低，vl 为很低。

一、施肥处理对胸径生长的影响

1. 施肥对平均胸径生长的影响

施肥对平均胸径的影响从 27 月生起测开始到 110 月生时都达到显著状态。最大的施肥量(hNPK)平均胸径最大，最小的施肥量(lNvlPK)平均胸径最小。但施肥对平均胸径的影响效果随着年龄的增大而减少(表 6-26)。

(1) 99 月生时平均胸径(Y)与施肥量(X)的关系：$Y=0.001X+15.2$，$R^2=0.59$；

(2) 192 月生时平均胸径与施肥量(N+P+K)的关系：$Y=0.0009X+18.8$，$R^2=0.26$。

表 6-26　施肥处理对平均胸径的生长影响

月龄	1 hNPK	2 mNKlP	3 mNPlK	4 mNlPK	5 lNvlPK	6 lNmPK	平均	LSD ($P=0.05$)
	平均 DBH(cm)							
27	9.5	9.0	9.2	9.2	8.8	9.1	9.2	0.2
37	11.1	10.6	10.8	10.8	10.4	10.6	10.7	0.2
50	12.7	12.3	12.5	12.4	12.1	12.2	12.4	0.3
62	14.0	13.6	13.8	13.6	13.3	13.4	13.6	0.5

(续)

月龄	1 hNPK	2 mNKlP	3 mNPlK	4 mNlPK	5 lNvlPK	6 lNmPK	平均	LSD ($P=0.05$)
				平均DBH(cm)				
75	14.8	14.4	14.6	14.5	14.2	14.3	14.4	0.3
88	15.3	14.9	15.2	15.0	14.7	14.8	15.0	0.3
99	15.9	15.6	15.8	15.7	15.4	15.4	15.6	0.4
110	16.6	16.2	16.4	16.4	16.0	16.0	16.3	0.4
144	17.9	17.5	17.7	17.7	17.4	17.4	17.6	NS
192	19.3	19.0	19.6	19.3	18.8	19.0	19.2	NS

注：NS表示差异不显著，下同。

2. 施肥对平均胸径增长的影响

各种施肥处理对于胸径增长的影响甚小，见表6-27，在8、9阶段曲线走高是因为8阶段时间间隔为34个月而9阶段为48个月，时间拉长了，前期都是12个月左右。

表6-27 施肥处理对平均胸径增长的影响

	月龄	1 hNPK	2 mNKlP	3 mNPlK	4 mNlPK	5 lNvlPK	6 lNmPK	平均	LSD ($P=0.05$)
					平均胸径增长(cm)				
1	27~37	1.57	1.59	1.58	1.59	1.68	1.50	1.58	NS
2	37~50	1.64	1.65	1.67	1.61	1.66	1.66	1.65	NS
3	50~62	1.25	1.30	1.30	1.21	1.22	1.17	1.24	NS
4	62~75	0.78	0.80	0.83	0.83	0.85	0.84	0.82	NS
5	75~88	0.56	0.55	0.59	0.58	0.56	0.55	0.56	NS
6	88~99	0.61	0.63	0.61	0.67	0.67	0.60	0.63	NS
7	99~110	0.63	0.64	0.64	0.65	0.61	0.59	0.63	NS
8	110~144	1.30	1.30	1.27	1.37	1.37	1.41	1.34	NS
9	144~192	1.47	1.45	1.87	1.54	1.42	1.53	1.55	0.16

二、施肥处理对树高生长的影响

1. 平均高生长的影响

6个施肥处理对平均高生长的影响从12月起测开始到88月生时一直是显著状态，最大的施肥量(hNPK)平均高最大，最小的施肥量(lNvlPK)平均高最小。但施肥对平均高的影响效果随着年龄的增大而减少。见表6-28。

表 6-28　施肥对平均高生长的影响

月龄	1 hNPK	2 mNKlP	3 mNPlK	4 mNlPK	5 lNvlPK	6 lNmPK	平均	LSD ($P=0.05$)
				平均高(m)				
12	3.9	3.7	3.8	3.7	3.3	3.8	3.7	0.2
27	11.9	11.2	11.5	11.8	11.0	11.4	11.4	0.3
37	14.7	14.0	14.3	14.3	13.8	14.2	14.2	0.4
50	17.4	16.7	16.9	17.0	16.6	17.0	16.9	0.4
62	19.3	18.8	19.0	19.1	18.6	18.9	19.0	0.4
75	21.7	21.0	21.6	21.2	20.7	21.2	21.2	0.5
88	23.3	22.7	23.0	22.9	22.3	22.9	22.9	0.4
99	24.0	23.5	23.7	23.6	23.2	23.6	23.6	NS
110	24.7	24.3	24.4	24.4	23.9	24.3	24.4	0.5
144	26.2	25.8	25.9	25.8	25.5	25.9	25.9	NS
192	27.0	26.8	26.8	26.8	26.6	26.9	26.8	NS

2. 平均高增长的影响

6个施肥处理效果只在12~27月生增长阶段达到显著差异，之后的差距都不显著（表6-29）。

表 6-29　施肥对平均高增长的影响

月龄	1 hNPK	2 mNKlP	3 mNPlK	4 mNlPK	5 lNvlPK	6 lNmPK	平均	LSD ($P=0.05$)
				平均高增长(m)				
12~27	8.0	7.5	7.6	7.8	7.7	7.6	7.7	0.2
27~37	2.9	2.8	2.8	2.8	2.8	2.8	2.8	NS
37~50	2.7	2.7	2.6	2.7	2.8	2.7	2.7	NS
50~62	1.9	2.1	2.1	2.1	1.9	1.9	2.0	NS
62~75	2.4	2.2	2.5	2.2	2.1	2.3	2.3	NS
75~88	1.5	1.7	1.5	1.6	1.6	1.7	1.6	NS
88~99	0.8	0.8	0.6	0.7	0.8	0.7	0.7	NS
99~110	0.7	0.8	0.7	0.8	0.8	0.8	0.8	NS
110~144	1.4	1.5	1.4	1.4	1.6	1.6	1.5	NS
144~192	0.8	0.9	0.9	1.0	1.0	0.9	0.9	NS

三、施肥处理对断面积生长的影响

不同施肥处理显著影响断面积的生长，最大施肥量（hNPK）断面积生长量最大，最小的施肥量(lNvlPK)断面积生长量最小(表6-30)。

表6-30 施肥对林分断面积生长的影响

月龄	1 hNPK	2 mNKlP	3 mNPlK	4 mNlPK	5 lNvlPK	6 lNmPK	平均	LSD ($P=0.05$)
	断面积(m^2/hm^2)							
27	8.4	7.5	7.8	7.6	6.9	7.5	7.6	0.4
37	11.3	10.2	10.6	10.4	9.7	10.1	10.4	0.5
50	14.7	13.5	13.9	13.5	12.9	13.3	13.6	0.6
62	17.5	16.3	16.8	16.2	15.4	15.8	16.3	0.7
75	19.4	18.2	18.7	18.0	17.4	17.8	18.2	0.8
88	20.8	19.5	20.2	19.4	18.7	19.1	19.6	0.9
99	22.4	21.1	21.8	21.1	20.3	20.7	21.2	1.0
110	24.2	22.8	23.5	22.7	21.8	22.2	22.9	1.3
144	27.8	26.4	26.4	27.3	26.4	25.8	26.5	1.3
192	32.4	30.8	30.8	31.5	30.9	30.3	30.9	1.7

四、施肥处理对蓄积生长的影响

施肥一直显著影响林分蓄积量的生长,最大的施肥量(hNPK)蓄积最大,最小的施肥量(lNvlPK)蓄积最小。但施肥对蓄积生长的影响效果随着年龄的增大而减少。

表6-31 施肥对林分蓄积生长量的影响

月龄	1 hNPK	2 mNKlP	3 mNPlK	4 mNlPK	5 lNvlPK	6 lNmPK	平均	LSD ($P=0.05$)
	蓄积量(m^3/hm^2)							
27	50.54	43.49	45.4	44.72	39.53	43.92	44.60	2.2
37	81.14	70.64	73.75	72.25	66.15	69.95	72.31	3.3
50	121.21	107.38	111.49	108.46	102.15	106.63	109.55	4.6
62	157.55	143.01	149.44	143.48	134.62	139.32	144.57	5.8
75	194.64	176.52	185.47	176.29	166.28	173.97	178.86	7.2
88	220.77	202.65	211.04	203.09	190.55	200.28	204.73	8.4
99	244.50	225.31	233.57	226.59	213.65	222.63	227.71	9.9
110	270.23	249.91	258.68	251.25	233.64	244.92	251.44	10.8
144	327.46	307.75	317.8	306.38	287.45	301.72	308.09	13.4
192	391.71	373.84	374.18	371.32	344.41	366.22	370.28	17.9

第三节 单株施肥总量不同对桉树中大径材培育效应

在广西东门林场的施肥试验是基于面积计算的施肥量，即单位面积的施肥量是相同的，主要测试大量元素 N、P 和 K 的不同配比，六种配比包括 N(100，150，200 和 300kg/hm²)、P(50，100，150 和 200kg/hm²)和 K(50，100，150 和 200kg/hm²)各 4 个量；本试验中还包括不同造林密度，经过统计分析，肥料与造林初植密度间并无交互作用，因此开展了单株施肥总量对桉树大径材生长作用分析。以初植密度 3m×5m 和初植密度 3m×4m 为例分析按照小区内单株施肥总量不同而产生的相应效应。

一、施肥总量对密度 3m×5m 中大径材效果

1. 单株施肥总量不同对平均胸径生长的影响

初植密度 3m×5m 是中大径材培育的良好初植密度，该密度共有 5 个梯度的 NPK 施肥总量，NPK 之和分别为 300、525、600、675 和 1200g/株，见表 6-32。选择其中的三种施肥处理，即每株施肥量为 1200、600 和 300g/株为代表绘制图 6-1，虽然单株施肥量的差距为 4 倍、2 倍和 1 倍，但平均胸径生长量的差距很小；施肥量 1200g/株和 600g/株比 300g/株的胸径生长从 27 月生多 6.91%和 3.86%、62 月生多的 6.15%和 1.33%、144 月生多 4.50%和 1.15%，差距在逐年缩小。达到平均胸径 16cm 中径材标准的时间都在 5 年左右，达到 20cm 中径材的时间都在 9 年左右；施肥量的基本结果还是肥料越多，平均胸径生长量越大，但增加的幅度随时间而变小，说明 300g/株施肥总量已经能够满足该立地条件下桉树生长的基本需求，超过这个量，促进胸径生长的作用有限。

表 6-32 单株施肥总量不同对平均胸径效果   cm、g/株

NPK 之和	27 月	37 月	42 月	50 月	62 月	75 月	88 月	99 月	110 月	144 月	192 月
1200	10.52	12.56	13.58	14.78	16.75	17.72	18.49	19.32	20.3	21.82	23.61
675	10.16	12.28	13.32	14.49	16.44	17.44	18.24	19.09	19.96	21.6	23.36
600	10.22	12.11	13.1	14.24	15.99	17.08	17.88	18.79	19.58	21.12	23.05
525	10.53	12.61	13.58	14.71	16.51	17.71	18.48	19.25	20.41	22.02	24.06
300	9.84	12.02	12.94	14.07	15.78	16.93	17.59	18.38	19.22	20.88	22.63

2. 单株施肥总量不同对蓄积生长的影响

不同施肥量的基本结果还是肥料越多蓄积生长量越大，见表 6-33。仍然选择差距为 4 倍、2 倍和 1 倍的三种施肥处理，即每株施肥量为 1200、600 和 300g/株为代表绘制图 6-2，施肥量 1200g/株和 600g/株比 300g/株的蓄积生长从 27 月生多 26.77%和 16.75%、62 月生多 25.32%和 12.40%、144 月生多 23.39%和 12.12%，差距相对比较稳定。

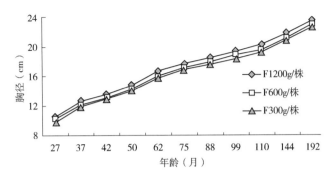

图 6-1 单株施肥总量不同对平均胸径效果

表 6-33 单株施肥总量不同对蓄积生长效果　　　　cm、g/株

NPK 之和	27 月	37 月	42 月	50 月	62 月	75 月	88 月	99 月	110 月	144 月	192 月
1200	34.14	58.23	72.79	94.1	136.18	168.28	193.3	223.39	259.03	321.79	389.58
675	29.9	52.67	66.99	87.53	126.09	158.3	184.84	212.32	238.98	300.09	361.59
600	31.44	52.8	65.92	85.32	122.14	155.69	182.34	207.45	234.35	292.4	364.24
525	31	53.36	65.64	85	122.44	152.27	176.89	201.6	233.78	296.96	364.27
300	26.93	48.2	59.29	77.08	108.67	139.85	162.54	187.17	204.75	260.79	318.3

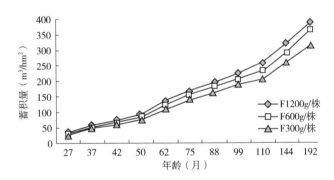

图 6-2 单株施肥总量不同对蓄积生长效果

二、施肥总量对密度 3m×4m 中大径材效果

1. 单株施肥总量不同对平均胸径生长的影响

密度 3m×4m 也是中大径材培育的良好初植密度，在本次试验中，该密度的施肥处理也有 5 个梯度，NPK 之和分别为 240、420、480、540 和 960g/株，见表 6-34。选择其中的三种施肥处理，即每株施肥量为 960、480 和 240g/株为代表绘制图 6-3，虽然单株施肥量的差距为 4 倍、2 倍和 1 倍，但平均胸径生长量的差距有变化；施肥量 960g/株和 480g/株比 240g/株的胸径生长从 27 月生多 14.01% 和 10.75%、62 月生多的 7.13% 和 1.48%、144 月生多 1.76% 和 -2.76%，差距在逐年明显缩小，甚至还小于对照。达到平均胸径 16cm 中径材标准的时间都在 6 年左右，达到 20cm 中径材的时间都在 12 年左右。施肥量越多，平均胸径生长量越大，但增加的幅度随时间而显著变小，说明

240g/株施肥总量已经能够满足该立地条件下桉树生长的基本需求，超过这个量，促进胸径生长的作用有限。

表6-34 单株施肥总量不同对平均胸径效果　　　　　　　　　　　　　　　　cm、g/株

NPK 之和	27月	37月	42月	50月	62月	75月	88月	99月	110月	144月	192月
960	10.5	12.47	13.45	14.4	15.93	16.87	17.42	18.22	18.82	20.28	22.05
540	10.21	12.01	13.00	14.02	15.47	16.52	17.16	17.86	18.6	20.11	21.77
480	10.2	11.69	12.79	13.82	15.09	16.02	16.59	17.35	17.88	19.38	21.08
420	10.2	11.69	12.79	13.82	15.09	16.02	16.59	17.35	17.88	19.38	21.08
240	9.21	11.31	12.42	13.41	14.87	15.99	16.63	17.56	18.3	19.93	21.54

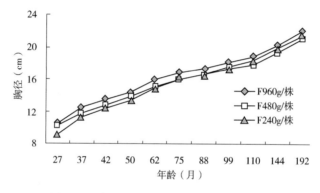

图6-3 单株施肥总量不同对平均胸径效果

2. 单株施肥总量不同对蓄积生长的影响

不同施肥量的基本结果还是肥料越多，蓄积生长量越大，如表6-35所示，但在110月开始，这个趋势被打破。仍然选择差距为4倍、2倍和1倍的三种施肥处理，即每株施肥量为960、480和240g/株为代表绘制图6-4，施肥量960g/株和480g/株比240g/株的蓄积生长从27月生多44.07%和35.15%、62月生多的13.29%和3.07%、144月生多2.27%和-3.49%，早期差距比较大，随着时间推移，差距越来越小，甚至出现比对照还小的情况；说明240g/株的施肥量在长周期的桉树培育过程中，能够满足桉树生长的基本要求。

表6-35 单株施肥总量不同对蓄积生长效果　　　　　　　　　　　　　　　　m³、g/株

NPK	27月	37月	42月	50月	62月	75月	88月	99月	110月	144月	192月
960	43.28	74.7	92.49	112.92	145.78	183.86	211.28	237.35	260.42	319.14	389.47
540	39.52	65.62	82.58	102.8	138.29	179.65	204.45	227.3	258.24	322.73	392.27
480	40.6	63.78	79.96	101.92	132.63	169.13	196.45	221.78	242.1	301.17	369.2
420	39.6	64.58	80.98	100.68	135.46	175.87	199.96	221.45	250.17	313.58	381.03
240	30.04	55.89	72.86	92.13	128.68	160.65	184.67	214.08	242.43	312.07	383.96

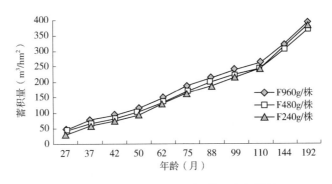

图 6-4 单株施肥总量不同对蓄积生长效果

三、施肥 P、K 总量不同对中大径材影响效果

1. 不同 P 和 K 用量对平均胸径生长的影响

在造林密度、施肥总量和 N 相同的条件下，比较不同 P 和 K 用量对桉树中大径材的促进效果。从表 6-36、表 6-37 可以判断，P_1 即磷肥对平均胸径生长的促进高于钾肥，平均胸径生长从 27 月生多 3.50%、62 月生多 2.65%、144 月生多 4.02%，一直保持领先，差距保持比较稳定状态。但达到平均胸径 16cm 中径材标准的时间都在 5 年左右，达到 20cm 中径材的时间都在 9 年左右。

表 6-36　对比的施肥条件　　　　　　　　　　　　　　　　　　　　g/株

处理号	密度	施肥总量	N	P	K
P_1	3m×5m	675	300	225	150
K_1	3m×5m	675	300	150	225

表 6-37　P、K 对平均胸径效果对比　　　　　　　　　　　　　　　　cm

比较号	27月	37月	42月	50月	62月	75月	88月	99月	110月	144月	192月
P_1	10.34	12.44	13.53	14.68	16.65	17.66	18.48	19.4	20.26	22.02	23.73
K_1	9.99	12.11	13.11	14.3	16.22	17.22	17.99	18.78	19.66	21.17	22.99

2. 不同 P 和 K 量对蓄积生长的影响

在造林密度、施肥总量和 N 相同的条件下，比较不同 P 和 K 对中大径材的蓄积生长量促进效果。从 27 月生多 5.74%、62 月生多 4.04%、144 月生多 7.99%，差距在逐年拉大，见表 6-38，即 P 肥对蓄积生长的促进作用高于 K 肥，蓄积生长始终保持领先。

表 6-38　P、K 对蓄积效果对比　　　　　　　　　　　　　　　　m^3/hm^2

处理	27月	37月	42月	50月	62月	75月	88月	99月	110月	144月	192月
P_1	30.74	54.17	69.65	90.89	128.59	163.75	190.22	219.55	246.75	311.62	373.74
K_1	29.07	51.17	64.33	84.17	123.6	152.85	179.47	205.08	231.22	288.57	349.45

第四节 土壤养分含量与施肥处理及林分生长之间关系

土壤样品在 48 个小区进行，采集点在每个小区 3 株优势木半径 1.5m 的范围内，分别挖土壤剖面取土，然后将三个点的土样分层混合。选择好挖掘土壤剖面的位置后，先挖一个 1.0m×1.5m 的长方形土坑，长方形较窄的向阳一面作为观察面，挖出的土壤放在土坑两侧。土壤剖面按自下而上采取 0~50cm 土层的混合土样。由于有 4 个重复，需取得土壤混合样品，采样方法是在确定的采样点上，用小土铲向下切取一片片的土壤样品，然后将样品集中起来混合均匀。采集的样品装入样品袋，重量 2kg 左右，用铅笔写好标签，内外各一张，标签需注明采样地点、日期、采样深度或部位、编号及采样人等，同时做好采样记录。

一、土壤养分含量现状与施肥处理的关系

根据土壤样品分析结果与不同施肥量进行统计分析（表 6-39~表 6-41，图 6-5~图 6-7），结果发现，虽然在造林后的 3 个月以及 38 个月后 2 次大量施肥，而且几个施肥处理的施肥量差距很大，但从分析结果来看，到 192 月生时，土壤养分 N、P、K 的有效含量与不同施肥处理之间没有多少关系，特别是土壤速效 N，几乎没有关系；土壤 P 的含量有一些关系，但没有达到显著水平，说明 P 肥有少量改善土壤 P 含量的作用；土壤 K 的关系介乎 N、P 之间。

表 6-39　N、P、K 施肥量　　　　　　　　　　g/株

施肥	1	2	3	4	5	6
N	60	90	120	180	240	360
P	30	60	120	180	240	—
K	30	60	90	120	180	—

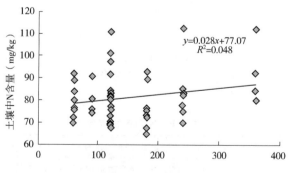

图 6-5　施 N 与土壤中含 N 量

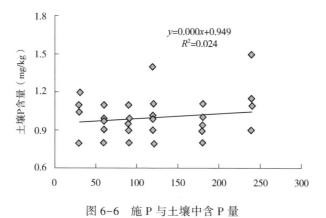

图 6-6 施 P 与土壤中含 P 量

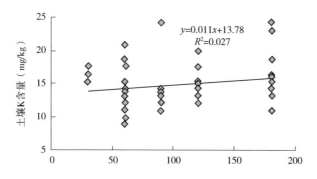

图 6-7 施 K 与土壤中含 K 量

表 6-40 不同施肥量对土壤中 N、P、K 含量影响

肥料元素	施肥量(g/株)	自由度	均值	标准差
N	60	8	79.84	7.75
	90	4	80.50	7.43
	120	16	82.09	12.55
	180	8	76.36	9.88
	240	8	83.03	12.87
	360	4	80.78	27.19
	合计	48	80.68	12.41
P	30	4	1.60	1.15
	60	12	0.98	0.12
	90	8	0.95	0.09
	120	12	1.02	0.21
	180	8	0.94	0.09
	240	4	1.15	0.25
	合计	48	1.04	0.37

(续)

肥料元素	施肥量(g/株)	自由度	均值	标准差
K	30	4	16.50	0.90
	60	12	13.75	3.74
	90	8	13.89	4.32
	120	8	15.13	2.55
	180	12	16.13	3.99
	合计	44	14.69	3.77

表6-41 不同施肥量对土壤中 N、P、K 含量影响方差分析表

元素		平方和	自由度	均分	F	Sig.
N	组间	230.94	5	46.19	0.28	0.92
	组内	7008.89	42	166.88	—	—
	合计	7239.83	47	—	—	—
P	组间	1.51	5	0.30	2.58	0.05
	组内	4.91	42	0.12	—	—
	合计	6.42	47	—	—	—
K	组间	82.20	5	16.44	1.18	0.34
	组内	586.90	42	13.97	—	—
	合计	669.10	47	—	—	—

二、土壤养分含量现状与林分生长过程的关系

林分生长量选择27、50、88、144和192月生进行典型生长过程分析，生长量选择平均胸径、平均高、优势高和蓄积生长四个指标；将27月生定义为早期生长，50、88月生定义为中期生长，144、192月生定义为后期生长。分析结果表明，现时土壤有机质含量和pH值与林分主要观测值平均胸径、平均高、优势高和蓄积量从早期27月生到后期192月生的相关系数都很小，且差异不显著；原因可能是，所采土壤样品中有机质含量和pH值的差距较小。土壤样品中有机质含量最小16.52g/kg，最大为35.71g/kg，平均值为23.97g/kg；pH值最小4.25，最大5.01，平均4.5。蓄积量生长与这些分析元素关系除个别时间的个别元素之外也基本不密切，没达到显著水平，原因可能是土壤采样的立地条件除有机质和pH值差别不是很大之外，其他元素含量的差别也不是很大。尽管这样，还是可以通过统计分析，找出一些规律性的差别。

1. 早期生长

桉树早期生长量指标平均胸径、平均高、优势高与速效 N、P、K、Mg、Zn 含量关系紧密并达到0.05及以上的显著水平；优势高生长还与 B 含量关系紧密并达到0.05的显著水平。说明桉树的早期生长对于元素的需求比较丰富和多元化，见表6-42。

表6-42　土壤养分现状与林分生长过程的关系统计分析

林分生长量		平均胸径					平均高					优势高					蓄积量				
月龄（月）		27	50	88	144	192	27	50	88	144	192	27	50	88	144	192	27	50	88	144	192
pH	相关系数	0.02	0.08	0.14	0.14	0.14	-0.20	0.00	-0.18	0.00	0.04	-0.21	-0.19	-0.10	-0.07	-0.10	-0.21	-0.20	-0.08	-0.03	0.00
	P值	0.91	0.59	0.33	0.34	0.34	0.17	0.98	0.23	0.98	0.79	0.15	0.20	0.49	0.63	0.52	0.15	0.16	0.59	0.82	0.98
有机质	相关系数	0.06	0.02	0.00	-0.01	-0.01	-0.11	-0.06	-0.07	0.07	0.06	0.02	-0.08	-0.08	0.06	0.08	-0.10	-0.18	-0.21	-0.17	-0.13
	P值	0.69	0.89	1.00	0.93	0.92	0.48	0.66	0.63	0.62	0.68	0.91	0.59	0.61	0.67	0.59	0.50	0.24	0.16	0.24	0.40
N	相关系数	0.32	0.21	0.12	0.14	0.13	0.45	0.33	0.51	0.30	0.25	0.52	0.52	0.42	0.37	0.32	0.24	0.22	0.06	0.08	0.06
	P值	0.03	0.15	0.43	0.36	0.37	0.00	0.02	0.00	0.04	0.09	0.00	0.00	0.00	0.01	0.03	0.10	0.13	0.67	0.59	0.71
P	相关系数	0.32	0.25	0.19	0.19	0.17	0.40	0.29	0.38	0.30	0.28	0.43	0.40	0.35	0.39	0.43	0.19	0.20	0.16	0.19	0.16
	P值	0.03	0.08	0.21	0.21	0.25	0.01	0.04	0.01	0.04	0.05	0.00	0.01	0.01	0.01	0.00	0.20	0.18	0.29	0.20	0.28
K	相关系数	0.32	0.19	0.11	0.12	0.12	0.50	0.35	0.53	0.19	0.22	0.53	0.56	0.37	0.18	0.18	0.35	0.32	0.16	0.14	0.16
	P值	0.03	0.19	0.47	0.43	0.40	0.00	0.01	0.00	0.19	0.13	0.00	0.00	0.01	0.23	0.23	0.01	0.03	0.17	0.35	0.28
Mg	相关系数	0.33	0.24	0.18	0.20	0.20	0.32	0.26	0.36	0.17	0.23	0.31	0.31	0.19	0.04	0.07	0.18	0.11	0.04	0.01	0.04
	P值	0.02	0.11	0.21	0.18	0.18	0.03	0.08	0.01	0.25	0.12	0.03	0.31	0.19	0.77	0.63	0.23	0.47	0.78	0.97	0.77
Zn	相关系数	0.31	0.26	0.20	0.20	0.20	0.31	0.36	0.46	0.32	0.24	0.31	0.49	0.44	0.40	0.31	0.24	0.33	0.27	0.23	0.22
	P值	0.03	0.07	0.18	0.18	0.17	0.03	0.01	0.00	0.03	0.10	0.04	0.00	0.00	0.01	0.03	0.11	0.02	0.07	0.11	0.13
B	相关系数	0.11	0.05	-0.02	-0.02	-0.01	0.26	0.16	0.33	0.04	0.06	0.37	0.34	0.21	0.06	0.08	0.19	0.13	-0.04	-0.13	-0.11
	P值	0.45	0.75	0.89	0.88	0.96	0.08	0.27	0.02	0.80	0.66	0.01	0.02	0.16	0.69	0.60	0.19	0.39	0.82	0.38	0.46

2. 中期生长

在这个阶段，平均胸径生长与这些元素含量的关系都未达到显著水平；但平均高和优势高生长与速效 N、P、K、Mg、Zn、B 的含量关系紧密并达到 0.05 及以上的显著水平；蓄积量生长在 50 月生时与 K 和 Mg 达到了 0.05 著水平。

3. 后期生长

只是平均高和优势高 N、P 和 Zn 存在紧密关系并达到 0.05 的显著水平。

第五节 施肥对木材材性指标的影响

在初植密度 4m×2m 中选择了 3 个施肥处理，分别是①$N_{300}P_{200}K_{200}$、②$N_{200}P_{100}K_{150}$ 和③$N_{100}P_{50}K_{50}$ 进行材性影响分析，其中③是常规施肥处理。在 198 个月生时，每种施肥处理各砍 7 株解析木，合计 21 株，包括 2 株大的、3 株中等和 2 株小径级的样木，木材取样部位在样木的 1.3~3.0m 之间，具体取样部位见图 6-8。

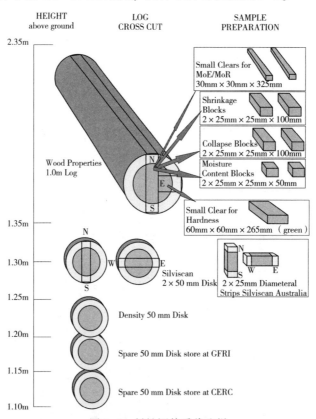

图 6-8 材性评估采伐取样

分析的木材材性指标包括抗弯强度、弹性模量、木材硬度、干缩率、皱缩率、基本密度和含水率等，这些指标能够充分反映木材作为锯材使用的潜力。

虽然三种施肥处理的胸径和树高生长量都没有达到显著差异的水平（表 6-43），但是木材的抗弯强度、径面硬度还是达到了 0.05 的显著水平；而边材基本密度更是达

表6-43 木材材性分析结果

树号	施肥处理号	DBH	抗弯强度(12%MPa)	弹性模量(MPa)	12%硬度(MPa) 端面	12%硬度(MPa) 径面	12%硬度(MPa) 弦面	干缩率 径向	干缩率 弦向	皱缩率 径向	皱缩率 弦向	基本密度(g/cm³) 外	基本密度(g/cm³) 中	基本密度(g/cm³) 内	含水率(%)
T1	(1)	19.3	49.35	11354.94	17474.69	32373.53	7448519.75	0.05	0.08	0.12	0.36	0.53	0.49	0.42	47.89
T14	(1)	24.6	50.84	13315.99	18257.14	33367.77	8739671.58	0.06	0.10	0.12	0.39	0.54	0.48	0.40	48.79
T15	(1)	15.6	40.92	11634.33	13040.81	26839.43	7630956.39	0.05	0.09	0.09	0.37	0.53	0.46	0.39	50.34
T16	(1)	18	50.84	9441.61	18257.14	33372.19	6197623.15	0.09	0.06	0.20	0.25	0.55	0.51	0.49	51.83
T17	(1)	23.5	52.58	14965.44	19170.00	34522.77	9826697.47	0.05	0.05	0.12	0.29	0.55	0.52	0.44	52.02
T2	(1)	16	48.73	13325.67	17148.67	31971.21	8742465.19	0.06	0.10	0.09	0.27	0.54	0.50	0.45	48.71
T3	(1)	18.5	38.44	11804.25	11736.73	25279.11	7762771.88	0.06	0.10	0.08	0.31	0.59	0.52	0.44	48.12
T18	(2)	15.5	44.80	11116.00	14344.90	29434.59	7303453.60	0.07	0.08	0.13	0.24	0.57	0.52	0.42	50.01
T19	(2)	21	49.92	13237.52	16953.06	32739.68	8681735.88	0.08	0.08	0.08	0.19	0.53	0.68	0.43	50.08
T20	(2)	15.3	44.80	12899.27	14344.90	29424.51	8472200.13	0.07	0.10	0.14	0.34	0.56	0.51	0.43	51.46
T21	(2)	22.2	49.92	13654.68	16953.06	32777.27	8965610.24	0.06	0.08	0.10	0.26	0.55	0.54	0.44	42.68
T4	(2)	12.5	37.12	9865.14	10432.65	24304.47	6459241.91	0.08	0.09	0.11	0.29	0.49	0.49	0.39	52.6
T5	(2)	17.5	47.36	9167.05	15648.98	31082.18	6016296.54	0.05	0.10	0.10	0.31	0.54	0.51	0.41	46.84
T6	(2)	17.7	48.64	10689.38	16301.02	32020.15	7036915.85	0.05	0.09	0.09	0.31	0.61	0.58	0.45	42.48
T10	(3)	14.4	47.88	11798.64	13823.26	31422.16	7743083.71	0.05	0.11	0.05	0.16	0.54	0.46	0.38	47.53
T11	(3)	23.5	56.84	13814.85	17996.32	37377.02	9084413.07	0.04	0.19	0.09	0.33	0.59	0.51	0.43	52.74
T12	(3)	13.1	43.40	9905.30	11736.73	28603.42	6528237.73	0.06	0.09	0.11	0.32	0.64	0.64	0.45	41.65
T13	(3)	20	56.84	11961.47	17996.32	37445.91	7880153.73	0.10	0.08	0.16	0.27	0.63	0.60	0.48	50.15
T7	(3)	16.9	54.60	11067.56	16953.06	35917.95	7280660.22	0.07	0.11	0.17	0.32	0.59	0.64	0.49	44.29
T8	(3)	20.4	60.20	12938.38	19561.22	39627.13	8516792.34	0.07	0.12	0.17	0.30	0.61	0.60	0.45	43.21
T9	(3)	18.7	55.16	10442.79	17213.87	36294.78	6871262.43	0.07	0.11	0.12	0.22	0.60	0.56	0.47	41.14

到了 0.01 的极显著水平，其他材性指标无显著影响（表 6-44）。经过多重比较的分析，结果表明 $N_{100}P_{50}K_{50}$ 这个常规施肥与 $N_{300}P_{200}K_{200}$ 和 $N_{200}P_{100}K_{150}$ 施肥处理之间的差异均达到显著水平（表 6-45）。

表 6-44 三种施肥处理材性指标统计表

变量	平方和	df	均方	F	Sig.
DBH	13.85	2	6.92	0.57	0.58
H	30.39	2	15.19	1.22	0.32
抗弯强度	223.48	2	111.74	3.99	0.04*
弹性模量	2103841	2	1051920	0.39	0.68
端面硬度	9919874	2	4959937	0.71	0.50
径面硬度	99644491	2	49822245	4.11	0.03*
弦面硬度	883960455687	2	441980227843	0.38	0.69
径向干缩率	0.0001072	2	0.00005362	0.22	0.80
弦向干缩率	0.003788	2	0.001894	3.21	0.06
径向皱缩率	0.001083	2	0.0005417	0.40	0.68
弦向皱缩率	0.008139	2	0.004069	1.30	0.30
外密度	0.01176	2	0.005880	6.67	0.01**
中密度	0.01934	2	0.009672	3.18	0.07
内密度	0.002679	2	0.001340	1.42	0.27
含水率	52.39	2	26.20	1.99	0.17

表 6-45 多重比较

材性	(I)施肥号	(J)施肥号	平均差(I-J)	标准差	Sig.
抗弯强度	1	2	1.31	2.83	0.650
	1	3	-6.17	2.83	0.043*
	2	3	7.48	2.83	0.017*
径面硬度	1	2	849.02	1862.02	0.654
	1	3	-4137.48	1862.02	0.039*
	2	3	-4986.50	1862.02	0.015*
外密度	1	2	0.00	0.02	0.839
	1	3	-0.05	0.02	0.004**
	2	3	-0.05	0.02	0.007**

施肥处理 $N_{300}P_{200}K_{200}$ 和处理 $N_{200}P_{100}K_{150}$ 是常规施肥处理 $N_{100}P_{50}K_{50}$ 用肥的 3 倍和 2 倍，这 2 种处理在树高和胸径都未取得显著优势的条件下，木材的抗弯强度、径面硬度和边材的基本密度都被显著地降低了；施肥处理 $N_{300}P_{200}K_{200}$（3 倍）和处理 $N_{200}P_{100}K_{150}$（2 倍）比常规施肥处理 $N_{100}P_{50}K_{50}$ 的抗弯强度、径面硬度和边材的基本密度的平均值分

别降低了13%和16.2%、13.3%和16.5%、9.5%和8.8%，其他材性指标都没有显著变化见图6-9~图6-11。

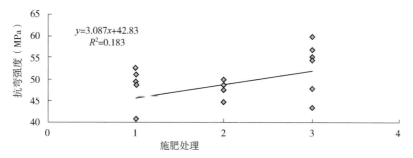

图6-9　施肥处理与抗弯强度

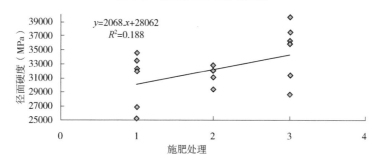

图6-10　施肥处理与径面硬度

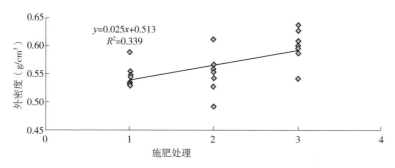

图6-11　施肥处理与边材密度

第七章
桉树大径材与林下经济

第一节 卡亚

一、卡亚介绍

卡亚（*Cnidoscolus* spp.）又名树菠菜或木菠菜，属于大戟科（Euphorbiaceae）多年生灌木，它早在哥伦比亚前时代出现在中美洲，现已广泛分布于危地马拉的玛雅地区、百里斯、犹加敦半岛及古巴和洪都拉斯部分地区，还分布于美国的德克萨斯州和佛罗里达州。

它主要分为两大类：*Cnidoscolus chayamansa* 和 *C. aconitifolisz*。也就是开花的五分叶卡亚和不开花的三分叶卡亚（游巧宁，2010）。卡亚叶呈掌形，有 3~5 个裂片，叶子长 30~35cm，宽 15~32cm，叶柄长约 28cm。卡亚可达 6m 高，体内有白色乳汁。

卡亚根系发达、耐旱、耐瘠薄。卡亚能够生长于全日照或半阴环境，在林下栽培的半阴环境下，叶片大而嫩，丰产显著。如果遮阴度太大，不利于生长，即不耐阴（Fabiola et al.，2004）。

卡亚的用途如下。

食用：卡亚的叶和嫩枝可以像菠菜一样食用，为了得到更多的叶子，常常修剪为 1.5~2m 高（Kuti et al.，1999）。一年栽种，多年利用。在墨西哥及中美洲被当成一种营养丰富的蔬菜，且经研究有可观的药用价值。生物量高、再生能力强。叶片鲜嫩、质地细软、口感好、易消化、利用率高、栽培简便、抗逆性强；营养价值高，富含蛋白质、脂肪、粗纤维、胡萝卜素、维生素 C、维生素 B_2、矿物质等多种营养成分，特别是 P、Ca、K、Fe 等的含量非常高。国外对卡亚和菠菜的含水量、脂肪、粗纤维、β 胡萝卜素、蛋白质、矿物质含量等进行了比较，卡亚的各项营养成分都高于菠菜（游巧宁，2010）。

药用：墨西哥天然营养研究所报道，卡亚可改进血液循环、助消化、改进视力、消炎、降胆固醇、止咳、增强记忆、健脑、治疗关节炎、糖尿病等（Joseph and Eliseo，1996），因此卡亚不仅是一种营养丰富的蔬菜，还是药用成分高的植物。

观赏：卡亚叶呈掌形，有 3~5 个裂片，极具观赏价值，所以又可作为观赏植物培养。

二、卡亚的研究

由于卡亚引种我国的时间不是很长，因此对于它的研究报道还不是很多。国家林业和草原局桉树研究开发中心于2016年从美国德克萨斯州和佛罗里达州引种已驯化的优良栽培品种2种 *Cnidoscolus chayamansa* 和 *Cnidoscolus estrela*，在南方国家级林木种苗示范基地（简称：南方种苗基地）建立了种质资源圃和试验林，目前生长表现良好。

1. 资源引进与保存

通过广东省创新项目聘请的专家，美国肯塔基大学 Chifu Brad Huang 教授引进美国卡亚2个栽培品种（分别简称为 Chaya、Estrela）各100个种条，详见表7-1。

表7-1 引种资源情况

批次	品种	种源	种条数量	引种时间
第一批	*Cnidoscolus chayamansa*	佛罗里达州	100条	2016年5月
第二批	*Cnidoscolus estrela*	德克萨斯州	100条	2017年2月

注：第一批是第一个品种，第二批是第二个品种，共2个品种。

2. 种质圃营建及物候性观测

引进的种条繁殖成活后，通过建园方式，在南方种苗基地发财树母树林下建立保存圃。发财树母树林遮阴率40%。见表7-2。

表7-2 种质圃保存及生长状况

品种	株行距	株数（株）	种植时间	6个月成活率(%)	12个月单株卡亚生物量(kg/株)
Cnidoscolus chayamansa	1.5m×3m	80	2016.08	98	2.35
Cnidoscolus estrela	1.5m×3m	60	2017.06	97	1.09

注：生物量计算包含修剪量及保存量。

卡亚两个品种在本试验点均表现适生，但是生长量差异较大。长期保存品种种质资源，为深入开展卡亚品种物候性和生态习性等生物学特性提供材料。

3. 扦插研究

引进的卡亚两个品种在栽植6~8个月均能开花，但是不结实，无法进行种子苗繁殖。文献资料显示在美国南部和中部栽培亦不能结实。因此，进行无性繁殖是保障品种推广的重要手段。

项目研究不同基质，不同木质化程度以及植物生长调节剂不同种类、浓度对其扦插生根的影响（尚秀华等，2017）。研究表明：砂基质扦插效果最好，扦插8d后生根，生根率达95.3%，平均生根数为35.2条，平均根长为3.56cm；不同木质化程度的穗条扦插效果存在差异，以顶芽（嫩枝）扦插效果最好；添加 ABT 的处理生根率高于添加 IBA、NAA 的处理，ABT、IBA、NAA 等3个不同激素浓度为2000mg/L 的处理生根数最多。卡亚不同木质化程度对卡亚扦插效果存在差异,其中顶芽作为穗条扦插效果最好,老枝作为穗条扦插最不理想。添加植物生长调节剂促进卡亚扦插成活及生根效果,表现为可提早生根,生根率提高,生根数增加,平均根长增长。ABT、IBA、NAA 等 3 种植物生长调节剂其中 ABT 扦插效果最好,从成本和配置难易程度来看可选择500mg/L 的 ABT 浓度作为卡亚扦插的最佳适用植物生长调节剂种类和浓度。详见表 7-3 至表 7-5。

表 7-3 不同基质的卡亚扦插效果

部位	最早出根时间(d)	生根率(%)	根数(条)			根长(cm)		
			最多	最少	平均	最长	最短	平均
砂	8	95.3	39	24	35.2	4.2	2.5	3.56
轻基质	12	76.5	35	17	25.6	4.5	1.9	3.12
泥炭+土(1:2)	13	85.2	36	24	33.4	3.9	2.1	2.89

表 7-4 穗条不同木质化程度扦插结果

部位	最早出根时间(d)	生根率(%)	根数(条)			根长(cm)		
			最多	最少	平均	最长	最短	平均
顶芽	10	84.6	40	21	26.5	5.5	3.2	3.52
中段	11	65.4	31	15	21.4	4.1	2.5	2.78
老枝	14	30.6	12	8	9.6	3.1	2.1	2.14

表 7-5 不同植物生长调节剂种类及浓度对卡亚扦插效果

激素	不同浓度(mg/ml)	最早出根时间(d)	生根率(%)	根数(条)			根长(cm)		
				最多	最少	平均	最长	最短	平均
ABT	2	8	98.6	59	22	40.7	3.1	1.9	2.31
	1	8	95.7	46	32	33.5	4.3	1.9	3.11
	0.5	9	95.2	46	31	40.5	4.9	2.4	3.52
	0.1	9	91.5	23	13	18.7	2.5	1.6	2.13
IBA	2	8	94.2	53	21	34.3	3.4	2.1	2.66
	1	8	93.5	28	14	19.8	2.6	0.7	1.65
	0.5	9	93.2	26	11	19.3	2.2	1.6	1.96
	0.1	9	90.4	47	12	25.3	2.5	1.3	2.18
NAA	2	9	96.8	52	21	37.3	2.6	1.8	2.17
	1	9	95.1	27	10	18.3	2.9	0.7	1.98
	0.5	9	92.7	41	26	31.7	2.6	2.4	2.52
	0.1	9	87.4	23	19	21.1	2.6	1.3	2.23
对照	0	10	61.5	26	18	15.8	2.3	0.5	1.91

优化配比后,两个品种扦插成苗率均能达92%以上。已培育卡亚 *Chaya* 品种5500多株,*Estrella* 品种220株,为试验林营建提供了种苗。

4. 不同密度对卡亚生物量的影响

由于卡亚在我国栽培不多，未见栽培相关报道，因此有必要开展栽培对卡亚生物量影响的研究。试验林营建在南方种苗基地 11.8 年生的尾巨桉林下，按试验要求，事先已对试验地进行了除杂、平整、起垄、安装好水滴管。根据试验地的现实情况，在桉树行间设置小区，每个小区长 20m，宽 1.5m，小区面积 30m²。试验采用单因素随机区组设计，设置了 4 种密度，6 次重复。分别为：①株行距 50cm×50cm 在垄上单行种植；②100cm×100cm 双行种植；③50cm×50cm 双行种植；④100cm×100cm 单行种植。试验设计详见表 7-6。

表 7-6 不同密度处理

序号	密度	小区面积(m²)	小区株数	备注
1	50cm×50cm	30	40	单行种植
2	100cm×100cm	30	40	双行种植
3	50cm×50cm	30	80	双行种植
4	100cm×100cm	30	20	单行种植

经研究，从表 7-7 可知，不同处理间差异显著，但还需进一步确定哪些处理的生物量差异显著，哪些处理的生物量差异不显著，因此进一步多重比较。

表 7-7 不同处理下卡亚生物量方差分析

项目	组间组内	平方和	df	平均值平方	F 值	P 值
嫩枝叶生物量	组间	79576.15	3	26525.38	6.066	0.004
	组内	87453.27	20	4372.66	—	—
	总计	167029.42	23	—	—	—

经多重比较研究，由表 7-8 可知，以处理 3 卡亚鲜重最高，与处理 2 相比，差异不显著。处理 3 与处理 4 和处理 1 相比，存在显著差异，比处理 2 高出 8.05g，高出 4.2%；比处理 4 和处理 1 分别高出 112.96g、124.55g，高出 128.15%、162.68%；比平均值高出 61.39g，比平均高出 43.94%；最小生物量出现在处理 1 中，最大生物量出现在处理 3 中。从统计数据可看出，卡亚密植好，生物量最大，尤其是处理 3，即株行距为 50cm×50cm，在垄上双行种植的卡亚生物量最高。

表 7-8 不同处理对卡亚嫩枝叶生物量的影响

密度	林龄(月)	重复数	均值/g	标准误	最小值	最大值
1	3	6	76.56b	11.26	35.79	113.13
2	3	6	193.06a	19.01	153.85	256.00
3	3	6	201.11a	45.29	92.65	345.59
4	3	6	88.15b	19.39	46.67	171.58
平均	—	—	139.72	17.40	35.79	345.59

注：显著水平 5%时，数字后面相同小写字母为差异不显著，不同的小写字母为差异显著。

(1)结论：4种处理中，处理3株行距为50cm×50cm，在垄上双行种植的生物量最大，即卡亚需要密植，才能获得较大生物量。由于卡亚是以利用嫩枝叶为主，建议生产上密植。

(2)下一步工作：此次试验才在秋季进行了一次采收，将进一步研究在冬季、春季和夏季不同季节采收对卡亚生物量的影响；研究施肥、修枝等对卡亚生长的影响。

5. 遮阴度和密度的互作对卡亚生物量的影响

根据试验地的现实情况，在桉树行间设置小区，小区长20m，宽约1.5m，面积约30m^2。每个小区下设置一种遮阴度，每种遮阴度下设置4种密度，即每5m长，设置一种密度。试验采用双因素随机区组设计，在小区上方2m处架设了黑色遮阴网遮阴。4种遮阴度分别为：A. 30%遮阴网，即可透光70%；B. 40%遮阴度，可透光60%；C. 50%遮阴度，可透光50%；D. 60%遮阴度，可透光40%。每种遮阴度下设置4个密度，分别为：①株行距50cm×50cm 在垄上单行种植；②100cm×100cm 双行种植；③50cm×50cm 双行种植；④100cm×100cm 单行种植。由于受试验地面积限制，每种密度只设置了3次重复。试验设计详见表7-9。

表7-9 不同遮阴度和不同密度试验设计

序号	遮阴度	密度		小区面积(m^2)	小区株数	备注
1	A	1	50cm×50cm	7.5	10	单行种植
		2	100cm×100cm	7.5	10	双行种植
		3	50cm×50cm	7.5	20	双行种植
		4	100cm×100cm	7.5	5	单行种植
		小计		30	45	
2	B	1	50cm×50cm	7.5	10	单行种植
		2	100cm×100cm	7.5	10	双行种植
		3	50cm×50cm	7.5	20	双行种植
		4	100cm×100cm	7.5	5	单行种植
		小计		30	45	
3	C	1	50cm×50cm	7.5	10	单行种植
		2	100cm×100cm	7.5	10	双行种植
		3	50cm×50cm	7.5	20	双行种植
		4	100cm×100cm	7.5	5	单行种植
		小计		30	45	
4	D	1	50cm×50cm	7.5	10	单行种植
		2	100cm×100cm	7.5	10	双行种植
		3	50cm×50cm	7.5	20	双行种植
		4	100cm×100cm	7.5	5	单行种植
		小计		30	45	小计

从表 7-10 可看出，所有 4 种栽培密度在 A 遮阴度下，生物量最高，平均达 606.98g，其中生物量最大的是密度 2，但密度 2 的个体间生物量差距较大。A 遮阴度下 4 种密度的平均值比总体平均值高出 198.4g，高出了 48.56%。4 种密度在 B 遮阴度下，密度间的生物量差别不大，最大生物量 335.56g 比最小生物量 278g 高出 57.56g，高出了 20.71%。4 种密度在 C 遮阴度下，密度间生物量差距较大，密度 2 的生物量最大，有 540.48g，密度 4 的生物量最小，只有 116.67g，最大比最小高出 423.81g，高出 363.26%。4 种密度在 D 遮阴度下，生物量之间的差异不如 C 遮阴度下的差异大；在 D 遮阴度下，密度 2 的生物量最大 503.33g，密度 1 的生物量最小 293.89g，密度 2 比密度 1 高出 209.44g，高出 71.26%。4 个遮阴度下 4 种密度的平均生物量范围为 315.98~606.98g，A 遮阴度下的平均生物量最大 606.98g，B 遮阴度下的平均生物量最小 315.98g。所有 4 个遮阴度下，密度 2 的生物量都是最高。

表 7-10　不同遮阴度不同密度对卡亚嫩枝叶生长的影响

序号	遮阴度	密度	平均嫩枝叶生物量(g)	标准偏差
1	A	1	448.59	87.62
		2	784.44	994.66
		3	638.89	794.63
		4	556.00	669.97
		平均	606.98	627.79
2	B	1	278.00	105.13
		2	335.56	97.04
		3	323.48	40.08
		4	326.89	203.80
		平均	315.98	110.05
3	C	1	335.84	101.03
		2	540.48	183.82
		3	411.71	102.53
		4	116.67	37.86
		平均	351.18	189.75
4	D	1	293.89	256.31
		2	503.33	92.51
		3	327.98	57.71
		4	315.55	162.53
		平均	360.19	162.86

(续)

序号	遮阴度	密度	平均嫩枝叶生物量(g)	标准偏差
总平均	—	1	339.08	148.51
		2	540.95	466.22
		3	425.51	368.13
		4	328.78	347.31
		平均	408.58	351.27

从表7-11方差分析可看出,遮阴度、密度以及遮阴度和密度之间的交互作用,在5%水平下,处理间生物量差异都不显著。

表7-11 卡亚嫩枝叶生物量方差分析

误差来源	平方和	df	平均值平方	F值	P值
修正模型	1197422.67	15	79828.178	0.555	0.887
截距	8013070.960	1	8013070.960	55.721	0.000
遮阴度	642896.417	3	214298.806	1.490	0.236
密度	348093.344	3	116031.115	0.807	0.499
遮阴度×密度	206432.908	9	22936.990	0.159	0.997
错误	4601799.526	32	143806.235	—	—
总计	13812293.16	48	—	—	—
校正后总数	5799222.195	47	—	—	—

经方差分析,处理间无显著差异。就遮阴度而言,遮阴度A,即30%的遮阴度下,生物量最大;就密度而言,密度2,即100cm×100cm,双行种植,生物量最大。

试验小结:①4种密度在A遮阴度下,生物量的平均值都高,生物量排在第一位,范围从448.59g到784.44g,平均达到606.98g;在D遮阴度下,平均生物量为360.19g,排在第二位;在C遮阴度下,平均生物量为351.18g,排在第三位;在B遮阴度下,生物量的总平均值最低,排在第四位,只有315.98g。②在所有4个遮阴度下,密度2的生物量都是最高,从A到D分别是784.44、335.56、540.48、503.33g,平均达到540.95g。密度3的生物量处于第二位,为425.51g;密度1的平均生物量排在第三位,为339.08g;密度4排在第四位,为328.78g。

讨论:本次试验只有3个重复,还要做更多重复的试验,确保数据更准确,为推广示范提供可靠依据;试验林种植后,仅仅在秋季收获了一次,要在冬季、春季、夏季分别进行采收,以比较哪个季节收获量和每年的收获量;研究修枝方法、修枝时间和修枝强度对卡亚生物量的影响;施肥对卡亚生物量的影响。

6. 生物量和营养含量的研究

对卡亚生物量及其营养物质(苏海兰等,2018;蒯婕等,2017)进行了研究,设置了 6 种栽培模式，模式 1 至 6 分别是卡亚与草珊瑚、卡亚与小粒咖啡、卡亚与大叶女贞、卡亚与迷迭香、卡亚与香兰叶混交、不与其他树种杂交的卡亚，并研究了不同栽培模式下生物量分配和营养成分。不同模式生物量和营养物质的研究如下：

(1) 不同栽培模式对卡亚生物量分配及变异分析

从表 7-12 可看出，6 种混交模式中，总的趋势是：卡亚的生物量累计过程以木质化树干为主，其平均总生物量占总生物量的 44.67%；嫩枝次之，占总生物量的 35.28%；嫩叶第三，占总生物量的 12.44%；根第四，占总生物量的 7.83%。生物量分配呈现出树干生物量大，不论是木质化树干还是嫩枝，表明树木生物量的累积过程以树干为主，叶次之，根第三。对嫩叶生物量分析表明：间种小粒咖啡，卡亚嫩叶生物量最大，也就是模式 2，嫩叶生物量最大。它比模式 6（对照）高出 0.62t，然后依次模式 1>模式 5>模式 4>间种小粒咖啡；对嫩枝生物量分析表明：间种小粒咖啡的生物量 7.55t，比对照 3.90t 高出 3.65t，高出 93.58%；对木质化树干生物量分析，间种小粒咖啡的生物量最高为 6.14t，比对照模式 6 高出 1.23t，然后依次是模式 3>模式 1>模式 5>模式 4；对根生物量分析，间种小粒咖啡是 0.87t，比模式 6 大 0.09t，依次是模式 6>模式 1>模式 5>模式 3>模式 4；对总生物量分析，间种小粒咖啡最高，为 16.47t，比对照高出 5.57t，依次是模式 6>模式 1>模式 5>模式 4>模式 3。间种小粒咖啡的嫩叶、嫩枝、木质化树干和根的生物量在 6 种模式中都是最高的，主要原因是除了每年给卡亚施肥 4 次外，还另外还给咖啡追了 2 次肥，而追施给咖啡的肥料也被卡亚吸收了；间种大叶女贞模式的嫩叶和嫩枝生物量最小，主要原因是由于 2 年半生的女贞平均已经有 3m 高，而卡亚平均只有 1.3m 高，卡亚已被女贞完全遮住，基本上没有光照，因而卡亚的光合作用弱，从而影响了生物量的累积。间种大叶女贞模式这种混交模式，在种植刚开始时，女贞高没超出 2m，对卡亚的生长限制小，但女贞高超过 2m 后，大叶女贞极大影响了卡亚的生长，因而影响了卡亚生物量的积累。对 6 种不同模式的卡亚生物量进行了单因素的方差分析，不同模式之间在嫩叶、嫩枝、木质化枝条、根、总生物量及各组分占总生物量之比等 9 个指标存在极显著差异（表 7-13）。对生物量进行了多重比较，表明间种小粒咖啡的嫩叶、嫩枝和总生物量与其他模式相比都有极显著差异，木质化树干和根生物量在不同模式间差异不显著，相同模式内差异也不显著。

表 7-12 不同栽培模式现存生物量分配及变异分析 t/hm²

模式	嫩叶(鲜重)(t)	嫩叶生物量占总生物量比例(%)	嫩枝生物量(鲜重)(t)	嫩枝生物量占总生物量比例(%)	木质化树干(t)	木质化树干占总生物量比(%)	根(t)	根占总生物量的比(%)	总生物量(t)
1	1.14bcB	13.67aA	3.33bcB	40.00aA	3.12aA	38.67aA	0.64aA	7.67aA	8.24cB
2	1.92aA	12.00aAB	7.55aA	45.67aA	6.14aA	37.33aA	0.87aA	5.33aA	16.47aA
3	0.39dC	7.33bC	1.47cB	27.67aA	3.42aA	56.33aA	0.53aA	9.00aA	5.61cB
4	0.72cdBC	13.00aA	1.68cB	30.33aA	2.69aA	48.00aA	0.52aA	9.00aA	5.81cB
5	1.07bcB	16.33aA	2.05cB	31.00aA	2.90aA	43.67aA	0.59aA	9.00aA	6.60cB

(续)

模式	嫩叶(鲜重)(t)	嫩叶生物量占总量比例(%)	嫩枝生物量(鲜重)(t)	嫩枝生物量占总生物量比例(%)	木质化树干(t)	木质化树干占总生物量比(%)	根(t)	根占总生物量的比(%)	总生物量(t)
6	1.30bB	12.33aA	3.90bB	37.00aA	4.91aA	44.00aA	0.79aA	7.00aA	10.90bB
均值	1.09	12.44	3.33	35.28	3.86	44.67	0.66	7.83	9.24
变异系数(%)	48.62	25	61.26	25.71	45.59	22.22	39.39	33.72	44.26

注：显著水平为5%时，数字后面相同小写字母为差异不显著，不同小写字母为差异显著。显著水平为1%时，数字后面相同大写字母为差异不显著，不同大写字母为差异极显著。

(2)不同栽培模式卡亚生物量方差分析

表7-13 不同模式下卡亚生物量方差分析

项目	组间组内	平方和	df	平均值平方	F值	P值
嫩叶	模式之间	4.098	5	0.820	15.738	0.00
	模式内	0.625	12	0.052		
	总计	4.723	17	—		
嫩叶占总生物量比	模式之间	0.013	5	0.003	6.674	0.003
	模式内	0.005	12	0.000		
	总计	0.018	17	—		
嫩枝	模式之间	77.918	5	15.584	25.96	0.00
	模式内	7.213	12	0.601		
	总计	85.130	17	—		
嫩枝占总生物量比	模式之间	0.070	5	0.014	2.73	0.071
	模式内	0.062	12	0.005		
	总计	0.132	17	—		
木质化树干	模式之间	27.974	5	5.595	2.68	0.075
	模式内	25.005	12	2.084		
	总计	52.979	17	—		
木质化树干占总生物量比	模式之间	0.072	5	0.014	1.976	0.155
	模式内	0.087	12	0.007		
	总计	0.158	17	—		
根	模式之间	0.30	5	0.060	0.784	0.580
	模式内	0.92	12	0.076		
	总计	1.22	17	—		

(续)

项目	组间组内	平方和	df	平均值平方	F 值	P 值
根占总生物量比	模式之间	0.003	5	0.001	0.933	0.494
	模式内	0.009	12	0.001		
	总计	0.12	17	—		
总生物量	模式之间	262.42931	5	52.486	13.579	0
	模式内	46.382	12	3.865		
	总计	308.811	17	—		

(3) 不同栽培模式下卡亚营养成分指标变异分析

蛋白质、脂肪、粗纤维、灰分是卡亚中的主要营养物质，它们是影响卡亚品质非常重要的质量指标。对 6 个模式的蛋白质、脂肪、粗纤维、灰分测定分析结果表明 (表 7-14)：蛋白质、脂肪、粗纤维、灰分在 6 个模式间均存在一定的变异，有的变异程度较大，有的变异程度小。4 种营养物质中，脂肪的变异程度最大，模式间变异系数达 10.29%。蛋白质含量在模式间变异较小，变异系数为 4.74%。进一步的方差分析结果表明脂肪含量在模式间达到极显著水平，说明卡亚的脂肪含量在种植模式间存在显著的遗传变异。经 SSR 多重比较结果表明：模式 4 的蛋白质含量极显著高于其他 5 个模式。脂肪含量最高的是间种大叶女贞模式，含量高达 0.8g/100g，比 6 个模式均值高出 17.64%，是含量最低模式 1 (含量 0.6g/100g) 的 1.33 倍。粗纤维含量模式 6 最高，达 2.40%。粗纤维的含量高，有助于人体消化吸收。粗纤维在 6 种模式中的变异系数达 5.05%，在参试 6 种模式间表现出较大差异，其含量超出所有模式总体均值的 2.18% 的 1.10 倍，是含量最低模式 2.10% 的 1.14 倍。各模式间的营养成分差异极显著。模式 3 的脂肪和灰分含量极限显著高于其他 5 种模式；模式 6 的粗纤维极显著高于其他 5 种模式。

表 7-14 不同栽培模式下卡亚营养成分指标变异分析

模式	蛋白质(g/100g)	脂肪(g/100g)	粗纤维(%)	灰分(g/100g)
1	6.44C	0.60C	2.20B	1.50C
2	6.46C	0.70B	2.10C	1.50C
3	6.15D	0.80A	2.10C	1.70A
4	7.13A	0.70B	2.20B	1.50C
5	6.44C	0.60C	2.10C	1.60B
6	6.56B	0.70B	2.40A	1.40D
均值	6.53	0.68	2.18	1.53
变异系数(%)	4.74	10.29	5.05	6.54
均方	0.32	0.02	0.04	0.03
F 值	976.43**	179.64**	540.30**	411.73**

注：显著水平为 1%，字母相同为差异不显著，字母不同为差异显著，** 为差异极显著。

(4)不同栽培模式卡亚矿质元素含量比较变异分析

矿质元素对人和动物有特殊殊的生理功能。尽管它们在人体和动物体内含量极小,但它们却是维持人体和动物体新陈代谢十分必要的物质。一旦缺少了这些必需的元素,人或动物就会出现疾病,甚至危及生命。植物中矿质元素含量的高低是评价蔬菜的主要指标。卡亚富含 P、Ca、K、Fe 等人体必需的矿质营养元素,表 7-15 为 6 个模式的矿物质含量变异(常君等,2017;许宇星等,2004)分析结果。从中可以看出:卡亚各元素含量在模式间存在一定程度的差异,卡亚中含量最高的矿质元素是 Ca,其平均含量是 892.72mg/kg,其次是 P,其平均含量为 67.13mg/g;第三为 K,其平均含量为 449.33mg/kg;Fe 的含量最少,其平均含量为 19.38mg/kg。模式间变异最大的是 Fe 和 Ca,变异系数分别为 14.5% 和 11.83%,说明 Fe 和 Ca 在模式间存在差异。对不同模式卡亚的矿质元素方差分析结果表明:卡亚中 Fe、Ca、P、K 的含量在模式间差异显著,其中 Ca 含量在所有模式中达极显著水平。经 SSR 多重比较,模式 4 的 P 含量 73.1mg/100g,极显著高于其他模式,是所有参试模式总体均值 67.13mg/100g 的 1.09 倍;模式 1 的 Ca 含量 1060mg/kg 也是显著高于其他模式,是均值的 1.19 倍,高出所有模式均值(892.72mg/kg)18.74%,是含量最低模式的(709.00mg/kg)的 1.49 倍。

模式 3 中 K 含量为 550mg/kg,显著高于其他模式,是均值 449.33mg/kg 的 1.22 倍,高出均值 22.40%;对 Fe 元素而言,模式 6 中的 Fe 元素含量为 23.9mg/kg,是均值 19.38mg/kg 的 1.23 倍,比均值高出 23.32%。绿色蔬菜是矿质元素的重要来源,而卡亚中富含矿质元素,其中 K 被证明是一种控制高血压和减少中风危险的重要矿质元素,骨骼的生长离不开 Ca,造血离不开 Fe,维生素 C 含量高可以促进对 Fe 的吸收(游巧宁,2010)。

表 7-15　不同栽培模式卡亚矿质元素含量比较变异分析

模式	P(mg/100g)	Ca(mg/kg)	K(mg/kg)	Fe(mg/kg)
1	63.5E	1060A	427D	19.7C
2	67.2D	886.0D	472B	20.3B
3	58.3F	877.0E	550A	20.2B
4	73.1A	904.0C	396F	16.8D
5	69.2C	709F	415E	15.4E
6	71.5B	920B	436C	23.9A
均值	67.13	892.72	449.33	19.38
变异系数(%)	7.66	11.83	11.63	14.50
均方	89.58	37891.12	9288.27	26.88
F 值	1414.43**	56836.68**	16718.88**	4399.13**

注:显著水平为 1%,字母相同为差异不显著,字母不同为差异显著,**为差异极显著。

(5)不同栽培模式卡亚维生素含量比较变异分析

维生素在人体内虽然含量极小,但作用很大。如维生素 E 维持正常的肌肉代谢,中枢神经和血管系统完整等等。维生素 B_2 是蛋白质、糖、脂肪酸代谢与能量利用和组成的必要物质，促进生长发育，保护眼睛、皮肤等的健康，为满足人体需要，人必须从食物中摄取所需的维生素。卡亚维生素含量丰富。本次研究中，模式 4 的维生素 C 含量为 149.0mg/100g 是 6 个模式中最高的，比对照高出 7.43%，比所有模式平均值高出 21.44%，比最小的高出 76.95%；模式 3 的维生素 C 的含量为 84.2mg/100g，是所有模式中最小的，比对照低了 39.29%，比所有模式平均值低 31.37%；模式 5 的维生素 B_2 的含量 0.228mg/100g，是所有模式中最大的，比对照高出 10.15%，比所有模式平均值高出 14.05%，比最小的高出 23.24%；模式 3 的 β 胡萝卜素的含量为 89.4μg/10g，是所有模式中最高的，比对照高出 15.80%，比平均值高出 14.37%，比最小的高出 39.9%。维生素 C 平均变异系数为 16.98%，变异最大的是维生素 B_2，其变异系数为 71.43%，β 胡萝卜素的变异系数为 10.32%。模式间维生素含量有较大程度的差异，进行方差分析表明，维生素 C、维生素 B_2 和 β 胡萝卜素在模式间差异均达到极显著水平。经 SSR 多重比较结果表明：模式 4 的维生素含量 C 极显著高于其他模式，模式 5 的维生素 B_2 含量极显著高于其他模式，模式 3 的 β 胡萝卜素极显著高于其他模式。具体详见表 7-16。

表 7-16 不同栽培模式卡亚维生素含量比较变异分析

模式	维生素 C(mg/100g)	维生素 B_2(mg/100g)	β 胡萝卜素(μg/g)
1	119.0D	0.221B	79.9C
2	125.0C	0.206D	83.4B
3	84.2E	0.185F	89.4A
4	149.0A	0.196E	75.3E
5	120.3D	0.228A	63.9F
6	138.7B	0.207C	77.2D
均值	122.69	0.207	78.17
变异系数(%)	16.98	71.43	10.32
均方	1473.61	0.001	221.257
F 值	2409.18**	2261.10**	195226.77**

注：显著水平为 1%，字母相同为差异不显著，字母不同为差异显著，** 为差异极显著。

(6) 综合评价

对不同模式的嫩叶、嫩枝生物量，以及嫩叶和嫩枝的营养成分、矿物质和维生素含量进行综合分析：6 个模式的嫩叶和嫩枝生物量范围在 1.86~9.47t/hm² 之间，具体为：模式 2>模式 6>模式 1>模式 5>模式 4>模式 3。将各模式的每公顷嫩叶和嫩枝生物量乘以每种营养物质的含量，然后进行综合排序，结果与生物量的排序结果一致。本次研究结果：最好的模式是 2，其次是模式 6，第三是模式 1，最差的是模式 3。

7. 主要结论

(1) 密度试验：在 4 种密度处理，6 个重复试验条件下，处理 3 株行距 50cm×50cm，在垄上双行种植的生物量最大，即卡亚需要密植，才能获得较大的生物量。

(2) 遮阴度和密度互作试验：在 4 种遮阴度，每种遮阴度 4 个密度，3 次重复试验条件下，4种密度在 A 遮阴度下，即遮阴 30%，透光 70%，生物量最大，并在 A 遮阴度下，处理 2，100cm×100cm 的生物量最大，在遮阴条件下，卡亚需要适当稀植，才能获得较大的生物量。

(3) 6 种模式下生物量和营养含量

①生物量：对 6 个模式的 5 个组分生物量的测定分析结果表明：6 个模式中，模式 2 的总生物量最大，它的总生物量是 16.47t，比模式 6(对照)10.90t 高出 51.10%，其中嫩叶 1.92t、嫩枝 7.55t、木质化树干 6.14t、根 0.87t，分别比对照高出 47.69%、93.59%、25.05%、10.13%；模式 2 的生物量在所有模式中最大的原因可能是因为每年对卡亚追肥 4 次，另外还给小粒咖啡追施了 2 次肥，卡亚也吸收了给小粒咖啡的施肥。生物量的排序结果为：模式 2>模式 6>模式 1>模式 5>模式 3>模式 4。对嫩叶、嫩枝、木质化树干、根、总生物量进行了方差分析，模式间存在显著差异或极显著差异。进一步多重比较分析表明：模式 2 的嫩叶生物量、嫩叶生物量占总生物量比、嫩枝生物量、嫩枝生物量占总生物量比、总生物量 5 个指标都极显著高于其他模式，木质化树干和根的生物量差异不显著。

②营养成分：对 6 个模式的卡亚营养成分进行分析表明：卡亚中的蛋白质、脂肪、粗纤维、灰分的 F 值分别是 976.43、179.64、540.30、411.73，都大于 $F_{0.01}(5,12)=2.39$，故不同模式间营养成分有极显著差异。进一步多重比较，对蛋白质含量而言，模式 4 极显著高于其他模式；对脂肪含量而言，模式 3 极显著高于其他模式；对粗纤维，模式 6 极显著高于其他模式；对灰分而言，模式 3 极显著高于其他模式。

③矿质元素：对卡亚中的 4 种矿质元素 P、Ca、K、Fe 进行分析表明：6 种不同模式中，这 4 种元素的含量均差异极显著。模式 4 的 P 含量为 73.1mg/100g，极显著高于其他 5 种模式；模式 1 的 Ca 含量为 1060mg/kg，极显著高于其他 5 种模式；模式 3 的 K 含量为 550mg/kg，极显著高于其他模式；模式 6 的 Fe 含量为 23.9mg/kg，极显著高于其他模式。

④维生素：对 6 种模式中的卡亚维生素的测定分析表明：模式间存在极显著差异，模式 4 的维生素 C 含量为 149.0mg/100g，极显著高于其他 5 种模式；模式 5 的维生素 B_2 含量为 0.228mg/100g，极显著高于其他模式；模式 3 的 β 胡萝卜素含量为 84.9μg/g，极显著高于其他模式。

⑤综合评价：对 6 种不同模式的嫩叶、嫩枝生物量，营养成分、矿物质和维生素含量进行综合分析排序，嫩叶和嫩枝生物量之和，模式 2 第一，其次是模式 6，第三是模式 1。根据嫩枝和嫩叶生物量，求出不同模式每公顷的各营养的含量，结果与嫩叶和嫩枝一样，最好模式是 2，其次是 6，第三是模式 1，最差是模式 3。因此本研究得出模式 2 的栽培效果最好。

三、栽培技术

1. 林地选择技术

卡亚是热带亚热带品种，喜温；桉树林下也能生长良好，但要求桉树的行距在 4m 以上。因此，在热带或亚热带地区，选择适宜环境条件是关键。卡亚对土壤要求不严，有广泛的适应性，适宜各种土壤类型，在平地、坡地、沟谷、河滩、堤坝、荒坡的土壤上均能生长。在疏松、湿润、肥沃的土壤上生长良好（游巧宁，2010）。

适宜气温：年平均气温≥19℃，当气温在20~25℃时可生长，最佳气温25~35℃，土壤持水量保持在60%~70%生长最快。

适宜降水：年降雨量在500~1500mm以下地区能正常生长。

适宜海拔：海拔高度在500m以下地区。

2. 整地

造林前，对林下或荒地、迹地，杂灌木较多的造林地进行除杂，包括杂灌丛、树桩、杂草等。建议使用除草剂清除杂草和灌丛等较科学和经济的方法。

造林地清理，在不伤害到现有桉树林的条件下，可采用全面清理，清除所有杂灌和石头。可依据造林地天然植物状况、采伐剩余物数量等选择合适的林地边沿，将杂草等进行堆放、腐烂作为肥料。

将造林地起垄，垄宽1~1.5m，垄高15~30cm。采用宽1.2m，厚0.08mm以上的地膜覆盖，在种植前先覆盖好，地膜四周用土压紧不透气，防杂草生长。地膜要到种植好卡亚后1~2个月才揭除。经济条件不允许的地方，不用起垄和覆盖地膜，清除杂草后，采用草覆盖，利用保护带杂草、稻草、切断后的甘蔗叶、玉米杆，在离卡亚树根茎部15cm处呈圆形覆盖，厚度为5cm。坡地和丘陵低山的山顶、山脊和集水区要保留一部分原生植被。

3. 树种选择

根据卡亚的生物学特性和造林地的立地条件，做到适地适树；生长快、适应性好、产量高的树种、品系；抗风、抗病虫害、抗旱、抗寒等抗逆性强的优良树种、品系。目前适宜桉树林下培育的主要造林树种为：*Cnidoscolus chayamansa* 和 *Cnidoscolus estrela*。

4. 造林

(1) 造林规模：在有规划、许可的新造的桉树人工林、松树人工林、杉木人工林下或荒地上，均可造林。经营者依据技术规程自主编制森林经营方案，对新造林或萌芽更新林年规模达33.37hm^2（含33.37hm^2）。

(2) 营造模式和树种配置：以长周期培育木材为主的桉树、松树或杉木林作为乔木层，以周期短、见效快、经济效益好的卡亚作为灌木层，实现长短结合，以短养长，兼顾经济、社会和生态效益。33.37hm^{2}以上需树种或无性系2个以上。

(3) 施基肥：在种植前，用拖拉机犁好施肥沟，将基肥施入沟内后，立即用土覆盖。每亩施复合基肥10kg，施有机肥50kg。

(4) 栽植：每年3~4月栽植，也可以进行全年造林，但要注意造林方式。整地、施基肥完工后，选择雨后土壤湿润时进行栽植。栽植不完的，假植在树荫下，合适的时间和天气再栽。

造林密度：一般以宽行窄株或株行距相同为原则。栽植密度以1000~2000株/亩或15000~30000株/hm^{2}为佳，如株行距为0.8m×0.8m或0.65m×0.5m。

定植：应将苗木逐株送至穴旁轻放，随意乱扔容易损伤根系。用轻型基质网袋苗，不用去除网袋，保留原营养土（基质）和根团完整，直接造林。植苗器或小锄等工具挖栽植穴。每穴栽植一株，垂直栽植于穴中，再培土至苗木根际1.5~2.5cm，压实后表土层凹陷处应再覆土。干旱地、沙地采用凹形回土并稍深栽，雨水冲刷严重地段应深栽。

补植：栽种后1个月内进行1~2次查苗补缺。发现缺苗时要及时补上，保证当年造林成活率在95%以上。

5. 抚育管理

(1) 除草：除草方式宜采用人工铲除或拔除，不主张化学除草，茅草类、芦苇类、薇甘菊类以及其他小灌木必须连根拔除。

(2) 追肥：造林后，在当年、第二年、第三年每季度施用优质芬兰复合肥或同等质量的其他公司的追肥，每次500g/株，一年施4次左右。第一次追肥应在植株上坡方向25cm处挖一小穴或者长、宽、深30cm×15cm×15cm的施肥沟，施肥于沟内，覆土至平面。第二次于株间按垂直方向挖沟追肥，第三、四次视情况在株间或者行间追肥。

(3) 修剪：栽植后生长3~5个月，主茎高60~70cm，进行截顶处理，保留主干高度50cm。此后，依据季节及生长量差异，每30~50d收获一次绿叶蔬菜，每次可收获1.5kg/株，每年每株可收获4~5次，每年每亩收获8~10t。经过3次整形，可形成多枝秆的理想形状，提高产量（游巧宁，2010）。

6. 植苗更新

卡亚是一次种植，多次多年采收。经过4~5年后，必须采用植苗造林更新。在平地或缓坡地可挖除树桩。为了防止水土流失，在山区丘陵地禁止挖树桩，并重新整地、植苗造林。无性系植苗造林更新时，同一小班应该更换。

7. 采收

(1) 采收：种植2~3个月后可开始采收，卡亚每亩每年采鲜枝叶8~10t。鲜茎叶晒干制成干草粉，每4kg制成约1kg干草粉。每亩可生产2~2.5t干草粉。每年4~11月为鲜叶利用期，叶用于生产干草粉。卡亚易于繁殖，再生能力强，不易结果，主要扦插繁殖。卡亚全身食用，它不仅营养丰富，富含铁、钾、钙和维生素C，叶、果、花的蛋白质平均含量都在5%~9%，且质地细嫩，口感纯正。以食叶为主，清香甜脆，口感极好。除人类食用叶子外，牲畜叶可食用。

(2) 采收方式：用锋利的修枝剪离枝条基部3cm的地方剪下枝条，不能剪得太短，否则影响下次抽枝发芽。枝条修剪后，有3~5cm长的茎段会干枯死亡，没坏死的茎段侧芽才能发育长成新枝。对同一植株向上生长的枝条，一律截顶，剪平，促成多枝条丛生状，采摘的叶子或食用或制成干草粉或作为牛饲料。采收时，保留植株有1/6的枝叶，以利于光合作用维持生长发育，促进侧枝抽芽生长，使之健壮生长。

8. 病虫害防治

防治方法：按照病虫害的发生规律，最好采用生物等防治技术，若必须用化学防治，则按照NY-T127-2007农药安全使用规范总则等法规条例，有效控制病虫害危害。

加强出圃苗木检疫，控制或杜绝病苗、带虫苗进入林地；发病初期应注意观察，及时清除病株及销毁病树枝、病树叶、病树根、病树干；尽量减少苗木和林木的机械、生理损伤，降低病害入侵的可能。

卡亚主要病虫害：卡亚是新引进植物，且其分泌白色液体或花不香，目前无虫害。只有一种病害，采用合适的氧化乐果喷洒，喷3次左右见效。

第二节　小粒咖啡

一、小粒咖啡介绍

小粒咖啡（*Coffea arabica*）为茜草科（Rubiaceae）咖啡属（*Coffea*）小乔木或大灌木，它是一种经济植物，具有速生、高产、高价值等特点。

小粒咖啡原产非洲埃塞俄比亚（李亚男等，2017；董云萍等，2011）或阿拉伯半岛。该种为咖啡属中最广泛的栽培种，是世界主要栽培种。中国广东、广西、海南、福建、台湾、四川、贵州和云南均有栽培。云南主要在保山、西双版纳等地。宜在年降水量1000~1800mm，土质疏松、排水良好的砂质土壤，pH6~6.5，年平均气温18~25℃，海拔1400m以下的地区种植。该种高4~5m；分枝细长，老枝灰白色，幼枝无毛。叶革质，长椭圆形，两面无毛，有光泽；叶柄长8~15mm。聚伞花序数个簇生于叶腋内，每个花序有花2~5朵，具极短总花梗；花芽10~11月开始发育，当年抽生枝条的腋芽，都可以正常发育为花芽。不同株的咖啡或同株不同叶腋或同一叶腋不同花的花芽，发育有先后，常不一致，所以形成花期相对集中，有多次开花的特性。花芳香，萼管管形，花冠白色，花药伸出冠管外；花柱长12~14mm，柱头长3~4mm。在广东花期为2~6月，盛花期4~6月。浆果成熟时红色，果实较小，外果皮硬膜质，中果皮肉质较甜，种皮较厚；鲜果与干咖啡豆比为4.5~5∶1，种子较轻，每千克干咖啡豆4000~5000粒。单节上结果数较少（10~15个），但枝条结果节较多，管理良好，每公顷可产7500kg左右（胡芳名等，2006）。种子背面凸起，腹面平坦，有纵槽。该种较耐寒、耐旱，但易感染叶锈病，不耐强风，成熟后易脱落。

主要用途为：①饮料：咖啡富含有咖啡碱、蛋白质、粗脂肪、粗纤维和蔗糖等营养成分。经加工后的咖啡味香醇，含咖啡因成分较低。咖啡作为一种高品位、时尚、优雅的饮料而风靡全世界，并被列为世界三大饮料（咖啡、茶叶、可可）之首（赵明珠等，2019）。②药用：咖啡因对人体脑部、心脏、血管、胃肠、肌肉及肾脏等各部位具有刺激、兴奋作用，能提高新陈代谢机能，减轻肌肉疲劳，可作麻醉剂、利尿剂、兴奋剂和强心剂。③其他：外果皮及果肉可制酒精或饲料。

二、小粒咖啡的研究

1. 开花物候的研究

试验地设在南方种苗基地，在2019年2~6月，即试验林2年生时，对其开花物候进行了研究。2019年2月26日，这是本年度第一次开花，3月2日，花全面盛开，花为白色，花瓣螺旋状排列。盛花期1~5d，之后便开始凋谢，2~3d后凋谢了90%以上。本年开了5次花，每次花期完全不一致，具体详见表7-17。经调查，95%以上的树都开了花。只有那些被虫危害、比较小的植株没有开花。果实采收期从10月开始至11月结束。

表7-17 小粒咖啡开花物候情况

开花次数	始开花时间	盛花期	始凋谢时间	凋谢完成时间
1	2月26日	2月27至3月2日	3月3日	3月5日
2	3月14日	3月15~18日	3月19日	3月22日
3	3月28日	4月2~3日	4月4日	4月5日
4	5月4日	5月5日	5月6日	5月7日
5	6月4日	6月5日	6月6日	6月7日

2. 一年生咖啡的生长

试验林种植后第二年，2018年3月，1年生时，对咖啡进行生长量调查，平均高0.70m，平均地径1.25cm，平均开花率80%，平均保存率98.54%。具体见表7-18。

表7-18 1年生小粒咖啡生长情况

平均树高(m)	平均地径(cm)	平均开花率(%)	平均保存率(%)
0.70	1.25	80	98.54

3. 坡位对咖啡树种的影响

将试验林标准地分为4个坡位，即坡位1为顶坡，坡位2为上坡，坡位3为中坡，坡位4为下坡。

（1）不同坡位对树高生长情况比较

4种坡位平均树高1.21m，最大树高1.34m，最小树高1.00m；最高单株出现在第3种坡位的第2重复，树高为2.1m，比整体平均值高出0.89m，比整体平均高出73.55%；最矮的单株出现在第1种坡位，第3重复内，树高0.05m，比平均值低1.16m。4种坡位之间，树高生长差异不显著，详见表7-19~表7-23。

表7-19 不同坡位对咖啡的树高生长情况比较

坡位	林龄(年)	重复数	均值(m)	最小值	最大值
1	2	3	1.12a	1.00	1.32
2	2	3	1.14a	1.05	1.31
3	2	3	1.31a	1.28	1.33
4	2	3	1.26a	1.18	1.34
总计/平均	—	12	121	1.00	1.34

注：显著水平5%时，数字后面相同小写字母为差异不显著，不同的小写字母为差异显著。

（2）不同坡位对地径生长情况比较

不同坡位平均地径 2.86cm，平均最大地径 3.18cm，最小地径 2.38cm，平均最大和最小地径差 0.8cm。单株最大地径在第 1 种地形的第 2 重复，地径为 6cm，比整体平均大 3.14cm，单株最小地径在第 1 种坡位第 3 重复内，为 0.01cm，比平均水平小 2.85cm，最大单株地径和最小单株地径差 5.99cm。坡位对地径生长影响，山底的地径比山顶的稍大，但差异不显著，具体详见表 7-20 和表 7-23。

表 7-20　不同坡位咖啡的地径生长情况比较

坡位	林龄（年）	重复数	均值（cm）	最小值	最大值
1	2	3	2.62a	2.38	3.12
2	2	3	2.73a	2.40	3.18
3	2	3	3.01a	2..88	3.15
4	2	3	3.07a	2..91	3.15
总计/平均	—	12	2.86a	2..38	3.18

注：显著水平 5%时，数字后面相同小写字母为差异不显著，不同的小写字母为差异显著。

（3）不同坡位对开花率的影响

4 种坡位的咖啡 90%以上植株开了花，整体平均开花率 90.58%，但每个植株的开花率不同，其中第 1 种坡位的开花率最低，平均为 90.16%。第 4 种坡位的开花率最高，平均为 91.37%，总体趋势是从山顶到山底开花率逐渐增加，但经方差分析和多重比较，差异不显著。具体详见表 7-21 和表 7-23。

表 7-21　不同坡位对开花率的影响

坡位	林龄（年）	重复数	均值（%）	最小值	最大值
1	2	3	90.16a	89.15	91.17
2	2	3	90.22a	89.00	91.54
3	2	3	90.54a	90.09	91.04
4	2	3	91.37a	91.05	92.00
平均	—	12	9.0.58	89.00	92.00

注：显著水平 5%时，数字后面相同小写字母为差异不显著，不同的小写字母为差异显著。

（4）不同坡位对挂果率的影响

4 种坡位平均挂果率为 82.90%，第 1 种坡位的挂果率最低，平均为 81.64%，第 4 种坡位的挂果率最大，平均为 83.61%。4 种坡位之间的平均挂果率仅相差 1.79%。经方差分析和多重比较，不同坡位之间挂果率差异不显著，从山顶到山底有逐渐增加趋势，但不显著，具体详见表 7-22 和表 7-23。

表 7-22　不同坡位对挂果率的影响

坡位	林龄（年）	重复数	均值（%）	最小值	最大值
1	2	3	81.64a	80.00	83.34
2	2	3	83.16a	81.71	85.00

(续)

坡位	林龄(年)	重复数	均值(%)	最小值	最大值
3	2	3	83.18a	82.25	84.45
4	2	3	83.61a	82.45	84.27
总计	—	12	82.90	80.00	85.00

注：显著水平5%时，数字后面相同小写字母为差异不显著，不同的小写字母为差异显著。

(5) 方差分析

对咖啡树进行每木调查，研究不同地形对咖啡生长的影响。通过方差分析4种坡位之间，树高的显著性 $0.026<0.05$、地径的显著性 $0.15>0.05$、开花率显著性 $0.35>0.05$、挂果率的显著性 $0.39>0.05$，表示在不同坡位间，树高的差异显著，地径、开花率和挂果率差异不显著，但个体间树高、地径、开花率、挂果率有较大差异，主要是虫害导致这种情况发生，要加强对病虫害的预防和控制。具体情况见表7-23。

表7-23 不同坡位对咖啡生长情况方差分析

项目	变异来源	平方和	自由度	均方	F值	显著性
树高	处理间	0.070	3	0.023	1.619	0.026
	处理内	0.116	8	0.014		
	总计	0.186	11	—		
地径	处理间	0.442	3	0.147	2.380	0.15
	处理内	0.496	8	0.062		
	总计	0.938	11	—		
开花率	处理间	2.794	3	0.931	1.263	0.35
	处理内	5.899	8	0.737		
	总计	8.693	11	—		
结果率	处理间	6.728	3	2.243	1.131	0.39
	处理内	15.859	8	1.982		
	总计	22.587	11	—		

4. 结论与讨论

南方种苗基地尾巨桉林下小粒咖啡生长良好，定植1年即可开花和结果，平均开花率为80.15%，平均保存率为95%；

不同坡位对2年生小粒咖啡树高生长影响显著，但对地径、开花率、挂果率的影响差异不显著，平均树高范围1.12~1.31m，地径范围2.62~3.07cm，平均开花率90.16%~91.37%，挂果率81.64%~83.61%。对地径、开花率、挂果率的影响从山顶到山底呈逐渐增加的趋势。

下一步将研究不同坡位对咖啡产量的影响以及施肥量和施肥种类对咖啡的影响；还将研究修枝对咖啡产量的影响。

三、繁殖方法

1. 种子繁殖

选择母树上完全成熟，果形正常，果实饱满，大小均匀一致，具有两粒种子的果实。将选好的果实小心地去掉果皮，主要是防止破坏种子，影响发芽率，然后把去皮的种子放在通风、阴凉、干燥的地方晾干，种壳变白后即可贮藏，不能暴晒种子，将种子装入竹箩或布袋中，每月在温和的阳光下翻晒一次，使久贮的种子保持较高的发芽率。咖啡幼苗期需要荫蔽条件，因此育苗地应选在阴坡或有一定遮阴条件又有水源、排水良好、土壤疏松、肥沃、pH 值为 6~6.5 的沙土地带。采取一般的育苗整地方法，直播于营养袋或把土壤挖松整理成苗床即可播种。按照 1kg/1.5m² 苗床播种，每千克种子为 4000~5000 粒，出苗率在 80% 以上的，可移苗 3500~4000 株，播种前可用 40℃ 温水浸种 12h 催芽，胚根露白时直播于营养袋内或沙床上，效果最好（胡芳名等，2006）。

苗期管理：播种后 50~80d 即可出苗，当苗木出现两片叶子时就可将幼苗移栽到营养袋中管理，起苗时苗床淋水，根部尽量多带些土，注意不要伤根和茎。栽好后浇足定根水，用小阴棚遮阴。苗在幼苗期容易干旱枯死，应及时补充水分，每天淋水 1~2 次，雨天可少一些。幼苗长到 2~3 片真叶时要施第一次水肥，以后到 4~5 对真叶和 7~8 对真叶时各施一次水肥，苗木出苗前 1~2 个月停止施肥，使苗木生长稳定有利于栽后成活。

2. 扦插繁殖

扦插材料用直生枝，不能用一分枝，因为一分枝扦插后长成的新枝只会匍匐生长，不能长成直立的咖啡树。插条要用幼嫩未木质化、叶片充分老熟的健壮直生枝，把顶芽剪去，再剪下顶芽下的第 2~3 段枝条，然后剪成有 1 对叶片、长度 7~10cm 的枝条。插条的叶片留剪留 5~7mm 宽，将插条从中剖为两条，各带 1 片叶片，切口斜切光滑。切记不宜用半木质化和已木质化的直生枝，这样的枝条不易成活。

插床一般用沙床，厚度 40~50mm，下部用粗沙，上部用中等细沙，插床要有 80~90% 的荫蔽度。用时先将沙洗净，也可以在沙中混入 1/2 的椰糠。采用喷雾设备，插条发根率高，但设备购置费用高。

扦插方法：插条斜插或直插均可，扦插深度以埋到叶节处为度。10~15cm 一行，以互相不遮蔽叶片为标准。插后充分淋水，使插条与沙紧密接触。扦插后，要在插床上覆盖塑料薄膜，以减少水分蒸发，提高插条生根率。覆盖塑料薄膜时要用铁丝或竹片弯成拱形，插在沙床边缘，再将塑料薄膜覆盖于上，然后压紧，保持苗床内湿度。如用喷雾设备，则不用覆盖塑料薄膜。

3. 嫁接

芽接法：用 1 年生的幼苗作为砧木，将茎基部泥土擦净，然后开一长 2.5~3.5mm 的芽接位，从优良母树或苗圃中选取发育饱满的节，削取带有少量木质部的芽片，放入芽接位，用捆绑带扎紧，约 20d 后将接芽点松开，30~40d 芽接口已愈合，全部解

绑，5d 后成活的苗，即可剪去砧木，不成活的重新芽接。

劈接法：选用1年生幼苗作为砧木，劈接时，砧木离地10~15cm 处剪掉，在剪口平面中间垂直切下3~5cm 长的切口。选用与砧木大小相一致的优良直生枝作为接穗，于节下3~4cm 处削断，将接穗基部削成楔形，插入砧木切口处，注意对正形成层，用捆绑带扎紧，为了提高成活率，可用捆绑带将接穗包好，约20d 后露芽点，30~40d 全部解绑。

四、栽培技术

1. 造林地选择

小粒咖啡的生长发育与气候环境条件密切关系相关。在风大、气温高、光照强、土壤易干旱的地区，植株枝条腋芽趋向于分化成花芽，枝条生长量较小，易造成早衰。因此，要选择静风、湿度较大、光照较短的地方作园地。小粒咖啡是需水又怕水分过多的植物，雨量在1400mm 以下的地方，应选择有水源且灌溉条件或水利条件好的地方，小粒咖啡根系的好气性很强，土壤排水不良，应增设排水沟。有条件的地方，最好安装滴灌设施。土壤含沙量大，保水肥力差的，要使用覆盖物，增施有机肥料。定植前2~3个月施基肥，挖施肥沟时将表土、心土分开，心表土回沟，并施1.5t/hm² 钙镁磷肥，有条件的地方施土杂肥2~5kg 作基肥，于栽植前15d 左右将表土填沟(表土与基肥混合均匀)，以免栽后土壤下陷，影响成活(胡芳名等，2006)。

2. 种苗的选择

种植良种是各类植物、农作物高产、稳产、优质的基础。所以选好良种是小粒咖啡速生、优质的关键。要选择苗高10~15cm，有4~5对叶片，生长健壮、顶芽稳定、根系发达、无病虫害的苗定植。劣苗、弯根、根少、畸形苗应淘汰，不能出圃。

3. 栽培技术

小粒咖啡的定植根据不同品种、气候、土壤及农业技术措施而定。要考虑定植成活率，又要考虑较短时间内获得较高的生长量，以便早投产，因此要早催芽、育苗。一般在雨季开始后定植，广东大部地区气温较高，雨水集中在4~9月，所以这段时间造林比较合适。在下雨后的阴天或土壤湿润时定植，保证苗木成活。常用的株行距是2m×1.2m，即278 株/亩或4170 株/hm²。生产实践中，常用以下3种方法定植：

(1)裸根定植：定植时主根要直，侧根分布舒展，保持原来的自然状态，分层回土，压实，使根系紧贴泥土，但不能压得过紧，避免伤根，定植后覆盖泥土、浇足定根水。

(2)带土定植：在浇水有困难时，气候条件差的地方采用此法，成活率高，但运输不便，花费时间长，成本高。但在经济条件好的地方，常采用此法，在定植前要注意防止弯根。

(3)截干定植：一般用于2年生以上、苗高1m 以上的苗木，在离地面25~30cm 处截干后定植，成活率较高，成活后要及时修芽。

小粒咖啡种植后恢复生长时，最怕旱，要经常保持天然湿润，定植后要及时浇定根水，以后根据情况，隔3~5d浇水一次，直到成活。

4. 抚育管理

（1）修剪

据不同品种的枝条生长习性、结果习性、不同环境、不同管理条件，分别采用合理的整枝修剪形式，小粒咖啡一般采取单干整形或多干整形。单干整形即在株高1.2~1.8m时分次打顶，促进一分枝和二、三分枝生长，并把株高控制在2m以下，打顶后要及时剪除新抽生的多余直生枝。在生长季节和采果后，即时修剪不必要的枝条，以增强通风透光，减少养分的消耗。主要修剪：30cm以下的低位分枝；离主干约15cm以上的二分枝；同一节生长出二分枝中的一条分枝；向上、下、内生长的枝条；病枝、枯枝、纤弱枝、徒长枝、树冠内过密而长势弱的一分枝；结果几年后老化的枝条。咖啡结果4~5年后，如树势减缓、产量下降时，应隔行截复壮。

多干型整形就是多干轮着更换咖啡树主干的形式，咖啡植株结果4~5年后，由于主干继续生长，结果的部位越来越高，生长量逐年减小，产量逐年下降，此时必须及时更换主干。采用多次轮换法：多干型咖啡树，每年每株更新1~2条老干，同时保留1~2条新干，称多次轮换法，于截干前一年，在老干基部保留1~2条新生枝，当植株在当年采果后，在新直生枝上方把老干截掉。多次轮换的形式又分为四干三次轮换、五干三次轮换等方式。咖啡植株整形后可继续保持高产，以新生的枝条来维持高产量（胡芳名等，2006）。

（2）施肥

施肥是小粒咖啡丰产的关键措施之一。咖啡定植后两个月可施第一次肥，以后3~4个月施肥1次，如施牲畜粪，应该堆沤腐熟后使用，5kg/株。如施用NPK复合肥，在雨后于树冠范围内开浅沟施300g/株后覆盖。结果初期的施肥，施用500g/株，效果显著。成龄结果期，每年施肥5次。第一次在2~3月开花期；第二次在4~5月幼果期；第三次在7~9月果实充实期，第四次在10~11月；第五次在当年12月至来年1月。每次施复合肥500g/株。如果管理得好，定植后第二年便开花结果。

（3）病虫防治

咖啡主要病虫害有褐斑病、煤烟病、叶锈病、蚧类与天牛类。病害一般在秋冬季节发病较为严重。蚧类主要危害咖啡嫩枝、嫩茎的叶液，该虫类排泄物中含有糖分能诱导蚂蚁危害（张婧和杜阿朋，2014）。

①灭字虎天牛

清除和烧毁受害严重的咖啡树及周围的野生寄主，抹去粗糙的树皮，但不能伤害韧皮部；在成虫羽化期（4月、5月或10月、11月、12月）每月交替用三氟氯氰菊酯3mL对水15L、速灭杀虫乳液12mL对水10L喷洒于树干；5~10月进行人工捕杀（李雅芝，2019）。

②旋皮天牛

定植后的翌年3月人工抹干，破坏旋皮天牛产卵场所；5月下旬到6月中下旬，用氟吡硫磷1500倍液，逐株喷距地面80cm以下树干；7月中旬人工逐株检查树干，捕捉幼虫（李雅芝，2019）。

③木蠹蛾

根据木蠹蛾雌虫在咖啡梢顶或腋芽产卵，幼虫从芽腋处蛀入，虫孔有颗粒状粪便排出等特征，在4～5月和9～10月，结合咖啡园其他管理适时人工清除虫枝，发现萎蔫的枝条及时剪除并捏死幼虫。在5～6月用氟吡硫磷1500倍液淋干或喷施于咖啡嫩尖，杀死初蛀入的幼虫（李雅芝，2019）。

④蚧壳虫

修剪咖啡树间交叠的枝条，减少蚧壳虫在咖啡树间的活动，清除杂草，用自然真菌防蚧壳虫（李雅芝，2019）。或用用氧化乐果800倍液在雨季来临前的2～4月喷雾防治，或用速杀1500倍液喷雾防治（张婧和杜阿朋，2014）。

五、采收与加工

小粒咖啡果实经过8～10个月的发育过程已经成熟，应适时进行采收。当果皮呈现鲜红色时为成熟标志，为最适宜采收期，如达到紫红或干黑则为过熟，会影响色泽和品味，小粒咖啡每年有5～6次开花，所以其果实成熟的时间不完全一样，但相对比较集中，采收期为10～12月，应随熟随采收。采收方法如下（胡芳名等，2006）：

①鲜果：成熟即开始采收，将红色果、绿果、病果、过熟果分别采收、分级和包装。

②分级：采收当天按色泽和饱满度分级脱皮、发酵清洗、干燥、加工和包装。

③发酵时间视温度而定，发酵时间以24～36h为宜，发酵标准以手搓有粗糙感带有响声为发酵彻底，发酵不足或过度对质量有较大影响。

④清洗标准，将发酵好的咖啡豆放入清水中清洗，洗到水清为准，水清后还要将咖啡豆放入浸泡池中浸泡12h后用清水冲洗，进入晒场晾晒。

初加工：方法有干法和湿法。

在生产实践中常采用的是干制法，该法的优点是方法简单，设备参与率及费用低。即将果实集中在场坝上晾晒，注意适时翻晒，直到晒干为止，然后可用去壳机或用杵和臼除去果壳，再用簸箕扬掉外壳，接着进行筛拣，去除杂质后，即制成商品咖啡豆。该法的缺点是，产品质量比湿法差一些。

湿法加工产品质量较优，但设备设施参与多，投入大，费用高。

第三节　迷迭香

一、迷迭香介绍

迷迭香（*Rosmarinus officinalis*）是唇形科（Labiatae）灌木。喜温暖气候，原产欧洲地区和非洲北部地中海沿岸，有"海水之珠""玛利亚的玫瑰"之美称（周永生，2018），在欧洲南部主要作为经济作物栽培，曹魏时期就曾引种到我国，现主要在云南、海南和新疆等地大面积种植（起国海等，2018）。

从迷迭香的叶、花和茎中都能提取迷迭香精油，而迷迭香精油是优良抗氧化性的抗氧化剂（陈亮等，2019）。迷迭香抗氧化剂广泛用于医药、油炸食品、富油食品及各类油脂的保鲜保质（殷燕等，2014）；迷迭香香精则用于香料、空气清新剂、驱虫剂以及杀菌、杀虫等日用化工业。

灌木，因品种不同，而高度不一，有的只有50~80cm高，有的高达2m。茎及老枝圆柱形，皮暗灰色，不规则纵裂，块状剥落，幼枝四棱形，有白色星状细绒毛。叶丛生在枝上，具极短的柄或无柄，叶子绿色针形，长2~5cm，宽0.2~0.5cm，革质，叶正面具光泽，无毛，背面有浓密的白色星状绒毛。花近无梗，少数聚集在短枝顶端组成总状花序，花有各种不同颜色，如白色、粉红色、紫色及蓝色，雄蕊2枚发育，着生于花冠下唇的下方，花丝中部有1向下的小齿，药室平行，仅1室能育。花期视品种和种植地不同而异。

根据迷迭香形状分为两大类：匍匐型和直立型（何云燕和潘永红，2014）。匍匐型：主干横向生长。直立型：主干向上生长，株高可达1.5m。直立型品种有5种，分别为海露迷迭香、宽叶迷迭香、斑叶迷迭香、针叶迷迭香和粉红迷迭香。匍匐型迷迭香有3种，分别为赛汶海迷迭香、蓝小孩迷迭香和抱木迷迭香。

1. 直立型品种

（1）海露迷迭香

叶线形针状对生，3年生以上植株才会开花，花是蓝色。株高1.0~1.5m，植株挺直，该品种的香味品质较佳，是常用品种。

（2）宽叶迷迭香

叶线形对生，比一般的迷迭香宽，叶色深绿有光泽，植株高约1m。该种栽培约2年即可开花，花形较大，淡蓝色，花色较浓，花期从春开始至秋结束。该品种最具观赏价值。

（3）斑叶迷迭香

由宽叶迷迭香变异，线形对生叶，嫩叶比一般的迷迭香宽，叶缘有斑纹。种植2年可开花，植株高约1m。

（4）针叶迷迭香

叶线形针状对生，细长。叶色较暗，枝条硬，植株挺直，有松脂味，大多提炼精油，作为药用。

（5）粉红迷迭香

叶线形，针状对生，栽培3年生以上的才能开花，粉红色花，株高1.0~1.5m，植株挺直，常做绿篱或盆栽，用于观赏。

2. 匍匐型品种

（1）赛汶海迷迭香

线形叶针状对生，叶较短而细小，嫩枝白色，种植后1年即可开花，花色淡紫，花期在春、冬季。该品种清淡宜人，适合泡茶。

（2）蓝小孩迷迭香

针状对生叶呈线形，茎叶紧凑短小，生长非常缓慢。紫色花，花期春、夏季。匍匐不是很明显，阳光充足的地方，枝条有向上生长趋势。

（3）抱木迷迭香

叶线形、细长、对生，1年生可开花，花开春、夏季，枝条软，有明显垂直向下生长的趋势。

迷迭香虽喜温暖的气候，但在冬季没有寒流的气温下，也较适合它的生长。迷迭香叶片属于革质，比较耐旱，因此栽培的土壤以富含砂质排水良好较有利于生长发育。迷迭香生长缓慢，特别是种植的第一年，因此再生能力不强。

3. 主要用途

（1）工业

迷迭香是一种名贵的天然香料植物，生长季节，它的茎、叶和花具有宜人的香味，有提神醒脑的作用。从迷迭香的叶、花、茎和根等中都能提取迷迭香精油，其精油是天然、高效、稳定的优良抗氧化性。迷迭香抗氧化剂广泛用于医药、油炸食品、富油食品及各类油脂的保鲜保质；而迷迭香香精则用于香料、空气清新剂、香水、香皂、驱蚊剂以及杀菌、杀虫等日用化工业原料。最有名的化妆水就是用迷迭香制作的。迷迭香还可以在饮料、护肤品、生发剂、洗衣膏中使用。

（2）医药

迷迭香具有镇静安神、醒脑作用，对消化不良和胃痛也有一定疗效。将其捣碎后，用开水浸泡捣碎后的迷迭香。2~3次/d饮用，可起到镇静、利尿作用，也可用于治疗失眠、心悸、头痛等多种疾病。外用可治疗外伤和关节炎。还具有强壮心脏、促进代谢、促进末梢血管的血液循环等作用。还可改善语言、视觉、听力方面的障碍，增强注意力，治疗风湿痛，降低血糖，减缓动脉硬化，帮助麻痹的四肢恢复活动能力（李文茹等，2013；王莉等，2019；徐小凤等，2017）。

（3）食用

迷迭香是西餐中经常使用的香料，在牛排、土豆等料理以及烤制品中经常使用。清甜带松木香的气味和风味，香味浓郁，甜中带有苦味。

（4）观赏

迷迭香的花紫色、淡紫色、粉红色、蓝色、淡蓝色，又加上特殊的香味，极具观赏价值，既适合地栽，也适合盆栽，因此迷迭香备受人们的青睐，常有人栽于庭院或阳台。

二、迷迭香的研究

1. 扦插试验

扦插试验，研究了不同种源、木质化程度及不同浓度 IBA 和 NAA 对迷迭香扦插成活率、生根数、根长、分枝数、苗高的影响。研究结果表明：18个处理组合的成活率为 24%~96%，生根数量为 9.1~36.1 条，根长 4.9~8.9cm，苗高 3.0~10.8cm，分枝数 1.2~4.5 个。在试验所用的植物生长调节剂中，IBA 是影响生根数、根长、苗高的关键因子，0.55g/LIBA 浸泡穗条可显著促进根的生长；同时，0.4g/L 的 NAA 浸泡对生根数有促进作用。不同种源是影响迷迭香分枝数和成活率的主导因素，宽叶半直立型（云南）的迷迭香分枝数较多，绿叶直立型（法国）迷迭香成活率较高。除了分枝数外，木质化程度对各项指标不具有显著影响，由于嫩枝以及木质化程度高的枝条成活率不高，因此可选择半木质化的穗条进行扦插（起国海等，2018）。

2. 化学成分等的研究

迷迭香的化学成分与其抗菌活性方面，迷迭香精油对黑曲霉和纯状青霉、大肠杆菌、金黄色葡萄球菌有抑制作用（李文茹等，2013）。迷迭香精油及其主要成分对肝癌 HepG2 细胞的生长有抑制作用，且受时间和主要成分浓度的影响，因此迷迭香可能成为一种新的高效抗癌药物，而 α-蒎烯和 1,8-桉叶油素可能是其有效成分（王莉等，2019）。

对迷迭香精油的化学成分和日月变化规律做了深入的研究，所用材料和研究结果如下（李天会等，2020）：

营建试验林：2017 年 4 月，在南方种苗基地 2008 年 5 月种的尾巨桉大径材林下，营造了针叶迷迭香试验林，株行距 30cm × 30cm，穴规格：20cm×30cm×50cm。栽植后，淋足了水。种植前对林地进行了精细整地，并起垄，覆盖薄膜，防杂草生长；挖好了排水沟；安装水滴管；施基肥。

（1）采集试验材料

在天气晴朗的情况下，以 2 年生的试验林中生长一致的迷迭香作为采集对象，设固定样方 3 个，样方长 10m，宽 1.2m。日变化研究试材采集，在每天每个时间段重复采 3 次，4 月共采了 3d。月变化研究试材采集：每月采 1 次，将每月每次采的叶和茎混匀。在采样当天，将采集的原料记录采集时间和重量等，并存放于可封口的食品包装袋中，当天带回实验室准备提取精油，然后使用超声微波法和水蒸气蒸馏法两种方法提取精油。

（2）研究方法

提取率分析：采用超声微波提取法（简称超声法）和水蒸气蒸馏法（简称蒸馏法）两种方法提取精油，研究表明：超声法的提取率和蒸馏法提取率相比，差异极显著。超声法提取效率高，所需时间短，提取率为 52.50%~60.00%，平均提取率 55.62%，提取时长平均 9.25min。蒸馏法提取时间长，提取率为 0.70%~0.74%，平均提取率 0.71%，提取时间需要 120min。超声法的提取率是蒸馏法的 75~81 倍，提取时间仅是蒸馏法的 0.058~0.108 倍，超声法的平均提取率，极显著高于蒸馏法的平均提取率。推测超声法的提取率受含水率影响，进行了含水率分析，迷迭香平均含水率 60.03%，并进行一元线性回归分析，求出超声法的提取率和含水率之间的回归方程为：$\hat{y}=3.47x-152.93$（$R^2=0.95$）。GC-MS 分析：超声法速度快，但其精油化学成分少；蒸馏法速度慢，但化学成分多，对两种方法提取的精油，都采用美国安捷伦的 AGILENT 7890A/5795C 气相色谱-质谱联用仪进行分析，色谱柱为 HP-5MS（30m×0.25mm×0.25um）石英毛细管柱。GC/MS 分析色谱条件为：进样温度 250℃，程序升温：初温 60℃保持 3min，以 8℃/min 升至 100℃，保持 2min，再以 2℃/min 升至 120℃，保持 2min，最后以 20℃/min 升至 250℃。

质谱条件:电离方式 EI,电子能量 70eV,四级杆温度 150℃,离子源温度 230℃,接口温度 180℃,扫描质量范围 40~550au。

数据分析:迷迭香中的不同挥发性组分色谱分离,形成各色的色谱峰,通过 NIST 图谱库检索及相关文献辅助质谱检索定性,确认迷迭香精油的各种化合物。

A:超声法提取精油的化学成分种类分析:该法提取的精油,其化学成分可划分为 5 类 16 种(表 7-24 和图 7-1),包括醇类、烯类、酯类、酮类、醛类。其中醇类有 8 种,分别是龙脑、占 8.28%,桉叶油醇、占 3.11%,芳香醇、占 2.39%,萜烯醇、占 2.73%,α-松油醇、占 4.83,桃金娘烯醇、占 1.19%,香叶醇、占 6.21%,马鞭草烯醇、占 59.22%。烯类有 3 种:α-蒎右旋樟脑、占 4.07%;醛类 1 种,2-氟-4-(三氟甲基)苯甲醛、占 3.41%。α-蒎烯、占 1.29%、d-柠檬烯、占 0.28%,氧化石竹烯、占 0.46%;脂类有 2 种,醋酸冰片、占 1.04%,1 种无名酯、占 1.09%;酮类 1 种。

表 7-24 超声法提取精油的化学成分分析

序号	种类	化合物		化学式	成分(%)
1	醇类	(1)龙脑	Borneol	$C_{10}H_{18}O$	8.28
		(2)桉叶油醇	Eucalyptol	$C_{10}H_{18}O$	3.11
		(3)芳香醇	linalool	$C_{10}H_{18}O$	2.39
		(4)4-萜烯醇	4-Terpineo	$C_{10}H_{18}O$	2.73
		(5)α-松油醇	Alpha-Terpineol	$C_{10}H_{18}O$	4.83
		(6)桃金娘烯醇	Myrtenol	$C_{10}H_{16}O$	1.19
		(7)香叶醇	Geraniol	$C_{10}H_{18}O$	6.21
		(8)马鞭草烯醇	(-)-Verbenone	$C_{10}H_{14}O$	58.51
2	烯类	(1)α-蒎烯	α-Pinene	$C_{10}H_{16}$	1.69
		(2)d-柠檬烯	D-limonene	$C_{10}H_{16}$	0.28
		(3)氧化石竹烯	Caryophyllene oxide	$C_{15}H_{24}O$	0.46
3	酯类	(1)醋酸冰片	Bornyl acetate	$C_{12}H_{20}O_2$	1.04
		(2)酯	2-Methyl-3-methylene-1-cyclopentanecarboxylic acid methyl ester	—	1.09
4	酮类	(1)右旋樟脑	(R)-camphor	$C_{10}H_{16}O$	4.07
5	醛类	(1)苯甲醛	3-Hexen-2-one;2-氟-4-(三氟甲基)苯甲醛	$C_6H_{10}O$	3.41

B:蒸馏法的化学成分日月变化规律分析

日变化规律研究:在一天中,迷迭香精油的化学成分种类随温度的升高逐渐增多,10:00 时,96 种物质,12:00 和 14:00 时都有 100 种物质,16:00 时下降到 96 种(图 7-2)。

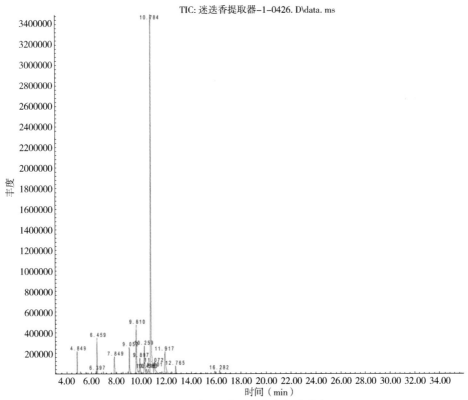

图 7-1　超声法提取精油的化合物成分离子图

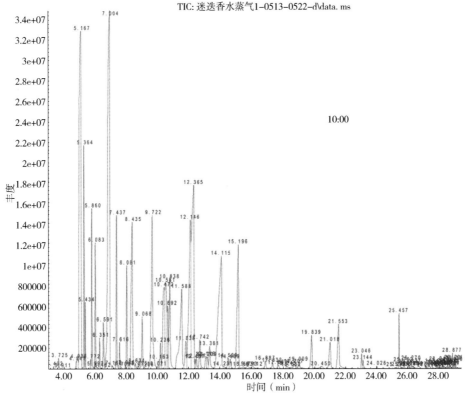

图 7-2　精油的化学成分日变化总离子图

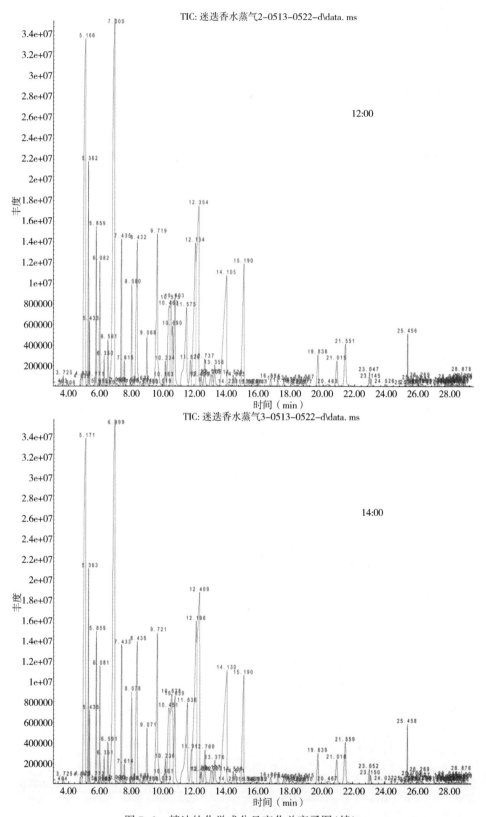

图 7-2 精油的化学成分日变化总离子图(续)

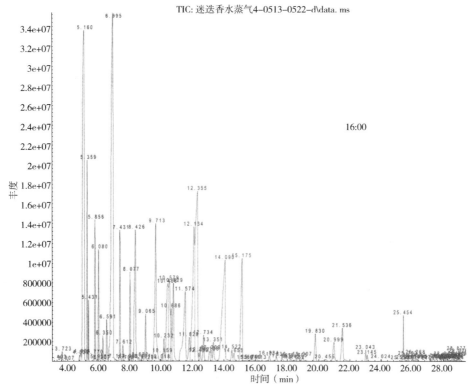

图 7-2 精油的化学成分日变化总离子图(续)

月变化规律研究：4~6月各月的化学成分种类有少量差异，其相对百分含量差异也小。其中4月有9类，包括醇类、烯类、酯类、酮类、醛类、酚类、酸类、烷类、其他类；5月的化学成分除了与4月相同的9类外，比4月多了1种苯类，该类的百分含量0.29%；6月的化学成分比4月多了2类，比5月多了1类，即为胺类，胺类的含量比较少，其相对百分含量0.01%。详细分析各月的化学成分发现，其也随温度的升高化学成分的种类增加，随环境温度的降低化学成分的种类减少。这与黄昕蕾等研究植物花香释放规律一致，其研究结果是具有挥发性物质的植物，其挥发性物质的释放量与环境因素尤其是温度密切相关(黄昕蕾等,2018)。本研究在4月、5月、6月3个不同月份进行采样，研究发现6月是化学成分种类最多的月份。

经研究4月采样提取的精油，所含化合物有可分为9类90种(图7-3)。主要醇类20种54.18%、烯类30种32.78%，酚类2种0.67%，烷类3种0.4%，酯类7种4.4%，酮类4种4.83%，醛类2种0.65%，酸类3种0.22%和其他含量非常少的物质19种1.88%。

5月，对不同时间段所提精油的化学成分进行了分析，14：00时的化合物最多。分离出10类100种化合物(图7-4)，比4月多了1类苯。10类化合物分别是：21种醇类化合物54.35%，醇类化合物含量比4月增加了0.17%；30种烯类化合物32.96%，烯类含量增加了0.18%；8种酯类化合物4.39%；5种酮类化合物4.85%，酮类含量增加了0.02%；2种醛类化合物0.65%；2种酚类化合物0.70%，酚类化合物比4月增加了0.03%；4种酸类化合物0.24%，该类化合物比4月增加了0.02%；4种烷类化合物0.44%，该类化合物比4月增加了0.04%；1种苯类化合物0.29%；其他类23种1.13%，比4月少了0.67%。

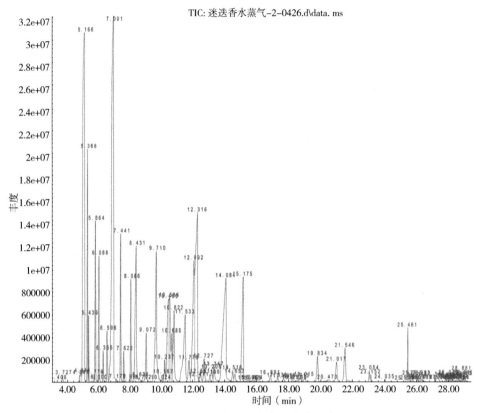

图 7-3　4 月迷迭香精油的化合物成分总离子图

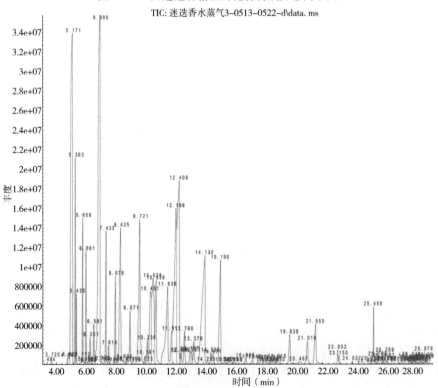

图 7-4　5 月迷迭香精油的化合物成分总离子图

6月，迷迭香精油的化学成分比5月增加了1类，其成分可分为11类105种（图7-5），分别是22种醇类54.30%，该类物质百分含量有所减少，但不显著；30种烯类33.2%，该类物质百分含量增加了0.24%；8种酯类4.42%，该类物质增加了0.03%；5种酮类4.87%，该类物质增加了0.02%；3种醛类0.6%，该类物质比5月减少了0.05%；2种酚类0.75%，该类物质增加了0.05%；4种酸类0.25%，该类物质增加了0.01%；6种烷类0.55%；该类化合物增加了0.11%，1种苯类0.35%；1种胺类0.01%，其他类19种0.6%，比5月减少了0.7%。

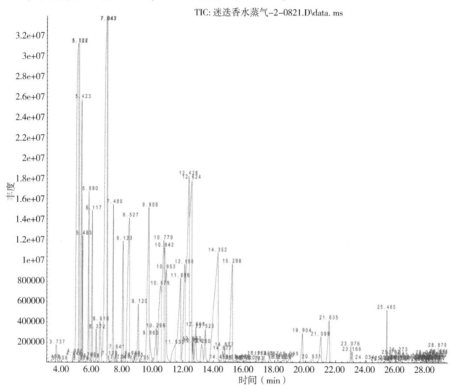

图7-5　6月迷迭香精油的化合物成分总离子图

（3）结论

提取率：超声法的提取率和蒸馏法提取率相比，差异极显著。超声法提取效率高，所需时间短，提取率为52.50%~60.00%，平均提取率55.62%，提取时长平均9.25min。蒸馏法提取时间长，提取率为0.70%~0.74%，平均提取率0.17%，提取时间需要120h。2种提取方法仅从出油率和提取时间两方面进行比较，超声法提取率占有大的优势。超声法的提取率是蒸馏法的75~81倍，提取时间仅是0.058~0.108倍，超声法的平均提取率，极显著高于水蒸气蒸馏法的平均提取率。

含水率：由于超声微波提取法的提取率高，推断迷迭香的含水率影响提取率，因此对迷迭香的含水率进行了研究，结果显示迷迭香含水率为58.96%~61.20%，平均为60.03%。对含水率与提取率进行了一元回归分析（邵崇武，2003），求出超声微波提取法的提取率和含水率之间的回归方程为：$\hat{y}=3.47x-152.93$（$R^2=0.95$），也就是说含水量率高，提取率也高，二者之间的关系是一元线性关系。但提取率高，化合物种类和数量都却不多，主要受含水率的影响。

化学成分种类：分析4~6月提取的精油，超声微波法提取时间短，化合物不能及时提出，仅有5类16种，但这5类占了总化合物含量的96%，都是属于相对百分含量比较高的物质，所以提取含量高的物质可采取超声微波法，省时，省人力物力；水蒸气蒸馏法提取的精油，虽然提取时间长，但其化合物有9~11类，90~105种，这种方法提出化合物种类比较多，与超声微波法相比是较优的方法。

化学成分随温度的升高而增多：分析一天中化学成分种类，表明随其温度的增加而增加，温度低时有96种，温度高时有100种，一天中14：00时化合物最多；分析4~6月提取的精油，其化学成分的数量也随温度的增加而增多4月90种，5月100种，6月105种，6月最多。

未来工作：本次研究仅对4~6月提取的精油进行研究，还需进一步对7~9月甚至更多月份的精油进行研究，以得出更加准确的结论，为迷迭香的扩大生产和应用提供可靠依据。

三、繁殖方法

1. 种子繁殖

一般在2~3月育苗，主要在阴棚内进行。若在气温、潮湿的地方，室外也可以育苗。育苗前，先起垄，精心准备苗床，苗床离地面高10cm，宽1.2m，长约10m，面床间要设计步道，便于进行育苗和管理工作。将苗床上的土耙细耙平，施足底肥和水。采用撒播或条播方式均可。但种子尽量稀播，或与细干土拌匀，播于苗床上，浇少量水，使种子与土壤充分接触。种子具有好光性，也可将种子直接播在苗床上，不需覆盖，在床面上搭塑料小拱棚，既要使床面的温湿度得到保证，又要使土壤表层不板结。保持土壤表层湿润直到芽出土后，再浇水，最好是喷雾状水。若水太大，种子将被冲走，造成损失，且影响工作。种子发芽适温为15~20℃。2~3周发芽。大约70d后，当苗长到10~15cm，即可定植。

迷迭香出芽率很低，一般只有10%~20%，在第一年，迷迭香的生长极为缓慢，即使春天种植，到了秋季，植株大小比刚定植时的植株差不多，形成大批产量要在2~3年以后，速度很慢。所以，生产上一般采用无性繁殖方式。但由种子开始栽培的，气味比较芬芳，故采用何种繁殖方式，要视需要而定。

2. 扦插繁殖

一般在春季进行扦插比较合适，这时扦插，苗容易生根成活。有时也根据实际造林或试验需要，随时进行扦插。由于嫩枝以及木质化程度高的枝条不利于扦插苗的成活，因此可选择半木质化的穗条进行扦插。选取新鲜健康尚未完全木质化的茎作为插穗，从顶端算起8~13cm处剪下，去除枝条下方约1/3的叶片，在0.55g/L IBA 溶液中浸泡，浸泡穗条可显著促进根的生长，然后将浸泡好的穗条直接插在育苗介质中，介质保持湿润，2~3周即会生根，5~6周后可定植到露地。

3. 压条繁殖

利用植物茎上能产生不定根的特点，把植株接近地面的枝条压弯覆土，露出顶部于空气中，待长出新根时，从母株上剪下，形成新的植株，定植到大田。

四、栽培技术

1. 移栽

选择健壮的迷迭香苗，移栽到已平整好并施好基肥的土地上，株行距为30cm×30cm，每亩种植数量为7400株。移栽后要浇足定根水，浇水时要小心，即水量不能太大，以不使苗倒伏为准，如有倒伏要及时扶正稳固。选择阴天、雨天、雨后或早上太阳未出、晚上太阳西下，太阳辐射不强时栽植迷迭香。栽种季节：视地方的气候、土壤条件不同而定，如在广东湛江、云南省中部南部一年四季均可，当然一般是春秋季最佳。视土壤湿润情况，栽后4~6d，浇第二次水。条件允许的地方，安装水滴管，可适时灌水。待苗成活后，可减少浇水。如有死苗、缺苗要及时补植。

2. 抚育管理

(1) 施肥

一般在栽植前施足了基肥，栽植后具体情况具体分析，一般种植5~6个月后施少量NPK复合肥，施肥后要将肥料用土壤覆盖，每次收割后追施一次速效肥，以N、P肥为主，一般每亩施尿素20kg，普通过磷酸钙25kg。

(2) 抚育

由于迷迭香的作用，主要是利用叶子和茎提取精油，用于医药和化工原料，因此不要使用除草剂，采用人工拔出，有益于健康。

(3) 修剪

迷迭香在种植成活后3个月就可修枝，修剪强度过大，会使植株无法再发芽。比较稳妥的方法是：每次修剪时不要超过枝条长度的50%或者不能剪至已木质化的部位，影响其再生能力。因为迷迭香植株每个叶腋都有芽，这些腋芽都可以长出小芽，发育成枝条，长大以后使整个植株的枝条横生，显得杂乱无章，同时枝条拥挤，通风不良也容易遭受病虫危害，因此，定期整枝修剪十分重要。直立的品种如果不修剪，容易长得很高，而且其顶端优势明显，压制侧枝生长，影响了植株的美观和产量。为了提高产量，在植株高约30cm时剪去顶端，侧芽萌发后依据生长情况和造型，再修剪2~3次(何云燕和潘永红，2014)，植株才会低矮整齐、通风透气，既美观又高产。

(4) 病虫防治

迷迭香抗病虫能力强，在潮湿的环境里，比如育苗时，根腐病、灰霉病等是迷迭香常见病害。最常见的虫害是红叶螨、白粉虱，严重时，叶片脱落、枯萎，可用2%的阿维菌素3000倍溶液进行喷洒防治(何云燕和潘永红，2014)，隔4~7d，再喷洒，连续喷洒3~4次可以解决问题。

应重在预防，从合适的水分管理、合理的温度、适当的光照、环境卫生等方面努力，并且需经常观察、及时淘汰病弱株。

3. 采收

迷迭香一次栽植，可多年采收，采收以嫩枝叶为主，枝条长度12~18cm，可用剪刀收割。但必须特别注意采收后伤口所流出的汁液很快就会变成黏胶，很难去除，因此采收时必须戴手套并穿长袖服装。采收次数可根据生长情况，一般每年可采3~4次，每次采收至少350~400kg/亩。

第四节 草珊瑚

一、草珊瑚介绍

草珊瑚（$Sarcandra\ glabra$）为金粟兰科多年生常绿亚灌木，又名肿节风、九节风、九节木等（方文洁等，2010）。其形态秀丽、四季馨香，具有极高的药用、食用及观赏价值。

草珊瑚高50~120cm；茎与枝均有膨大的节。叶革质，椭圆形、卵形至卵状披针形，长6~17cm，宽2~6cm，顶端渐尖，基部尖或楔形，边缘具粗锐锯齿，齿尖有一腺体，两面均无毛；叶柄长0.5~1.5cm，基部合生成鞘状；托叶钻形。穗状花序顶生，通常分枝，多少成圆锥花序状，连总花梗长1.5~4cm；苞片三角形；花黄绿色；雄蕊1枚，肉质，棒状至圆柱状，花药2室，生于药隔上部之两侧，侧向或有时内向；子房球形或卵形，无花柱，柱头近头状。核果球形，直径3~4mm，熟时亮红色。花期6月，果期8~10月（林传宝，2019）。

野生草珊瑚常生长在海拔420~1500m的山坡、沟谷林下阴湿处（徐艳琴等，2011）。适宜温暖湿润气候，喜阴凉环境，忌强光直射和高温干燥。喜腐殖质层深厚、疏松肥沃、微酸性的砂壤土，忌贫瘠、板结、易积水的黏重土壤。

草珊瑚在世界上分布于朝鲜、日本、马来西亚、菲律宾、越南、柬埔寨、印度、斯里兰卡和中国等国家，在我国主要具体分布于广东、广西、湖南、安徽、浙江、江西、福建、台湾、四川、贵州和云南（徐艳琴等，2011）。

草珊瑚全株利用，能清热解毒、消肿止痛、祛风活血、抗菌消炎。主治流行性乙型脑炎、流行性感冒、咳嗽、肺炎、阑尾炎、盆腔炎、跌打损伤、风湿关节痛、闭经、创口感染、菌痢等。还用以治疗跌打、损伤、脑瘤等。叶子可以提取芳香油，用于保健品、食品、化妆品及日用化工等方面（徐艳琴等，2011）。

二、繁殖方法

1. 扦插繁殖

3~4月，从生长健壮植株上选取1~2年生枝条，剪成带2~3节、长10~15cm插穗，捆成小把，用0.5%的多菌灵消毒10min，捞出晾干后，再将其下段置于配好ABT生根粉溶液中浸泡30min（李基生，2013），经处理的插穗，生根时间显著缩短。插穗处理好后，在事前准备好的苗床上，按株行距10cm×10cm斜插入土，插入深度3~6cm，土面上留1节，按紧，浇透水。插好后，搭设塑料小拱棚，经常保持苗床湿润，保证扦插苗的成活。插穗后30d左右，扦插生根，并开始萌芽。成活后，应注意松土人工拔草，适时追施稀薄水肥，促进幼苗生长。培育10~12个月，即可出圃定植。

2. 组培

外植体的选择和处理是组培成功的关键。可以选取当年生幼嫩有侧芽的茎段，或用消毒后的种子播种，获得干净的外植体进行组培。

从植株上选择的外植体剪好后，洗净去叶，然后剪成2~3cm的带节茎段，用75%的酒精浸泡25~30s后，再用0.1%的升汞消毒8~10min，无菌水冲洗4~5次，每次3~5min(赵会芳等，2017)。

茎段洗干净后，接种到合适的培养基上，进行愈伤组织和丛生芽的诱导培养，诱导效果好且快。采用丛生芽分离的芽接种到培养基再次培养，继代培养30~35d，长出单芽，再接种到合适的生根培养基上，掌握好合适的温度、光照和pH值，进行生根培养。最后对培养成功的组培苗在太阳光下进行炼苗，从弱光逐渐加强光照到自然光，炼苗过程需要30~40d。炼苗后，将组培瓶苗的培养基洗净，移栽入装有配好比例的基质营养袋中，精心培育约3个月后，可出圃造林。

3. 种子繁殖

在每年10~12月果实红熟时，将其采回，使果肉腐烂，用清水反复清洗种子，贮藏于湿润的细沙中。或直接用细湿沙拌和贮藏，在来年需要播种时，再将果肉洗净，贮藏在室内干燥通风处。来年2~3月，取出种子进行播种。在事先整好的苗床上，按行距20cm，开深2~3cm的播种沟，将种子均匀播于沟内，用细土覆盖，以不见种子为度，用草覆盖畦面。播种后约20d出苗，及时揭去盖草。育苗期间，要经常松土除草，并保持土壤湿润，适时追肥。如果苗期管理精细，当年11~12月即可出圃定植(林传宝等，2019)。

4. 分株繁殖

在早春或晚秋进行。先将植株地上部分离地面10cm处割下入药或作为扦插材料，然后挖起根蔸，按茎秆分割成带根系的小株，按株行距20cm×30cm直接栽植大田。栽植后需连续浇水，保持土壤湿润。成活后注意除草、施肥。此法简便，成活率高，植株生长快，但繁殖系数低。

5. 移栽

将培育好的苗木，挑选优质苗，在当年11~12月或翌春2~3月起苗移栽。在起好的垄上或整好的地上，按株行距50cm×50cm或30cm×30cm或20cm×30cm定植，并浇透定根水。成活后，需及时加强田间管理。

三、栽培技术

草珊瑚是一种较耐阴植物，可在松树(张盛焰，2016)、竹林(绕林梅，2016)、桉树林(黄丽燕，2019；沈伟，2015)等林下生长，也可在玉米等高秆作物下生长，现介绍桉树林下的栽培技术。

1. 林地选择

选择郁闭度在0.6~0.8的桉树林(吕成群，2015)、(茅隆森，2018)，要求林下土壤、空气相对湿度在60%~85%之间，土层松软、厚实。

2. 整地、造林

造林前1个月，在有条件的地方，尽量避免使用除草剂，可用小型挖土机松土和除去杂灌草，并起垄，但这种方法成本高；在条件不允许的地方，可使用灭生性除草剂，把杂灌草全部清理干净。但种植草珊瑚后尽量避免再用除草剂。整好地后，造林前施基肥，沤熟的农家肥或复合肥均可。在雨季种植草珊瑚，造林效果好。查苗补苗，移栽后10~15d要及时查看苗的生长状况，如发现死苗或缺株，要及时补栽，确保成活率达98%以上。

3. 抚育管理

（1）除杂灌草

待苗长根后，要及时人工拔除杂灌、杂草，确保田间无杂灌草，不能伤苗。苗已经完全成活后，可进行适当的中耕松土。一般每年中耕4~5次，保持土壤疏松。

（2）灌溉排水

定植后要经常保持土壤湿润，在条件允许的地方，可安滴水管，及时淋水。多雨季节，要及时排除田间积水，以免引起烂根或在种植前挖好排水沟。

（3）追肥

在种植后2~3个月可施NPK复合肥6~8kg/亩，尤其是春季树芽萌动至开花前可施N、P、K复合肥，有条件的地方可施液体复合肥1~2次，秋季果期前后应再施肥1次。

（4）病虫防治

炭疽病是草珊瑚的主要病害，视具体情况定防治措施。但如果田间遮阴条件差、在阳光强烈的夏季，会出现叶片灼伤现象，叶尖或叶片出现斑枯，严重的全叶枯焦。可采用浇水降温、改善遮阴条件等措施，以减轻危害。

四、采收和加工

对草珊瑚中异嗪皮啶和总黄酮的积累随季节变化的研究表明，在10~12月其含量最高，也就是秋季采收最适宜（徐艳琴，2017）。实际生产中，草珊瑚叶子中有效成分含量比根、茎高，应适时采收，成熟度以75%~85%最好，在晴天将植株下部浓绿叶子摘下或将植株从离地面5~10cm处割下，晒干或直接加工成浸膏。在定植当年，每亩一般可产干品200~300kg，以后产量可逐年增高，最高每亩可产600kg以上。作为药材的原料，以干燥、无泥沙、无杂草、无虫咬、无病、无霉变为上乘原材料。

第五节 香兰叶

一、香兰叶介绍

香兰叶（*Pandanus amaryllifolius*）属于露兜树科露兜树属，它是生长于热带的绿色植物,又名斑兰叶(pandan)、七叶兰、甲抛叶、香林投、碧血树。香兰叶分布在印度尼西亚、马来西亚、新加坡、斯里兰卡、菲律宾等地(谭明欣等,2019)。我国20世纪50年代从印度尼西亚引种成功,在广东、海南、云南、台湾已有栽培。

香兰叶的主要用途如下。

1. 香料

香兰叶是东南亚国家常用的香料,能让食物增添清新、鲜甜的味道(任竹君等,2011),将叶片打成汁液添加在甜点内,也有将新鲜的香兰叶用于炖煮或用来包裹食物油炸或添加在大米中一起煮,煮好的饭有股特殊粽香气,相当诱人。鲜香兰叶汁还可以用来食物染色。逐渐地人们将新鲜椰汁与香兰叶汁混合,制作各种食物与糕点,浓浓而清香的椰浆味配上清新的香兰叶,那种味道真的使人难以忘怀,食欲大增。而在面包、蛋糕、冰淇淋、饼干、糖果等产品中加入香兰叶,吃起来更爽口、更香甜、更美味、更清香。

2. 医药

经任竹君等研究,香兰叶中含有包括亚油酸甲酯、叶绿醇、草蒿脑、棕榈酸、角鲨烯、甲基丁香酚、邻苯二甲酸以及醛和酮类都等化合物共18种。亚油酸有降血压、减少血小板凝集和增强红细胞变形等。草蒿脑具有很强的抗抑郁、杀菌、退热、驱虫、缓解压力、止咳、健胃、醒脑等功能。角鲨烯具有极强的供氧能力,可抑制癌细胞生长,防止癌细胞扩散和因化疗使白细胞减少等功能(任竹君等,2011)。

3. 观赏

香兰叶叶形优美,可美化环境,叶有芳香味,可使居室清香而富有生气。

二、繁殖及栽培技术

1. 繁殖方法

(1)分枝繁殖

新苗的根,不要剪开也不要掰开,必须将根部全部植入土壤里,同时要注意不能在太阳下暴晒,更不能积水。等植株长大后,可以做分枝繁殖,分枝时不要伤到根,根一旦伤了,就很难种活。采用沙床育苗,采根蘖苗在纯水中先浸泡10~15h,再在20mg/L IBA溶液中浸泡30~60min(谭明欣等,2019;鱼欢等,2019),之后种植在沙床上,定期淋水,确保沙床湿润。1~2个月后,再进行移栽。

(2)茎蔓扦插繁殖

在成株中剪取有气生根的分生节,按种植规格直接种植于大田,夏季炎热,茎蔓扦插成活率低,选在春、秋季进行茎蔓扦插繁殖较为理想。

2. 栽培技术

(1)林地选择

选择土壤非常关键,选择排水性能良好、土壤肥沃的砂壤土较易成活,且要使香兰叶的叶子更加翠绿,必须注意太阳照射的时间,因此在阔叶树等树荫下种植香兰叶是比较理想的选择。此处以桉树林下种植香兰叶为例。

（2）整地

选择合适的桉树林地，将林地清理干净，根据实际情况可以使用小型挖机将杂灌草全部挖掉，并将其移至林地边缘堆沤腐烂作为肥料，也可以喷施灭生性除草剂清除杂灌草。整好地后，可使用白色地膜覆盖，以防生杂草。开好排水沟，以利排水和保持土壤湿度。有条件的地方可装滴灌系统。

（3）施基肥

在整好地后，用拖拉机开施肥沟，沟深40~60cm，沟内施NPK复合肥，肥料总养分24%，NPK含量为6-12-6，施肥量为1500kg/hm^2，施肥后覆盖土。如有堆沤好的农家肥，使用农家肥更好。

（4）定植

香兰叶是属于热带植物，喜欢炎热天气，抗寒性较差，因此选择在春、夏两季种植比较好，并在秋、冬两季节要注意做好防寒措施。在雨后，土壤湿润时种植，行间距为4m×1.5m，穴规格为20cm×30cm×70cm。

（5）除草抚育

由于香兰叶是作为香料、医药、观赏等用，与人类生活息息相关，因此不要使用农药除草，采用人工除草比较好。面积小的试验区可采用人工拔除的方法。面积大的栽培区，可使用锄头等工具，人工铲除。

（6）病虫害

由于香兰叶引进的时间较短，目前尚未发现病虫害。

第六节　食用菌

林下种植食用菌是一种互利互补型的林下经济模式：一方面，林地环境天然适宜食用菌生长，林地为食用菌提供充足氧气、适宜的光照和温湿度，林木修枝和间伐产生的枝条、木屑和树皮等剩余物可作为食用菌种植原料；另一方面，食用菌产生二氧化碳可供林木吸收，种植食用菌的菌渣等可作为林木肥料，林下种植食用菌还利于保护林下地表土壤、减少水土流失等，真正体现了"以林养菌、以菌促林"的良性循环（张婧和杜阿朋，2014）。

食用菌作为传统的林副产品，采用林下栽培方式较其他人工栽培方式具有成本低廉、管理简单的特点，可以实现良好的生态效益和经济效益。目前，林下食用菌栽培虽然发展态势良好，但仍处于初级阶段，特别是我国幅员辽阔，各地气候、土壤不同，森林种类不同，导致各地食用菌适宜品种、原料基质、栽培管理模式等栽培技术要点都存在较大差异。桉树大径材培育林进行林下食用菌栽培需要一套适宜的栽培管理技术，包括：林地要求、菌种选择、基质配置、栽培方法、温湿度调控、病虫害防治和采收管理等技术要点。

1. 林地要求

林地选择远离污染源、水质清洁、排水良好、地势平缓、管理方便的大径材培育林地,在林分郁闭度 0.6~0.8 时适宜林下种植食用菌。林地在种植前应清除杂草和枯枝等,设置好畦床和排水沟,畦床规格因食用菌品种和栽培方式不同而有差异(如林下覆土栽培平菇或灵芝的菌包间距为 5~10cm,林下地表栽培可无间距分层码放),长度视林地情况和管理方便而定,畦床设置好后要晾晒约 3d,再在畦面及四周撒一层石灰杀菌消毒,且利于杀虫。

2. 菌种选择

桉树林下栽培食用菌通常选择中、高温菌种(20~30℃),如灵芝、竹荪、草菇、榆黄菇、秀珍菇、灰树花、毛木耳、平菇沙白、杏鲍菇和鲍鱼菇等;还可以根据不同栽培月份的气温选择适宜菌种。以广东省湛江地区 9~10 月桉树林下种植食用菌为例,测得林下栽培平菇沙白、榆黄菇、韩灵芝和美大灵芝出菇整齐度和生物转化率均较高(表 7-25)。

表 7-25 桉树林下栽培食用菌品种生产特性

名称	主要特征	发满天数	林下出菇整齐度	生物转化率(%)
平菇沙白	子实体浅灰色,丛生,出菇快,产量高,抗杂能力强	菌包 21d	整齐度高	102.5
榆黄菇	子实体色泽金黄,丛生,出菇快,适应性强	菌包 25d	整齐度高	85.23
韩灵芝	子实体温度适应性较广,肉质结实,盖大、厚,适于采收子实体	菌木 37d	整齐度较高	7.9
美大灵芝	出芝早、生长快、肉质结实,适于采收孢子和子实体	菌木 33d	整齐度高	7.76

注:1. 平菇沙白和榆黄菇的生物转化率:生物转化率=鲜菇重/栽培料干重×100%;灵芝的生物转化率:生物转化率=芝体干重/栽培料干重×100%。
2. 菌种购自广东省微生物菌种保藏中心和广西农业科学研究院微生物研究所。

菌种购买及培养种植流程:所选菌种应是经鉴定可健康食用的大型真菌;自行采集、分离和驯化的菌种,在未经专业机构鉴定时,不可用于林下栽培。通常是在食用菌研究所或有食用菌菌种生产资质的公司购买菌种,购买时根据研究需要和试验条件选择合适品种及菌种等级(通常分三级:一级母种,二级原种,三级栽培种);购买前要注意规划时间,预留出足够菌种培养的时间,才能顺利在适宜时间将菌包种入林地。菌种培养和种植流程为:购买菌种并培养(如购买的是母种,母种转接培养为原种,原种再转接培养为栽培种;也可直接买栽培种),将栽培种接为栽培包,待栽培包培养的菌丝发满后,最后进行林下种植。

3. 栽培基质配置

基质配方:母种基质一般采用综合马铃薯培养基(20%马铃薯汁 1L、葡萄糖 20g、磷酸二氢钾 3g、硫酸镁 1.5g、硫胺素 8mg、琼脂 20g);原种基质可采用谷粒菌种培养基(稻谷 79%、麸皮/米糠 18%、蔗糖 1%、过磷酸钙 1%、石膏粉 1%)。栽培种和栽培包基质原料主要为各种农林剩余物,如稻草、蔗渣、棉籽壳、玉米芯、麸皮、米糠、作物秸秆、木屑、树枝、树皮等。食用菌基质配方很多,如木生菌配方有:①木屑

78%，麦麸20%，石膏粉1%，蔗糖1%（常明昌，2003）；②木屑60%，棉籽皮22%，麦麸15%，玉米面2%，石膏粉1%；③棉籽壳85%，米糠12%，过磷酸钙1%，石膏1%，石灰1%。草生菌推荐配方有：①稻草97%，蔗糖1%，石膏粉1%，过磷酸钙1%（常明昌，2003）；②棉子壳85%，米糠13%，石灰2%。生产中根据食用菌品种和当地主要原料来选择栽培料配方。

桉树木屑可用来栽培平菇、灵芝、榆黄菇、秀珍菇和杏鲍菇等食用菌，桉树段木可以栽培毛木耳和灵芝等（吴继林和林方良，2000；夏凤娜等，2011；陈丽新等，2016；张婧，2018）。如采用桉树木屑52%、棉籽壳26%、米糠20%、蔗糖1%、石膏1%的配方进行桉树林下平菇栽培，用该配方可以明显提高平菇的菌丝生长速度和鲜菇产量，其生物转化率为102.55%，比对照（棉籽壳为主料）高出10.27%（张婧，2016）。利用桉段木和桉木屑为基质，杂木屑为对照，栽培灵芝对比试验（张婧，2018），结果桉木栽培灵芝菌丝生长速度与对照相当，成熟天数均为33~35d，其单芝干重平均可达13.44g，与对照无差异；营养成分对比（表7-26）表明桉树基质栽培的灵芝多糖和三萜化合物明显优于对照或相同，桉木屑基质灵芝三萜化合物（1.88g/100g）比对照灵芝（1.38g/100g）高36.23%；桉木屑基质灵芝三萜化合物（1.88g/100g）比对照灵芝（1.38g/100g）高36.23%；16种氨基酸均与对照相近；两种桉木栽培灵芝重金属含量均符合绿色食品食用菌（NY/T749—2012）的要求（表7-27）。

表7-26 不同基质栽培灵芝营养成分含量

营养物质成分	桉树段木灵芝（g/100g）	桉木屑混合基质灵芝（g/100g）	对照灵芝（g/100g）
灵芝多糖	1.44	1.64	1.44
三萜化合物	1.00	1.88	1.38
苯丙氨酸	0.60	0.58	0.69
丙氨酸	0.65	0.70	0.75
蛋氨酸	4.02	4.03	4.03
脯氨酸	0.44	0.51	0.51
甘氨酸	0.50	0.51	0.56
谷氨酸	1.13	1.19	1.21
精氨酸	0.58	0.54	0.64
赖氨酸	0.67	0.66	0.71
酪氨酸	0.35	0.30	0.41
亮氨酸	0.87	0.80	0.96
丝氨酸	0.55	0.58	0.62
苏氨酸	0.59	0.60	0.64
天冬氨酸	0.97	1.01	1.09
缬氨酸	0.53	0.58	0.60
异亮氨酸	0.44	0.44	0.50
组氨酸	0.26	0.26	0.29

表 7-27 两种基质栽培灵芝重金属含量情况

重金属组分	桉树段木灵芝 （mg/kg）	桉木屑混合基质灵芝 （mg/kg）	对照灵芝 （mg/kg）
汞（mg/kg）	0.0174	0.00838	0.0120
镉（mg/kg）	0.0573	0.0610	<0.00500
砷（mg/kg）	0.0363	0.0416	0.0397
铅（mg/kg）	<0.0500	<0.0500	0.0986

注：《绿色食品食用菌》中规定的食用菌干品重金属指标（NY/T 749—2012）：镉≤1.0mg/kg，汞≤0.2mg/kg，砷≤1.0mg/kg，铅≤2.0mg/kg。

代料栽培基质处理：将基质材料暴晒 2~3d 后，将配成不同比例的料混合，加水调节至含水量 60%~65%，后装袋并灭菌（高压灭菌 121℃、2h；常压灭菌 100℃、10~12h），即可用于接种培养。也有的直接采用生料或者发酵料，装袋后不灭菌直接接种培养。段木栽培基质的处理：①采用段木直接作为栽培基质，如灵芝、木耳、银耳和毛木耳等。段木适宜选择在本地区容易获得且已成功种植过食用菌的树种，在华南地区段木树种可选择桉树、枫树、栎树、栲树、青冈、相思等。树木采伐宜在休眠期（12月至翌年2月），选择 4~12 年生、健康无病菌、树皮完整的树木，砍伐后自然风干一段时间，待树木含水量 35%~40% 时可用于接种。②段木基质栽培可分为两种，一种是段木生料栽培，即段木不经过装袋和灭菌过程，直接接种、发菌和林下出菇；另一种是段木经装袋和灭菌后再接种，接种成菌棒，再发菌培养和林下出菇。

4. 栽培方法

一是林下地表栽培。即将发好菌的菌包（菌棒）直接摆放在林下地表进行出菇的方法。为避免菌包与地面之间接触引起污染，可在地表上铺膜后再摆放菌包，或将菌包摆放在排架上，可摆放多层菌包，该方法适于地势较平坦的林地。若温度和湿度不够时，可在菌包上方覆盖草帘或扣拱棚，再管理出菇。适合该栽培方式的食用菌有香菇、木耳、平菇、秀珍菇等。

二是林下覆土栽培。即在林下挖一定规格的畦或坑，然后将菌包（菌棒）脱袋后摆放在畦坑内，菌包排列密度因食用菌不同有差异，紧密排列或适宜间距，回填土后浇透水，再上面覆土的栽培方法。畦坑的深度一般高于菌包 2~3cm；覆土厚度一般高于菌包表面 2~3cm（灰树花覆土厚度 1~2cm），平齐略高于地面，呈龟背状，覆土层上可以盖一层落叶或稻草，既利于土层内菌丝透气，又能防止雨水直接冲刷，还利于保存吸收水分。为了调节温湿度，可在畦床上扣拱棚，再管理出菇。该方法适于地势平坦或山区的林地。适合该栽培方式的食用菌有鸡腿菇、灰树花、榆黄蘑、金福菇和长根菇等。

三是林下播种栽培。即在林下行间做一定规格的畦床，在床上直接堆放发酵好的料或生料，通过逐层播种进行出菇的栽培方法。播种后可用稻草或树叶等覆盖在畦床上，防止雨水冲刷，同时保水、遮阴；为了调节温湿度，还可在畦床上覆盖塑料膜或扣拱棚，再管理出菇。适合该栽培方式的食用菌有草菇、竹荪、姬松茸、羊肚菌、大球盖菇、双孢蘑菇等。

5. 温湿度控制

温度调节主要靠林地自然气候调节，在温度低于食用菌生长适宜温度时，可通过加盖塑料膜、草帘、扣拱棚等措施来实现提高温度；当温度高于食用菌生长适宜温度时，也可通过喷水降温。在无工人作业且无喷水设施的生产条件下，温度调节主要靠林地自然气候调节，种植通常选择温度适宜且多雨的季节进行。在有人工作业和喷水设施的条件下，根据食用菌生长发育的不同需水阶段来进行喷水；在菌丝体生长期，多数食用菌要求培养料含水量为60%~65%、空气湿度为60%~70%；在子实体发育期，一般为80%~90%，但不同种类对湿度的要求也不同，可分为喜湿性和厌湿性两类，喜湿性如黑木耳、平菇等，厌湿性如香菇、双孢蘑菇等，生产中根据品种进行调节（常明昌，2003）。

6. 病虫害防治

病虫害防治措施重点在预防：①搞好栽培林地环境卫生，在林地畦床准备前要清理杂草、枯枝、枯木、积水和有机残体，杜绝污染物；②林地畦床及四周撒石灰粉，或喷石灰水（1%）、喷波尔多液（即硫酸铜1kg，生石灰0.5kg，水100kg），用于杀菌、消毒、杀虫；③林间可安装黑光灯，对有害昆虫进行诱杀和击杀；用菜籽饼诱杀螨类害虫等。

病虫害发生时，要及时采取措施：①栽培期间若局部杂菌感染，可在感染部位撒石灰粉；去除腐烂菇和病菇；减少侵染源。②当食用菌发生虫害时，应选用国家登记可在食用菌生产使用的农药进行防治；出菇期间不得向菇体喷洒任何农药。

7. 采收管理

为了保证食用菌的质量，采收就要做到"适时"。适时采收，要根据食用菌种类、用途标准如鲜销、保鲜出口、制罐、干制、产量收益等，并通过形态特征观察进行。采收时要用刀削掉菇的尾部，不得携带沙土，将干净的鲜菇轻轻放入采菇筐内。

第七节　林下经济植物对桉树大径材生长的影响

目前，桉树用材林基本都是短周期的小径材纯林，有些立地条件好的桉树纯林可以通过间伐等技术手段，培育成为桉树大径材，大径材的效益较好，但培育周期较长，因此，不易被广大桉树种植者接受。要在相同的土地上，得到更多的综合效益，就必须研究桉树与其他林下经济树种的混交，进行复合经营，长短结合，以短养长，即充分利用土地资源，实现森林的立体生态模式，形成乔、灌、草相结合的立体景观林，合理兼顾经济、生态和社会效益。

一、桉树间作、混交

由于林下的光照比无林地弱，因此林下经济植物要选择一些阴生植物，阴生植物与喜光植物桉树混交，充分考虑喜光树种桉树生长快和耐阴树种且生长慢的相互搭配，桉树充分利用上层的阳光，耐阴植物则利用桉树林下光线生长，特别是成林后的桉树林，自然修枝很好，有利于阴生植物的生长。比如，桉树与菠萝的混交，有利于桉树的生长，桉树生长量比对照显著增加，土壤养分和土壤结构有改善，经济效益显著增加。

桉树与其他树种混交的研究：桉树与其他树种混交，可以选择用林下经济植物改造桉树纯林，也可以在新的造林地上选择合适的林下经济植物或农作物与桉树混交，还可以选择合适的乔木树种与桉树混交。

1. 桉树与相思混交

相思枝叶繁茂，落叶多，根系发达，有根瘤菌，能固定空气中游离的氮素。大量的枯枝落叶，在林下温暖湿润的条件下，能快速分解，加快营养元素的循环，为桉树的速生提供了条件。据1979年调查，广西南宁市郊14年生的纯柠檬桉林，平均树高14~17m，平均胸径8~12cm，径级较大的林木比例比较低，胸径16cm以上的林木不到6%，蓄积量45~60m^3/hm^2。在同一立地的柠檬桉与台湾相思混交，柠檬桉生长良好，林分分化少，平均树高18~19m，大径级材比例高，胸径16cm以上的有30%左右，蓄积量达90~120m^3/hm^2（祁述雄，2002）。

2. 桉树与松树混交

桉树与松树都是深根性喜光树种，桉树透光度大，只要造林密度和混交比例合适，抚育时间和方式恰当，桉树与松树混交，两者生长良好。1979年8月调查了广西南宁树木园1965年在南宁市郊营造的柠檬桉，桉、松混交林每公顷蓄积量为2.1~3.6倍，比松纯林增产21%~23%；较大径级木材增加，桉、松混交林中桉树胸径在12~16cm的林木占30%~32%，在纯林中只占9%~24%；改善了小气候，混交林下的温度，比桉、松纯林分别低1.6℃和0.6℃，相对湿度比桉、松纯林分别大13%和1%，光照强度比松、桉纯林分别低51000lx和1000lx；明显改善了土壤，提高了肥力。A（0~10cm）和B（10~60cm）两层有机质含量分别为桉纯林的4.6倍和3.5倍，分别为松纯林的1.9倍和1.6倍。氮素含量分别为桉纯林的2.1倍和1.7倍，为松纯林的1.7倍和1.3倍（祁述雄，2002）。

3. 桉树与木麻黄混交

桉树与木麻黄也都是喜光树种，有的桉树种与木麻黄高生长速度大体一致，有的桉树种比木麻黄生长快，桉树不仅生长快，而且枝下高长，树冠比木麻黄窄，木麻黄较桉树耐阴，枝下高比桉树矮。桉树根深，木麻黄根稍浅并有菌根，能改善土壤，有利于桉树的生长，所以桉树和木麻黄混交可行。2008年10月，在广东湛江南三岛营造尾叶桉和木麻黄混交试验林，2010年10月，2年生时调查，尾叶桉的每公顷蓄积量比桉树纯林每公顷蓄积量高35%~40%。

二、桉树间作经济作物

2017年1月在广东湛江南方国家级种苗基地选择了9年生尾巨桉大径材示范林，

开展林下经济作物的栽培试验。该片示范林初值株数为83株/亩,以尾巨桉大径材为培育目标,进行过2次间伐,砍掉小、弱、病、弯的植株,留下大、壮、直、圆满的植株,并且经历了多次台风的损坏。2017年1月保留密度为300~375株/hm²,但各行保留株数有差异。整片林木平均树高20.29m,平均胸径20.75cm,郁闭度为0.3~0.5。

将选择好的尾巨桉林内杂灌草、石头等清理干净,并在桉树行间起垄。垄高25cm,垄顶保持平整,宽1.5m,并用2张宽1.2m的白色地膜覆盖防止杂草生长,开排水沟,以利排水和保持土壤合适湿度。用拖拉机在起好垄地两边开好沟,沟深40~60cm。沟内施基肥,氮磷钾总养分24%,NPK含量为6-12-6,施肥量为100kg/亩,施好后用土覆盖。种植后,每4个月追肥一次,氮磷钾总养分29%,其中N、P、K分别为15-5-9,有基质为15%的复合肥。根据试验地面积大小以及试验的需要,试验地安装了滴灌系统,包括纵向主水管和横向水管等。

2017年的3月25至4月7日营建了试验林,试验林共设置了7种栽培模式,从模式1至模式7为:桉树大径材下分别种1.草珊瑚、2.小粒咖啡、3.大叶女贞、4.迷迭香、5.香兰叶、6.卡亚以及没有种植林下经济植物的7.桉树大径材(对照)。6种林下经济植物与桉树大径材之间都是采用了行间混交。7个模式桉树大径材的平均株行距在6.3m×5.3m之间,林下经济植物的株行距依据树种不同而不同。其中模式1:草珊瑚的株行距为50cm×50cm,在垄上双行种植;模式2:小粒咖啡株行距为4m×2.0m;模式3:大叶女贞株行距为4m×2m;模式4:迷迭香株行距为30cm×30cm,在垄上双行种植;模式5香兰叶株行距为4m×1.5m;模式6:卡亚的株行距均为4m×1.5m;模式7(对照):桉树大径材林下不种经济植物,即保持桉树纯林。造林后为所有试验林淋足了水,试验研究结果如下:

1. 不同林下经济植物生长情况

在2019年4月,2年生时,对在尾巨桉林下的种植6种经济植物进行了第二次调查。2020年1月,2.8年生时,对林下经济植物进行了第三次调查。模式1草珊瑚,草珊瑚是一次种植,多次采割利用的灌木,主要利用叶和枝条,高生长和地径生长与2年生时差异不大。由于本试验条件下,尾巨桉大径材的遮阴度只有0.3~0.5,影响了草珊瑚的生长,其生长较差。模式4迷迭香也是一次种植,多次利用的灌木,主要是利用叶和枝条提取迷迭香精油,其高生长和地径生长与2年生的相差不大。模式2的咖啡是利用果实,模式6卡亚,卡亚是2016年和2017年从美国佛罗里达州和德克萨斯州引种的2个栽培品种,主要是利用嫩枝叶。卡亚不仅作为营养丰富的蔬菜,还能作为药用植物、观赏植物等。咖啡和卡亚都于2019年11月,在台风来前进行了修枝,所以其生长状态是现存状态。模式3大叶女贞是木本植物,其生长适应性较好,2.8年生与2年生相比,平均高增长了0.44m,平均地径增长了0.81cm,大叶女贞可以作为园林绿化和制作药品的原材料。由于6种林下经济植物的生长习性不一样,利用也不一样,因此不能用统一的生长指标比较其生长状况。6种不同林下经济植物,除了模式1的草珊瑚的生长较差外(张维耀等,2019),其他5种都比较适应在该尾巨桉林下生长,其生长情况见表7-28。

表 7-28　不同林下经济植物的生长情况

模式	经济作物	株行距	2 年生		2.8 年生	
			平均地径(cm)	平均树高(m)	平均地径(cm)	平均树高(m)
1	草珊瑚	50cm×50cm	0.43	0.64	0.45	0.70
2	小粒咖啡	4m×2.0m	2.86	1.21	3.10	1.25
3	大叶女贞	4m×2m	8.32	4.44	9.13	4.8
4	迷迭香	30cm×30cm	0.31	0.75	0.35	0.77
5	香兰叶	4m×1.5m	4.45	0.62	4.58	0.94
6	卡亚	4m×1.5m	2.72	1.19	2.75	1.32

2. 不同林下经济植物对尾巨桉大径材生长状况的影响

2017 年 2 月，在种植林下经济植物前，对尾巨桉生长进行了本底调查。整片林木平均树高 20.29m，平均胸径 20.75cm，郁闭度为 0.3～0.5。但各行保留株数有差异，平均行距达 6.3m，平均株距达 5.3m。

2020 年 1 月，根据具体情况，对不同模式下的桉树大径材，分别设立 4 个样地，进行了胸径和树高的测定。

从表 7-29 得出：模式 2，即桉树与咖啡混交，桉树的平均胸径、平均树高、平均单株材积都是 7 个模式中最大的，其中平均胸径最大 27.01cm，比对照 22.93cm 高出 4.08cm，比对照高出 17.79%，比平均值高出 2.39cm，比平均值高出 9.71%；平均树高达到 25.39m，比对照 24.14m 高出 1.25m，比对照高出 5.8%，比平均值高出 1.25m，比平均值高出 5.18%；平均单株材积 0.53m³，比对照 0.35m³ 高出 0.18m³，高出对照 51.43%，比平均值高出 23.26%；平均径生长（净）比对照高出 4.07cm，比对照高出 185.84%，比平均值高出 2.4cm，高出了平均值的 62.18%；平均高生长（净）比对照高出 3.1m，高出了 162.30%，比平均值高出 1.27m，高出了平均值的 33.95%。模式 3：平均胸径 26.25cm、平均树高 25.08m、平均材积 0.50m³ 都是排第二。模式 6：平均胸径 25.66cm，排第三，平均树高 22.29m，排第六，平均材积 0.45m³ 排第三。

表 7-29　尾巨桉大径材生长情况

模式	林分密度(株/hm²)	11.8 年生			2.8 年生	
		平均胸径(cm)	平均树高(m)	平均单株材积(m³)	平均胸径(净)生长(cm)	平均树高(净)生长(m)
1	375	23.26bcB	24.37aA	0.36cBC	2.51bcB	3.98aA
2	300	27.01aA	25.39aA	0.53aA	6.26aA	5.01aA
3	315	26.25aAB	25.08aA	0.50aAB	5.54aAB	4.69aA
4	360	22.70cB	23.86aA	0.36cBC	1.95cB	3.47aA
5	345	24.46abcAB	24.97aA	0.43abABC	3.71abcAB	4.58aA

(续)

模式	林分密度 (株/hm²)	11.8年生			2.8年生	
		平均胸径(cm)	平均树高(m)	平均单株材积(m³)	平均胸径(净)生长(cm)	平均树高(净)生长(m)
6	300	25.66abAB	22.29aA	0.45abABC	4.91abAB	2.61aA
7	360	22.93cB	24.14aA	0.35cC	2.19cB	1.91aA
平均	—	24.62	24.14	0.43	3.86	3.74

注：显著水平5%时，数字后面相同小写字母为差异不显著，不同的小写字母为差异显著。著水平为1%时，数字后面相同大写字母为差异不显著，不同的大写字母为差异极显著。

总之，综合比较各模式下的尾巨桉生长情况，结果是：

平均胸径：模式2>模式3>模式6>模式5>模式1>模式7>模式4；

平均树高：模式2>模式3>模式5>模式1>模式7>模式4>模式6；

平均材积：模式2>模式3>模式6>模式5>模式4=模式1>模式7。

经方差分析表明：不同模式间，尾巨桉大径材胸径、树高、材积生长都有差异，由于平均胸径净生长、平均树高净生长的方差分析与平均胸径和平均树高的方差分析一样，因此方差分析表中没列出其数值，详见表7-30。进一步经多重比较表明：平均胸径、平均材积、平均胸径净生长在模式之间达到极显著差异，而平均树高、平均树高净生长在模式间差异不显著，5个指标在模式内差异都不显著，详见表7-30。

表7-30 不同模式下尾巨桉大径材生长量方差分析

项目	变异来源	平方和	df	平均值平方	F值	P值
胸径	模式之间	71.804	6	11.967	6.429	0.001
	模式内	39.092	21	1.862		
	总计	110.896	27	—		
树高	模式之间	31.855	6	5.309	2.667	0.044
	模式内	41.803	21	1.991		
	总计	73.658	27	—		
材积	模式之间	0.123	6	0.020	6.860	0.000
	模式内	0.063	21	0.003		
	总计	0.185	27	—		

(1) 不同林下经济作物对尾巨桉大径材胸径生长的影响

从表7-31看出：模式7，即尾巨桉纯林，其平均胸径为22.93cm，排在倒数第二，胸径最小值也排在倒数第二，最大值排在倒数第一。尾巨桉纯林的胸径生长差，而尾巨桉与林下植物咖啡、女贞、卡亚等混交，尾巨桉的生长都生长较好，说明林下种经济植物能很好地促进桉树的生长。所有7个模式中，尾巨桉单株胸径最大出现在模式2中，胸径为28.08cm。胸径在不同模式间存在变异，平均变异系数为8.25%。

表 7-31 尾巨大径材胸径生长变异分析

模式	林龄(年)	平均胸径(cm)	标准差(%)	最小值(cm)	最大值(cm)
1	11.8	23.26	1.33	21.36	24.44
2	11.8	27.00	1.13	25.42	28.08
3	11.8	26.25	1.49	24.98	27.96
4	11.8	22.70	1.04	21.78	23.96
5	11.8	24.46	2.10	22.02	26.82
6	11.8	25.66	1.21	23.92	26.66
7	11.8	22.93	0.91	21.63	23.68
平均	11.8	24.62	—	—	—

(2)不同林下经济植物对尾巨桉大径材高生长的影响

从表7-32得出，模式7(对照)：尾巨桉纯林的树高生长是最小的，平均21.18m。而尾巨桉与草珊瑚、小粒咖啡、大叶女贞、迷迭香、香兰叶和卡亚等林下经济植物混交，尾巨桉的最小树高21.44m都比模式7(对照)的树高21.18m大。最高的树高27.18m，出现在模式2中，可能是由于除了平均给所有模式的树木施4次肥料外，每年根据咖啡的实际需要，还多施肥2次，尾巨桉也吸收了肥料，促进了生长。由此说明在桉树下种植林下经济植物，只要管理措施得当，林下经济植物能促进桉树生长，提高了土地使用效率，兼顾经济、生态、社会效益。经分析研究表明：不同模式间，树高生长存在变异，平均变异系数为6.83%。

表 7-32 尾巨桉大径材高生长及变异分析

模式	林龄(年)	平均树高(m)	标准差(%)	最小值(m)	最大值(m)
1	11.8	24.37	2.04	21.44	26.18
2	11.8	25.39	1.49	24.14	27.18
3	11.8	25.08	0.57	24.50	25.80
4	11.8	23.86	1.12	24.42	24.98
5	11.8	24.97	1.94	22.32	26.92
6	11.8	22.29	1.27	21.92	24.44
7	11.8	24.14	0.76	21.18	22.83
平均	11.8	24.14	—	—	—

(3)不同林下经济植物对尾巨桉材积生长及变异研究

7个模式中，模式7的平均材积为0.35m^3最小，所有模式中单株最小材积0.30m^3也是在模式7中，详见表7-33。最大平均材积0.53m^3是模式2，其次是0.50m^3，出现在模式3，第三是0.45m^3出现在模式6，第四是0.43m^3在模式5中。而尾巨桉分别与下经济植物草珊瑚、咖啡、女贞、卡亚和香兰叶混交，尾巨桉的材积都比尾巨桉纯林的材积大，进一步说明，在尾巨桉林下种植经济植物不仅不会影响桉树的生长，相反促进了桉树的生长。材积生长在不同模式间存在极显著差异，且存在较大的变异，变异系数为18.61%。

表7-33 尾巨桉大径材材积生长及变异分析

模式	林龄(年)	平均材积(m³)	标准差(%)	最小值(m³)	最大值(m³)
1	11.8	0.36	0.04	0.32	0.41
2	11.8	0.53	0.05	0.45	0.56
3	11.8	0.50	0.06	0.44	0.56
4	11.8	0.36	0.04	0.32	0.41
5	11.8	0.43	0.08	0.32	0.51
6	11.8	0.45	0.05	0.37	0.50
7	11.8	0.35	0.03	0.30	0.37
平均	11.8	0.43	—	—	—

三、桉树间作经济作物的结论与讨论

1. 结论

(1) 胸径

尾巨桉林下种植的6种经济植物都不同程度地促进尾巨桉的生长，从胸径生长来看：间种小粒咖啡的模式2最好，桉树11.8年生，平均胸径27.01cm，其次是间种女贞的模式3，平均胸径26.25cm，第三是间种卡亚的模式6，平均胸径时25.66cm，除了间种迷迭香的模式4，平均胸径为22.70cm外，模式1至3，模式5和模式6的平均胸径都比模式7的胸径(对照)大，也就是说除了模式4外，其他种有林下经济植物的尾巨桉胸径生长都比尾巨桉纯林的胸径生长好。模式4种的是迷迭香，可能是由于迷迭香中的挥发性物质影响了尾巨桉的胸径生长。在7个模式中，模式2的平均胸径净增长最大，为6.26cm，而模式4仅1.95cm，模式间尾巨桉平均胸径有极显著差异。

(2) 树高

7种模式下，尾巨桉的树高生长无显著差异，平均树高的生长排序是间种小粒咖啡的模式2>间种女贞的模式3>间种香兰叶的模式5>间种草珊瑚的模式1>桉树纯林模式7>间种迷迭香的模式4>间种卡亚的模式6，具体值分别是25.39、25.08、24.97、24.37、24.14、23.86、22.29m。也就是说间种小粒咖啡的模式2尾巨桉与咖啡混交，尾巨桉树高生长最好，为25.39m。间种女贞的模式3尾巨桉与大叶女贞混交，尾巨桉生长仅次于间种咖啡的模式2，树高为25.08m，树高生长在模式间和模式内均没有显著差异。

(3) 材积

7种模式下的尾巨桉材积生长有极显著差异，间种小粒咖啡的模式2的材积0.53m³最大，间种女贞的模式3的材积0.50m³排第二，间种卡亚的模式6的材积0.45m³排第三。从间种草珊瑚的模式1至间种卡亚的模式6的材积都比桉树纯林模式7(对照)大，说明种植林下经济植物极大促进了尾巨桉的生长，材积生长在模式间有极显著差异，模式内无显著差异。

（4）综合分析

对种植了 6 种林下经济植物的上层乔木尾巨桉大径材的胸径、树高、材积等进行综合分析，6 种林下经济植物对尾巨桉大径材的影响作用是积极的，正面的。其中间种小粒咖啡的模式 2，即尾巨桉与咖啡混交的尾巨桉生长最好。间种女贞的模式 3，即尾巨桉与大叶女贞混交，尾巨桉生长仅次于间咖啡的模式 2。间种卡亚的模式 6 即尾巨桉与卡亚混交，尾巨桉生长排第三。桉树纯林模式 7（对照），没即有和任何林下经济植物混交的尾巨桉纯林生长最差。总之，林下经济植物促进上层乔木尾巨桉的生长。

2. 讨论

①间种小粒咖啡的模式 2，林下经济植物咖啡对尾巨桉的生长影响最好，无论是胸径、树高，还是材积都是 7 种模式中生长最好的，可能是由于每年咖啡多施了 2 次追肥，而尾巨桉也吸收了这些肥料，有效地促进了尾巨桉的生长。因此，本次试验结果是尾巨桉下种植咖啡，尾巨桉的生长表现好，而尾巨桉纯林生长最差，但还有待进一步的重复试验，以便得出更有说服力的结论。

②间种女贞的模式 3，大叶女贞与尾巨桉混交，尾巨桉的生长仅次于与咖啡混交的尾巨桉，这说明大叶女贞也能与尾巨桉混交，并能很好地促进尾巨桉的生长。

③间种卡亚的模式 6，卡亚与尾巨桉混交，尾巨桉的材积生长排在第三位，是 7 种模式中比较好的。卡亚的叶和嫩枝可以像菠菜一样食用。卡亚作为蔬菜食用，提供了必要的矿物质元素和维生素，如骨骼的生长需要钙、维生素 C 含量高可促进人类对铁的吸收。

④间种香兰叶的模式 5，香兰叶与尾巨桉混交，香兰叶喜欢炎热的天气，不耐寒，香兰叶比较适应湛江的气候，它对尾巨桉大径材的生长影响排在第四位，对上次乔木尾巨桉的影响是较积极的，也是在尾巨桉林下比较好的经济树种，将进一步研究这种树种对其他桉树品种的影响，而不仅是对尾巨桉的影响。

⑤间种迷迭香的模式 4，即迷迭香与尾巨桉混交，迷迭香具有挥发性物质，这些物质具有镇静安神、醒脑等作用，还可用于治疗头痛、失眠、心悸、消化不良等多种疾病。外用可治疗关节炎与外伤。另外还具有强壮心脏、促进代谢、促进末梢血管的血液循环等作用。人类主要利用迷迭香的枝条和叶提取精油，实现其医用等价值。是否由于迷迭香挥发性物质的影响，使尾巨桉的胸径生长较差，在 7 种模式中仅仅排在第五位，还有待下一步的研究。

⑥间种草珊瑚的模式 1，草珊瑚与尾巨桉混交，在这种模式下，尾巨桉的材积生长与间种迷迭香的模式 4 的材积生长一样，仅比尾巨桉纯林好，究竟是什么影响了尾巨桉的生长，将进一步地研究。

每公顷保留多少桉树，才能使桉树生长得更好，同时也能促进林下经济植物的生长，将作进一步的研究，以便得出更准确的结论，为下一步在桉树林下推广经济植物提供更多更好的借鉴。

第八章
主要桉树大径级材性质

第一节 取材及主要测试方法

试材采自广西国有东门林场，该地区属亚热带季风气候，光照充足，热量丰富，雨量充沛。主要地貌类型为丘陵，海拔128~160m，土壤类型为砖红壤性红壤，pH 值4.5~6.0。

一、取材

试材共6个树种，分别为细叶桉、赤桉、巨桉、尾叶桉、粗皮桉和大花序桉，试材采集方法依据国家标准《木材物理力学试材采集方法（GB/T 1927—2009）》进行，选取长势良好、树干通直、节疤少、无病虫害、胸径中等的样木，每个树种采集5株树，分别从每株伐倒样木的 0、1.3、3.3、5.3、7.3、9.3、11.3、13.3、15.3、17.3、19.3、21.3m 处各截取厚度为5cm 圆盘2个，其中一个圆盘用于测定木材解剖特性，另一个圆盘用于测定木材基本密度；选取每株样木的 1.3~3.3、5.3~7.3、9.3~11.3、13.3~15.3m 木段用于测定木材力学性能、气干密度、干缩性。将所有试材编号、标记北向线，用石蜡涂刷端头并用塑料薄膜包裹及时运回实验室。试材采集情况见表8-1。

表 8-1 实验材料

树种	株数	胸径（cm）	树高		树龄（a）
			全高（m）	枝下高（m）	
大花序桉 E. cloeziana	5	32	32	14	28
巨桉 E. grandis	5	32	33	11	27
粗皮桉 E. pellita	5	28	29	12	28
尾叶桉 E. urophylla	5	32	37	23	26
细叶桉 E. teretcornis	5	28	30	15	28
赤桉 E. camaldulensis	5	28	32	15	28

二、主要测试方法

1. 密度测定

采用每株伐倒样木的 0、1.3、3.3、5.3、7.3、9.3、11.3、13.3、15.3、17.3、

19.3、21.3m 处截取厚为 5cm 的圆盘（6 个树种共 360 个），在圆盘的南北向，分别于近髓心、过渡区、近树皮三个区域中间部位截取约 10mm×10mm×50mm（T×R×L）的小试样作为基本密度测定的试件；按照《木材密度测定方法（GB/T 1933—2009）》测定木材的基本密度和气干密度。

2. 干缩性测定

按照《木材干缩性测定方法（GB/T 1932—2009）》进行干缩性的标准试件制作和测定。

3. 纤维形态测定

分别在 6 种桉树的各高度圆盘沿南北向截取宽度为 2cm 的中心木条，用北向的试样做纤维形态测定，其中 1.3m 处圆盘垂直年轮线方向制取各个年轮的小试块，其余高度圆盘分别在近髓心、过渡区及近树皮三个部位截取约 10mm×10mm×50mm（T×R×L）的小试块。将小试块劈成火柴杆大小的小试样，取 3~4 根放入试管中，加入冰醋酸和双氧水的混合液（体积比 1:1），混合液没过小试样并高出 1cm 左右为宜，在水浴中煮沸进行离析，至试样变白为止，然后脱酸、染色。制成玻片，贴上标签待测。采用数码显微成像系统对纤维尺寸进行测定，纤维长度在 10 倍物镜下测定，纤维宽度、腔径及双壁厚在 40 倍物镜下测定，每个试样随机测定 50 根纤维。

4. 力学性能测定

力学性能试件制作与测定参照《木材硬度试验方法（GB/T 1941—2009）》、《木材冲击韧性试验方法（GB/T 1940—2009）》、《木材抗弯弹性模量测定方法（GB/T 1936.2—2009）》、《木材抗弯强度试验方法（GB/T 1936.1—2009）》和《木材顺纹抗压强度试验方法（GB/T 1935—2009）》标准进行，将试件置于温度为 (20±2)℃、相对湿度为 (65±5)% 的环境下进行含水率平衡后测定力学性质，测试结果换算成含水率为 12% 时的数据，计算各项指标的平均值、标准差、标准误差、变异系数和准确指数。

第二节 解剖特性

一、桉树木材纤维特性径向变异

1. 桉树木材纤维长度和纤维宽度的径向变异

6 种桉树 1.3m 树高处不同年轮纤维特性的测定结果详见表 8-2，纤维长度和宽度随树龄的径向变异见图 8-1、图 8-2。

表 8-2　6 种桉树 1.3m 处木材纤维特性

树种	纤维长度		纤维宽度		纤维腔径		纤维双壁厚	
	平均值(μm)	标准差	平均值(μm)	标准差	平均值(μm)	标准差	平均值(μm)	标准差
细叶桉	916	128	14.9	0.6	5.3	0.9	9.6	0.6
赤桉	919	97	15.2	0.8	4.2	0.6	11.0	1.2
巨桉	980	129	16.4	0.8	8.0	1.1	8.4	0.8

（续）

树种	纤维长度		纤维宽度		纤维腔径		纤维双壁厚	
	平均值(μm)	标准差	平均值(μm)	标准差	平均值(μm)	标准差	平均值(μm)	标准差
尾叶桉	957	133	17.8	1.2	7.5	0.6	10.3	1.0
粗皮桉	989	134	15.6	1.0	5.6	0.7	10.0	0.6
大花序桉	1129	159	19.1	1.5	6.3	0.6	12.7	1.3

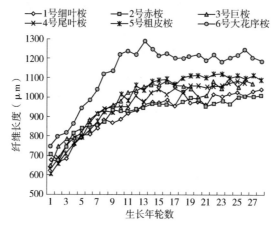

图8-1　6种桉树木材纤维长度的径向变异

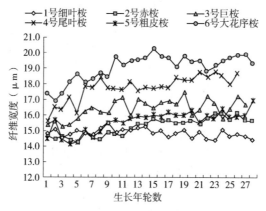

图8-2　6种桉树木材纤维宽度的径向变异

从表8-2可知，6种桉树中大花序桉纤维长度最大，为1129μm，细叶桉最小，为916μm，6种桉树的纤维长度均在916~1129μm之间，依据IAWA阔叶材显微特征一览表的规定，均属于中等级别(900~1600μm)(徐有明，2006)。

从图8-1可以看出，6种桉树自髓心向外木材纤维长度均随树龄数增加而增大。前9年生长较快，后期缓慢增加，到一定树龄后趋于稳定。细叶桉的纤维长度变异范围为667~1040μm；赤桉的纤维长度变异范围为674~1011μm；巨桉的纤维长度变异范围为651~1104μm；尾叶桉的纤维长度变异范围为643~1003μm；粗皮桉的纤维长度变异范围为601~1124μm；大花序桉的纤维长度变异范围为748~1287μm。其中大花序桉纤维长度在相应树龄上是最大的。

从表8-2可知，6种桉树中大花序桉纤维宽度最大，为19.1μm；细叶桉最小，为14.9μm。从图8-2中可以看出，6种桉树木材纤维宽度均随树龄增加而略有增加。细叶桉纤维宽度变异范围为14.4~15.5μm；赤桉纤维宽度变异范围为14.2~16.2μm；粗皮桉纤维宽度变异范围为14.1~17.0μm；巨桉纤维宽度变异范围为15.3~17.4μm；尾叶桉纤维宽度变异范围为15.6~18.8μm；大花序桉纤维宽度变异范围为16.9~20.2μm，其中细叶桉纤维宽度随年轮数增加变化幅度最小，大花序桉纤维宽度随树龄增加变化幅度最大。

2. 桉树木材腔径和双壁厚的径向变异

从表8-2可知，6种桉树中巨桉木材纤维腔径最大，为8.0μm；赤桉最小，为4.2μm。从图8-3中可以看出，6种桉树木材纤维腔径均随树龄增加而逐渐减少。细叶桉、赤桉、巨桉、尾叶桉、粗皮桉和大花序桉的纤维腔径变异范围分别为3.0~7.7、3.1~5.8、5.5~10.7、6.0~10.7、4.3~8.6、5.0~9.8μm。

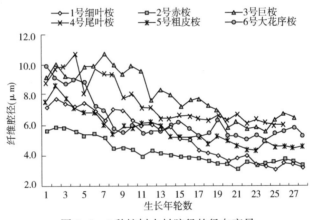

图8-3 6种桉树木材腔径的径向变异

从表8-2可知，6种桉树中大花序桉木材纤维双壁厚最大，为12.7μm；巨桉最小，为8.4μm。从图8-4中可以看出，6种桉树木材双壁厚变化规律总体趋势与纤维长度一致，均为从髓心向外逐渐增大后趋于稳定，大花序桉木材纤维双壁厚明显高于其他5个树种。细叶桉、赤桉、巨桉、尾叶桉、粗皮桉和大花序桉的纤维双壁厚变异范围分别为7.2~11.7、8.6~12.7、5.6~11.5、6.5~12.7、6.8~12.4、7.6~14.5μm。

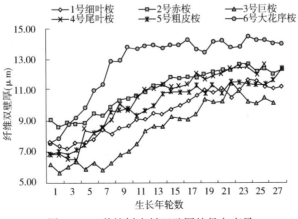

图8-4 6种桉树木材双壁厚的径向变异

二、桉树木材纤维特性纵向变异

1. 桉树木材纤维长度和宽度纵向变异

从图8-5和图8-6中可以看出，6种桉树木材纤维长度和宽度随树干高度增加总体变化幅度都不明显，基本在一中心线上下波动。大花序桉纤维长度和宽度在相应树高均比其他桉树略大。细叶桉、赤桉、巨桉、尾叶桉、粗皮桉和大花序桉不同树高纤维长度变异范围分别为916~960、903~993、935~1030、944~987、925~1028、942~1056μm；纤维宽度的变异范围分别为15.0~15.9、13.8~15.4、15.1~16.4、16.6~17.8、15.3~16.7、17.0~19.0μm。

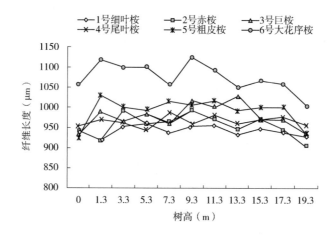

图8-5　6种桉树木材纤维长度的纵向变异

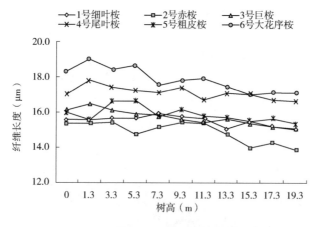

图8-6　6种桉树木材纤维宽度的纵向变异

2. 桉树木材腔径和双壁厚纵向变异

从图8-7中可以看出，6种桉树木材纤维腔径均随树高增加呈减小趋势。细叶桉、赤桉、巨桉、尾叶桉、粗皮桉和大花序桉纤维腔径变异范围分别为：4.88~5.95、3.85~5.27、5.34~8.07、5.69~7.46、5.05~6.28、4.26~6.34μm。

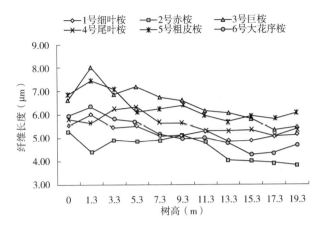

图 8-7　6 种桉树木材纤维腔径的纵向变异

从图 8-8 中可以看出，6 种桉树木材纤维双壁厚随树高增加变化幅度不大。巨桉木材纤维双壁厚在相应树高上均小于其他桉树，大花序桉纤维双壁厚在相应树高均大于其他桉树。细叶桉、赤桉、巨桉、尾叶桉、粗皮桉和大花序桉不同树高纤维双壁厚变异范围分别为 9.60~10.81、9.86~10.97、8.33~9.80、10.10~11.38、9.99~10.55、12.37~12.96μm。

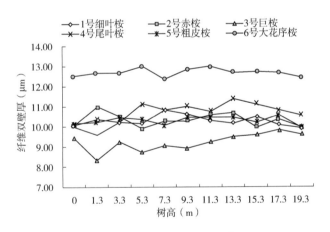

图 8-8　6 种桉树木材纤维双壁厚的纵向变异

三、纤维特性主要指标方差分析

1. 桉树不同树龄间纤维特性主要指标方差分析

6 种桉树不同树龄间纤维长度、宽度、腔径和双壁厚的变异规律详见表 8-3。方差分析表明，6 种桉树纤维长度、腔径和双壁厚在不同树龄间的差异均非常显著，纤维宽度随树龄的变化差异均不显著。

表 8-3 6 种桉树不同树龄间纤维形态的方差分析结果

树种	纤维长度		纤维宽度		纤维腔径		纤维双壁厚	
	F 值	显著性	F 值	显著性	F 值	显著性	F 值	显著性
细叶桉	6.67	**	0.37	—	7.58	**	13.73	**
赤桉	13.22	**	1.34	—	5.34	**	3.76	**
巨桉	14.39	**	1.41	—	5.49	**	15.86	**
尾叶桉	24.07	**	1.27	—	9.77	**	11.27	**
粗皮桉	14.88	**	1.17	—	6.43	**	21.16	**
大花序桉	21.43	**	0.82	—	15.33	**	7.06	**

注：**表示差异极显著。

2. 桉树不同树高纤维特性主要指标的方差分析

6 种桉树不同树高纤维长度、宽度、腔径和双壁厚的变异规律见表 8-4。方差分析表明，6 种桉树纤维长度和双壁厚在不同树高的差异均不显著；细叶桉、赤桉、巨桉、尾叶桉和粗皮桉的纤维宽度随树高的变化差异也不显著，仅大花序桉纤维宽度随树高的变化差异显著；巨桉和大花序桉的纤维腔径随树高的变化差异极显著，尾叶桉和赤桉的纤维腔径随树高的变化差异显著，细叶桉和粗皮桉的纤维腔径随树高的变化差异不显著。

表 8-4 6 种桉树不同树高纤维特性方差分析结果

树种	纤维长度		纤维宽度		纤维腔径		纤维双壁厚	
	F 值	显著性	F 值	显著性	F 值	显著性	F 值	显著性
细叶桉	0.34	—	0.49	—	0.68	—	0.58	—
赤桉	0.85	—	1.89	—	2.17	*	0.67	—
巨桉	0.78	—	1.26	—	4.12	**	1.37	—
尾叶桉	0.13	—	0.63	—	2.35	*	0.58	—
粗皮桉	0.31	—	1.62	—	1.39	—	0.25	—
大花序桉	0.12	—	2.02	*	3.55	**	0.37	—

注：*表示差异显著，**表示差异极显著。

四、结论

通过对细叶桉、赤桉、巨桉、尾叶桉、粗皮桉和大花序桉 6 种桉树在 1.3m 树高处木材的主要纤维特性指标进行测定，结果表明：细叶桉的纤维长度和宽度最小，分别为 916、14.9μm；赤桉的纤维腔径最小，为 4.2μm；巨桉的纤维腔径最大，为 8.0μm，纤维双壁厚最小，为 8.4μm；大花序桉的纤维长度、宽度以及双壁厚均最大，分别为 1129、19.1 和 12.7μm。

通过对6种桉树木材的纤维特性变异规律进行分析，在同一纤维特性指标中，6个树种随树龄或树高的变异规律基本一致。径向上，木材纤维长度随树龄增加先增大后趋于稳定，该变异规律与柠檬桉(姜笑梅，2007)、闽楠(陈桂丹，2019)等木材纤维长度径向变异规律相似；木材纤维宽度随树龄的增加而略有增加，该变异规律与米老排(梁善庆和罗建举，2007)、鹅掌楸(潘彪，2005)等木材纤维长度径向变异规律相似；木材纤维腔径均随树龄增加而逐渐减少；纤维双壁厚的变异规律与纤维长度变异规律一致。在纵向上，6种桉树木材纤维长度、宽度和双壁厚随树干高度的增加变化幅度不大；纤维腔径均随树高的增加总体呈减小趋势。

通过方差分析，在不同树龄间，6种桉树的纤维宽度无显著性差异，其余纤维特性指标的差异极显著；在不同树高处，6种桉树木材纤维长度和双壁厚无显著性差异，纤维宽度指标中，仅大花序桉有极显著差异，其余树种无显著性差异；纤维腔径指标的差异显著性随树种的不同均有所区别。

本研究表明，6种树种生长到一定的时间后(基本为10年以上)其木材纤维长度和双壁厚均保持稳定不再继续增长，木材材性较为成熟，大花序桉的纤维长度、宽度和双壁厚均明显大于其他5个树种，相对具有更大的开展深度实木加工利用的潜在价值。

第三节　木材密度和干缩性

一、基本密度

1. 基本密度南北向变异

6种桉树木材南北向基本密度测定结果见表8-5、图8-9，方差分析结果见表8-8。结果表明，6种桉树木材除粗皮桉存在显著差异外，其余各桉树木材差异性均不显著。

表8-5　南北向基本密度

部位	指标	树种					
		细叶桉	赤桉	巨桉	尾叶桉	粗皮桉	大花序桉
南向	均值(g/cm^3)	0.701	0.686	0.585	0.631	0.608	0.765
	变异系数(%)	11.555	11.953	16.410	12.203	14.145	11.503
北向	均值(g/cm^3)	0.705	0.689	0.580	0.628	0.631	0.764
	变异系数(%)	11.064	11.901	17.414	12.261	13.312	10.995
合计	均值(g/cm^3)	0.703	0.687	0.583	0.630	0.620	0.764
	变异系数(%)	11.238	11.936	16.810	12.222	13.871	11.257
	试样数	354	360	360	360	330	342

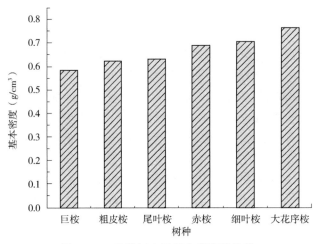

图 8-9 6 种桉树木材基本密度的比较

2. 基本密度径向变异

6 种桉树木材 3 个不同径向位置处试样的基本密度测定结果见表 8-6。方差分析结果见表 8-8，结果表明 6 种桉树木材不同径向位置基本密度差异性均极显著。

表 8-6 不同径向位置基本密度

部位	指标	树种					
		细叶桉	赤桉	巨桉	尾叶桉	粗皮桉	大花序桉
近髓心	均值(g/cm^3)	0.653	0.627	0.538	0.575	0.547	0.705
	变异系数(%)	11.332	10.845	17.844	12.870	12.614	12.482
过渡区	均值(g/cm^3)	0.756	0.738	0.613	0.683	0.667	0.841
	变异系数(%)	8.201	8.672	15.987	9.517	11.994	5.351
近树皮	均值(g/cm^3)	0.698	0.697	0.597	0.631	0.644	0.747
	变异系数(%)	9.599	10.473	14.238	7.448	8.230	6.961

由表 8-6 和图 8-10 可以看出，6 种桉树木材基本密度均为过渡区最大，近髓心处最小。这与《中国桉树和相思人工林木材性质与加工利用》中（姜笑梅等，2007）中对巨桉（13 年生）、尾叶桉（13 年生）、大花序桉（16 年生）的研究结论（基本密度由近髓心到近树皮逐渐变大）不一致，分析其原因主要是由于树龄不同，文献中研究的对象是 13～16 年生巨桉、尾叶桉、大花序桉，此时木材中还未形成心材或心材量较少，而本试验试材取自 26～28 年生桉树，已形成心材，过渡区的颜色变深，木材树胶、侵填体等内含物丰富，因此过渡区密度大。

3. 基本密度纵向变异

表 8-7 和图 8-11 为 6 种桉树木材不同树高基本密度测定结果。方差分析结果见表 8-8，细叶桉、赤桉、粗皮桉和大花序桉木材不同树高基本密度差异不显著；巨桉和尾叶桉木材不同树高基本密度差异显著，其基本密度值随着树干高度上升，呈现先减少后增大的趋势。

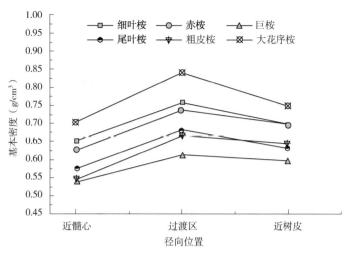

图 8-10 基本密度与不同径向位置的关系

表 8-7 不同树高基本密度

树高 (m)	指标	树种					
		细叶桉	赤桉	巨桉	尾叶桉	粗皮桉	大花序桉
0.0	均值(g/cm³)	0.705	0.690	0.609	0.629	0.603	0.750
	变异系数(%)	11.915	14.058	15.107	16.057	15.589	12.933
1.3	均值(g/cm³)	0.683	0.692	0.548	0.605	0.585	0.748
	变异系数(%)	13.470	14.306	15.328	14.215	15.897	11.230
3.3	均值(g/cm³)	0.691	0.685	0.529	0.605	0.592	0.743
	变异系数(%)	11.722	13.869	15.501	11.405	14.865	12.651
5.3	均值(g/cm³)	0.692	0.689	0.535	0.603	0.612	0.744
	变异系数(%)	11.994	12.192	16.822	12.438	13.725	12.366
7.3	均值(g/cm³)	0.696	0.678	0.554	0.602	0.634	0.763
	变异系数/%	11.782	11.799	19.495	13.787	13.722	12.189
9.3	均值(g/cm³)	0.690	0.687	0.551	0.628	0.633	0.754
	变异系数(%)	10.435	13.392	16.515	11.306	13.428	13.660
11.3	均值(g/cm³)	0.704	0.681	0.574	0.626	0.648	0.760
	变异系数(%)	10.085	11.747	15.679	11.342	11.883	11.184
13.3	均值(g/cm³)	0.710	0.679	0.590	0.643	0.628	0.792
	变异系数(%)	10.986	11.340	16.271	10.264	13.217	10.227
15.3	均值(g/cm³)	0.726	0.693	0.598	0.646	0.625	0.782
	变异系数(%)	11.708	10.823	16.388	10.681	14.720	9.719
17.3	均值(g/cm³)	0.703	0.697	0.635	0.645	0.628	0.787
	变异系数(%)	10.100	11.047	17.165	10.543	11.306	9.530

（续）

树高 (m)	指标	树种					
		细叶桉	赤桉	巨桉	尾叶桉	粗皮桉	大花序桉
19.3	均值(g/cm³)	0.720	0.682	0.625	0.653	0.628	0.782
	变异系数(%)	11.389	10.411	12.320	9.801	9.076	8.440
21.3	均值(g/cm³)	0.716	0.694	0.645	0.670	0.648	0.776
	变异系数(%)	9.916	9.366	12.558	10.597	11.728	6.959

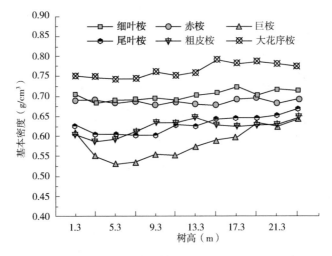

图 8-11 基本密度与不同树高的关系

表 8-8 不同树干位置基本密度方差分析

树种	南北方向		不同径向位置		不同树高	
	F 值	显著性	F 值	显著性	F 值	显著性
细叶桉	0.245	—	69.196	**	0.797	—
赤桉	0.100	—	80.894	**	0.170	—
巨桉	0.237	—	21.803	**	21.803	**
尾叶桉	0.132	—	87.086	**	87.086	**
粗皮桉	5.978	*	94.753	**	1.405	—
大花序桉	0.002	—	133.437	**	1.259	—

注：*表示差异显著，**表示差异极显著。

4.6 种桉树木材基本密度的比较

6 种桉树木材基本密度的平均值见表 8-5。根据我国木材主要物理力学性质分级表（江泽慧等，2016），大花序桉木材基本密度为 0.764g/m³，达到 5 级，属于高密度树材（≥0.750g/m³）；细叶桉、赤桉、尾叶桉和粗皮桉木材基本密度分别为 0.703、0.687、0.630 和 0.620g/cm³，达到 4 级，均属于中等偏上密度树材（0.601~0.750g/cm³）；巨桉木材基本密度为 0.583g/cm³，达到 3 级，属于中等密度树材（0.460~0.600g/cm³）。6 种桉树木材基本密度的比较见图 8-9。大花序桉木材基本密度最大，巨桉木材基本密度最小，大花序桉木材基本密度比巨桉木材基本密度高31%。

6种桉树木材径向不同位置的基本密度差异极显著,均为过渡区最大,近髓心处最小;南北向除粗皮桉外、纵向除巨桉和尾叶桉外,其余各桉树木材差异均不显著。

二、干缩性

1. 气干干缩率南北向变异

6种桉树木材南北向气干干缩率见表8-9、图8-12。结果表明细叶桉弦向气干干缩率(Ta)、径向气干干缩率(Ra)和体积气干干缩率(Va)分别为8.84、5.59、14.32%;赤桉弦向气干干缩率、径向气干干缩率和体积气干干缩率分别为6.32、4.42、10.69%;巨桉弦向气干干缩率、径向气干干缩率和体积气干干缩率分别为7.11、4.40、11.33%;尾叶桉弦向气干干缩率、径向气干干缩率和体积气干干缩率分别为7.94、5.29、12.90%;粗皮桉弦向气干干缩率、径向气干干缩率和体积气干干缩率分别为6.58、4.35、10.97%;大花序桉弦向气干干缩率、径向气干干缩率和体积气干干缩率分别为6.25、3.88、10.02%。

表8-9 南北向气干干缩率及体积干缩系数

部位	指标	树种					
		细叶桉	赤桉	巨桉	尾叶桉	粗皮桉	大花序桉
南向	Ta 均值(%)	8.42	6.29	7.30	7.90	6.46	6.29
	变异系数(%)	37.41	23.85	34.11	35.19	18.73	17.81
	Ra 均值(%)	5.47	4.51	4.44	5.37	4.28	3.86
	变异系数(%)	30.71	20.40	34.23	32.22	23.83	17.88
	Va 均值(%)	13.87	10.75	11.55	12.95	10.82	10.04
	变异系数(%)	31.43	20.28	31.34	30.50	18.95	15.84
北向	Ta 均值(%)	9.25	6.34	6.91	7.97	6.71	6.21
	变异系数(%)	42.49	22.40	27.35	35.38	19.82	15.14
	Ra 均值(%)	5.72	4.32	4.36	5.20	4.42	3.91
	变异系数(%)	32.69	19.21	27.29	32.69	23.98	16.62
	Va 均值(%)	14.76	10.63	11.12	12.85	11.13	10.00
	变异系数	35.37	19.29	24.91	30.58	19.77	13.90
合计	Ta 均值(%)	8.84	6.32	7.11	7.94	6.58	6.25
	变异系数(%)	40.51	23.10	31.22	35.26	19.45	16.48
	Ra 均值(%)	5.59	4.42	4.40	5.29	4.35	3.88
	变异系数(%)	31.83	19.91	31.14	32.33	23.91	17.27
	Va 均值(%)	14.32	10.69	11.33	12.90	10.97	10.02
	变异系数(%)	33.74	19.83	28.51	30.54	19.42	14.87
	差异干缩	1.58	1.43	1.62	1.50	1.51	1.61
	体积干缩系数(%)	0.578	0.617	0.610	0.726	0.660	0.700
	试样数	480	480	480	480	480	480

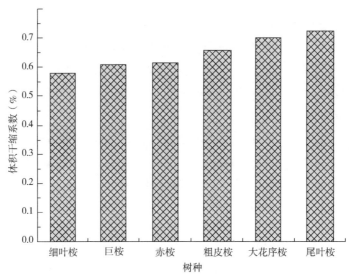

图 8-12　6 种桉树木材体积干缩系数的比较

南北向气干干缩率方差分析结果见表 8-12。6 种桉树木材除细叶桉、粗皮桉弦向气干干缩率和赤桉径向气干干缩率差异性显著外，其余各桉树木材的弦向、径向气干干缩率差异性均不显著。试验结果与《中国桉树和相思人工林木材性质与加工利用》中（姜笑梅等，2007）对巨桉、尾叶桉、大花序桉弦、径向及细叶桉和粗皮桉径向气干干缩率的研究结果一致。

2. 气干干缩率径向变异

6 种桉树木材 3 个不同径向位置试样的气干干缩率测定结果见表 8-10，方差分析结果见表 8-12，除粗皮桉不同径向位置的径向气干干缩率无显著性差异外，其余各桉树木材气干干缩率差异性均显著。

表 8-10　不同径向位置气干干缩率

位置	指标值	细叶桉	赤桉	巨桉	尾叶桉	粗皮桉	大花序桉
近髓心	T_a 均值(%)	11.48	7.59	7.11	9.32	6.87	6.62
	变异系数(%)	30.62	17.52	30.66	29.51	17.03	19.49
	R_a 均值(%)	6.88	4.94	3.98	5.46	4.25	3.97
	变异系数(%)	25.29	17.61	34.17	31.14	21.88	18.39
	V_a 均值(%)	17.98	12.39	10.97	14.39	11.18	10.43
	变异系数(%)	25.31	15.17	28.90	26.27	17.08	16.97
过渡区	T_a 均值(%)	8.87	6.18	8.57	8.57	6.97	6.35
	变异系数(%)	34.72	17.64	24.50	30.92	17.36	12.76
	R_a 均值(%)	5.55	4.42	5.36	6.09	4.37	3.93
	变异系数(%)	29.37	18.55	24.07	29.06	23.80	15.27
	V_a(%)均值(%)	14.28	10.57	13.60	14.21	11.34	10.16
	变异系数(%)	29.62	16.75	22.21	27.09	18.43	12.60

(续)

位置	指标值	细叶桉	赤桉	巨桉	尾叶桉	粗皮桉	大花序桉
近树皮	Ta 均值(%)	6.16	5.18	5.64	5.92	5.90	5.77
	变异系数(%)	25.65	14.09	20.04	26.86	19.83	12.13
	Ra 均值(%)	4.35	3.89	3.85	4.30	4.43	3.76
	变异系数(%)	18.39	14.91	21.82	24.65	25.96	17.55
	Va 均值(%)	10.69	9.12	9.42	10.11	10.40	9.48
	变异系数(%)	20.58	13.27	18.90	23.64	21.73	12.66

从图 8-13 和图 8-14 可以看出，细叶桉、赤桉、大花序桉木材弦、径向及尾叶桉和粗皮桉木材弦向气干干缩率由近髓心至近树皮处均呈逐步减少的趋势；巨桉弦、径向及尾叶桉径向气干干缩率均为过渡区最大，与基本密度变化趋势吻合；粗皮桉木材径向气干干缩率随着径向位置的改变，变化不明显，与方差分析结果（表 8-12）一致。试验结果与《中国桉树和相思人工林木材性质与加工利用》中（姜笑梅等，2007）对细叶桉、粗皮桉、巨桉木材弦、径向及尾叶桉径向和大花序桉弦向气干干缩率的研究结果一致。

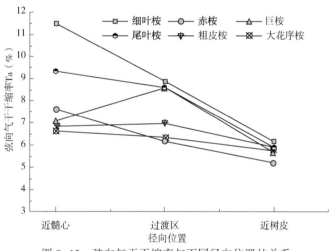

图 8-13 弦向气干干缩率与不同径向位置的关系

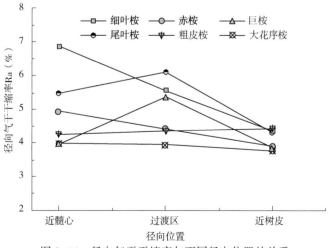

图 8-14 径向气干干缩率与不同径向位置的关系

3. 气干干缩率纵向变异

6种桉树木材4个不同树高位置试样的气干干缩率测定结果见表8-11。根据表8-12方差分析结果可知，除赤桉、巨桉、大花序桉径向及尾叶桉弦向气干干缩率差异性不显著外，其余各桉树木材不同树高气干干缩率差异性均显著。

表8-11 不同树高气干干缩率

树高(m)	指标	树种					
		细叶桉	赤桉	巨桉	尾叶桉	粗皮桉	大花序桉
1.3~3.3	Ta 均值(%)	10.69	6.61	7.63	8.00	6.77	6.71
	变异系数(%)	41.25	25.11	31.98	35.50	16.84	20.57
	Ra 均值(%)	6.08	4.29	4.16	4.70	4.04	3.86
	变异系数(%)	32.57	22.14	34.13	29.36	22.28	18.65
	Va 均值(%)	16.50	10.79	11.62	12.42	10.86	10.48
	变异系数(%)	34.61	22.71	29.95	29.87	17.13	18.42
5.3~7.3	Ta 均值(%)	9.37	6.66	6.95	7.85	6.88	6.12
	变异系数(%)	33.62	22.37	31.05	33.89	24.78	14.54
	Ra 均值(%)	5.98	4.56	4.35	5.04	4.52	3.80
	变异系数(%)	29.77	21.27	29.77	34.13	21.08	17.11
	Va 均值(%)	15.16	11.18	11.16	12.58	11.39	9.79
	变异系数(%)	29.09	19.59	27.74	29.73	20.98	13.69
9.3~11.3	Ta 均值(%)	8.55	6.08	7.02	8.41	6.39	6.20
	变异系数(%)	38.01	24.51	31.05	34.96	21.75	14.19
	Ra 均值(%)	5.55	4.34	4.55	5.80	4.47	3.92
	变异系数(%)	29.55	19.12	31.21	30.52	25.73	15.82
	Va 均值(%)	13.94	10.43	11.37	13.85	10.87	10.00
	变异系数(%)	32.21	20.52	28.94	30.04	21.99	13.60
13.3~15.3	Ta 均值(%)	6.73	5.92	6.82	7.49	6.30	5.96
	变异系数(%)	26.75	16.05	27.43	35.51	15.56	11.41
	Ra 均值(%)	4.76	4.47	4.53	5.60	4.37	3.95
	变异系数(%)	28.36	15.88	28.44	30.89	21.05	17.47
	Va 均值(%)	11.66	10.38	11.18	12.77	10.76	9.81
	变异系数(%)	25.04	14.26	26.20	31.09	16.17	11.42

表 8-12 不同树干位置气干干缩率方差分析

树种		南北方向		不同径向位置		不同树高	
		F 值	显著性	F 值	显著性	F 值	显著性
细叶桉	Ta	6.464	*	138.621	**	30.276	**
	Ra	2.442	—	120.413	**	14.655	**
赤桉	Ta	0.159	—	199.583	**	8.236	**
	Ra	5.390	*	73.186	**	2.267	—
巨桉	Ta	3.696	—	98.115	**	3.208	**
	Ra	0.353	—	79.207	**	2.097	—
尾叶桉	Ta	0.062	—	89.142	**	2.199	—
	Ra	1.208	—	54.932	**	11.169	**
粗皮桉	Ta	4.386	*	39.455	**	6.001	**
	Ra	2.381	—	1.208	—	5.296	**
大花序桉	Ta	0.714	—	32.515	**	12.673	**
	Ra	0.498	—	4.390	*	1.089	—

注：* 表示差异显著，** 表示差异极显著。

从图 8-15 和图 8-16 可以看出，细叶桉弦、径向及赤桉、巨桉、粗皮桉、大花序桉弦向气干干缩率，均随着树干高度的上升呈现减小的趋势；尾叶桉、粗皮桉木材径向气干干缩率呈随树干高度的上升而增大的趋势；大花序桉、赤桉、巨桉木材径向及尾叶桉木材弦向气干干缩率不同树高位置差异不明显；试验结果与《中国桉树和相思人工林木材性质与加工利用》（姜笑梅等，2007）对细叶桉、粗皮桉、大花序桉木材弦、径向及尾叶桉径向气干干缩率的研究结果一致。

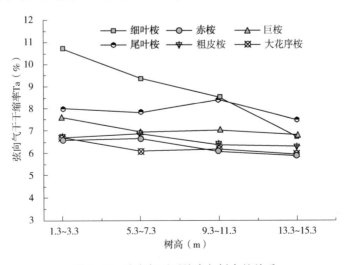

图 8-15 弦向气干干缩率与树高的关系

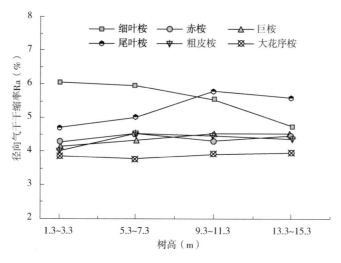

图 8-16 径向气干干缩率与树高的关系

4. 6 种桉树木材干缩性比较

干缩系数和差异干缩是两项重要的干缩性指标(韦鹏练等,2014)。干缩系数大的木材,其尺寸稳定性相对比较差,容易产生开裂变形;木材弦向干缩与径向干缩之比值为差异干缩,若差异干缩偏大,木材沿各方向的干缩不均匀,木材容易发生翘曲和开裂(梁善庆和罗建举,2007)。6 种桉树木材体积干缩系数见表 8-9,尾叶桉、大花序桉、粗皮桉、赤桉、巨桉和细叶桉木材体积干缩系数分别为 0.726、0.700、0.660、0.617、0.610 和 0.578%。根据我国木材主要物理力学性质分级表(李坚,2009),细叶桉木材体积干缩系数属于 4 级(0.501%~0.600%);尾叶桉、大花序桉、粗皮桉、赤桉和巨桉均属于 5 级(≥0.601%);赤桉、细叶桉、尾叶桉和粗皮桉的差异干缩分别为 1.43、1.58、1.50 和 1.51,属于 2 级(1.21~1.60);大花序桉和巨桉的差异干缩分别为 1.61 和 1.62,属于 3 级(1.61~2.10)。由此可知 6 种桉树的差异干缩相差不大,属于较小,说明木材各个方向的干缩性较均匀;而体积干缩系数均较大,其中尾叶桉最大,大花序桉其次,细叶桉最小。说明 6 种桉树木材尺寸稳定性均较差,易开裂变形,其中尾叶桉尺寸稳定性最差,大花序桉其次。6 种桉树木材体积干缩系数的比较见图 8-12。

6 种桉树木材(除粗皮桉径向外)不同径向位置的气干干缩率差异均显著。其中细叶桉、赤桉、大花序桉木材弦、径向及尾叶桉、粗皮桉木材弦向气干干缩率由近髓心至近树皮处均呈逐步减少的趋势;巨桉弦、径向及尾叶桉径向气干干缩率均为过渡区最大。6 种桉树木材(除赤桉、巨桉、大花序桉径向及尾叶桉弦向外)的气干干缩率纵向变异明显,其中细叶桉弦、径向及赤桉、巨桉、粗皮桉、大花序桉木材弦向气干干缩率,均随着树干高度的上升呈现减小的趋势;尾叶桉、粗皮桉木材径向气干干缩率平均值呈随着树干高度的上升而呈增大的趋势。

三、结论

不同树种木材或同树种木材不同径向位置的基本密度和干缩性均有较大差异,掌握木材密度和干缩性等材性指标的规律,有利于合理选择和利用木材资源,提高木材利用率和使用价值。

大花序桉、细叶桉、赤桉、尾叶桉、粗皮桉和巨桉木材基本密度平均值分别为 0.764、0.703、0.687、0.630、0.620 和 0.583g/cm³，大花序桉木材的基本密度最大，巨桉的最小，大花序桉木材基本密度比巨桉木材基本密度高31%。根据我国木材性质5级分级情况，大花序桉木材基本密度达到5级，属于高密度树材；细叶桉、赤桉、尾叶桉、粗皮桉木材达到4级，属于中等偏上密度树材；巨桉木材基本密度为3级，属于中等密度树材。

6种桉树木材径向不同位置的基本密度差异极显著，均为过渡区最大，近髓心处最小；南北向除粗皮桉外，纵向除巨桉和尾叶桉外，木材南北向和纵向不同位置基本密度差异不显著。

尾叶桉、大花序桉、粗皮桉、赤桉、巨桉和细叶桉木材的体积干缩系数平均值分别为 0.726、0.700、0.660、0.617、0.610 和 0.578%。根据我国木材性质5级分级情况，细叶桉木材体积干缩系数属于4级；尾叶桉、大花序桉、粗皮桉、赤桉和巨桉均属于5级。赤桉、细叶桉、尾叶桉和粗皮桉的差异干缩分别为1.43、1.58、1.50和1.51，属于2级；大花序桉和巨桉的差异干缩分别为1.61和1.62，属于3级。6种桉树的差异干缩相差不大，说明木材弦、径向的干缩性较均匀；而体积干缩系数均较大，其中尾叶桉最大，大花序桉其次，细叶桉最小。说明6种桉树木材的尺寸稳定性均较差，容易开裂变形，其中尾叶桉尺寸稳定性最差，大花序桉其次。

6种桉树木材(除粗皮桉径向外)不同径向位置的气干干缩率差异均明显。其中细叶桉、赤桉、大花序桉木材弦、径向及尾叶桉和粗皮桉木材弦向气干干缩率由近髓心至近树皮处均呈逐步减少的趋势；巨桉弦、径向及尾叶桉径向气干干缩率均为过渡区最大。对于细叶桉、赤桉、大花序桉、巨桉、粗皮桉和尾叶桉在使用的时候需要考虑其径向不同位置干缩差异带来的影响。6种桉树木材(除赤桉、巨桉、大花序桉径向及尾叶桉弦向外)的气干干缩率纵向差异显著，其中细叶桉弦、径向及赤桉、巨桉、粗皮桉、大花序桉木材弦向气干干缩率，均随树干高度的上升呈现减小的趋势；尾叶桉、粗皮桉木材径向气干干缩率平均值呈随树干高度的上升而增大的趋势；为了保证干燥后木材的质量，细叶桉、赤桉、巨桉、粗皮桉、大花序桉和尾叶桉不同高度位置的木材尽量选用不同的干燥基准分别干燥。6种桉树木材(除细叶桉、粗皮桉外)的南北向气干干缩率差异不显著。对于细叶桉和粗皮桉在使用的时候需要考虑其南北向干缩差异带来的影响。

第四节 木材力学

本节对6种桉树木材的顺纹抗压强度、抗弯强度、抗弯弹性模量、冲击韧性和硬度等主要力学性质指标进行测试。

一、顺纹抗压强度

6种桉树木材顺纹抗压强度结果见表8-13和图8-17，可知，6种桉树木材顺纹抗压强度由大到小分别为大花序桉、细叶桉、粗皮按、赤桉、尾叶桉和巨桉。大花序桉的顺纹抗压强度最大，平均值87.2MPa，对照我国木材主要物理力学性质分级表（李坚，2009），达到5级（>75.1MPa）；巨桉的顺纹抗压强度最小，平均值65.0MPa，达到4级（60.1~75.0MPa）。根据方差分析结果（表8-14），尾叶桉、粗皮按、大花序桉木材在不同高度的顺纹抗压强度差异显著，细叶桉、赤桉、巨桉差异不显著。木材顺纹抗压强度是木材作为结构和建筑用材的重要力学性质评价指标，其大小是能否作为坑木、支柱、桩木及轮辐等类似应用材料的重要依据（李坚，2009）。

表8-13　6种桉树木材顺纹抗压强度比较

树种名称	试样数	平均值（MPa）	标准差	标准误差	变异系数（%）	准确指数（%）	分级
细叶桉	230	87.0	15.44	1.02	17.75	2.29	5级
赤桉	201	72.6	9.35	0.66	12.91	1.78	4级
巨桉	236	65.0	8.91	0.58	13.72	1.75	4级
尾叶桉	200	69.5	12.29	0.87	17.71	2.45	4级
粗皮桉	180	80.6	11.35	0.85	14.09	2.06	5级
大花序桉	223	87.2	11.03	0.74	12.65	1.66	5级

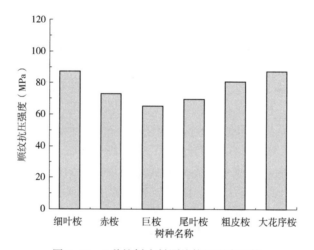

图8-17　6种桉树木材顺纹抗压强度比较

表8-14　6种桉树不同高度顺纹抗压强度方差分析结果

树种名称	离差平方和	自由度	均方差	F值	F临界值	显著性
细叶桉	33.64	3	11.21	0.05	2.65	—
赤桉	402.14	3	134.05	1.53	2.65	—
巨桉	595.41	3	198.47	2.54	2.64	—
尾叶桉	2025.82	3	675.27	4.70	2.65	*
粗皮桉	1206.26	3	402.09	3.22	2.66	*
大花序桉	3908.07	3	1302.69	12.29	2.65	*

注：* 表示差异显著。

二、抗弯强度

6 种桉树木材的抗弯强度结果见表 8-15 和图 8-18，可知，尾叶桉木材的抗弯强度最大，平均值为 185.0MPa，对照木材主要物理力学性质分级表(李坚，2009)，达到 5 级(>145.1MPa)；赤桉的抗弯强度最小，平均值为 114.4MPa，达到 3 级(90.1~120.0MPa)。赤桉的抗弯强度属于中等材，其余均属于高强度木材。根据不同高度抗弯强度方差分析结果(表 8-16)，大花序桉在不同高度上的抗弯强度差异显著，其余树种差异不显著。抗弯强度是木材重要的力学性质指标，高强度的木材可以用于屋架、横条、木条和承重地板(李坚，2009)。

表 8-15　6 种桉树木材抗弯强度比较

树种名称	试样数	平均值(MPa)	标准差	标准误差	变异系数(%)	准确指数(%)	分级
细叶桉	198	161.4	33.85	2.41	20.98	2.92	5 级
赤桉	181	114.4	24.59	1.83	21.38	3.13	3 级
巨桉	210	134.0	16.05	1.11	11.98	1.62	4 级
尾叶桉	208	185.0	23.86	1.65	12.97	1.75	5 级
粗皮桉	174	144.9	17.68	1.34	12.23	1.81	4 级
大花序桉	214	171.5	35.10	2.23	20.47	2.55	5 级

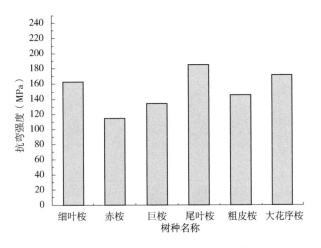

图 8-18　6 种桉树木材抗弯强度比较

表 8-16　6 种桉树不同高度抗弯强度方差分析结果

树种名称	离差平方和	自由度	均方差	F 值	F 临界值	显著性
细叶桉	2148.91	3	716.30	0.62	2.65	—
赤桉	184.69	3	61.56	0.10	2.66	—
巨桉	101.03	3	33.68	0.13	2.65	—
尾叶桉	1570.26	3	523.42	0.91	2.65	—
粗皮桉	415.64	3	138.55	0.44	2.66	—
大花序桉	21220.09	3	7073.36	6.13	2.65	*

注：* 表示差异显著。

三、抗弯弹性模量

6 种桉树木材的抗弯弹性模量结果见表 8-17 和图 8-19，可知，大花序桉的抗弯弹性模量最大，平均值为 30.47GPa，对照木材主要物理力学性质分级表(李坚，2009)，达到 5 级(>16.6GPa)；巨桉的弹性模量最小，平均值为 13.96GPa，达到 4 级(13.6~16.5GPa)。根据表 8-18，巨桉、大花序桉不同高度抗弯弹性模量差异显著，其余树种差异不显著。6 种桉树木材的抗弯弹性模量都达到高等级以上。

表 8-17　6 种桉树木材抗弯弹性模量比较

树种名称	试样数	平均值(MPa)	标准差	标准误差	变异系数(%)	准确指数(%)	分级
细叶桉	198	19060	2602.36	184.94	13.66	1.90	5 级
赤桉	181	15010	3100.03	230.42	20.65	3.01	4 级
巨桉	210	13960	2290.35	158.05	16.41	2.22	4 级
尾叶桉	208	27470	4690.20	325.21	17.15	2.32	5 级
粗皮桉	174	18380	2243.87	170.11	12.22	1.81	5 级
大花序桉	214	30470	5917.68	375.77	19.42	2.42	5 级

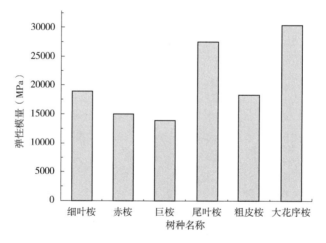

图 8-19　6 种桉树木材抗弯弹性模量比较

表 8-18　6 种桉树不同高度抗弯弹性模量方差分析结果

树种名称	离差平方和	自由度	均方差	F 值	F 临界值	显著性
细叶桉	52339571	3	17446524	2.63	2.65	—
赤桉	20865292	3	6955097	0.73	2.66	—
巨桉	62207242	3	20735747	4.11	2.65	*
尾叶桉	60572846	3	20190949	0.91	2.65	—
粗皮桉	11283694	3	3761231	0.74	2.66	—
大花序桉	3.04E+08	3	1.01E+08	2.96	2.65	*

注：* 表示差异显著。

四、冲击韧性

6 种桉树木材的冲击韧性结果见表 8-19 和图 8-20，可知，大花序桉的冲击韧性最大，平均值为 134kJ/m²，对照木材主要物理力学性质分级表（李坚，2009），达到 3 级（85.1~145.0kJ/m²）；尾叶桉的冲击韧性最小，平均值为 65kJ/m²，达到 2 级（25.1~85.0kJ/m²）。根据表 8-20，6 种桉树不同高度的冲击韧性差异不显著。

表 8-19　6 种桉树木材冲击韧性比较

树种名称	试样数	平均值(kJ/m²)	标准差	标准误差	变异系数(%)	准确指数(%)	分级
细叶桉	209	119	15.11	1.05	12.81	1.73	3 级
赤桉	176	102	11.65	0.88	11.42	1.68	3 级
巨桉	246	101	13.33	0.85	13.20	1.65	3 级
尾叶桉	275	65	10.83	0.65	16.66	1.97	2 级
粗皮桉	210	105	14.14	0.98	13.60	1.82	3 级
大花序桉	248	134	14.61	0.93	10.90	1.36	3 级

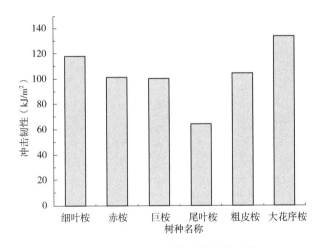

图 8-20　6 种桉树木材冲击韧性比较

表 8-20　6 种桉树不同高度冲击韧性方差分析结果

树种名称	离差平方和	自由度	均方差	F 值	F 临界值	显著性
细叶桉	14.55	3	4.85	0.03	2.66	—
赤桉	337.53	3	112.51	0.82	2.66	—
巨桉	873.71	3	291.24	1.65	2.64	—
尾叶桉	183.88	3	61.29	0.52	4.00	—
粗皮桉	930.00	3	310.00	1.55	2.65	—
大花序桉	791.60	3	263.87	1.24	2.64	—

五、硬度

6种桉树木材的硬度结果见表8-21和图8-21，可知，大花序桉的端面硬度和弦面硬度均最大，端面硬度平均值为107.96MPa，对照木材主要物理力学性质分级表（李坚，2009），达到5级（>100.1MPa），弦面硬度平均值为104.10MPa，达到5级（>80.1MPa）；巨桉的端面硬度和弦面硬度均最小，端面硬度平均值为78.85MPa，达到4级（65.1~100.0MPa），弦面硬度平均值为69.94MPa，达到4级（50.1~80.0MPa）。木材的硬度跟木材的密度密切相关，密度越大则硬度越高，6种桉树木材中大花序桉密度最大，抵抗其他刚体压入的能力也最强。根据表8-22可知，细叶桉不同高度弦面硬度差异显著，赤桉不同高度端面硬度差异显著，粗皮桉不同高度径面硬度差异显著，其余树种不同高度硬度差异均不显著。6种桉树木材的硬度变化规律均为端面>径面>弦面。

表8-21 6种桉树木材硬度性质比较

树种名称	试验项目	试样数	平均值(MPa)	标准差	标准误差	变异系数(%)	准确指数(%)	分级
细叶桉	端面	154	98.74	8.66	0.70	8.77	1.39	4级
	弦面		89.92	13.92	1.12	15.48	2.44	5级
	径面		94.40	11.17	0.90	11.83	1.87	—
赤桉	端面	138	95.75	13.53	1.15	14.13	2.36	4级
	弦面		88.55	13.19	1.12	14.90	2.49	5级
	径面		90.69	16.87	1.44	18.60	3.10	—
巨桉	端面	182	78.85	12.17	0.90	15.49	2.24	4级
	弦面		69.94	20.98	1.56	30.10	4.36	4级
	径面		71.08	21.49	1.59	30.27	4.39	—
尾叶桉	端面	203	84.30	13.79	0.97	16.28	2.25	4级
	弦面		75.67	12.76	0.90	16.81	2.32	4级
	径面		76.74	13.70	0.96	17.74	2.46	—
粗皮桉	端面	158	81.80	18.12	1.44	22.18	3.45	4级
	弦面		75.25	16.43	1.31	21.85	3.40	4级
	径面		77.05	18.37	1.46	23.84	3.72	—
大花序桉	端面	170	107.96	7.70	0.59	7.13	1.07	5级
	弦面		104.10	9.81	0.75	9.50	1.42	5级
	径面		105.67	9.18	0.70	8.76	1.31	—

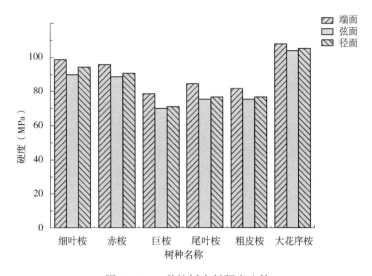

图 8-21 6 种桉树木材硬度比较

表 8-22 6 种桉树不同高度硬度方差分析结果

树种名称	试验项目	离差平方和	自由度	均方差	F 值	F 临界值	显著性
细叶桉	端面	202.53	3	67.51	0.89	2.66	—
	弦面	2209.89	3	736.63	4.00	2.66	*
	径面	282.74	3	94.25	0.75	2.66	—
赤桉	端面	2713.22	3	904.41	4.53	2.67	*
	弦面	953.72	3	317.91	1.85	2.67	—
	径面	1979.59	3	659.87	2.38	2.67	—
巨桉	端面	942.23	3	314.08	2.15	2.66	—
	弦面	102.68	3	34.23	0.08	2.66	—
	径面	47.68	3	15.90	0.03	2.66	—
尾叶桉	端面	247.65	3	82.550	0.43	2.66	—
	弦面	216.32	3	72.11	0.44	2.65	—
	径面	371.65	3	123.88	0.65	2.65	—
粗皮桉	端面	715.50	3	238.50	0.72	2.66	—
	弦面	504.80	3	168.27	0.61	2.66	—
	径面	3291.19	3	1097.06	3.34	2.66	*
大花序桉	端面	60.51	3	20.17	0.33	2.66	—
	弦面	182.05	3	60.68	0.55	2.66	—
	径面	88.72	3	29.57	0.30	2.66	—

注：* 表示差异显著。

六、6 种桉树木材力学性质综合比较

木材作为承重构件时，顺纹抗压强度和抗弯强度是两个很重要的衡量指标，通常采用这两个强度之和来表示木材的综合强度（黄腾华等，2013）。6 种桉树木材的综合强度范围在 187.0~258.7MPa，属于高强度树种（>166.6MPa）（尹思慈，1991），综合强度由高到低分别是大花序桉、尾叶桉、细叶桉、粗皮桉、巨桉、赤桉。

顺纹抗压强度由高到低是大花序桉、细叶桉、粗皮桉、赤桉、尾叶桉、巨桉；木材抗弯强度由高到低是尾叶桉、大花序桉、细叶桉、粗皮桉、巨桉、赤桉；抗弯弹性模量由高到低是大花序桉、尾叶桉、细叶桉、粗皮桉、赤桉、巨桉；冲击韧性由高到低是大花序桉、细叶桉、粗皮桉、赤桉、巨桉、尾叶桉；大花序桉的端面硬度和弦面硬度最大。这 6 个树种的端面硬度最高，径面硬度次之，弦面硬度最小。

木材弯曲性能主要由抗弯强度和抗弯弹性模量综合体现，木材抗弯强度是指木材承受逐渐施加弯曲荷载的最大能力，抗弯弹性模量则用于度量木材在荷载下的变形和能承受的最大荷载，弯曲性能高的木材可用于屋架、横条、木条和承重地板（李坚，2009）。大花序桉的抗弯性最强，除赤桉的抗弯强度属于中等外，其余树种均属于高强度木材。冲击韧性是决定木材在冲击弯曲中对能的吸收，对于结构建筑用材，不但要有较高的综合强度，还要有较好的冲击韧性，大花序桉的冲击韧性平均值 $134kJ/m^2$，是 6 种桉树木材中冲击韧性最好的。

通过抗弯强度、抗弯弹性模量、顺纹抗压强度、冲击韧性、硬度 5 个指标对 6 种桉树木材进行综合评价，其中大花序桉木材材性最优，综合排名第一，可作为承重结构构件和中高档家具用材，其次为细叶桉、赤桉、尾叶桉、粗皮桉和巨桉。

第五节 物理力学性质综合分析

通过对 6 个树种桉树木材的纤维特性变异规律的研究，可知 6 个树种木材纤维长度和纤维双壁厚均到一定树龄（11 年生左右）后均保持稳定不再继续增长，木材材性达到成熟，此时桉木更适合进行实木加工利用，用于制作实木家具、实木地板等产品。同时，大花序桉的纤维长度、宽度及双壁厚均明显大于其他 5 个树种，具有深度加工利用的潜在价值。

6 种桉树木材，其中大花序桉木材基本密度为 $0.764g/cm^3$；属于高密度木材，细叶桉、赤桉、尾叶桉、粗皮桉木材基本密度分别为 0.703、0.687、0.630、$0.620g/cm^3$，属于中等偏上密度木材。巨桉木材基本密度为 $0.583g/cm^3$，属于中等密度木材。6 种桉树木材不同径向位置的基本密度差异均极显著。基本密度均为过渡区最大，近髓心处最小；分析其原因主要是由于本试验试材来自 26~28 年生桉树，已形成心材，过渡区含有树胶、侵填体等丰富的内含物，因此过渡区木材密度大。树干高度对 6 种桉树木材基本密度的影响除巨桉和尾叶桉（其基本密度平均值呈随着树干高度上升，先减少后增大的趋势。）显著外，其余各桉树木材均不显著；南北向对基本密度的影响除粗皮桉显著外，其余各桉树木材均不显著。

径向位置对6种桉树木材(除粗皮桉径向气干干缩率外)的气干干缩率影响极显著。细叶桉、赤桉、大花序桉木材弦、径向及尾叶桉和粗皮桉木材弦向气干干缩率由近髓心至近树皮处均呈逐步减少的趋势；巨桉弦、径向及尾叶桉径向气干干缩率均为过渡区最大，与基本密度变化趋势吻合；径向位置变化对粗皮桉径向气干干缩率影响不显著。

树干高度对6种桉树木材(除大花序桉、赤桉、巨桉径向及尾叶桉弦向气干率外)气干干缩率影响显著。细叶桉弦、径向及赤桉、巨桉、粗皮桉、大花序桉木材的弦向气干干缩率，均随着树干高度的上升呈减少的趋势；尾叶桉、粗皮桉木材径向气干干缩率随着树干高度的上升呈增大的趋势；不同树高位置，对大花序桉、赤桉、巨桉木材径向及尾叶桉木材弦向气干干缩率影响不明显；南北向对6种桉树木材气干干缩率的影响除细叶桉、粗皮桉显著外，其余各桉树木材均不显著。

6种桉树(26~28年生)木材的基本密度均为过渡区最大，近髓心处最小，气干干缩率(除巨桉弦、径向和尾叶桉径向气干干缩率为过渡区最大)为近髓心处的木材值最大，由此可以看出近髓心处的木材干缩大，而密度小，加工的制品容易开裂变形，实木化利用应考虑对其进行改性处理。大花序桉木材密度大且干缩小，是制作高档家具的优良材料。

顺纹抗压强度由高到低是大花序桉、细叶桉、粗皮桉、赤桉、尾叶桉、巨桉；木材抗弯强度由高到低是尾叶桉、大花序桉、细叶桉、粗皮桉、巨桉、赤桉；抗弯弹性模量由高到低是大花序桉、尾叶桉、细叶桉、粗皮桉、赤桉、巨桉；冲击韧性由高到低是大花序桉、细叶桉、粗皮桉、赤桉、巨桉、尾叶桉；大花序桉的端面硬度和弦面硬度最大。这6个树种的端面硬度最高，径面硬度次之，弦面硬度最小。

大花序桉的顺纹抗压强度、抗弯弹性模量、冲击韧性、硬度均比其他5个树种高，抗弯强度略低于尾叶桉。利用大花序桉木材的优良性质，制备结构用材，以期在承重结构和高中档家具方面有所作为。大花序桉抵抗弯曲变形的能力较强，巨桉抵抗弯曲变形的能力较弱。冲击韧性是决定木材在冲击弯曲中对能的吸收，对于结构建筑用材，不但要有较高的综合强度，还要有较好的冲击韧性，大花序桉的冲击韧性平均值到达 $134kJ/m^2$，是6种桉树木材中冲击韧性最好的。

综合木材的力学性能结果可以认为，这6种桉树木材的综合强度很高，6种桉树木材原木或原条适合用作木结构建筑物的屋架、柱子、横条木桥梁、承重地板、矿柱、枕木、电杆等承重结构构件用材。

第六节　桉树木材物理性质随年龄的变化

本试验测定了细叶桉($E.\ teretcornis$)、赤桉($E.\ camaldulensis$)、巨桉($E.\ grandis$)、尾叶桉($E.\ urophylla$)、粗皮桉($E.\ pellita$)、大花序桉($E.\ cloeziana$)及以杂种尾巨桉($E.\ urophylla \times E.\ grandis$)7种桉树木材的物理力学性质，树龄在24~28年之间。姜笑梅等(2007)报道过8种桉树木材的物理力学性质，其中6个树种：巨桉、粗皮桉、尾叶桉、细叶桉、大花序桉和尾巨桉与本试验树种和取材来源于同一试验林，但是树龄普遍小10年以上，在13~16年之间。为明确树龄与木材材性变化的规律，本节结合这两个试验的测定结果对 6 个树种的物理力学材质性质进行比较分析。

不同树龄的 6 种桉树木材物理力学性质详见表 8-23、图 8-22。结果显示：24~28 年树龄桉树木材的基本密度、径向、弦向和体积干缩率、顺纹抗压强度、抗弯弹性模量和抗弯强度以及冲击韧性均大于 13~16 年树龄，而气干差异干缩小于 13~16 年树龄，参试 6 树种中的结果一致。表明参试桉树木材基本密度、强度、韧性、干缩率随树龄增加而加大，差异干缩随树龄增加而减小，说明随树龄增大，桉树木材抵抗外力的能力增强，而木材干后翘曲变形的程度减小。参试树种中，细叶桉、巨桉、尾叶桉和尾巨桉木材的气干密度表现为 24~28 年树龄大于 13~16 年树龄，但粗皮桉和大花序桉的研究结果则相反，表现为 13~16 年树龄大于 24~28 年树龄。

表 8-23 不同树龄桉树木材物理力学特征值方差分析

物理力学特性	树龄(年)	细叶桉	巨桉	尾叶桉	粗皮桉	大花序桉	尾巨桉	P 值
基本密度(g/cm³)	24~28	0.70	0.58	0.63	0.62	0.77	0.51	0.021*
	13~16	0.66	0.53	0.53	0.61	0.68	0.50	
气干密度(g/cm³)	24~28	0.97	0.73	0.86	0.77	0.69	0.70	0.484
	13~16	0.84	0.68	0.68	0.78	0.86	0.64	
径向干缩率(%)	24~28	8.50	7.21	9.09	7.65	6.59	6.40	0.000**
	13~16	4.40	3.44	4.36	3.80	4.41	4.24	
弦向干缩率(%)	24~28	12.10	10.65	12.48	10.50	9.17	10.80	0.001**
	13~16	6.64	8.36	8.03	6.93	7.40	7.40	
体积干缩率(%)	24~28	20.03	17.42	20.91	17.83	15.33	17.60	0.000**
	13~16	10.87	11.60	12.12	10.58	11.58	11.42	
气干差异干缩(%)	24~28	1.42	1.48	1.37	1.37	1.39	1.69	0.035*
	13~16	1.51	2.43	1.84	1.82	1.68	1.75	
顺纹抗压强度(MPa)	24~28	86.73	64.93	68.89	79.82	86.75	—	0.001**
	13~16	76.60	57.00	62.40	75.00	78.10	—	
抗弯弹性模量(MPa)	24~28	19001.28	13975.30	27390.89	18420.64	30442.34	—	0.027*
	13~16	17393.00	12680.00	25474.00	17533.00	26219.00	—	
抗弯强度(MPa)	24~28	160.22	133.74	183.99	144.97	171.22	—	0.003**
	13~16	145.70	123.40	172.70	137.30	151.80	—	
抗冲击韧性(kJ/m²)	24~28	118.74	101.20	65.05	105.13	134.06	—	0.001**
	13~16	84.80	74.40	45.40	75.10	98.30	—	

注：**表示极显著差异，*表示显著差，"—"空缺值。

方差分析表明，除气干密度之外，6 种桉树其余 9 个性状指标在不同树龄木材间的差异达到显著或极显著水平，其中基本密度、气干差异干缩和弹性模量存在显著差异；径向、弦向和体积干缩率以及顺纹抗压强度、抗弯强度和冲击韧性存在极显著差异(表 8-23)。

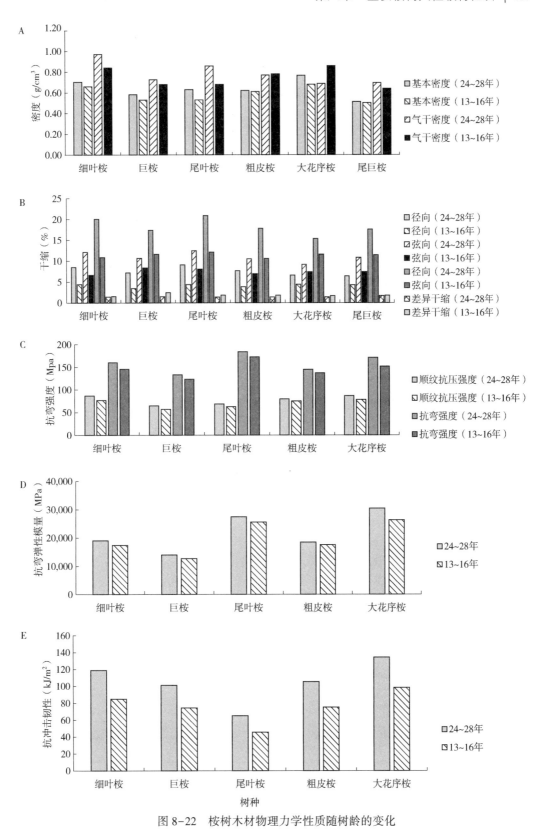

图 8-22 桉树木材物理力学性质随树龄的变化

综上所述，树龄对桉树木材物理力学性质产生显著影响。如果作为大径材培育，在 28 年树龄范围内，树龄越大木材的强度和韧性越好，且木材不易翘曲变形。

第七节　尾巨桉不同初植密度木材的物理与化学性质分析

参试材料为种植于广西崇左市东门林场的 24 年尾巨桉 DH_{32-13}，初植密度分别为 667 株/hm^2（3m×2m）、883 株/hm^2（4m×2m）、1250 株/hm^2（4m×3m）和 1667 株/hm^2（5m×3m）4 种，分别对其进行物理、力学性能和化学性质做定向测定，分析不同初植密度对桉树大径材物理力学性能和化学性质的影响。

每种密度采集 1 株树，分别从每株伐倒截取若干段长度为 1.2m 的原木作为试材，第一段是从砍伐底部向上 1.3m 的地方截断，第二段继续向上截取 1.3m，依次取样。将所有试材编号、标记北向线后，用液体蜡涂刷端头并用塑料薄膜包裹及时运回实验室。

木材基本密度、干缩性和力学性质测定方法同本章第一节。湿胀性参照《木材湿胀性测定方法（GB/T 1934.2—2009）》进行。

一、不同初植密度木材的物理性质

1. 木材密度

4 种初植密度下尾巨桉木材密度测定结果见表 8-24。883 株/hm^2 尾巨桉木材的气干密度、基本密度和全干密度均高于其他 3 种初植密度的，667 株/hm^2 和 1250 株/hm^2 尾巨桉木材的密度接近，1667 株/hm^2 的最小。

表 8-24　4 种初植密度尾巨桉木材密度

指标	初值密度（株/hm^2）			
	667	883	1250	1667
气干密度（g/cm^3）	0.764	0.804	0.774	0.696
变异系数	0.025	0.031	0.039	0.124
基本密度（g/cm^3）	0.574	0.589	0.562	0.511
变异系数	0.024	0.032	0.034	0.099
全干密度（g/cm^3）	0.703	0.774	0.704	0.631
变异系数	0.022	0.035	0.047	0.118
试样数量	36	36	36	36

由图 8-23 可知，随初植密度增大，尾巨桉木材的基本密度、气干密度和全干密度均呈先增加后减小的趋势，各指标最大值出现在 883 株/hm^2，最小值出现在 1667 株/hm^2。

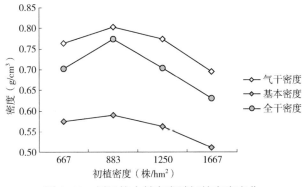

图 8-23 尾巨桉木材密度随初植密度变化

2. 干缩性

4 种初植密度下尾巨桉木材干缩性测定结果详见表 8-25。在全干和气干状态下，各向干缩率均为 883、1250 株/hm² 的较大，667 和 1667 株/hm² 的相对较小。但差异干缩结果显示初植密度为 667、883、1250、1667 株/hm² 的尾巨桉木材的全干差异干缩分别为 1.38、1.28、1.30、1.41，气干差异干缩分别为 1.22、1.10、1.46 和 1.69；4 种初植密度条件下，883 株/hm² 的差异干缩最小，1667 株/hm² 的差异干缩最大；说明初植密度为 883 株/hm² 尾巨桉木材发生开裂翘曲变形的可能性小，而初植密度 1667 株/hm² 的弦向干缩远大于径向方向，容易出现翘曲变形等质量问题。

表 8-25　4 种初植密度尾巨桉木材干缩性

干缩性(%)	初值密度(株/hm²)			
	667	883	1250	1667
全干干缩率-径向	8.10	9.20	9.10	8.00
全干干缩率-弦向	11.20	11.80	11.80	11.30
全干干缩率-体积	18.30	20.8	20.10	18.80
全干差异干缩	1.38	1.28	1.30	1.41
气干干缩率-径向	6.80	8.00	7.60	6.40
气干干缩率-弦向	8.30	8.80	11.10	10.80
气干干缩率-体积	15.70	17.6	18.70	17.60
气干差异干缩	1.22	1.10	1.46	1.69

由图 8-24 可知，初植密度对木材干缩率的影响在弦向和径向存在差异，尤其是在气干状态下。4 种初植密度条件下，随初植密度增大，弦向气干干缩率呈逐渐变大的趋势，径向气干干缩率则表现为先增加后减小；径向气干干缩率最大值出现在 1667 株/hm²，最小值出现在 883 株/hm²，弦向气干干缩率最大值出现在 1250 株/hm²，最小值出现在 667 株/hm²。综合考虑干缩差异，4 种初植密度条件下，883 株/hm² 处理尾巨桉木材开裂翘曲变形程度较小。试验结果表明，合理的初植密度处理，可以有效缓解尾巨桉木材开裂翘曲变形等质量问题。

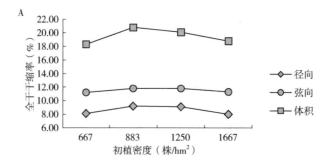

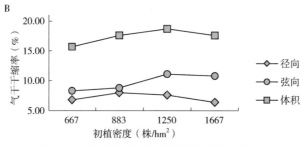

图 8-24　尾巨桉木材干缩性随初植密度变化

3. 湿胀性

4 种初植密度下尾巨桉木材干缩性测定结果详见表 8-26 和图 8-25。结果显示，初植密度对木材的各向湿胀率的影响趋势一致，各向湿胀率均随着初植密度的增大呈先增加后减小的趋势；但体积湿胀率在 1250 株/hm² 处理最高，其次是 883 株/hm² 处理，而弦向和径向湿胀率在 883 株/hm² 处理时最高；木材弦向湿胀率比径向湿胀率要大。

表 8-26　4 种初植密度尾巨桉木材干缩性

湿胀率(%)	初植密度(株/hm²)			
	667	883	1250	1667
线湿胀率(全干至湿水)-径向	8.50	10.10	7.90	8.10
线湿胀率(全干至湿水)-弦向	12.40	13.40	12.30	12.30
体积湿胀率(全干至湿水)	22.50	26.10	27.10	21.40
差异湿胀(全干至湿水)	1.46	1.33	1.56	1.52

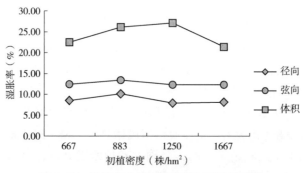

图 8-25　尾巨桉木材湿胀性随初植密度变化

在木材使用过程中，木材会因为外界温湿度的变化而发生吸湿和解吸，差异湿胀即弦向湿胀与径向湿胀的比值，其值越小说明木材因为弦向和径向湿胀变形差距越小，木材的变形越小。根据表 8-26 可知，初植密度为 667、883、1250、1667 株/hm² 的尾巨桉木材从全干至湿水的差异湿胀分别为 1.46、1.33、1.56、1.52。初植密度为 883 株/hm² 时木材的差异湿胀值最小，初植密度为 1250 株/hm² 和 1667 株/hm² 时，木材差异湿胀比较大，在木制品使用过程中易产生外观尺寸不稳定等质量问题。

综合考虑，如要避免木材在使用过程出现外观尺寸不稳定等问题，初植密度设为 883 株/hm²，其制成的木制品质量较稳定。

4. 抗弯强度和抗弯弹性模量

4 种初植密度下尾巨桉木材抗弯强度和抗弯弹性模量测定结果详见表 8-27。初植密度为 667、883、1250、1667 株/hm² 的尾巨桉木材的顺纹抗弯强度的平均值分别是 121、126、87、82MPa，抗弯弹性模量的平均值分别是 12160、12900、10820、11220MPa。

表 8-27　4 种初植密度尾巨桉主要力学性能

力学性能指标	初植密度（株/hm²）			
	667	883	1250	1667
顺纹抗弯强度（MPa）	120.70	125.70	87.30	82.00
抗弯弹性模量（MPa）	12160.00	12900.00	10820.00	11220.00
顺纹抗压强度（MPa）	41.00	48.00	39.10	46.00
冲击韧性/（kJ/m²）	1370.00	1257.00	935.00	337.00
硬度-弦面（MPa）	2010.00	2310.00	2370.00	2200.00
硬度-径向（MPa）	1760.00	2610.00	2190.00	2420.00
硬度-端面（MPa）	3970.00	4810.00	3840.00	3840.00

从图 8-26A 和 B 中可以看出，初植密度对木材顺纹抗弯强度和抗弯弹性模量产生影响。木材的顺纹抗弯强度和弹性模量随着初植密度的增大而波动变化，4 种初植密度条件下，低初植密度顺纹抗压强度和抗弯弹性模量大，高初植密度时减小；883 株/hm² 的木材的抗弯强度和抗弯弹性模量最大；从 667 株/hm² 到 883 株/hm²，木材的顺纹抗弯强度和弹性模量均呈逐渐增大的趋势，从 883 株/hm² 到 1250 株/hm²，木材顺纹抗弯强度和弹性模量均呈逐渐减小的趋势，从 1250 株/hm² 到 1667 株/hm²，木材顺纹抗弯强度和弹性模量变化不大，呈平缓趋势。这说明在初植密度小于 1250 株/hm² 时，木材顺纹抗弯强度和抗弯弹性模量受初植密度的影响较大，当初植密度超过 1250 株/hm² 后，初植密度对木材的顺纹抗弯强度和弹性模量影响不大。若木材要作为建筑用材如横梁时，初植密度设为 883 株/hm²，这样有助于获得最佳的顺纹抗弯强度和抗弯弹性模量。

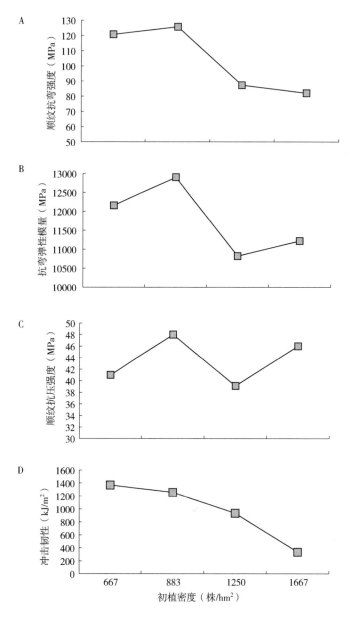

图 8-26 尾巨桉力学性能随初植密度变化

5. 顺纹抗压强度

木材顺纹抗压强度是指与木材纤维相平行的方向上,对试样施加载荷时木材抵抗纵向变形的能力。这一指标是木材作为结构用材和其他起着承重作用的材料及其关键的力学性能指标。表 8-27 显示,初植密度为 667、883、1250、1667 株/hm² 的尾巨桉木材的顺纹抗压强度的平均值分别是 41、48、37、46MPa,其中 883 株/hm² 的最大,较 1250 株/hm² 的最小。图 8-26C 显示,4 种初植密度条件下木材的顺纹抗压强度呈现波动,初植密度从 667 株/hm² 增大到 883 株/hm² 时,木材的顺纹抗压强度也随之增大;

当初植密度增大到 1250 株/hm² 时，木材的顺纹抗压强度呈减小趋势；当初植密度为 1667 株/hm² 时，木材的顺纹抗压强度又随之增大。

6. 冲击韧性

冲击韧性是指木材在很短的时间里受到载荷的冲击作用而发生破坏的时候，单位面积上试件所要吸收的能量，表示木材抵抗冲击载荷对其产生破坏的能力。表 8-27 显示，初植密度为 667、883、1250、1667 株/hm² 的尾巨桉木木材的冲击韧性的平均值是 1370、1257、935、337kJ/m²。初植密度 667 株/hm² 的木材冲击韧性最好，1667 株/hm² 的木材韧性最差。图 8-26D 显示，尾巨桉木材的冲击韧性呈随初植密度的增大而下降的趋势。从表 8-27 的数据可计算得出，与 667 株/hm² 比较，883 株/hm² 木材的冲击韧性下降了 8.2%，与 1250 株/hm² 比较，1667 株/hm² 木材的冲击韧性下降了 64%。综上所述，密植培育会引起木材的韧性减弱，木材容易变脆。

7. 硬度

木材硬度代表着木材抵抗外力的压入而产生变形的能力，是木材作为车辆、建筑等用材时的指标。4 种初植密度下尾巨桉木材抗弯强度和抗弯弹性模量测定结果详见表 8-27。尾巨桉木材弦向、径向和端面硬度大体随初植密度增大呈先增加后减小的趋势（图 8-27）。径向和端面硬度均为 883 株/hm² 的最高，667 株/hm² 的最低。

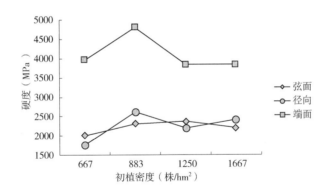

图 8-27 尾巨桉硬度随初植密度变化

8. 小结

4 种不同初植密度条件下，到 24 年生时初植密度为 883 株/hm² 木材的基本密度、全干密度、气干密度最大，干缩性和湿胀性最小，差异干缩最小，采用 883 株/hm² 种植密度培育的尾巨桉加工性能好，板材干燥和制品使用过程中发生翘曲变形可能性小。

4 种不同初植密度的尾巨桉的力学性能比较：顺纹抗弯强度、抗弯弹性模量、表面硬度、顺纹抗压强度，均显示初植密度为 883 株/hm² 的最佳，冲击韧性这一指标上显示 667 株/hm² 的初植密度桉木最佳，883 株/hm² 初植密度尾巨桉木材的冲击韧性相比虽有所下降，但仍满足力学性能要求。因此，采用 883 株/hm² 的种植密度培育尾巨桉力学性能好。

二、不同初植密度木材的化学性质

初植密度对林木生长和木材性质的影响是发生在林分充分郁闭之后。林分郁闭前，树冠根系之间不存在竞争，理论上对树木的生长没有影响。对木材材性和木材质量的影响因树种而异，目前多数人认为种植过密，幼树个体间枝叶交错重叠，各自占有的空间较小，结果导致幼树光照不足和营养不良，致使林木生长细弱。木材中纤维素、半纤维素和木质素以及抽提物等不仅对木材本身的性质有重要影响，还可用于化工或能源原料，具有巨大的潜在应用价值（张晓涛，2014）。有学者研究湿地松 4 种初植密度对木材管胞解剖特征、化学成分的含量、干缩性状和木材的力学性能有一定的影响，但都没有达到显著的程度（徐有明，2002）。5 种种植密度影响 10 年生湿地松的主要化学组分，结果表明种植密度对综纤维素含量和抽出物影响均不显著，对苯醇抽提物含量影响显著（张耀丽，2002）。不同初植密度的林分平均胸径、单株材积差异显著，且随密度增大而减小，冠幅随初植密度增大而减小，在合理初植密度范围内，单株胸径、材积随密度增大而减小，但蓄积量却随密度增加而增大（涂育合，1999）。本书从尾巨桉初植密度出发，对其生长、形质性状及木材化学组分的影响效应进行系统地分析研究，为我国南方地区桉树大径材生产中合理密植提供依据。

4 种林分造林密度（Stand density）：667、883、1250、1667 株/hm^2，每个试验小区面积 0.04 hm^2（20m×20m），共计 12 个小区，小区之间间隔 4m。每种密度处理选择 3 株解析木，合计 12 株，分析的木材组分包括纤维素、半纤维素、木质素、冷水抽提物、热水抽提物、NaOH 抽提物，这些指标能够充分反映木材的潜力。相同密度选择两个不同位置（按照标准截取首尾各一段）的板材，分别标注为上段、下段，试样由髓心向外隔轮取样，沿着年轮方向削成木片，剪碎，50℃烘干，用植物粉碎机粉碎过筛，木粉过 40 目筛。水抽提物含量采用国家标准 GB/T 2677.4—1993，1% NaOH 抽提物含量采用国家标准 GB/T 2677.5—1993，纤维素含量、半纤维素含量采用国家标准 GB/T 744—2004，木质素含量采用国家标准 GB/T747—2003。

1. 初植密度对尾巨桉木材细胞壁物质的影响

木材的物理性质主要取决于组成木材细胞壁的物质，而纤维素既是组成木材细胞壁的主要成分（杨庆贤，1988），也是木材细胞壁的骨架物质，纤维素的含量决定木材的性质（范慧青，2014）。不同初植密度尾巨桉纤维素含量中如图 8-28（A）所示：总体来看，纤维素含量随着初植密度的增大，纤维素含量呈现出先增加后减少的趋势。上、下段样材之间的纤维素含量有所差异，且随着初植密度变化而变化的趋势基本一致，上段样材纤维素含量均比下段的要高。上段各处理均无显著差异，下段含量最高为 1250 株/hm^2，其与 883、1250 株/hm^2 无差异，与 1667 株/hm^2 差异显著。半纤维素是木质纤维素类生物质中第二大组分（金强，2010），通过图 8-28（B）可知不同初植密度处理间半纤维素含量无显著差异，上段样材的半纤维素含量明显高于下段。木质素是木材细胞壁重要的化学组分，对林木新陈代谢和生长发育具有重要作用（刘苍伟，2018），其填充于纤维素构架中增强植物体的机械强度（魏建华，2001），图 8-28（C）是不同初植密度尾巨桉木质素含量的比较分析，如图所示随着桉树初植密度的增大，木质素含量基本呈现出先减少后增加的趋势，并且随初植密度大小变化的规律为：1667 株/hm²>667 株/hm²>883 株/hm²>1250 株/hm²，同时各处理具有统计学显著差异（$P<0.05$）。

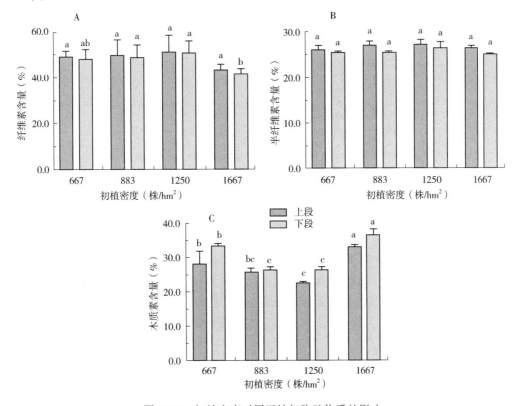

图 8-28 初植密度对尾巨桉细胞壁物质的影响

注：用 Duncan's 新复极差法进行多重比较，同行标有不同小写字母表示组间差异显著（$P<0.05$），下同。

2. 初植密度对尾巨桉木材抽提物的影响

抽提物主要影响木材的渗透性、板材胶合、木材密度及强度（彭万喜，2004；范国荣，2015；李贤军，2007）。木材抽提物含量高可导致桉树木材改性、胶合、涂饰等加工中产生严重缺陷（戚红晨，2011）。从图 8-29（A）中可知，最高处理为 667 株/hm²，达到 3.84%，1250 株/hm² 的冷水抽提物含量均最低，各处理无显著差异。图 8-29（B）初植密度与热水抽提物含量呈正相关，即随着初植密度的增大，桉树不同部位的热水抽提物含量呈上升趋势，上段试样中热水抽提物含量排序为：1667 株/hm²>1250 株/hm²>883 株/hm²>667 株/hm²，下段试样中 667 株/hm² 和 883 株/hm² 与 1250 株/hm²、1667 株/hm² 呈显著差异（$P<0.05$）。根据图 8-29（C）可以发现尾巨桉上、下两段样材的 1% NaOH 抽提物含量变化规律趋于一致，各处理上段 1%NaOH 抽提物含量差异达不到显著水平，下段 1%NaOH 抽提物含量最高为 1667，最低为 1250 株/hm²，其次为 667、883 株/hm²。

木材细胞壁的主要结构物质是纤维素，它对木浆和纸张的性质有着重要的影响，也是化学制浆时最重要的保留成分（李晓东，2010）。初植密度 1250 株/hm² 纤维素含

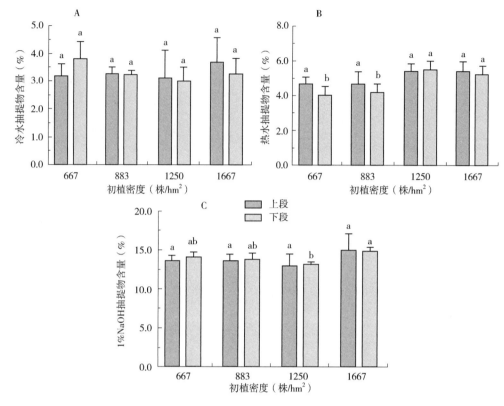

图 8-29 初植密度对尾巨桉木材抽提物的影响

量最高,达到 51.43%,最低处理是 1667 株/hm²,含量为 43.13%,上段各处理纤维素及半纤维素之间均无显著差异,与徐有明等研究发现林分初植密度对湿地松人工林木材化学成分含量没有显著影响的观点一致(徐有明,2002),但下段处理有显著差异,说明不同试材高度影响木材纤维素含量。木质素含量随初植密度大小变化的规律为:1667 株/hm²>667 株/hm²>883 株/hm²>1250 株/hm²,同时各处理差异达到显著水平,说明初植密度过小和过大都影响木材木质素含量,所以造林时应选择适中的密度为宜。

抽提物作为木材的重要组成成分,对木材的颜色、气味、物理化学性质等方面有着很大的影响(翟阳洋,2017),初植密度对冷水抽提物含量无显著影响,与热水抽提物含量呈正相关,即随着初植密度的增大,桉树不同部位的热水抽提物含量呈上升趋势,该结论与李晓东(李晓东,2010)的观点一致。初植密度对上段试样 1% NaOH 抽出物含量影响均不显著,与张耀丽(张耀丽,2002)等人对湿地松纸浆材的研究一致。下段试样普遍比上段试样含量高,且 1250 株/hm² 和 1667 株/hm² 达到显著差异水平,其原因可能是由于木材下段的新陈代谢速率普遍高于上段,因此下段抽提物含量会高于上段抽提物,但上、下段抽提物含量之间差异不显著。

纤维素与半纤维素能够有效减少木材的膨胀收缩、同时提高人造板材的力学强度;而相反,木质素含量越高,木材的材质也会随之越来越差。因此,我们在培育优质的桉树板材时要选择纤维素含量高、木质素含量低的初植密度进行栽培,综合比较得出 1250 株/hm² 最佳。由于木材抽提物含量是影响后序制板工艺的一个重要因素。抽提物含量过多,会导致板材胶合性能、渗透性等受到一定影响。所以在制板过程中我们偏向于选择抽提物含量较少的板材。当初植密度为 1250 株/hm² 时，其抽提物含量普遍较低的，所以它更有利于提高木材的加工性能。

除了外部因素即初植密度以外，桉树内部因素也一样对其化学组分含量造成一定的影响，如生长部位。生长得越高的部位，其纤维素和半纤维素含量会比较高，木质素含量则相对较低；同时，生长部位对抽提物含量的影响较小。但一般情况下，生长部位较高的抽提物含量会比较低部位的含量要低。在结合了尾巨桉生长性状、形质性状及化学组分分析的结果之后，我们可以得出以下结论：当初植密度为 1250 株/hm² 时，综合表现比其他初植密度更具优势。

第九章 主要桉树大径级材机械加工与涂饰性能

第一节 取材及主要测试方法

试材采自广西国有东门林场，该地区属亚热带季风气候，光照充足，热量丰富，雨量充沛。主要地貌类型为丘陵，海拔128~160m，土壤类型为砖红壤性红壤，pH 值4.5~6.0。

试材共6个树种，分别为细叶桉、赤桉、巨桉、尾叶桉、粗皮桉和大花序桉，试材采集方法参照第八章第一节；选取每株样木的1.3~3.3m、5.3~7.3m、9.3~11.3m、13.3~15.3m 木段用于测定干燥特性；选取每株样木的3.3~5.3m、7.3~9.3m、11.3~13.3m、15.3~17.3m 木段用于测定木材机械加工性能和涂饰性能。

1. 机械加工性能测定

以香椿木为对照试材，参照美国材料试验标准（ASTM D1666-87），分别对其机械加工性能（刨削、砂光、钻孔、铣削、开榫、车削）进行测试，根据试验标准进行等级评定。将加工质量分为5个等级：一级，优秀：不存在缺陷，记5分；二级，良好：存在其轻微缺陷，可通过砂纸轻磨消除，记4分；三级，中等：存在面积较大的轻微缺陷，还可通过砂纸打磨消除，记3分；四级，较差：存在很深、大缺陷，很难消除，记2分；五级，极差：出现可以导致试样报废或极端严重的缺陷，记1分。同时，根据各加工项对产品质量的影响程度确定加权数：刨削、砂光、车削和铣削为2，钻孔和开榫为1。机械加工性能试件尺寸及数量见表9-1。

表9-1 机械加工性能试件尺寸及数量

机械加工项目	试件尺寸：厚(mm)×宽(mm)×长(mm)	试件数量(块)
刨削	19×102×910	30
砂光	10×102×305	
铣削	19×76×305	
钻孔	19×76×305	
开榫	19×76×305	
车削	19×102	

各项各等级的百分率乘以相应分即得该项得分,以此确定各项性能质量等级:优(4~5)、良(3~4)、中(2~3)、差(1~2)和劣(0~1)。各项得分乘以权重后相加即得总分,以此比较不同树种木材的机械加工性能。满分为50分。

2. 涂饰性能测定

6种试材均经过刨光、砂光(120目)处理,规格为60mm×60mm×10mm(长×宽×厚)。3种涂料为:硝基外用清漆、聚氨酯清漆和醇酸树脂清漆。硝基外用清漆采用稀释剂稀释后进行涂刷,聚氨酯清漆采用稀释剂稀释并添加固化剂后进行涂刷,醇酸树脂清漆直接进行涂刷。每种涂饰处理取5块弦切面试样,分别涂刷3次,涂刷后待试样自然干燥再测量其色度学参数和光泽度参数。

(1)色度学参数测定和计算

色度采用国际照明委员会推荐的CIE1976标准色度学表色系统进行表征。色度学参数测定采用分光测色仪,D_{65}标准光源。对涂饰后的试样表面进行测定(每个表面随机选取3个点,每点测量2次),取其平均值作为测定结果。测定L*(亮度)、a*(红绿指数)和b*(黄蓝指数),并计算出C*ab、h*ab、ΔL*、Δa*、Δb*、ΔC*ab、Δh*ab、ΔE*ab值,具体计算公式参考文献(侯新毅等,2006)。

其中:

L*——表示明度,色彩的明暗程度,完全白的物体视为100,完全黑的视为0。

a*——表示红绿轴色品指数,正值越大表示颜色越偏向红色,负值越大表示越偏向绿色。

b*——表示黄蓝轴色品指数,正值越大表示颜色越偏向黄色,负值越大表示越偏向蓝色。

C*——表示色饱和度,表示颜色的纯度。

h*——表示色彩的相貌。

ΔL*——表示明度差。

Δa*——表示红绿品差。

Δb*——表示黄蓝品差。

ΔC*——表示饱和度差。

Δh*——表示色相差,数值越大,表示被测物和对照样色调的差异越大。

ΔE*——表示总体综合色差,数值越大,表示被测物和对照样颜色差异越大。

(2)光泽度参数测定和计算

采用WGG60型微机光泽度仪进行测定,对涂饰后的表面进行多点多次测定(每个表面随机选取3个点,每点测量2次),取其平均值作为测定结果。测定方法参考《家具表面漆膜理化性能试验第6部分:光泽测定法(GB/T 4893.6—2013)》,分别测定平行于纹理方向的光泽度(GZL)和垂直于纹理方向的光泽度(GZT),并计算两者的比值(GZL/GZT)。

3. 干燥特性测定

将试材锯制成20mm厚的板材,并在无变色、节子、虫眼等缺陷部截取规格为

200mm×100mm×20mm（长×宽×厚）的试件，试件初含水率为51.26%~81.13%，试件平均初含水率均达45%以上，满足百度试验法对试件含水率的要求。选取5~8块弦切板、2块径切板。因中心板开裂，未制取试件。弦切板用于评定干燥特性等级，径切板作为参照。

本实验采用百度试验法进行。将试件放入103℃±2℃的恒温干燥箱内进行干燥。干燥试验初期每1h观测一次，待裂纹不再增加并开始愈合后改为每2h观测一次，裂纹停止愈合且无变化后改为每4h观测一次，直至试件连续两次的重量差小于0.5%时实验结束。每次观测时记录裂缝（区别端表裂、贯通裂、表裂、端裂）的数量、宽、长及试件重量，最后一次观测时需测定试件的扭曲度、顺弯度、瓦弯度、横弯度。然后将试件从中间截断，并截取15mm厚含水率试验片。测定断面内裂长度、宽度及断面收缩率。将试验片称重后，在103℃的条件下干燥试验片6h后取出称重，此后每2h称重一次，直至绝干，干燥试验结束。

第二节　刨削性能

细叶桉、赤桉、巨桉、尾叶桉、粗皮桉、大花序桉和香椿（*Toona sinensis*）木材不同刨削处理的试样分级比率见表9-2。图9-1为处理1刨切时各树种1级和1、2级试样比率比较。

表9-2　不同刨削处理的试样分级比率　　　　　　　　　　　　　　　%

处理	树种	一级	二级	三级	四级	五级
处理1	细叶桉	41.7	30.5	13.9	8.3	5.6
	赤桉	40.0	28.6	11.4	14.3	5.7
	巨桉	35.9	41.0	5.1	10.3	7.7
	尾叶桉	47.5	27.5	12.5	7.5	5
	粗皮桉	47.4	36.8	10.5	5.3	0
	大花序桉	29.7	48.7	16.2	5.4	0
	香椿	72.7	15.1	6.1	6.1	0
处理2	细叶桉	40.0	34.3	8.6	5.7	11.4
	赤桉	44.1	32.4	14.7	8.8	0
	巨桉	32.4	48.7	5.4	5.4	8.1
	尾叶桉	56.8	21.6	21.6	0	0
	粗皮桉	52.8	27.8	16.7	2.7	0
	大花序桉	27.0	56.8	10.8	5.4	0
	香椿	78.1	12.5	6.3	3.1	0

（续）

处理	树种	一级	二级	三级	四级	五级
处理3	细叶桉	36.4	24.2	12.1	15.2	12.1
	赤桉	34.4	28.1	12.5	15.6	9.4
	巨桉	22.9	40.0	17.1	5.7	14.3
	尾叶桉	40.0	34.3	17.1	8.6	0
	粗皮桉	15.2	45.5	24.2	9.1	6.0
	大花序桉	24.2	48.5	18.2	6.1	3.0
	香椿	63.3	20.0	10.0	6.7	0
处理4	细叶桉	30.0	26.7	16.6	20.0	6.7
	赤桉	29.0	38.7	9.7	6.5	16.1
	巨桉	18.2	33.3	18.2	18.2	12.1
	尾叶桉	29.4	35.3	20.6	14.7	0
	粗皮桉	21.9	50.0	18.8	9.3	0
	大花序桉	15.6	37.5	31.3	12.5	3.1
	香椿	60.0	23.3	13.4	0	3.3

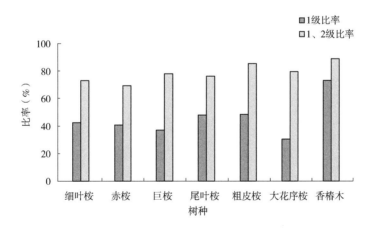

图 9-1　处理 1 刨切时各树种 1 级和 1、2 级试样比率比较

从表 9-2 和图 9-1 可知：处理 1、2 所得结果明显优于处理 3、4。进料速度对细叶桉、赤桉、巨桉、尾叶桉、粗皮桉、大花序桉和香椿木材的刨削质量都有着十分显著的影响，随着进料速度由 6m/min 提高到 9m/min，刨削缺陷的严重程度显著增加，试样的加工质量明显下降。以细叶桉为例，经过处理 1 和处理 2，一级比率分别为 41.7% 和 40.0%；经过处理 3 和处理 4，一级比率分别为 36.4% 和 30.0%；最多下降了 11.7%；经过处理 1 和处理 2，四级比率分别为 8.3% 和 5.7%；经过处理 3 和处理 4，四级比率分别为 15.2% 和 20.0%；最多增加了 14.3%。在 6m/min 的进料速度下，对细

叶桉、赤桉、巨桉、尾叶桉和大花序桉，刨削厚度较大的加工质量较好，而粗皮桉的加工质量随刨削厚度增大有所降低。在 9m/min 的进料速度下，细叶桉、巨桉、尾叶桉和大花序桉的加工质量随刨削厚度增大而明显降低，赤桉和粗皮桉的加工质量随刨削厚度增大而有所上升。

第三节　砂光性能

7 种试材的砂光试验结果见表 9-3。

表 9-3　砂光处理试样等级比率　　　　　　　　　　　　　　　　%

树种	细叶桉	赤桉	巨桉	尾叶桉	粗皮桉	大花序桉	香椿
一级试样	27.6	32.3	63.4	63.3	6.3	43.3	66.7
二级试样	72.4	67.7	36.6	36.7	93.7	56.7	33.3

ASTM 技术标准规定（ASTM D1666，2004），木材砂光性能的比较是基于一级试样的比率。考虑到通过统计一、二级比率更能反映两种木材砂光性能，故本试验统计了一、二级比率。一级表面光滑，无缺陷；二级试样的表面有绒毛和 S 型缺陷，S 型缺陷在试样表面成片分布面积较大，其颜色为白色，与木材颜色显著不同，尽管没有对木材产生实质性的破坏，但其影响了木材表面的美观，在一定程度上劣化了木材的表面性能，因此，对出现 S 型缺陷的试样仍做降等处理。

从表 9-3 可看出：巨桉和尾叶桉的砂光性能与香椿相当，比大花序桉、赤桉、细叶桉和粗皮桉要好，其一级试样分别为 63.4、63.3、66.7、43.3、32.3、27.6 和 6.3%。粗皮桉砂光性能最差的原因主要是由于砂光时，细小的磨料切削木纤维，导致木材出现大量的表面绒毛缺陷，并且大部分表面绒毛肉眼下可见。在实体显微镜下观察可以发现，表面绒毛是大量的单根纤维束无规则的分布于板面。用 120 目砂纸进行打磨，可以去除大部分表面绒毛，但增加了附加工序，因此对发生表面绒毛的试样按降等处理。

试验结果（表 9-3）表明：通过砂光，细叶桉、赤桉、巨桉、尾叶桉、粗皮桉、大花序桉和香椿木节子附近加工质量的改善十分显著，故砂光是这 6 种桉树和香椿木刨削后必要的加工工序。

木材砂光处理后出现了不同类型的砂光缺陷，在本试验确定的加工条件下，表面绒毛是最常见的砂光缺陷，S 型缺陷较少。其中表面绒毛在所有树种中均有发生，粗皮桉最为严重可达 93.75%，细叶桉、赤桉、大花序桉、尾叶桉、巨桉和香椿木表面绒毛发生率分别为 69.0、67.7、56.7、36.7、33.3 和 10%。6 种桉木中仅有巨桉出现 1 块明显 S 型缺陷，细叶桉出现 1 块不明显 S 型缺陷，赤桉、尾叶桉、粗皮桉和大花序桉均未出现 S 型缺陷。香椿木试件中出现 S 型缺陷多且较明显，10 块二级试件中有 7 块出现 S 型缺陷。

第四节 钻削性能

7 种试材的钻孔试验结果见表 9-4。

表 9-4 钻孔加工试样等级比率　　　　　　　　　　　　　　　　　　　%

钻头	等级	细叶桉	赤桉	巨桉	尾叶桉	粗皮桉	大花序桉	香椿木
圆形沉割刀	一级	100	100	100	100	100	100	100
	二级	0	0	0	0	0	0	0
麻花钻	一级	75.6	80.9	27.5	33.3	30.3	52.2	28.1
	二级	24.4	19.1	62.5	33.3	58.1	30.4	62.5
	三级	0	0	7.5	16.7	11.6	13.0	9.4
	四级	0	0	2.5	16.7	0	4.4	0
	五级	0	0	0	0	0	0	0

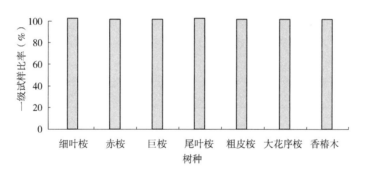

图 9-2　圆形沉割刀中心钻一级试样比率

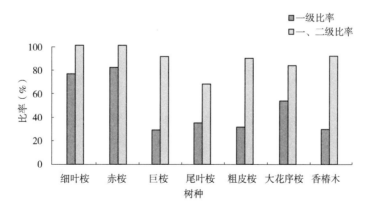

图 9-3　麻花钻一级和一、二级试样比率

从表 9-4 和图 9-2、图 9-3 可以看出：采用圆形沉割刀中心钻钻孔时，其钻孔质量要远好于麻花钻所钻的孔。其一级试样的比率均高达 100%。钻孔质量非常优良，孔壁整洁且较光滑；孔上周缘无任何压溃、毛刺、撕裂等缺陷；孔下周缘的加工质量略

差，部分试样存在轻微的毛刺，可通过调整垫板与被加工试样的紧密接触位置来进一步减少和消除。采用麻花钻钻孔时，赤桉和细叶桉的一级试样比率较高，分别为80.9%和75.6%。其余几种桉树的一级试样比率均较低。巨桉的一级试样比率最低，为27.5%。细叶桉、赤桉、巨桉、粗皮桉、大花序桉、尾叶桉的一、二级试样比率分别为100、100、90、88.4、82.6和66.6%。麻花钻钻孔的主要缺陷为毛刺、撕裂、孔壁粗糙等。

从试验的总体情况来比较，孔的上周边加工质量要远好于下周边，缺陷也主要集中发生在孔的下周边，因此，建议合理使用下衬垫板，控制下周边缺陷的发生，提高其加工质量。

第五节 铣削性能

6种桉树和香椿木试材的铣削试验结果见表9-5。

表9-5 铣削试验试样比率   %

级别	细叶桉	赤桉	巨桉	尾叶桉	粗皮桉	大花序桉	香椿木
一级	61.0	77.0	92.5	31.0	14.0	70.2	65.6
二级	34.1	23.0	7.5	69.0	44.2	12.8	34.4
三级	4.9	0	0	0	41.8	17.0	0

试验结果（表9-5和图9-4）表明：巨桉的铣削性能最优，其一级试样比率达到92.5%，而粗皮桉的表现最差，其一级试样比率仅为14.0%，赤桉、大花序桉、细叶桉、尾叶桉、粗皮桉一级试样比率分别为77.0、70.2、61.0、31.0%。6种桉树的一、二级试样比率中，赤桉、巨桉和尾叶桉均为100%，细叶桉为95.1%，大花序桉为83.0%，粗皮桉表现最差，其一、二级试样比率仅为58.2%。所以，细叶桉、赤桉、巨桉、尾叶桉和大花序桉均有优良的铣削性能。

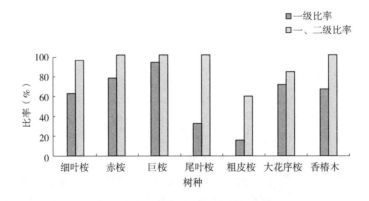

图9-4 成型一级和一、二级试样比率

第六节　开榫性能

7种试材的榫眼试验结果见表9-6。

表9-6　开榫试样等级比率　　　　　　　　　　　　　　　　　　　　　　%

等级	细叶桉	赤桉	巨桉	尾叶桉	粗皮桉	大花序桉	香椿木
一级试样	0	31.1	7.5	14.3	0	0	40.6
二级试样	78.0	51.1	40.0	69.0	81.0	87.2	40.6
三级试样	22.0	11.1	20.0	16.7	19.0	6.4	18.8
四级试样	0	6.7	32.5	0	0	6.4	0

从表9-6和图9-5中可得：6种桉树木材的榫眼加工性能均较差，几乎所有的试样都有缺陷发生，赤桉、尾叶桉和巨桉的一级试样比率分别为31.1、14.3、7.5%，细叶桉、粗皮桉和大花序桉的一级试样比率均为零。一、二级试样比率中，大花序桉表现最好，比率达到87.2%；尾叶桉、赤桉和粗皮桉的性质比较相近；细叶桉较差；巨桉表现最差，比率仅为47.5%。榫眼加工的主要缺陷为孔壁毛状纹、毛刺、撕裂等，缺陷的破坏程度较钻孔时严重。孔壁毛状纹及毛刺是发生率最高的缺陷。与钻孔性能相似，榫眼上缘的加工质量明显比下缘好，毛刺和撕裂大部分发生在下缘。进行榫眼加工时，试样在垂直纹理方向上受到的冲击比钻孔时大很多，导致榫眼孔缘周围的木材纤维没有被正常切割，在榫眼下缘极易产生毛刺或撕裂。因此，对于这几种桉树木材，加工不惯通的榫眼容易获得较好的加工质量。

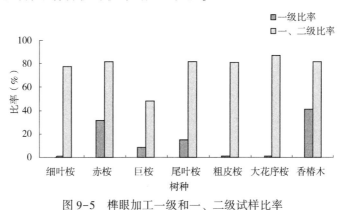

图9-5　榫眼加工一级和一、二级试样比率

第七节　车削性能

7种试材的车削试验结果见表9-7。

从表9-7和图9-6中可知：除香椿木材外，6种桉树人工林木材车削加工后，无缺陷试样的比率均超过80%，其中粗皮桉、赤桉和巨桉试样的比率超过90%，而香椿木材的这一比率为60%。

表 9-7　车削处理试样等级比率　　　　　　　　　　　　　　　　　　　　　　　%

树种	细叶桉	赤桉	巨桉	尾叶桉	粗皮桉	大花序桉	香椿木
一级试样	87.1	96.7	93.3	80.0	97.0	84.4	60.0
二级试样	3.2	3.3	6.7	10.0	3.0	6.2	13.3
三级试样	9.7	0	0	10.0	0	9.4	26.7

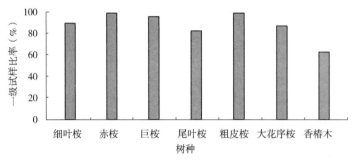

图 9-6　车削试验一级试样的比率

香椿木材的车削性能最差，其一级试样比率仅为 60.0%，二级试样比率为 13.3%，三级试样比率为 26.7%，加工试样为二、三级的比率高达 73.3%。从车削质量来看，其主要缺陷表现为起毛和少数的沟痕；粗皮桉木材车削性能最好，其一级试样比率高达 97%，其主要缺陷表现为起毛刺和轻微刀痕，车削轮廓较光滑，但试样车削棱角处毛刺较多，经手工打磨后毛刺可大部分消除；赤桉木材车削性能较好，其一级试样比率为 96.7%，其主要缺陷表现为少数起毛刺、崩角和轻微刀痕，车削轮廓较光滑，大部分试件几乎可以不必打磨；巨桉木材车削性能较好，其一级试样比率为 93.3%，其主要缺陷表现为起毛刺和轻微刀痕，试样车削棱角处毛刺较多，经手工打磨后毛刺可大部分消除；细叶桉木材车削性能较好，其一级试样比率为 87.1%，其主要缺陷表现为起毛刺、少数崩角和轻微刀痕，大部分试样车削后轮廓较光滑，但车削棱角处毛刺非常多，经手工打磨后毛刺可大部分消除；大花序桉木材车削性能较好，其一级试样比率为 84.4%，其主要缺陷表现为少数起毛刺、崩角和轻微刀痕，车削轮廓较光滑，大部分试件几乎可以不必打磨，部分试样降等原因主要为崩角；尾叶桉木材车削性能较好，其一级试样比率为 80.0%，其主要缺陷表现为起毛刺、少数崩角和轻微刀痕，大部分试样车削后棱角处毛刺非常多，经手工打磨后毛刺可大部分消除。

第八节　涂饰性能

一、色度学参数结果分析

1. 硝基外用清漆涂饰前后木材表面色度学参数变化及分析

图 9-7 为硝基外用清漆第一次涂饰后试材和素材色度学参数变化，表 9-8 为硝基

外用清漆涂饰前后木材表面色度学参数。从图9-7和表9-8中可以看出，木材经硝基外用清漆涂饰后，不同树种之间的色度学参数不尽相同，且随着涂饰次数的变化而变化。

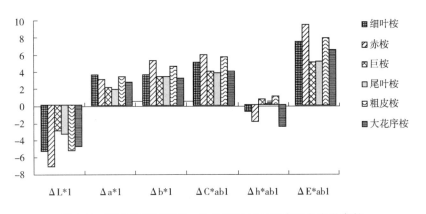

图9-7 硝基外用清漆第一次涂饰后试材和素材色度学参数

表9-8 硝基外用清漆涂饰前后木材表面色度学参数

树种	涂饰次数	$L*$	$a*$	$b*$	$C*ab$	$h*ab$	$\Delta L*$	$\Delta a*$	$\Delta b*$	$\Delta C*ab$	$\Delta h*ab$	$\Delta E*ab$
细叶桉	0	57.52	17.88	21.91	28.28	50.78	—	—	—	—	—	—
	1	52.13	21.41	25.48	33.28	49.96	-5.39	3.53	3.57	5.00	-0.82	7.36
	2	48.91	22.78	27.91	36.03	50.78	-3.22	1.37	2.43	2.75	0.82	4.26
	3	48.34	23.04	29.24	37.23	51.76	-0.58	0.26	1.33	1.19	0.98	1.47
赤桉	0	70.19	6.86	19.43	20.60	70.56	—	—	—	—	—	—
	1	62.98	9.67	24.62	26.45	68.56	-7.21	2.81	5.19	5.84	-1.99	9.32
	2	61.82	9.93	25.55	27.41	68.76	-1.16	0.26	0.93	0.96	0.20	1.51
	3	60.94	9.93	25.77	27.62	68.93	-0.88	0.00	0.22	0.21	0.17	0.91
巨桉	0	66.35	15.92	21.38	26.66	53.33	—	—	—	—	—	—
	1	63.24	17.96	24.69	30.53	53.97	-3.12	2.03	3.31	3.87	0.65	4.98
	2	60.44	18.65	25.98	31.98	54.32	-2.80	0.70	1.29	1.45	0.35	3.16
	3	59.51	19.04	26.77	32.85	54.57	-0.92	0.38	0.79	0.86	0.25	1.27
尾叶桉	0	67.12	12.27	21.25	24.54	60.01	—	—	—	—	—	—
	1	63.69	14.09	24.52	28.28	60.13	-3.43	1.82	3.27	3.75	0.12	5.08
	2	61.69	14.64	25.51	29.41	60.16	-2.00	0.55	0.99	1.13	0.04	2.30
	3	60.90	14.94	26.24	30.20	60.34	-0.79	0.31	0.73	0.79	0.18	1.12

(续)

树种	涂饰次数	L*	a*	b*	C*ab	h*ab	ΔL*	Δa*	Δb*	ΔC*ab	Δh*ab	ΔE*ab
粗皮桉	0	62.21	19.23	21.33	28.72	47.96	—	—	—	—	—	—
	1	56.81	22.56	25.87	34.33	48.91	-5.40	3.33	4.55	5.61	0.96	7.80
	2	53.37	23.66	27.79	36.50	49.59	-3.44	1.10	1.92	2.17	0.67	4.09
	3	51.54	24.47	29.55	38.36	50.37	-1.83	0.80	1.75	1.86	0.79	2.66
大花序桉	0	63.56	9.52	22.08	24.04	66.68	—	—	—	—	—	—
	1	58.72	12.20	25.16	27.96	64.14	-4.84	2.68	3.09	3.92	-2.54	6.33
	2	57.25	12.69	26.18	29.10	64.13	-1.47	0.50	1.02	1.13	-0.01	1.86
	3	56.27	12.95	26.65	29.63	64.08	-0.98	0.25	0.46	0.53	-0.05	1.11

涂饰后，6种桉木表面的明度L*均呈下降趋势，ΔL*均为负值，且明度L*随着涂饰次数的增加而逐渐减小。从数值上看，第一次涂饰后的桉木和素材之间的差异较大，明度下降趋势显著，而后差异趋于稳定。表明涂饰是明度下降的有效手段，涂饰次数增加使得明度差异越来越小，差异趋于稳定。6种桉木第一次涂饰后试材和素材之间的明度差异不大，赤桉最大，为-7.21，巨桉最小，为-3.12，这表明硝基外用清漆涂饰对赤桉木材明度影响最大，对巨桉木材明度影响最小。

涂饰后，6种桉木表面的红绿轴色品指数a*均有所增加，且随着涂饰次数的增加呈现上升趋势。相比其他5种桉木赤桉的a*数值最小，按照涂饰次数依次为6.86、9.67、9.93、9.93，表明赤桉的材色偏红相对不明显。根据Δa*的数值可以得出，经第一次涂饰后的变化量比后面两次大得多。经第一次涂饰后，细叶桉、赤桉、粗皮桉、大花序桉的Δa*均增加较大，数值分别为3.53、2.81、3.33、2.68，而巨桉、尾叶桉的红绿轴色品指数Δa*相对较低，尾叶桉的Δa*数值仅有1.82。细叶桉和粗皮桉第二次涂饰后Δa*值持续增加，但增幅小于第一次，Δa*数值分别为1.37、1.10，其他4种桉木第二次、第三次涂饰后Δa*值均稍有增加。经过硝基外用清漆涂饰后，6种桉木的材色相对素材偏红，可以作为调整桉木木材材色的依据。

涂饰后，6种桉木表面的黄蓝轴色品指数b*均有所增加，且随着涂饰次数的增加而增加。6种桉木之间的黄蓝轴色品指数无明显差异，根据Δb*的数值来看，经第一次涂饰后的变化比后续两次明显。经第一次涂饰后，细叶桉、赤桉、巨桉、尾叶桉、粗皮桉、大花序桉的Δb*数值分别为3.57、5.19、3.31、3.27、4.55、3.09。第二次涂饰后Δb*值持续增加，但增幅相对第一次减小。细叶桉和粗皮桉在经过第三次涂饰后Δb*值仍有1.33和1.75，说明这两种木材需达到黄蓝轴色品指数稳定，仍需继续进行涂饰或采用其他手段进行调色处理。

涂饰后的色饱和度C*ab变化规律基本与黄蓝轴色品指数b*一致。采用硝基外用清漆处理后，木材的颜色比较鲜艳，色彩度较高。色相h*ab变化很小，除赤桉和大花序桉的Δh*ab值达到-1.99和-2.54外，其余试材基本无变化。总色差ΔE*ab呈现明显规律变化，第一次涂饰后总色差明显增加，细叶桉、赤桉、巨桉、尾叶桉、粗皮桉和大花序桉的 $\Delta E*ab$ 值分别为 7.36、9.32、4.98、5.08、7.80、6.33。第二次涂饰后 $\Delta E*ab$ 明显下降，说明涂饰次数的增加是使得木材表面材色均匀的有效手段。

2. 聚氨酯清漆涂饰前后木材表面色度学参数变化及分析

图 9-8 为聚氨酯清漆第一次涂饰后试材和素材色度学参数变化，表 9-9 为聚氨酯清漆涂饰前后木材表面色度学参数。从图 9-8 和表 9-9 中可以看出，木材经聚氨酯清漆涂饰后，明度 $L*$ 下降趋势与硝基外用清漆一致，明度 $L*$ 随着涂饰次数的增加而逐渐减小，但下降程度明显比硝基外用清漆高。聚氨酯清漆涂饰对巨桉木材明度变化的影响仍比其他 5 种桉木小，这与硝基外用清漆的效果一致。红绿轴色品指数 $a*$、黄蓝轴色品指数 $b*$ 和色饱和度 $C*ab$ 变化规律基本一致，尾叶桉的红绿轴色品指数 $\Delta a*$ 相对较低，仅为 2.31。经过第三次涂饰后 $\Delta b*$ 值基本稳定，说明聚氨酯清漆在黄蓝轴色品指数上相对硝基外用清漆比较容易达到稳定。采用聚氨酯清漆处理后，木材的颜色相对硝基外用清漆更为鲜艳，色彩度更高。色相 $h*ab$ 基本无变化，色差 $\Delta E*ab$ 随着涂饰次数的增加呈明先增加再减小的趋势，第一次涂饰后细叶桉、赤桉、巨桉、尾叶桉、粗皮桉和大花序桉的 $\Delta E*ab$ 值分别为 12.36、15.43、8.60、8.74、13.64、9.73，这明显比硝基外用清漆的变化更大。说明聚氨酯清漆的覆盖性要高于硝基外用清漆。第二次涂饰后 $\Delta E*ab$ 明显下降，这与硝基外用清漆的涂饰变化规律是一致的。

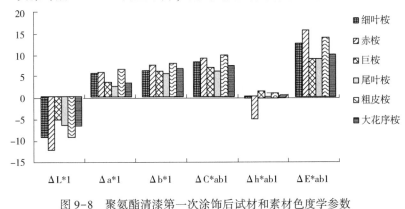

图 9-8 聚氨酯清漆第一次涂饰后试材和素材色度学参数

表 9-9 聚氨酯清漆涂饰前后木材表面色度学参数

树种	涂饰次数	$L*$	$a*$	$b*$	$C*ab$	$h*ab$	$\Delta L*$	$\Delta a*$	$\Delta b*$	$\Delta C*ab$	$\Delta h*ab$	$\Delta E*ab$
细叶桉	0	55.63	17.70	21.69	28.00	50.78	—	—	—	—	—	—
	1	46.26	23.04	27.72	36.05	50.27	-9.37	5.34	6.03	8.05	-0.51	12.36
	2	44.78	23.84	29.29	37.76	50.86	-1.48	0.80	1.56	1.71	0.59	2.30
	3	44.08	24.07	29.92	38.40	51.18	-0.70	0.24	0.63	0.64	0.32	0.97
赤桉	0	67.16	7.38	19.15	20.52	68.92	—	—	—	—	—	—
	1	54.77	13.01	26.42	29.45	63.77	-12.39	5.63	7.27	8.92	-5.14	15.43
	2	54.02	12.05	27.90	30.39	66.65	-0.75	-0.97	1.48	0.94	2.87	1.92
	3	53.21	12.06	28.28	30.75	66.91	-0.81	0.01	0.39	0.36	0.27	0.90

(续)

树种	涂饰次数	L*	a*	b*	C*ab	h*ab	ΔL*	Δa*	Δb*	ΔC*ab	Δh*ab	ΔE*ab
巨桉	0	65.73	15.12	21.10	25.95	54.38	—	—	—	—	—	—
	1	60.26	18.40	26.86	32.56	55.59	-5.47	3.28	5.76	6.60	1.21	8.60
	2	58.00	19.18	27.65	33.65	55.25	-2.27	0.78	0.79	1.09	-0.34	2.52
	3	57.91	18.85	27.79	33.58	55.85	-0.09	-0.33	0.14	-0.07	0.60	0.37
尾叶桉	0	65.13	8.71	20.54	22.31	67.02	—	—	—	—	—	—
	1	58.60	11.02	25.87	28.12	66.92	-6.53	2.31	5.33	5.80	-0.10	8.74
	2	57.98	11.14	26.42	28.68	67.13	-0.61	0.12	0.55	0.56	0.21	0.84
	3	57.45	11.19	26.90	29.13	67.42	-0.54	0.04	0.48	0.46	0.29	0.72
粗皮桉	0	61.48	18.78	21.44	28.50	48.77	—	—	—	—	—	—
	1	52.08	24.96	29.16	38.38	49.43	-9.39	6.18	7.72	9.88	0.66	13.64
	2	50.50	25.47	30.58	39.80	50.21	-1.58	0.51	1.42	1.41	0.78	2.18
	3	49.93	25.65	31.41	40.55	50.77	-0.57	0.18	0.83	0.76	0.56	1.03
大花序桉	0	62.89	9.52	21.69	23.69	66.31	—	—	—	—	—	—
	1	56.13	12.43	28.05	30.68	66.10	-6.76	2.91	6.36	6.99	-0.21	9.73
	2	55.34	12.56	28.74	31.36	66.39	-0.79	0.13	0.68	0.68	0.29	1.06
	3	54.81	12.66	28.75	31.41	66.23	-0.53	0.10	0.01	0.05	-0.17	0.54

3. 醇酸树脂清漆涂饰前后木材表面色度学参数变化及分析

图9-9为醇酸树脂清漆第一次涂饰后试材和素材色度学参数变化，表9-10为醇酸树脂清漆涂饰前后木材表面色度学参数。从图9-9和表9-10中可以看出，木材经醇酸树脂清漆涂饰后，明度L*随着涂饰次数的增加而逐渐减小，但下降程度是三种油漆中变化最大的。红绿轴色品指数a*、黄蓝轴色品指数b*和色饱和度C*ab变化规律基本一致，均在第一次涂饰后有较大增加。色差ΔE*ab呈明显规律变化，第一次涂饰后总色差增加显著，细叶桉、赤桉、巨桉、尾叶桉、粗皮桉和大花序桉的ΔE*ab值分别为15.84、15.07、12.29、11.30、16.00、10.52，总色差变化是三种油漆中最为显著的。

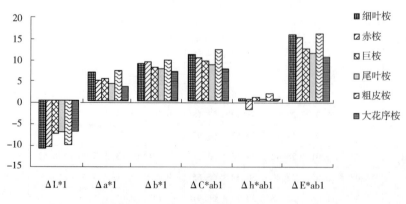

图9-9 醇酸树脂清漆第一次涂饰后试材和素材色度学参数

表 9-10　醇酸树脂清漆涂饰前后木材表面色度学参数

树种	涂饰次数	L*	a*	b*	C*ab	h*ab	ΔL*	Δa*	Δb*	ΔC*ab	Δh*ab	ΔE*ab
细叶桉	0	55.74	18.49	21.88	28.65	49.80	—	—	—	—	—	—
	1	44.40	25.32	30.58	39.70	50.38	−11.34	6.82	8.70	11.05	0.58	15.84
	2	43.40	25.97	32.28	41.43	51.18	1.00	0.65	1.69	1.72	0.80	2.07
	3	44.28	25.07	30.57	39.53	50.64	0.87	−0.90	−1.71	−1.89	−0.54	2.12
赤桉	0	68.55	7.98	20.14	21.67	68.40	—	—	—	—	—	—
	1	57.65	12.81	29.36	32.03	66.43	−10.90	4.83	9.21	10.36	−1.97	15.07
	2	56.19	12.87	30.00	32.64	66.78	−1.46	0.06	0.64	0.61	0.35	1.60
	3	55.69	12.76	29.88	32.49	66.87	−0.49	−0.11	−0.12	−0.15	0.10	0.52
巨桉	0	66.15	15.63	20.92	26.11	53.25	—	—	—	—	—	—
	1	58.29	20.84	28.80	35.55	54.12	−7.86	5.21	7.88	9.44	0.87	12.29
	2	57.24	21.24	30.33	37.03	54.99	−1.05	0.41	1.53	1.48	0.88	1.90
	3	56.40	21.54	31.03	37.78	55.23	−0.84	0.30	0.70	0.75	0.24	1.14
尾叶桉	0	68.81	11.49	19.90	22.98	60.00	—	—	—	—	—	—
	1	61.54	15.62	27.50	31.63	60.40	−7.26	4.13	7.60	8.65	0.40	11.30
	2	60.21	16.05	28.35	32.58	60.48	−1.33	0.43	0.85	0.95	0.08	1.64
	3	60.71	15.76	28.98	32.99	61.46	0.50	−0.29	0.63	0.41	0.98	0.86
粗皮桉	0	62.89	19.02	21.30	28.56	48.24	—	—	—	—	—	—
	1	52.53	26.20	31.16	40.71	49.94	−10.36	7.18	9.85	12.15	1.70	16.00
	2	51.36	26.47	32.32	41.77	50.68	−1.17	0.27	1.16	1.06	0.74	1.67
	3	51.37	26.37	32.81	42.09	51.22	0.01	−0.10	0.50	0.32	0.54	0.51
大花序桉	0	63.25	10.63	22.29	24.63	64.44	—	—	—	—	—	—
	1	55.89	13.87	29.00	32.14	64.43	−7.36	3.25	6.78	7.51	−0.01	10.52
	2	55.36	14.06	29.55	32.72	64.56	−0.53	0.18	0.56	0.58	0.13	0.79
	3	55.07	14.03	29.84	32.97	64.81	−0.29	−0.02	0.29	0.25	0.25	0.41

4. 光泽度参数结果分析

图 9-10 为涂饰前后木材表面光泽度参数变化，表 9-11 为涂饰前后木材表面光泽度参数。由图 9-10 和表 9-11 可以看出，6 种桉木素材的光泽度非常低，但经 3 种清漆涂饰后，光泽度均得到显著的提升，可见涂饰处理是提高木材装饰性能的有效手段。平行于纹理方向 GZL 值和垂直于纹理方向 GZT 值均随着涂饰次数的增加而增加。

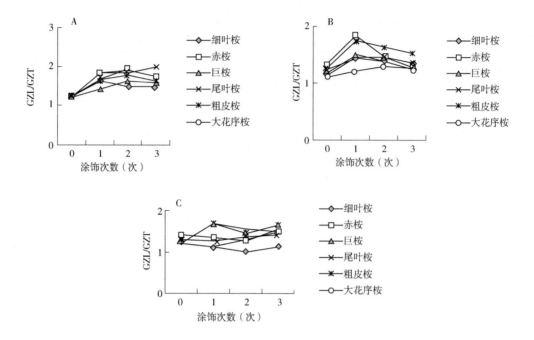

图 9-10 涂饰前后木材表面光泽度参数变化
A 为硝基外用清漆；B 为聚氨酯清漆；C 为醇酸树脂清漆

表 9-11 涂饰前后木材表面光泽度参数

树种	涂饰次数	硝基外用清漆			聚氨酯清漆			醇酸树脂清漆		
		GZL(%)	GZT(%)	GZL/GZT	GZL(%)	GZT(%)	GZL/GZT	GZL(%)	GZT(%)	GZL/GZT
细叶桉	0	2.5	2.1	1.17	2.5	1.9	1.28	2.5	2.0	1.25
	1	22.5	14.1	1.59	60.2	41.9	1.44	69.8	63.2	1.10
	2	52.7	34.8	1.51	68.8	49.4	1.39	77.3	76.0	1.02
	3	65.3	45.1	1.45	75.6	55.9	1.35	79.2	70.5	1.12
赤桉	0	3.7	2.8	1.31	3.5	2.6	1.35	3.9	2.8	1.39
	1	18.0	10.7	1.68	45.3	24.7	1.84	67.7	50.4	1.34
	2	40.9	21.2	1.93	64.7	43.9	1.48	74.8	59.7	1.25
	3	60.1	34.3	1.75	73.4	57.1	1.28	78.6	52.1	1.51
巨桉	0	4.0	3.3	1.23	4.1	3.5	1.18	3.5	2.9	1.21
	1	18.1	12.6	1.44	57.2	38.0	1.51	53.9	32.2	1.67
	2	44.8	27.2	1.64	67.6	48.8	1.39	71.3	46.2	1.54
	3	55.3	34.6	1.60	73.1	57.8	1.26	73.5	51.5	1.43
尾叶桉	0	4.0	3.2	1.25	3.6	3.1	1.17	3.9	3.2	1.22
	1	19.1	11.6	1.65	50.6	34.4	1.47	65.1	39.3	1.66
	2	45.2	25.5	1.77	67.3	46.1	1.46	72.2	50.2	1.44
	3	55.2	33.8	1.63	75.9	55.5	1.37	72.9	44.6	1.63

(续)

树种	涂饰次数	硝基外用清漆			聚氨酯清漆			醇酸树脂清漆		
		GZL(%)	GZT(%)	GZL/GZT	GZL(%)	GZT(%)	GZL/GZT	GZL(%)	GZT(%)	GZL/GZT
粗皮桉	0	2.9	2.3	1.25	2.8	2.3	1.25	3.1	2.4	1.27
	1	19.6	10.7	1.83	57.8	32.9	1.76	73.8	60.1	1.23
	2	44.2	23.9	1.85	68.8	42.2	1.63	80.9	60.7	1.33
	3	60.5	31.0	1.95	74.6	48.9	1.53	75.5	53.6	1.41
大花序桉	0	3.4	2.8	1.20	3.1	2.7	1.14	3.4	2.8	1.23
	1	23.7	14.5	1.64	52.7	43.4	1.21	71.0	62.2	1.14
	2	49.3	33.5	1.47	66.0	50.8	1.30	75.9	59.5	1.28
	3	59.8	39.6	1.51	72.0	58.3	1.24	73.3	51.3	1.43

采用硝基外用清漆进行涂饰处理，木材平行和垂直于纹理方向的光泽度增幅是3种清漆中最小的。由此表明硝基外用清漆提高光泽度的效果相对较弱，这可能是由于稀释剂对硝基外用清漆的稀释作用，致使涂层固体含量相对较少。多次涂饰后，光泽度增加，可能是因为漆膜厚度增加，漆膜平整度得到改善，光泽度提高。

采用醇酸树脂清漆进行涂饰处理，6种桉木试材的GZL和GZT值在后两次涂饰后相差不大。因此，结合光泽度效果和成本考虑，建议使用醇酸树脂清漆进行涂饰时，最多涂刷2次即可。从表9-11中还可以看出，大花序桉的光泽度变化区别于其他树种，涂刷1次后光泽度即达到稳定，且GZL/GZT值较接近1，所以认为大花序桉在使用醇酸树脂清漆涂饰时，只进行1次涂刷即可。

采用聚氨酯清漆进行涂饰处理，6种桉木试材两个方向上的光泽度与使用醇酸树脂清漆接近，但增幅较大。采用聚氨酯清漆进行涂刷时，建议采用3次涂刷。赤桉、巨桉、尾叶桉和大花序桉聚氨酯清漆涂饰后的GZL/GZT值较小，可认为这4种桉木比较适合用聚氨酯清漆进行涂饰处理，而细叶桉和粗皮桉则比较适宜用醇酸树脂清漆进行涂饰。

二、结语

6种桉树木材经3种清漆涂饰后，不同树种在色度学参数上表现出差异性，且涂饰次数不同，色度学参数也随之变化，但总体呈现以下规律性：试材明度均呈下降趋势，色相偏红、偏黄、色饱和度、总色差均增加；明度、色相和饱和度的变化规律一致，均为素材和涂饰一次的试材之间差异显著，而后两次涂饰差异变化不大。说明涂饰次数的增加对于6种桉树木材表面材色变化的影响不明显。醇酸树脂涂饰后的各项色度学参数差异均明显大于其他两种清漆，总色差变化是三种油漆中最为显著的。

经3种清漆涂饰后，6种桉树木材光泽度均得到显著的提升，可见涂饰处理可提高木材的装饰性能。木材平行于纹理方向GZL值和垂直于纹理方向GZT值均随着涂饰次数的增加而增加。采用聚氨酯清漆进行涂刷时，建议采用3次涂刷。赤桉、巨桉、尾叶桉和大花序桉采用聚氨酯清漆涂饰后的GZL/GZT值较小，可认为这4种桉木比较适合用聚氨酯清漆进行涂饰处理，而细叶桉和粗皮桉则比较适宜用醇酸树脂清漆进行涂饰。出于光泽度效果和节约成本考虑，建议使用醇酸树脂清漆进行涂饰时，进行 2 次涂刷即可。大花序桉第一次涂刷与后两次涂刷的光泽度相差不大，在使用醇酸树脂清漆涂饰时，只进行 1 次涂刷即可。

第九节　干燥特性

一、6 种人工林大径级桉树木材干燥缺陷等级

木材干燥缺陷等级标准见表 9-12，根据该标准及百度实验法干燥实验测试数据，对 6 种大径级桉树木材干燥缺陷各项指标进行等级评定，确定 6 种大径级桉树木材干燥缺陷等级，详见表 9-14。

表 9-12　100℃干燥试验中干燥缺陷等级及干燥速度分级标准

等级	初期开裂（条）	内裂（条）	截面变形（mm）	扭曲（mm）	干燥速度（h）
1	无或仅有短端表裂	无	≤0.5	≤0.5	≤10
2	短端表裂	细裂 4 条以下或宽裂 1 条	0.6~1.0	0.6~3.0	11~15
3	长端表裂或劈裂或短细表裂 10 条以下	宽裂 2~4 条；或细裂 5~9 条；或宽裂 1~2 条且细裂 3~4 条	1.1~2.0	3.1~6.0	16~20
4	短细表裂 10 条以上或长细表裂或宽表裂 5 条以上	宽裂 5~8 条；或细裂 10~15 条；或宽裂 2~4 条且细裂 5~9 条	2.1~3.5	6.1~9.0	21~30
5	长细表裂或宽表裂 5 条以上	宽裂>8 条；或细裂>15 条；或宽裂 5~8 条且细裂≥10 条	≥3.6	≥9.1	≥31

注：1. 干燥速度等级按含水率 30% 降至 5% 所需时间划分；
　　2. 裂纹长度≤5cm 者为短，>5cm 者为长；宽度≤2mm 者为细，>2mm 者为宽，内裂也同此规定。

二、6 种人工林大径级桉树木材干燥特性

1. 初期开裂

在干燥初期，木材表层水分蒸发较快，而内部含水率依然很高，含水率梯度很大，木材表层的干缩受到内层压应力的影响，产生急剧增大的干燥应力，当压应力超过了木材的横纹拉伸极限强度时，就会造成木材的初期开裂（任世奇，2012；刘媛，2016）。试验初期，试件初含水率为 51.26%~81.13%，干燥 0.5h 后，细叶桉、尾叶桉和大花序桉木材试件均出现大量的端裂、端表裂和少数表裂，而赤桉、巨桉和粗皮桉木材几乎没有出现开裂情况；干燥 1h 后，巨桉和粗皮桉木材试件出现少量端表裂外，细叶桉木材试件产生大量的端裂、端表裂、表裂和贯通裂，大花序桉木材产生大量端裂和端

表裂且逐渐增加，并出现少量表裂和贯通裂，赤桉和尾叶桉木材产生较多的端裂和端表裂及少数表裂；随着干燥时间的延长，试件的含水率不断降低，当干燥时间达到6h时，6种大径级桉树木材的初期开裂程度达到最大。随后干燥继续进行，木材裂纹逐渐减少甚至愈合。干燥实验结束后，对初期裂纹的数量、长度、宽度进行统计，其中长度和宽度均以最大值进行统计，并通过表9-12进行干燥特性分等，结果详见表9-13和表9-14，表明6种人工林大径级桉树木材一般都会出现初期开裂。细叶桉、尾叶桉和大花序桉木材干燥初期开裂情况最严重，为5级；赤桉次之，为4级；巨桉和粗皮桉木材干燥初期开裂情况较轻，为3级。

2. 内裂

干燥实验结束后，将试件锯开并对内裂情况进行了测定，结果详见表9-13和表9-14，表明尾叶桉木材内裂情况最严重，综合评定为5级；细叶桉和巨桉木材内裂情况较为严重，综合评定为4级；赤桉、粗皮桉和大花序桉木材内裂情况较轻，综合评定均为2级；木材内裂发生在木材内部，沿木射线裂开，如蜂窝状，也叫蜂窝裂。内裂一般发生于干燥后期，是由于表面硬化较严重，后期干燥条件又较剧烈，内部产生拉伸应力，当心层拉伸应力超过木材横纹拉伸极限强度时，木材产生内裂（李大刚，2000）。内裂是一种严重的干燥缺陷，对木材的强度、材质、加工及产品质量都有极其不利的影响，一般不允许发生。

3. 截面变形

实验结束后，将试件从中间锯开，测量试件截面最大厚度与最小厚度差异变形值。根据表9-12的标准进行缺陷等级评定，结果详见表9-13和表9-14，6种桉树木材截面变形值介于0.47~4.39mm；巨桉木材试件截面变形最为严重，为4.39mm，综合评定为5级；赤桉、尾叶桉、粗皮桉、细叶桉和大花序桉木材截面变形依次减小；大花序桉木材试件截面变形值最小，为0.47mm，综合评定均为1级；截面变形是因为木材细胞溃陷，使得试件表面凹凸不平，一般含水率分布不均且渗透性差的木材，内部水分不易移动到表面，干燥中常发生截面变形（王喜明，2007）；此外桉树生长迅速，易产生生长应力，也会增加截面变形产生的几率。

表9-13 6种桉树木材干燥缺陷情况

树种	内裂		截面变形		顺弯		扭曲		瓦弯	
	比率(%)	程度(条)	比率(%)	程度(mm)	比率(%)	程度(mm)	比率(%)	程度(mm)	比率(%)	程度(mm)
细叶桉	100.0	12	100.0	0.90	100.0	0.51	100.0	0.35	100.0	1.88
赤桉	71.4	4	100.0	2.18	100.0	1.17	100.0	0.24	100.0	2.59
巨桉	100.0	12	100.0	4.39	100.0	1.91	100.0	4.90	100.0	4.03
尾叶桉	80.0	11	100.0	1.87	100.0	0.97	100.0	0.29	100.0	1.58
粗皮桉	90.0	3	100.0	1.64	100.0	1.44	100.0	5.88	100.0	2.36
大花序桉	50.0	2	100.0	0.47	100.0	0.44	100.0	5.63	100.0	1.85

表 9-14　6 种桉树木材试件干燥缺陷等级

树种	初期开裂	内裂等级	截面变形	扭曲等级	干燥速度	综合特性
细叶桉	5	4	2	1	5	5
赤桉	4	2	3	1	5	5
巨桉	3	4	5	3	5	5
尾叶桉	5	5	4	1	5	5
粗皮桉	3	2	3	3	4	4
大花序桉	5	2	1	3	5	5

4. 扭曲变形

木材干燥过程中产生扭曲变形，主要原因是各部位的收缩不同、不同组织间，比如：木射线与纤维素、心边材的干缩差异及其局部塌陷而引起的。在百度实验法中，由于采用弦切板试件作为评定干燥缺陷等级，靠近髓心一侧的板面收缩率大于靠近树皮一侧的，因此容易形成与年轮方向相反的弯曲（刘树东，2010）；此外，木材纹理不直或制作试件的长度方向与树木长度方向有误差，引起干缩不均匀，从而产生翘曲变形（韦鹏练，2012）。经统计，6 种桉树木材扭曲变形值介于 0.24～5.88mm 之间；粗皮桉木材变形最为严重，大花序桉和巨桉分别次之，变形值分别为 5.88、5.63 和 4.90mm，综合评定均为 3 级；细叶桉、尾叶桉和赤桉的变形值分别为 0.35、0.29 和 0.24mm，综合评定均为 1 级。

5. 干燥速度

干燥速度是反映木材内部水分移动快慢的直观表征，也是反映木材干燥难易程度的一个重要指标（苗平，2000）。在生产中，追求快的干燥速度具有很实际的意义，但需在保证干燥质量的前提下。干燥速度较快时，相对应的含水率梯度也大，其结果是增加了干燥应力，出现了初期开裂即端裂和表裂（杜国兴，1993）。影响木材干燥速度的外在因素主要有温度、湿度、气流循环速度，内在因素主要有木材树种、构造特征、木材厚度、含水率、心边材、木材纹理方向等（武国峰，2011）。

6 种桉树木材干燥过程含水率变化曲线见图 9-11。由图 9-11 和表 9-15 可知，人工林细叶桉木材含水率从 30% 干燥至 5% 需 39.2h，平均干燥速度为 0.64%/h，综合评定干燥速度等级为 5 级；赤桉木材含水率从 30% 干燥至 5% 需 37.22h，平均干燥速度为 0.67%/h，综合评定干燥速度等级为 5 级；巨桉木材含水率从 30% 干燥至 5% 需 41.70h，平均干燥速度为 0.60%/h，综合评定干燥速度等级为 5 级；尾叶桉木材含水率从 30% 干燥至 5% 需 43.92h，平均干燥速度为 0.57%/h，综合评定干燥速度等级为 5 级；粗皮桉木材含水率从 30% 干燥至 5% 需 29.57h，平均干燥速度为 0.85%/h，综合评定干燥速度等级为 4 级；大花序桉木材含水率从 30% 干燥至 5% 需 39.52h，平均干燥速度为 0.64%/h，综合评定干燥速度等级为 5 级。由表 9-15 可知，细叶桉、赤桉、巨桉、尾叶桉和大花序桉木材干燥速度等级均为 5 级，属难干材；粗皮桉木材干燥速度等级为 4 级，属较难干材。

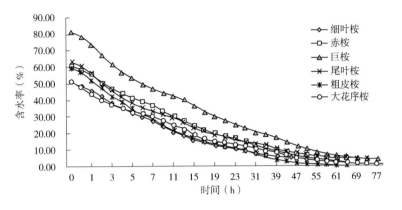

图 9-11 含水率变化曲线

表 9-15 百度试验法干燥速度

树种	$W_{初}(\%)$	干燥时间			干燥速度			干燥速度等级
		全程	$W_{初}-30\%$	$30\%-5\%$	全程	$W_{初}-30\%$	$30\%-5\%$	
细叶桉	51.26	63	5.8	39.2	0.81	3.67	0.64	5
赤桉	60.96	65	10.9	37.22	0.94	2.84	0.67	5
巨桉	81.13	68	16.0	41.70	1.19	3.20	0.60	5
尾叶桉	63.04	65	8.57	43.92	0.97	3.86	0.57	5
粗皮桉	59.30	65	6.46	29.57	0.91	4.54	0.85	4
大花序桉	51.59	81	7.0	39.52	0.64	3.08	0.64	5

三、6 种人工林大径级桉树木材干燥基准

根据百度实验法测定的干燥缺陷等级表 9-14 和干燥缺陷等级对应的干燥条件表 9-16，确定 6 种人工林大径级桉树木材干燥的初期温度（T_{cs}）、初期干湿球温度差（T_{cc}）及干燥末期温度（T_m），具体见表 9-17 和表 9-18。木材初期开裂程度一般与干燥初期干湿球温度差关系最大，与初期温度关系次之，与末期温度和末期干湿球温度差关系最小。截面变形程度与干燥初期温度和干湿球温度差关系较大，与末期干湿球温度差关系较小。干燥初期温湿度和末期温度对木材内裂程度的影响均较大，末期湿度的影响较小。在制定干燥基准时，要充分考虑各阶段温湿度的变化，避免干燥缺陷产生，保证木材干燥的质量、缩短干燥时间、节约能耗，防止木制品在使用中开裂和变形（顾炼百，2008）。

表 9-16　干燥缺陷等级对应的干燥条件

干燥缺陷	干燥特性	1 级	2 级	3 级	4 级	5 级
初期开裂	T_{cs}(℃)	80	70	60	50	40
	T_{cc}(℃)	5~7	4~6	3~4	2~3	1.5~2
	T_{m}(℃)	95	95	90	80	75
截面变形	T_{cs}(℃)	80	70	60	50	40
	T_{cc}(℃)	5~7	4~7	3~5	2~4	2
	T_{m}(℃)	95	90	85	75	70
内裂	T_{cs}(℃)	80	70	50	40	38
	T_{cc}(℃)	5~7	4~7	3~5	2~4	2
	T_{m}(℃)	95	85	75	70	65

表 9-17　6 种桉树木材百度试验结果

缺陷情况	细叶桉	赤桉	巨桉	尾叶桉	粗皮桉	大花序桉
	缺陷等级					
初期开裂	5	4	3	5	3	4
截面变形	2	3	5	4	3	1
内部开裂	4	2	4	5	2	2
	T_{cs}(℃)					
初期开裂	40	50	60	40	60	50
截面变形	70	60	40	50	60	80
内部开裂	40	70	40	38	70	70
	T_{cc}(℃)					
初期开裂	1.5~2	2~3	3~4	1.5~2	3~4	2~3
截面变形	4~7	3~5	2	2~4	3~5	5~7
内部开裂	2~4	4~7	2~4	2	4~7	4~7
	T_{m}(℃)					
初期开裂	75	80	90	75	90	80
截面变形	90	85	70	75	85	95
内部开裂	70	85	70	65	75	75

表 9-18　6 种桉树木材试件(厚 25mm)干燥初步条件

树种	T_{cs}(℃)	T_{cc}(℃)	T_m(℃)
细叶桉	40	1.5~2	70
赤桉	50	2~3	80
巨桉	40	2	70
尾叶桉	38	1.5~2	65
粗皮桉	60	3~4	75
大花序桉	50	2~3	75

根据表 9-16 和表 9-17 确定 6 种人工林大径级桉树木材的初期温度、干燥初期湿球温差和终期温度如表 9-18 所示。此外，根据试件的初含水率，查含水率与干湿球温度差关系表 9-19，可得出干燥基准；6 种人工林大径级桉树木材干燥基准见表 9-20。

表 9-19　含水率与干湿球温度差关系表(阔叶材)

依木材初含水率不同而划分的阶段(%)						干湿球温差(℃)							
40	50	60	75	90	110	1	2	3	4	5	6	7	8
40~30	50~35	60~40	75~50	90~60	110~70	—	2	3	4	6	8	11	15
30~25	35~30	40~35	50~40	60~50	70~60	2	3	4	6	8	12	18	20
25~20	30~25	35~30	40~35	50~40	60~50	3	5	6	9	12	18	25	30
20~15	25~20	30~25	35~30	40~35	50~40	5	8	10	15	20	25	30	30
15~10	20~15	25~20	30~25	35~30	40~35	12	18	18	25	30	30	30	30

四、结论与讨论

6 种桉树木材干燥综合特性排序为细叶桉(5) = 赤桉 = 巨桉 = 尾叶桉 = 大花序桉 > 粗皮桉(4)。其中初期开裂，细叶桉、尾叶桉和大花序桉为 5 级，较为严重；尾叶桉木材内裂情况最严重，综合评定为 5 级；细叶桉和巨桉木材内裂情况较为严重，综合评定为 4 级；赤桉、粗皮桉和大花序桉木材内裂情况较轻，综合评定均为 2 级；6 种桉树木材截面变形值介于 0.47~4.39mm；巨桉木材试件截面变形最为严重，平均值为 4.39mm，综合评定为 5 级；赤桉、尾叶桉、粗皮桉和细叶桉分别次之；大花序桉木材试件截面变形值最小，平均值为 0.47mm，综合评定均为 1 级；巨桉、粗皮桉和大花序桉木材的扭曲缺陷比较严重，达到 3 级；细叶桉、赤桉、巨桉、尾叶桉和大花序桉木材干燥速度等级均为 5 级，属难干材；粗皮桉木材干燥速度等级为 4 级，属较难干材。

通过百度实验法得到的 6 种人工林大径级桉树木材干燥基准，详见表 9-20。实际生产时可参考此条件，并根据实际情况适当调整基准。

人工林大径级桉树锯材径切板的干燥速度比弦切板要慢，因此，在窑干时建议将板材分类干燥，以确保干燥质量。

表 9-20 百度实验法确定的 6 种桉树木材（2.5cm）干燥基准

树种	细叶桉			赤桉			巨桉			尾叶桉			粗皮桉			大花序桉		
阶段	MC(%)	T_g(℃)	T_c(℃)	MC(%)	T_g(℃)	T_c(℃)	MC(%)	T_g(℃)	T_c(℃)	MC(%)	T_g(℃)	T_c(℃)	MC(%)	T_g(℃)	T_c(℃)	MC(%)	T_g(℃)	T_c(℃)
1	60 以上	40	2	60 以上	50	2	75 以上	40	2	60 以上	38	1	60 以上	60	3	50 以上	50	2
2	60~40	42	2	60~40	55	2	75~50	42	2	60~40	40	1	60~40	63	3	50~35	55	2
3	40~35	45	3	40~35	60	3	50~40	45	3	40~35	42	2	40~35	66	4	35~30	60	3
4	35~30	50	5	35~30	63	5	40~35	50	5	35~30	45	3	35~30	68	6	30~25	63	5
5	30~25	55	8	30~25	66	8	35~30	55	8	30~25	50	5	30~25	70	10	25~20	66	8
6	25~20	60	18	25~20	70	18	30~25	60	18	25~20	55	12	25~20	72	18	20~15	70	18
7	20~15	65	25	15~10	80	25	25~15	65	25	20~15	60	12	20~15	74	18	15~10	75	25
8	15 以下	70	25	10 以下	80	25	15 以下	70	25	15 以下	65	12	15 以下	75	18	10 以下	75	25

注：MC 为含水率；T_g 为干球温度；T_c 为干湿球温度差。

第十节 加工及涂饰性能综合分析

一、机械加工性能综合分析

参照美国材料试验标准(ASTM D1666,2004)和中国林业行业标准(LY/T 2054—2012)的木材机械加工性质综合评定方法,对6种桉树尾叶桉、巨桉、赤桉、大花序桉、细叶桉、粗皮桉和香椿木的木材机械加工性能进行综合评价:依刨削、砂削、铣削、钻孔、开榫、车削在木制品生产中的重要性,分别给出加权数。刨切、砂光、成型铣削、车削的加权数为2,钻孔和榫眼的加权数为1。对每一个试验项目,按规定考核试样比率的高低,确定机械加工性质在此项目上的级别(表9-21);项目级别乘以其加权数为该项目的得分;将各树种的6个项目的得分相加,得出各树种的总分,满分为50分。刨切测试以处理1的结果评分;钻孔试验以圆形沉割刀中心钻的结果评分。

表 9-21 试验项目级别的划分标准

级别	规定考核试验比率(%)	级别	规定考核试验比率(%)
5	90 以上	2	30~49
4	70~89	1	0~29
3	50~69		

刨削性能:6种桉树以粗皮桉最优,但稍劣于香椿木;砂削性能上,以巨桉和尾叶桉最优,但仍稍劣于香椿木;铣削性能上,赤桉、巨桉和尾叶桉与香椿木相当;钻孔性能上,6种桉树木材与香椿木相当,均表现优良;开榫性能上,大花序桉和尾叶桉优于香椿木,粗皮桉和赤桉与香椿木相当;车削性能上,6种桉树均优于香椿木。7个树种的单项评定分级结果见表9-22。

表 9-22 七个树种机械加工性质在各试验项目上的得分

树种	试验项目											
	刨削		砂削		铣削		钻孔		开榫		车削	
	P(%)	C	P(%)	C	P(%)	C	P(%)	C	P(%)	C	P(%)	C
细叶桉	72.2	3.6	27.6	1.4	95.1	4.8	100.0	5.0	78.0	3.9	87.1	4.4
赤桉	68.6	3.4	32.3	1.6	100.0	5.0	100.0	5.0	82.2	4.1	96.7	4.8
巨桉	76.9	3.8	63.4	3.2	100.0	5.0	100.0	5.0	47.5	2.4	93.3	4.7
尾叶桉	75.0	3.8	63.3	3.2	100.0	5.0	100.0	5.0	83.3	4.2	80.0	4.0
粗皮桉	84.2	4.2	18.8	0.9	58.2	2.9	100.0	5.0	81.0	4.1	97.0	4.9
大花序桉	78.4	3.9	43.3	2.2	83.0	4.2	100.0	5.0	87.2	4.4	84.4	4.2
香椿木	87.8	4.4	66.7	3.3	100.0	5.0	100.0	5.0	81.2	4.1	60.0	3.0

注:P 为规定考核的试样比率;C 为等级。

6种桉树木材的机械加工性质,依其总分的高低依次为:尾叶桉、巨桉、赤桉、大花序桉、细叶桉、粗皮桉。其中两种桉树木材的综合得分高于香椿木(尾叶桉41.2,巨桉40.8,香椿木40.5);赤桉、大花序桉和细叶桉综合得分相近,分别是38.7、38.4和37.3;粗皮桉综合得分34.9,略低,主要是其砂削和铣削性能得分较低,但其刨削、钻孔、开榫和车削性能优良,单项指标得分位居6种桉树前两位。7个树种的综合评定结果见表9-23和图9-12。由此可见,在本试验条件下,6种桉树木材具有较好的机械加工性质,尾叶桉和巨桉表现尤为优良,可以用于高附加值实木制品如实木家具、实木地板等的开发与利用。

表9-23 七个树种机械加工性质综合评分

树种	刨削	砂削	铣削	钻孔	开榫	车削	总分
细叶桉	7.2	2.8	9.6	5	3.9	8.8	37.3
赤桉	6.8	3.2	10	5	4.1	9.6	38.7
巨桉	7.6	6.4	10	5	2.4	9.4	40.8
尾叶桉	7.6	6.4	10	5	4.2	8	41.2
粗皮桉	8.4	1.8	5.8	5	4.1	9.8	34.9
大花序桉	7.8	4.4	8.4	5	4.4	8.4	38.4
香椿木	8.8	6.6	10	5	4.1	6	40.5

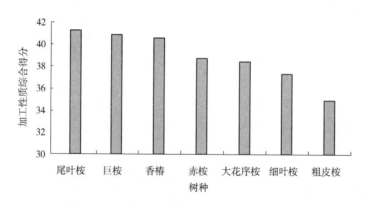

图9-12 7种木材机械加工性能综合评定得分

二、机械加工性能结论与建议

在刨削加工性能上,粗皮桉和香椿表现为优,细叶桉、赤桉、巨桉、尾叶桉和大花序桉均表现为良;在砂光性能上,巨桉、尾叶桉和香椿表现为良,大花序桉表现为中,细叶桉和赤桉表现为差,粗皮桉表现为劣;在钻削性能上,细叶桉、赤桉、巨桉、尾叶桉、粗皮桉、大花序桉和香椿均表现为优;在铣削性能上,粗皮桉表现为中,细叶桉、赤桉、巨桉、尾叶桉、大花序桉和香椿均表现为优;在开榫性能上,赤桉、尾叶桉、粗皮桉、大花序桉和香椿均表现为优,细叶桉表现为良,巨桉表现为中;在车削性能上,6种桉树木材均表现为优,香椿表现为良。

总体上,6种大径级桉树和香椿木材的综合机械加工性能排序为尾叶桉、巨桉、赤桉、大花序桉、细叶桉和粗皮桉。在满分为 50 分的机械加工性能综合评价体系中，尾叶桉得分最高，为 41.2 分，高于香椿的 40.5 分；粗皮桉得分最低，为 34.9 分。这表明尾叶桉木材具有良好的机械加工性能，可用于高附加值实木制品的开发和利用。

通过砂光，细叶桉、赤桉、巨桉、尾叶桉、粗皮桉、大花序桉和香椿节子附近加工质量改善十分显著，同时可显著去除毛刺沟痕等刨切缺陷，故砂光是 6 种大径级桉树和香椿木材机械加工后必要的加工工序。

采用圆形沉割刀中心钻钻孔时，6 种大径级桉树和香椿木材无缺陷试样的比率均高达 100%，其钻孔质量要远好于麻花钻所钻之孔。所以，对桉树木材进行钻削时，应优先使用圆形沉割刀中心钻钻孔。

本研究主要结合生产实际对木材机械加工性能（如切削用量、进料速度等）进行了评价后续会对加工质量、工作效率、动力消耗等做进一步的综合分析。

三、涂饰性能综合分析

根据本章第七节对 6 桉树种涂饰性能的研究结果显示，采用聚氨酯清漆 3 次涂刷在赤桉、巨桉、尾叶桉和大花序桉 4 个桉树种中均取的较好的涂饰效果。因此，本节围绕这一工艺水平，综合分析 6 种桉树木材的涂饰性能。

涂饰前 6 树种木材明度（$L*$）由高到低依次是赤桉、巨桉、尾叶桉、大花序桉、粗皮桉、细叶桉（图 9-13A）。经聚氨酯清漆 3 次涂刷后，木材明度（$L*$）由高到低依次是：巨桉、尾叶桉、大花序桉、赤桉、粗皮桉、细叶桉。其中赤桉木材的明度排序由第一位降至第四位，位居大花序桉之后（图 9-13B）。各树种的明度差（$\Delta L*$）均为负值，差值绝对值由大到小依次是：赤桉、细叶桉、粗皮桉、大花序桉、巨桉、尾叶桉（图 9-13C）。说明涂饰后各树种木材明度均有所下降，但 6 树种木材变化程度有所不同，赤桉变化程度最大，尾叶桉最小。

涂饰前 6 树种木材红绿轴色品指数（$a*$）由大到小依次是粗皮桉、细叶桉、巨桉、大花序桉、尾叶桉、赤桉（图 9-13A）。涂饰后 6 树种木材红绿轴色品指数（$a*$）由大到小依次是：粗皮桉、细叶桉、巨桉、大花序桉、赤桉、尾叶桉；其中赤桉木材红绿轴色品指数（$a*$）的明度排序由原来的第 6 位上升至第 5 位，尾叶桉则由原来的第 5 位下降至第 6 位（图 9-13B）；各树种红绿品差（$\Delta a*$）均为正值，差值由大到小排序依次是：粗皮桉、细叶桉、赤桉、巨桉、大花序桉、尾叶桉（图 9-13C）。说明涂饰后各树种木材红绿轴色品均有所提高，木材颜色有偏向红色变化的趋势，其中粗皮桉木材本身偏向红色，经涂饰后向红色变化的程度最大，尾叶桉最小。

涂饰前 6 树种木材黄蓝轴色品指数（$b*$）由大到小依次是：细叶桉、大花序桉、粗皮桉、巨桉、尾叶桉、赤桉（图 9-13A）。涂饰后 6 树种木材黄蓝轴色品指数（$b*$）由大到小依次是：粗皮桉、细叶桉、大花序桉、赤桉、巨桉、尾叶桉（图 9-13B）。各树种黄蓝品差（$\Delta b*$）均为正值，差值由大到小排序依次是：粗皮桉、赤桉、细叶桉、大花序桉、巨桉、尾叶桉（图 9-13C）。说明涂饰后各树种木材黄蓝轴色品均有所提高，木材颜色有偏向黄色变化的趋势，其中粗皮桉向黄色变化的程度最大、尾叶桉最小。

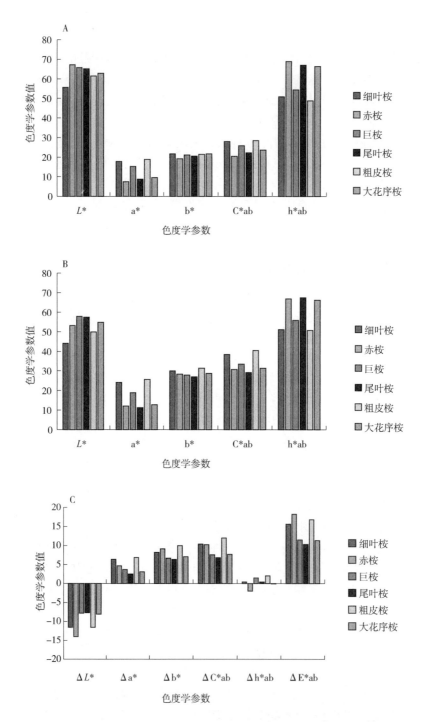

图 9-13 聚氨酯清漆涂饰前后木材表面色度学参数变化
A 为涂饰前色度学参数；B 为涂饰后色度学参数；C 为涂饰前后的色度学参数差值

涂饰前6树种木材色饱和度($C*ab$)由大到小依次是：细叶桉、粗皮桉、巨桉、大花序桉、尾叶桉、赤桉（图9-13A）。涂饰后6树种木材色饱和度（$C*$）由大到小依次是：细叶桉、粗皮桉、巨桉、大花序桉、赤桉、尾叶桉（图9-13B）。各树种饱和度差

($\Delta C*ab$)均为正值，差值由大到小排序依次是：粗皮桉、细叶桉、赤桉、大花序桉、巨桉、尾叶桉(图9-13C)。说明涂饰后各树种木材色纯度均有所提高，其中粗皮桉变化程度最大、尾叶桉最小。

涂饰前6树种木材色相($h*ab$)由大到小依次是：赤桉、尾叶桉、大花序桉、巨桉、细叶桉、粗皮桉(图9-13A)。涂饰后6树种木材色相($h*ab$)由大到小依次是：尾叶桉、巨桉、大花序桉、赤桉、细叶桉、粗皮桉(图9-13B)。色相差($\Delta h*ab$)显示，6树种色相变化绝对值由大到小依次是：赤桉、粗皮桉、巨桉、尾叶桉、细叶桉、大花序桉(图9-13C)，其中赤桉的为负值。说明涂饰后各树种木材色相均有所改变，其中赤桉木材色调变化程度最大，大花序桉最小。

6树种总体综合色差($\Delta E*ab$)由大到小依次是：赤桉、粗皮桉、细叶桉、巨桉、大花序桉、尾叶桉(图9-13C)。说明涂饰后各树种木材颜色均有所改变，其中赤桉木材颜色变化程度最大，尾叶桉最小。

涂饰前6树种木材平行于纹理方向的光泽度(GZL%)由大到小依次是：巨桉、尾叶桉、赤桉、大花序桉、粗皮桉、细叶桉、(图9-14A)。涂饰后6树种木材GZL%由大到小依次是：尾叶桉、粗皮桉、细叶桉、赤桉、巨桉、大花序桉(图9-14B)。涂饰前后各树种平行于纹理方向的光泽度差值($\Delta GZL\%$)均为正值，由大到小排序依次是：细叶桉、尾叶桉、粗皮桉、赤桉、巨桉、大花序桉(图9-14C)。说明涂饰后各树种木材平行于纹理方向的光泽度均提高，其中细叶桉变化程度最大、大花序桉最小。

涂饰前6树种木材垂直于纹理方向的光泽度(GZT%)由大到小依次是：巨桉、尾叶桉、大花序桉、赤桉、粗皮桉、大花序桉、细叶桉(图9-14A)。涂饰后6树种木材GZT%由大到小依次是：大花序桉、巨桉、赤桉、细叶桉、尾叶桉、粗皮桉(图9-14B)。涂饰前后各树种垂直于纹理方向的光泽度差值($\Delta GZT\%$)均为正值，由大到小排序依次是：大花序桉、赤桉、巨桉、细叶桉、尾叶桉、粗皮桉(图9-14C)。说明涂饰后各树种木材垂直于纹理方向的光泽度均提高，其中大花序桉变化程度最大、粗皮桉最小。

四、小结

在相同工艺水平下，6树种试样明度均呈下降趋势，色相偏红、偏黄、色饱和度、总色差均增加，木材光泽度都可以得到显著提升。从色度学角度来看，经聚氨酯清漆3次涂刷后粗皮桉、赤桉和细叶桉试材变化程度较大，而尾叶桉、巨桉和大花序桉试材的较小；从光泽度角度来看，6树种试材在平行于纹理方向和垂直于纹理方向的变化程度正好相反，在平行于纹理方向，细叶桉、尾叶桉、粗皮桉的变化程度较大，而在垂直于纹理方向，则是大花序桉、赤桉、巨桉的较大。

由于每个树种试材自身存在的差异以及在涂饰过程中变化程度的不同，最终呈现的色度和光泽度参数也具有差异。经聚氨酯清漆3次涂刷后，巨桉、尾叶桉、大花序桉高于赤桉、粗皮桉和细叶桉；粗皮桉、细叶桉、巨桉相对于大花序桉、赤桉、尾叶桉颜色偏红；粗皮桉、细叶桉、大花序桉相对于赤桉、巨桉、尾叶桉颜色偏黄；细叶桉、粗皮桉、巨桉的色彩纯度相对较高。

木材涂饰可以增强天然木质的美感，使木材的天然木纹更加清晰和鲜明；掩饰木材本身的缺陷和加工痕迹，达到木材外观所需的装饰效果；改变木材质感，提高木材的等级和外观效果。但是，市场上涂饰所用的涂料或油漆种类多，涂饰效果存在差异，并且实际生产中针对不同的用途，对木材涂饰效果的要求也不尽相同，因此在涂饰工艺选择上也有所不同，本书所述试验结果可供参考。

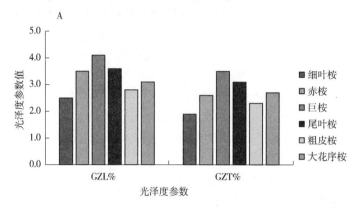

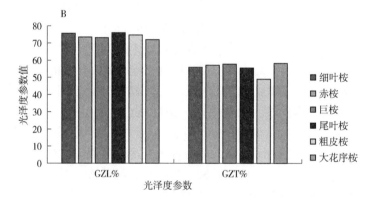

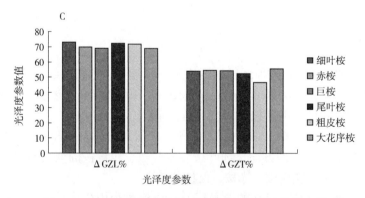

图 9-14 聚氨酯清漆涂饰前后木材表面光泽度参数变化

A 为涂饰前；B 为经 3 次涂饰后；C 为涂饰前后光泽度参数差值。

参 考 文 献

安国英，陈玉娥，1997. 施肥对毛白杨叶片鲜重、电导和酸度的影响[J]. 河北林业科技(2)：6-8.

蔡会德，吴树刚，杨彦臣，等，2009. 桉树来的评价及其决策支持技术的实践[J]. 北京林业大学学报，31(Z2)：36-46.

曹流清，李晓凤，2003. 毛竹大径材培育技术研究[J]. 竹子研究汇刊，22(4)：34-41.

常君，任华东，姚小华，等，2017. 山核桃不同无性系果实形状及营养成分分析[J]. 林业科学研究，30(1)：166-173.

常明昌，2003. 食用菌栽培学[M]. 北京：中国农业出版社.

陈代喜，伍春魁，1991. 赤桉种源在广西生长变异的研究[J]. 广西林业科技，20(2)：71-76.

陈港，彭新一，付时雨，等，2011. 制浆造纸产业林浆纸一体化的典范——巴西SUZANO(金鱼)浆纸集团考察学习侧记[J]. 中华纸业，32(21)：61-65, 6.

陈桂丹，陈艳，冯沁雄，等，2019. 天然林闽楠木材纤维形态径向变异研究[J]. 西北林学院学报，34(4)：217-222.

陈建有，2014. 大花序桉密度效应的初步研究[J]. 绿色科技，(5)：86-88.

陈健波，李昌荣，项东云，等，2014. 尾叶桉、巨桉优树选择标准的建立[J]. 桉树科技，31(2)：28-31.

陈康，聂煜，钟纪生，2004. 官山林场杉木大径材培育试验[J]. 江西林业科技，(4)：16-18.

陈丽新，黄卓忠，陈振妮，等，2016. 桉树加工剩余物栽培的平菇及灵芝营养成分分析[J]. 食用菌，38(1)：65-66.

陈亮，胡雅宁，吴志明，等，2019. 迷迭香叶片干燥前后精油成分GC-MS分析[J]. 江苏农业科学，47(24)：171-176.

陈露露，富艳春，2019. 速生桉木材性及对家具设计和制造的影响[J]. 艺术科技，32(3)：285, 287.

陈少雄，1995. 尾叶桉造林密度研究[J]. 桉树科技，(2)：20-29.

陈少雄，2002. 桉树大径材培育——桉树培育的新方向[J]. 桉树科技(1)：6-10.

陈少雄，2010. 桉树中大径材培育理论及关键技术研究[D]. 长沙：中南林业科技大学，20-40.

陈少雄，谢耀坚，周群英，等，2017. 桉树大径材培育技术规程 LY/T 2909—2017[S]. 北京：国家林业局.

陈少雄，杨建林，周国福，1999. 不同栽培措施对尾巨桉生长的影响及经济效益分析[J]. 林业科学研究，12(4)：357-362.

陈少雄，郑嘉琪，刘学锋，2018. 中国桉树培育技术百年发展史与展望[J]. 世界林业研究，31(2)：7-12.

陈添基，2006. 几种优良桉树引种试验初报[J]. 粤东林业科技(2)：11-13.

陈婷婷，周晓农，朱丹，等，2011. 托里桉叶挥发油化学成分的气相色谱-质谱联用分析[J]. 今日药学，21(10)：620-623.

陈文平，罗建中，谢耀坚，等，2001. 粗皮桉种源/家系的遗传变异[J]. 广东林业科技，17(3)：1-6.

陈小红，胡庭兴，李贤伟，等，2000. 四川省巨桉生长状况调查与发展前景分析[J]. 四川林业科技，21(4)：23-26.

陈晓明，王以红，蔡玲，等，2009. 几个桉树优良无性系的ISSR指纹图谱分析[J]. 西部林业科学，38(2)：57-61.

陈亚梅，刘洋，张健，等，2015. 巨桉混交林不同树种C、N、P化学计量特征[J]. 生态学杂志，34(8)：2096-2102.

陈勇平，吕建雄，陈志林，2019. 我国桉树人工林发展概况及其利用现状[J]. 中国人造板，26(12)：6-9.

陈玉娥，安国英，牛三义，等，1998. 土壤本底与毛白杨幼林施肥效应间关系的研究[J]. 河北林业科技，(2)：1-3.

陈宗杰，2011. 闽南山地巨桉人工林土壤微量元素变化初探[J]. 林业调查规划，36(6)：26-28.

邓运光，李群伟，张伟佳，等，2000. 桉树部分种类种源试验研究初报[J]. 中南林学院学报，20(3)：96-98.

丁衍畴，1980. 重视柠檬桉的发展，加速用材生产[J]. 桉树科技协作动态，(3)：8-13.

董莉莉，张慧东，毛沂新，等，2017. 间伐对红松 Pinus koraiensis 针阔混交林冠层结构及林下植被的影响[J]. 沈阳农业大学学报，48(2)：159-165.

董云萍，黎秀元，闫林，等，2011. 不同种植模式咖啡生长特性与经济效益比较[J]. 热带农业科学，31(12)：12-15.

窦志浩，温茂元，吴光儒，等，1989. 托里桉引种试验初报[J]. 热带作物研究，(4)：60-65.

杜阿朋，赵知渊，王志超，等，2014. 不同品种桉树人工林生长特征及持水性能研究[J]. 热带作物学报，35(7)：1306-1310.

杜国兴，1993. 木材的干缩特性及其干裂势的研究[J]. 南京林业大学学报(自然科学版)，(1)：55-60.

段爱国，赵世荣，章允清，等，杉木中密度幼林光环境与生长修枝效应[J]. 福建林学院学报，2009(04)：55-59.

方文洁，2010. 草珊瑚扦插繁殖技术研究[J]. 安徽农学通报，16(19)：50-51.

方玉霖，王豁然，1993. 论中国热带、亚热带地区桉树人工林树种与种源选择[J]. 福建林学院学报，13(1)：86-92.

冯茂松，杨万勤，钟宇，等，2010. 四川巨桉人工林微量元素养分诊断[J]. 林业科学，46(9)：20-27.

顾炼百，2008. 木材干燥理论在木材加工技术中的应用分析[J]. 南京林业大学学报(自然科学版)，32(5)：27-31.

管惠文，董希斌，2018. 间伐强度对落叶松次生林冠层结构和林内光环境的影响[J]. 北京林业大学学报，40(10)：13-23.

郭赋英，曾文文，邓路明，等，2012. 赣州市引种桉树资源及利用[J]. 桉树科技，29(1)：46-48.

郭洪英，张珩，陆翔，等，2012. 桉树多树种无性系早期选择研究[J]. 四川林业科技，33(6)：24-27.

国家林业和草原局，2019. 中国森林资源资源报告(2014-2018)[M]. 北京：中国林业出版社.

国家林业局. 2012. 文献著录：锯材机械加工性能评价方法. 非书资料：LY/T 2054-2012[S]. 北京：中国标准出版社.

韩斐扬，周群英，陈少雄，等，2010. 雷州半岛桉树生物质能源林生长的密度效应研究[J]. 热带亚热带植物学报，18(4)：350-356.

何国华，林桦，陈文平，等，2009. 细叶桉家系选育试验研究[J]. 广东林业科技，25(2)：30-35.

何云燕. 潘永红，2014. 迷迭香栽植技术[J]. 东南园艺(12)：7-8.

洪顺山，徐文辉，郑玉阳，等，1996. 福建滨海风沙地带几种桉树种源适应性选择试验初报[J]. 福建林业科技，23(2)：24-27.

侯新毅，姜笑梅，殷亚方，2006. 从色度学参数研究3种桉树木材的透明涂饰性能[J]. 林业科学，42(8)：57-61.

胡芳名，谭晓风，刘惠民. 等，2006. 中国主要经济树种栽培与利用[M]. 北京：中国林业出版社.

胡理乐，朱教君，李俊生，等，2009. 林窗内光照强度的测量方法[J]. 生态学报，29(9)：5056-5065.

胡天宇，李晓清，1999. 巨桉引种栽培及适生区域的研究[J]. 四川林业科技，20(4)：8-13.

胡秀，吴福川，郭微，等，2014. 基于MaxEnt生态学模型的檀香在中国的潜在种植区预测[J]. 林业科学，50(5)：27-33.

华元刚，茶正早，林钊沐，等，2005. 海南岛桉树人工林营养与施肥[J]. 热带林业，33(1)：35-38.

黄宝灵，吕成群，蒙钰钗，等，2000. 不同造林密度对尾叶桉生长、产量及材性影响的研究[J]. 林业科学，36(1)：81-90.

黄慧敏，董蓉，何丹妮，等，2018. 冠层结构和光环境的时空变化对紫耳箭竹种群特征的影响[J]. 应用生态学报，29(7)：2129-2138.

黄丽燕，2019. 桉树林下人工栽培草珊瑚的可行性研究[J]. 林业科学，39(08)：73-74.

黄如楚，2010. 桉树木材加工利用研究现状[J]. 桉树科技，27(1)：68-74.

黄世能，郑海水，赖汉兴，等，1990. 热带薪材树种萌芽更新的研究[J]. 林业科技通讯，(12)：3-7.

黄腾华，符韵林，李宁，2013. 擎天树木材物理力学性质研究[J]. 西北林学院学报，

2013, 2(5): 160-163.
黄昕蕾, 郑宝强, 王雁, 2018. 鼓槌石斛不同花期香气成分及盛花期香气日变化规律研究. 林业科学研究, 31(4): 142-149.
黄种明, 2006. 马尾松大径材培育密度的测定[J]. 武夷科学, 22(6): 127-132.
惠刚盈, 胡艳波, 罗云伍, 等, 2000. 杉木中大径材成材机理的研究[J]. 林业科学研究, 13(1): 177-181.
简丽华, 2012. 桉树实木利用树种/种源引种试验研究[J]. 现代农业科技, (10): 198-199.
江香梅, 陈永伶, 余卫, 等, 1995. 江西省赤桉地理种源试验研究初报[J]. 江西林业科技, (4): 9-16.
江泽慧, 彭镇华, 2016. 世界主要树种木材科学特性[M]. 北京: 科学出版社.
姜笑梅, 叶克林, 吕建雄, 等, 2007. 中国桉树和相思人工林材性与加工利用[M]. 北京: 科学出版社.
金建忠, 1995. 杨树二耕土施肥肥效的研究[J]. 中南林业调查规划, 4(4): 250-251
金同伟, 2013. 红河州桉树引种栽培现状及发展建议[J]. 林业调查规划, 38(2): 116-120.
孔凡启, 祝文娟, 刘天颐, 等, 2016. 伞房属4个树种/亚种在广东德庆的早期生长表现[J]. 桉树科技, 33(3): 12-18.
赖挺, 2005. 四川巨桉人工林立地分类研究[D]. 成都: 四川农业大学.
蓝贺胜, 2006. 福建省赤桉种源/家系的试验研究[J]. 广西林业科学, 35(2): 57-60.
雷相东, 陆元昌, 张会儒, 等, 2005. 抚育间伐对落叶松云冷杉混交林的影响[J]. 林业科学, (4): 78-85.
黎贵卿, 陆顺忠, 曾辉, 等, 2012. 柠檬桉枝叶挥发性成分的研究[J]. 广西林业科学, 41(4): 352-355.
李宝福, 张顺恒, 蒋家淡, 2000. 不同造林密度巨尾桉生长规律及轮伐期的确定[J]. 福建林业科技, 27(增刊): 19-22.
李昌荣, 陈奎, 周小金, 等, 2012a. 大花序桉研究现状与发展趋势[J]. 桉树科技, 29(2): 40-46.
李昌荣, 项东云, 陈健波, 等, 2012b. 大花序桉木材基本密度的变异研究[J]. 中南林业科技大学学报, 32(6): 158-162.
李昌荣, 项东云, 周国福, 等, 2007. 栽培密度与施肥对尾巨桉中大径材生长的影响[J]. 广西林业科学, (36): 31-35.
李大纲, 顾炼百, 2000. 木材高温干燥过程中的弹性应变[J]. 木材工业, 14(2): 15-17.
李芳菲, 黄锋, 黄李丛, 等, 2011. 尾巨桉(DH32-29)和尾叶桉(U6)一代林与二代林生长情况比较[J]. 林业调查规划, 36(5): 36-38.
李光友, 徐建民, Risto Vuokko, 等, 2011. 尾叶桉无性系多性状遗传分析[J]. 福建农林大学学报, 40(1): 43-47.
李基生, 2013. 草珊瑚扦插育苗试验[J]. 科技传播(18): 119-120.

李家康, 2000. 对我国化肥使用前景的剖析[J]. 植物营养与肥料学报, 7(1): 5-9

李坚, 2009. 木材科学研究[M]. 北京: 科学出版社.

李昆, 曾觉民, 赵虹, 等, 1999. 金沙江干热河谷造林树种游离脯氨酸含量与抗旱性关系[J]. 林业科学研究, 12(1): 103-107.

李士美, 谢高地, 张彩霞, 等, 2010. 森林生态系统水源涵养服务流量过程研究[J]. 自然资源学报, 25(4): 585-593.

李淑芳, 吴清荣, 檀庄良, 等, 2006. 不同桉树无性系造林对比试验[J]. 福建林业科技, 33(2): 48-51.

李天会, 张维耀, 张婧, 等, 2020. 迷迭香精油的化学成分日月变化规律研究[J]. 桉树科技, 37(1): 43-49.

李文茹, 施庆珊, 莫翠云, 等, 2013. 几种典型植物精油的化学成分与其抗菌活性. 微生物学通报, 40(11): 2128-2137.

李祥, 朱玉杰, 董希斌, 等, 2015. 抚育采伐后兴安落叶松的冠层结构参数[J]. 东北林业大学学报, 43(2): 1-5.

李晓清, 胡天宇, 2004. 四川桉树适生种及栽培技术[J]. 林业科技开发, 18(3): 45-47.

李雅芝, 2019. 小粒咖啡高产栽培及病虫害防治技术[J]. 云南农业. 02: 59-61.

李亚男, 黄家雄, 吕玉兰, 等, 2017. 云南咖啡间套作栽培模式研究概况[J]. 热带农业科学, 37(10): 27-30-35.

李志辉, 汤珧华, 孙汉洲, 等, 2000. 耐寒性桉树早期选择Ⅲ. 巨桉种源和家系膜脂肪酸组成、含量与抗寒性关系[J]. 中南林学院学报, 20(3): 80-85.

梁坤南, 2000. 桉属树种/种源试验[J]. 林业科学研究, 13(2): 203-208.

梁坤南, 周文龙, 仲崇禄, 等, 1994. 海南岛东部地区桉树树种/种源试验[J]. 林业科学研究, 7(4): 399-407.

梁善庆, 罗建举, 2007. 人工林米老排木材的物理力学性质[J]. 中南林业科技大学学报, 27(05): 97-100+116.

梁善庆, 罗建举, 2007. 人工林米老排木材解剖性质及其变异性研究[J]. 北京林业大学学报, 29(3): 142-148.

梁育兴, 刘天颐, 2006. 巨桉在平岗林场的引种生长效果分析[J]. 广东林业科技, 22(1): 64-66.

廖忠明, 凌金桥, 黄红兰, 等, 2013. 赣南地区巨桉人工林生长分析[J]. 福建林业科技, 40(4): 96-100.

林传宝, 2019. 草珊瑚种子不同方式育苗技术试验[J]. 绿色科技(19): 206-208-210.

林方良, 2009. 几种不同桉树在福建省中部区域引种适应性探讨[J]. 林业勘察设计(2): 88-91.

林国金, 2005. 闽南桉树大径材培育技术[J]. 林业实用技术(6): 1.

林文革, 陈国彪, 洪嫦莉, 等, 2015. 托里桉组培快繁技术初步研究[J]. 桉树科技, 32(4): 32-35.

林武星，2005. 闽南沿海沙地引种树种的评价[J]. 中南林学院学报，25(1)：42-45.

林玉清，2010. 闽南山地粗皮桉家系引种试验[J]. 福建林业科技，37(3)：50-55.

刘媛，卢翠香，苏勇，等，2016. 大花序桉木材干燥特性研究[J]. 桉树科技，33(2)：39-43.

刘德浩，张卫华，张方秋，等，2014. 尾叶桉核心种质初步构建[J]. 华南农业大学学报，35(6)：89-93.

刘德浩，张卫华，张方秋，等，2015. 不同种源巨桉幼林生长性状变异和早期评价[J]. 西南林业大学学报，35(4)：91-94.

刘球，李志辉，陈少雄，等，2010. 不同修枝强度对托里桉幼林生长的影响[J]. 桉树科技，27(1)：32-36.

刘寿坡，徐孝庆，1992. 黄泛平原林地资源利用研究[M]. 北京：中国科学技术出版社，38-45

刘树东，王喜明，李雪琦，2010. 俄罗斯樟子松材干燥特性的研究[J]. 内蒙古农业大学学报(自然科学版)，31(1)：200-204.

刘涛，龙永宁，张维耀，等，2005. 几种桉树在冷寒地区的早期适应性研究[J]. 桉树科技，22(2)：23-31.

刘天颐，刘纯鑫，孔凡启，等，2011. 桉树伞房属4个种在广东乐昌的早期生长表现[J]. 华南农业大学学报，32(2)：70-75.

刘郁，李琪安，刘蔚秋，等，2003. 深圳围岭公园植被类型及主要植物群落分析[J]. 中山大学学报，42(z2)：14-22.

卢万鸿，罗建中，谢耀坚，等，2009. 桉树幼林抗风特点研究[J]. 桉树科技，26(2)：21-25.

陆钊华，徐建民，温茂元，等，2003. 细叶桉和尾叶桉种源试验研究[J]. 热带林业，31(2)：7-9.

罗浩，齐锦秋，等，2016. 四川蓝桉幼龄材物理力学性质研究[J]. 西北农林科技大学学报，44(2)：90-96.

罗火月，2012. 闽南山地桉树优良无性系选择试验研究[J]. 安徽农学通报，18(1)：128-130.

罗亚春，童清，史富强，等，2013. 卫国林业局桉树优良无性系的引种栽培初报[J]. 山东林业科技，43(5)：48-50.

吕成群，黄宝灵，叶燕萍，等，2015. 桉树+草珊瑚复合模式研究与其经济效益分析[J]. 桉树科技，32(03)：1-7.

茅隆森，2018. 桉树林下套种草珊瑚栽培技术研究[J]. 林业勘察设计. (1)：47-49.

孟蕊，2015. 巨桉无性系生长早期选择[J]. 广东林业科技，31(3)：11-15.

苗平，2000. 马尾松木材高温干燥的水分迁移和热量传递[M]. 南京：南京林业大学.

农锦德，蔡林，李梅艳，等，2017. 桂西桉树无性系对比试验[J]. 广西林业科学，46(3)：284-288.

欧阳林男，陈少雄，刘学锋，等，2019. 赤桉在中国的适生地理区域及其对气候变化的响应[J]. 林业科学，55(12)：1-11.

潘彪, 徐朝阳, 王章荣, 2005, 杂交鹅掌楸木材解剖性质及其径向变异规律[J]. 南京林业大学学报(自然科学版). 29(1): 79-82.

韦鹏练, 黄腾华, 符韵林, 2014. 观光木人工林木材物理力学性质的研究[J]. 西北林学院学报, 29(06): 221-225.

潘平开, 申文辉, 周国福, 等, 2005. 良种桉中大径材复层林经营试验研究[J]. 广西林业科学, 34(3): 116-119.

彭彦, 罗建举, 1999. 我国桉树人工林材性和加工利用研究现状与发展趋势[J]. 桉树科技, (2): 1-6.

蒯婕, 左青松, 陈爱武, 等, 2017. 不同栽培模式对油菜产量和倒伏相关性状的影响[J]. 作物学报. 43(6): 875-884.

普超云, 何海波, 李树荣, 等, 1991. 新平县柠檬桉人工林一元材积表的编制[J]. 云南林业调查规划, (4): 24-25.

祁述雄, 1989. 中国桉树[M]. 北京: 中国林业出版社.

祁述雄, 2002. 中国桉树(第2版)[M]. 北京: 中国林业出版社.

起国海, 吴疆翀, 郑益新, 等, 2018. 迷迭香扦插试验[J]. 分子植物育种, 16(18): 6166-6174.

全国土壤普查办公室, 1992. 中国土壤普查技术[M]. 北京: 农业出版社.

饶林梅, 2016. 毛竹林郁闭度对林下套种草珊瑚生长的影响[J]. 林业勘察设计(01): 54-56.

任世奇, 罗建中, 谢耀坚, 等, 2012. 不同桉树无性系及树干高度木材的干缩特性研究[J]. 西北林学院学报, 27(1): 232-237.

任竹君, 王道平, 罗亚男, 等, 2011. 香兰叶挥发性成分分析[J]. 安徽农业科学, 39(36): 22307-22308.

尚富华, 2010. 毛白杨对修枝的形态与生理响应研究[D]. 北京: 北京林业大学.

尚秀华, 高丽琼, 张沛健, 等, 2017. 引种新资源卡亚扦插技术研究[J]. 桉树科技, 34(3): 34-37.

邵崇武, 徐钊, 李任波, 等, 2003. 概率论与数理统计(M). 北京: 中国林业出版社.

沈国舫, 2001. 森林培育学[M]. 北京: 中国林业出版社.

沈伟, 岑湘涛, 叶燕萍, 2015. 桉树和草珊瑚农林复合模式研究进展[J]. 安徽农学通报, 21(24): 117-118.

盛炜彤, 1992. 国外工业用材林培育的目标及技术途径[J]. 世界林业研究, 5(9): 75-83.

施成坤, 2010. 沿海前沿林带更新树种选择研究[J]. 海峡科学, (2): 46-47.

石君杰, 陈忠震, 王广海, 等, 2019. 间伐对杨桦次生林冠层结构及林下光照的影响[J]. 应用生态学报, 30(6): 1956-1964.

苏海兰, 李希, 唐建阳, 等, 2018. 不同栽培模式对多花黄精生物量分配及其品质的影响[J]. 福建农业学报, 33(12)1237-1241.

苏英吾, 李向阳, 1997. 华南土壤肥力特征与桉树施肥[J]. 中南林业调查规划, 16(3): 35-38.

孙晓可，2014. 开远市半干热岩溶地区几个主要造林树种选择[J]. 文山学院学报，27(6)：21-25.

孙振伟，赵平，牛俊峰，等，2014. 外来引种树种大叶相思和柠檬桉树干液流和蒸腾耗水的季节变异[J]. 生态学杂志，33(10)：2588-2595.

覃天安，麻大文，龙勇明，等，1995. 良种桉速生高效经营技术研究[J]. 广西林业科学，24(3)：113-116.

谭明欣，秦晓威，李倩松，等，2019. IBA 不同处理时间对斑兰叶根系生长的影响[J]. 中国热带农业(04)：60-63.

唐佳青，2000. 家具、室内装饰用材的新宠：用途广泛的维多利亚桉树[J]. 家具与室内装饰，(4)：66-67.

田广红，黄东，梁杰明，等，2003. 珠海市古树名木资源及其保护策略研究[J]. 中山大学学报，42(z2)：203-209.

涂淑萍，周桂香，郭晓敏，等，2013. 赣县稀土采矿区巨桉林地土壤抗蚀性评价[J]. 林业科学研究，26(6)：752-758.

汪迎利，卢雅莉，陈一群，等，2017. 湿地松改造林分冠层结构及树种光合特征研究[J]. 生态环境学报，26(5)：735-740.

王春胜，曾杰，2016. 林木修枝研究进展[J]. 世界林业研究，29(3)：65-70.

王道兴，1996. 赤桉引种试验初报[J]. 林业勘察设计(1)：38-41.

王豁然，2010. 桉树生物学概论(第 1 版)[M]. 北京：科学出版社.

王豁然，Green C L，1990. 世界桉树芳香油生产与市场供求趋势研究[J]. 世界林业研究，2(2)：71-76.

王豁然，阎洪，周文龙，等，1989. 巨桉种源试验及其在我国适生范围的研究[J]. 林业科学研究，5(2)：411-419.

王建忠，熊涛，张磊，等，2016. 25 年生大花序桉种源生长与形质性状的遗传变异及选择[J]. 林业科学研究，29(5)：705-713.

王俊林，徐建民，李光友，等，2011. 尾叶桉家系在粤东地区的生长选择研究[J]. 安徽农业科学，39(19)：11568-11571.

王莉，林莎，李远航，等，2019. 青海大通典型林分冠层结构与林下植被物种多样性关系研究[J]. 西北植物学报，39(03)：524-533.

王莉．王琳．李竹．等，2019. 迷迭香精油及其主要成分对 HepG2 细胞毒性研究[J]. 黑龙江医药，32(5)：95.

王钦安，刘小平，2012. 赣南北缘寒冷地区引种、试种桉树报告[J]. 江西林业科技，(1)：9-15.

王希群，马履一，贾忠奎，等，2005. 叶面积指数的研究和应用进展[J]. 生态学杂志，(5)：72-76.

王喜明，2007. 木材干燥学[M]. 北京：中国林业出版社.

王兆东，谢利娟，龙丹丹，等，2016. 银湖山郊野公园典型植物群落物种多样性比较[J]. 西南林业大学学报，36(4)：16-24.

韦鹏练，廖克波，符韵林，等，2012. 山白兰木材干燥特性研究[J]. 西北林学院学报，

27(1): 229-231.

韦炜, 谢元福, 1997. 沙地农田防护林网二白杨定量施肥试验研究[J]. 甘肃林业科技, (1): 14-16.

卫楠, 张弥, 王辉民, 等, 2017. 散射辐射对亚热带人工针叶林光能利用率的影响[J]. 生态学报, 37(10).

吴继林, 林方良, 2000. 桉树木屑袋栽食用菌试验初报[J]. 桉树科技(2): 31-32.

吴坤明, 吴菊英, 1988. 海南岛干旱地区桉属树种种源试验[C]//中国林科院热林所. 澳大利亚树种在中国的栽培和利用国际研讨会论文集. 广州: 18-24

吴坤明, 吴菊英, 徐建民, 等, 1996. 桉树杂交育种的研究[J]. 林业科学研究, 9(5): 504-509.

吴清, 黄艺平, 瞿超, 等, 2009. 东江林场桉树无性系生长初步对比试验[J]. 广东林业科技, 25(3): 46-50.

吴世军, 陈广超, 徐建民, 等, 2017. 滇南亚高山巨桉种源/家系变异及早期选择研究[J]. 热带亚热带植物学报, 25(3): 257-263.

吴祥云, 陈梅, 屈雯雯, 等, 2011. 辽东地区次生林林窗生长季初期的光环境特征[J]. 辽宁工程技术大学学报(自然科学版), 29(4): 667-669.

吴勇刚, 张健, 冯茂松, 2003. 不同密度巨桉纸浆林的生长效果初步研究[J]. 四川农业大学学报, 21(2): 109-111.

吴志文, 2014. 广元市桉树的分布与生长情况调查[J]. 四川林业科技, 35(1): 36-39.

吴智慧, 黄琼涛, 2015. 利用速生桉木多层单板生产家具弯曲木零部件的技术[J]. 家具, 36(5): 6-11.

武国峰, 陈鹤予, 杨春宵, 等, 2011. 化学浸渍处理对木材干燥特性的影响[C]. 全国木材干燥学术研讨会, 浙江.

夏凤娜, 邵满超, 黄龙花, 等, 2011. 桉树木屑栽培食用菌[J]. 食用菌学报, 18(3): 42-44.

项东云, 陈健波, 2017. 桉树中大径材培育技术研究[M]. 北京: 中国林业出版社.

项东云, 郑白, 周维, 等, 1999. 广西桉树育种研究概述[J]. 广西林业科学, 28(2): 71-79.

谢秋兰, 林彦, 王楚彪, 等, 2017. 柠檬桉在中国湿热地区的早期生长和抗病性遗传变异[J]. 分子植物育种, 15(8): 3278-3285.

谢耀坚, 2015. 真实的桉树[M]. 北京: 中国林业出版社

谢耀坚, 等. 2019, 南国桉树[M]. 北京: 中共中央党校出版社.

熊文愈, 1959. 毛竹林丰产培育施肥试验[J]. 南京林学院学报, (2): 17-23.

徐小凤, 张森, 唐维维, 等, 2017. 迷迭香叶对葵花籽抗氧化性的影响研究[J]. 粮食与油脂. 30(11)64-68.

徐化成, 1993. 油松[M]. 北京: 中国林业出版社.

徐建民, 陆钊华, 白嘉雨, 等, 2005. 尾叶桉实生种子园遗传分析与育种值的估算Ⅰ. 逆向选择方式建立种子园[J]. 林业科学研究, 18(5): 516-523.

徐艳琴, 刘小丽, 黄小方, 等, 2011. 草珊瑚的研究现状与展望[J]. 中草药, 42(12):

2552-2559.

徐有明, 2006. 木材学[M]. 北京: 中国林业出版社.

徐佑明, 马华元, 汪健, 等, 2009. 冰冻灾害对衡阳市桉树的影响及恢复重建[J]. 湖南林业科技, 36(4): 54-56.

许宇星, 王志超, 张丽丽, 等, 2018. 不同种植年限尾巨桉人工林叶片-凋落物-土壤碳氮磷化学计量特征[J]. 林业科学研究, 31(6): 168-174.

薛华正, 吴之扬, 陈霞, 等, 1997. 桉属树种与种源、家系比较试验[J]. 林业科学研究, 10(6): 591-598.

杨曾奖, 徐大平, 陈俊勤, 等, 2005. 微量元素对尾叶桉幼林生长的影响[J]. 华南农业大学学报, 26(2): 91-94.

杨曾奖, 徐大平, 张宁南, 等, 2003. 细叶桉造林密度试验初报[J]. 生态环境, 12(4): 446-448.

杨飞, 王欣, 郭延朋, 等, 修枝对华北落叶松人工林分生长的初期影响[J]. 林业资源管理, 2012(03): 87-91.

杨民胜, 彭彦, 2001. 中国桉树人工林发展现状和实木加工利用前景[J]. 桉树科技, (1): 1-6.

杨民胜, 谢耀坚, 刘杰锋, 2011. 中国桉树研究三十年(1981-2010)[M]. 北京: 中国林业出版社.

叶宝鉴, 苏春连, 董建文, 等, 2017. 永安市园林植物区系特征及抗寒性分析[J]. 江西农业大学学报, 39(1): 111-117.

叶功富, 涂育合, 廖祖辉, 2006. 福建山地杉木大径材定向培育技术[J]. 林业科技开发, 20(3): 72-75.

叶绍明, 郑小贤, 杨梅, 等, 2008. 尾叶桉与马占相思人工复层林生物量及生产力研究[J]. 北京林业大学学报, 30(3): 37-43.

殷亚方, 姜笑梅, 吕建雄, 等, 2001a. 我国桉树人工林资源和木材加工利用现状[J]. 木材工业, (5): 3-5.

殷亚方, 姜笑梅, 吕建雄, 等, 2001b. 国外桉树人工林资源和木材加工利用现状[J]. 世界林业研究, (2): 35-41.

殷亚方, 杨民胜, 王莉娟, 等, 2005. 巴西桉树人工林资源及其实木加工利用[J]. 世界林业研究, (1): 60-64.

殷燕, 张万刚, 周光宏. 等, 迷迭香的生理功能及其在食品中的应用. 食品工业科技, 35(22): 364-370.

尹思慈, 1991. 木材品质与缺陷[M]. 北京: 中国林业出版社.

游巧宁, 2010. 卡亚叶营养成分分析及调节血糖作用研究[D]. 重庆: 西南大学.

余养伦, 于文吉, 2009. 桉树单板高值化利用最新研究进展[J]. 中国人造板, 16(5): 7-12.

鱼欢, 殷成美, 秦晓威, 等, 2019. 吲哚丁酸对斑兰叶根系生长的影响[J]. 中国热带农业, 86(01): 52-55.

玉首杰, 邓海群, 2019. 大花序桉(澳洲大花梨)木材用于家具制造的探索[J]. 国际木业，49(1)：34-35.

岳忠，秦光华，王卫东，2005. 杨树大径级工业用材林定向培育技术[J]. 山东林业科技，(2)：30-32.

曾龄英，1996. 赤桉(*Eucalyptus camaldulensis*)[J]. 云南林业科技，(2)：57-61.

翟新翠，项东云，陈健波，等，2007. 大花序桉种源/家系遗传变异与早期选择研究[J]. 广西林业科学，36(1)：26-30.

张党权，田华，谢耀坚，等，2009. 细叶桉遗传多样性的 ISSR 分析[J]. 中南林业科技大学学报，29(5)：91-94.

张惠光，2006. 巨尾桉人工林密度效应模型的研究[J]. 林业勘测设计(福建)，(2)：4-7.

张建龙，李树铭，徐济德，等，2019. 中国森林资源报告[M]. 北京：中国林业出版社

张婧，2018. 桉树栽培灵芝试验及灵芝营养成分分析[J]. 桉树科技，35(1)：33-36

张婧，杜阿朋，2014. 我国林下食用菌栽培管理技术研究[J]. 桉树科技，31(4)：55-60

张婧，杜阿朋，2017. 利用桉树木屑栽培榆黄菇试验[J]. 食药用菌，25(6)：379-381

张静，2014. 小粒咖啡栽培技术[J]. 云南农业(9)：25-26.

张连水，张必成，张志鸿，等，2008. 桉树新品种引种试验初报[J]. 福建热作科技，33(3)：16-17.

张宁南，徐大平，Jim Morris，等，2003. 雷州半岛尾叶桉人工林树液茎流特征的研究[J]. 林业科学研究，16(6)：661-667.

张盛焰，2016. 草珊瑚林冠下扦插育苗试验[J]. 河北林业科技，6：8-10.

张甜，朱玉杰，董希斌，等，2016. 抚育间伐对大兴安岭天然用材林冠层结构及光环境特征的影响[J]. 东北林业大学学报，44(10)：1-7.

张甜，朱玉杰，董希斌，等，2017. 抚育间伐和修枝对落叶松用材林生长和冠层的影响[J]. 东北林业大学学报，45(12)：8-11+21.

张维耀，李天会，郑嘉琪，等，2019. 6 种林下经济植物的生长适应性研究[J]. 桉树科技，36(2)：41-44.

张志鸿，翁启杰，2003. 整地施肥对尾叶桉萌芽林生长影响的研究[J]. 广东林业科技，19(2)：22-25.

赵会芳，张习金，顾昌华，2017. 草珊瑚的组织培养技术研究进展[J]. 农技服务，34(04)：21-22.

赵明珠，郭铁英，马关润，等，2019. 土壤因子与小粒咖啡品质产量形成关系研究[J/OL]. 热带作物学报：1-13[2020-04-29]. http：//kns. cnki. net/kcms/detail/46. 1019. S. 20191129. 1139. 027. html.

赵荣军，江泽慧，费本华，等，2003. 澳大利亚桉树木材加工利用研究现状[J]. 世界林业研究，(3)：58-61.

赵荣军，邢新婷，吕建雄，等，2012. 粗皮桉木材力学性质的近红外光谱方法预测[J]. 林业科学，48(6)：106-111.

赵时胜，陈映辉，2017. 耐寒桉树立地类型划分及评价[J]. 湖南林业科技，41(5)：

32-36.

赵天锡，王富国，1994. 赤峰小黑杨群状栽植试验[J]. 林业科学研究，7(2)：230-233.

赵筱青，和春兰，许新惠，等，2012. 云南山地尾叶桉类林引种对土壤物理性质的影响[J]. 生态环境学报，21(11)：1810-1816.

中国林学会，2016. 桉树科学发展问题调研报告[M]. 北京：中国林业出版社.

中国木材标准化技术委员会，2009. 木材湿胀性测定方法 GB/T 1934.2—2009[S]. 北京：中国标准出版社.

中国木材标准化技术委员会，2009. 木材顺纹抗压强度试验方法 GB/T 1935—2009[S]. 北京：中国标准出版社.

中国木材标准化技术委员会，2009. 木材抗弯强度试验方法 GB/T 1936.1—2009[S]. 北京：中国标准出版社.

中国木材标准化技术委员会，2009. 木材抗弯弹性模量测定方法 GB/T 1936.2—2009[S]. 北京：中国标准出版社.

中国木材标准化技术委员会，2009. 木材冲击韧性试验方法 GB/T 1940—2009[S]. 北京：中国标准出版社.

中国木材标准化技术委员会，2009. 木材硬度试验方法 GB/T 1941—2009[S]. 北京：中国标准出版.

中国木材标准化技术委员会，2009. 木材物理力学试材采集方法 GB/T1927—2009[S]. 北京：中国标准出版社.

中华人民共和国国家质量监督检验检疫总局，中国国家标准化管理委员会，2013. 文献著录：家具表面漆膜理化性能试验 第6部分：光泽测定法. 非书资料：GB/T 4893.6-2013[S]. 北京：中国标准出版社.

中华纸业，2018. 巴西最大的两家纸浆生产商宣布合并[J]. 中华纸业，39(7)：70-71.

钟继洪，李淑仪，蓝佩玲，等，2005. 雷州半岛桉树人工林土壤肥力特征及其成因[J]. 水土保持通报，25(3)：44-48.

仲崇禄，弓明钦，陈羽，等，2000. 赤桉、细叶桉和巨桉幼林施磷量的确定[J]. 林业科学研究，13(4)：377-384.

周家维，李发根，李梅，等，2009. 黔西南桉树无性系对比试验[J]. 西南林学院学报，29(4)：23-25.

周建辉. 张婧，2016. 雷州半岛地区林下栽培平菇栽培料配方试验[J]. 桉树科技，33(4)：23-25.

周群英，陈少雄，吴志华，等，2009. 广东樟木头5种桉树的能量特征研究[J]. 热带亚热带植物学报，17(6)：549-555.

周顺得，2010. 闽南丘陵山地桉树不同无性系栽培试验研究[J]. 安徽农学通报，16(1)：165-166.

周燕园，黄燕，梁臣艳，等，2011. 细叶桉果实提取物抑菌活性及光谱鉴别的研究[J]. 中国实验方剂学杂志，17(14)：59-62.

周永东，孙锋，吕建雄，等，2014. 6种桉木单板干燥质量的比较[J]. 林业科学，50

(11): 104-108.

周永生, 2018. 迷迭香大棚高产栽培技术[J]. 现代园艺(04): 36.

周元满, 谢正生, 刘新田, 2004. 尾叶桉 U6 无性系林分密度效应研究[J]. 广东林业科技, 20(4): 39-42.

朱宾良, 李志辉, 陈少雄, 2007. 不同林分密度对尾巨桉生物产量及生产力的影响研究[J]. 湖南环境生物职业技术学院学报, 13(4): 11-14.

Abares. 2018. Australia's State of the Forests Report 2018[M]. Canberra: Union Offset Printers.

Adams-Hosking C, McAlpine C, Rhodes J R, et al., 2012. Modelling changes in the distribution of the critical food resources of a specialist folivore in response to climate change[J]. Diversity and Distributions, 18(9): 847-860.

Alcorn P J, Patrick P, 2007. Effects of initial planting density on branch development in 4-year-old plantation grown Eucalyptus pilularisand Eucalyptus cloezianatrees. Forest Ecology and Management(252): 41-51.

Alton P B, North P R, Los S O, et al., 2007. The impact of diffuse sunlight on canopy light-use efficiency, gross photosynthetic product and net ecosystem exchange in three forest biomes[J]. Global Change Biology, 13(4): 776-787.

Andrés D, María N C, Leonardo C, et al., 2019. Analysis of wood products from an added value perspective: The Uruguayan forestry case[J]. Maderas, Cienc. technology. vol. 21 no. 3 Concepción jul. http: //dx. doi. org/10. 4067/S0718-221X2019005000303

Arnold R J, Xie Y J, Luo J Z, et al., 2019a. A tale of two genera: exotic *Eucalyptus* and *Acacia* species in China. 2. Plantation Resource Development. International Forestry Review In Press.

ASTM International, 2004. Standard methods for conducting machining tests of wood and wood base materials. ASTM D1666[R]. Philadelphia: ASTM.

Bandara K M A, Arnold R J, 2017. Genetic variation of growth and log end-splitting in second-generation *Eucalyptus grandis* in Sri Lanka[J]. Australian Forestry, 80(4): 264-271.

Bianchi S, Cahalan C, Hale S, et al., 2017. Rapid assessment of forest canopy and light regime using smartphone hemispherical photography[J]. Ecology and evolution, 7(24): 10556-10566.

Booth T H, Jovanovic T, New M, 2002. A new world climatic mapping program to assist species selection[J]. Forest Ecology and Management, 163(1): 111-117.

Booth T H, 1990. Mapping regions climatically suitable for particular tree species at the global scale[J]. Forest Ecology and Management, 36(1): 47-60.

Booth T H, 2013. Eucalypt plantations and climate change[J]. Forest Ecology and Management, 301: 28-34.

Bootle K R, 2005. Wood in Australia: types, properties and uses[M]. 2nd edn. McGraw-Hill Australia, Sydney, Australia.

Bordron B, Robin A, Oliveira I R, et al., 2019. Fertilization increases the functional specialization of fine roots in deep soil layers for young *Eucalyptus grandis* trees[J]. Forest Ecology and Management, 431: 6-16.

Bush D, Marcar N, Arnold R, et al., 2013. Assessing genetic variation within *Eucalyptus camaldulensis* for survivaland growth on two spatially variable saline sites in southern Australia[J]. Forest Ecology and Management, 306(6): 68-78.

CAB International, 2000. Forestry Compendium - A Silvicultural Reference. Global Module. CAB International, Wallingford, UK. CD ROM.

CAB International, 2000. *Eucalyptus grandis*. In: The Forestry Compendium: Global Module. CAB International, Oxon, UK. CD-ROM.

Canham C D, Finzi A C, Pacala S W, et al., 1994. Causes and consequences of resource heterogeneity in forests: interspecific variation in light transmission by canopy trees [J]. Canadian Journal of Forest Research, 24(2): 337-349.

Cao B, Bai C K, Zhang L L, et al., 2016. Modeling habitat distribution of *Cornus officinalis* with Maxent modeling and fuzzy logics in China[J]. Journal of Plant Ecology, 9(6): 742-751.

Cha-um S, Kirdmanee C, 2010. Effects of water stress induced by sodium chloride and mannitol on proline accumulation, photosynthetic abilities and growth characters of eucalyptus (*Eucalyptus camaldulensis* Dehnh.) [J]. New Forests, 40(3): 349-360.

Chippendale G M, Wolf L, 1981. The Natural Distribution of Eucalyptus in Australia. Special publication No. 6. Canberra: Australian National Park and Wildlife Service: 192.

Chrimes D, Nilson K, 2005. Overstorey density influence on the height of Piceaabies regeneration in northern Sweden[J]. Forestry, 78(4): 433-442.

Christian M P P, 1995. Spatial and temporal variation in the Bight environment of developing Scots pine stands: the basis for a quick and efficient method of characterizing Bight [J]. Canadian Journal of Forest Research, 25(2): 343-354.

Clarke B, Mcleod I, Vercoe T, et al., 2009. Trees for farm forestry: 22 promising species. Canberra: Rural Industries Research and Development Corporation.

Costa L, Faustino L I, Graciano C, et al., 2017. The spatial distribution of phosphate in the root system modulates N metabolism and growth in *Eucalyptus grandis* young plants [J]. Trees, 31: 247-257

De Mattos E M, Binkley D, Campoe O C, et al., 2020. Variation in canopy structure, leaf area, light interception and light use efficiency among Eucalyptus clones[J]. Forest Ecology and Management, 463: 118038.

Ding S Y, Lu X L, Li H M, 2005. A comparison of light environmental characteristics for evergreen broad-leaved forest communities from different successional stages in Tiantong National Forest Park [J]. Acta EcologicaSinica, 11: 9-10.

Downham R, Gavran M, 2019. Australian plantation statistics 2019 update[R]. Canberra: Australian Government Department of Agriculture and Water Resources.

Eldridge K, Davidson J, Harwood C, et al., 1993. Eucalypt domestication and breeding [M]. New York: Oxford University Press.

Ellis M V, Taylor J E, Rayner L, 2017. Growth characteristics of *Eucalyptus camaldulensis* trees differ between adjacent regulated and unregulated rivers in semi-arid temperate woodlands[J]. Forest Ecology and Management(398): 1-9.

Fabiola E E, Ilka O C, Victor P T, et al. 2004. Chemical composition of the epicuticular wax of Cnidoscolus aconitifolius[J]. Journal of the Mexican Chemical Society, 48: 24-25.

Farquhar G D, Roderick M L, 2003. Pinatubo, diffuse light, and the carbon cycle[J]. Science, 299(5615): 1997-1998.

Federico B, Tsonko T, Tariq M, et al., 2013. Ultradian variation of isoprene emission, photosynthesis, mesophyll conductance, and optimum temperature sensitivity for isoprene emission in water-stressed Eucalyptus citriodora saplings[J]. Journal of Experimental Botany, 64: 519-528.

Fei G, Clemens M A, 2018. Properties of rotary peeled veneer and laminated veneer lumber (LVL) from New Zealand grown *Eucalyptus globoidea*[J]. New Zealand Journal of Forestry Science, 48: 3.

Gendron F, Messier C, Comeau P G, et al., 1998. Comparison of various methods for estimating the mean growing season percent photosynthetic photon flux density in forests[J]. Agricultural and Forest Meteorology, 92(1): 55-70.

Geroge E, E Seith, C Schaeffer, 1997. Responses of Picea, Pinus and Pseudotsuga Root to Heterogeneous Nutrient Distribution in soil[J]. Tree Physiology, 17(1): 39-45.

Gezahgne A, Roux J, Wingfield M J, et al., 2003. First report of pink disease on *Eucalyptus camaldulensis* in Ethiopia[J]. Plant Pathology, 52(3): 402.

Gill A M, Belbin L, Chippendale G M, et al., 1985. Phytogeography of Eucalyptus in Australia. Australian Flora and Fauna series No. 3. Canberra: Australian Government Publishing Service: 53.

Hale S E, Edwards C, 2002. Comparison of film and digital hemispherical photography across a wide range of canopy densities[J]. Agricultural and Forest Meteorology, 112(1): 51-56.

Harwood C E, Alloysius D, Pomroy P, et al., 1997. Early growth and survival of *Eucalyptus pellita* provenances in a range of tropical environments, compared with E. grandis, E. urophylla and Acacia mangium[J]. New Forest, 14(3): 203-219.

Hii S Y, Ha K S, Ngui M L, et al., 2017. Assessment of plantation-grown *Eucalyptus pellita* in Borneo, Malaysia for solid wood utilisation[J]. Australian Forestry, 80(1): 26-33.

Jaynes E T, 1957. Information theory and statistical mechanics[J]. Physical Review, 106(4): 620-630.

Joseph O K, Eliseo S T. 1996. Polential nutritonal and health benefits of tree spinach[J]. Progress in New Crops, 13(5): 516-520.

Kitao M, Kitaoka S, Harayama H, et al., 2019. Sustained growth suppression in forest-floor seedlings of Sakhalin fir associated with previous-year springtime photoinhibition after a winter cutting of canopy trees[J]. European Journal of Forest Research.

Laércio C, 2012. Shout rotation eucalypt rotations in Brazil: An overview[M]. Renabi: Oak Ridge-Tennessee-USA.

Lang M, Kuusk A, Mõttus M, et al., 2010. Canopy gap fraction estimation from digital hemispherical images using sky radiance models and a linear conversion method[J]. Agricultural and Forest Meteorology, 150(1): 20-29.

Lawal T O, Adeniyi B A, Moody J O, et al., 2012. Combination Studies of *Eucalyptus torelliana* F. Muell. Leaf Extracts and Clarithromycin on Helicobacter pylori[J]. Phytotherapy Research, 26(9): 1393-1398.

Liu X Z, 2013. Statistical Analysis for Structure and Regeneration Responses of Degraded Forests towards Quality Improvement[C]//Advanced Materials Research. Trans Tech Publications, 739: 342-348.

Luo J, Zhou G, Wu B, et al., 2010. Genetic variation and age-age correlations of *Eucalyptus grandis* at Dongmen forest farm in southern China[J]. Australian Forestry, 73 (2): 67-80.

Luo J Z, Arnold R J, Aken K. 2006. Genetic variation in growth and typhone resistence in *Eucalyptus pellita* in south-western China[J]. Australian Forestry, 69(1): 38-47.

Luo J Z, Arnold R J, Lu W H, et al., 2014. Genetic variation in *Eucalyptus camaldulensis* and *E. tereticornis* for early growth and susceptibility to the gall wasp *Leptocybe invasa* in China[J]. Euphytica, 196(3): 397-411.

Malan F S, 2005. The effect of planting density on the wood quality of South African-grown *Eucalyptus grandis*[J]. Southern African Forestry Journal(205): 1, 31-37.

Manson D, Schmidt S, Bristow M, et al., 2013. Species-site matching in mixed species plantations of native trees in tropical Australia [J]. Agroforestry Systems, 87 (1): 233-250.

Mario D, Juergen H, 2019. Crown thinning on *Eucalyptus dunnii* stands for saw-and veneer logs in southern Brazil[J]. New Forests(50): 361-375.

Mays M, Suliman A M, Ahmad H, 2014. Flowering phenology of river red gum(*Eucalyptus camaldulensis* Dehnh.) associations in Homs province. Syria[J]. Arab Gulf Journal of Scientific Research, 32(2/3): 102-110.

Mokochinski J B, Mazzafera P, Sawaya A C H F, et al., 2018. Metabolic responses of *Eucalyptus* species to different temperature regimes[J]. Journal of Integrative Plant Biology, 60(5): 397-411.

Mou P, Jonse R H, and Mitchell, R J. 1995. Spatial distribution of roots in sweetgum and Loblolly pine monocultures and relations with above-ground biomass and soil nutrients[J]. Functional Ecology, 9(3): 689-699.

Nichols J D, Smith R G B, Grant J, et al., 2010. Subtropical eucalypt plantations in eastern

Australia[J]. Australian Forestry, 73: 53-62.

Olivas P C, Oberbauer S F, Clark D B, et al., 2013. Comparison of direct and indirect methods for assessing leaf area index across a tropical rain forest landscape[J]. Agricultural and Forest Meteorology(177): 110-116.

Ostertag R. 2001. Effects of Nitrogen and Phosphorus. Availability on Fine-Root Dynamics in Hawaiian Montane Forests[J]. Ecology, 82: 485-499.

Pintó-Marijuan M, Munné-Bosch S. 2014. Photo-oxidative stress markers as a measure of abiotic stress-induced leaf senescence: advantages and limitations[J]. Journal of Experimental Botany, 65(14): 3845-3857.

Rhys D, Mijo G. 2019. Australian plantation statistics update[M]. Canberra: Australian Government Department of Agriculture and Water Resources.

Richard A, Fournier Ronald J. 2017. Hall. Hemispherical photography in forest science: theory, methods, applications[M]. Springer.

Robert Flynn. 2016. Eucalyptus Sawlog Market Outlook[M]. RISI.

Rockwood D L, Rudie A W, Ralph S A, et al., 2008. Energy Product Options for *Eucalyptus* Species Grown as Short Rotation Woody Crops[J]. International Journal of Molecular Sciences, 9(8): 1361.

Scartazza A, Di Baccio D, Bertolotto P, et al., 2016. Investigating the European beech(*Fagus sylvatica* L.) leaf characteristics along the vertical canopy profile: leaf structure, photosynthetic capacity, light energy dissipation and photoprotection mechanisms[J]. Tree Physiology, 36(9): 1060-1076.

Scolforo J R S, Maestri r, Filho A C F, et al., 2013. Dominant Height Model for Site Classification of *Eucalyptus grandis* Incorporating Clmate Variables[J]. International Journal of Forestry Research, 1-7.

Shield E D, 1995. Plantation grown eucalypts: utilization for lumber and rotary veneers-primary conversion. In: Proc. "Seminário Internacional de Utilização da Madeira de Eucalipto Para Serraria." 5-6 April, 1995, São Paulo, Brazil. pp. 133-13.

Sidabras N, Augustaitis A, 2015. Application perspectives of the leaf area index(LAI) estimated by the Hemiview system in forestry[J]. Proceedings of the Latvia University of Agriculture, 33(1): 26-34.

Silou T, Loumouamou A N, Makany A R, et al., 2010. Multivariate Statisdcal Analysis of the Variability of Essential Oils from the Leaves of *Eucalyptus torelliana* Acclimatised in Congo-Brazzaville[J]. Journal of Essential Oil Bearing Plants, 13(4): 503-514.

Sivananthawerl T, Mitlohner R, Günter S, et al., 2011. *Eucalyptus grandis* and Other Important *Eucalyptus* Species: A Case Study from Sri Lanka[J]. Tropical Forestry, 8: 463-472.

Stape J L, Binkley D, Ryan M G, et al., 2010. The Brazil eucalyptus potential productivity project: influence of water, nutrients and stand uniformity on wood production [J]. Forest Ecology and Management, 259: 1684-1694.

Stovall J P, Keeton W S, Kraft C E., 2009. Late-successional riparian forest structure results in heterogeneous periphyton distributions in low-order streams[J]. Canadian Journal of Forest Research, 39(12): 2343-2354.

Sullivan T P, Sullivan D S, Lindgren P M F, et al., 2002. Influence of conventional and chemical thinning on stand structure and diversity of plant and mammal communities in young lodgepole pine forest[J]. Forest Ecology and Management, 170(1-3): 173-187.

Sun D, Dickinson G R, Robson K J., 1996. Growth of *Eucalyptus pellita* and *E. urophylla* and effects on pasture production on the coastal lowlands of tropical northern Australia[J]. Australian Forestry, 59(3): 136-141.

Toky O P, Riddell-Black D, Harris P J C, et al., 2011. Biomass production in short rotation effluent-irrigated plantations in North-West India[J]. Journal of Scientific and Industrial Research, 70(8): 601-609.

Turnbull J W, 1979. Geographic variation in *Eucalyptus cloeziana*[D]. Canberra: Australian National University.

Valladares F, Guzmán B, 2006. Canopy structure and spatial heterogeneity of understory light in an abandoned Holm oak woodland[J]. Annals of Forest Science, 63 (7): 749-761.

Varghese M, Harwood C E, Bush D J, et al., 2017. Growth and wood properties of natural provenances, local seed sources and clones of *Eucalyptus camaldulensis* in southern India: implications for breeding and deployment[J]. New Forests, 48(1): 67-82.

Varghese M, Kamalakannan R, Harwood C E, et al., 2009. Changes in growth performance and fecundity of *Eucalyptus camaldulensis* and *E. tereticornis* during domestication in southern India[J]. Tree Genetics and Genomes, 5(4): 629-640.

Wang C J, Wan J Z, Mu X Y, et al., 2015. Management planning for endangered plant species in priority protected areas[J]. Biodiversity and Conservation, 24(10): 2383-2397.

Wood M J, McLarin M L, Volker P W and Syme M, 2009. Management of eucalypt plantations for profitable sawlog production in Tasmania, Australia[J]. Tasforests, 117-130.

Wood M J, Volker P W and Syme M, 2007. Eucalyptus plantations for sawlog production in Tasmania, Australia: optimising thinning regimes [J]. In Proceedings 'Institute of Foresters of Australia and New Zealand Institute of Forestry Conference, 489-505.

Wormington K R, Lamb D, Mccallum H I, et al., 2007. Leaf Nutrient Concentrations and Timber Productivity in the Dry Sclerophyll Forests of South-East Queensland, Australia: Implications for Arboreal Marsupials[J]. Forest Science(53): 627-634.

Yi Y J, Cheng X, Yang Z F, et al., 2016. Maxent modeling for predicting the potential distribution of endangered medicinal plant (*H. riparia* Lour) in Yunnan, China. Ecological Engineering(92): 260-269.

Phillips S J, Dudík M. 2008, Modeling of species distributions with Maxent: new extensions and a comprehensive evaluation[J]. Ecography, 31(2): 161-175.

Zhang S Y, Chauret G, Swift D E, et al., 2007. Erratum: Effects of precommercial thinning on tree growth and lumber quality in a jack pine stand in New Brunswick, Canada [J]. Canadian Journal of Forest Research, 37(4): 945-952(8).

Zohar Y, Gafni A, Morris J, et al., 2008. *Eucalyptus plantations* in Israel: an assessment of economic and environmental viability[J]. New Forests, 36(2): 135-157.